ArcGIS
地理信息系统基础实验教程

邹亚锋◎著

中国经济出版社
CHINA ECONOMIC PUBLISHING HOUSE
·北京·

图书在版编目(CIP)数据

ArcGIS 地理信息系统基础实验教程 / 邹亚锋著. --
北京:中国经济出版社,2023.9
ISBN 978 -7 -5136 -7445 -4

Ⅰ.①A… Ⅱ.①邹… Ⅲ.①地理信息系统 - 实验 -
教材 Ⅳ.①P208 -33

中国国家版本馆 CIP 数据核字(2023)第 172301 号

责任编辑 杨元丽
责任印制 马小宾
封面设计 任燕飞设计

出版发行 中国经济出版社
印 刷 者 北京富泰印刷有限责任公司
经 销 者 各地新华书店
开　　本 787mm ×1092mm　1/16
印　　张 31.75
字　　数 563 千字
版　　次 2023 年 9 月第 1 版
印　　次 2023 年 9 月第 1 次
定　　价 128.00 元
广告经营许可证 京西工商广字第 8179 号

中国经济出版社 **网址** www.economyph.com **社址** 北京市东城区安定门外大街 58 号 **邮编** 100011
本版图书如存在印装质量问题,请与本社销售中心联系调换(联系电话:010 -57512564)

前 言

地理信息系统(Geographic Information System 或 Geo-Information System,GIS),又称"地学信息系统"。它是指在计算机的软、硬条件件支持下,对地球表层的有关数据进行采集收集、加工处理、解释分析并最终生成满足一定目的和需要的信息成果的技术系统。随着计算机技术、空间技术、信息技术及网络技术等的发展,GIS 技术用途广泛,在环境监测、资源调查、城市规划、灾害监测、国防建设等多个与生产、生活息息相关的领域都有广泛的应用,也在数字中国建设、生态文明建设、乡村振兴、精准扶贫以及践行"绿水青山就是金山银山"理念等方面发挥着重要的技术支撑作用。GIS 技术服务于国家重大战略需求,GIS 的学习与应用应注重理论与实践相结合,以培养学生的系统思考、自主创新、团队合作及沟通交流能力。在众多 GIS 软件中,由美国环境系统研究所公司(Environmental Systems Research Institute, Inc. 简称 ESRI 公司)发布的 ArcGIS 软件最具有代表性,它对地理空间数据的编辑、访问与分析等功能以及软件自身广泛的适用性是其他地理信息系统无法比拟的。掌握 ArcGIS 软件的操作是地理信息相关专业学生提高学习效率、增强就业竞争力、拓展职业发展空间和提升科研水平的重要技能。

本书共分为 14 章,其中第 1 章至第 7 章是有关地理数据的基础操作,主要介绍了有关数据的创建、编辑、组织与管理等内容。第 8 章至第 13 章介绍了 ArcGIS 软件平台中的地理分析工具,具体有矢量数据和栅格数据的空间分析、三维分析、水文分析、地统计分析、网络分析等。第 14 章为综合实例与练习,通过简单的综合实例练习让读者初步体验 ArcGIS 工具之间的配合使用。

本书中每一处 ArcGIS 的处理操作都做了详细的步骤解析和操作说明,对所有选项都进行了英汉互译。读者在应用本书时,可以配合查阅有关文献以及 ArcGIS 软件的使用帮助。从本书第 4 章开始,每一个实验操作都在光盘中有配套的实验源数据以方便读者进行实验练习，所有书中的黑白演示图片都与光盘中原始的彩图一一对应，方便读者参照。

本书的所有章节安排和实验素材都来自作者先后在内蒙古大学及福州大学教授多年的地理信息系统课程的实践案例，所使用的实验数据并无实际地理意义，仅供学习和练习软件操作使用。

本书得到了福州大学人才引进科研启动项目及福州大学环境与安全工程学院一流学科建设经费资助。

内蒙古师范大学地理科学学院周瑞平教授、内蒙古大学经济管理学院崔新蕾副教授审阅了全部书稿内容，并提出了宝贵的修改意见。

沈阳农业大学土地与环境学院土地资源管理专业硕士马天骏，福州大学环境与安全工程学院地理学专业硕士饶钰飞、易呈锋，福州大学环境与安全工程学院人文地理与城乡规划专业罗锋，以上4位同学协助全书书稿内容撰写及实验数据整理编辑。

内蒙古大学土地资源管理专业2015级、2016级、2017级、2018级及2019级的学生们对实验设计、数据处理以及操作方法提出了宝贵建议。

对于上述各方面的支持与帮助，谨表示真挚的感谢！

由于作者学识水平有限，书中难免有不妥之处，敬请读者不吝赐教。

邹亚锋

2022年9月于福州

目 录

第 1 章　ArcGIS软件应用基础

1.1　ArcMap 基础 …… 3
1.2　ArcCatalog 基础 …… 8
1.3　ArcToolbox 基础 …… 9
1.4　调用 ArcGIS 帮助 …… 11
1.5　本章小结 …… 12

第 2 章　Shapefile与Geodatabase的创建

2.1　创建新的 Shapefile …… 15
2.2　创建新的 dBASE 表 …… 16
2.3　创建新的 Geodatabase …… 18
2.4　本章小结 …… 22

第 3 章　ArcMap中的数据编辑

3.1　准备步骤 …… 25
3.2　图形创建与编辑 …… 26
3.3　属性编辑 …… 40
3.4　本章小结 …… 42

第 4 章　ArcGIS拓扑的应用

4.1　拓扑关系的建立 …… 45
4.2　拓扑检查 …… 50
4.3　拓扑错误修改 …… 51
4.4　拓扑编辑 …… 53
4.5　本章小结 …… 56

第 5 章　ArcGIS空间数据转换

5.1　矢量数据与栅格数据的转换 …… 61
5.2　CAD 数据的转换 …… 70
5.3　TXT 数据的转换 …… 73
5.4　本章小结 …… 77

第 6 章　ArcGIS空间数据处理

6.1　投影变换 …… 81
6.2　数据变换 …… 88
6.3　数据处理 …… 105
6.4　本章小结 …… 128

第 7 章　ArcMap制图与地图版面设计

7.1　矢量数据符号化 …… 131
7.2　栅格数据符号化 …… 146
7.3　专题地图制作 …… 149
7.4　本章小结 …… 182

第 8 章　矢量数据的空间分析

8.1　缓冲区分析 …… 185
8.2　叠加分析 …… 188
8.3　追踪分析 …… 201
8.4　本章小结 …… 211

第 9 章 栅格数据的空间分析

9.1 栅格分析准备工作 …… 215
9.2 距离制图 …… 218
9.3 密度制图 …… 228
9.4 栅格插值 …… 229
9.5 统计分析 …… 240
9.6 重分类 …… 246
9.7 栅格计算器 …… 248
9.8 多元分析 …… 249
9.9 本章小结 …… 258

第 10 章 三维分析

10.1 三维分析准备 …… 261
10.2 表面创建 …… 261
10.3 表面分析 …… 279
10.4 三维数据转换 …… 294
10.5 ArcScene 三维可视化 …… 298
10.6 三维要素分析 …… 311
10.7 本章小结 …… 326

第 11 章 水文分析

11.1 无洼地 DEM 生成 …… 329
11.2 汇流累积量 …… 337
11.3 水流长度 …… 338
11.4 河网提取 …… 340
11.5 流域的分割 …… 345
11.6 本章小结 …… 348

第 12 章 地统计分析

12.1 地统计分析准备 …… 351
12.2 探索数据 …… 352

12.3　检验数据分布 …… 359
12.4　全局趋势分析 …… 362
12.5　空间自相关及方向变异 …… 363
12.6　多数据集协变分析 …… 364
12.7　空间确定性插值 …… 365
12.8　地统计插值 …… 378
12.9　含障碍插值 …… 415
12.10　本章小结 …… 422

第 13 章　网络分析

13.1　网络分析准备 …… 425
13.2　效应网络分析 …… 426
13.3　传输网络分析 …… 451
13.4　本章小结 …… 470

第 14 章　综合实例与练习

14.1　某地区农村居民居住用地适宜性评价 …… 473
14.2　非城镇化型农村居民点空间布局优化 …… 487
14.3　本章小结 …… 499

参考文献 …… 500

第1章 ArcGIS软件应用基础

1.1 ArcMap基础

1.2 ArcCatalog基础

1.3 ArcToolbox基础

1.4 调用ArcGIS帮助

1.5 本章小结

1.1 ArcMap 基础

ArcMap 是一个可用于数据输入、编辑、查询、分析等功能的应用程序，可以实现如地图制图、地图编辑、地图分析等功能。ArcMap 包含一个复杂的专业制图和编辑系统，它既是一个面向对象的编辑器，又是一个数据表生成器。

①启动 ArcMap。在 Windows 系统下，单击“开始”菜单→“ArcGIS”→“ArcMap10.2”，打开界面如图 1-1 所示。

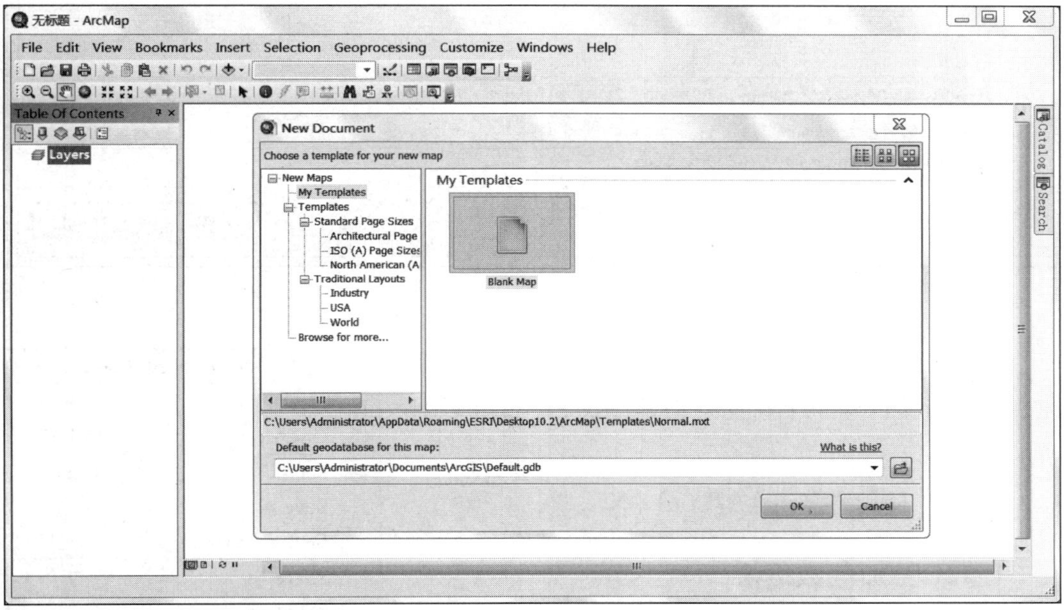

图 1-1

②左(右)侧“Table Of Contents”(内容列表)、“Catalog”(目录)和“Search”(搜索)等窗口调用方法：在 ArcMap 上方工具栏中单击选择“Windows”(窗口)→“Table Of Contents”(内容列表)/“Catalog”(目录)/“Search”(搜索)，如图 1-2 所示。

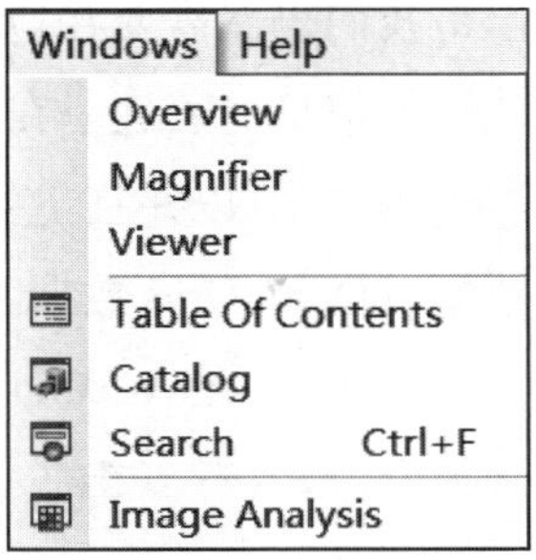

图 1-2

1.1.1 新建地图文档

方法一：启动 ArcMap，在开始界面中选择“Blank Map”(空白地图)并点击确定按钮，即可创建一个新的地图文档。也可以在左侧栏中选择应用已有的地图模板创建新的地图文档，如图 1-3 所示。

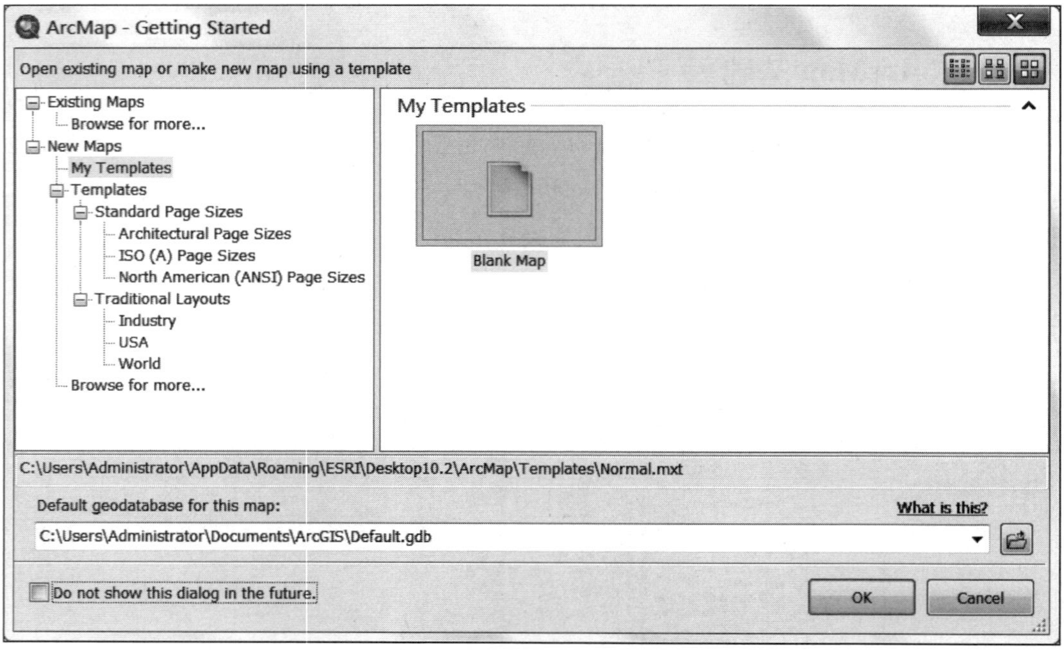

图 1－3

方法二:单击主菜单"File"(文件),选择"New"(新建)按钮,直接创建一个新的空白地图文档,如图 1－4 所示。

方法三:使用键盘组合键"Ctrl＋N"。

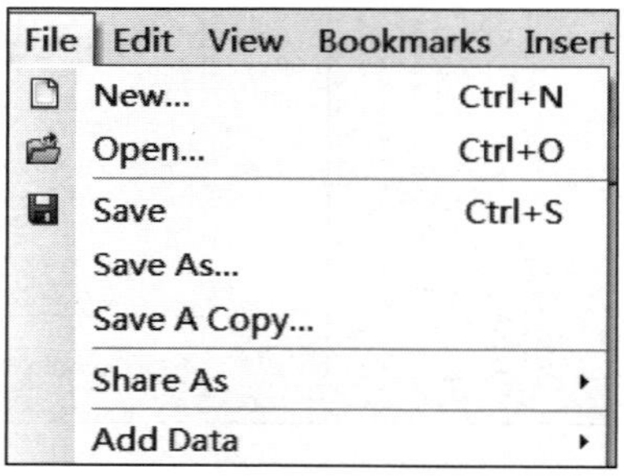

图 1－4

1.1.2　加载数据层

通过上述步骤,我们创建了新的空白地图文档。但是我们仍然需要在空白地图文档中加载数据层来实现地图信息的表达。在 ArcMap 中,可以根据需要来加载不同类型的数据。在之后的学习过程中,可以并且主要加载的数据类型为:矢量数据 (如 Shapefile)及栅格数据(如影像数据、TIN 和 Grid 数据、DEM 数据)。

方法一:在 ArcMap 上方主菜单单击"File"(文件)→"Add Data"(添加数据)命令,打开新窗口,或者点击工具栏中的按钮打开"Add Data"(添加数据)窗口。新窗口如图 1－5 所示。

查找目录确定需要加载数据的位置,加载 Shapefile 文件到新地图中,如图 1－6 所示。

方法二:在 ArcMap 中启动 ArcCatalog 来加载数据层。在右侧窗口 ArcCatalog 中浏览数据,选择需要加载的数据层,拖拽 ArcCatalog 中的要素到左侧"Table Of Contents"(内容列表)中,完成对数据层的加载,具体操作步骤如图 1－7 所示。

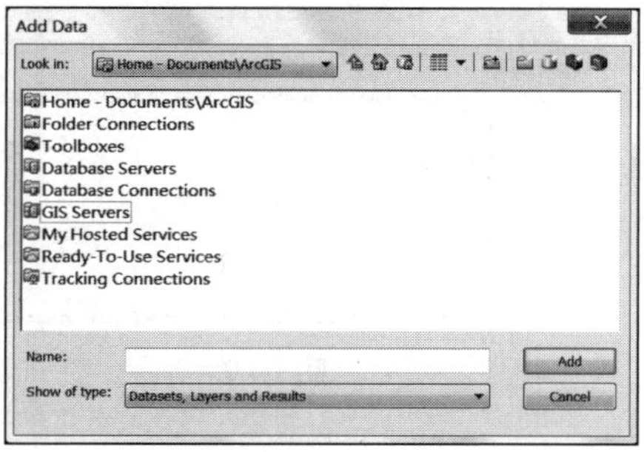

图 1-5

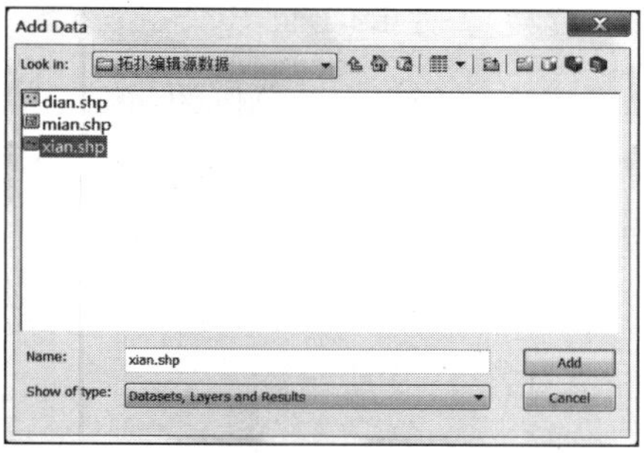

图 1-6

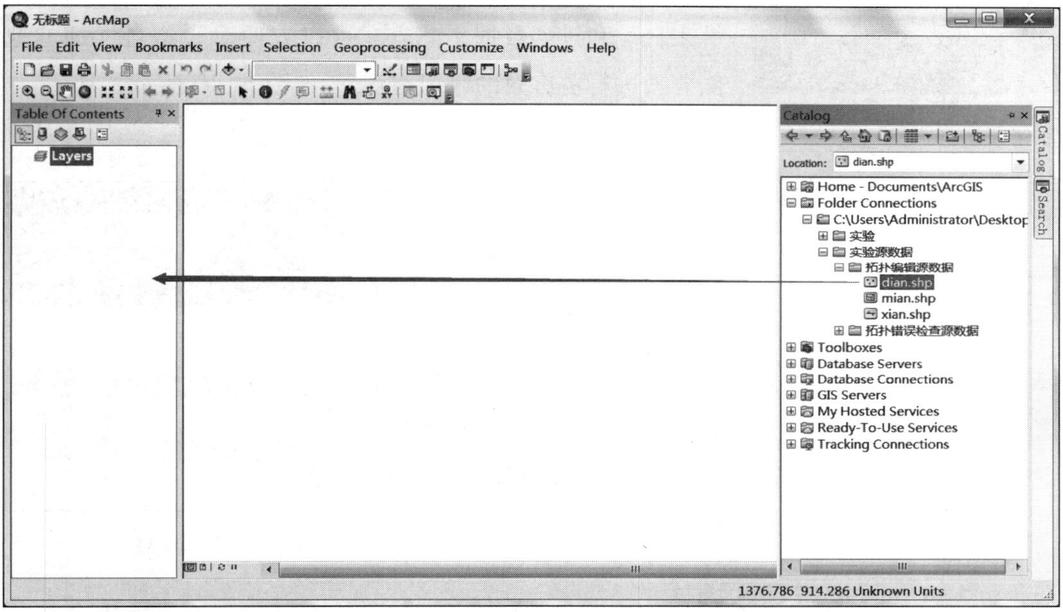

图 1-7

1.1.3　内容列表的列表方式设置

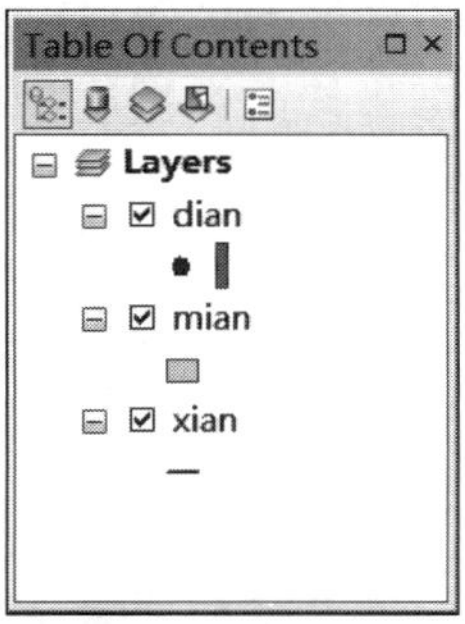

图 1-8

位于 ArcMap 窗口左侧的内容列表中列出了地图上所有图层要素的显示方式及要素所代表的内容，通过设置内容列表方式将直接影响地图要素的显示，也方便对地图内容进行组织与管理。

内容列表共有四种列表方式：

(1)按绘制顺序列出(List By Drawing Order)

点击内容列表上方按钮，该选项将会使所有图层按照绘制顺序显示。此方式将便于对数据层顺序进行调整，如图 1-8 所示。

(2)按源列出(List By Source)

点击内容列表上方按钮,该选项将会显示所有图层的储存位置以及数据的组织方式。在管理和修复地图文档中每个图层对自身数据源的路径引用时,该操作将有助于快速确定数据储存路径,如图1-9所示。

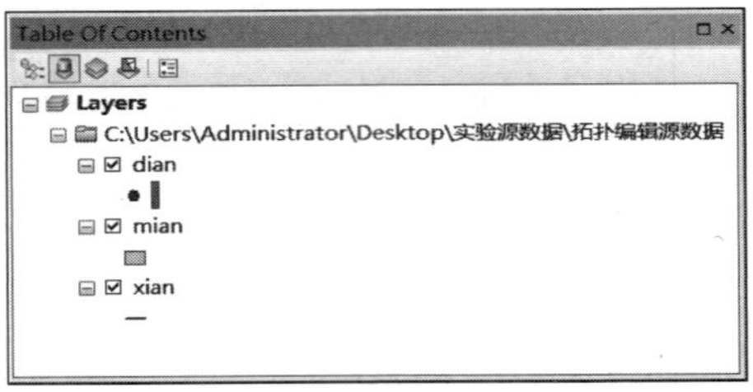

图1-9

(3)按可见性列出(List By Visibility)

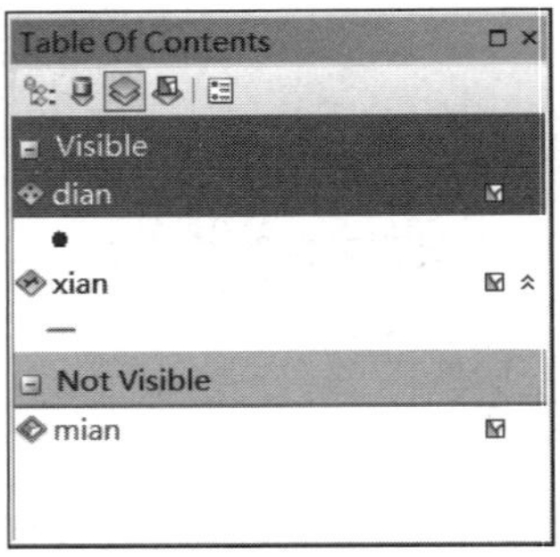

图1-10

点击内容列表上方按钮,该选项将会按照要素的可视性来分类和排列数据。此方式可以方便对大型且详细的地图要素进行更有效的组织与管理,如图1-10所示。

(4)按选择列出(List By Selection)

点击内容列表上方按钮,该选项会根据要素选择性将要素进行分类,基本分类为三大类,即"Selected"(已选择)、"Selectable"(可选)和"Not Selectable"(不可选),当需要编辑和组织的地图图斑较多且图层相互重叠不易辨识选中目标要素时,该选项将有助于快速精确辨识是否已经选中目标要素及要素的图层,如图1-11所示。

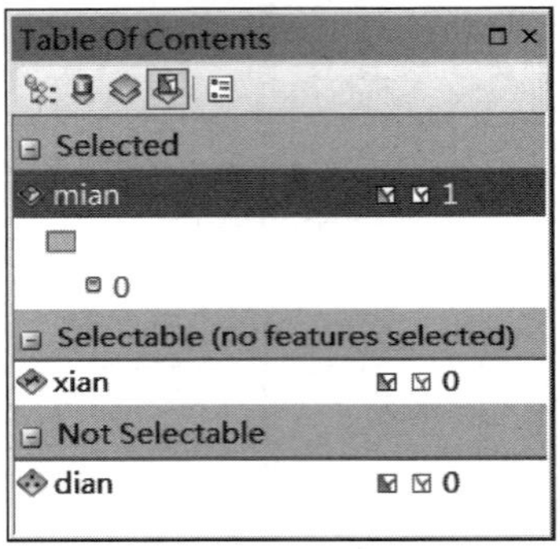

图1-11

1.1.4 数据层基本操作

(1)数据层更名

在ArcMap内容列表中,双击数据层(或者右键单击图层→"Properties"(属性)),打开图层属性窗口。进入"General"(常规)选项卡中,如图1-12所示,点击箭头所示区域,即可修改数据层名称。同理,对其他的地理要素文件更名方法也一样。

(2)数据层顺序调整

地图文档中一般会有很多的要素,为了方便整理和研究,需要对数据层的顺序进行适当的调整。在调整过程中,一定要牢记下列四条准则:

①按照点、线、面要素类型依次由上到下排列;

②按照要素重要程度由上到下排列;

③按照要素线画的粗细依次由下至上排列;

④按照要素色彩浓淡程度由下至上排列。

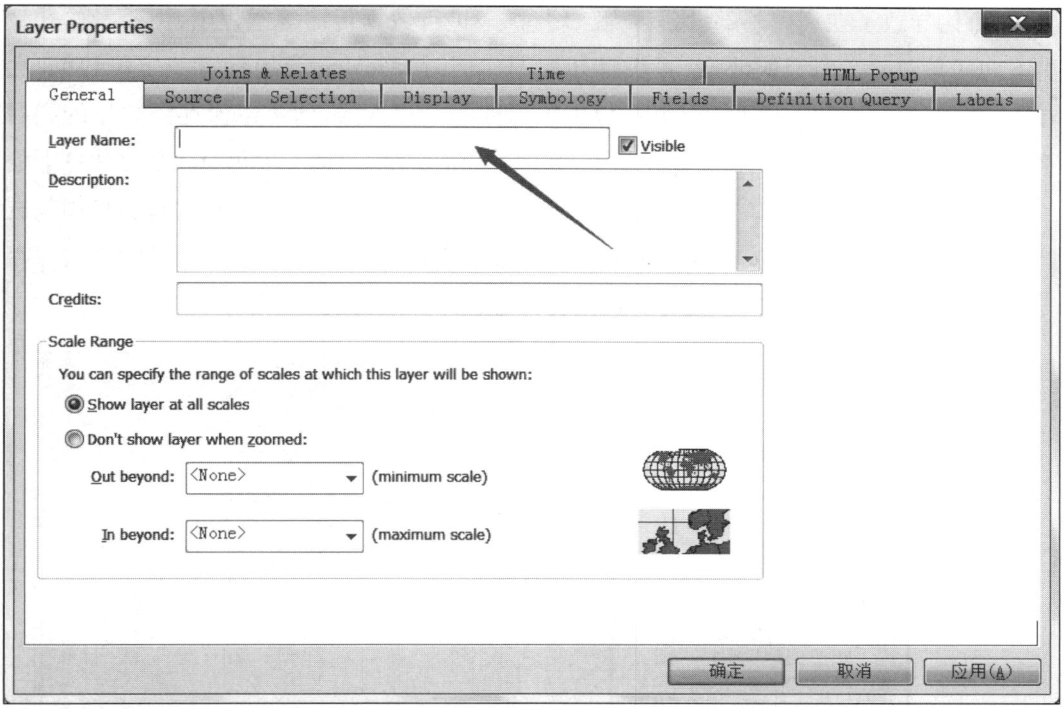

图 1－12

调整数据层顺序，在 ArcGIS 左侧内容列表为按绘制顺序列出的状态下，只需要用鼠标左键点击拖拽即可。

(3)数据层复制与删除

对某一数据层的复制操作，只需要用鼠标右键单击数据层，选择"Copy"(复制)即可。同样，对数据层的移除操作，只需要鼠标右键单击数据层，选择"Remove"(移除)即可。

1.1.5 地图文档的保存

在处理完相关的地理信息之后，为了保存工作进度，需要将地图文档保存。点击软件左上方"File"(文件)，选择"Save"(保存)，如图 1－13 所示，选择合适储存的位置，在下方输入文件名，点击保存即可。或者使用键盘组合键"Ctrl＋S"保存。

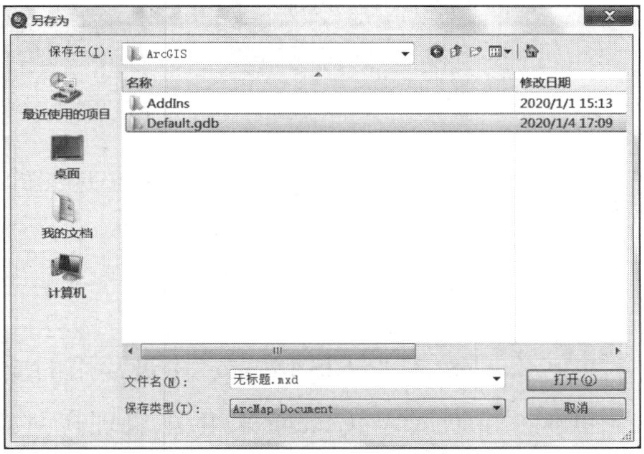

图 1－13

由于 ArcMap 地图文档记录和保存的文件不是源数据，而是地图文档中源数据的绝对路径信息以及操作结果，这直接导致了在利用外部设备（U 盘、硬盘等）进行数据传输等过程中，由于操作计算机不同而导致磁盘路径的改变，再次打开地图文档时，ArcMap 会提示重新定位数据，会导致相关操作复杂化。因此，ArcMap 提供了另外的保存方式，即可以保存源数据的相对路径。具体方法：在 ArcMap 操作界面下，如图 1－14 所示，选择左上角“File”（文件）下的“Map Document Properties”（地图文档属性），打开新窗口，如图 1－15 所示，在窗口中勾选“Store relative pathnames to data sources”（储存数据源的相对路径名）。点击“确定”，保存设置。在进行该项设置之后，之后的数据转移过程中无须再次定位数据路径。

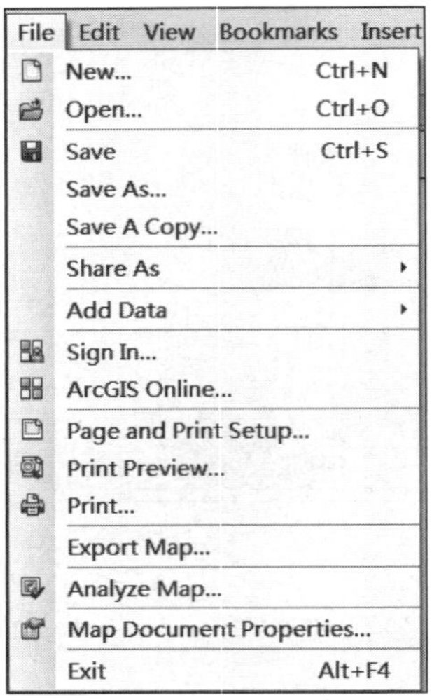

图 1－14

图 1－15

1.1.6 浏览地图

当操作编辑地图时，经常会用到放大、缩小等功能，这需要“Tools”（工具）工具条（见图 1－16）。

图 1－16

依次使用不同的功能按钮，可以调整地图的显示结果。

1.2 ArcCatalog 基础

ArcCatalog 是 ArcGIS Desktop 中最常用的应用组件之一，它是地理数据的资源管理器，我们一般通过 ArcCatalog 来组织、管理和创建 GIS 数据。

1.2.1 文件夹连接与断开

对数据进行文件夹连接可以方便我们更快地找寻数据，而断开文件夹连接可以及时清理无效文件夹以及无效文件位置信息。

具体方法：启动 ArcCatalog 后，左键单击左上方工具栏“File”（文件）→“Connect To Folder”（连接到文件夹），连接到目标文件夹或者数据库。也可以点击“File”（文件）菜单下的“Disconnect Folder”（断开文件夹连接），对目标文件夹完成断开操作。

1.2.2 目录内容浏览

通过对目录内容的浏览以及要素数据的预览，可以更为准确地找寻需要进行编辑的要素数据。具体步骤如下：

①在 Windows 系统下，单击“开始”菜单→“ArcGIS”→“ArcCatalog10.2”，打开界面如图 1－17 所示。

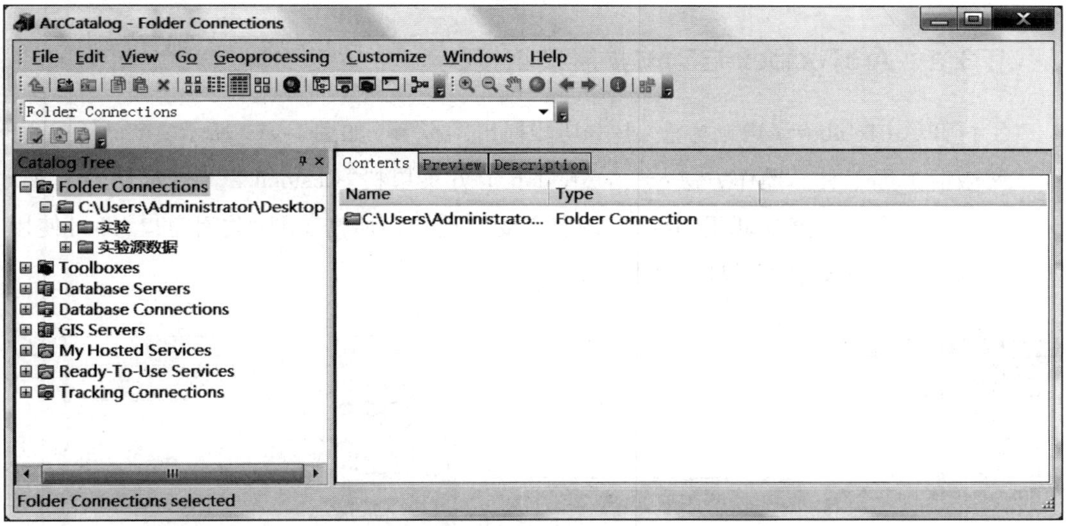

图 1－17

②在左侧“Catalog Tree”（目录树）中选中需要的要素，点击“Preview”（预览），即可实现对矢量图、数据表格等文件的预览，如图 1－18 所示。

1.3 ArcToolbox 基础

ArcToolbox 提供了极其丰富的地学数据处理工具集，是 ArcGIS 进行地图编辑和数据分析的工具合集。

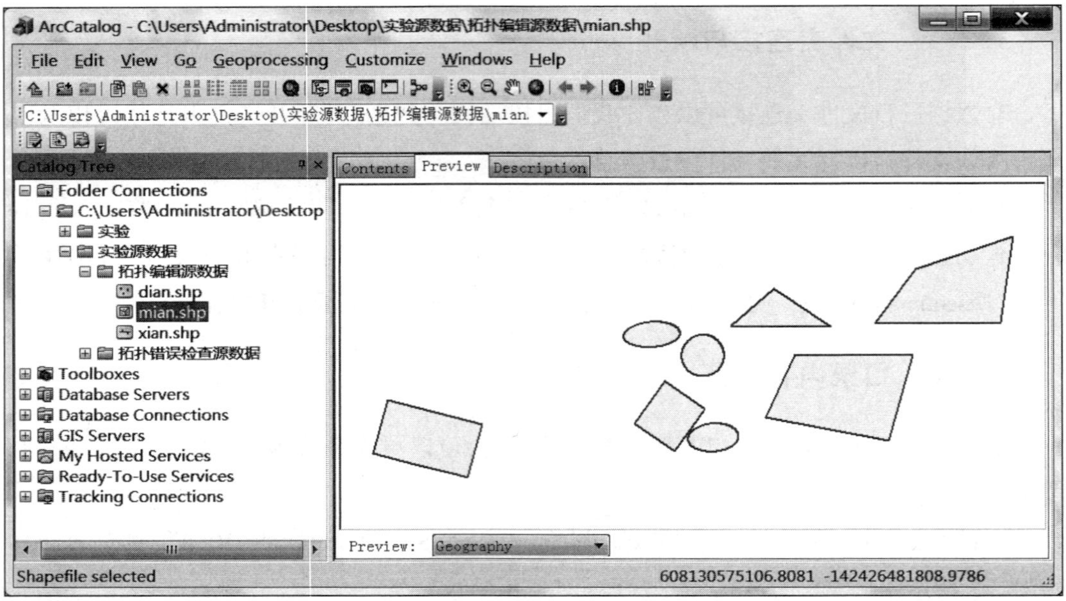

图 1-18

1.3.1 ArcToolbox 启动与扩展模组授权

①打开 ArcToolbox。启动方法：点击功能栏里图标 ，如图 1-19 所示。

②激活扩展工具。操作方法：点击 ArcMap 上方菜单栏“Customize”（自定义）→“Extensions”（扩展模块）窗口，见图 1-20，按照需要勾选激活所需工具，关闭窗口，即可使用所需要的 ArcToolbox 中的工具，如图 1-21 所示。

图 1-19

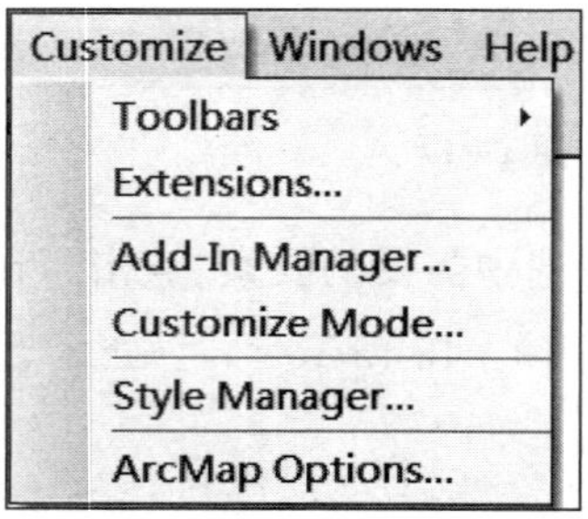

图 1-20

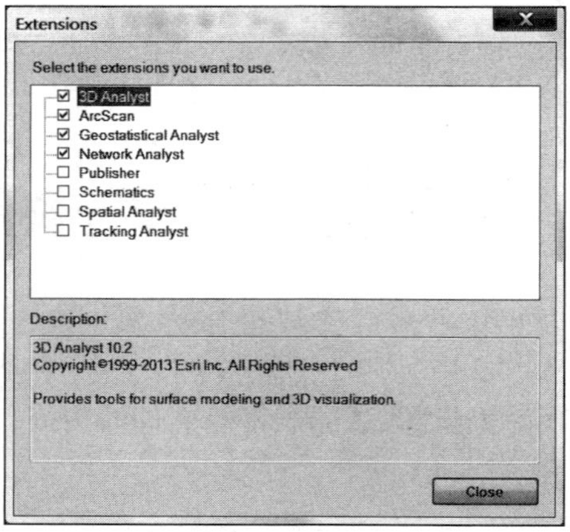

图 1-21

上述工具的使用以及操作我们都会在后续的实验中讲到，这里不再进行展开。

1.3.2 环境设置

在进行地图文档的创建和编辑之前,需要对 ArcGIS 的程序环境进行设置,以方便后续对数据的编辑应用及处理。

①在 ArcToolbox 窗口单击鼠标右键,如图 1-22 所示,单击选择"Environments"(环境)选项,打开设置窗口。

②如图 1-23 所示,该窗口提供了 16 种相关设置,包括:所处理数据将要输出的坐标系、处理范围、XY 分辨率及容差(针对栅格数据)、M 值、Z 值(针对高程数据)、地理数据库、字段、随机数、制图、Coverage、栅格分析、栅格数据储存、地统计分析、Terrain 数据集、TIN 等。相关使用操作将会在后续的实验中讲明。

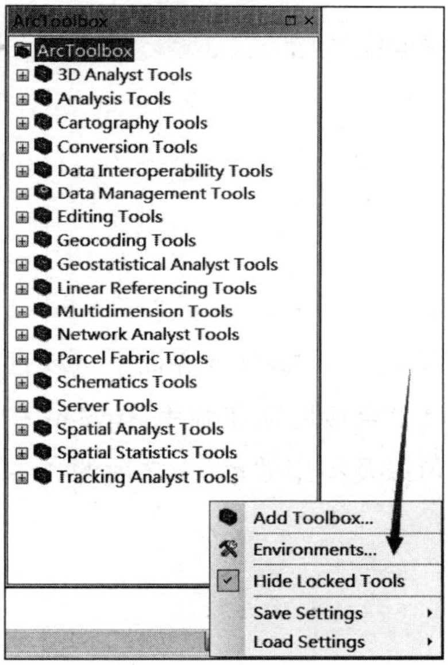

图 1-22

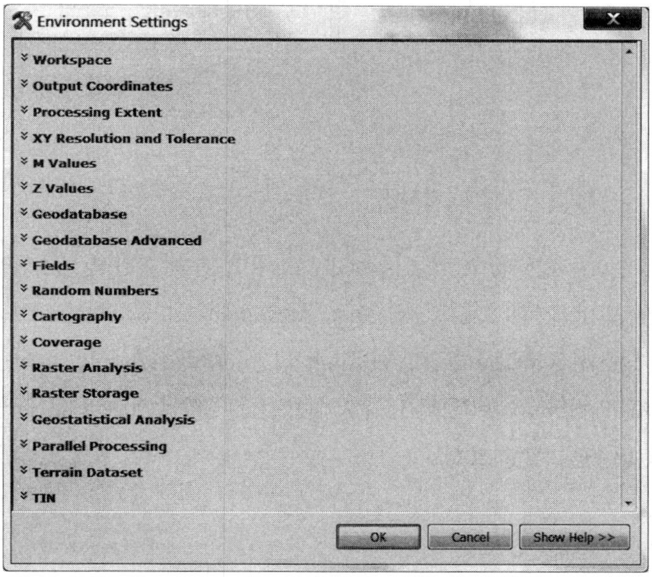

图 1-23

1.4 调用 ArcGIS 帮助

在操作 ArcGIS 过程中,难免会遇到 ArcGIS 的相关操作问题。除了借助搜索工具之外,还可以在 ArcGIS 中查阅官方的帮助文档。如图 1-24 所示,左键单击上方工具栏,选择"Help"(帮助)→"ArcGIS Desktop Help"(ArcGIS Desktop 帮助)。

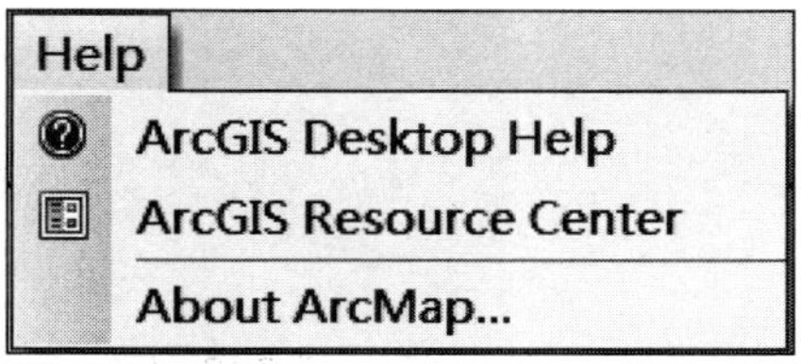

图 1-24

文档界面如图 1-25 所示,可以点击"Search"(搜索)按钮,来查看相关信息。

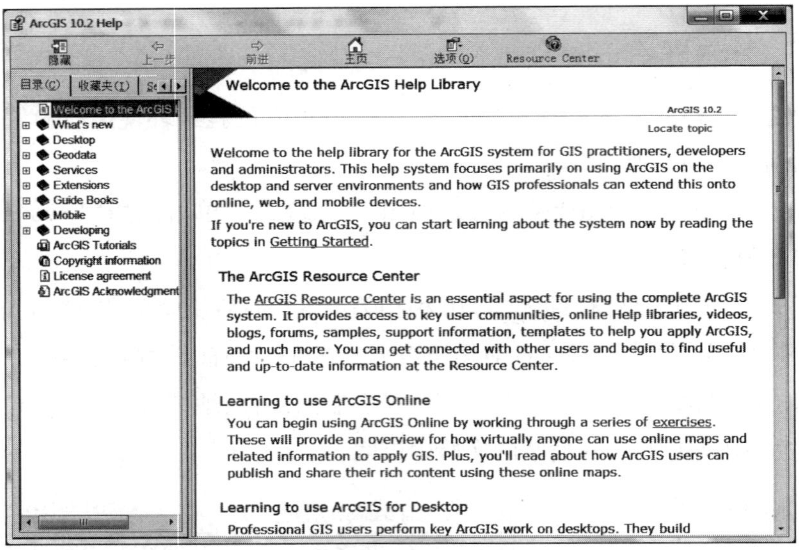
ArcGIS 10.2 Help
隐藏
上一步
前进
主页
选项(O)
Resource Center
目录(C)
收藏夹(I)
Welcome to the ArcGIS
What's new
Desktop
Geodata
Services
Extensions
Guide Books
Mobile
Developing
ArcGIS Tutorials
Copyright information
License agreement
ArcGIS Acknowledgment
Welcome to the ArcGIS Help Library
ArcGIS 10.2
Locate topic
Welcome to the help library for the ArcGIS system for GIS practitioners, developers and administrators. This help system focuses primarily on using ArcGIS on the desktop and server environments and how GIS professionals can extend this onto online, web, and mobile devices.
If you're new to ArcGIS, you can start learning about the system now by reading the topics in Getting Started.
The ArcGIS Resource Center
The ArcGIS Resource Center is an essential aspect for using the complete ArcGIS system. It provides access to key user communities, online Help libraries, videos, blogs, forums, samples, support information, templates to help you apply ArcGIS, and much more. You can get connected with other users and begin to find useful and up-to-date information at the Resource Center.
Learning to use ArcGIS Online
You can begin using ArcGIS Online by working through a series of exercises. These will provide an overview for how virtually anyone can use online maps and related information to apply GIS. Plus, you'll read about how ArcGIS users can publish and share their rich content using these online maps.
Learning to use ArcGIS for Desktop
Professional GIS users perform key ArcGIS work on desktops. They build

图 1-25

1.5 本章小结

本章实验介绍了 ArcGIS 软件下三大基础模块组件(ArcMap、ArcCatalog、ArcToolbox)的基础应用。其中,ArcMap、ArcCatalog 和 ArcToolbox 相互联系,在 ArcMap 界面下可以直接调用 ArcCatalog 和 ArcToolbox,在 ArcCatalog 界面下也可以直接启动和调用 ArcMap 和 ArcToolbox。灵活调用三大模块组件,将大大提升软件学习以及应用效率,为之后的 ArcGIS 操作奠定基础。

第2章

Shapefile与Geodatabase的创建

2.1 创建新的Shapefile
2.2 创建新的dBASE表
2.3 创建新的Geodatabase
2.4 本章小结

ESRI Shapefile(shp),或简称 Shapefile,该文件格式是地理信息重要的交换格式,它属于一种矢量图形格式,能够保存几何图形的位置及相关属性。

2.1 创建新的 Shapefile

创建一个新的 Shapefile 时,定义的基本要素类型(点、线、面)决定了其文件类型。Shapefile 文件创建之后,其要素类型将无法修改。

创建步骤如下:

①启动 ArcMap,如图 2-1 所示,在 ArcMap 界面中的右侧窗口“Catalog”(目录)中选中目标文件夹(即用来储存 Shapefile 文件的目标文件夹)。

②如图 2-2 所示,右键单击目标文件夹,选择“New”(新建)→“Shapefile”。

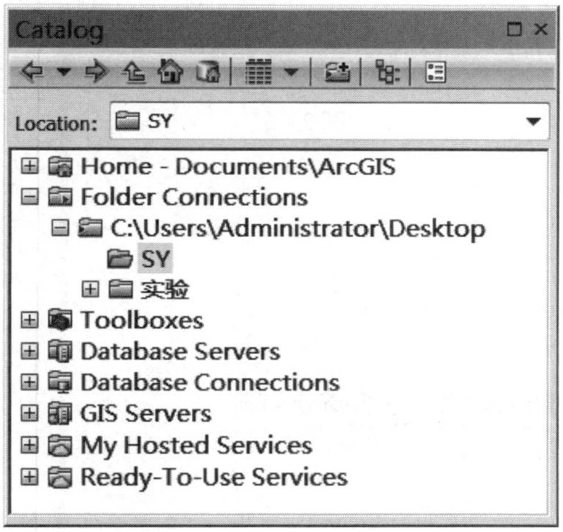

图 2-1

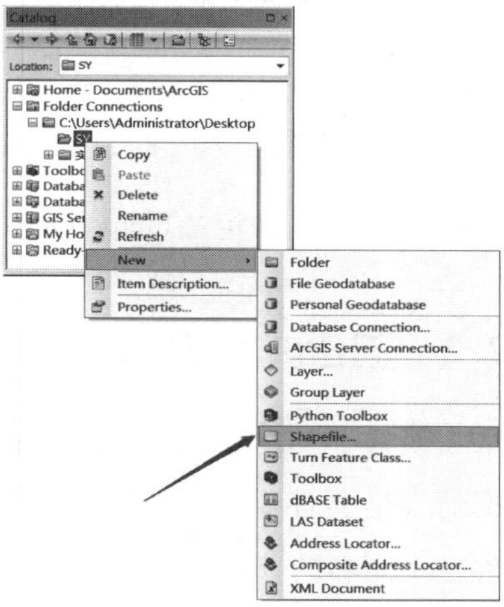

图 2-2

③在弹出的对话框中,依次设置文件名称和要素类型。要素类型可以通过在 Feature Type 选项中下拉菜单来设置:有“Point”(点)、“Polyline”(折线)、“Polygon”(面)、“MultiPoint”(多点)、“MultiPatch”(多面体)等要素类型可供选择,如图 2-3 所示。

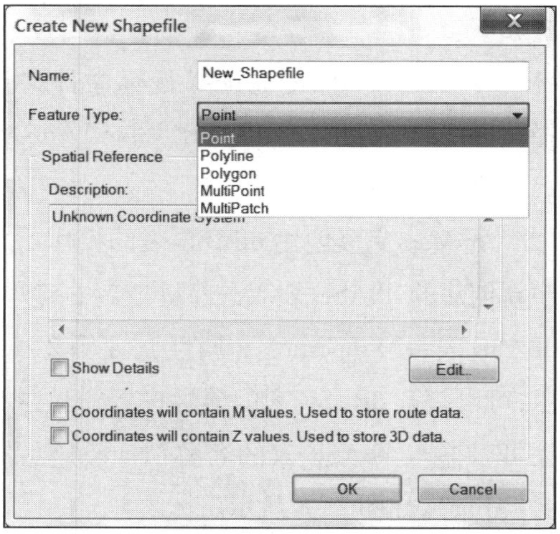

图 2-3

④如图 2-4 所示,点击“Edit”(编辑)按钮,打开“Spatial Reference Properties”(空间参考属性)对话框,在下方可以选择定义 Shapefile 的坐标系统,如果选择默认不定义 Shapefile 的坐标系统,那么该 Shapefile 直到

被定义之前,坐标系都是“Unkown”(未知)。还可以点击图2-5所示按钮,导入自定义的坐标系统。

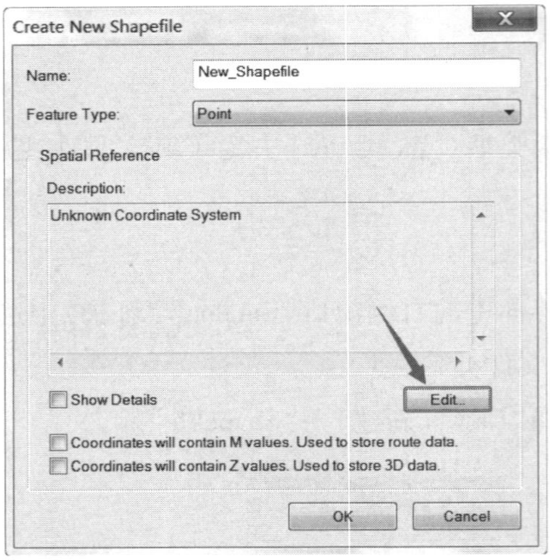

图2-4

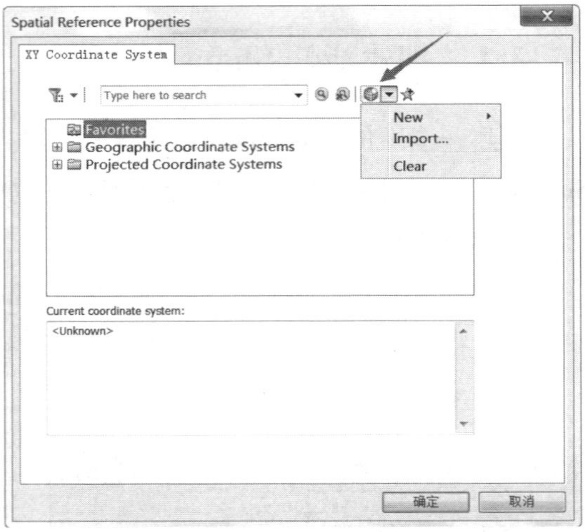

图2-5

⑤单击“OK”(确定),Shapefile文件创建完成。

2.2 创建新的dBASE表

dBASE表是ArcGIS软件中记录地理信息数据的表格文件类型,通常Shapefile文件会包含一个同名的dBASE表格,单独创建的dBASE表格将方便我们进行大量地理数据信息的录入、存储与交换。dBASE表创建步骤如下:

在Catalog中,右键选择目标文件夹,选择“New”(新建)→“dBASE Table”(dBASE表),如图2-6所示。

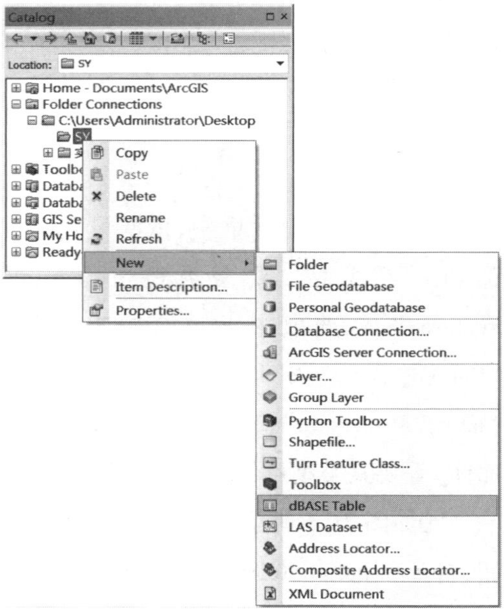

图2-6

ArcMap完成创建dBASE表的操作后,选中新创建的dBASE表双击左键或者右键单击dBASE表→“Properties”(属性),如图2-7所示,可以打开dBASE表的属性设置窗口,在此处可以输入dBASE表的名称(Name)以及别名(Alias),如图2-8所示。

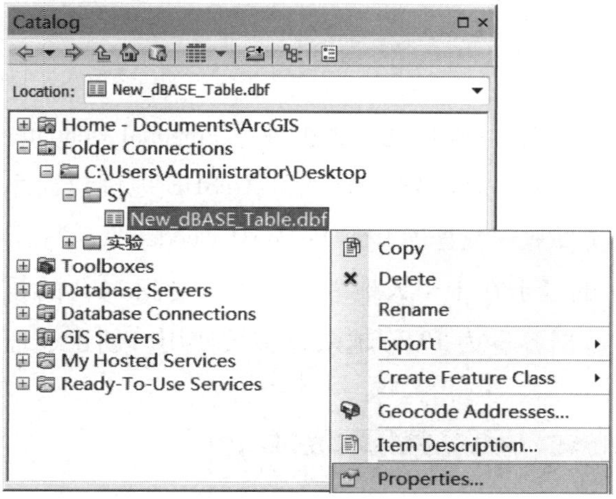

图 2-7

图 2-8

点击窗口上方的“Fields”(字段)按钮,即可进入 dBASE 表的字段设置,直接点击“Field Name”(字段名称)下方空白表格,即可直接录入字段名称。在“Data Type”(数据类型)中直接点击字段相对应的空白格处可以下拉菜单设置相对应的字段数据类型,如图 2-9 所示。

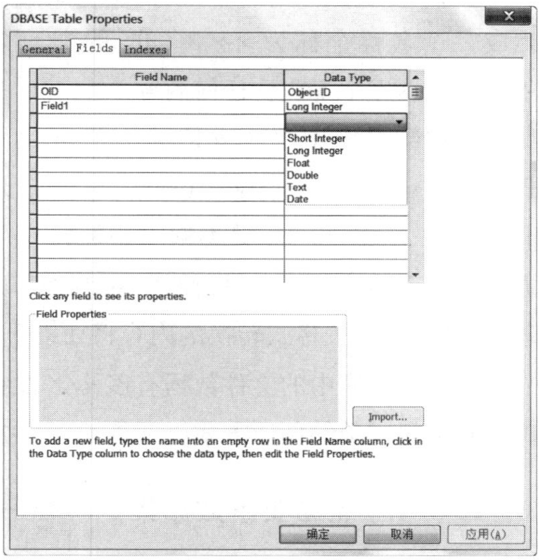

图 2-9

ArcGIS 中常见的数据类型:

Float(浮点型):1 个符号位、7 个指数位和 24 个小数位。

Double(双精度):1 个符号位、7 个指数位和 56 个小数位。

Short Integer(短整型):1 个符号位、15 个二进制位,大约在 -32000 ~ 32000。

Long Integer(长整型):1 个符号位、31 个二进制位,大约在 -2000000000 ~ 2000000000。

Text(文本):数字字符存储为字节。

Date(日期):日期值基于标准时间格式存储。

BLOB:复杂对象,如影像和视频。

可根据数据录入需要来选择相应的符合要求的数据类型。

2.3 创建新的 Geodatabase

借助 ArcCatalog 可以建立两种地理信息数据库：本地地理数据库（“Personal Geodatebase”（个人地理数据库）、“File Geodatebase”（文件地理数据库））和 ArcSDE 地理数据库（空间数据库连接）。“File Geodatabase”（文件地理数据库）和“Personal Geodatabase”（个人地理数据库）都是本地地理数据库，唯一的区别在于个人地理数据库会受到 2GB 的数据容量制约。所以文件地理数据库（最大数据容量为 1TB）越来越多被使用。创建地理信息数据库步骤如下：

启动 ArcCatalog，在目录树中选择目标文件夹右键单击，选择“New”（新建）→“File Geodatebase”（文件地理数据库），输入名称，如图 2-10 所示。将生成一个名称全称为 ×××.gdb 的文件。该数据库中不包含任何内容。

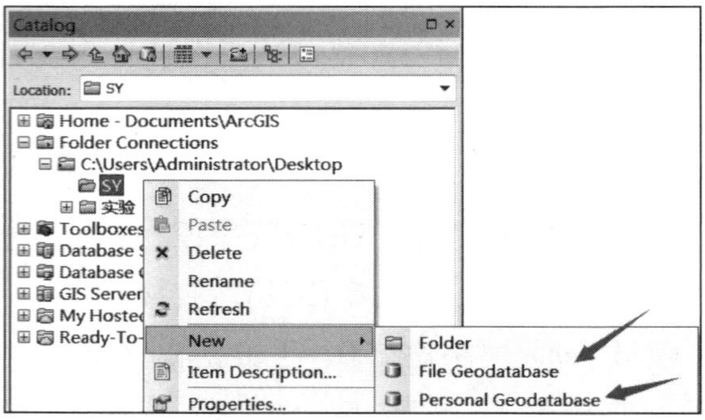

图 2-10

地理数据库中主要支持的文件格式有：Shapefile、Coverage、INFO 表和 dBASE 表、CAD、Raster 等类型。如果数据不符合上述格式要求，可使用 ArcToolbox 中的工具进行数据格式的转换，再加载到地理数据库中，有关格式转换的内容将在第 5 章中详细阐述说明。

地理数据库中的文件数据有多元化的组织和归类方式，接下来将介绍几种地理数据库的基本组成项的创建方式以及将地理数据导入地理数据库中的有关操作。

2.3.1 建立要素数据集

要求：明确空间参考（空间坐标系统和坐标值的范围）；数据集中所有要素类的所有要素使用相同的坐标系统，所有要素类的所有要素坐标必须在坐标值域范围内。创建步骤：

①启动 ArcCatalog，如图 2-11 所示，在 ArcCatalog 目录树中，在已经建立好的 Geodatabase 上单击右键，选择“New”（新建）→“Feature Data-

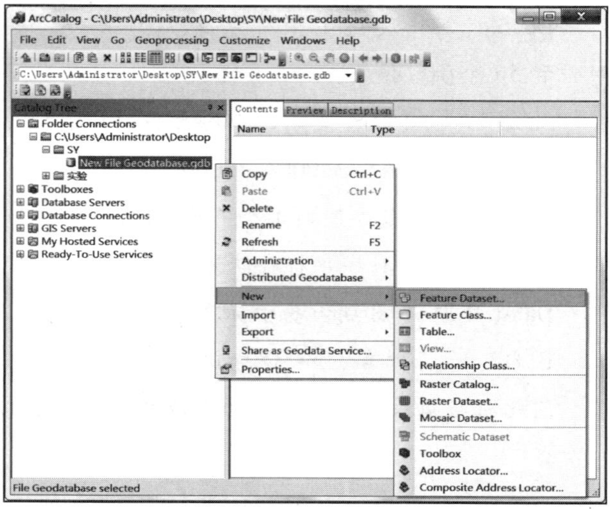

图 2-11

set”(要素数据集),打开“New Feature Dataset”(新建要素数据集)对话框。

②打开新窗口,如图 2-12 所示,设置要素数据集名称(中间不能加空格,否则会被识别为无效字符),点击“Next”(下一步),弹出“Geographic Coordinate”(地理坐标系)对话框,如图 2-13 所示。可以选择系统提供的,也可以使用自己定义的空间参考。

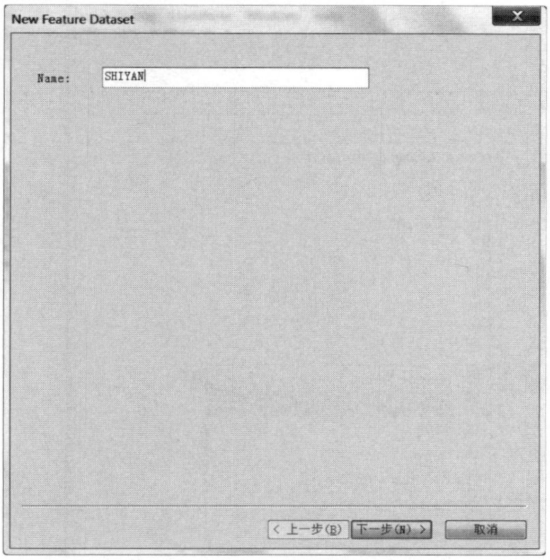

图 2-12

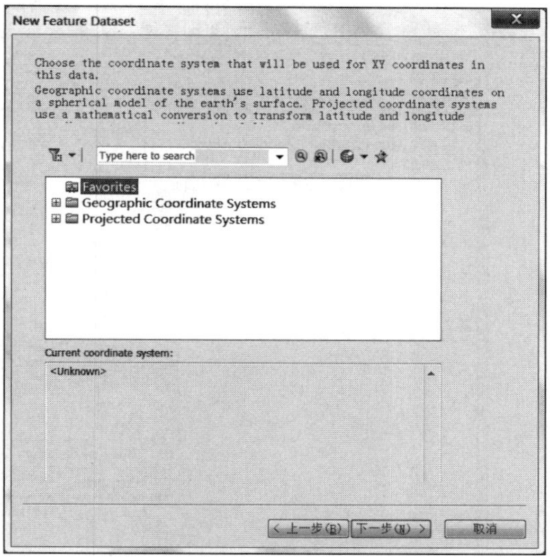

图 2-13

③单击“Next”(下一步),如图 2-14 所示,分别设置 XY、Z、M 值的容差。XY、Z 值分别表示要素的平面坐标和高程坐标的范围域,M 值是一个线性参考值,代表一个有特殊意义的点,要素的坐标都是以 M 为基准标识的。

④点击“Finish”(完成),完成要素数据集的建立。

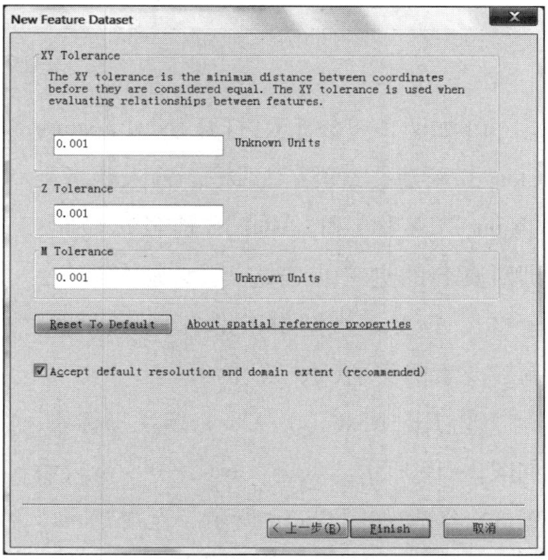

图 2-14

2.3.2　建立要素类

要素类分为简单要素类和独立要素类。简单要素类存放于要素数据集中,使用要素数据集的坐标,不需要重新定义空间参考;独立要素类存放在数据库中的要素数据集之外,必须定义空间参考坐标。

建立上述两种要素类的步骤方法类似,不同的是创建位置不同且独立要素类需要重

新定义自己的空间参考坐标系统和坐标值域。这里以创建简单要素类为例,创建步骤如下:

①在 ArcCatalog 目录树中,在新建的要素数据集上单击右键,选择“New”(新建)→“Feature Class”(要素类),如图 2-15 所示。

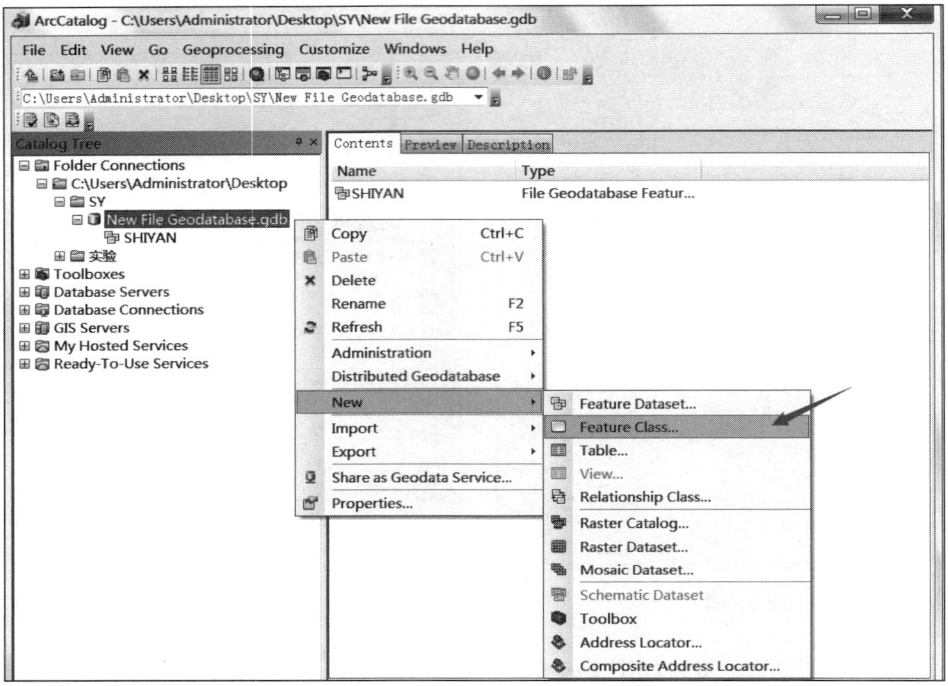

图 2-15

②如图 2-16 所示,打开“New Feature Class”(新建要素类)对话框。输入要素类“Name”(名称)和“Alias”(别名)。别名即对真名的进一步描述,定义别名后,要素将在 ArcMap 视图中以别名显示。制定新建要素的类别(点、线、面等)。

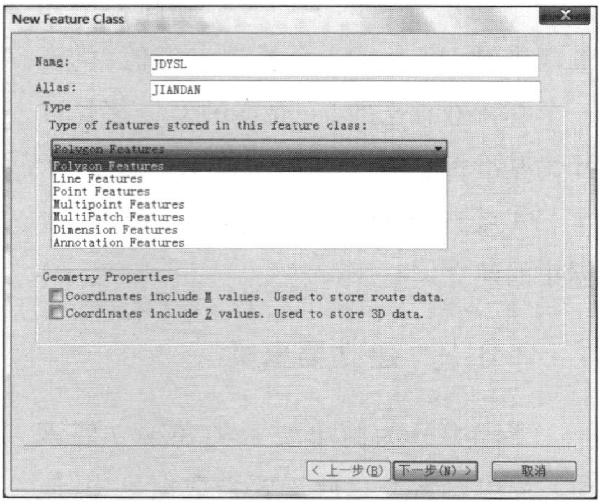

图 2-16

③点击“Next”(下一步),定义坐标系,如图 2-17 所示。点击“Next”(下一步),设置 XY 容差,如图 2-18 所示。点击“Next”(下一步),配置关键字,如图 2-19 所示。点击“下一步”,如图 2-20 所示。在简单要素类中,OBJECTID 和 SHAPE 字段是必需字段。OBJECTID 是要素的索引,SHAPE 是要素的几何图形类别,如点、线、多边形等。

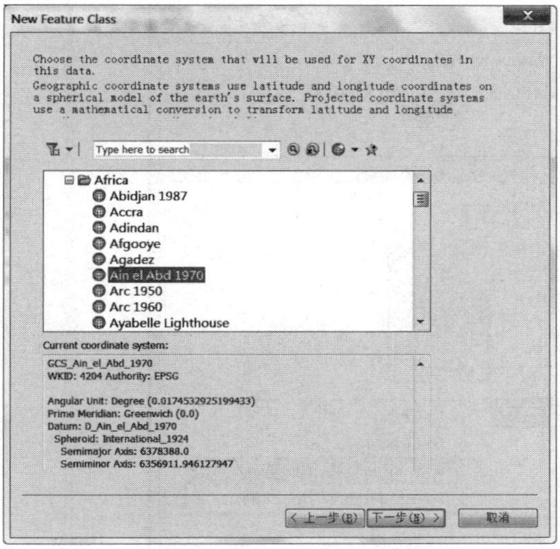

图 2－17

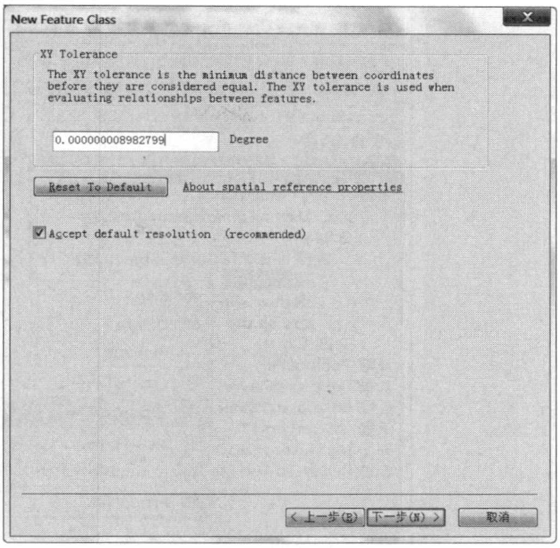

图 2－18

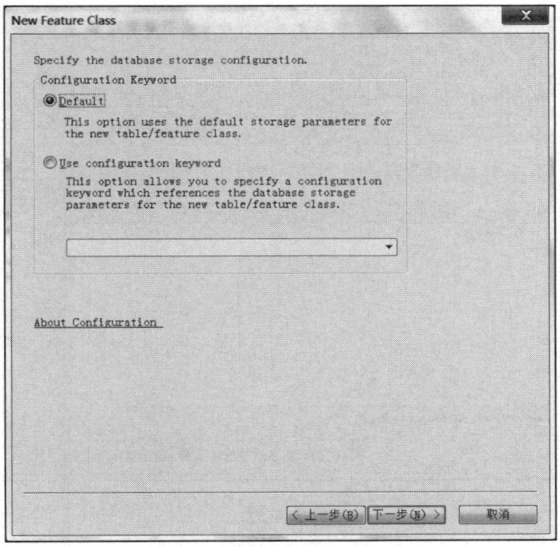

图 2－19

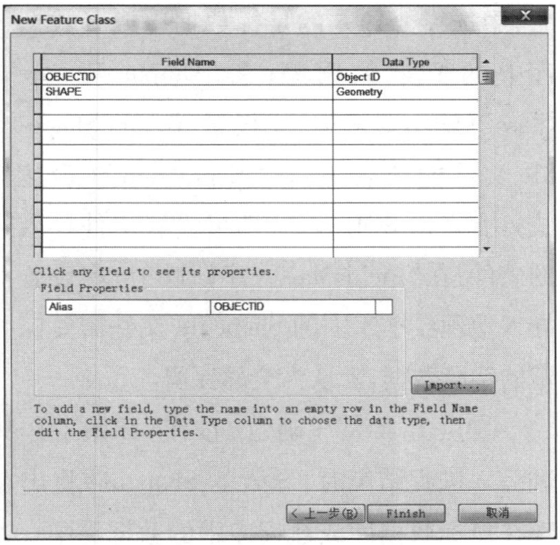

图 2－20

④单击“Finish”(完成),此时,数据集中新生成了一个简单要素类。

2.3.3　导入 Shapefile

①在 ArcCatalog 目录树中,右键单击想要导入的地理数据库的 Shapefile 文件,选择“Export”(导出)→“To Geodatabase(single)”(转出至地理数据库(单个))。如果想导入多个 Shapefile 文件可选择“To Geodatabase(multiple)”(转出至地理数据库(批量)),如图 2－21 所示。

②打开“Feature Class to Feature Class”(要素类至要素类)对话框。如图 2－22 所示,在“Input Features”(输入要素)中选择要导入的 Shapefile 文件;在“Output Location”(输出位

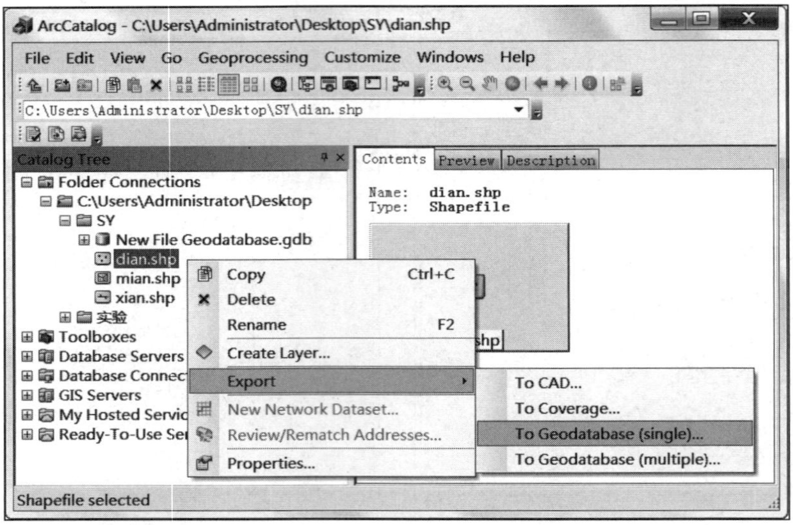

图 2-21

置)中选择要导入的目标数据库或者数据库中的要素数据集；在"Output Feature Class"(输出要素类)中设置导入的 Shapefile 文件的新名称；在"Expression"(表达式)中，点击 SQL 按钮，即可设置文件导入的条件；在"Field Map"(字段映射)中设置导入地理数据库中的 Shapefile 文件需要保留的字段数据，默认为全部保留。

③点击"OK"(确定)按钮，开始工作进程。进程结束时，导入的 Shapefile 将出现在目标数据库或数据库中的数据集中。

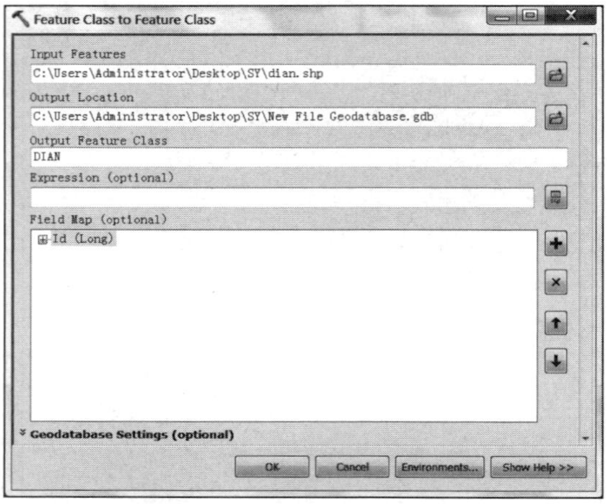

图 2-22

大部分数据导入操作与该操作大同小异，在此不再赘述。

2.4 本章小结

本章实验主要介绍了 ArcGIS 中基本文件的创建方式以及保存到数据库及要素类的相关基础操作。需要注意的是，为了方便操作以及提高效率，绝大部分 ArcCatalog 中的操作都可以在 ArcMap 界面中实现。灵活使用 Catalog 中的功能，将大大提高我们的工作效率。

第3章

ArcMap中的数据编辑

3.1　准备步骤

3.2　图形创建与编辑

3.3　属性编辑

3.4　本章小结

3.1 准备步骤

在开始进行数据编辑之前，通常需要进行下列五个步骤：

①打开 ArcMap，加载地图数据。单击“File”（文件）→“Add Data”（添加数据），选择需要加载的地图数据。

②打开编辑工具，在 ArcMap 的上方选择“Customize”（自定义）→“Toolbars”（工具条）→“Editor”（编辑器），如图 3－1 所示。选择“Editor”（编辑器），出现编辑工具条，如图 3－2 所示。

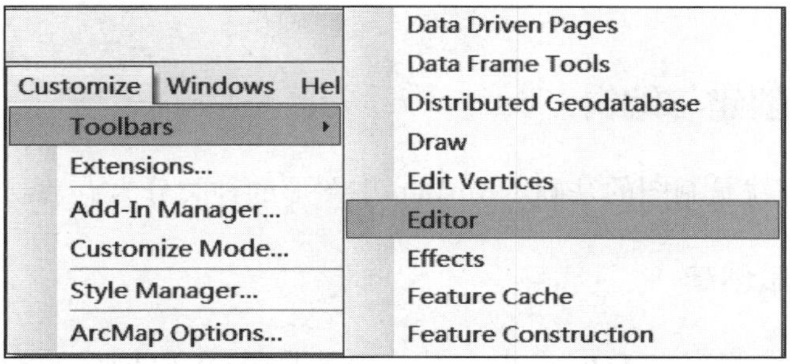

图 3－1

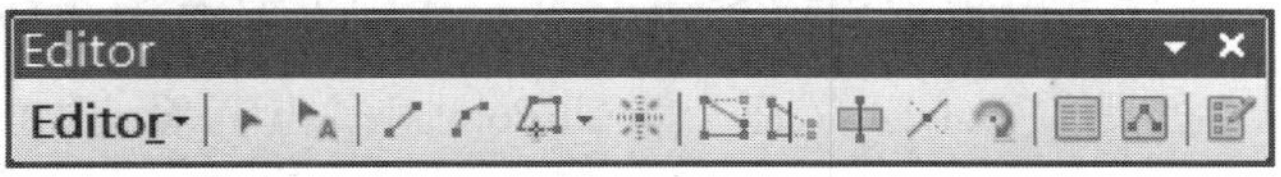

图 3－2

③进入编辑状态。如图 3－3 所示，点击编辑器工具条中的“Editor”（编辑器），选择“Start Editing”（开始编辑），使数据层进入编辑状态。此时，编辑器工具条相关操作选项被激活，如图 3－4 所示。

图 3－3

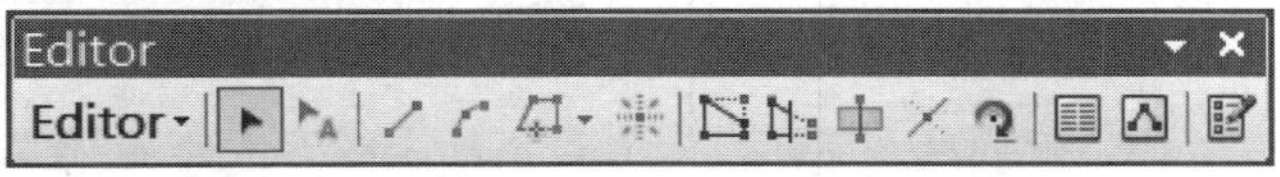

图 3－4

④此时可以开始进行数据编辑。

⑤结束数据编辑。如图 3－5 所示，选择“Stop Editing”（停止编辑），选择保存编辑结果，不选择保存则之前编辑结果不被保存，图像将保持编辑前状态。

图 3－5

3.2 图形创建与编辑

基本图形的创建是制图的基础。ArcMap 中图形的种类分为点、线、面。

3.2.1 图形创建

①在 ArcMap 右侧窗口 Catalog 中右键单击选择目标文件夹，选择“New”（新建）→“Shapefile”，弹出 Shapefile 设置窗口，选择图形种类，如图 3－6 所示。依次创建三种 Shapefile 文件（文件数量可以根据需要创建多个），分别设置名称和种类。种类依次为 Point（点）、Polyline（折线）、Polygon（面）、MultiPoint（多点）、MultiPatch（多面体），如图 3－7 所示。

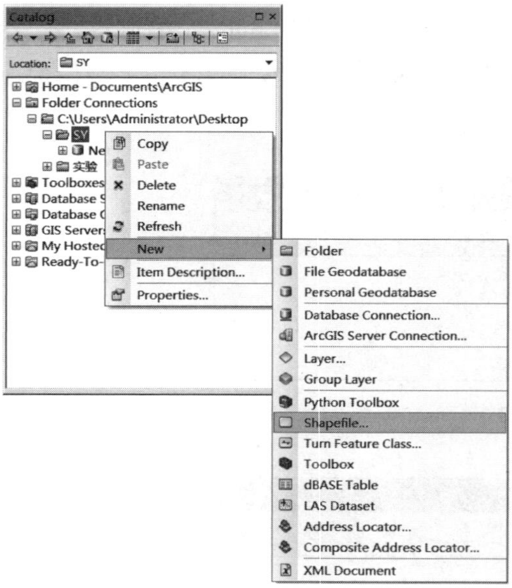

图 3－6

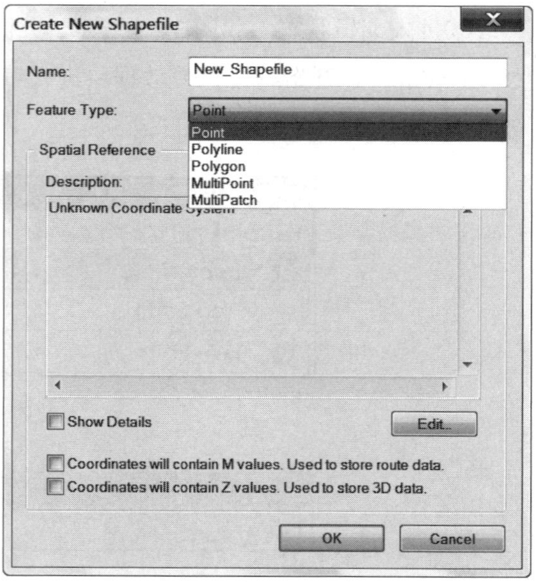

图 3－7

②此时,三个图层数据自动加载到 ArcMap 中,如果没有加载,请自行加载。勾选三个图层数据。打开编辑器工具条,选择开始编辑,激活编辑器工具条。如图 3-8 所示,此时编辑器工具条为半灰色半彩色状态。

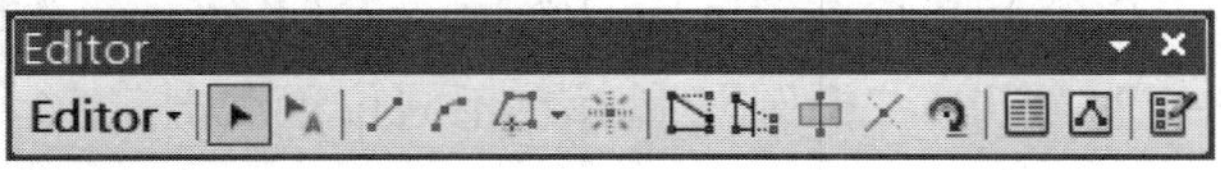

图 3-8

③如图 3-9 所示,点击"Create Features"(创建要素)按钮,弹出创建要素窗口。

图 3-9

④如图 3-10 所示,点击图示窗口上方的"dian",下方构造工具窗口中弹出两个选项:一个是"Point"(点(即随意标点)),另一个是"Point at end of line"(线末端的点(即为画点过程中有折线辅助)),两个选项都只能创建点要素。单击鼠标标点,双击鼠标即保存当前编辑好的图像。之后的图像保存方式都与上述相同。

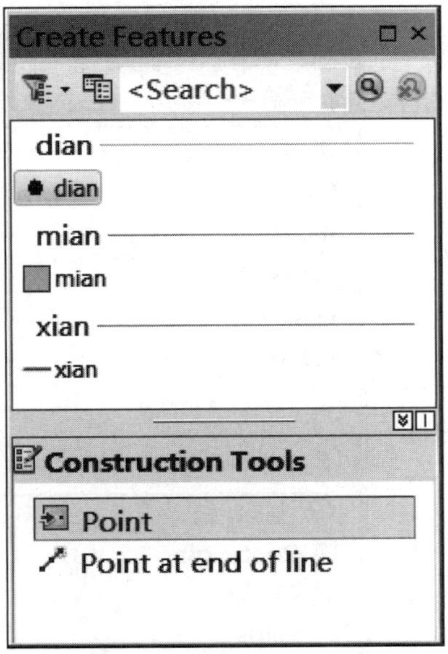

图 3-10

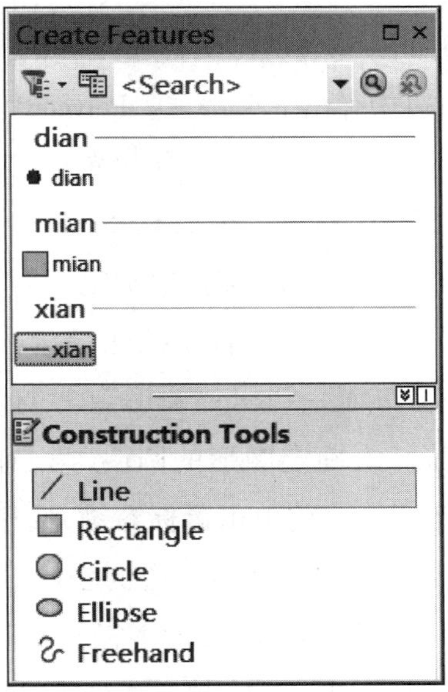

图 3-11

⑤如图 3-11 所示,点击上方的"xian",下方构造工具窗口中弹出五个选项:Line"线"(直接画折线,鼠标在不同位置点击两次,确定线的两个端点)、Rectangle"矩形"(鼠

标在不同位置点击三次，前两次确定矩形的长，最后一次确定矩形的宽，画图过程中按住键盘上 Shift 按键，则会出现正方形线）、Circle“圆形”（鼠标在不同位置点击两次，第一次确定圆形的圆心，第二次确定圆形的半径，在第二次点击鼠标之前单击鼠标右键，选择“Absolute X，Y”（绝对 X，Y），可以编辑圆心的坐标，选择“Radius”（半径），可以编辑准确的圆形半径，见图 3－12）、Ellipse“椭圆”（鼠标在不同位置点击三次，第一次确定椭圆的圆心，第二次确定椭圆的一条轴，第三次确定椭圆的另外一条轴，画图过程中按住键盘上 Shift 按键，则会出现正圆形线。在画图过程中单击鼠标右键，出现额外设置，“Absolute X，Y”（绝对 X，Y）为椭圆圆心的坐标，“Radius”（半径）为椭圆的长轴和短轴的长度精确设置，“Direction”（方向）为设置了第一个点之后椭圆的方向，“Define From Center”（从中心定义设置）即椭圆形状时候以圆心为中心的设置，见图 3－13）、“Freehand”（手绘）（根据鼠标滑行轨迹来画图）。

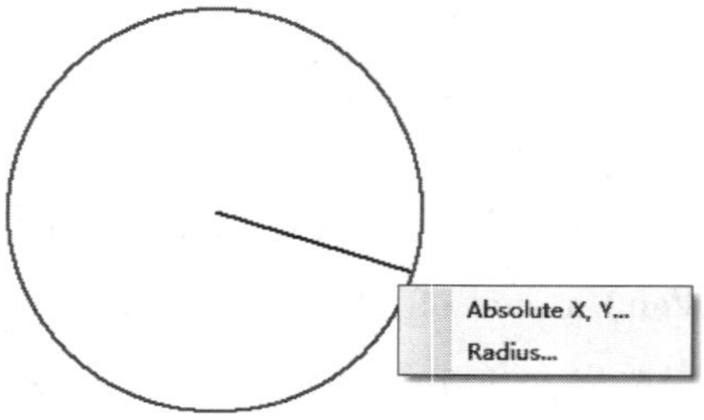

图 3－12

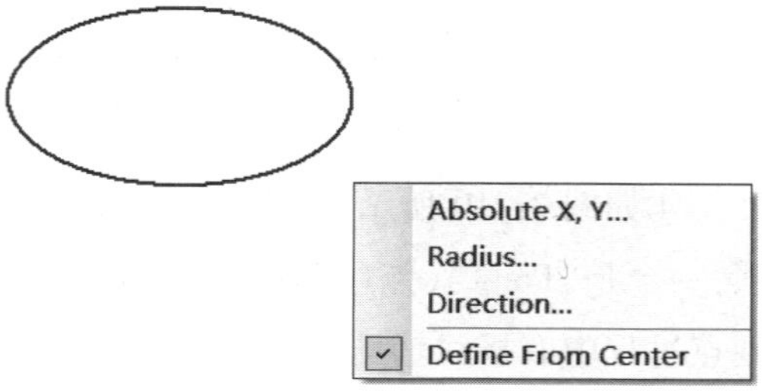

图 3－13

⑥如图 3－14 所示，点击上方的“mian”，下方构造工具窗口中弹出七个选项。Polygon“面”（鼠标至少三次以上在不同位置点击，前两次确定一条线，之后确定另外一个点，围成一个面）、Rectangle“矩形”（鼠标在不同位置点击三次，前两次确定矩形的长，最后一次确定矩形的宽，画图过程中按住键盘上 Shift 按键，则会出现正方形面）、Circle“圆形”（鼠标在不同位置点击两次，第一次确定圆形的圆心，第二次确定圆形的半径，在第二次之前单击鼠标右键，选择“Absolute X，Y”（绝对 X，Y），可以编辑圆心的坐标，选择“Radius”（半径），可以编辑准确的圆形半径）、Ellipse“椭圆”（鼠标在不同位置点击三次，第一次确定椭圆的圆心，第二次确定椭圆的长轴，第三次确定椭圆的短轴，画图过程中按住键盘上 Shift 按键，则会出现正圆形面。在画图过程中单击鼠标右键，出现额外设置，“Absolute X，Y”

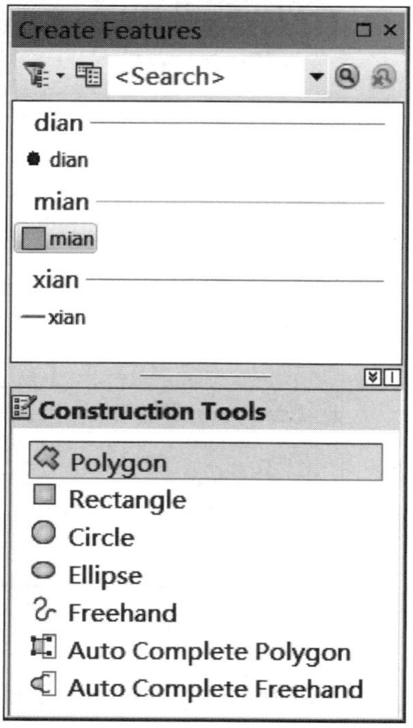

图 3－14

（绝对 X，Y）为椭圆圆心的坐标，“Radius”（半径）为椭圆的长轴和短轴的长度精确设置，“Direction”（方向）为设置了第一个点之后椭圆的方向，“Define From Center”（从中心定义设置）（即椭圆形状时候以圆心为中心的设置，如图 3 – 15 所示）、“Freehand”（手绘）（鼠标滑动轨迹即为形成面的边界，注意开始和结束的时候必须为同一个点，即轨迹必须围成一个闭合面）。

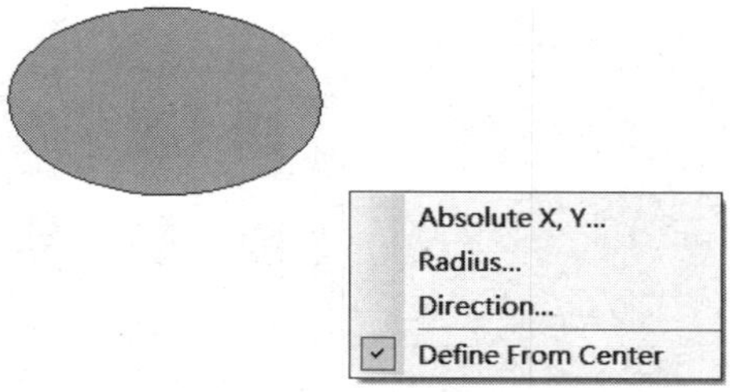

图 3 – 15

⑦如图 3 – 16 所示，依次在 ArcMap 左侧目录列表下方点击箭头所示图例按钮，可以对同一图层内创建的图形进行图像的颜色和轮廓边界线设置（注：同一图层中的图斑样式都是一样的，如需要不同样式的图斑，则需要创建新的图层并设置不同的样式）。点状、线状、面状图形样式设置界面分别见图 3 – 17、图 3 – 18、图 3 – 19。

图 3 – 16

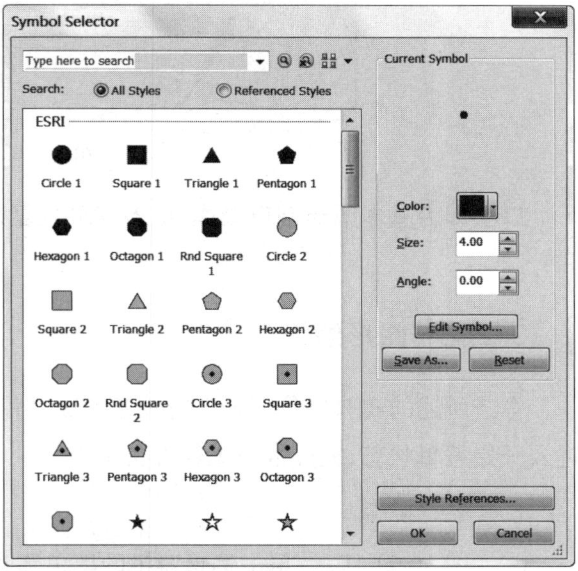

图 3 – 17　点状图形样式设置界面

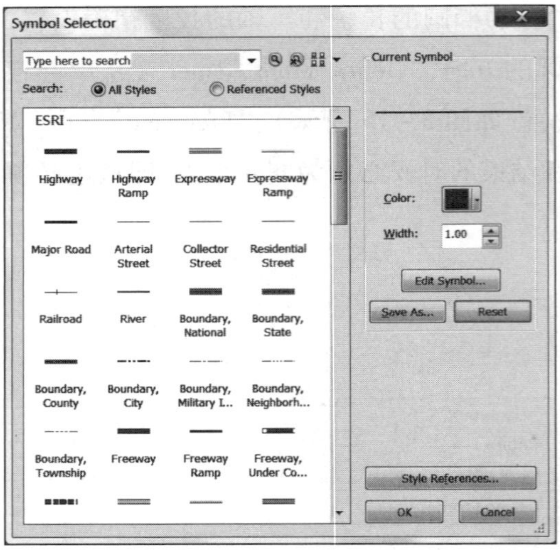

图 3-18　线状图形样式设置界面

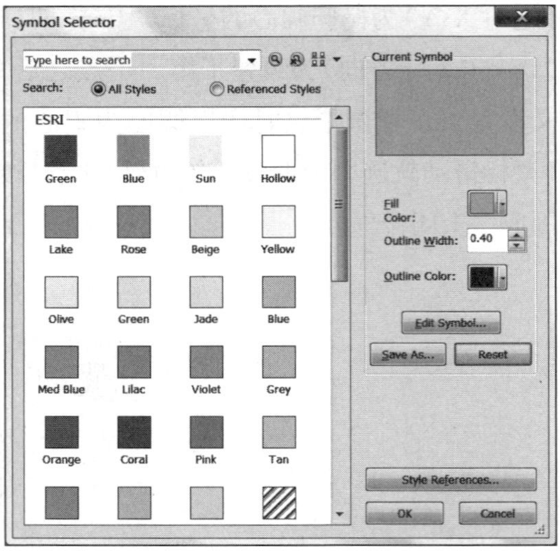

图 3-19　面状图形样式设置界面

⑧如需要删除图形,点击编辑器工具条中的箭头(见图 3-20),点击选中需要删除的图形,按键盘"Delete"按键,即可删除。

图 3-20

以上即为基本图形创建操作,更多高级且复杂的绘图制图操作将会在之后进行阐述和介绍。

3.2.2　图形编辑

本节所述的实验操作需要自行创建数据。依次加载数据并且打开编辑器工具条,并进入开始编辑状态,完成数据编辑准备工作。

(1)平行复制

①如图 3-21 所示,单击编辑器中的黑色箭头按钮,选中需要复制的线要素(选中要素会变为蓝色),点击编辑器倒三角符号,下拉菜单中选择"Copy Parallel"(平行复制),弹出平行复制的设置窗口。

②如图 3-22 所示,单击"Template"(模板),设置形成的线要素所在的图层,同时规定了新复制生成的线要素的相关样式;输入"Distance"(距离),单条线要素复制设置中数值的正负表示要素的复制方向;在"Side"(侧)中可选"Left"(左侧)、"Right"(右侧)和

“Both”（两侧），设置平行复制的图形在原图形的相对位置，注意线要素的箭头代表了图像的正面朝向，以其箭头方向为基准来判断图像左右；在“Corners”（拐角）中设置复制线要素的拐角样式，可选择“Beveled”（斜面角）、“Mitered”（斜接角）和“Rounded”（圆角）。单击“OK”（确定），即可完成不同（或相同）的数据层之间平行线的复制。

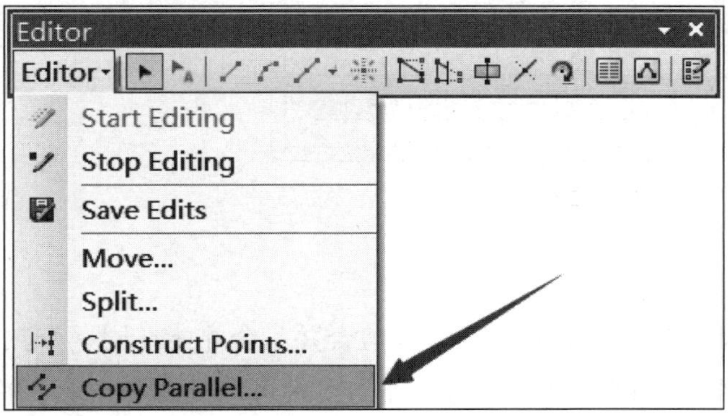

图 3－21

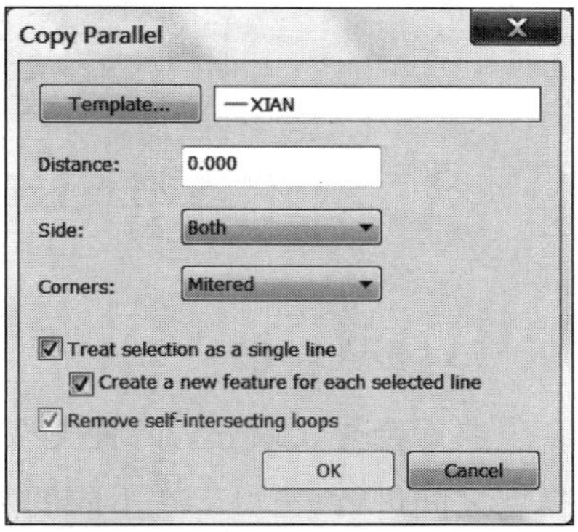

图 3－22

注：这项功能通常用于街道的绘制，通过先绘制单条线段，再使用平行复制功能，可快速地完成道路矢量要素的创建和绘制。

（2）缓冲区创建

①如图 3－23 所示，单击编辑器中的黑色箭头按钮，在图形窗口中选择要生成缓冲区的要素，在编辑器下拉菜单中选择“Buffer”（缓冲区），打开缓冲区的设置窗口。

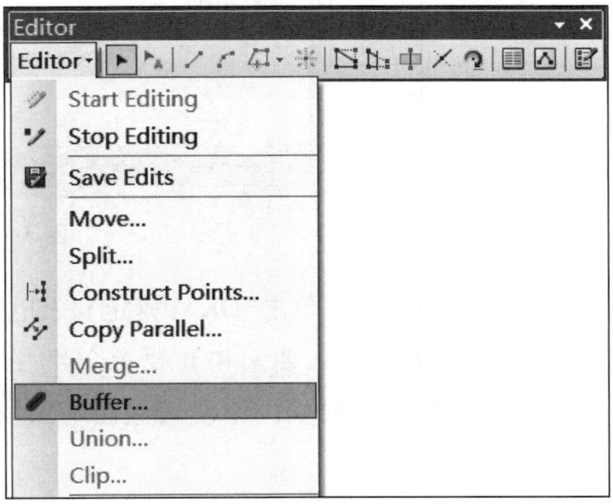

图 3－23

②如图 3－24 所示，单击“Template”（模板）按钮，选择生成的缓冲区所要放置的图层（线或者多边形类型），如果该处设置为线状要素模板，则缓冲区是由单线围成的封闭图形，其缓冲区显示为面，但不是面要素而是线要素；在“Distance”（距离）输入生成缓冲区的距离

(按照地图单位),点击“OK”(确定)完成数据层之间缓冲区的创建。

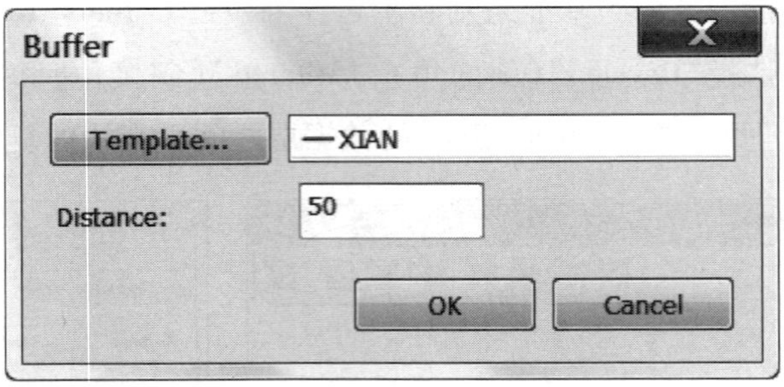

图 3-24

(3)要素合并

要素合并大致分为两种类型,即要素空间合并和要素裁剪合并。合并能在同一个数据层之间进行,也可以在不同的数据层之间进行。参与合并的要素可以是相邻要素,也可以是分离要素,但是只有相同图形类型的要素才可以合并。合并过程如下:

①如图 3-25 所示,单击编辑器中的黑色箭头按钮,在图形窗口选择需要合并的(两个或者两个以上的)要素,在编辑器下拉菜单中,选择“Merge”(合并)。

②弹出“合并”对话框,如图 3-26 所示。

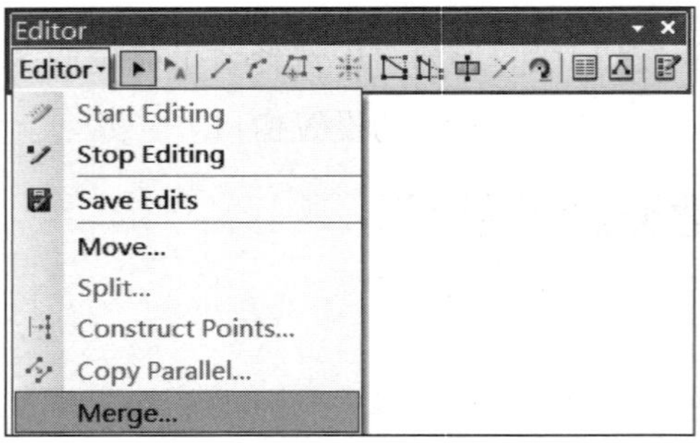

图 3-25

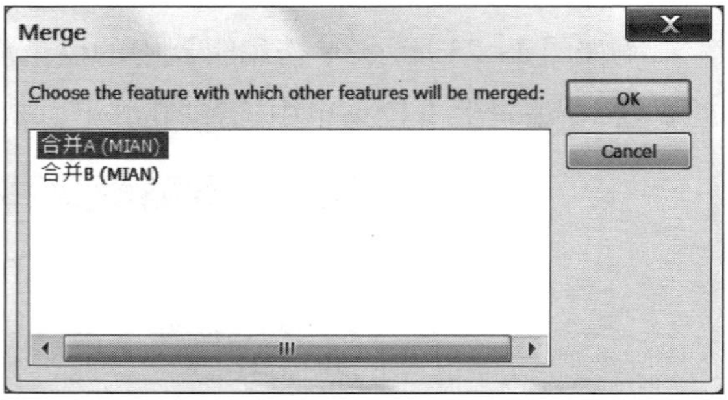

图 3-26

③选择其他要素要与之合并的主要素,单击“OK”(确定)按钮,合并操作将自动把被选择要素的属性赋给合并后的新要素。即 A 要素和 B 要素合并,在图 3-26 所示窗口中选择 A,则合并后的要素的属性将保留 A 要素的字段属性而不保留 B 要素的字段属性,反之亦然。

(4)要素联合

联合操作可以完成不同要素的空间合并,所选要素可以来自不同图层,但图层的要素类型必须相同。无论要素是相邻还是分离,都可以合并生成一个新要素。联合操作过程如下:

①如图 3-27 所示,单击编辑器中的黑色箭头按钮,在图形窗口选择需要合并的(两

个或者两个以上的且要素类型相同的）要素，在编辑器下拉菜单中，选择“Union”（联合）。

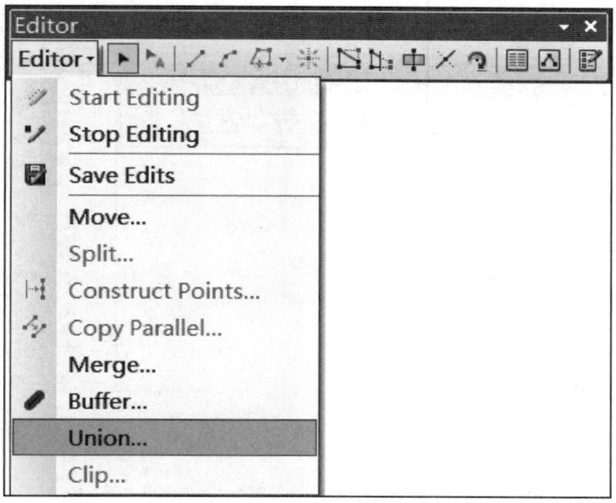

图 3－27

②弹出“Union”（联合）设置对话框，如图 3－28 所示。点击“Template”（模板）按钮，选择要合并的新要素所属的目标数据层。点击“OK”（确定），完成联合。

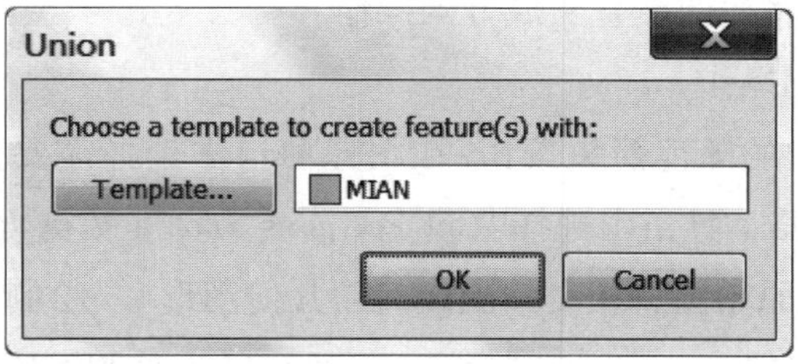

图 3－28

Union（联合）和 Merge（合并）的区别：操作完成后，联合将形成新的图斑，合并不会形成新的图斑。

（5）要素分割操作

ArcMap 编辑工具可以分割线要素和多边形要素。对线要素不仅可以在线上任何一点进行分割，也可以在离线的起点或终点一定的距离处分割，还可以按照线要素的百分比进行分割。多边形要素按照所绘制分割线进行分割。分割后的所有要素的属性值是分割前的属性值的复制。

①线要素分割步骤。

任意点分割要素：如图 3－29 所示，单击编辑器工具条中的黑色箭头按钮，在图像窗口中选择需要分割的线要素，单击工具条上按钮，在线要素上选择任意分割点，单击左键，线要素即按照分割点位置分为两段。

按照长度分割线要素：单击编辑器中的黑色箭头按钮，在图像窗口中选择需要分割的线要素。单击编辑器工具条倒三角符号下拉菜单，选择“Split”（分割），弹出分割窗口，如图 3－30 所示。

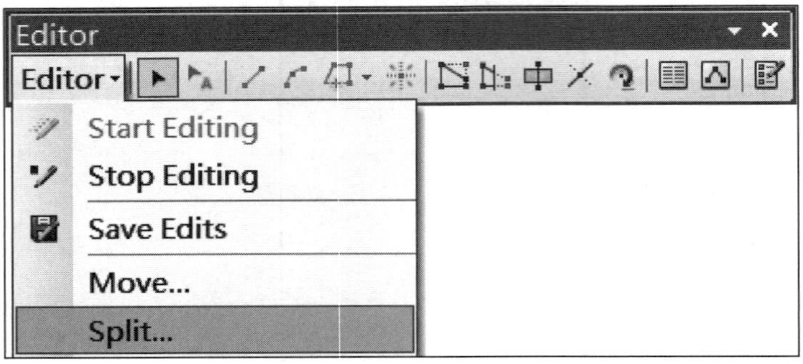

图 3－29

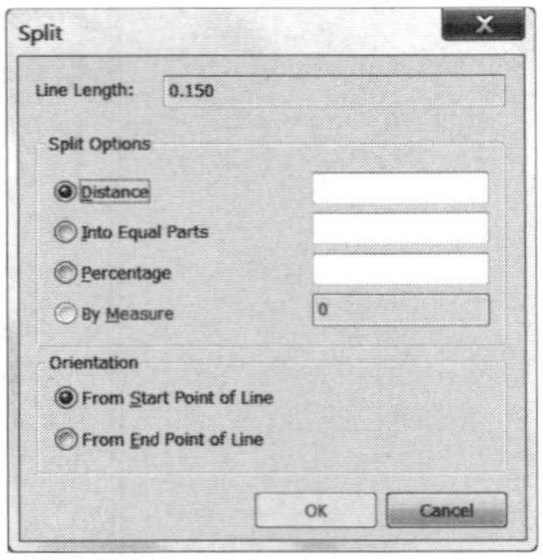

图 3－30

线长度（Line Length）即为选择的线要素长度，分割选项（Split Options）有三种，即分割方式：按照距离（Distance）分割、等部分（Into Equal Parts）分割、按照百分比（Percentage）分割。方向（Orientation）选项即从线要素的起点开始（From Start Point of Line）计算距离还是从终点开始计算距离（From End Point of Line）。设置好需要的分割方式之后，点击确定按钮，线要素将按照设置完成分割操作。

②多边形要素分割操作。

单击编辑工具条中的黑色箭头按钮，在图像窗口中选择需要分割的多边形要素，如图 3－31 所示，在编辑器工具条中选择“Cut Polygons Tool”（裁剪面工具），直接绘制分割曲线（分割曲线必须与原始图斑相交并围成封闭几何图形）。绘制完成后，双击鼠标左键或者单击鼠标右键选择“Finish Sketch”（完成草图），结束分割线绘制，原始面状图斑将按照绘制的分割线完成分割操作。

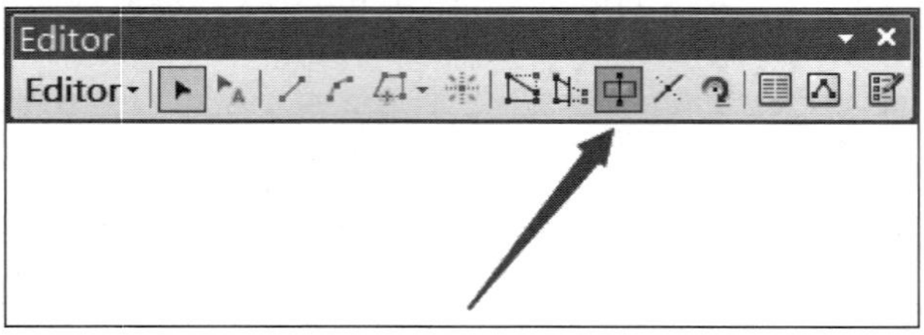

图 3－31

③线要素的延长和裁剪。

如图 3－32 所示，单击编辑器工具条倒三角符号下拉菜单，选择“More Editing Tools”（更多编辑工具）→“Advanced Editing”（高级编辑），弹出高级编辑工具条，如图 3－33 所示。

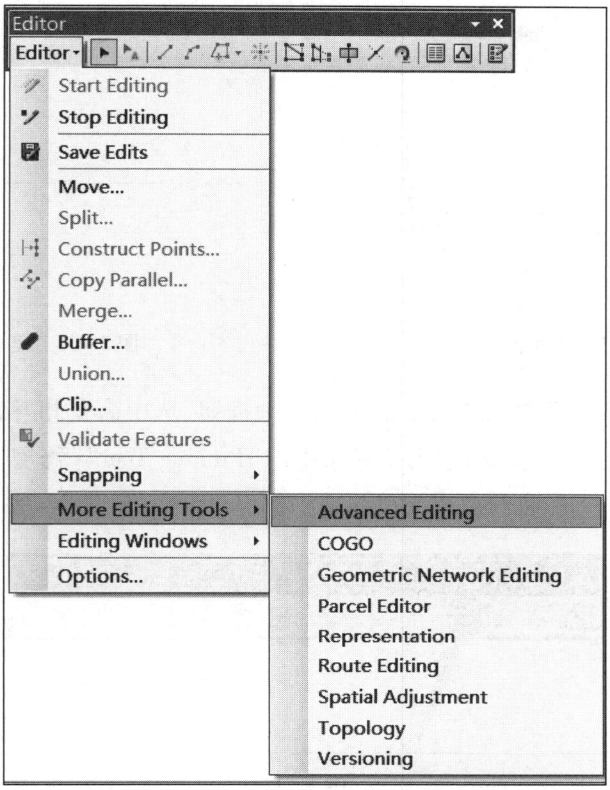

图 3－32

图 3－33

线要素延长：单击编辑工具条中的黑色箭头按钮，选择需要延长到目标位置的目标线段，单击高级编辑工具条中的“Extend Tool”（延伸工具），如图 3－34 所示。

图 3－34

选择需要延长的线段，此时线要素完成延长操作，延长到目标线段（见图 3－35、图 3－36）。

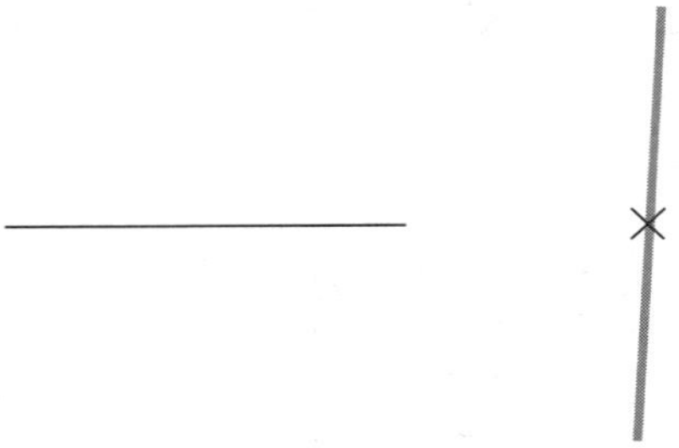

图 3 – 35　延长前

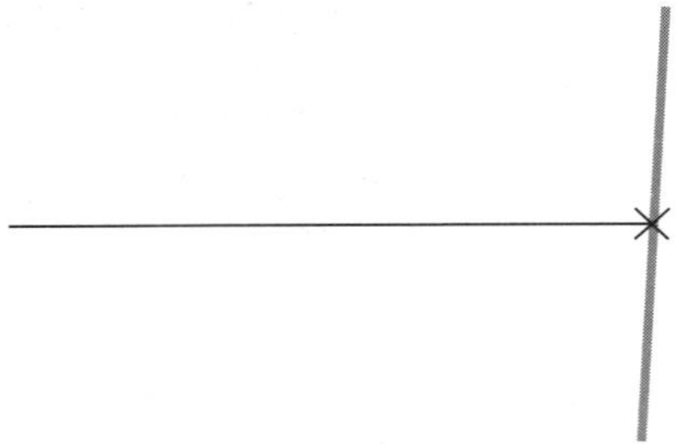

图 3 – 36　延长后

线要素裁剪：单击编辑工具条中的黑色箭头按钮，选中需要相互裁剪的两条目标线段。如图 3 – 37 所示，单击高级编辑工具条中的“Pruning Tool”（修剪工具），之后选择需要被裁剪掉的线段。此时，线要素完成裁剪操作（见图 3 – 38、图 3 – 39）。

图 3 – 37

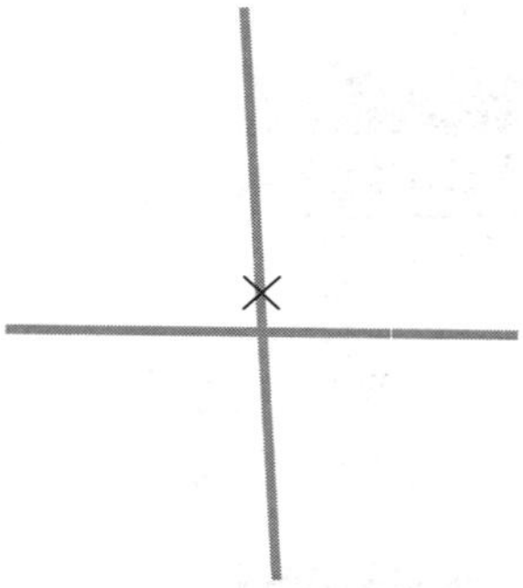

图 3 – 38　裁剪前

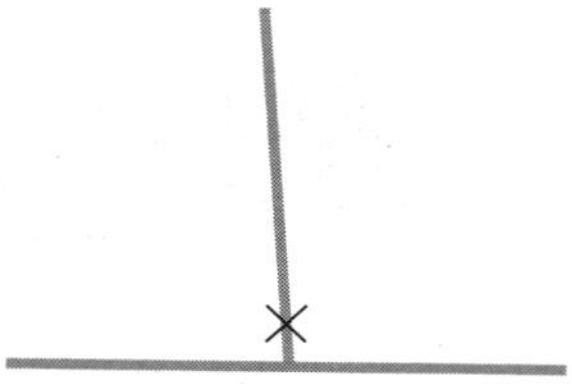

图 3 – 39　裁剪后

（6）要素的变形与缩放

①要素变形。

单击编辑工具条中的黑色箭头按钮，在图像窗口中选择需要修整的要素（线条或者多边形），如图 3 – 40 所示，在编辑器工具条中单击“Reshape Feature Tool”（整形要素工具）按钮。在图形中绘制一条草图线，双击鼠标左键保存。目标要素就会发生变形，如图 3 – 41 所示。

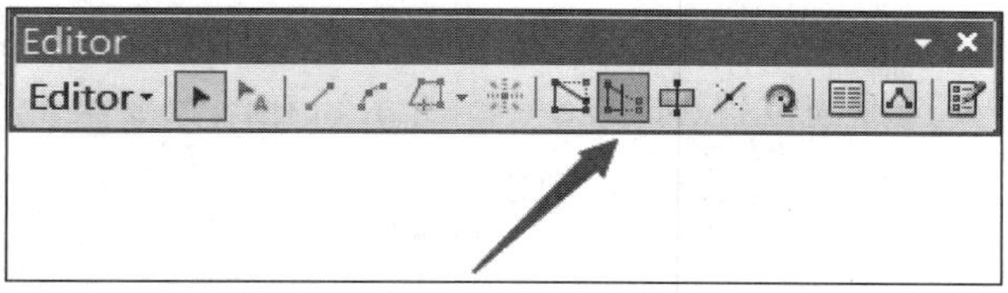

图 3－40

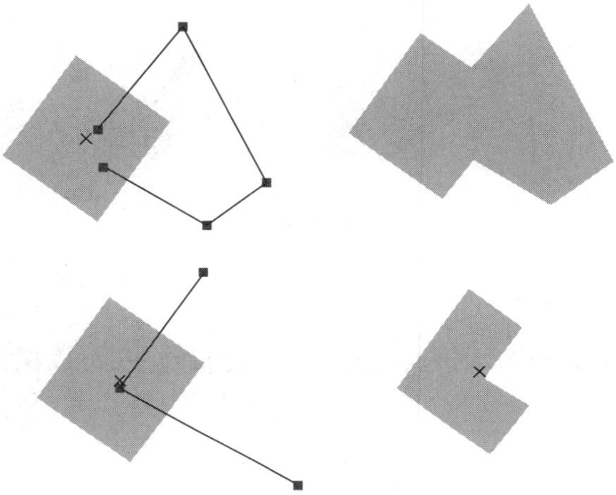

图 3－41

②要素缩放。

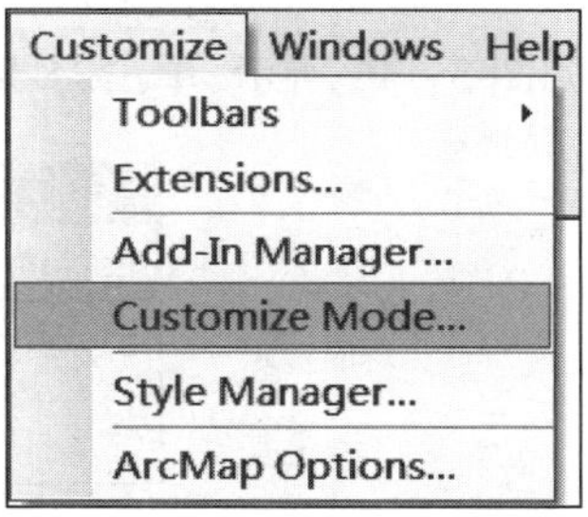

图 3－42

A. 添加缩放工具按钮。如图 3－42 所示，在 ArcMap 主菜单中选择“Customize”（自定义）→“Customize Mode”（自定义模式），打开“Customize”窗口。选择“Commands”（命令）选项卡，在类别中找到“Editor”（编辑器），选择“Scale”（比例），如图 3－43 所示。

B. 左键点击拖拽“Scale”（比例）工具到编辑器工具条中，如图 3－44 所示。

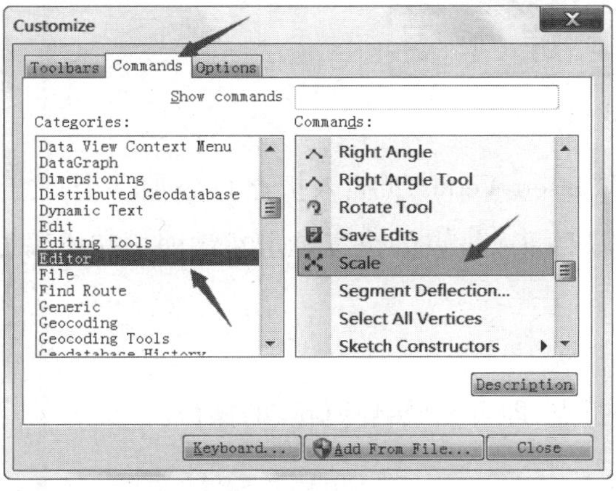

图 3－43

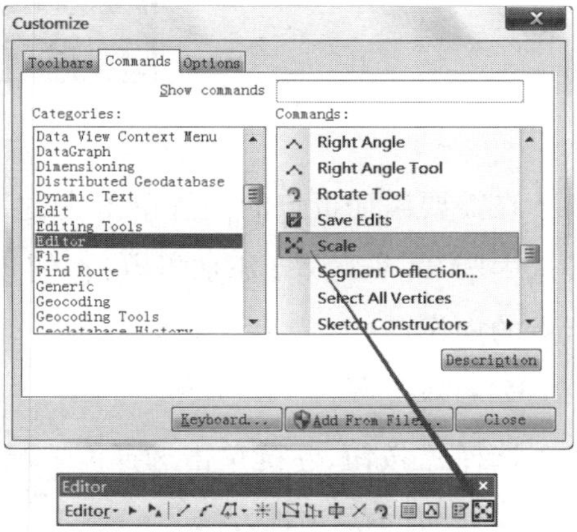

图 3－44

C. 单击编辑工具条中的黑色箭头按钮,在图像窗口选择需要缩放的要素(可多选)。单击✕,根据移动需要选择锚位置(如图3-45所示),在图像要素上按住鼠标左键拖动到合适的缩放尺寸,释放左键,完成要素缩放。

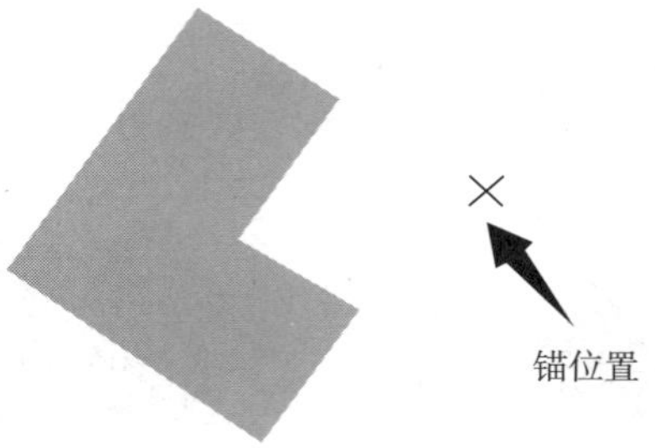

图3-45

(7)要素折点编辑操作

线要素和面要素都是由若干折点组成。在实际操作中,可以根据需要对折点进行相关的编辑操作。

①添加折点。

单击编辑工具条中的黑色箭头按钮,在图像窗口中选择需要添加折点的图形要素。如图3-46所示,单击"Edit Vertices"(编辑折点)按钮,弹出工具条,如图3-47所示。

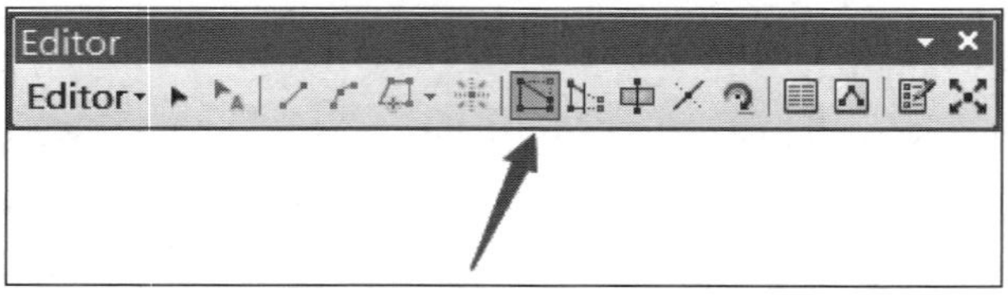

图3-46

图3-47

在需要添加折点的位置单击右键,选择"Insert Vertex"(插入折点),添加一个折点,或选中"Add Vertex"(添加折点)按钮,在需要插入折点的位置单击左键即可完成添加折点的操作。

②删除折点。

选择按钮,左键单击选择需要删除的折点,即可完成删除折点的操作。

③移动折点(4种方法).

A. 单击编辑器工具条上的按钮,双击折点所处位置。然后左键拖拽折点,将其放在目标位置。

B. 双击选中目标折点，在目标折点的位置上单击右键，选择“Move To”（移动至），在窗口中输入绝对坐标，按回车键，完成对折点的精确移动，如图 3－48、图 3－49 所示。

C. 双击选中目标折点，在目标折点的位置上单击右键，选择“Move”（移动），在打开的窗口中输入坐标增量，按回车键，完成折点的移动操作。

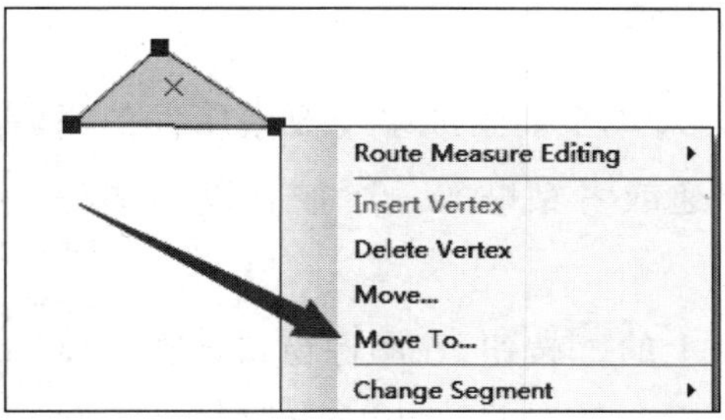

图 3－48

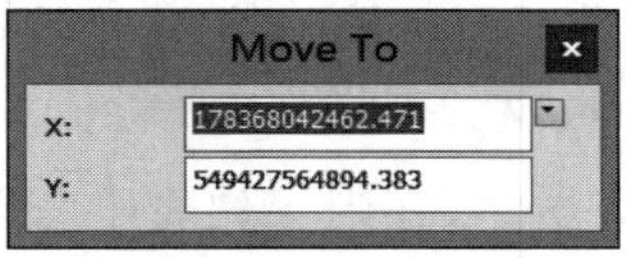

图 3－49

D. 如图 3－50 所示，在图像窗口中选择需要移动折点的图形要素，在编辑器下拉菜单中，选择“Options”（选项），打开“Editing Options”（编辑选项）窗口。勾选“Stretch geometry proportionately when moving a vertex”（移动折点时相应拉伸几何），点击“OK”（确定）保存设置，退出对话框，如图 3－51 所示。

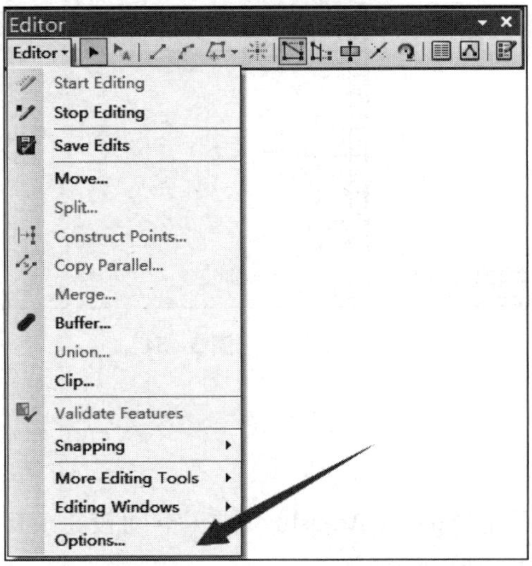

图 3－50

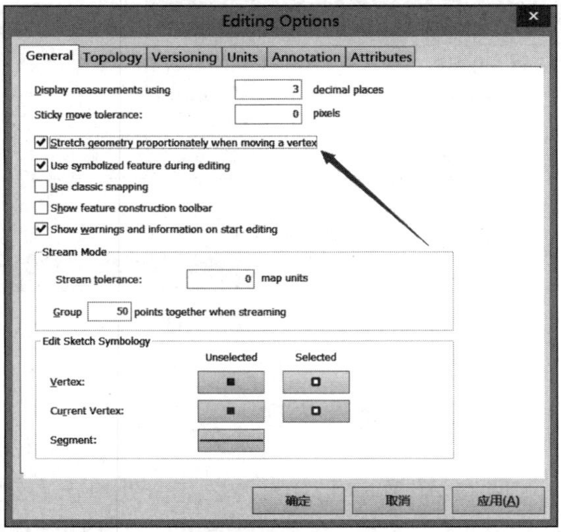

图 3－51

在目标折点位置按住左键，拖拽折点到新位置后释放左键，折点被移位，要素被拉伸，要素形状基本保持不变。

3.3 属性编辑

3.3.1 属性基本编辑

属性的基本编辑包括对单个要素或多个要素属性的添加、删除、修改、复制、传递或者粘贴等。通常有以下两种方式：

①单击编辑器工具条上的按钮，在图像窗口选择需要编辑属性的要素。单击鼠标右键，选择“Attributes”（属性），弹出“Attributes”（属性）窗口，如图3－52所示。

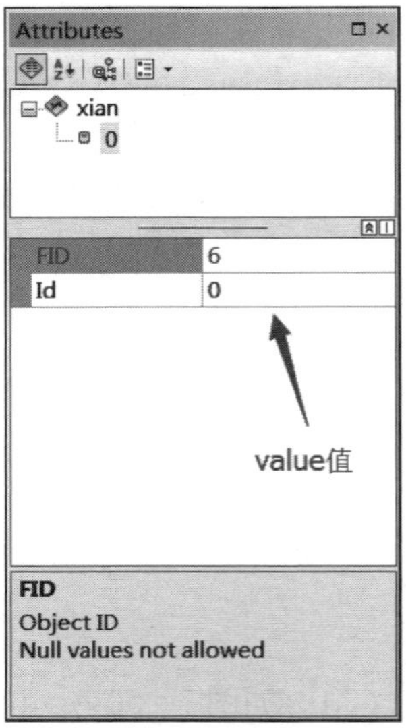

图3－52

在窗口中，上半部分窗口为选中的要素，下半部分为属性字段机器属性值，单击右侧的Value栏，可修改其属性值。

②在ArcMap中，如图3－53所示，在内容列表中右键单击需要编辑属性的数据图层，选择“Open Attribute Table”（打开属性表），打开该要素的属性表，点击“Table Options”（表选项）按钮，在关闭编辑状态下，可以进行添加字段、关联表、属性表导出等操作。在开启编辑状态下，可以直接编辑字段中的内容，如图3－54所示。

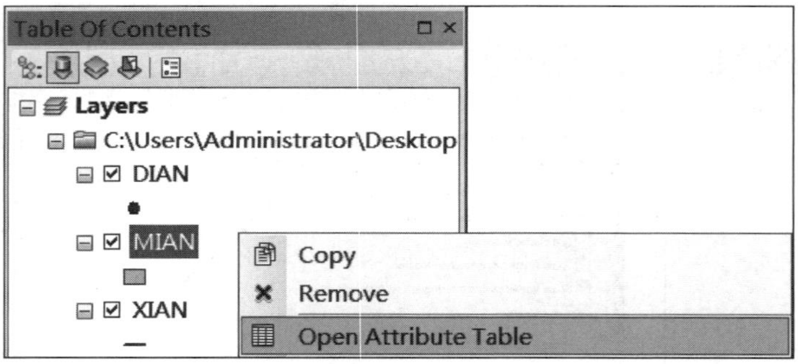

图3－53

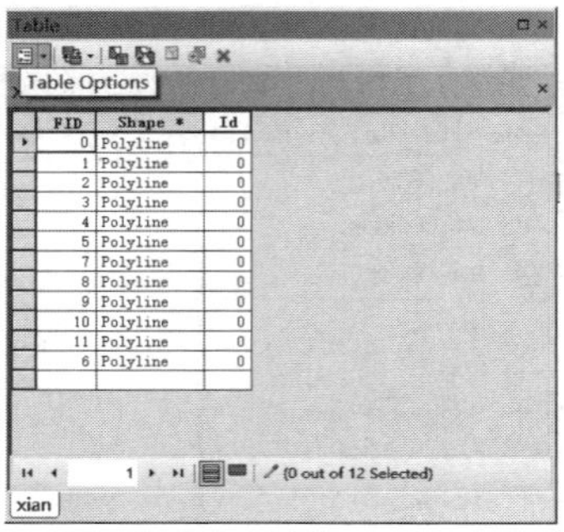

图3－54

3.3.2 属性传递

①在ArcMap上方工具栏空白处单击右键，打开“Spatial Adjustment”（空间校正）工具（如图3－55所示），并用编辑工具条使图层进入编辑状态。

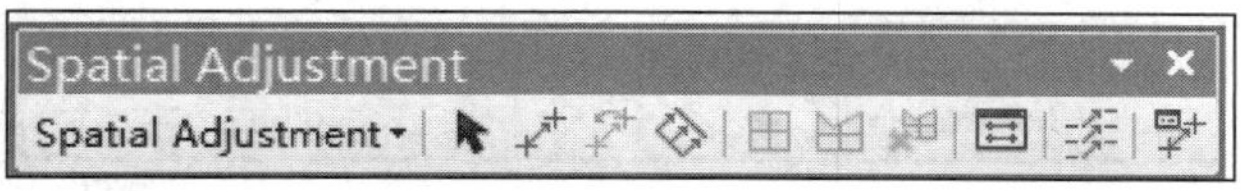

图 3 – 55

②如图 3 – 56 所示，单击“Spatial Adjustment”(空间校正)→“Attribute Transfer Mapping”(属性传递映射)，弹出“Attribute Transfer Mapping”窗口，如图 3 – 57 所示。

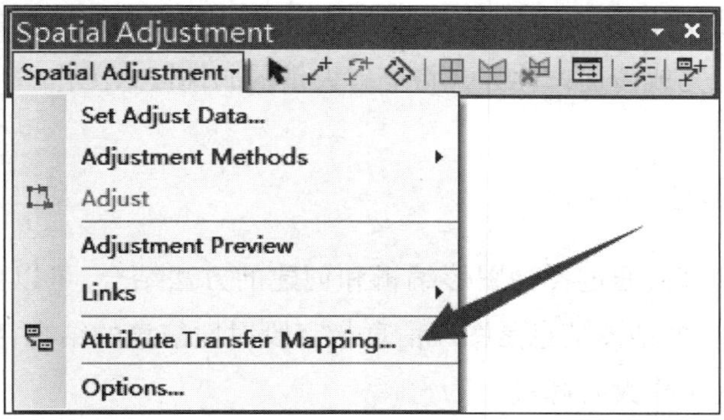

图 3 – 56

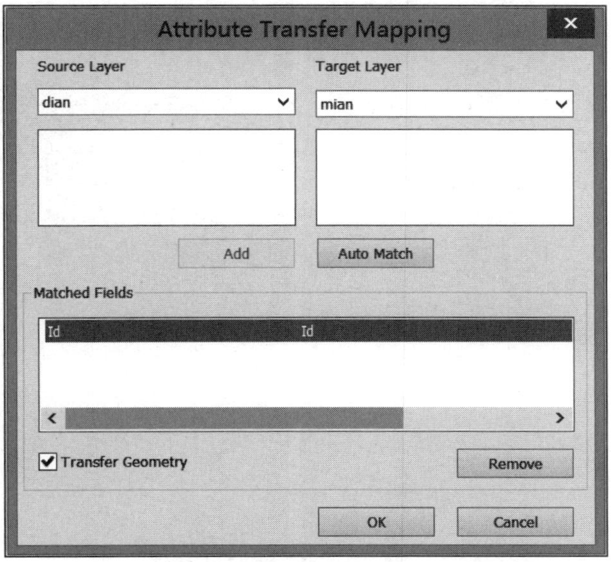

图 3 – 57

③双击下方匹配的字段，点击“OK”(确定)保存。

④单击“Spatial Adjustment”(空间校正)工具栏中的“Attribute Transfer Tool”(属性传递工具)，如图 3 – 58 所示。

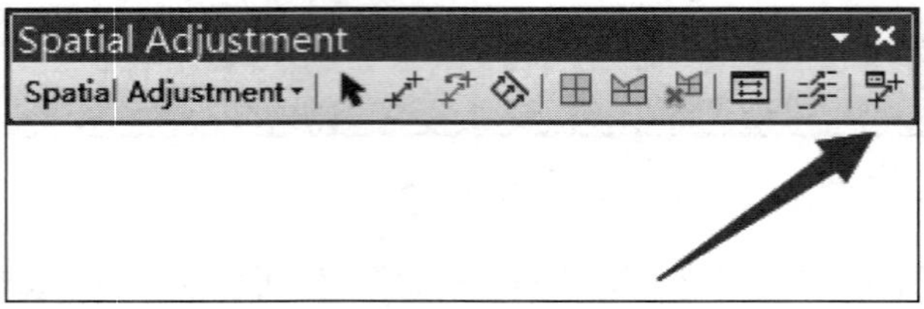

图 3-58

⑤在 ArcMap 视图中单击源图层,接着在目标图层需要传递属性的要素位置单击一下。此时,字段信息完成传递。此方式将节省大量的属性键入工作。

3.4 本章小结

图斑是地图的基础,通过各种图形编辑和创建的方法结合,可以更加有效地绘制地图。地理信息系统中的地图信息是图斑信息与字段属性信息的结合,熟练掌握创建与编辑技巧,将对日后的工作大有裨益。

第4章

ArcGIS拓扑的应用

4.1 拓扑关系的建立
4.2 拓扑检查
4.3 拓扑错误修改
4.4 拓扑编辑
4.5 本章小结

拓扑(Topology)是研究几何图形或空间在连续改变形状后还能保持不变的一些性质的一个学科。它只考虑物体间的位置关系而不考虑它们的形状和大小。而在 ArcGIS 软件中,拓扑工具的使用为更好地创建和管理地理信息奠定了基础,拓扑相关操作不仅是对地理数据完整性的检查,更是对地理数据关系的一种修正与完善。

4.1 拓扑关系的建立

地理数据之间的拓扑关系需要在要素数据集中才能建立,因此,正确创建要素数据集并将数据导入是进行拓扑关系建立和拓扑检查以及相关拓扑错误修改的基础。

①在 ArcCatalog 目录树中,在目标文件夹上右键单击→"New"(新建)→"File Geodatabase"(文件地理数据库)。在新建的文件地理数据库上右键选择"New"(新建)→"Feature Dataset"(要素数据集)如图 4-1 所示。

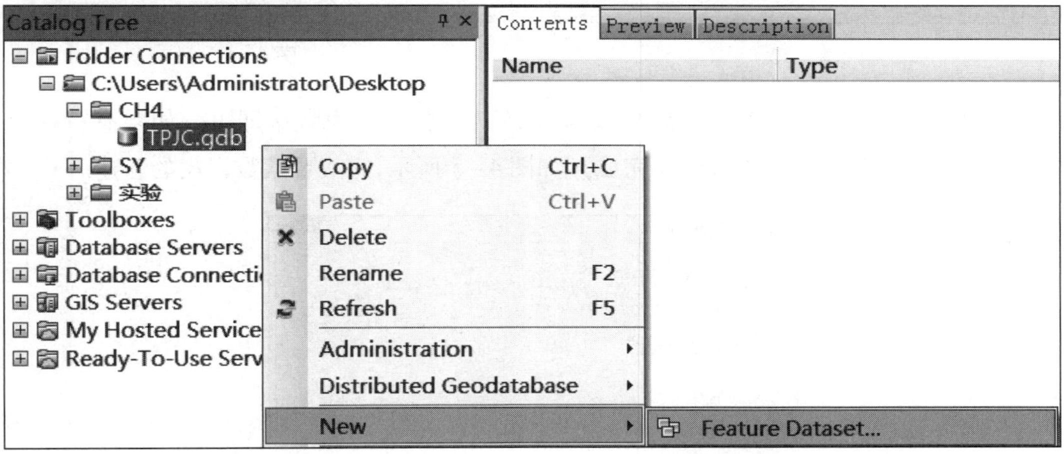

图 4-1

②打开新窗口,设置数据集名称,如图 4-2 所示。

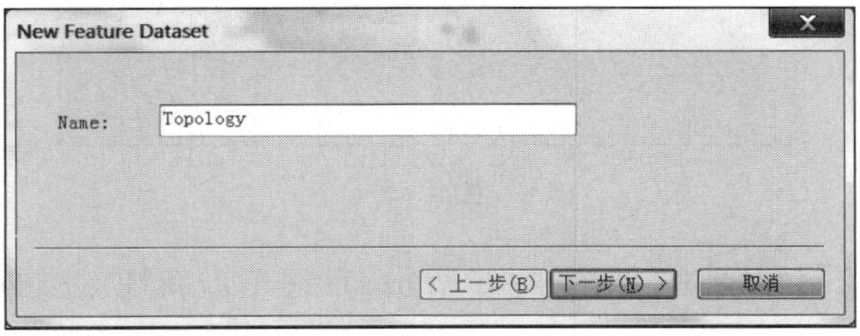

图 4-2

③单击"下一步",进行平面和垂直坐标系统的定义,如图 4-3、图 4-4 所示(该处的地理坐标系应和要进行拓扑检查的目标数据一致,如果将要进行检查的数据还未确定地理信息坐标,则需在进行拓扑检查之前对数据进行地理坐标系的定义,有关地理坐标系

定义的操作将在第 6 章中详细阐述说明)。

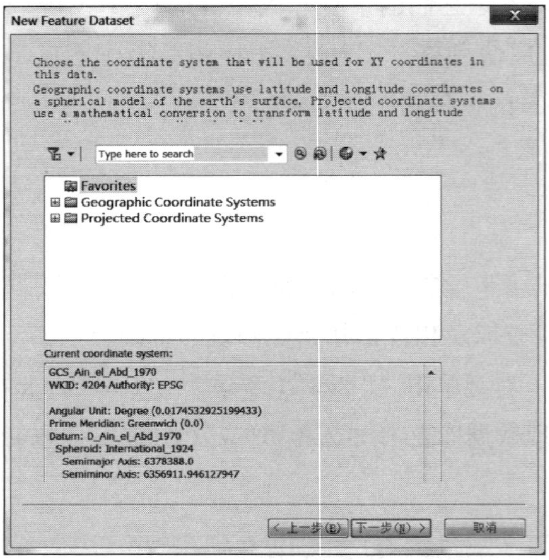

图 4-3

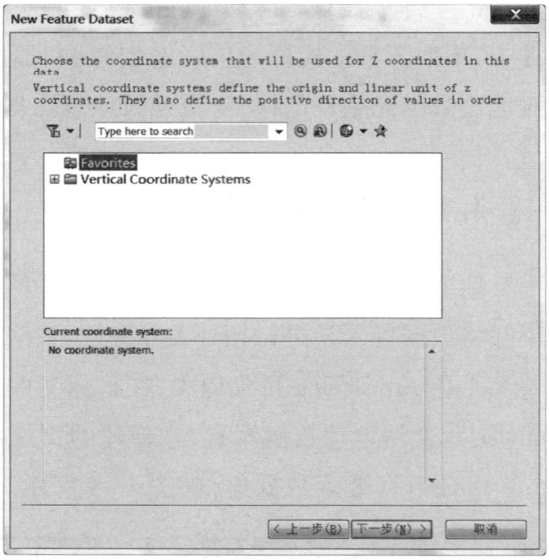

图 4-4

④点击“下一步”,设置 XY 容差、Z 容差、M 容差,通常为默认即可。如果有特殊要求,可以自行设置。点击“Finish”(完成),如图 4-5 所示,完成要素数据集的新建。

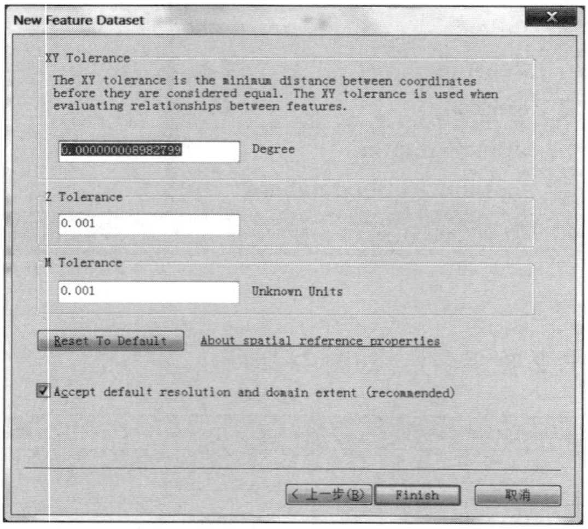

图 4-5

⑤在 ArcCatalog 目录树中,如图 4-6 所示,右键单击新建的数据集→“Import”(导入)→“Feature Class(multiple)”(要素类(多个))。

⑥打开窗口,如图 4-7 所示,点击图示按钮,双击选择 TPBJ. shp、Point. shp 文件(位置:CH4\拓扑错误检查源数据)。单击“OK”(确定),完成数据导入操作。

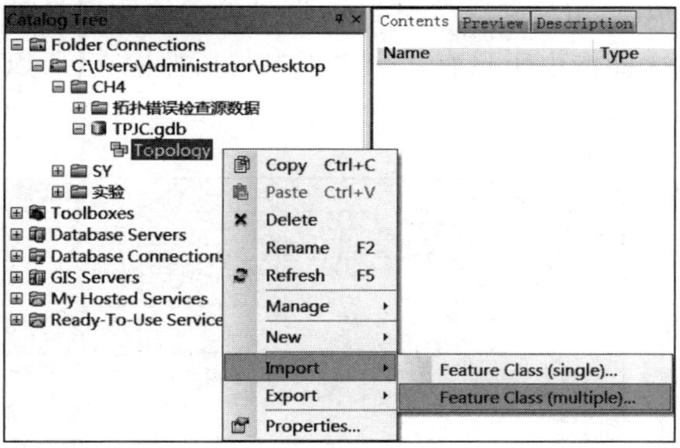

图 4-6

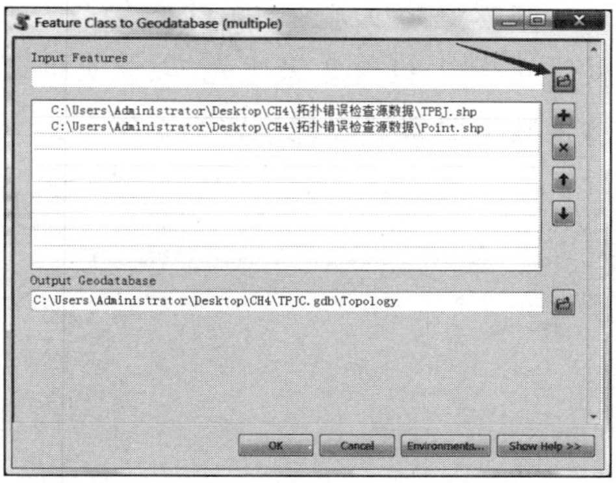

图 4-7

⑦右键单击要素集,选择“New”(新建)→“Topology”(拓扑),如图 4-8 所示。

⑧打开“New Topology”窗口,如图 4-9 所示,单击“下一步”。

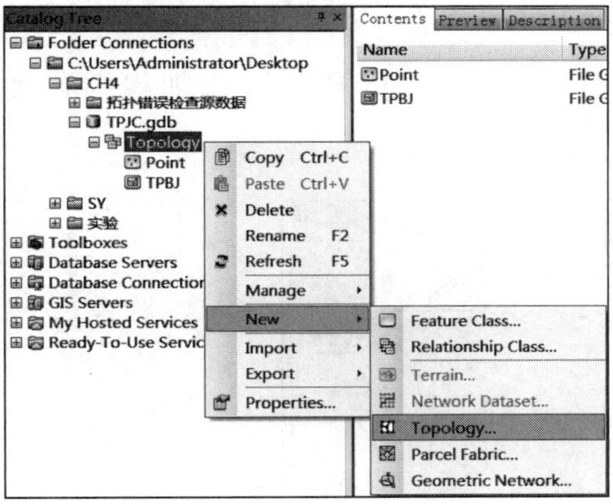

图 4-8

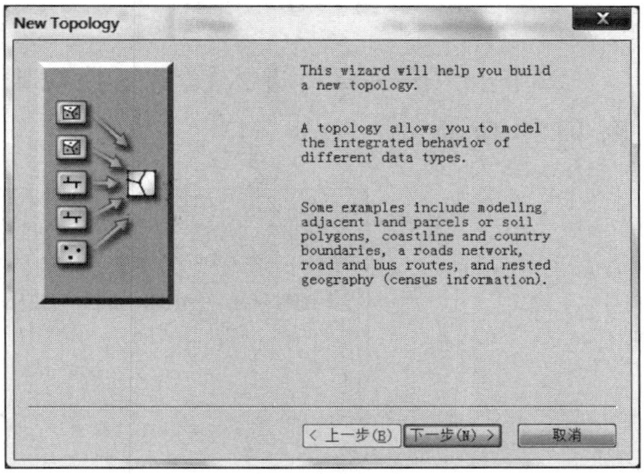

图 4-9

⑨设置拓扑规则的名称和“Cluster Tolerance”(聚类容限(也称作聚类容差))。聚类容限的设置可以根据数据精度来设置且尽量小,它决定了多大范围内的要素能被捕捉到一起,如图 4-10 所示,此处通常为默认值,单击“下一步”。

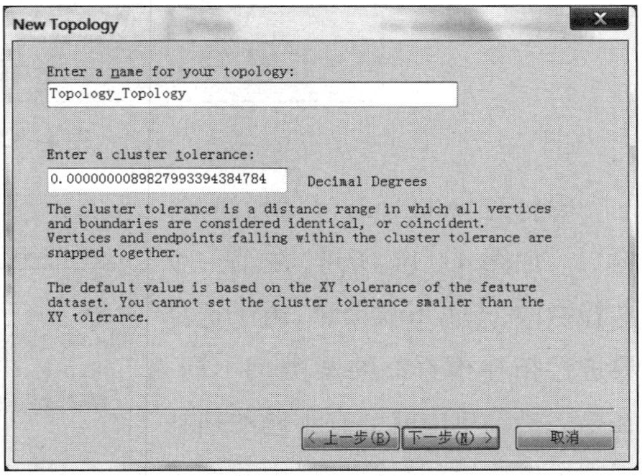

图 4-10

⑩选择参与到拓扑中的要素类,此处选择“Select All”(全选),如图 4-11 所示,单击“下一步”。

⑪如图 4-12 所示,在此窗口设置

拓扑等级数及每个参与拓扑的要素类的等级。拓扑要素类等级是指每个图层中要素精度优先级,1 级比 2 级优先,以此类推。本次操作由于只有两个要素参与拓扑检查,所以将各数据要素等级都设置为 1 级。

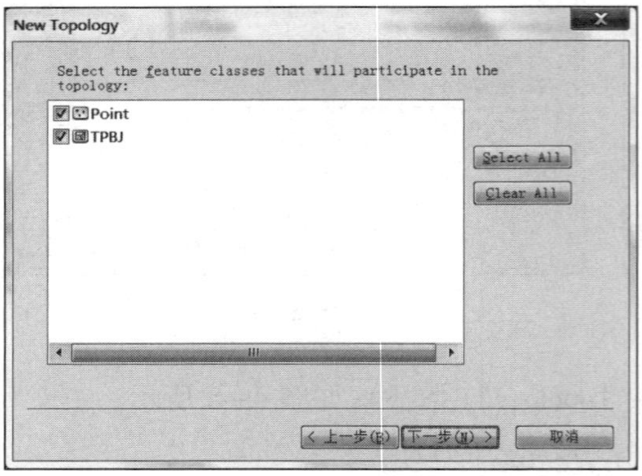

图 4 – 11

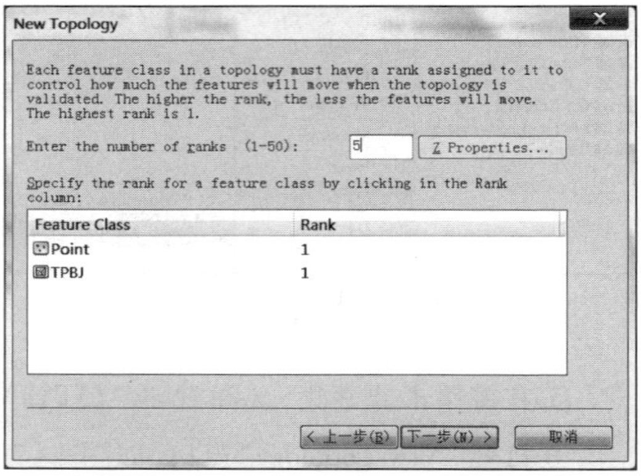

图 4 – 12

⑫单击“下一步”,进入设置拓扑规则窗口。单击“Add Rule”(添加规则),如图 4 – 13 所示。

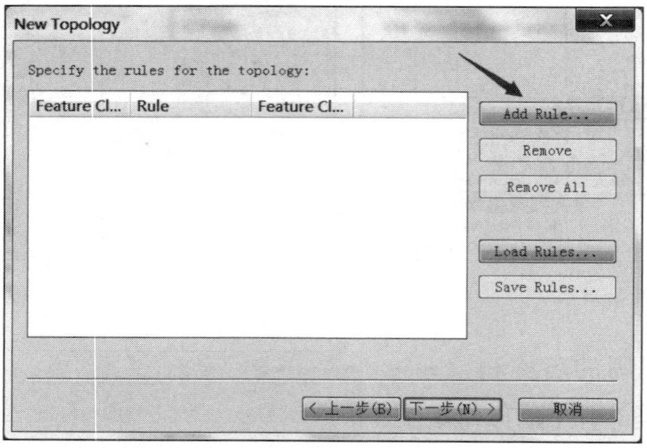

图 4 – 13

⑬打开“Add Rule”(添加规则)窗口。如图 4 – 14 所示,在第一个选择栏中,点击下拉菜单,由于选择要进行拓扑检查的要素类型不同,在第二栏菜单中就会有不同的拓扑规则可供选择。在第一栏中我们选择点要素,在第二栏中我们设置规则为“Must Be Properly Inside”(点

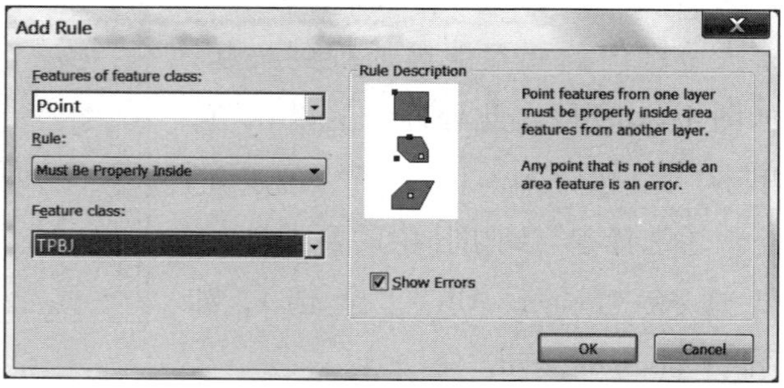

图 4 – 14

要素必须在多边形要素内(在边界上则不符合)),在第三栏中选择 TPBJ 图层作为拓扑检查参照要素。

⑭点击“OK”(确定),完成要素设置。返回上级窗口,单击“下一步”。此处显示拓扑规则的相关信息,单击“Finish”(完成),如图 4-15 所示。完成拓扑规则的创建。

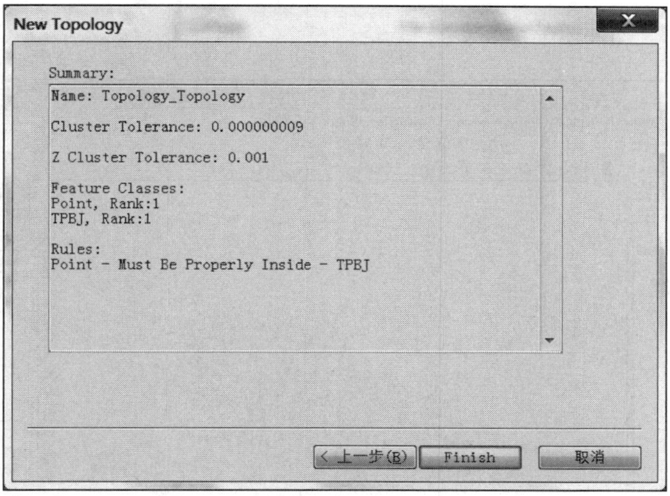

图 4-15

⑮此时软件将询问出现是否立即进行拓扑规则的检验,选择“是”,将立刻检验;选择“否”,则可以在之后的工作中右键单击新生成的拓扑文件,选择“Validate”(验证),开始验证工作;新创建的拓扑将出现在“目录窗口”中,如图 4-16 所示。

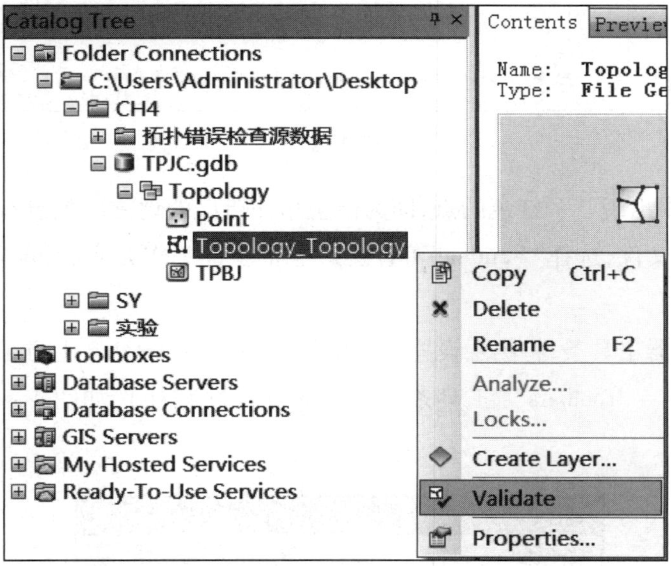

图 4-16

4.2 拓扑检查

①启动 ArcMap,加载数据集"Topology"到 ArcMap 中。此处要注意的是选中整个数据集加载到 ArcMap 中,切勿单个加载图层数据,这样可以保证拓扑检查数据的完整性和正确性,如图 4-17 所示。

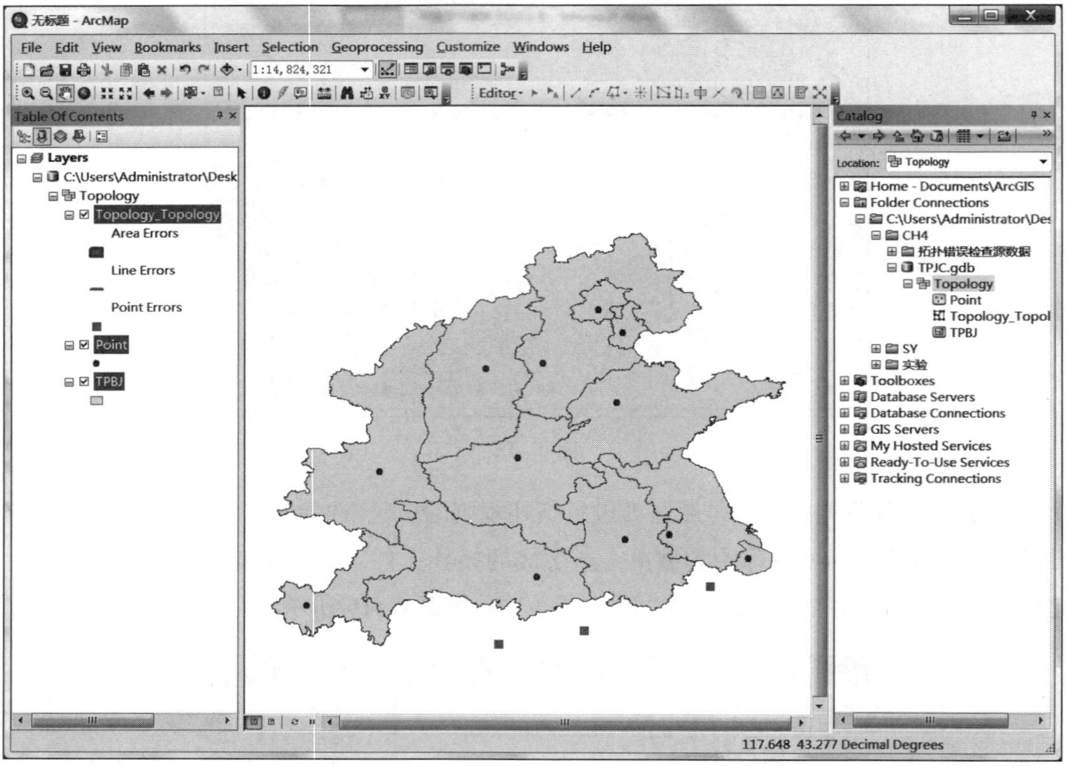

图 4-17

在 ArcMap 中出现三个红色的点,即为产生拓扑错误的地方。如没有出现,则右键单击新生成的拓扑文件,选择"Validate"(验证),等待验证工作完成后,再重新加载数据集到 ArcMap 中即可。

②打开编辑器工具条,将图层设置为可编辑状态。在 ArcMap 上方工具栏选择"Customize"(自定义)→"Toolbars"(工具条)→ "Topology"(拓扑),如图 4-18 所示,打开拓扑工具条。

图 4-18

③点击按钮，打开“Select Topology”（选择拓扑结构）窗口，如图 4－19 所示，确定参与拓扑的要素数据集为“Topology_Topology”（即要进行拓扑检查的数据集），点击“OK”，完成设置。

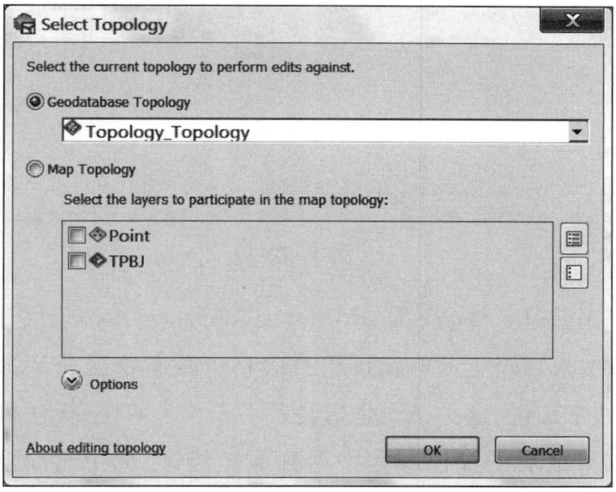

图 4－19

④单击拓扑工具栏中的“”检查拓扑错误按钮，如图 4－20 所示。打开“Error Inspector”（错误检查器）窗口，单击“Search Now”（立即搜索）按钮，即可检查拓扑错误，在下方表格显示拓扑错误详细信息，如图 4－21 所示。

图 4－20

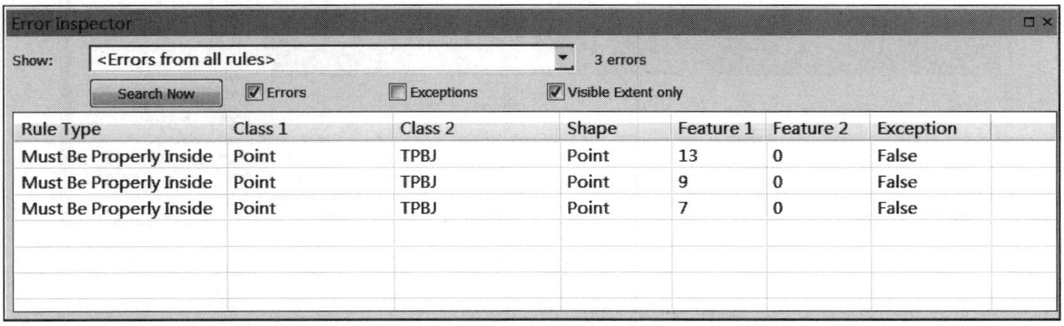

Rule Type	Class 1	Class 2	Shape	Feature 1	Feature 2	Exception
Must Be Properly Inside	Point	TPBJ	Point	13	0	False
Must Be Properly Inside	Point	TPBJ	Point	9	0	False
Must Be Properly Inside	Point	TPBJ	Point	7	0	False

图 4－21

4.3 拓扑错误修改

①如图 4－22 所示，下拉上方菜单，查看拓扑检查表，可知错误有两种，即“Must Be Larger Than Cluster Tolerance”（必须大于容限）和“Must Be Properly Inside”（点要素必须

在多边形要素内)。

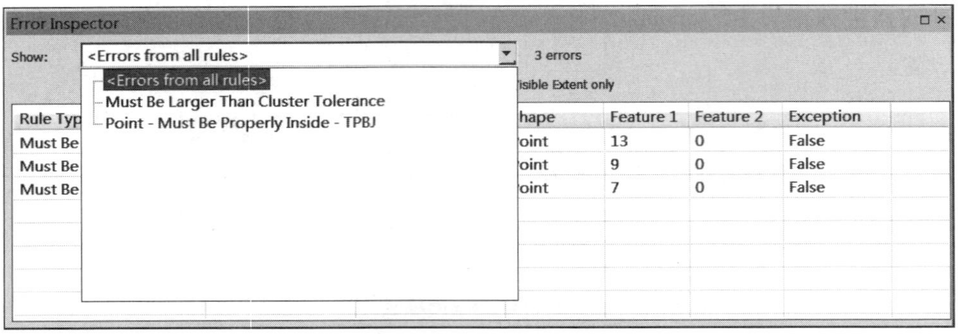

图 4-22

②在上方选择“Must Be Larger Than Cluster Tolerance”(必须大于容限),再次单击“Search Now”(立即搜索)按钮,此时错误检查表格中没有错误显示,即该次拓扑检查结果没有该类错误。通常来说,这类错误是指要素小于聚类容限,无法被捕捉到,该类错误要素基本无意义,如果之后的操作过程中遇到该类错误,选中错误要素后“Delete”(删除)即可。

③“Must Be Properly Inside”(点要素必须在多边形要素内):右键打开错误点的属性,查看属性表,可知有三个点出现错误,它们不在多边形要素的范围内,修改这类错误通常删除或者重新定位正确的点要素即可。此处选中全部要素,右键单击选择删除,如图 4-23 所示。

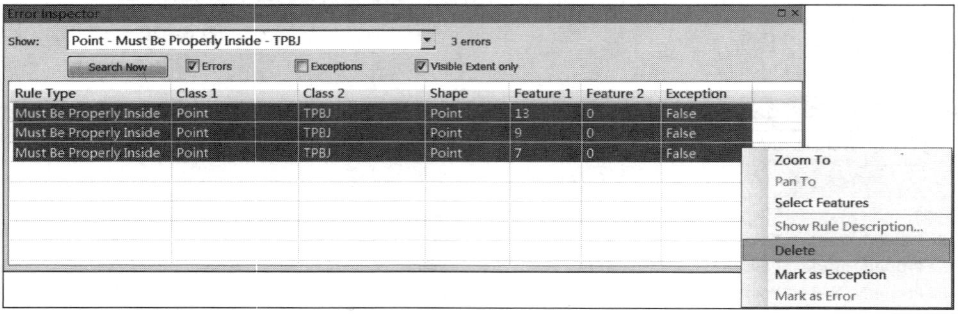

图 4-23

④重新进行拓扑检查,如图 4-24 所示,此时没有拓扑错误。实验完成。

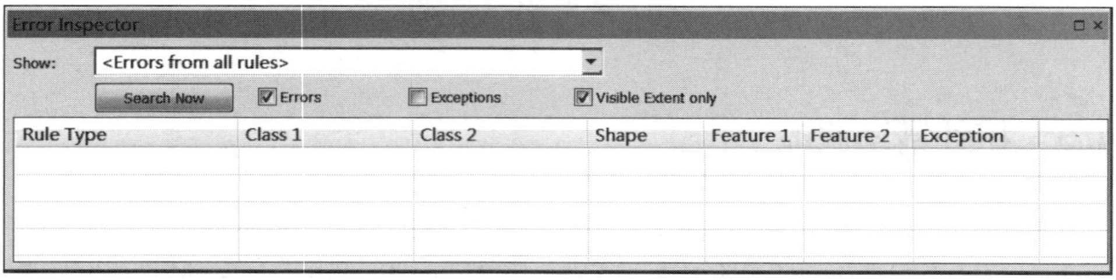

图 4-24

4.4 拓扑编辑

①在 ArcMap 中加载实验源数据 Polygon. shp(位置: CH4\拓扑编辑源数据)。打开编辑器工具条,将图层设置为可编辑状态。在 ArcMap 上方工具栏选择"Customize"(自定义)→"Toolbars"(工具条)→ "Topology"(拓扑),如图 4-25 所示,打开拓扑工具条。

图 4-25

②单击拓扑工具条上的"Select Topology"(选择拓扑)按钮,选择参与拓扑编辑的数据层,并设置拓扑容差(Cluster Tolerance),完成基本设置,如图 4-26 所示。

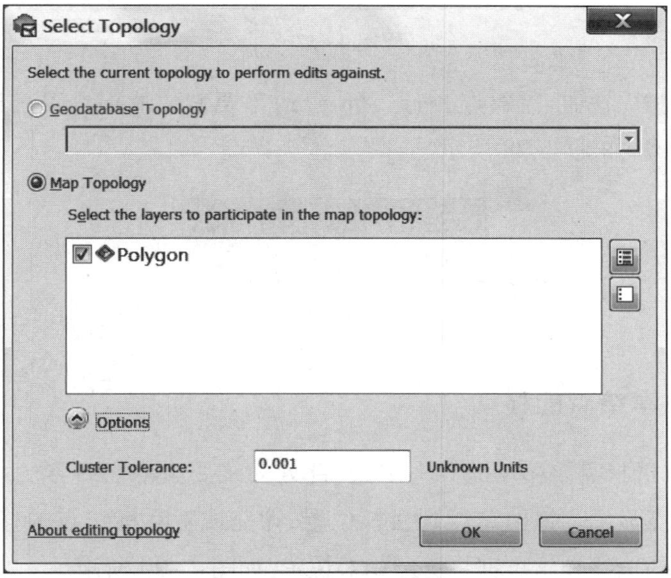

图 4-26

当两个相邻的要素小于某个给定的限值时,两个要素将聚合为一个要素,它们将共享同一坐标,这个限定值就是拓扑容差。拓扑容差的大小对数据检查和数据修改有较大的影响,但是容差值根据需要来进行设置。容差过大,会引起要素坐标相互重叠,从而影响制图精度;容差过小,可能对正确整理重叠边界等操作产生不良影响。通常来说,默认的拓扑容差值是 0.001。

③如图 4-27 所示,单击编辑器工具条倒三角符号打开下拉菜单,打开捕捉工具条(Snapping Toolbar)。

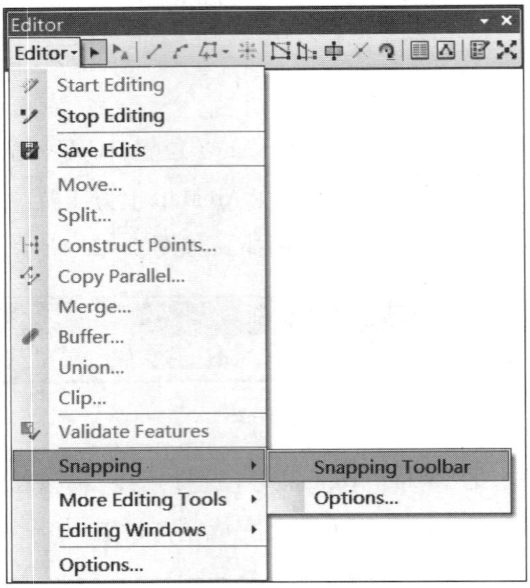

图 4－27

④分别点击相应按钮，完成点、端点、折点、边等要素的捕捉设置，至此，完成拓扑编辑的所有准备工作，如图 4－28 所示。

图 4－28

4.4.1 共享结点的移动

单击按钮，选择需要移动的共享结点（此处为线要素与面要素的共享结点），被选中的结点将高亮度显示。拖拽结点到目标位置，即完成对目标结点的移动，相关数据集中与其拓扑关联的边线和结点都将更新相对位置，如图 4－29 所示。

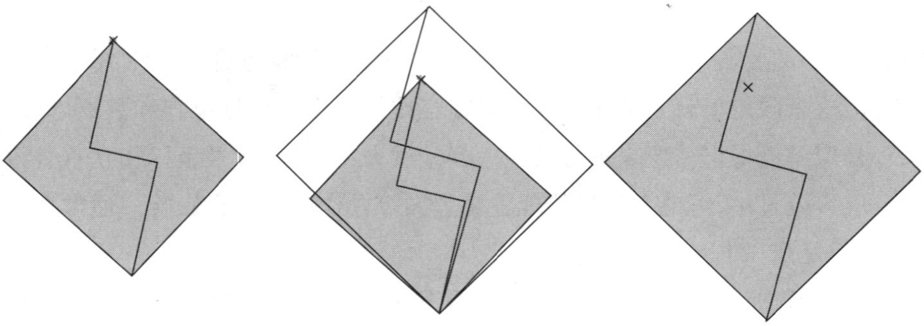

图 4－29

4.4.2　共享边线的移动

单击按钮，选择需要移动的共享边线，被选中的边线将以高亮度显示，拖拽边线到新的位置，边线将被移动。相关数据集中与其拓扑关联的边线和结点都相应更新位置，如图 4－30 所示。

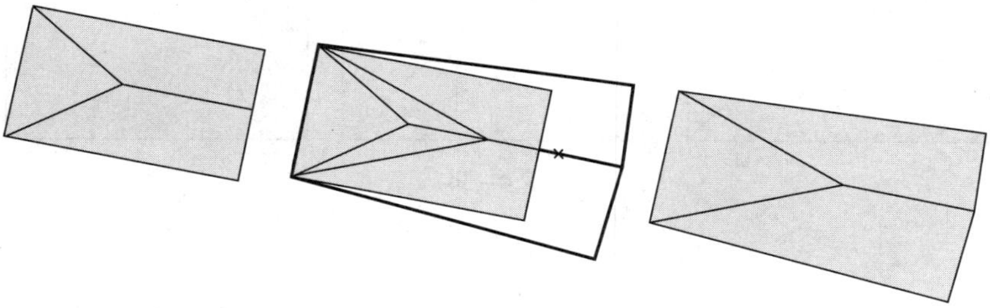

图 4－30

4.4.3　共享边线整形

单击按钮，选择需要移动的共享边线，被选中的边线将以高亮度显示，如图 4－31 所示，单击"Reshape Edge Tool"（整形边工具）。根据边修整的需要，在图形窗口绘制边线变形草图。草图线需要与共享边线两次相交，双击鼠标左键，保存草图线绘制，共享边线发生变形，同时，共享该边的要素都将发生变形，如图 4－32 所示。

图 4－31

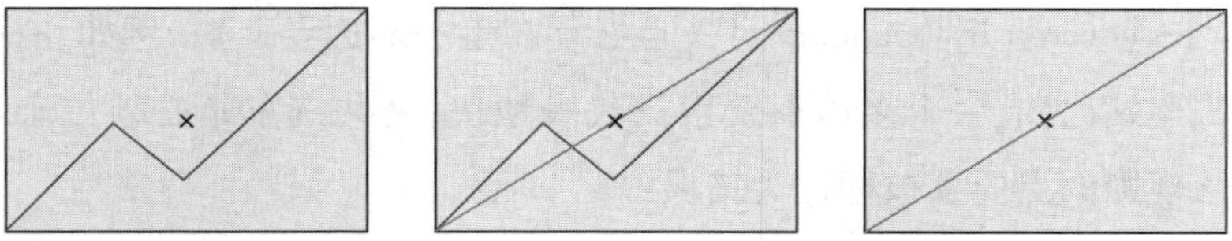

图 4－32

4.4.4　共享边线修改

如图 4－33 所示，单击按钮，选择需要修改的共享边线，被选中的边线将以高亮度显示，单击"Modify Edge"（修改边）。可根据需要对目标边线进行修改，包括结点的添加、删除、移动等操作。共享边线被修改，相关结点和边线都会自动更新，如图 4－34 所示。

图 4-33

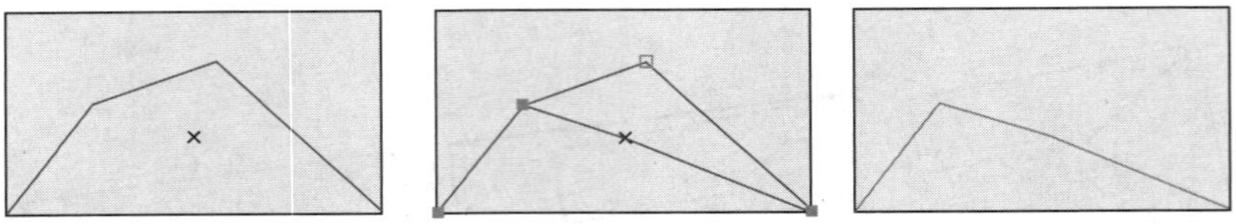

图 4-34

4.5 本章小结

4.5.1 拓扑规则相关术语

相交(Intersect):线和线交叉,并且只有一点重合,该点不是结点(端点),称为相交。

接触(Touch):某线段的端点和自身或其他线段有重合,称为接触。

悬结点(Dangle Node,Dangle):线段的端点悬空,没有和其他结点连接,这个结点(端点)称为悬结点。

伪结点(Pseudo Node):两个结点相互接触,连接成一个结点,称为伪结点。

本章实验操作展示了最基本的拓扑错误检查和修正,接下来会对所有的拓扑规则进行举例阐述并提出相关修正方法。

4.5.2 点拓扑规则

①"Must be covered by boundary of"(点必须在多边形边界上)。例如,有一个点要素类代表公共汽车站,另有一个多边形要素类代表地块,公共汽车站必须位于地块的边界上。不满足该规则的点要素被标记为错误。

②"Must be covered by endpoint of"(点要素必须位于线要素的端点上)。例如,插座为点要素,必须位于线要素类电线的尽端。不满足该规则的点要素被标记为错误。

③"Point must be covered by line"(点要素必须在线要素之上)。例如,点要素代表马路上的汽车,线要素代表马路,汽车必须在马路上行驶。

④"Must be properly inside polygons"(点要素必须在多边形要素内(在边界上则不符合))。例如,省行政区为多边形,省会城市为点,省会城市一定要在该省内。

点要素本身不能建立拓扑规则,必须和线要素或多边形要素一起才能建立拓扑规则。修正错误的常用方法是删除或移动错误点(移动也可以理解为删除后立即添加)。

4.5.3 线拓扑规则

①"Must not have dangles"(不允许线要素有悬结点)。即每一条线段的端点都不能孤立,必须和本要素中其他要素或和自身相接触。例如:宗地边界线段不能有悬结点。违反规则的地方将产生点错误,修正的方法是将有悬点的线段延伸到其他要素上,或者将长出的部分截断后删除。

②"Must not have pseudo node"(不能有伪结点)。即线段的端点不能仅仅是两个端点的接触点(自身首位接触例外)。修正的方法是将伪结点两边的线段合并为一条线,伪结点自然消除。

③"Must not overlap"(在同一要素类中,线与线不能相互重叠)。例如:城区街道修正的办法是将不需要的线段截断,再删除。

④"Must not self overlap"(线要素不能和自己重叠)。修正的方法是截断、删除重叠部分。

⑤"Must not intersect"(同一要素类中,线与线不能相交)。修正的方法是重合处合并,相交处打断。

⑥"Must not self intersect"(同一要素类中,线要素不能自相交)。修正的方法是在自相交处适当缩短或外移。

⑦"Must not intersect or touch interior"(线和线不能交叉,端点不能和非端点接触(非接触点部分相互重叠是允许的))。根据实际需要编辑、修正。

⑧"Must be single part"(线要素必须单独,不能相互接触、重叠)。修正的方法是将接触的地方合并,成为一个要素,或移动后分离。

⑨"Must not overlap with"(两个线要素类中的线段不能重叠)。根据实际需要编辑、修正。

⑩"Must be covered by feature class of"(某个要素类中的线段必须被另一要素类中的线段覆盖)。修正的方法是将错误线段删除,再重新输入正确的。

⑪"End point must be covered by"(线要素的端点被点要素覆盖)。修正的方法是增补新的点要素或调整不应该出现的线段。

⑫"Must be covered by boundary of"(线要素必须被多边形要素的边界覆盖)。修正的方法是删除错误的线,或编辑多边形。

4.5.4 多边形拓扑规则

①"Must not overlap"(同一多边形要素类中多边形之间不能重叠(几个多边形边界

共享一个点或共享一条边不算重叠))。例如:行政区不能有重叠。修正错误的方法有三种:一是删除重叠部分,留出空白;二是将重叠的部分并到某个多边形;三是在重叠部分新增多边形,并删除原来的重叠部分。

②"Must not have gaps"(多边形之间不能有空隙)。例如:规定表示土壤类型的多边形之间不能有空隙。不满足规则的地方将产生线错误,表示空隙多边形,修正的方法是调整原来的边界,或添加新的多边形。

③"Contain point"(多边形内必须包含点要素(边界上的点不算))。例如:测量图块中必须要有界址点。

④"Boundary must be covered by"(多边形的边界必须和线要素的线段重合)。修正的方法可以是调整线段,也可调整多边形。

⑤"Must be covered by feature class of"(多边形要素中的每一个多边形都被另一个要素类中的多边形覆盖,可以跨越)。例如:城市规划区必须在若干行政区划内。违反规则的地方产生多边形错误,修正的方法是在重叠的部分增加新的多边形或调整错误多边形。

⑥"Must be covered by"(每个多边形要素都要被另一个要素类中的单个多边形覆盖)。建筑物多边形必须在宗地多边形内,不能出现跨越。修正的方法是调整第一个要素类中的多边形,使它们不要和第二类有交叉,或者扩大第二个要素类中的某些多边形,使它们能覆盖第一类中的错误多边形。

⑦"Must not overlap with"(一个要素类中的多边形不能与另一个要素类中的多边形重叠)。虽然和"Must not overlap"相似,都是说不能重叠,但这里是指两个多边形要素类(Feature Class)之间的关系。例如:一个要素类表示湖泊,另一个要素类表示陆地,它们是相互独立的类,显然它们应该满足该规则。重叠的部分产生多边形错误,修正方法同"Must not overlap"。

⑧"Must cover each other"(两个要素类中的多边形要相互覆盖,外边界要一致)。例如:土壤层范围和地质层范围应一致。违反规则的地方将产生多边形错误,修正错误的方法是在重叠不到的地方增加多边形,或者调整、删除不重叠的部分。

⑨"Area boundary must be covered by boundary of"(某个多边形要素类的边界线在另一个多边形要素类的边界上)。例如:县、市边界上必须有乡、镇边界,而且前者的边界必须与后者重合。违反规则的地方将产生线错误,修正的方法是手工编辑边界。

多边形不仅可以定义自身的规则,而且可以和点要素、线要素、其他多边形要素之间建立起拓扑关系。

此外,如果拓扑错误检查的结果与实验不一致,在新建地理要素数据集的过程中将地理要素数据集的坐标系设置为与源数据坐标系一致,即可修正拓扑错误检查结果。

第5章 ArcGIS空间数据转换

5.1 矢量数据与栅格数据的转换
5.2 CAD数据的转换
5.3 TXT数据的转换
5.4 本章小结

在制作地图的过程中，需要先获取底图数据，但是通常很难直接获得需要的地图格式，这就需要对数据进行格式转换以满足 ArcGIS 的数据编辑需求。本章将简单介绍几类基本数据格式的转换，由于地图数据格式具有多样性和复杂性的特点，更多的数据格式转换方法需要读者在日后的学习中自行掌握和练习。

5.1 矢量数据与栅格数据的转换

通常来说，矢量数据和栅格数据是 ArcGIS 软件最常用的两种数据类型。矢量数据是计算机中以矢量结构存储的内部数据，是跟踪式数字化的直接产物，在 ArcGIS 中，矢量数据通常是指 Shapefile，即在 ArcCatalog 中数据格式后缀为 . shp 的图层数据；栅格数据是按网格单元的行与列排列，具有不同灰度或颜色的阵列数据，每一个单元的位置都有其行列号定义，所表示的实体位置隐含在行列位置中，在 ArcGIS 中，栅格数据格式较为多元化，常见的数据格式后缀有 . tif、. gif、. img、. jpg 等。这两种数据类型各有特点与优势，两者共存，极大地提高了数据储存、管理、处理与分析的灵活性与便捷性。

5.1.1 矢量数据(shp)向栅格数据转换

①在 ArcMap 中加载实验数据 SL. shp(位置:CH5\实验源数据\矢量数据与栅格数据的转换\矢量数据)。

②如图 5－1 所示，打开 ArcToolbox→"Conversion Tools"(转换工具)→"To Raster"(转为栅格)→"Polygon to Raster"(面转栅格)，由于要进行转换的矢量数据是面要素，所以这里选择面转栅格工具，在日常矢量转换栅格的操作中，可以根据 shp 数据的要素类型来选择"Point/Polygon/Polyline to Raster"(点/面/线转栅格)。

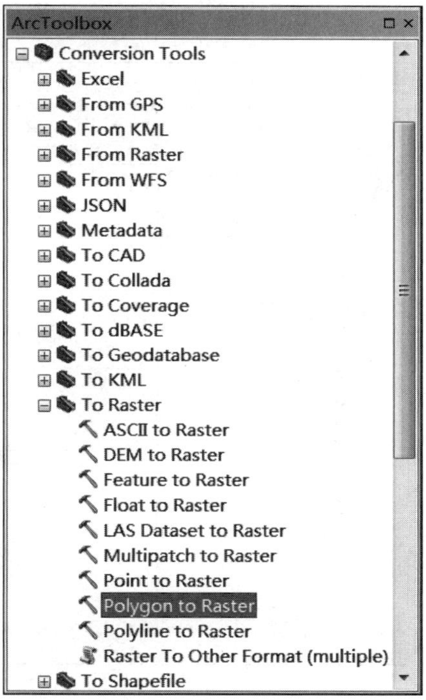

图 5－1

③打开新窗口，如图 5－2 所示，在"Input Features"(输入要素)选择需要转换的矢量数据；"Value field"(值字段)选择转换时新生成栅格值所依据的矢量数据中的属性字段的值；"Output Raster Dataset"(输出栅格数据集)设置输出栅格数据储存的目标路径；在"Cell assignment type"(像元分配类型)中有"CELL_CENTER"(与像元中心重叠的面要素决定着分配给像元的属性)、"MAXIMUM_AREA"(像元中具有最大面积的单个要素决定着分

配给像元的属性)、“MAXIMUM_COMBINED_AREA”(如果像元中有多个要素具有相同的值,则合并这些要素的面积。像元中具有最大面积的合并要素决定着分配给像元的值)三种类型,此处我们选择“CELL_CENTER”;“Priority field”(优先级字段),此处默认为 NONE,也可以根据数据处理的需要来设置;“Cellsize”(像元大小)中用数字大小来限制栅格像元大小,也可以通过点击后方的文件浏览按钮来借助某一个已有的栅格文件来定义新生成栅格像元的大小,使新生成栅格像元大小与已有的栅格文件像元大小相同。

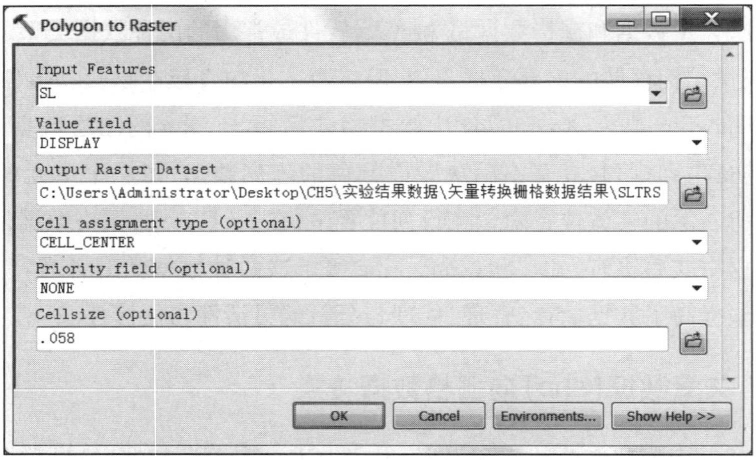

图 5-2

④单击“OK”(确定),完成操作,如图 5-3 所示。

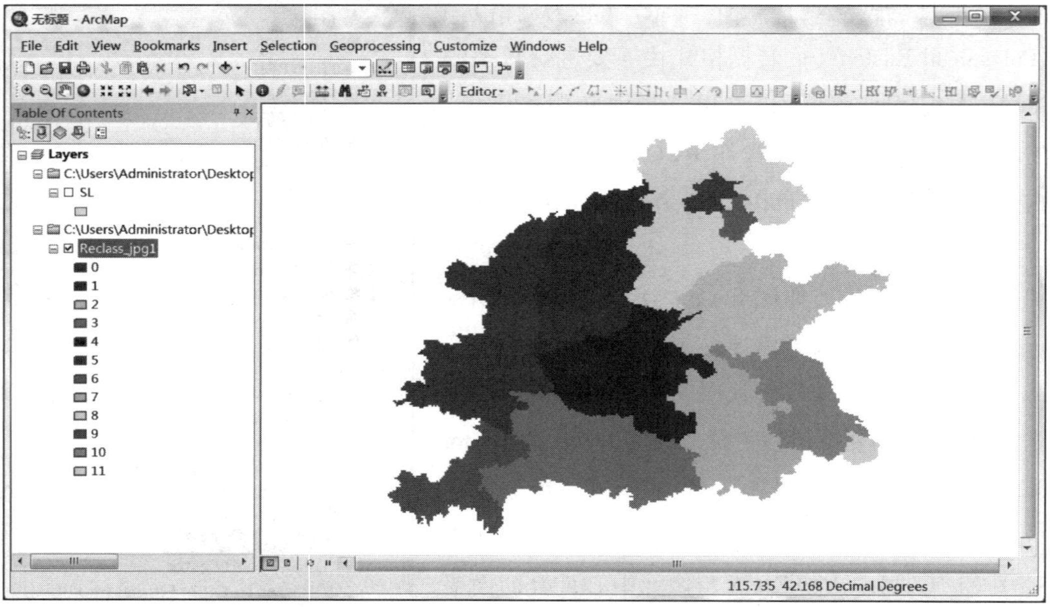

图 5-3

5.1.2 栅格数据向矢量数据(shp)转换

①在 ArcMap 中加载栅格数据 SG. tif(位置:CH5\实验源数据\矢量数据与栅格数据的转换\栅格数据)。

②打开 ArcToolbox→“Conversion Tools”(转换工具)→“From Raster”(由栅格转出)→“Raster to Polygon”(栅格转面),如图 5-4 所示。

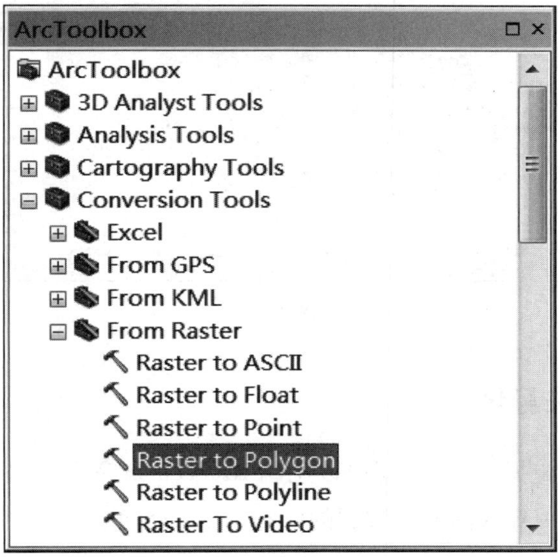

图 5-4

③如图 5-5 所示,在“Input raster”(输入栅格)中,下拉菜单选择要转换的栅格数据;在“Field”(字段)中选择 Value(默认);在“Output polygon features”(输出面要素)中设置输出面要素储存的目标路径和名称;勾选“Simplify polygons”(简化面),可以简化面状矢量数据的形状。

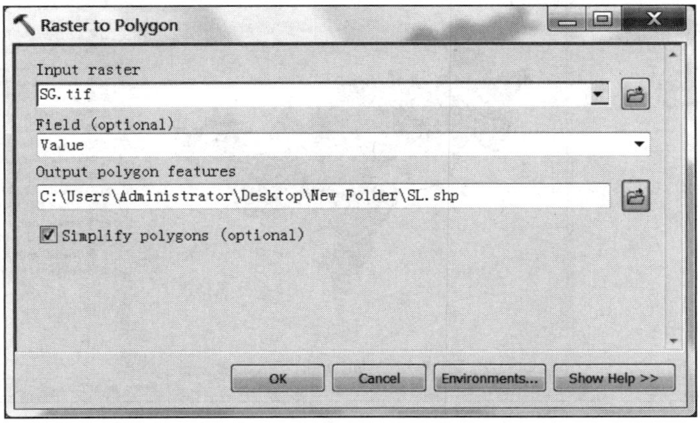

图 5-5

④单击“OK”(确定),完成操作,如图 5-6 所示。

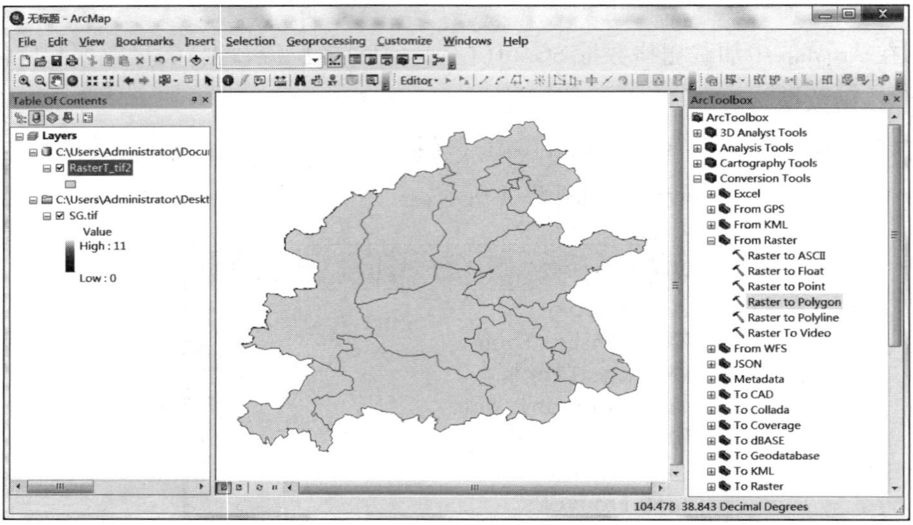

图 5-6

5.1.3 自动矢量化

除上述栅格转矢量操作之外,还可以利用 ArcScan 来完成对扫描的栅格图像的矢量化操作。矢量化结果因导入的栅格数据的状态而异。下面介绍如何利用 ArcScan 来完成对数据的矢量化操作。

①在 ArcMap 中加载实验源数据 ZDSLH. jpg(位置:CH5\实验源数据\矢量数据与栅格数据的转换\自动矢量化源数据),如图 5-7 所示。

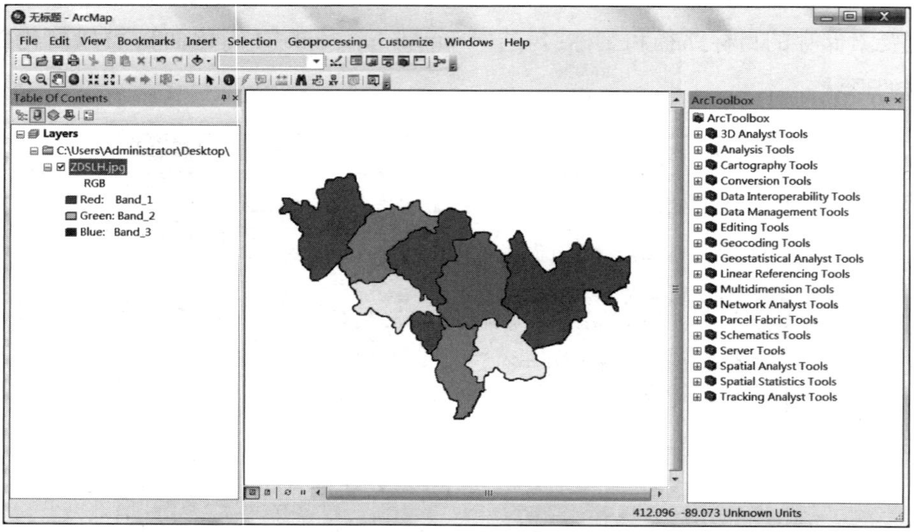

图 5-7

②如图 5－8 所示，单击 ArcMap 上方菜单栏“Customize”(自定义)按钮，下拉菜单选择“Extensions”(扩展模块)。

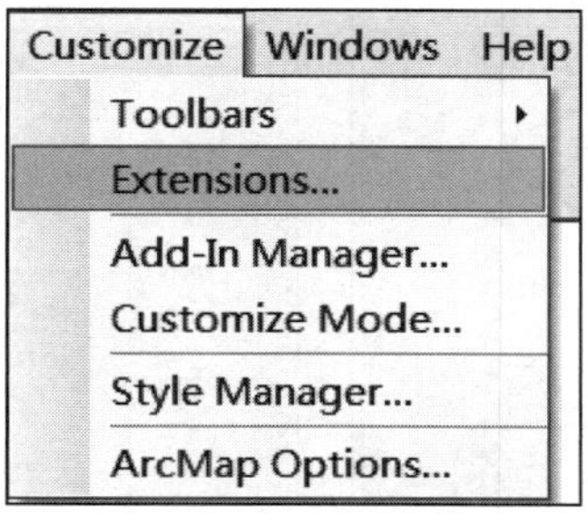

图 5－8

③打开新窗口，如图 5－9 所示，勾选“ArcScan”和“Spatial Analyst”(空间分析)，勾选完成后点击“Close”(关闭)关闭窗口。

④打开 ArcToolbox，如图 5－10 所示，选择“Spatial Analyst Tools”(空间分析工具)→“Reclass”(重分类)→“Reclassify”(重分类)。

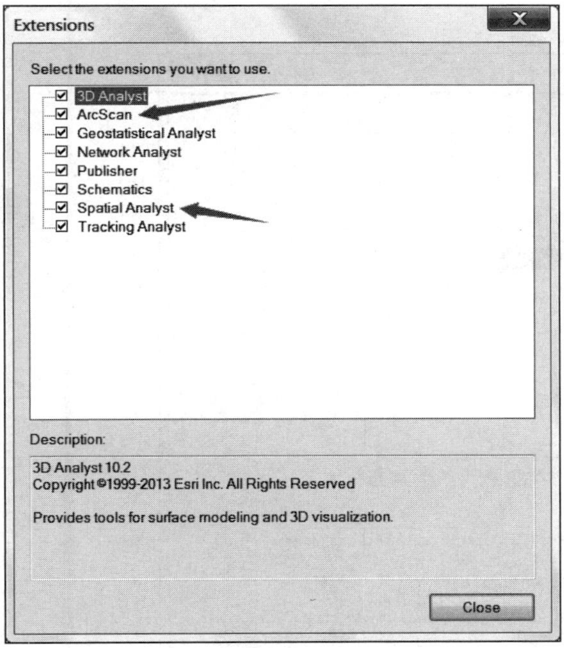

图 5－9

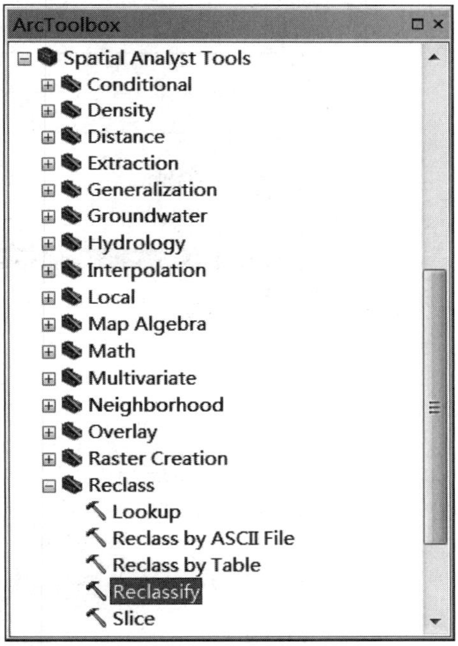

图 5－10

⑤打开新窗口，如图 5－11 所示，在“Input raster”(输入栅格)中添加源数据；在“Reclass field”(重分类字段)中设置字段为 Value；点击箭头所示按钮，即“Classfiy”(分类)。

⑥打开新窗口，如图 5－12 所示，点击图示箭头所指按钮，下拉菜单，设置数值为 2。点击“OK”(确定)，关闭窗口。

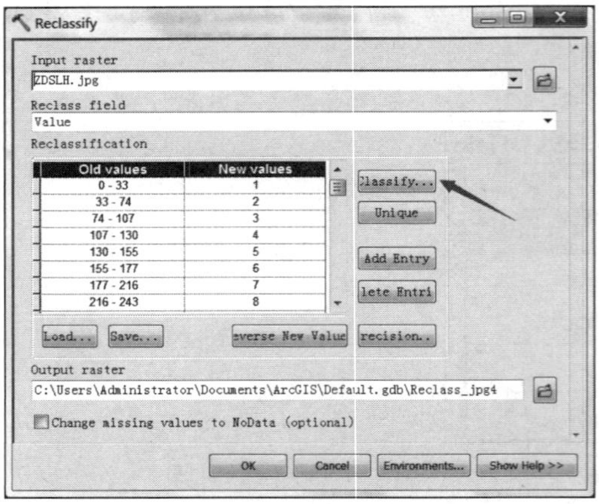

图 5-11

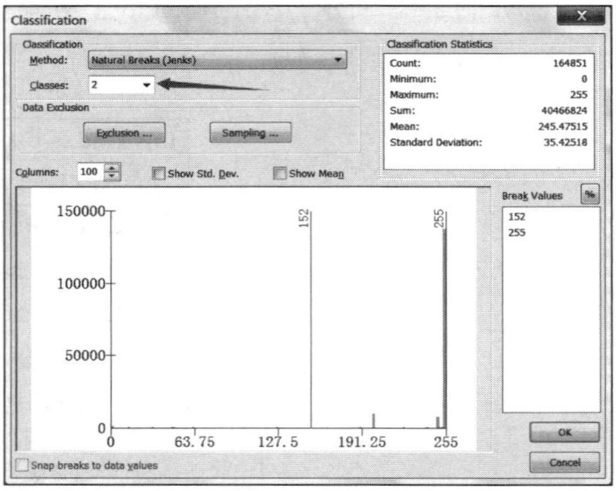

图 5-12

⑦回到"Reclassify"(重分类)窗口,如图 5-13 所示,在"Output raster"(输出栅格)中设置输出数据的储存位置;在"Change missing values to NoData"(将丢失值映射为 NoData)中勾选与否将影响重分类表中的缺失值是保持不变还是映射为 NoData。此处不勾选。

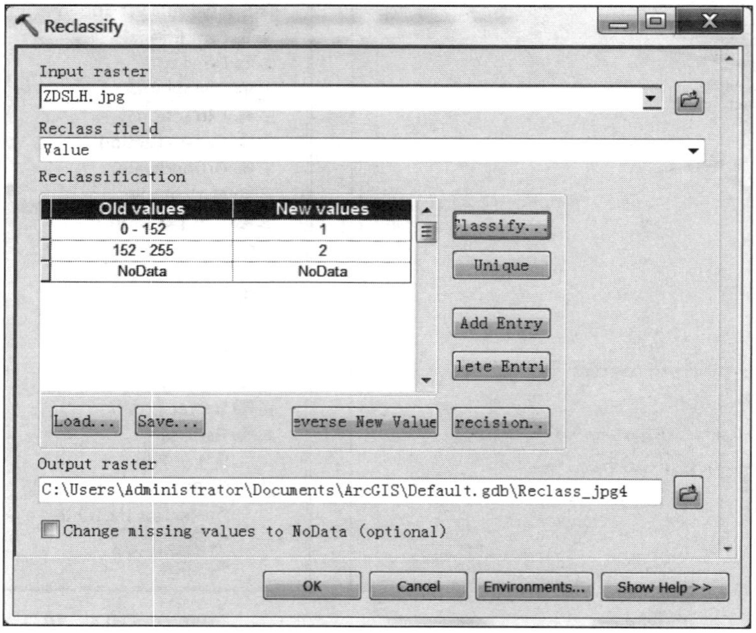

图 5-13

⑧点击"OK"(确定),完成图像的二值化操作,如图 5-14 所示。

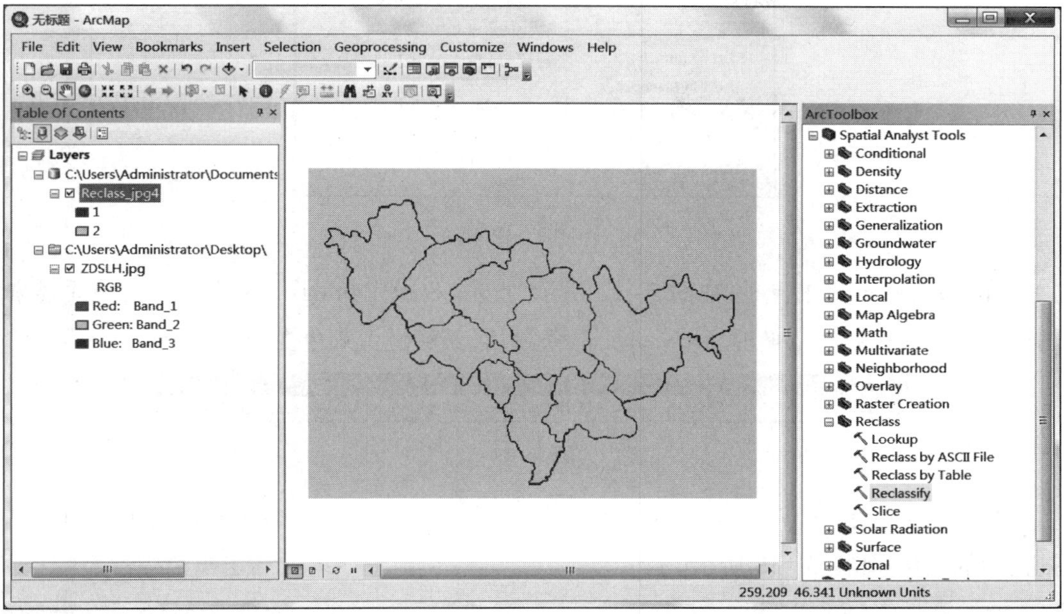

图 5-14

⑨新建 Shapefile 文件(一个线要素文件),如图 5-15 所示。

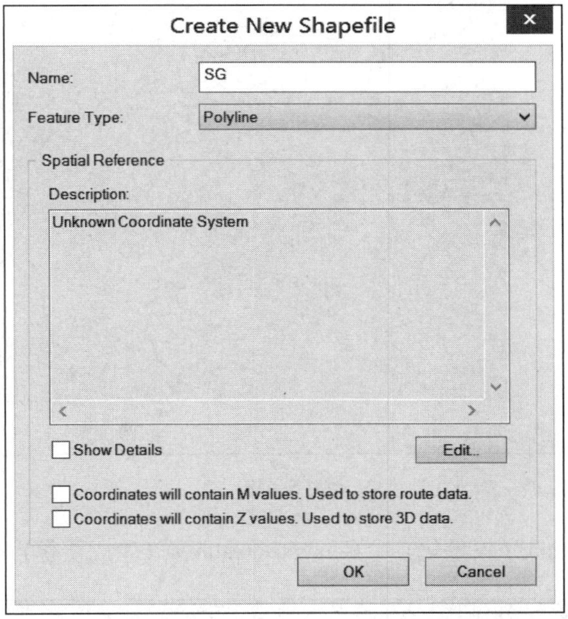

图 5-15

⑩如图 5-16 所示,在 ArcMap 上方工具栏选择"Customize"(自定义)→"Toolbars"(工具条)→ "ArcScan",打开 ArcScan 工具条。

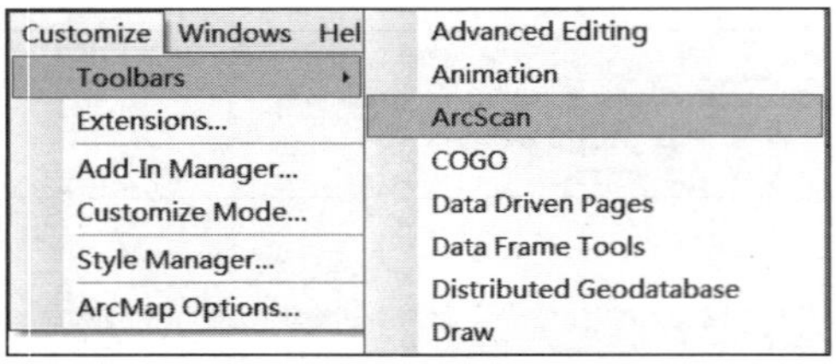

图 5－16

⑪打开“Editor”工具条，如图 5－17 所示，点击“Start Editing”（开始编辑），使线要素图层进入可编辑状态。此时 ArcScan 工具条激活，其颜色由灰色变为彩色。

图 5－17

⑫点击工具条中“Vectorization”（矢量化）→“Show Preview”（显示预览），可以预览矢量化后的图像，如图 5－18 所示。

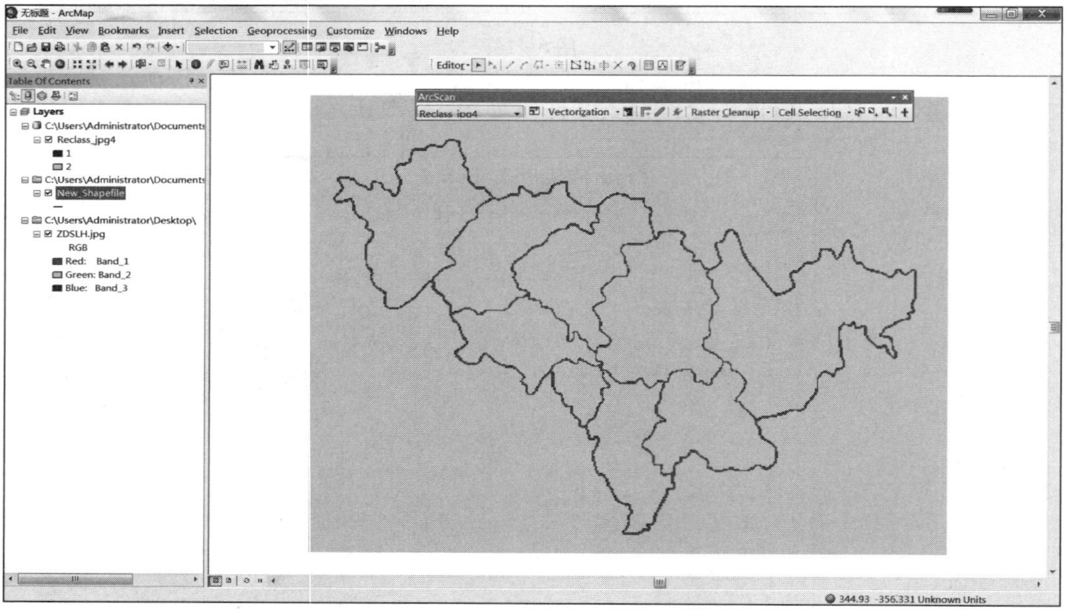

图 5－18

⑬单击“Vectorization”（矢量化）→“Generate Features”（生成要素），如图 5－19 所示。

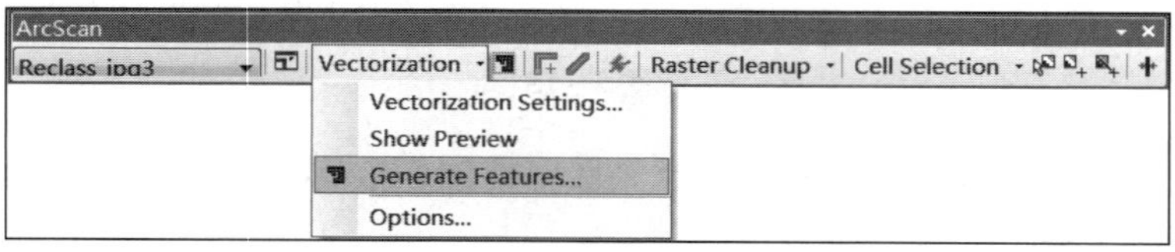

图 5－19

⑭点击“Template”（模板），设置新生成的图层，点击“OK”（确定），完成实验，如图 5-20 所示。

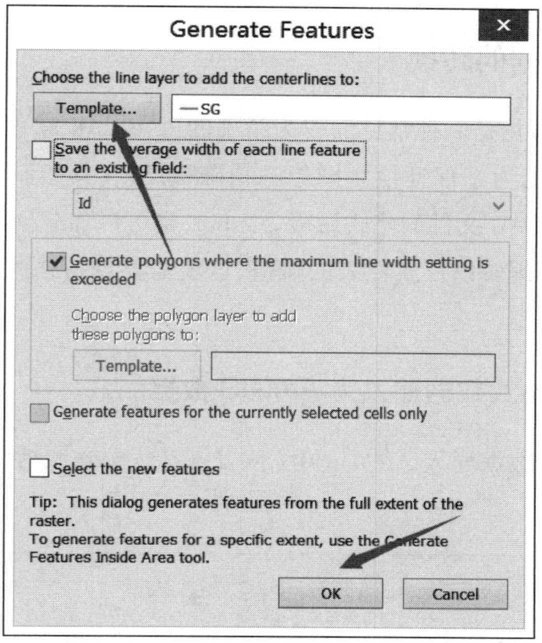

图 5-20

⑮如图 5-21 所示，自动矢量化操作完成。

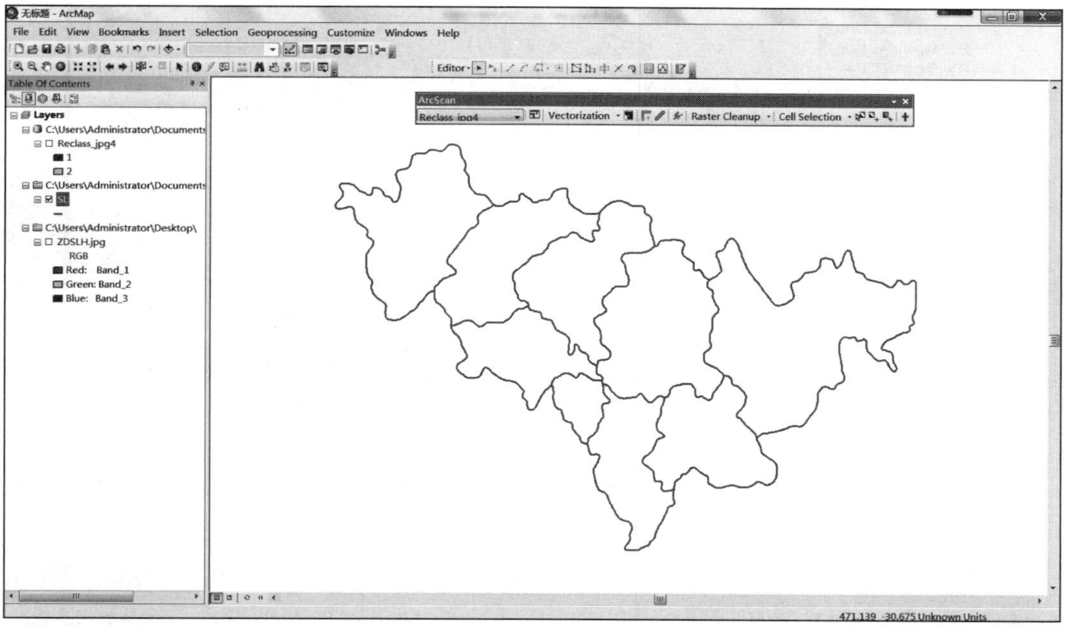

图 5-21

注:除了上述自动矢量化操作外,还可以将地图加载到 ArcMap 中,新建 Shapefile 文件,通过编辑工具条来手绘拓印图形,从而完成图像的矢量化。

5.2 CAD 数据的转换

dwg 格式的图像数据是一种常见的较为精确的可在 CAD 软件里进行编辑的绘图数据类型。很多地图数据为了保证绘制图像的精确程度,在其绘制的初始阶段都是利用 CAD 软件进行绘制。CAD 文件的格式后缀为 . dwg,也可以加载到 ArcGIS 软件中进行查看,但是无法对其进行编辑以及属性表的赋值,这就需要进行格式转换来完成对数据的整理编辑。

5.2.1 CAD 格式数据输入为 ArcGIS 数据

①将 CAD 格式的数据导入 ArcMap 中(位置:CH5\实验源数据\CAD→ArcGIS),如图 5-22 所示。

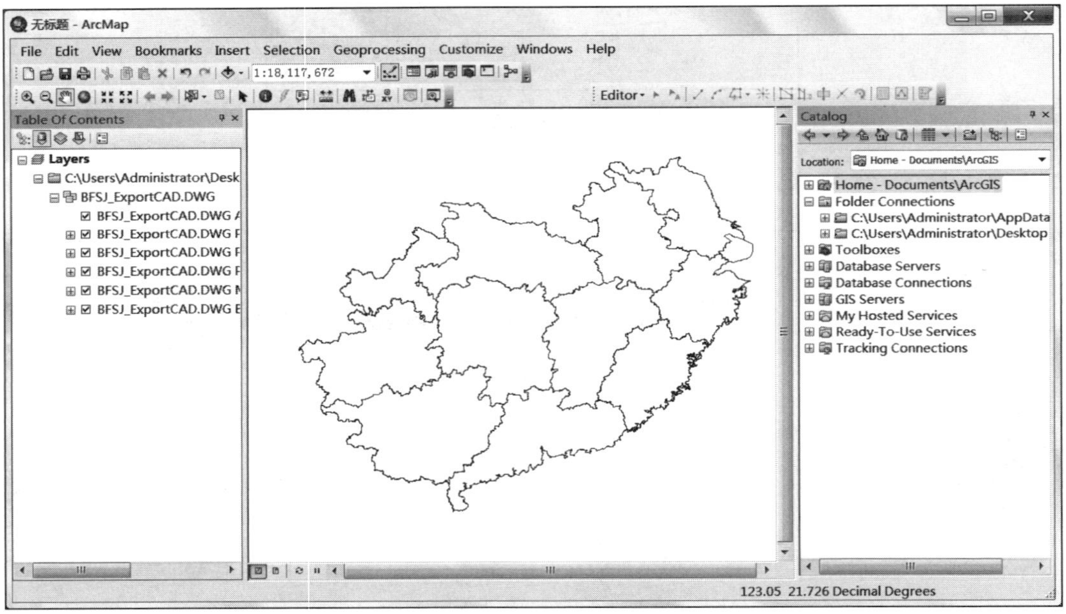

图 5-22

②打开 ArcToolbox,如图 5-23 所示,选择"Conversion Tools"(转换工具)→"To Geodatabase"(转出至地理数据库)→"CAD to Geodatabase"(CAD 至地理数据库)。

③打开新窗口,如图 5-24 所示,在"Input CAD Datasets"(输入 CAD 数据集)中浏览并选择要转换的 CAD 文件;在"Output Geodatabase"(转出至地理数据库)中设置要输出数据的目标地理数据库的储存路径和名称;"Reference scale"(参考比例)此处设置为默

认值 1000;“Spatial Reference”(空间参考)为可选项,此处可以设置地理数据库的空间属性(此处的设置问题会在后面的章节中详细说明)。

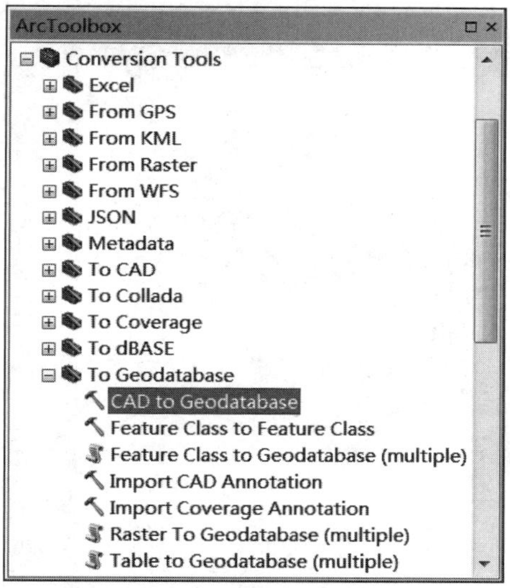

图 5-23

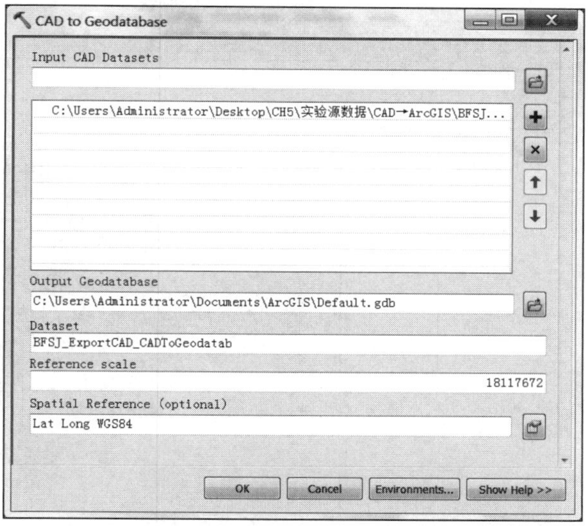

图 5-24

④单击“OK”(确定)按钮,完成操作,如图 5-25 所示。

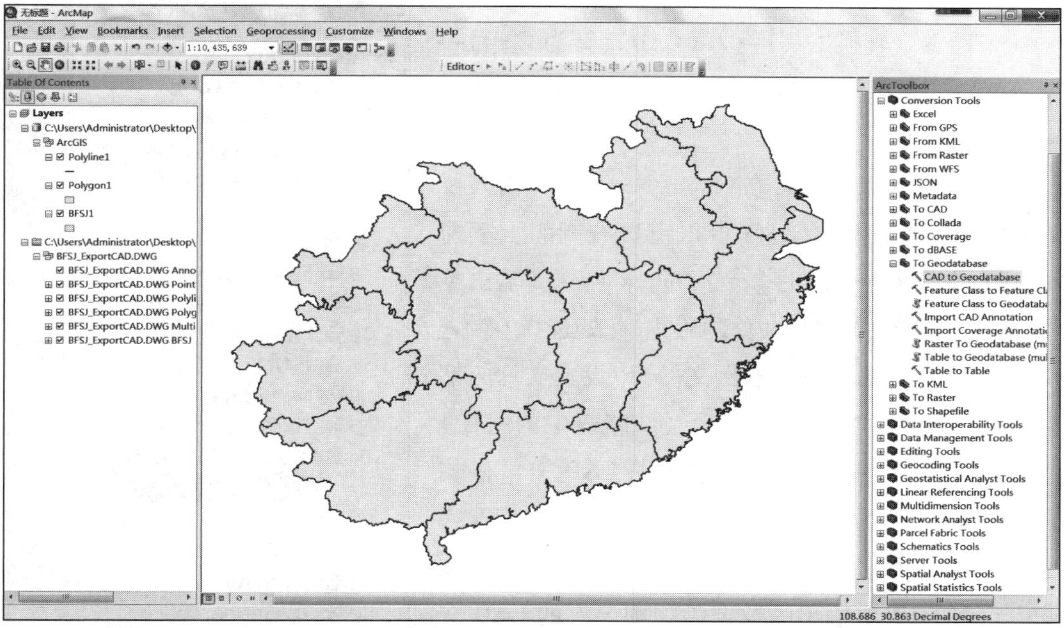

图 5-25

5.2.2 ArcGIS 中 Shp 数据输出为 CAD 格式

①在 ArcMap 中加载要进行格式转换的 shp 数据(位置:CH5\实验源数据\ArcGIS→

CAD)，如图 5－26 所示。

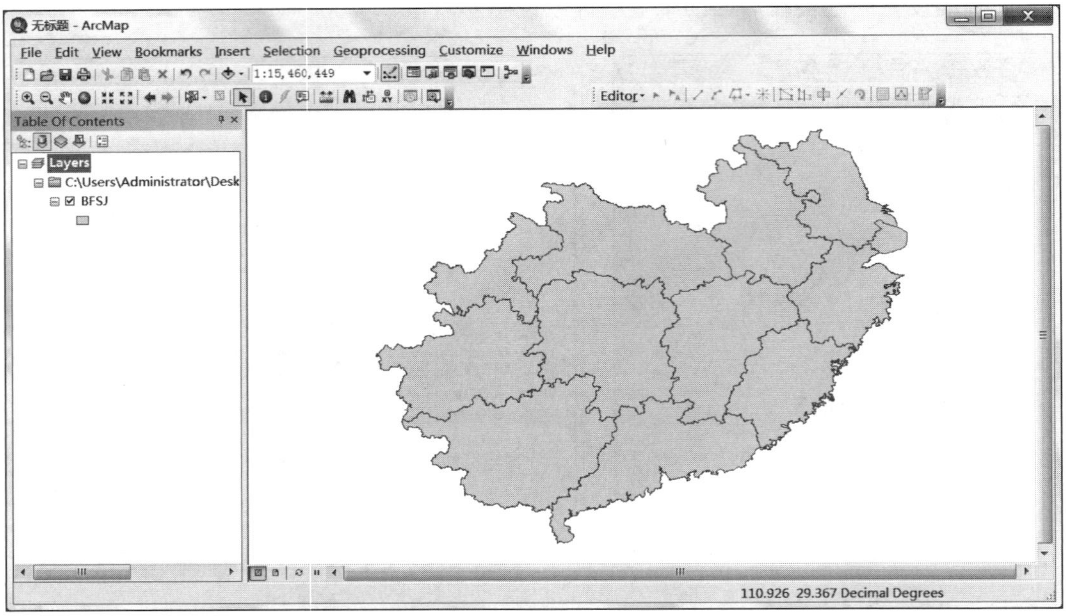

图 5－26

②启动 ArcToolbox，如图 5－27 所示，选择“Conversion Tools”(转换工具)→“To CAD”(转为 CAD)→“Export to CAD”(导出为 CAD)，打开“Export to CAD”窗口。

③如图 5－28 所示，在“Input Features”(输入要素)中选择要转换的要素(点击窗口右侧的上下箭头，可以对要素进行排序)；在“Output Type”(输出类型)中设置转出的 CAD 文件的版本，此处选择 DWG_R2010；在“Output File”(输出文件)中设置文件的储存路径；“Ignore Paths in Tables”(忽略表中的路径)为可选选项，在选中状态下，输出的 CAD 文件格式是单一的，此处为不勾选；“Append to Existing Files”(追加到现有文件)为可选选项(此处为不勾选)，在选中状态下，可将输出的数据添加到已有的 CAD 文件中，且需要浏览设置“Seed File”(种子文件)确定所需要的已有的 CAD 文件。

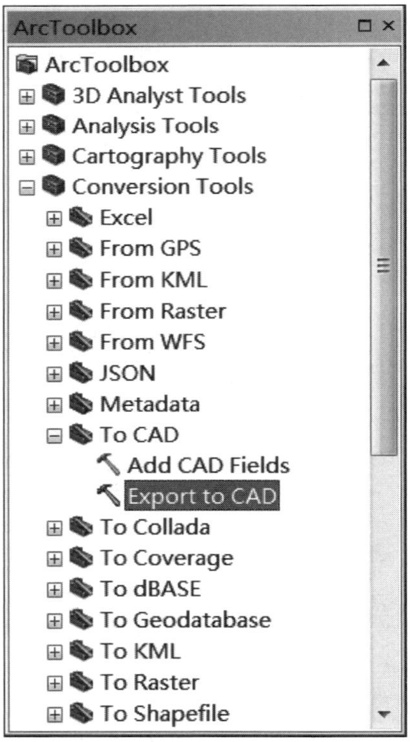

图 5－27

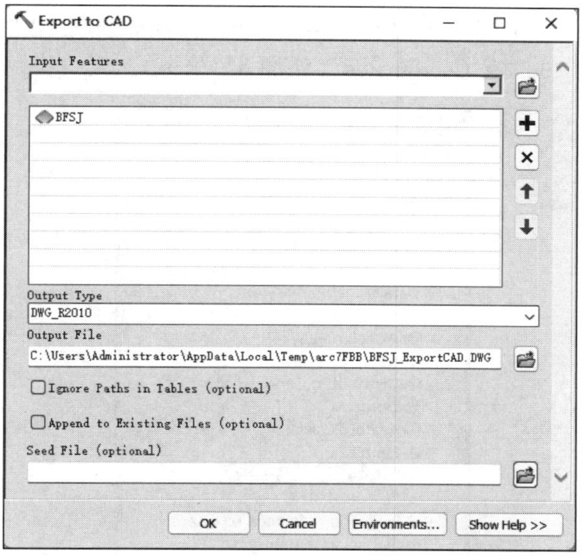

图 5－28

④单击“OK”(确定),完成操作,如图 5－29 所示。

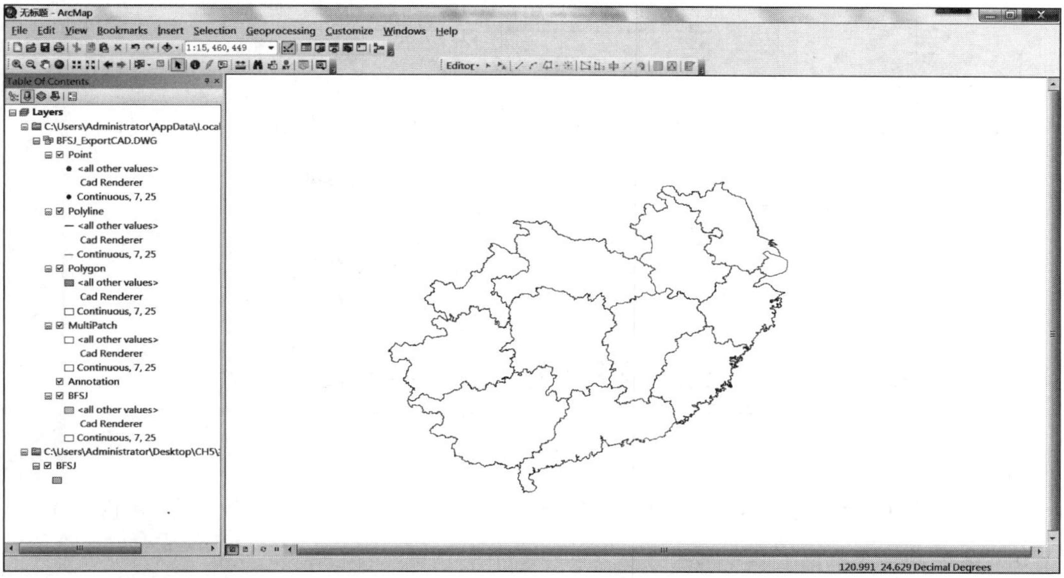

图 5－29

5.3　TXT 数据的转换

5.3.1　ArcGIS 数据输出为 TXT 数据

①加载数据 SF.shp 到 ArcMap 中(位置:CH5\实验源数据\ArcGIS→TXT)。

②启动 ArcToolbox。如图 5－30 所示，选择“Data Management Tools”（数据管理工具）→“Features”（要素）→“Add XY Coordinates”（添加 XY 坐标）。

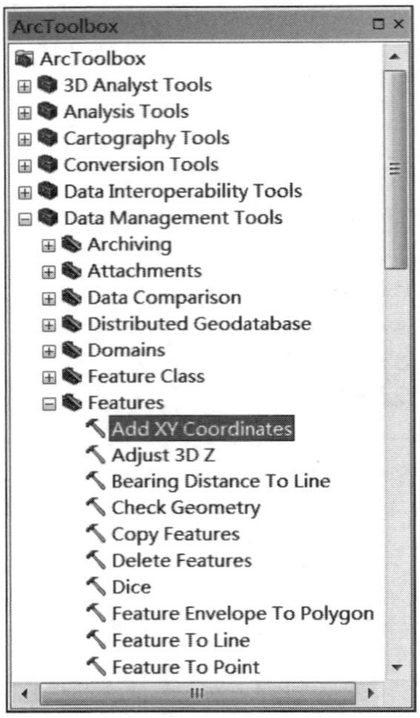

图 5－30

③选择图层 SF. shp，点击“OK”（确定），如图 5－31 所示，为图层添加 XY 坐标。

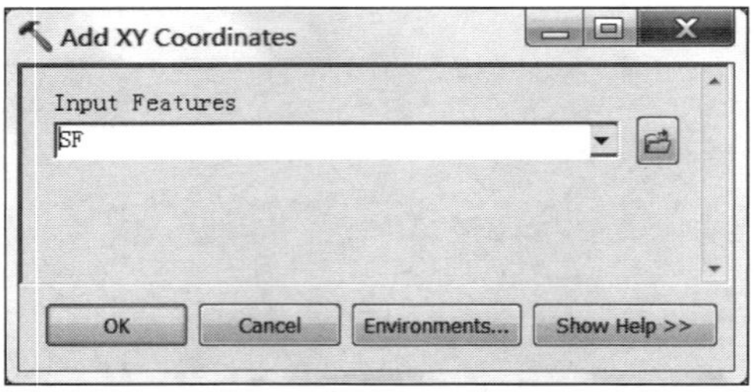

图 5－31

④在左侧内容列表中右键单击图层，选择“Open Attribute Table”（打开属性表），如图 5－32 所示。

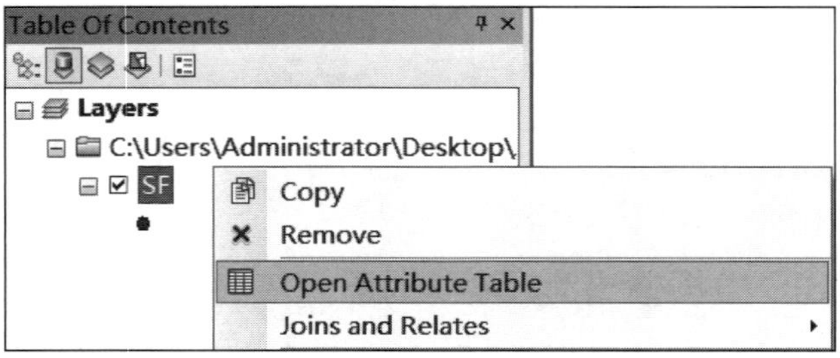

图 5－32

⑤如图 5 – 33 所示，点击属性表左上角，选择“Export”（导出）。打开“Export Data”对话框。

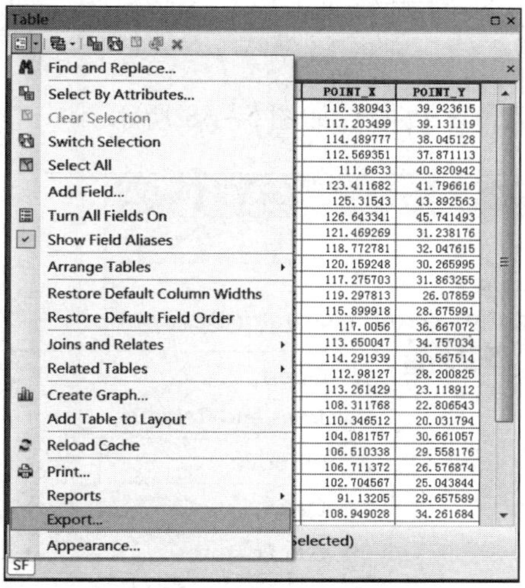

图 5 – 33

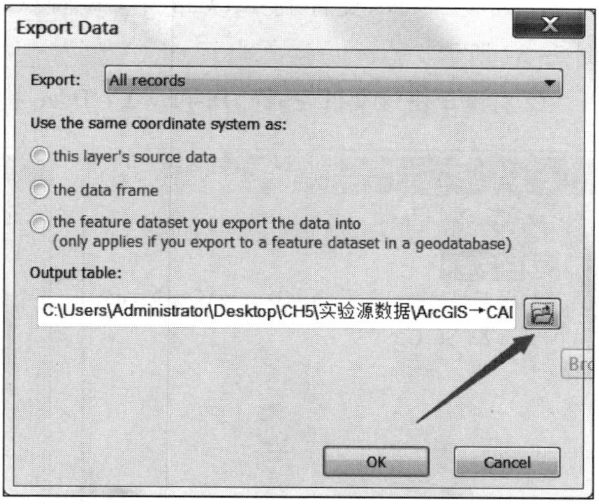

图 5 – 34

⑥点击箭头所示按钮（如图 5 – 34 所示），打开新窗口，如图 5 – 35 所示，设置文件储存路径、名称（SF. txt）和保存类型（Text File）。

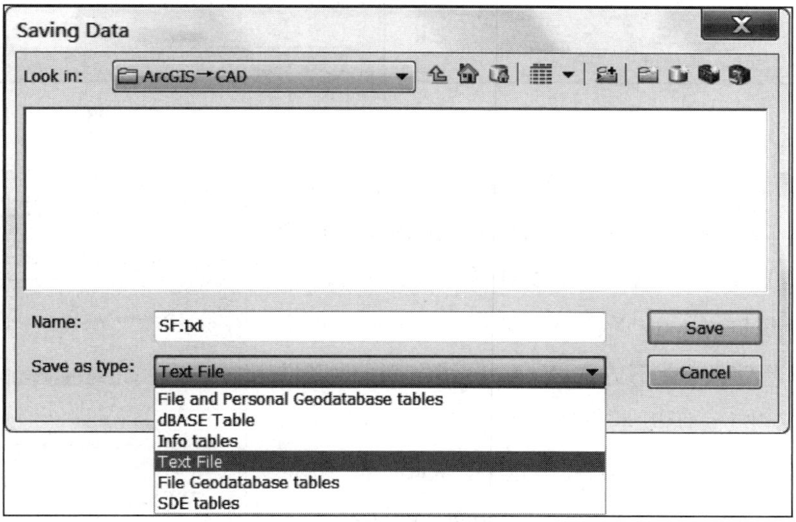

图 5 – 35

⑦点击“Save”（保存），保存成果数据，实验完成，如图 5 – 36 所示。

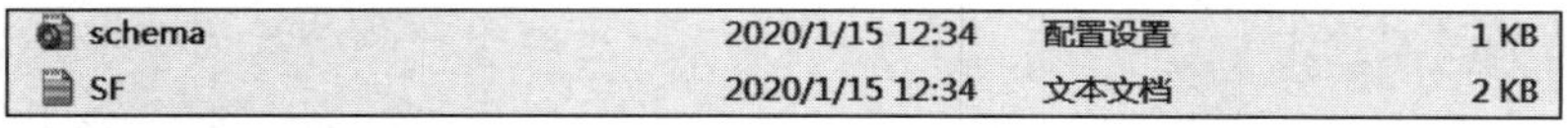

图 5 – 36

5.3.2 TXT 格式数据输入为 ArcGIS 数据

①加载 SF. txt 文件到 ArcMap 中(位置:CH5 \ 实验源数据 \ TXT→ArcGIS),如图 5-37 所示。

②右键单击该文件,选择"Display XY Data"(显示 XY 数据),如图 5-38 所示。

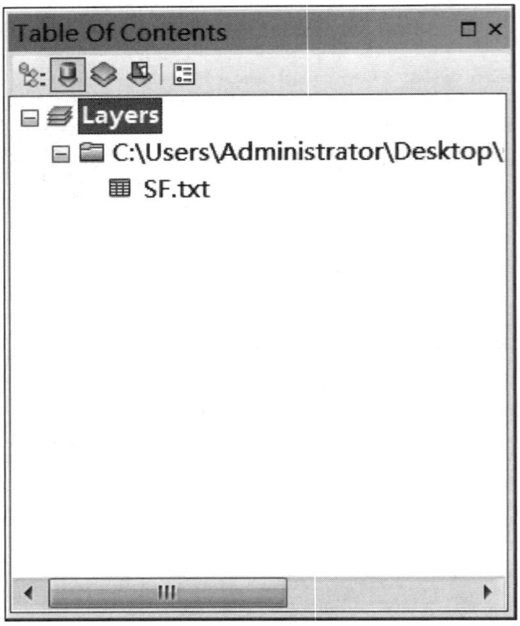

图 5-37

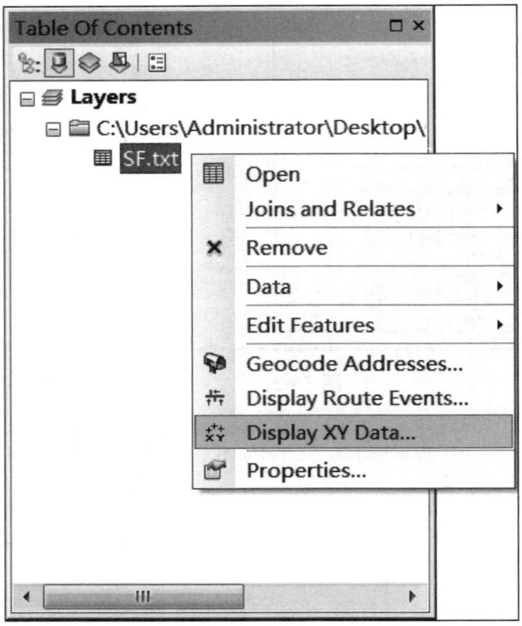

图 5-38

③打开新窗口,如图 5-39 所示,"Choose a table from the map or browse for another table"(从地图中选择一个表或浏览到另一个表),该处为默认,不设置;"Specify the fields for the X,Y and Z coordinates"(指定 X、Y 和 Z 坐标字段)在下方 X、Y、Z 处设置字段的区域(由于没有 Z 坐标,所以不设置);单击下方"Edit"(编辑),选择需要的地理坐标(可不选);"Warn me if the resulting layer will have restricted functionality"(结果图层的功能将会受到限制时向我发出警告)默认为勾选。点击"OK"(确定),完成设置。

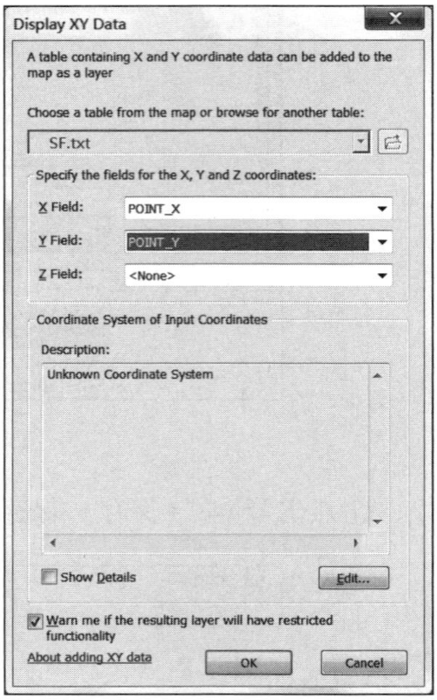

图 5-39

④实验完成，如图 5－40 所示。

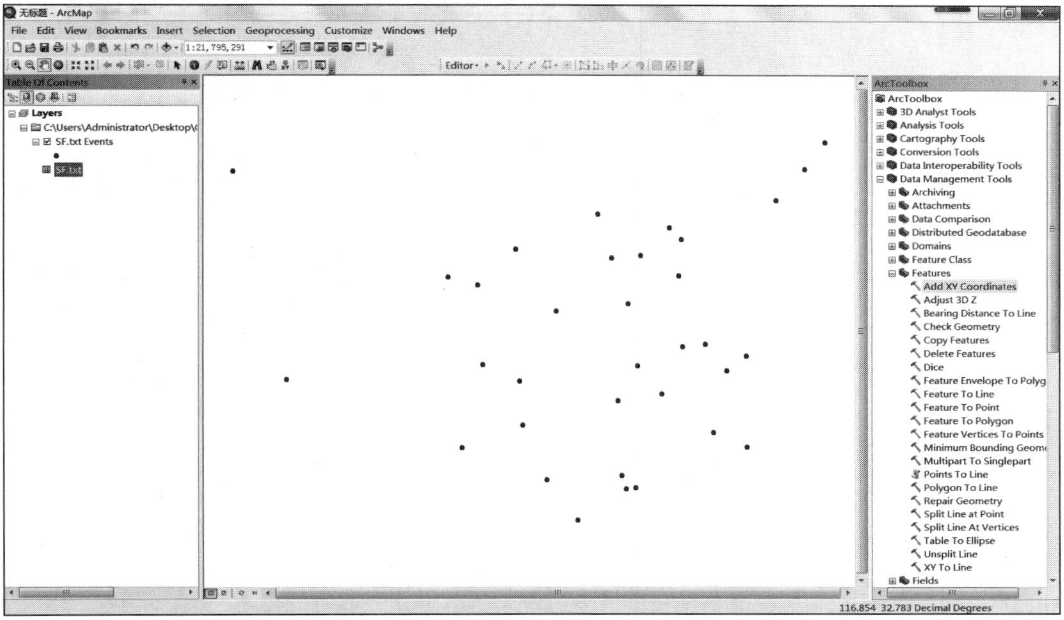

图 5－40

5.4 本章小结

TXT 转 ArcGIS 该类转化方式还适用于 Excel 表格文件，操作大概一致，确定 XY 坐标的字段，确定投影坐标系，即可完成转换。需要注意的是，ArcGIS10.2 只支持 xls 格式的表格文件。

栅格数据向矢量数据转换的目的是将栅格数据分析结果通过矢量绘图装置输出，矢量数据较栅格数据更可以满足数据压缩的需要。

矢量数据向栅格数据转换是因为栅格数据较矢量数据更适宜于多种数据（如土壤类型、交通干线、行政边界等）的复合分析。

自动化矢量操作中，可以通过栅格清理工具对二值化的栅格图像进行预处理。在栅格清理工具条中保存的编辑结果是临时的，即进行栅格编辑的时候不会对原栅格数据进行修改，修改结果只会对矢量化结果有影响。如果在编辑工具条处点击保存编辑结果，则栅格清理的结果不会被保存。另外需要注意的是，在进行矢量化的栅格面必须是 TIF 等格式的，即栅格必须是可编辑格式的，才可以激活栅格清理工具条并进行栅格清理。

本章实验讲述了基本的 ArcGIS 数据的转换，更多关于数据转换的操作大同小异，基本都需要用到 ArcToolbox 中的 Conversion Tools 模块。

第6章

ArcGIS空间数据处理

6.1 投影变换

6.2 数据变换

6.3 数据处理

6.4 本章小结

地理空间数据是 GIS 应用系统最基础的组成部分。由于原始的空间数据在数据结构、组织和表达等方面存在差异,需要对其进行如投影变换、裁剪、拼接等处理,而这些操作均可以利用 ArcToolbox 中的工具实现。本章主要对空间数据处理中的投影变换、数据变换和数据处理进行阐述与介绍。

6.1 投影变换

坐标系统是 GIS 数据中重要的数据内容,它是用于表示地理要素、图像和观测结果的参照系统,坐标系统的定义能够保证地理数据在软件中正确地显示出其位置、方向和距离,缺少坐标系统的 GIS 数据是不完整的,由于数据来源的多元化,因此在 ArcGIS 软件中正确地定义坐标系统以及进行投影变换的操作非常重要。

6.1.1 定义投影

定义投影是指为原始地图数据文件进行地理坐标信息的添加。ArcGIS 中预定义了三套坐标系统,坐标系统总共分为三种:Geographic Coordinate Systems(地理坐标系统)、Projected Coordinate Systems(投影坐标系统)、Vertical Coordinate Systems(垂直坐标系统)。

Geographic Coordinate Systems(地理坐标系统):利用地球表面的经纬度表示的坐标系统。

Projected Coordinate Systems(投影坐标系统):利用数学换算将三维地球表面上的经纬度坐标转换到二维平面上的坐标系统。

Vertical Coordinate Systems(垂直坐标系统):用来定义高度或深度值原点。

在定义坐标系统之前,需要了解数据是如何来的,以便于我们选择合适的坐标系统。

在 ArcGIS 中,中国常用的坐标系统为 GCS_Beijing_1954(Krasovsky_1940), GCS_Xian_1980(IAG_75),CS_WGS_1984(WGS_1984),GCS_CN_2000(CN_2000)。

定义投影的步骤:

①在 ArcMap 中加载实验数据 DYTY. shp(位置:CH6\实验源数据\定义投影实验源数据),如图 6-1 所示。

②打开 ArcToolbox,如图 6-2 所示,选择"Data Management Tools"(数据管理工具)→"Projections and Transformations"(投影和变换)→"Define Projection"(定义投影),打开窗口。

③如图 6-3 所示,在"Input Dataset or Feature Class"(输入数据集或要素类)中选择需要定义投影的数据(此处选择 DYTY. shp);"Coordinate System"(坐标系)文本框显示 Unknown,即原始数据没有定义坐标系统。

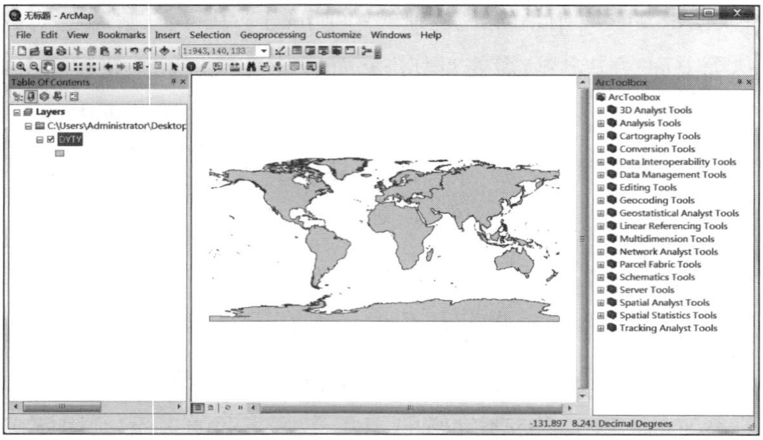

图 6-1

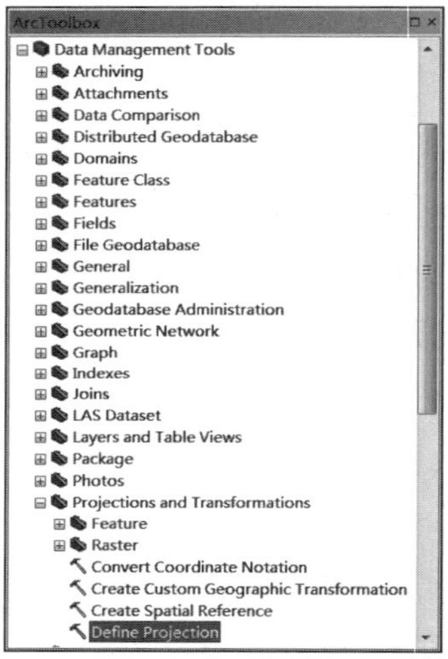

图 6-2

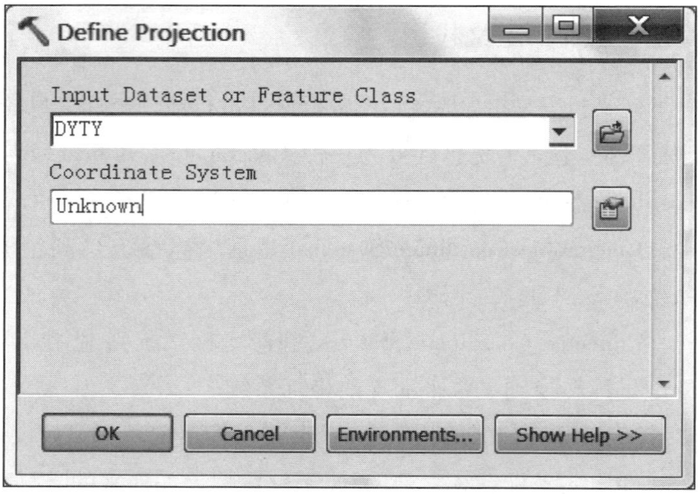

图 6-3

④单击旁边的按钮，打开窗口。如图 6-4 所示，窗口浏览选择需要的坐标系（文件夹 Favorites 是指之前已经设置保存好的坐标系统，Layers 文件夹下是指图层自带的坐标系统）。

此外，我们还可以新建坐标系统，如图 6-5 所示，左键单击窗口中的按钮，选择“New”→（选择你需要的坐标系统类型），选择需要进行创建的地理坐标系类型的对应选项。

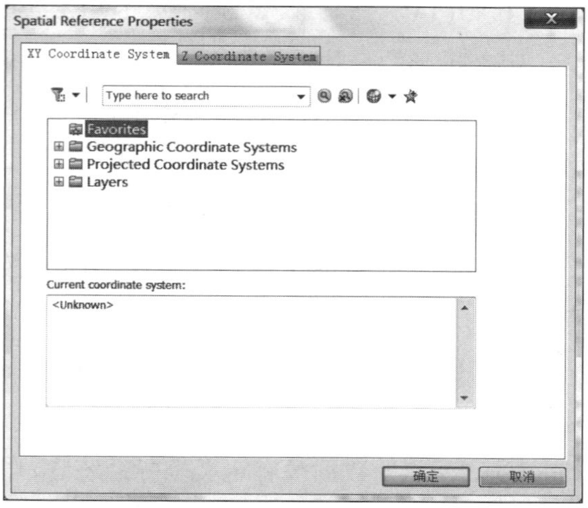

图 6-4

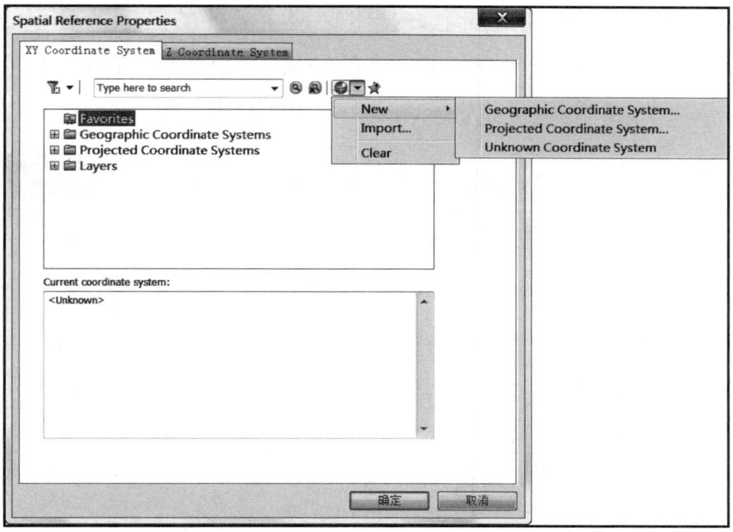

图 6-5

在新建坐标系窗口中,可以根据需要对坐标系进行各项参数设置。

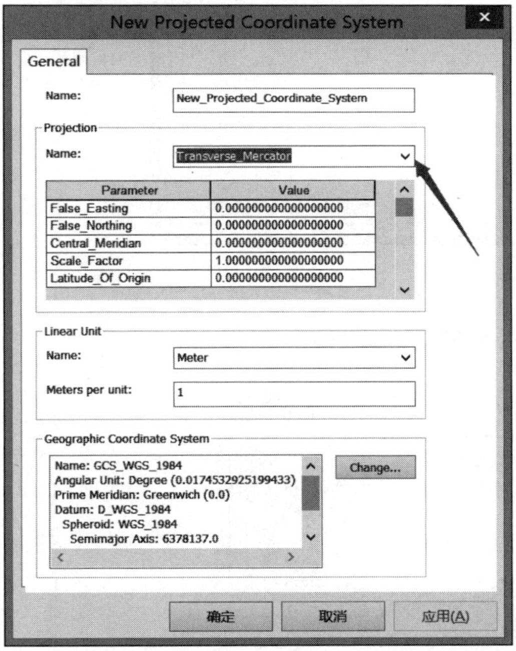

图 6-6　新建投影坐标系窗口

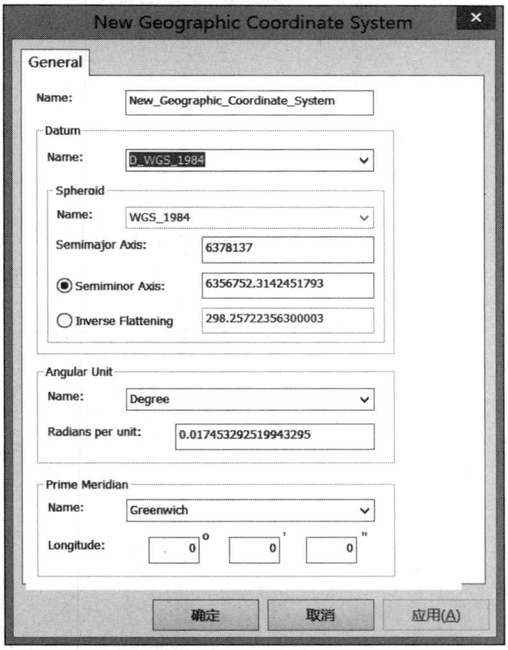

图 6-7　新建地理坐标系窗口

如图 6-6 所示,单击箭头所指按钮,下拉菜单选择投影类型。在下方小窗口中设置投影参数,在"Linear Unit"(线性单位)中设置测量单位名称和单位数。

该新建地理坐标系对话框可以设置定义或选择参考椭球体(Spheroid)、测量单位弧度(Radians per unit)和起算经线(默认为本初子午线),如图 6-7 所示。

在学习阶段，我们将直接通过在上方搜索栏搜索需要的坐标系名称的关键词，如在上方输入“WGS”，并点击后面的🔍按钮，搜索结果，选择 WGS 1984 地理坐标系统，如图 6-8 所示。单击“确定”，完成设置。

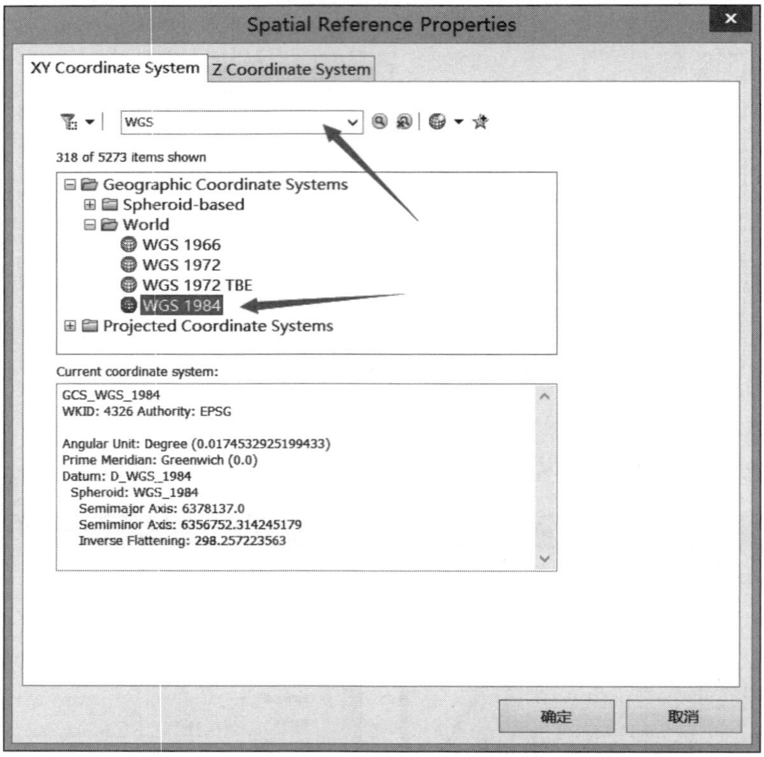

图 6-8

⑤再次点击“OK”(确定)，完成对数据的投影定义，如图 6-9 所示。

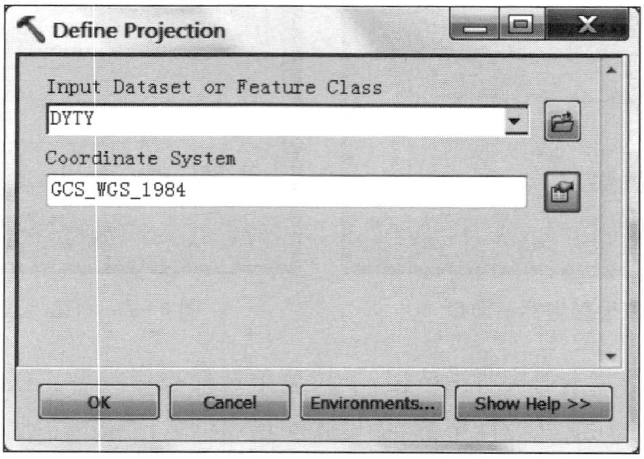

图 6-9

6.1.2 清除投影

当投影信息发生错误需要重新定义时,我们可以清除原有地理数据中的投影信息。如图6-10所示,打开已经完成定义投影的矢量shp数据的保存位置,删除后缀为.prj格式的文件即可清除原有数据的投影信息。

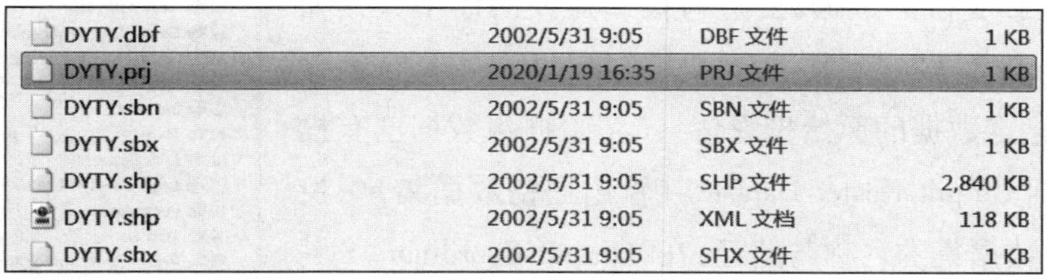

图6-10

6.1.3 投影变换

投影变换即将一种地图投影信息转换为另一种地图投影信息,涉及投影类型以及相关投影参数设置,其中栅格数据的投影变换涉及重采样处理。

6.1.3.1 栅格数据的投影变换

①在ArcMap中加载SG.tif(位置:CH6\实验源数据\投影变换实验源数据\栅格数据),如图6-11所示。

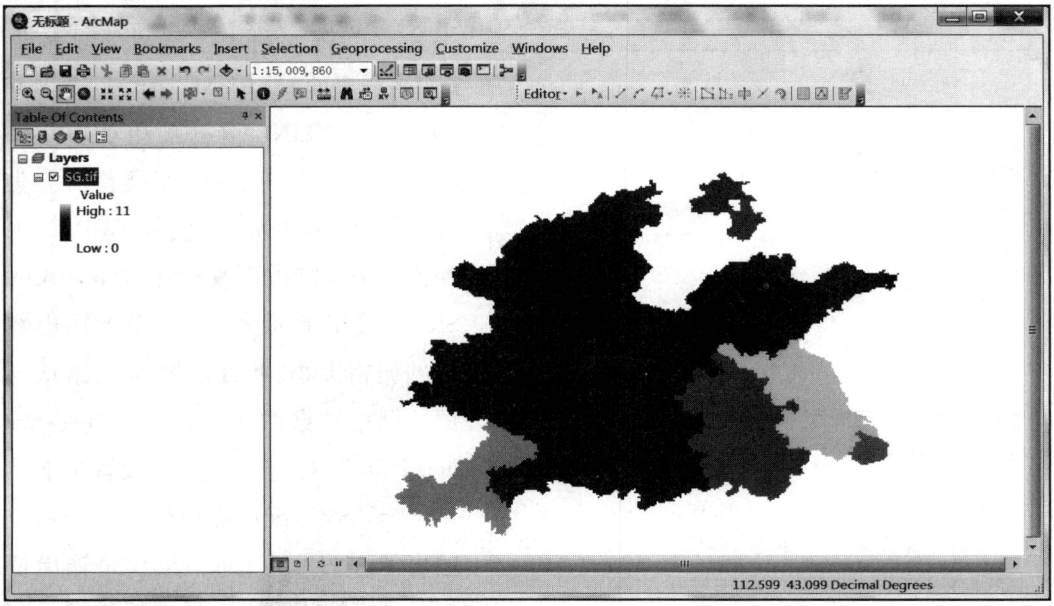

图6-11

②打开 ArcToolbox，如图 6-12 所示，选择“Data Management Tools”（数据管理工具）→“Projections and Transformations”（投影和变换）→“Raster”（栅格）→“Project Raster”（投影栅格）。

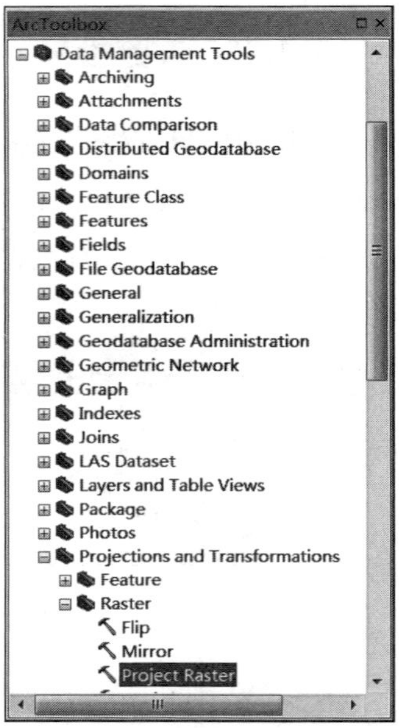

图 6-12

③如图 6-13 所示，在“Input Raster”（输入栅格）中选择要进行投影变换的数据；要进行投影变换的栅格数据如果没有投影信息，则必须在“Input Coordinate System”（输入坐标系）中指定数据的原始投影信息（实验栅格数据已有投影信息）；在“Output Raster Dataset”（输出栅格数据集）中设置输出栅格数据集的名称与路径；在“Output Coordinate System”（输出坐标系）中设置输出数据的坐标系（点击旁边按钮，与之前定义投影的设置方式一样）；在“Geographic Transformation”（地理（坐标）变换）中，当输入和输出坐标系的基准面相同时，地理（坐标）变换为可选参数。如果输入和输出基准面不同，则必须指定地理（坐标）变换，此处如图 6-13 设置；在“Resampling Technique”（重采样技术）中选择 NEAREST，即最邻近采样法，此外还有“BILINEAR”（双线性插值法）、“CUBIC”（三次卷积插值法）、“MAJORITY”（众数重采样法）（注：NEAREST 和 MAJORITY 选项用于分类数据，如土地利用分类。NEAREST 选项是默认设置，因为它是最快的插值法，同时也因为它不会更改像元值。请勿对连续数据（如高程表面）使用 NEAREST 或 MAJORITY。BILINEAR 选项和 CUBIC 选项最适用于连续数据，不推荐对分类数据使用 BILINEAR 或者 CUBIC，因为像元值可能被更改）；在“Output Cell Size”（输出像元大小）中设置输出数据的栅格大小，此处设置为 2，默认与原始栅格数据像元一样；在“Registration Point”（配准点）下方，设置配准点 XY 坐标，通过配准点可指定用于定位输出像元的原点，而不是仅将输出捕捉到现有栅格像元。所有输出像元与该点之间必须间隔一个像元。该点的

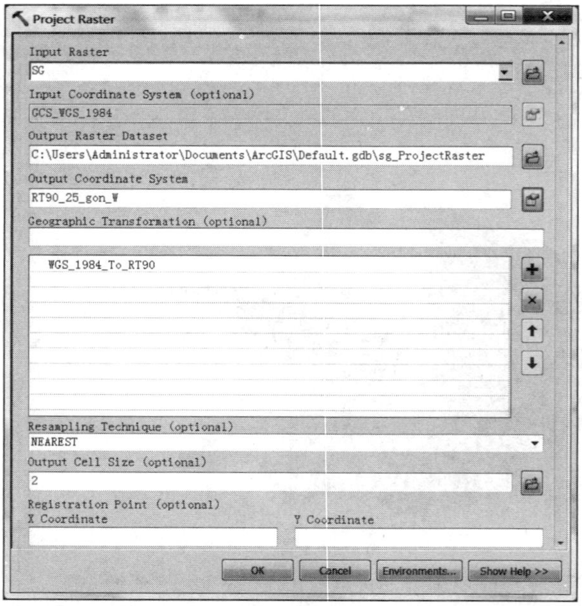

图 6-13

坐标不必位于一角，也不必落入栅格数据集中，默认不设置。单击“OK”（确定）按钮，完成栅格数据投影变换操作。

6.1.3.2 矢量数据的投影变换

①在 ArcMap 中加载 CT. shp（位置:CH6\实验源数据\投影变换实验源数据\矢量数据），如图 6－14 所示。

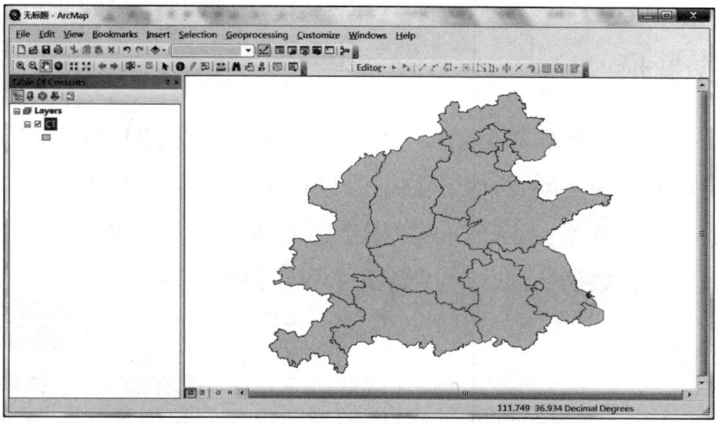

图 6－14

②打开 ArcToolbox，如图 6－15 所示，选择“Data Management Tools”（数据管理工具）→“Projections and Transformations”（投影和变换）→“Feature”（要素）→“Project”（投影）。

③如图 6－16 所示，在“Input Dataset or Feature Class”（输入数据集或要素类）中选择要进行投影变换的矢量数据，如果输入的要素有地理坐标信息，则下方“Input Coordinate System”（输入坐标系）不用设置，如果没有，则需要点击旁边的按钮定义原始地理坐标系；

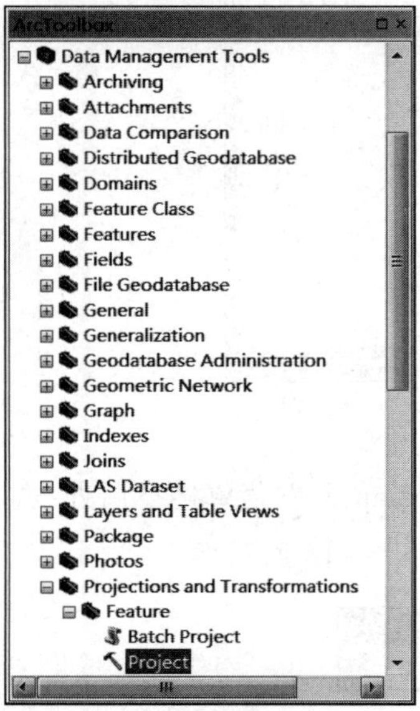

图 6－15

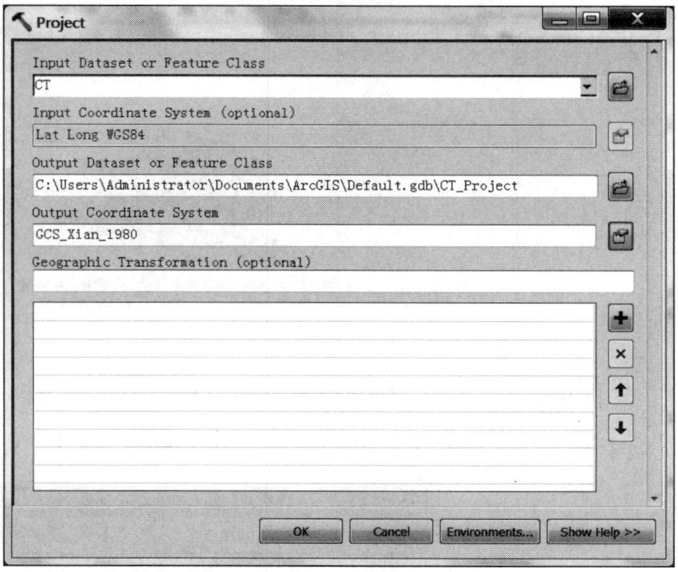

图 6－16

在“Output Dataset or Feature Class”(输出数据集或要素类)中设置输出文件路径与名称;在“Output Coordinate System”(输出坐标系)中设置输出数据的投影;在“Geographic Transformation”(地理(坐标)变换)中,当输入和输出坐标系的基准面相同时,地理(坐标)变换为可选参数。如果输入和输出基准面不同,则必须指定地理(坐标)变换,此处默认不设置。

④单击“OK”(确定),完成矢量数据投影变换操作。

6.2 数据变换

数据变换是指通过对地理数据进行一系列操作使得数据的几何位置、形状和方位改变的操作。由于数据来源不同,以及在数据的保存和转移过程中,由于处理和储存数据的终端不同可能会导致数据发生轻微的数据位置偏移或者大小改变,这就需要通过数据变换来快速处理和修正数据错误,以方便地理数据信息的进一步处理和分析。

6.2.1 空间校正

空间校正是专指对矢量数据的操作使得矢量数据的空间位置匹配,它通常用于整合和对齐矢量数据。空间校正需要在数据处于编辑的状态才能完成校正操作,因此,也可以利用编辑工具中的部分功能来增强校正效果。

①在 ArcMap 中加载实验源数据 KJJZ1. shp、KJJZ2. shp(位置:CH6\实验源数据\空间校正实验源数据),如图 6-17 所示。

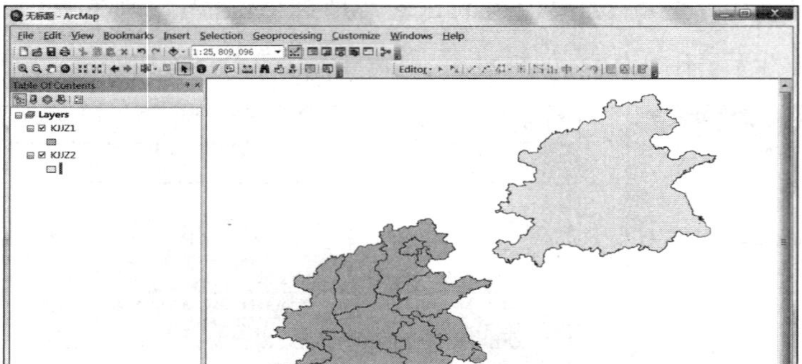

图 6-17

②打开编辑工具条,使图层进入编辑状态。右键单击 ArcMap 上方菜单栏空白处,选择“Spatial Adjustment”(空间校正),打开空间校正工具条,如图 6-18 所示。

图 6-18

③点击"Spatial Adjustment"（空间校正），下拉菜单，选择"Set Adjust Data"（设置校正数据），如图 6－19 所示。

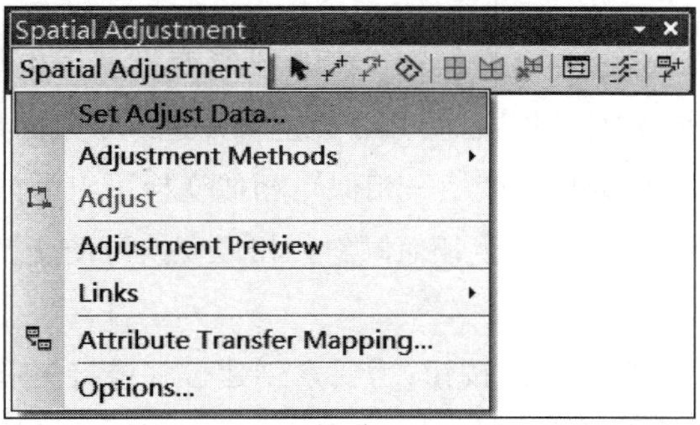

图 6－19

④打开新窗口。如图 6－20 所示，勾选"All features in these layers"（以下图层中的所有要素），勾选 KJJZ1，点击"OK"（确定），完成设置。

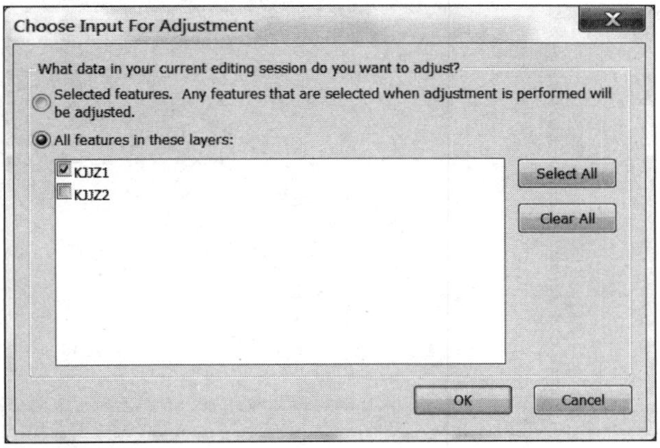

图 6－20

⑤在空间校正工具条中，如图 6－21 所示，单击"Spatial Adjustment"（空间校正），下拉菜单，选择"Adjustment Methods"（校正方法）→"Transformation － Similarity"（变换—相似）。

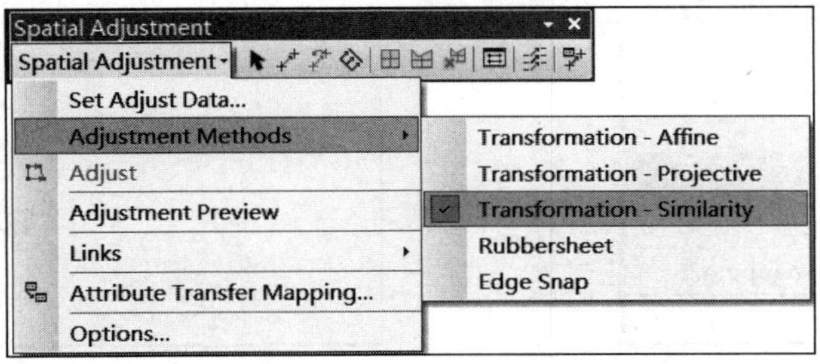

图 6－21

ArcGIS 其他校正方法：

“Transformation – Affine”（变换—仿射）：仿射变换可以不同程度地缩放、倾斜、旋转和平移数据。

“Transformation – Projective”（变换—投影）：投影变换基于更加复杂的公式，该公式要求至少具有四个位移链接。此方法可用于航空像片追踪采集的数据直接变换。

“Transformation – Similarity”（变换—相似）：相似变换可以缩放、旋转和平移数据，但不会单独对轴进行缩放，也不会产生任何倾斜。相似变换可使变换后的要素保持原有的横纵比。

⑥单击空间校正工具条中的按钮，为要素创建位移链接，创建链接时，需要注意尽量在较为突出和明显的点上创建链接，可以更好地保障空间校正效果的正确性，如图 6－22 所示。

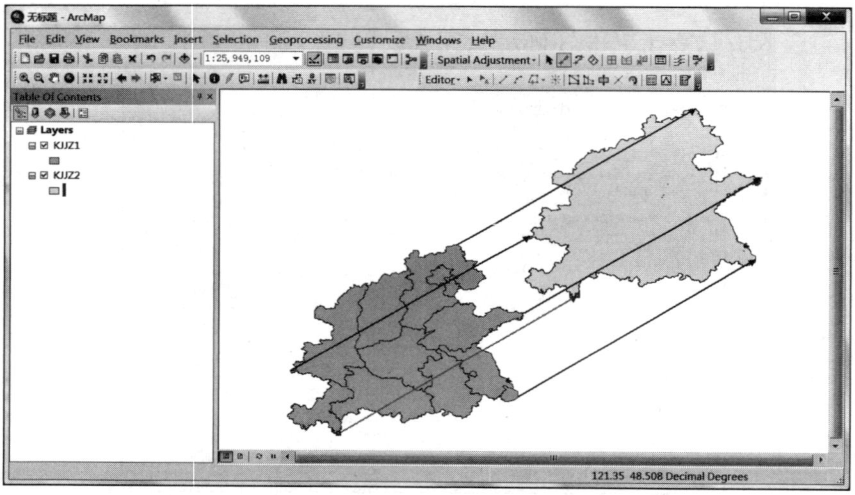

图 6－22

⑦打开空间校正工具条，如图 6－23 所示，选择“Adjustment Preview”（校正预览），预览校正结果（见图 6－24）。

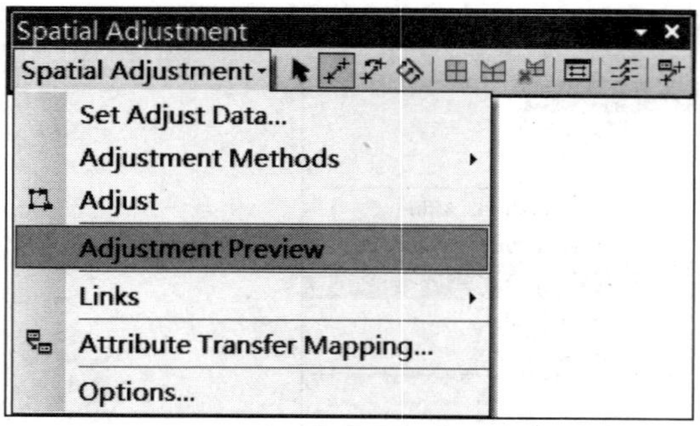

图 6－23

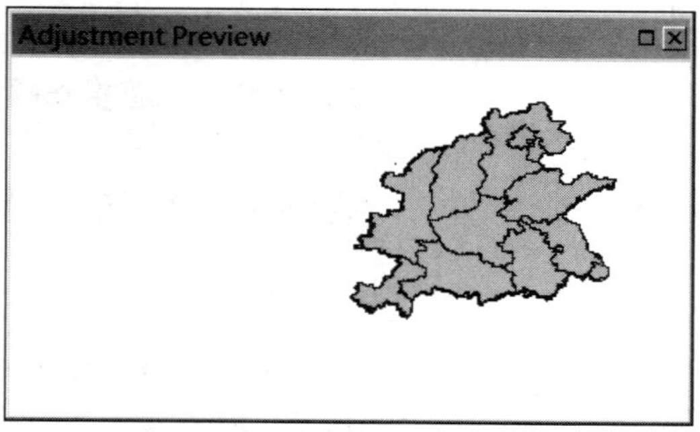

图 6－24

⑧图像符合要求以后，单击空间校正工具条中的，查看链接表（Link Table），如图 6－25 所示。检查控制点残差（Residual Error）和 RMS 误差（位于左下角，RMS 小于 1 即可），删除残差特别大的控制点并且重新选择控制点。除了建立控制点，还可以通过已知目标位置的空间坐标来修改 XY 源坐标值和目标坐标值来实现空间校正。

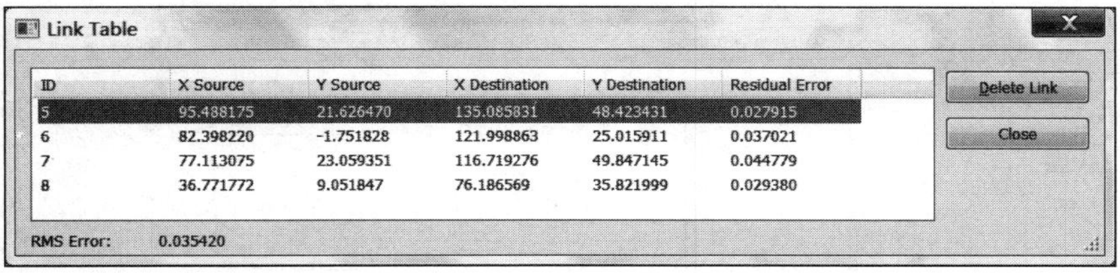

图 6－25

⑨打开空间校正工具条，如图 6－26 所示，选择“Adjust”（校正），执行空间校正。如果要保存校正结果，在编辑工具条中选择“Save Edits”（保存编辑）。如果不需要保存，则在编辑工具条中停止编辑，选择不保存编辑结果，如图 6－27 所示。

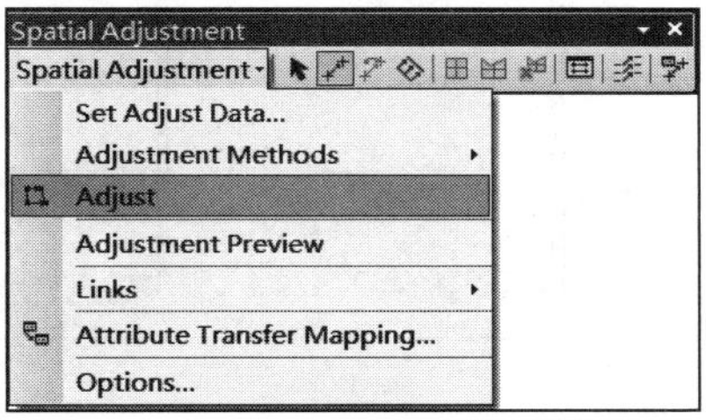

图 6－26

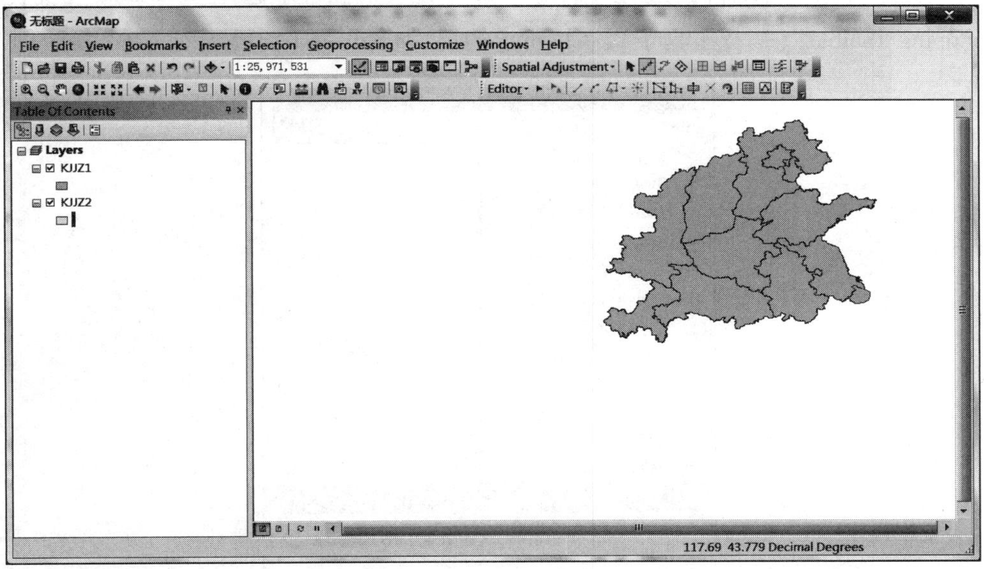

图 6－27

6.2.2　橡皮页变换

橡皮页变换是指利用特定的变换链接，通过橡皮页变换的方法来对不同的输入要素进行整理和修改，使得输入的要素和目标要素对齐。通常用于整体要素中部分要素的细微修改和整理操作。

①在 ArcMap 中加载实验数据，并使其进入可编辑状态（位置：CH6\实验源数据\橡皮页变换实验源数据），如图 6－28 所示。

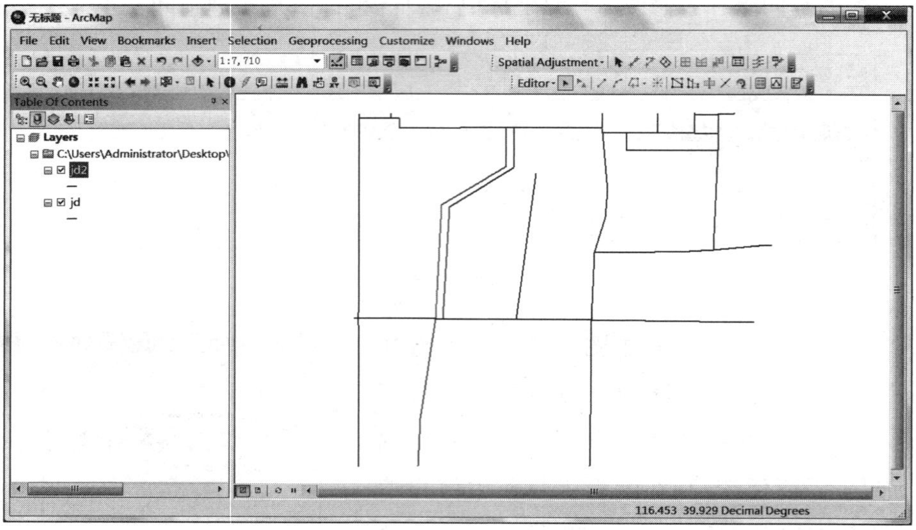

图 6－28

②点击“Editor”（编辑器）按钮，如图 6－29 所示，下拉菜单选择“Snapping”（捕捉）→“Snapping Toolbar”（捕捉工具条），启用折点捕捉，如图 6－30 所示。

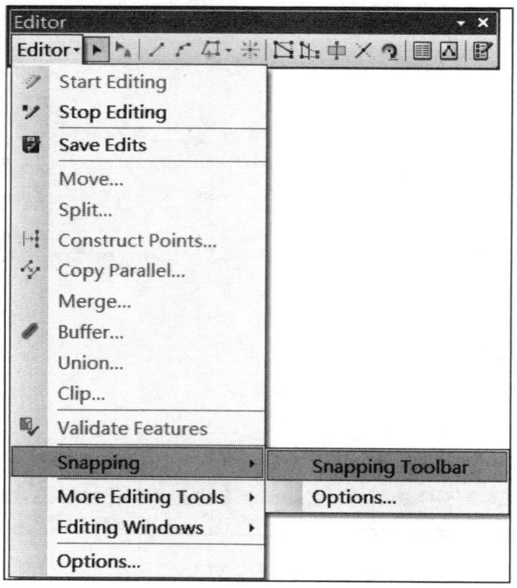

图 6－29

图 6－30

③点击“Spatial Adjustment”(空间校正),如图 6－31 所示,下拉菜单,选择“Set Adjust Data”(设置校正数据)。

④打开新窗口。如图 6－32 所示,勾选“All features in these layers”(以下图层中的所有要素),勾选下方“jd2”选项。点击“OK”(确定),完成设置。

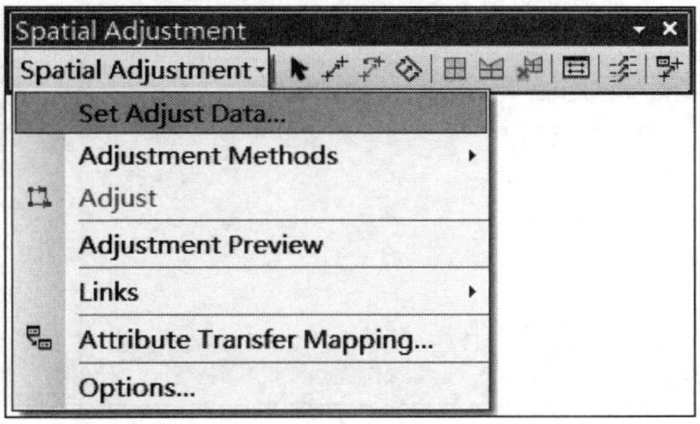

图 6－31

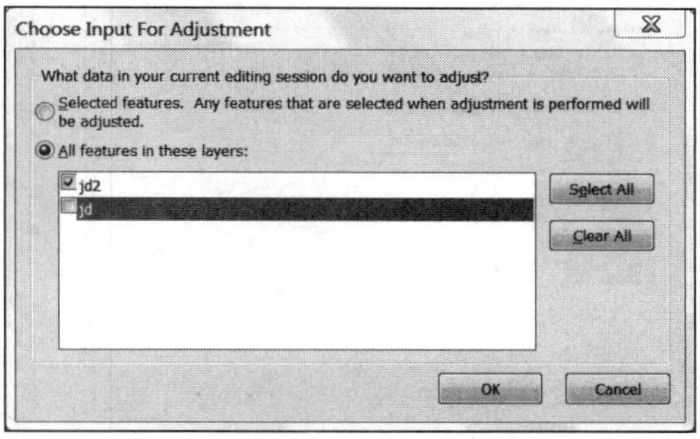

图 6－32

⑤在空间校正工具条中,如图 6－33 所示,单击“Spatial Adjustment”(空间校正)按钮。下拉菜单,选择“Adjustment Methods”(校正方法)→“Rubbersheet”(橡皮页变换)。

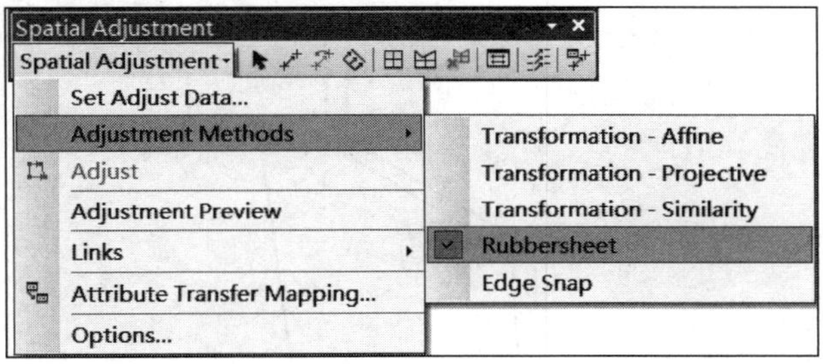

图 6－33

⑥在空间校正工具条中,单击“Spatial Adjustment”(空间校正)按钮。下拉菜单,选择“Options”(选项),如图 6－34 所示。

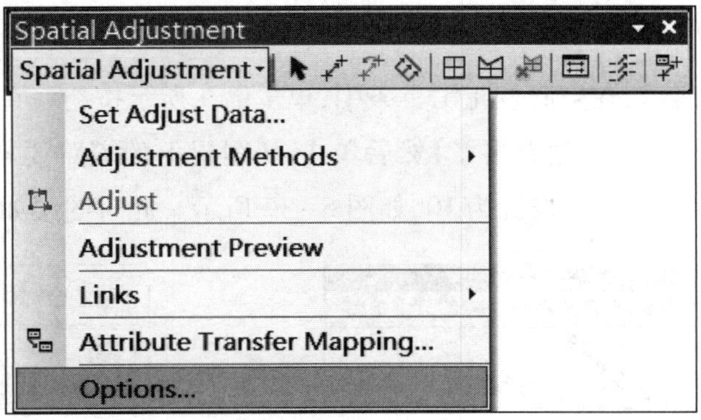

图 6－34

⑦打开新窗口。如图 6-35 所示，下拉选项选择“Rubbersheet”(橡皮页变换)，点击右侧“Options”(选项)按钮，在打开的新窗口中选择“Natural Neighbor”(自然邻域法)，如图 6-36 所示。

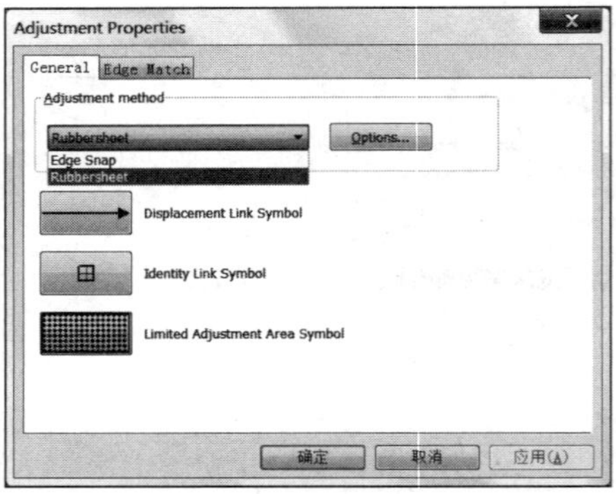

图 6-35

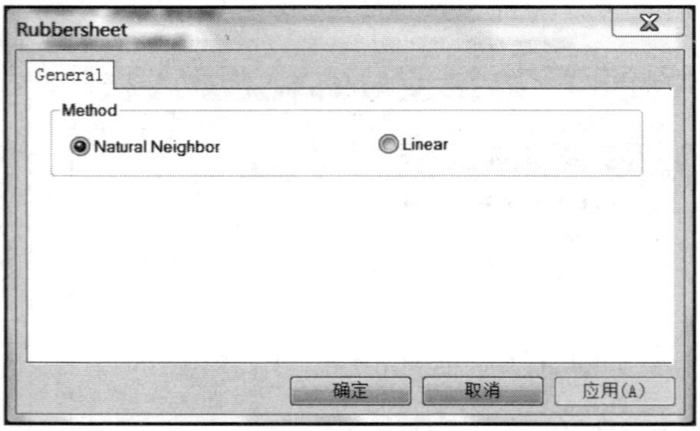

图 6-36

⑧单击空间校正工具条中的按钮，在图中添加位移链接，首先点击 jd2 的源位置，再将捕捉到的位置连接到 jd 图层中。如图 6-37 所示，在图中创建四个捕捉点。

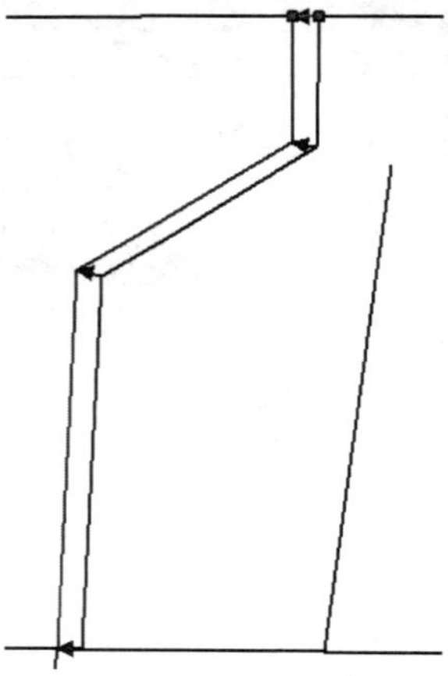

图 6-37

⑨如图 6-38 所示，在空间校正工具条中，单击箭头所示按钮。在图中添加多位移链接。首先单击 jd2 图层上的道路要素，然后单击 jd 图层上的道路要素，之后输入要创建的链接数，默认值为 10，此处设置为 10，如图 6-39 所示。此时图层如图 6-40 所示。

图 6-38

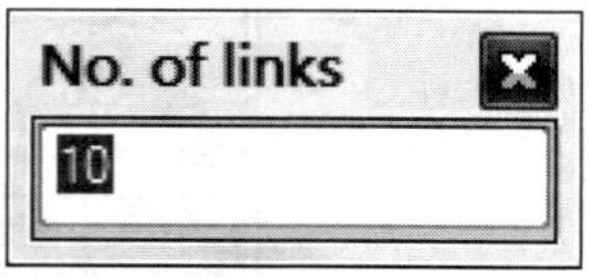

图 6-39

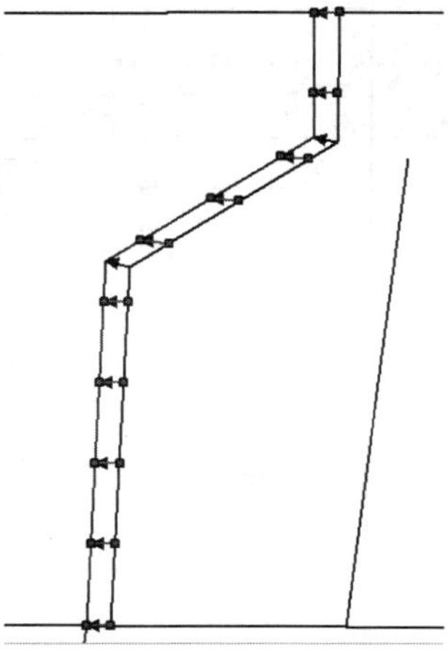

图 6-40

⑩在空间校正工具条中,单击 ⊞ 按钮。在图中添加标识链接,即标识的地方将不受纠正影响。添加位置如图 6-41 所示。添加标识位置一般为与纠正线段相邻的线段交界处,或者其他线段交界处,线段末端等位置。

⑪在空间校正工具条中,单击"Spatial Adjustment"(空间校正)按钮,下拉菜单,选择"Adjustment Preview"(校正预览),查看校正情况。如果校正结果不满足要求,可以通过修改链接、添加标识链接等方式来提高校正精度,达到预期校正效果。图 6-42 即为预期校正预览效果。

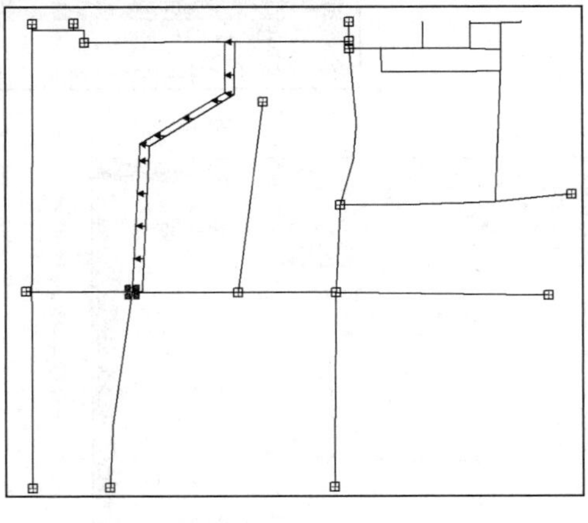

图 6-41

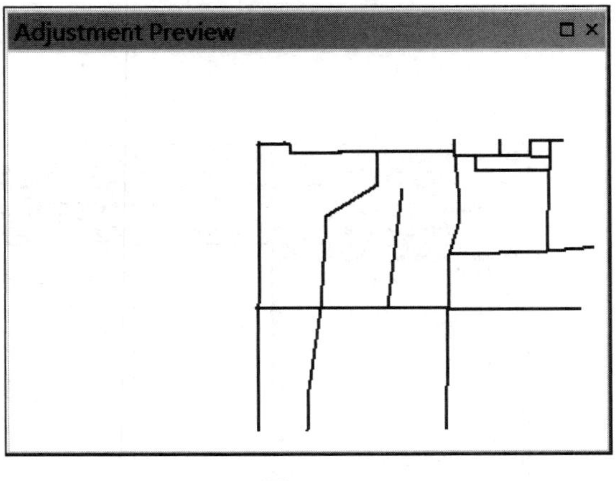

图 6-42

⑫在空间校正工具条中,单击"Spatial Adjustment"(空间校正)按钮,下拉菜单,选择"Adjust"(校正)。校正结果如图 6-43 所示,此时图层要素中还有较多的标识链接点。

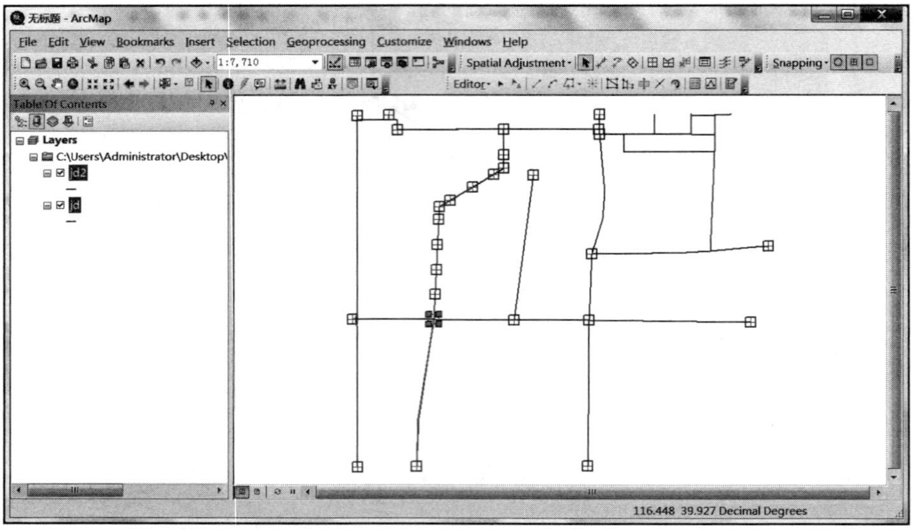

图 6-43

⑬在 ArcMap 上方菜单栏中选择“Edit”(编辑)→“Select All Elements”(选择所有元素),如图 6-44 所示,即可选中所有标识链接点。点击键盘“Delete”键或者选择该菜单栏中的“Delete”(删除),即可删除所有标识链接点,保证生成的新数据的图幅整洁,如图 6-45 所示。

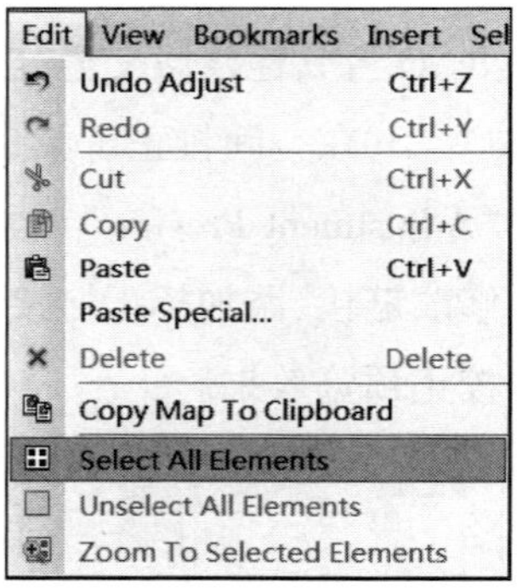

图 6-44

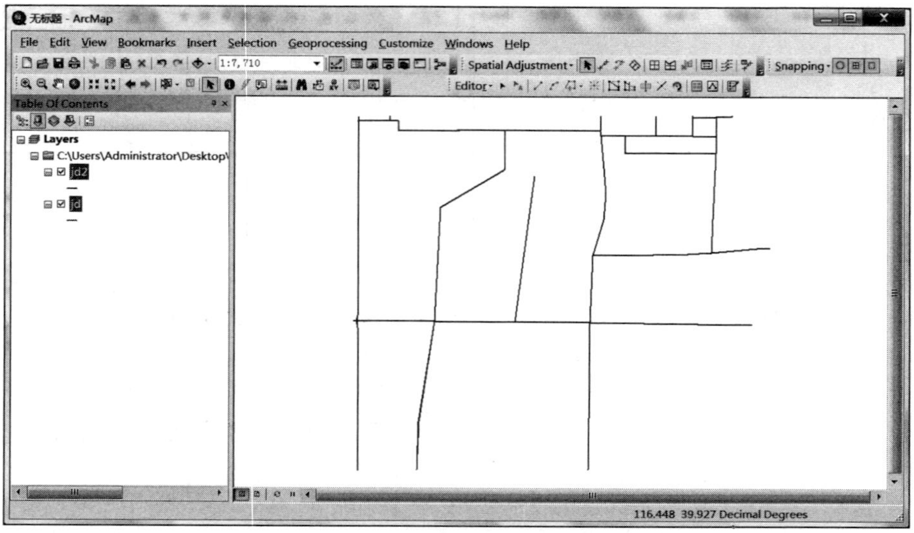

图 6-45

6.2.3 边匹配

边匹配通常用于创建连接两个相邻图层的位移接合的链接。通过边匹配操作，使得相邻但中间存在缝隙的图层相互接合，共同组成一幅完整的地理图像。设定好相应的操作设置以及相应的捕捉容差是使用这个工具的重要准备工作。

①在 ArcMap 中加载实验源数据，并使其进入可编辑状态(位置：CH6\实验源数据\边匹配实验源数据)，如图 6-46 所示。

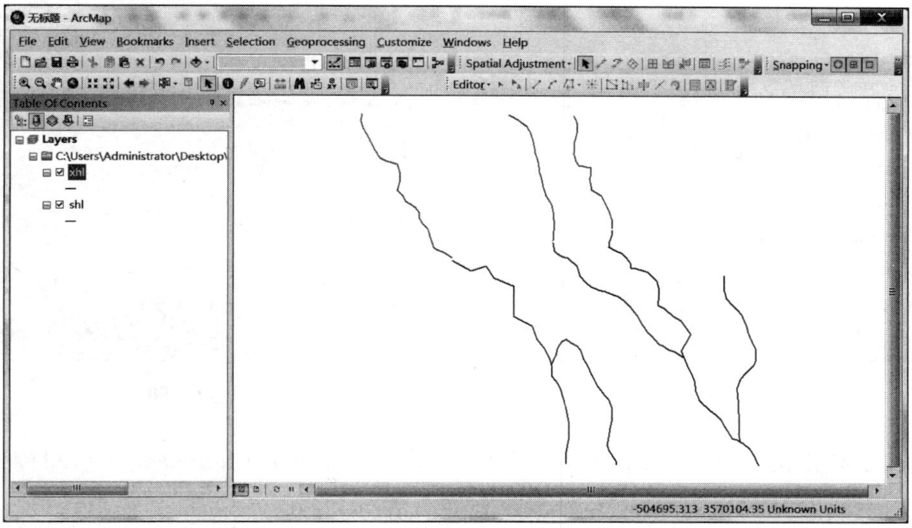

图 6-46

②点击“Editor”(编辑器)按钮，如图 6-47 所示，下拉菜单选择“Snapping”(捕捉)→“Snapping Toolbar”(捕捉工具条)，启用折点捕捉，如图 6-48 所示。

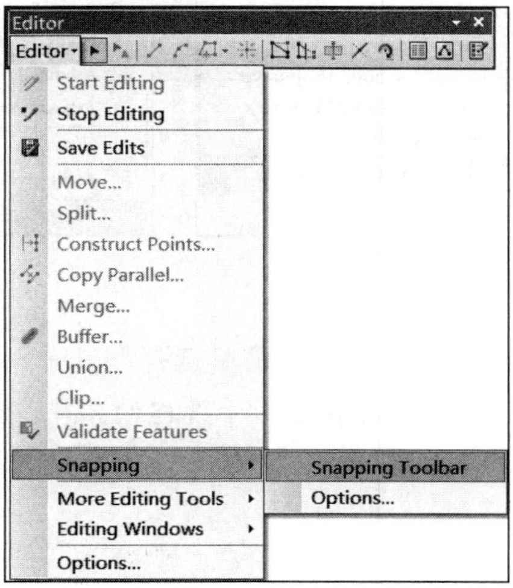

图 6-47

图 6－48

③点击“Spatial Adjustment”(空间校正),如图 6－49 所示,下拉菜单,选择“Set Adjust Data”(设置校正数据)。

④打开新窗口,如图 6－50 所示,勾选“All features in these layers”(以下图层中的所有要素)。

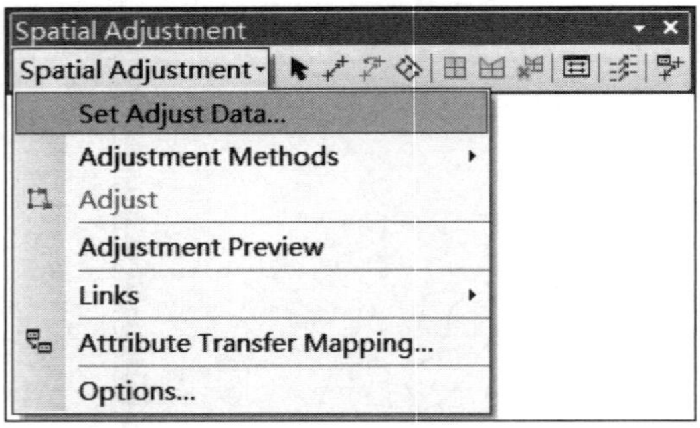

图 6－49

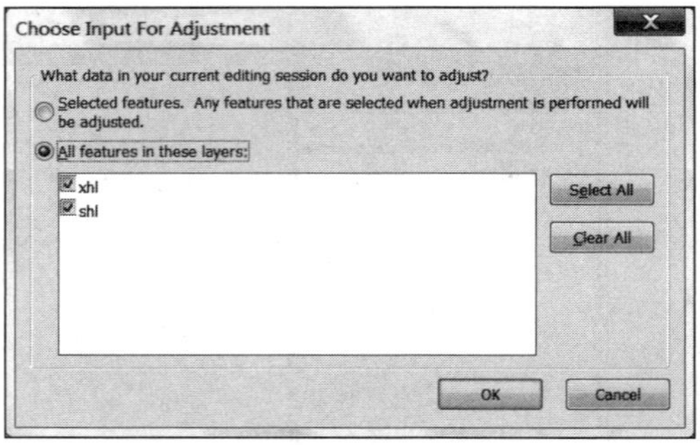

图 6－50

⑤在空间校正工具条中,如图 6－51 所示,单击“Spatial Adjustment”(空间校正)按钮,下拉菜单,选择“Adjustment Methods”(校正方法)→“Edge Snap”(边捕捉)。

⑥在空间校正工具条中,如图 6－52 所示,单击“Spatial Adjustment”(空间校正)按钮,下拉菜单,选择“Options”(选项)。

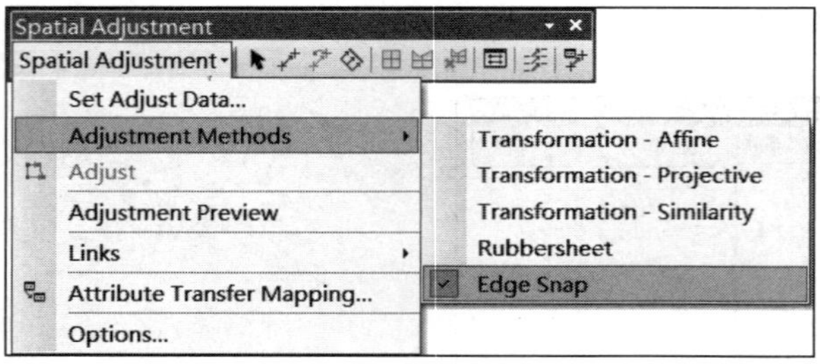

图 6－51

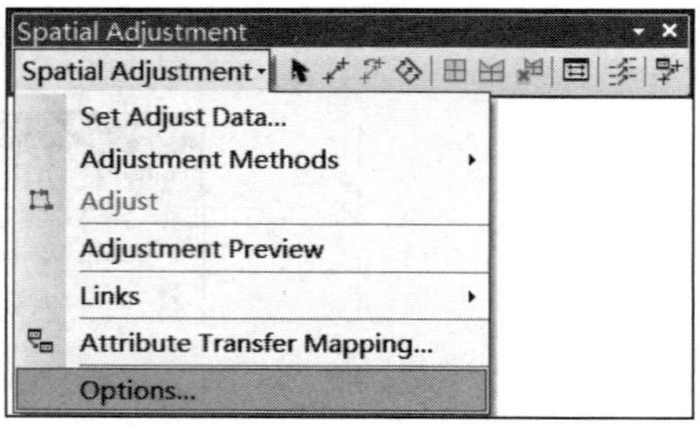

图 6－52

⑦打开新窗口,如图 6－53 所示,下拉菜单选择“Edge Snap”(边捕捉),点击“Options”(选项)按钮,如图 6－54 所示,在新窗口中选择“Line”(线),点击“确定”返回上一级窗口。

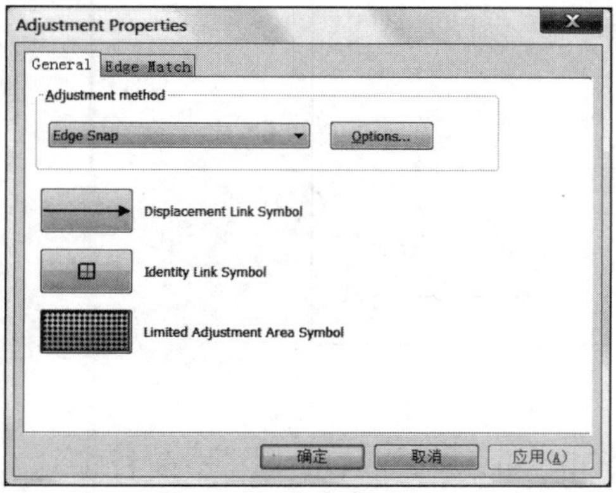

图 6－53

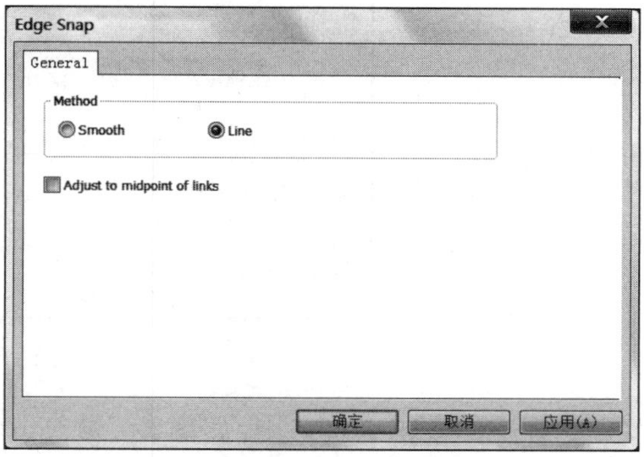

图 6－54

⑧在“Adjustment Properties”(校正属性)窗口中,如图 6－55 所示,点击进入“Edge Match”(边匹配)选项中,在“Source Layer”(源图层)中选择 shl 图层,在“Target Layer”(目标图层)中选择 xhl 图层,点击“应用”完成设置。

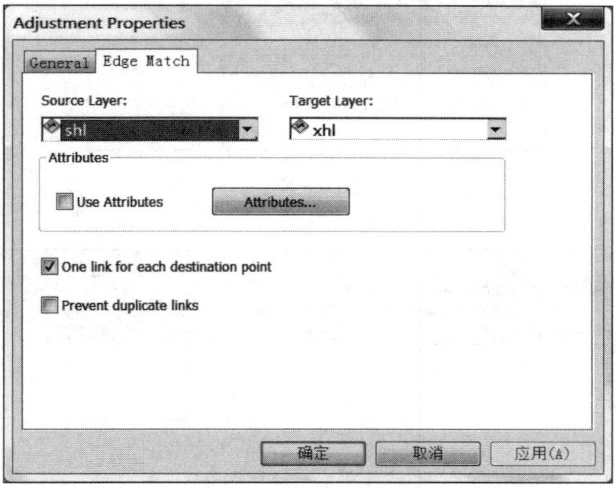

图 6－55

⑨单击箭头所示按钮,如图 6－56 所示。单击鼠标拖拽,在要素端点周围画出一个框,将所有要进行位移链接的端点都框入,如图 6－57 所示。松开鼠标,便会在源要素和目标要素之间生成链接点。如果链接错误,可以选中错误的链接,删除后使用工具栏中的按钮添加上正确的链接即可。

图 6－56

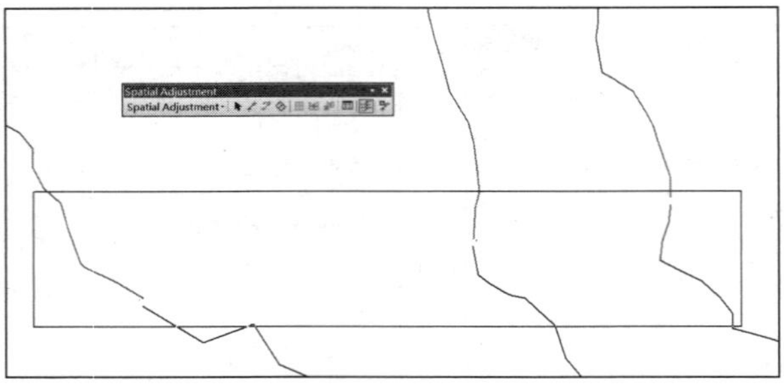

图 6－57

⑩在空间校正工具条中，如图 6－58 所示，单击“Spatial Adjustment”（空间校正）按钮，下拉菜单，选择“Adjust”（校正），校正结果如图 6－59 所示。如果需要保存编辑结果，则在编辑工具条中停止编辑并保存即可。

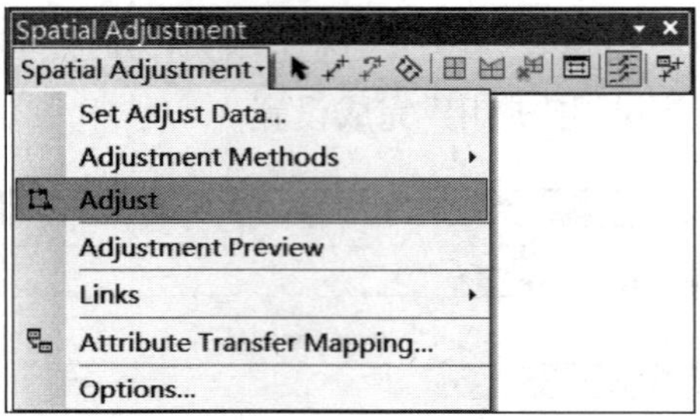

图 6－58

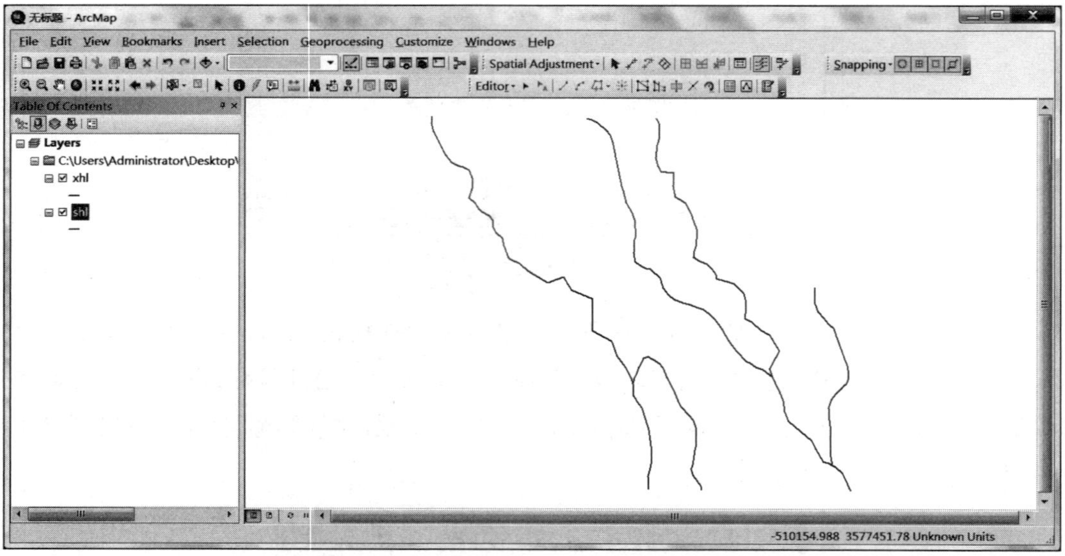

图 6－59

6.2.4　地理配准

地理配准专用于栅格数据的配准与对齐，当获得的栅格数据与已有的已经确定正确坐标系和地理位置的矢量数据位置出现偏移时，需要利用地理配准来对栅格数据进行校正。

①在 ArcMap 中加载地理配准实验源数据（位置：CH6\实验源数据\地理配准实验源数据），如图 6－60 所示。

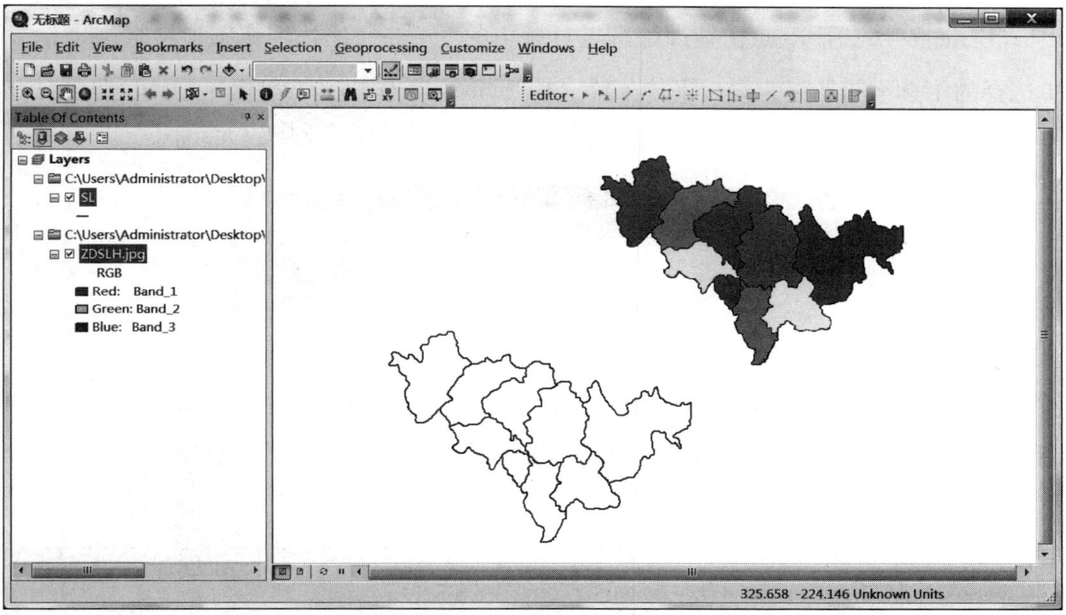

图 6－60

②如图 6－61 所示，在 ArcMap 的上方选择“Customize”（自定义）→“Toolbars”（工具条）→“Georeferencing”（地理配准），打开窗口，如图 6－62 所示。

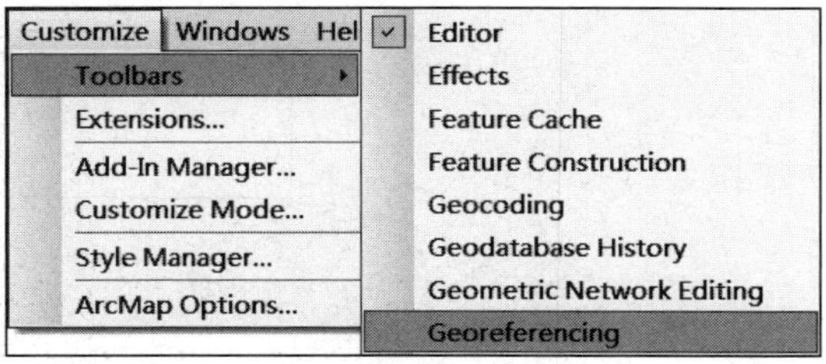

图 6－61

图 6－62

③当地图文档被导入多个栅格数据层时，如图 6－63 所示，需要单击箭头处，下拉菜单选择需要地理配准的栅格图层（本次操作由于只导入了一个栅格数据，故不需要该步骤）。

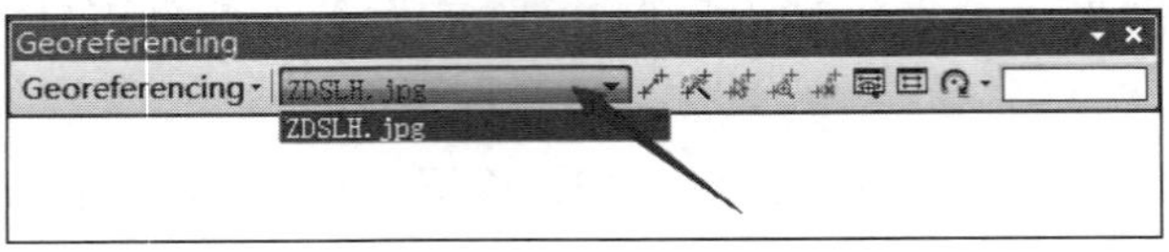

图 6－63

④如图 6－64 所示，点击地理配准工具条中的按钮（该处按钮图形会根据下拉菜单选择的工具不同发生变化），下拉菜单选择“Shift”（平移）。另：单击按钮，即可对栅格数据进行“Rotate”（旋转）操作，选择即对栅格数据进行等比例放大、缩小。

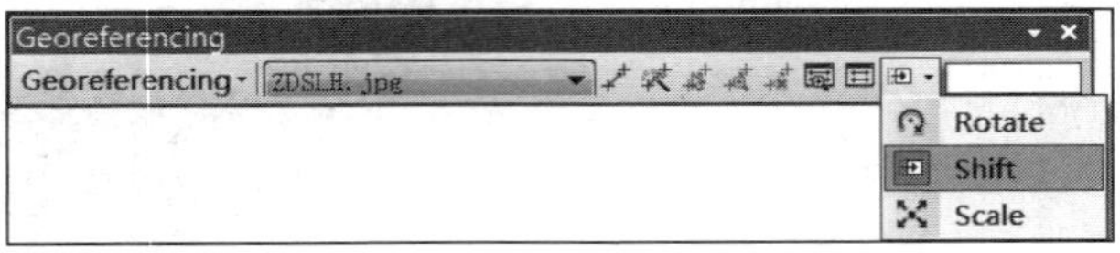

图 6－64

⑤单击鼠标左键选中要进行配准的图像，此时栅格图像将只显示图像边界，如图 6－65 所示。此时拖动鼠标位置，使其与矢量图像重合，即可完成对栅格图像的位置校正，如图 6－66 所示。

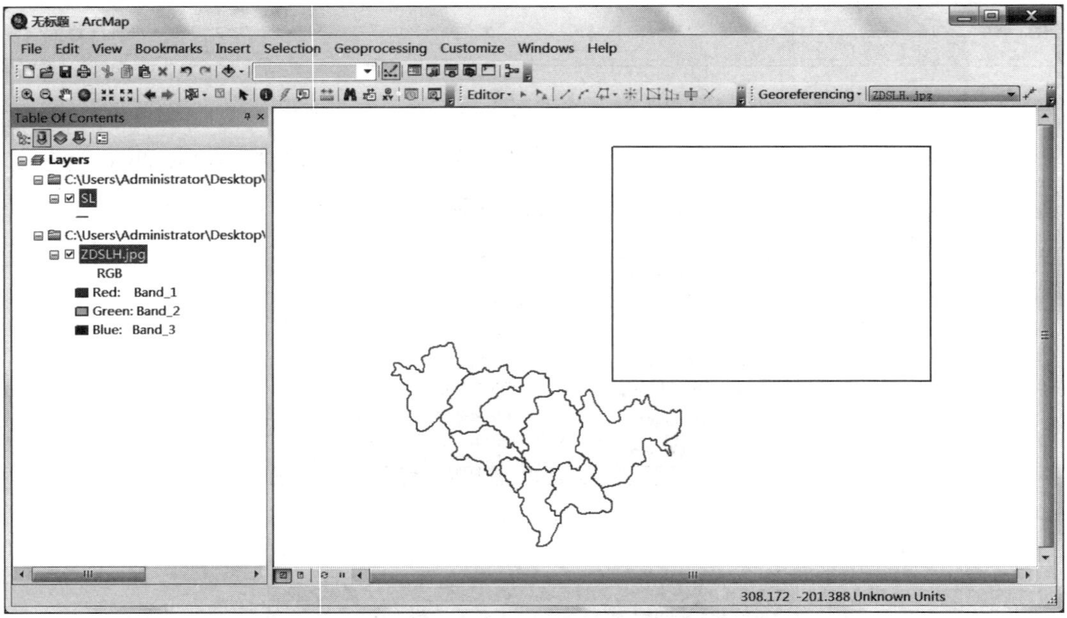

图 6－65

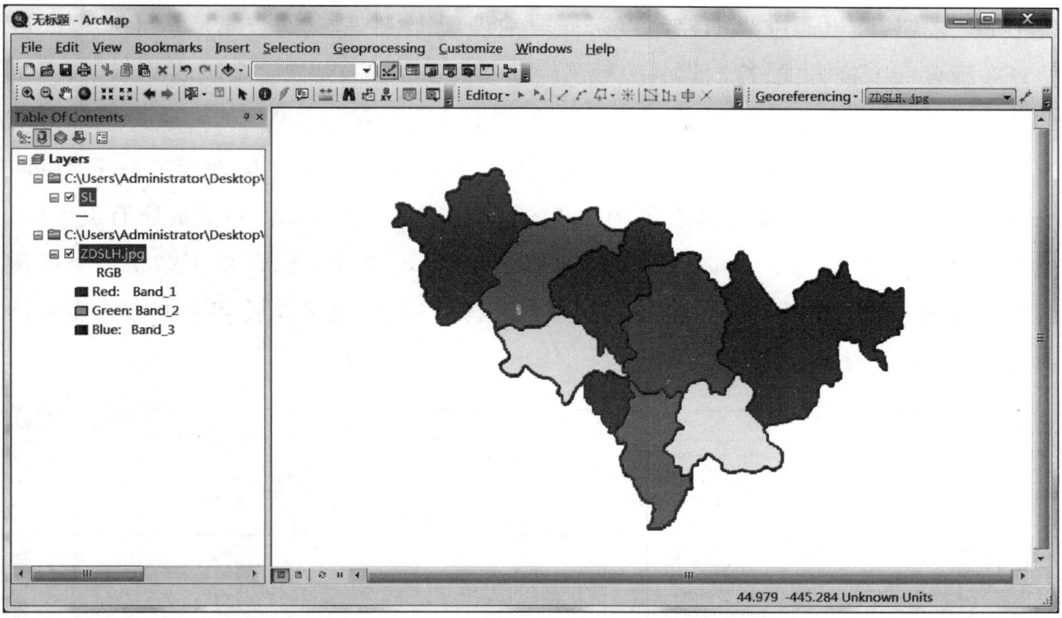

图 6－66

⑥图像校正完成后，需要对数据进行保存。如图 6－67 所示，点击地理配准工具条中的“Georeferencing”（地理配准）按钮。此处有两种保存方式，选择“Update Georeferencing”（更新地理配准）即将当前的地理配准结果保存为当前栅格数据；选择“Rectify”（校正）即将当前地理配准结果另存为新的栅格数据，并需要在新窗口中对校正后的栅格图像的“Cell Size”（像元大小）、“NoData as”（NoData 值）、“Resample Type”（重采样类型）、“Output Location”（存储位置）、“Name”（文件名称）、“Format”（文化格式）、“Compression Type”（压缩类型）与“Compression Quality”（压缩质量）进行设置与调整，如图 6－68 所示。

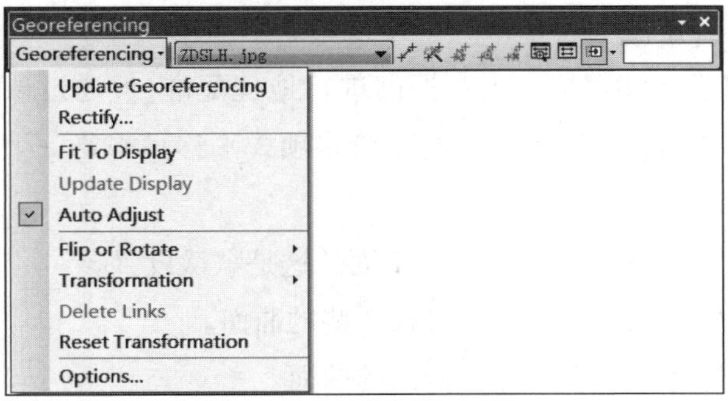

图 6－67

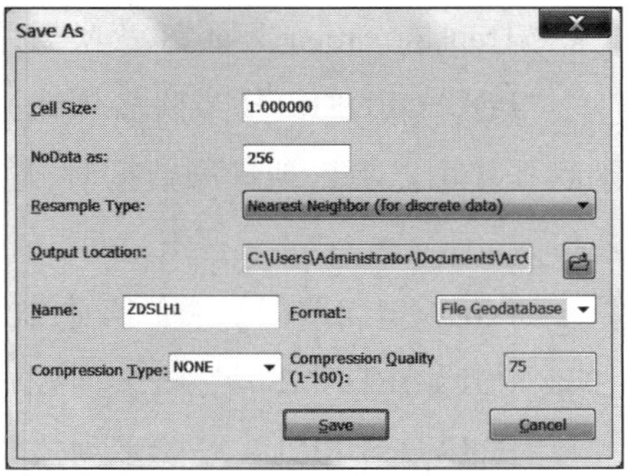

图 6－68

除了上述通过简单移动栅格图像来完成地理配准，还可以通过添加控制点来完成地理配准。在进行添加控制点配准之前，一般要将自动校正关闭。点击地理配准工具条中的按钮，即可通过添加控制点来完成地理配准，控制点的数量取决于地理配准的复杂程度和变换方式，控制点最少数量一阶多项式为3个、二阶多项式为6个、三阶多项式为10个。变换方法可以在添加符合变化方法数量的控制点后，通过地理配准工具条来进行设置，点击地理配准工具条中的"Georeferencing"（地理配准）→"Transformation"（变换），在其中选择合适的校正方法，如图6-69所示。在完成所有设置后，点击选择"Update Georeferencing"（更新地理配准）即可查看并保存校正结果。对矢量数据和栅格数据的调整需要大量的实践经验和操作经验，更多调整和配准方法需要读者自行总结和探索。

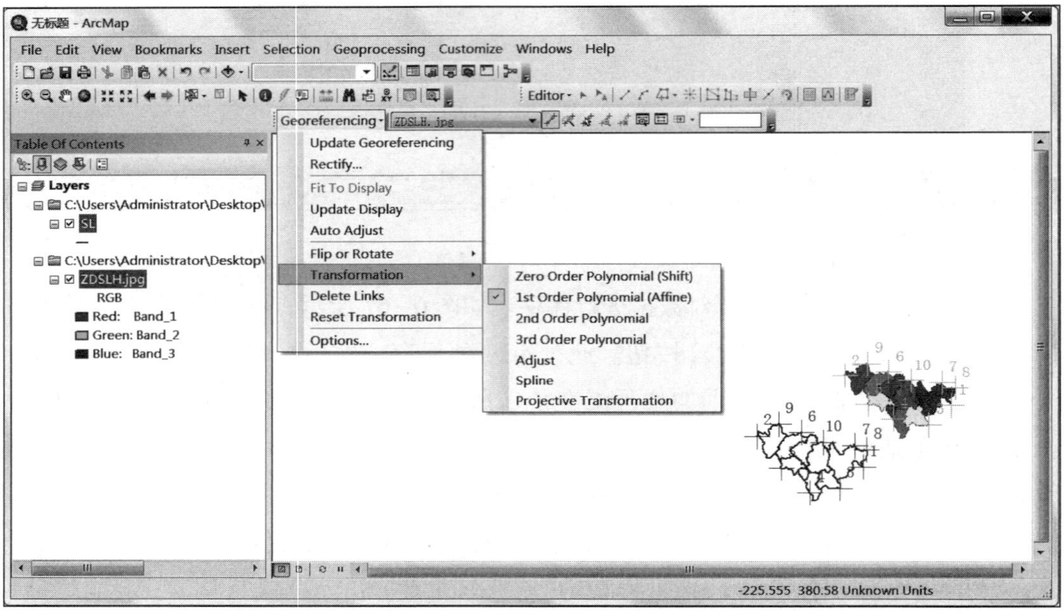

图6-69

"Transformation Type"（变换类型）简介：

"POLYORDER0"（零阶多项式）用于平移数据。当数据已进行地理配准，但通过微小的平移可以更好地排列数据时，通常使用该多项式。执行零阶多项式平移只需要一个连接线。

"POLYORDER1"（一阶多项式（仿射））将输入点拟合为平面。这是默认设置。

"POLYORDER2"（二阶多项式）将输入点拟合为稍微复杂一些的曲面。

"POLYORDER3"（三阶多项式）将输入点拟合为更为复杂的曲面。

"ADJUST"（校正）对全局和局部精度都进行优化的变换。可通过以下方法来完成：先执行一次多项式变换，然后使用不规则三角网（TIN）插值方法局部校正控制点，以便更好地与目标控制点保持一致。

"SPLINE"（样条函数）此变换可将源控制点准确地变换为目标控制点。这意味着控制点是准确的，只是控制点之间的栅格像素不准确。

"PROJECTIVE"（投影变换）可扭曲线以使它们保持平直的变换。进行变换时，之前平行的线可能不再保持平行。投影变换适用于倾斜的影像、扫描的地图和一些影像产品。

6.3　数据处理

在进行地理数据的实际研究和分析的过程中，首先需要对已经获取的空间数据进行处理，通过裁切、拼接、筛选等操作，将数据处理为分析实验需要的数据，大部分数据操作都将借助 ArcToolbox 来完成不同的空间数据处理操作。数据处理操作分为矢量数据处理操作和栅格数据处理操作。

6.3.1　矢量数据处理

（1）数据裁剪

①在 ArcMap 中加载实验源数据 SLCJ.shp 和 CJ.shp（位置：CH6\实验源数据\矢量数据裁剪实验源数据），如图 6－70 所示。

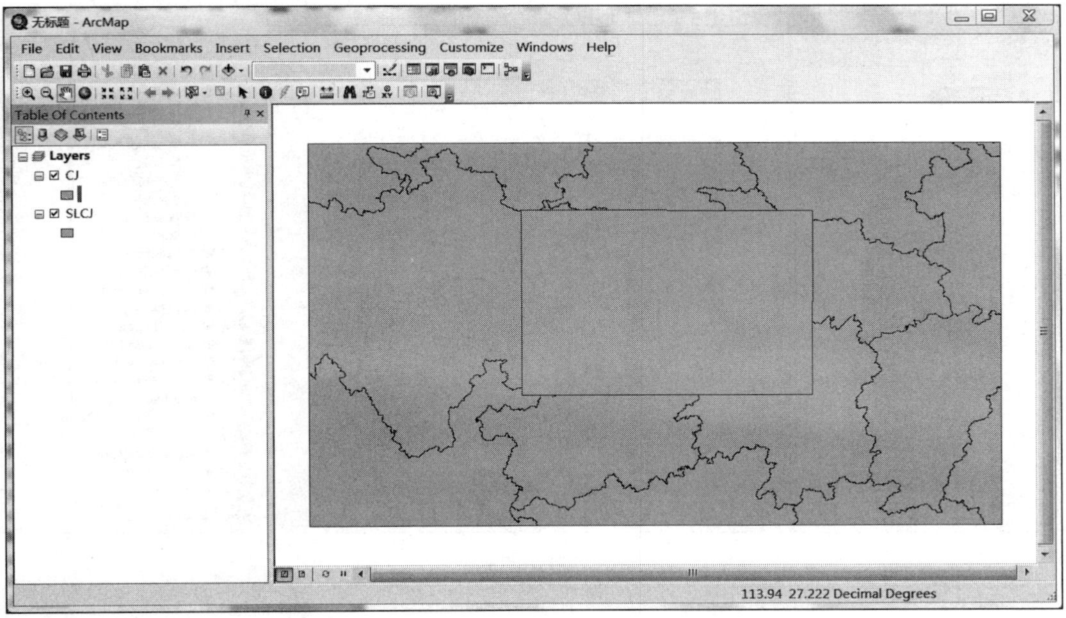

图 6－70

②打开 ArcToolbox，如图 6－71 所示，选择"Analysis Tools"（分析工具）→"Extract"（提取）→"Clip"（裁剪）。

③打开新窗口，如图 6－72 所示，在"Input Features"（输入要素）中选择被裁剪的矢量数据 SLCJ.shp；在"Clip Features"（裁剪要素）中选择裁剪的范围即 CJ.shp；在"Output

Feature Class”(输出要素类)中设置裁剪文件的名称以及保存的路径;在“XY Tolerance”(XY 容差)中设置容差的大小(可选设置)。

图 6-71

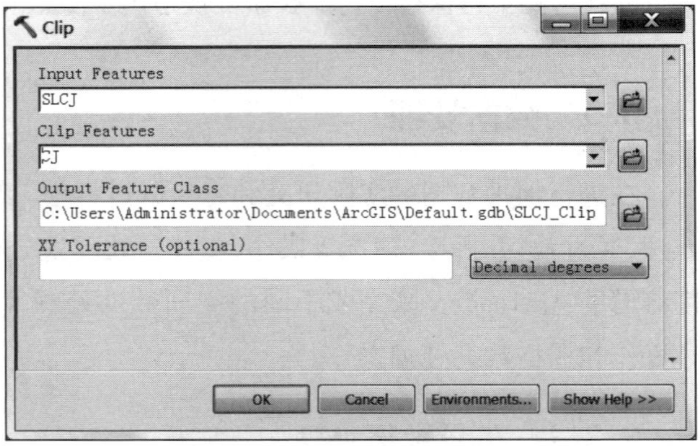

图 6-72

④单击“OK”(确定),完成操作,如图 6-73 所示。

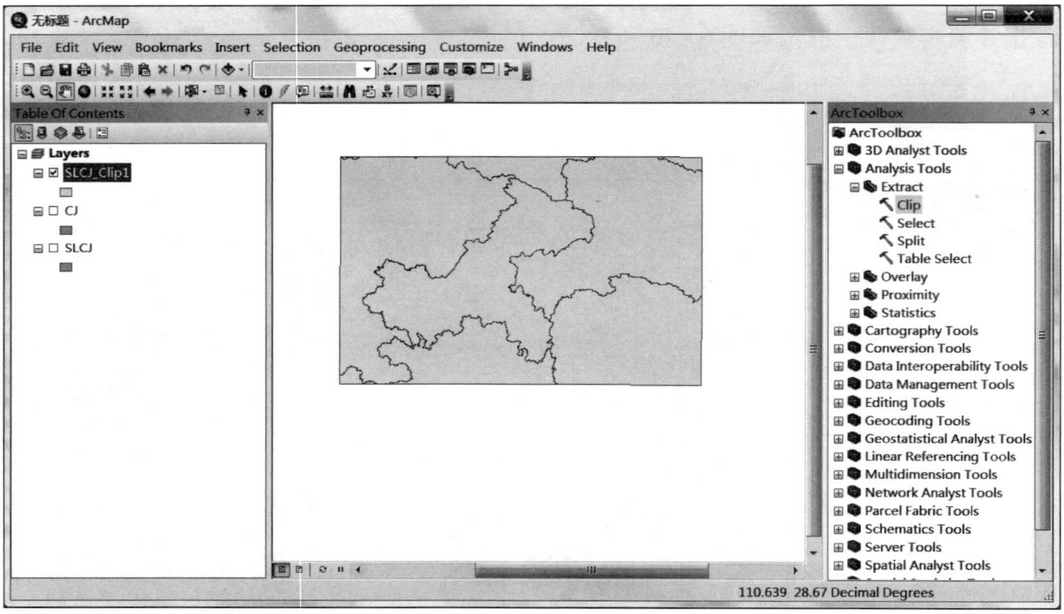

图 6-73

(2)数据合并

①在 ArcMap 中加载实验源数据 PJ1. shp 和 PJ2. shp(位置:CH6\实验源数据\矢量数据拼接实验源数据),如图 6-74 所示。

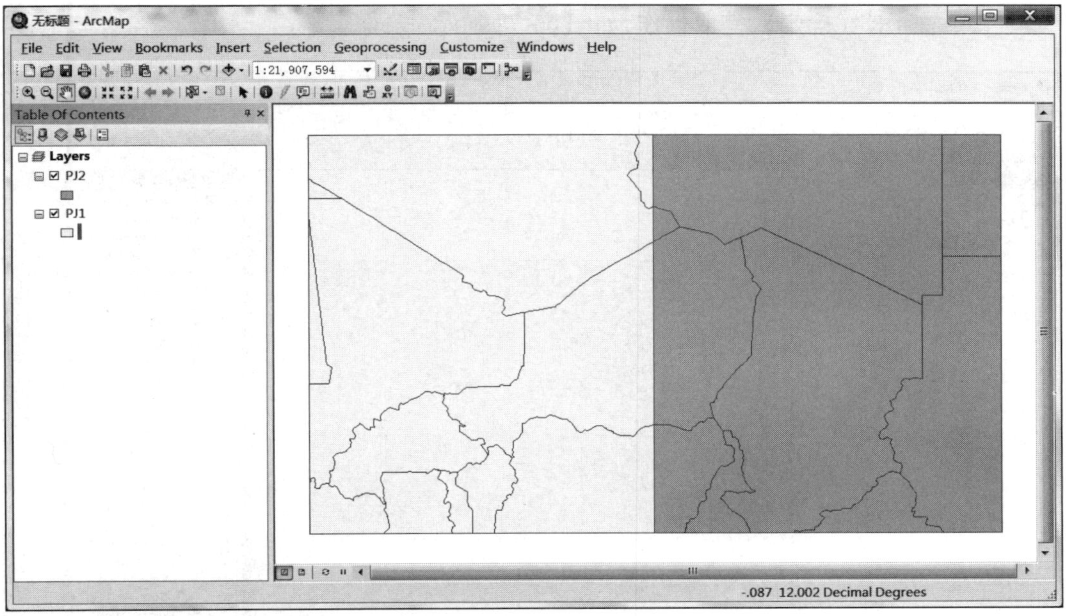

图 6－74

②打开 ArcToolbox，如图 6－75 所示，选择“Data Management Tools”（数据管理工具）→“General”（常规）→“Merge”（合并）。

③如图 6－76 所示，在“Input Datasets”（输入数据集）中选择数据 PJ1. shp、PJ2. shp；在“Output Dataset”（输出数据集）中设置生成文件的目标位置和名称；在“Field Map”（字段映射）中，可以对每个“字段映射”进行添加、重命名或删除输出字段等操作，还可设置诸如数据类型和合并规则等属性，也可删除出现的输出字段并设置任何输出字段的值的格式。

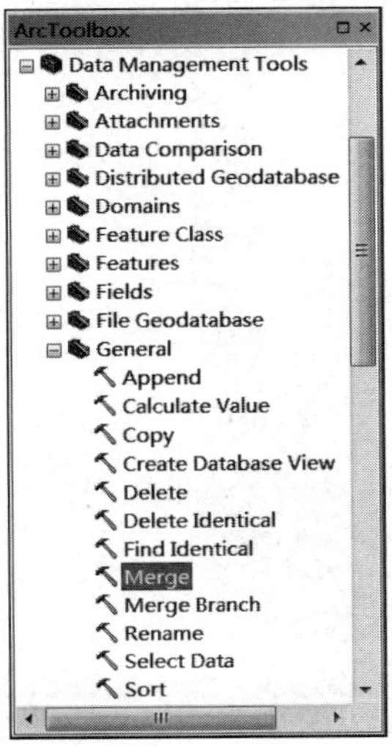

图 6－75

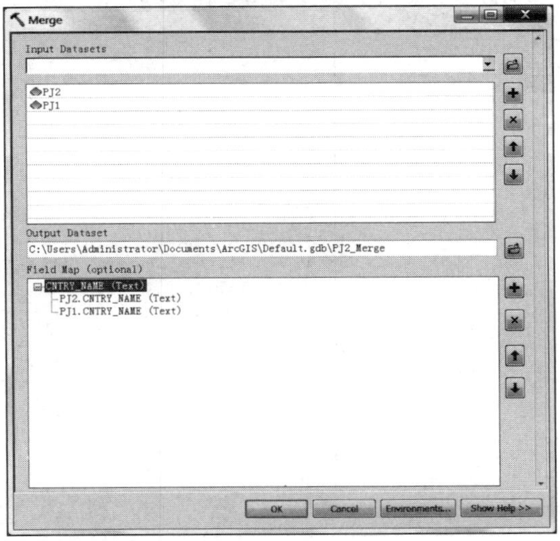

图 6－76

④单击“OK”(确定),完成操作,如图 6-77 所示。

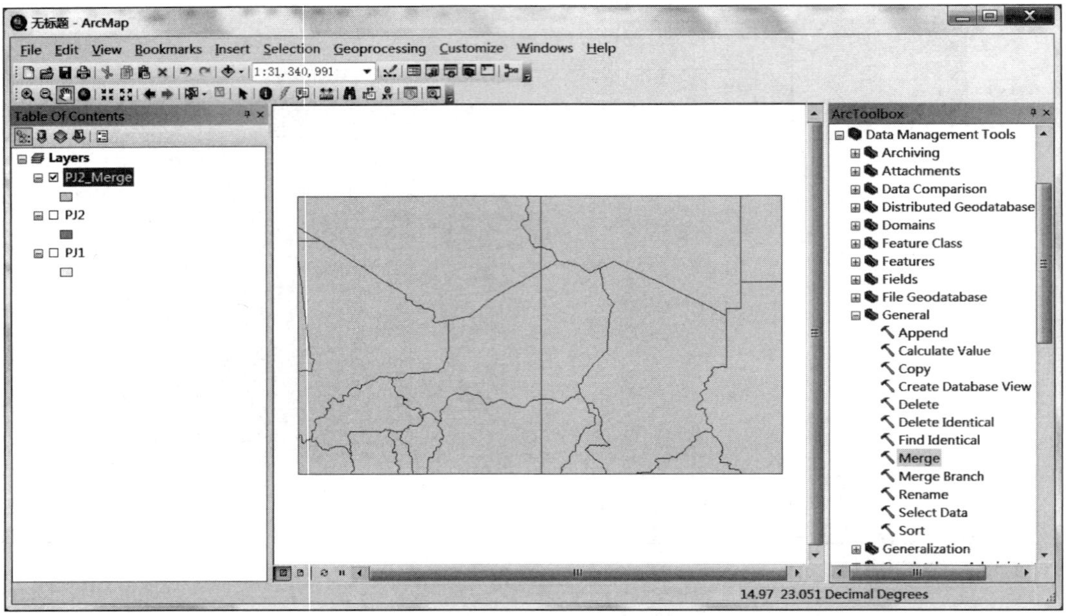

图 6-77

(3)数据提取

①在 ArcMap 中加载实验源数据 SLTQ. shp(位置:CH6\实验源数据\矢量数据提取实验源数据),如图 6-78 所示。

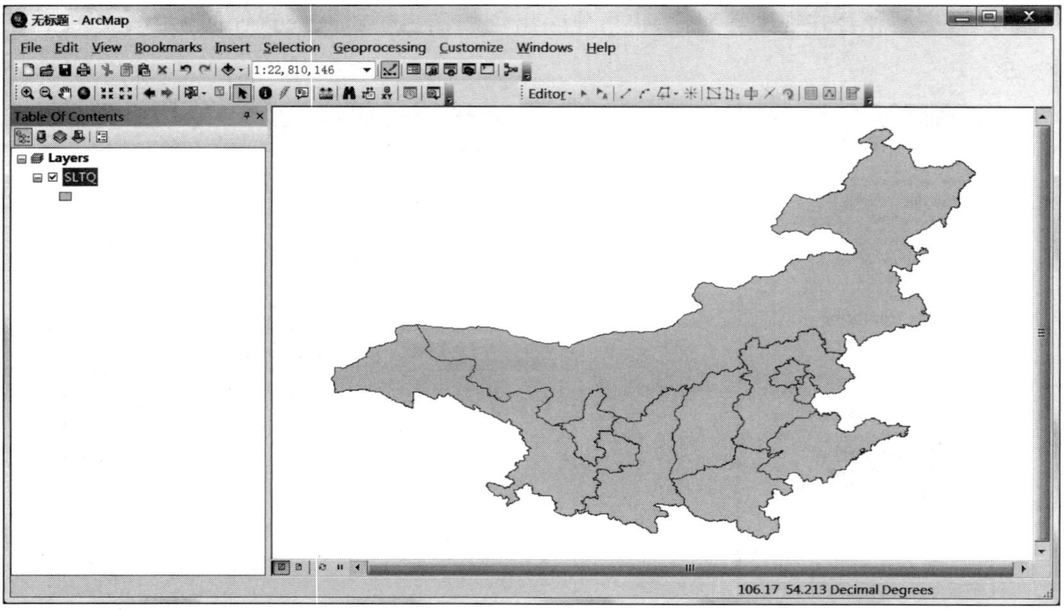

图 6-78

②打开 ArcToolbox，如图 6-79 所示，选择“Analysis Tools”（分析工具）→“Extract”（提取）→“Select”（筛选）。

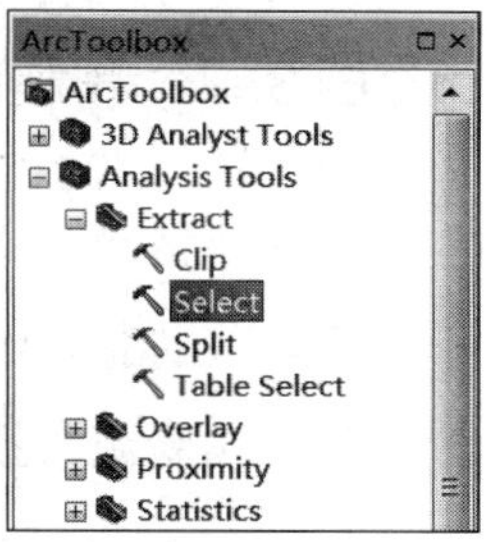

图 6-79

③打开新窗口，如图 6-80 所示，在“Input Features”（输入要素）中设置输入的矢量数据，此处设置为 SLTQ. shp；在“Output Feature Class”（输出要素类）中设置输出数据的目标路径与名称；点击窗口中的 SQL 按钮，如图 6-81 所示，设置 SQL 表达式："NAME"='内蒙古'，具体操作为：在图 6-81 上方对话框找到并双击 NAME，单击 = 符号（根据实际需求选取相应符号），点击“Get Unique Values”（获取唯一值），则中间右侧对话框显示 NAME 的所有属性值，拖动右侧进度条或在“Go To”（转到）后输入：内蒙古，即可找到内蒙古，选中并双击，下方对话框会依次显示相应操作的选中结果，完成设置。亦可直接在下方对话框中键入表达式，但需在英文状态下输入单、双引号。后文不再赘述。

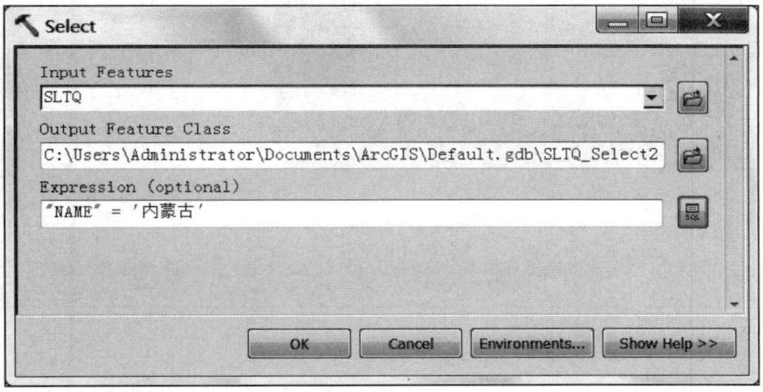

图 6-80

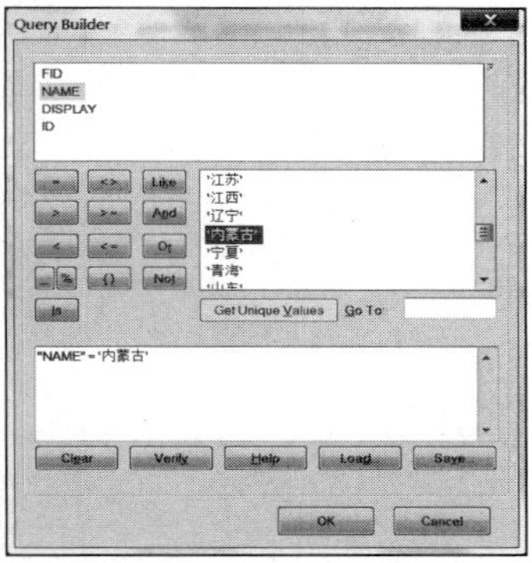

图 6-81

④点击“OK”（确定），完成操作，如图 6-82 所示。

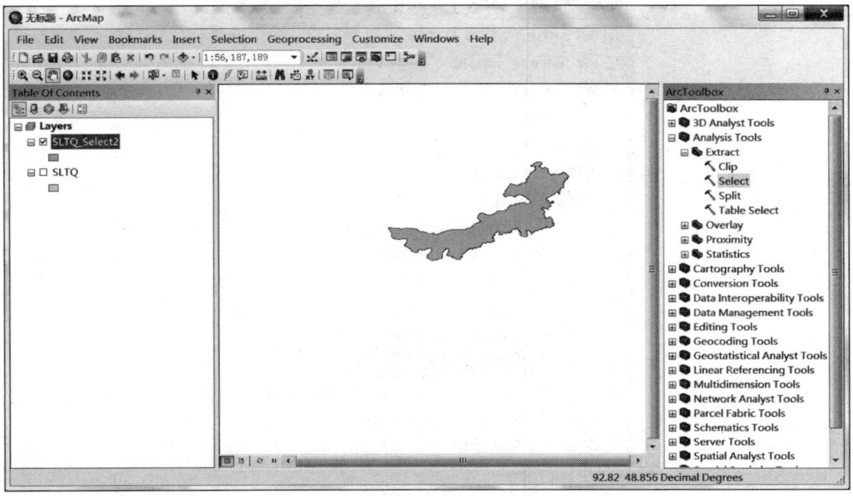

图 6-82

6.3.2 栅格数据处理

(1)栅格数据矩形裁剪

①在 ArcMap 中加载实验源数据 SGCJ. tif 和 mian. shp(位置:CH6\实验源数据\栅格数据裁剪实验源数据),如图 6-83 所示。

图 6-83

②打开 ArcToolbox,如图 6-84 所示,选择“Spatial Analyst Tools”(空间分析工具)→“Extraction”(提取分析)→“Extract by Rectangle”(按矩形提取)。

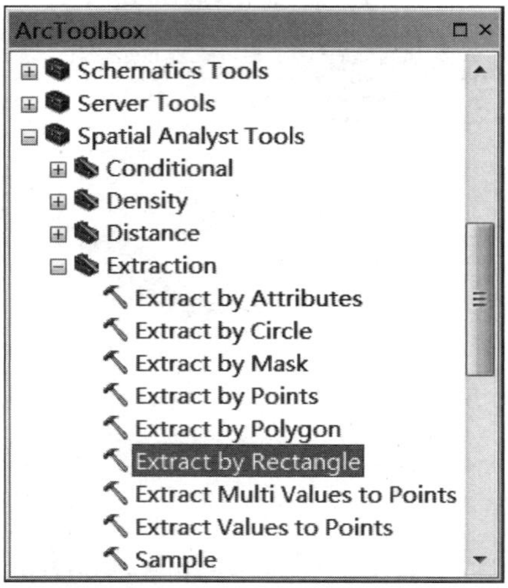

图 6-84

③打开新窗口，如图 6-85 所示，在“Input raster”（输入栅格）中选择被裁剪的栅格数据 SGCJ. tif；在“Extent”（范围）中选择用来进行裁切的矩形数据，下拉菜单选择“Same as layer mian”（与图层 mian 相同）；在“Output raster”（输出栅格）中设置名称和结果数据存放的目标路径；在“Extraction area”（提取区域）中设置裁剪矩形内部还是外部的数据，此处为默认设置，为“INSIDE”（内部）。

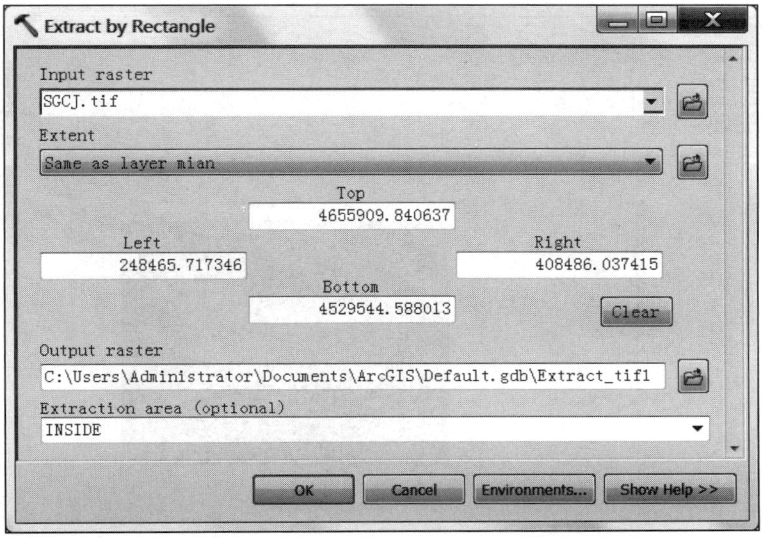

图 6-85

④点击“OK”（确定），完成操作，如图 6-86 所示。

图 6-86

在之后的栅格数据裁剪中,可以自行创建新的矩形矢量数据来对栅格进行裁剪,从而获得需要的栅格数据。

(2)利用已有数据裁剪

①在 ArcMap 中加载实验源数据 SGCJ. tif 和 mian. shp(位置:CH6\实验源数据\利用已有数据进行栅格数据裁剪实验源数据),如图 6-87 所示。

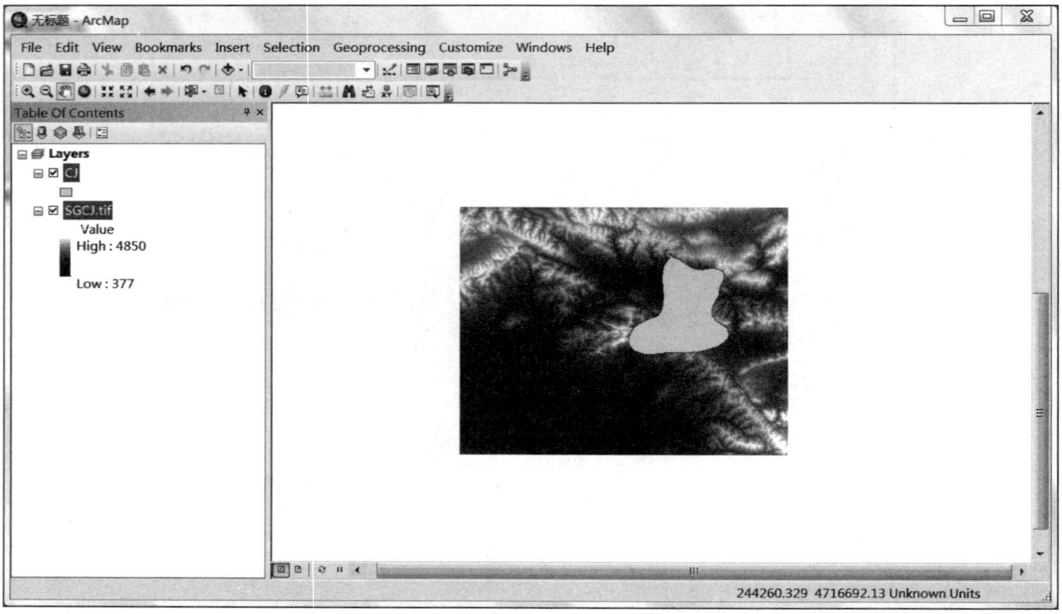

图 6-87

②打开 ArcToolbox,如图 6-88 所示,选择"Spatial Analyst Tools"(空间分析工具)→"Extraction"(提取分析)→"Extract by Mask"(按掩膜提取)。

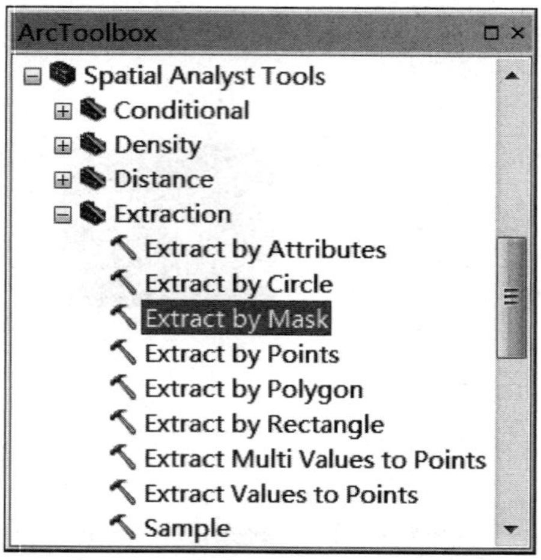

图 6-88

③打开新窗口，如图 6－89 所示，在“Input raster”（输入栅格）中选择被裁剪的栅格数据，即 SGCJ. tif；在“Input raster or feature mask data”（输入栅格数据或要素掩膜数据）点击按钮下拉设置用来裁剪的栅格或者矢量数据，或者点击后方 按钮，选择数据；在“Output raster”（输出栅格）中设置输出数据的保存路径和名称。

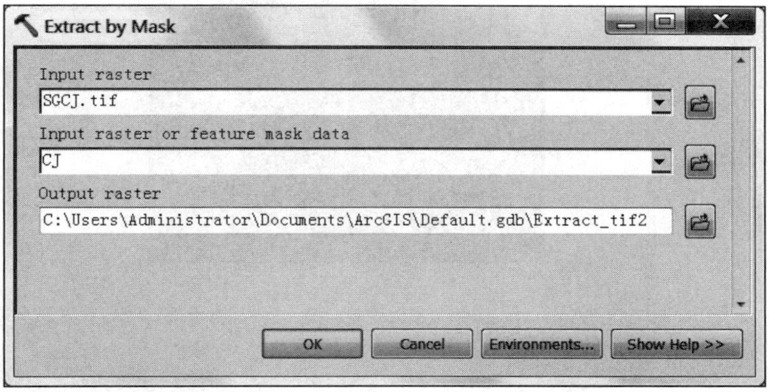

图 6－89

④单击“OK”（确定），完成操作，如图 6－90 所示。

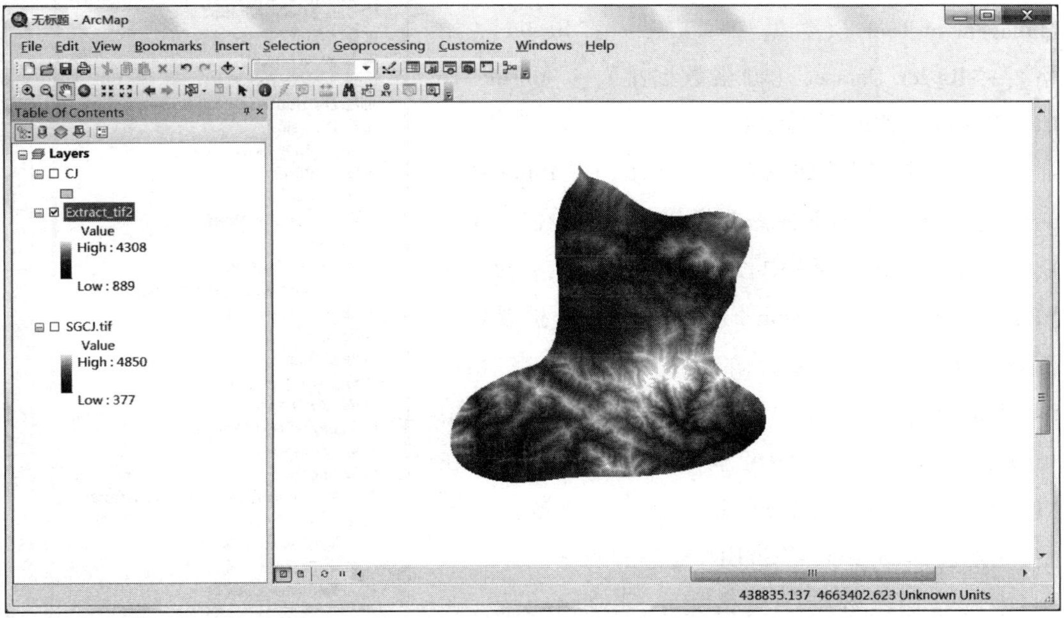

图 6－90

（3）栅格数据拼接

①在 ArcMap 中加载栅格数据 sg1、sg2（位置：CH6\实验源数据\栅格数据拼接源实验源数据），如图 6－91 所示。

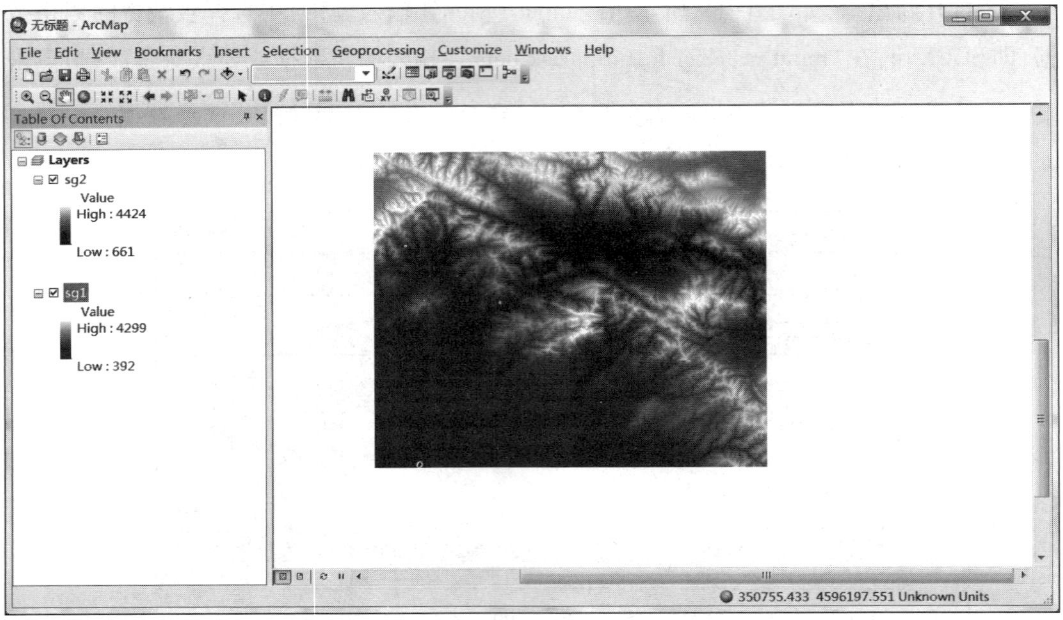

图 6-91

②打开 ArcToolbox，如图 6-92 所示，选择“Data Management Tools”（数据管理工具）→“Raster”（栅格）→“Raster Dataset”（栅格数据集）→“Mosaic To New Raster”（镶嵌至新栅格）。

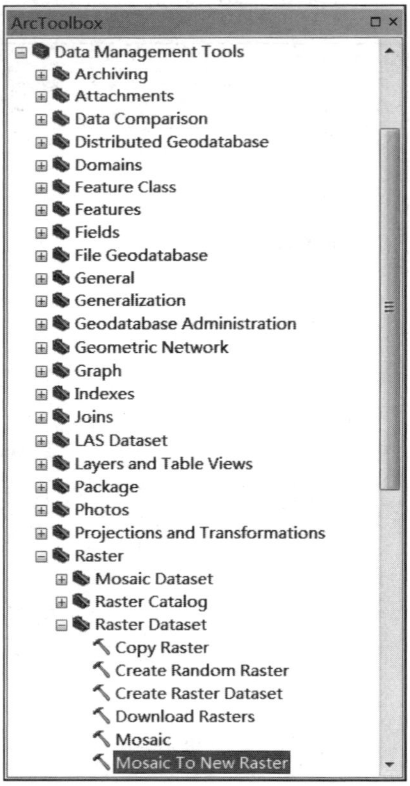

图 6-92

③打开新窗口，如图 6-93 所示，在“Input Rasters”（输入栅格）中选择需要拼接的数据；在“Output Location”（输出位置）中设置输出数据的位置；在“Raster Dataset Name with Extension”（具有扩展名的栅格数据集名称）中设置输出数据的名称；在“Spatial Reference for Raster”（栅格数据的空间参考）中可以设置数据的空间参考坐标系，此处不设置；在“Pixel Type”（像素类型）中选择输出栅格数据的类型，此处选择16_BIT_SIGNED；在“Cellsize”（像元大小）中设置输出数据的栅格大小，此处不设置；在“Number of Bands”（波段数）中设置输出数据的波段数，即栅格数据中的波段数，此处设置为 1（该数据必须和要进行栅格拼接的栅格数据一致，可以点击右键查看栅格数据属性来确认源栅格数据的波段数）；

在“Mosaic Operator”(镶嵌运算符)中确定镶嵌重叠部分的方法,默认为 LAST,即重叠部分的栅格值取输入栅格窗口列表的最后一个数据的栅格值;在“Mosaic Colormap Mode”(镶嵌色彩映射表模式)中设置输出色彩模式,默认为 FIRST,即输入色彩保持不变。

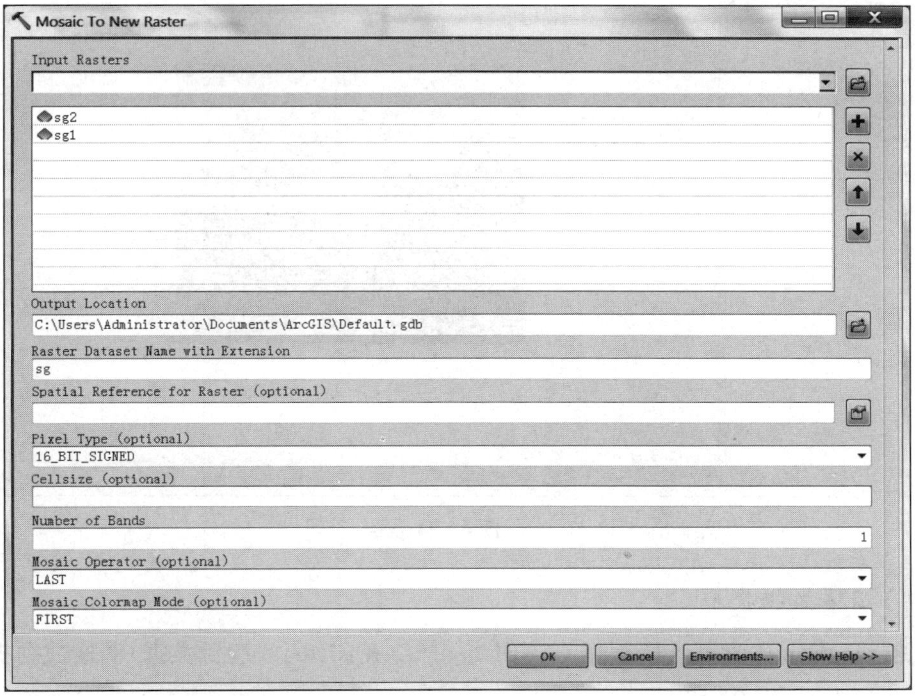

图 6-93

镶嵌运算符设置:

FIRST——叠置区域的输出像元值为镶嵌到该位置的第一个栅格数据集中的值。

LAST——叠置区域的输出像元值为镶嵌到该位置的最后一个栅格数据集中的值。

BLEND——叠置区域的输出像元值为叠置区域中各像元值的水平加权计算结果。

MEAN——重叠区域的输出像元值为叠置像元的平均值。

MINIMUM——重叠区域的输出像元值为叠置像元的最小值。

MAXIMUM——重叠区域的输出像元值为叠置像元的最大值。

SUM——重叠区域的输出像元值为叠置像元的总和。

镶嵌色彩映射表模式:

FIRST——列表中第一个栅格数据集中的色彩映射表将应用于输出栅格镶嵌。

LAST——列表中最后一个栅格数据集中的色彩映射表将应用于输出栅格镶嵌。

MATCH——镶嵌时会考虑所有色彩映射表。如果已经使用了所有可能的值(对于位深度),则会尝试与具有最接近的可用色彩的值进行匹配。

REJECT——仅对那些不包含关联色彩映射表的栅格数据集进行镶嵌。

④点击“OK”(确定),完成操作,如图 6-94 所示。

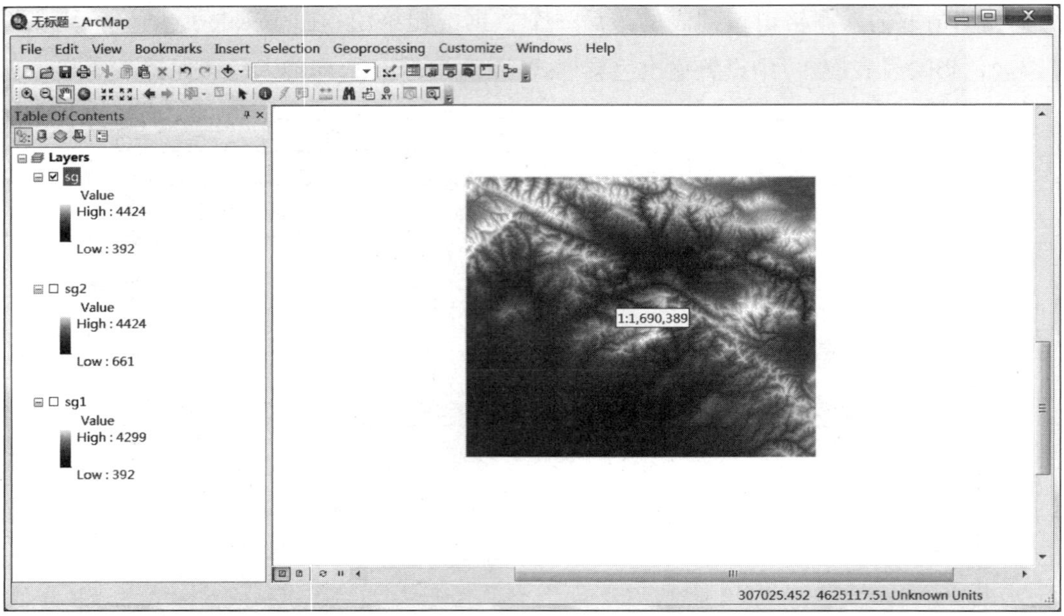

图 6-94

(4)栅格数据提取

①在 ArcMap 中加载实验数据 QYTDLY. tif(位置:CH6\实验源数据\栅格数据提取实验源数据),如图 6-95 所示。

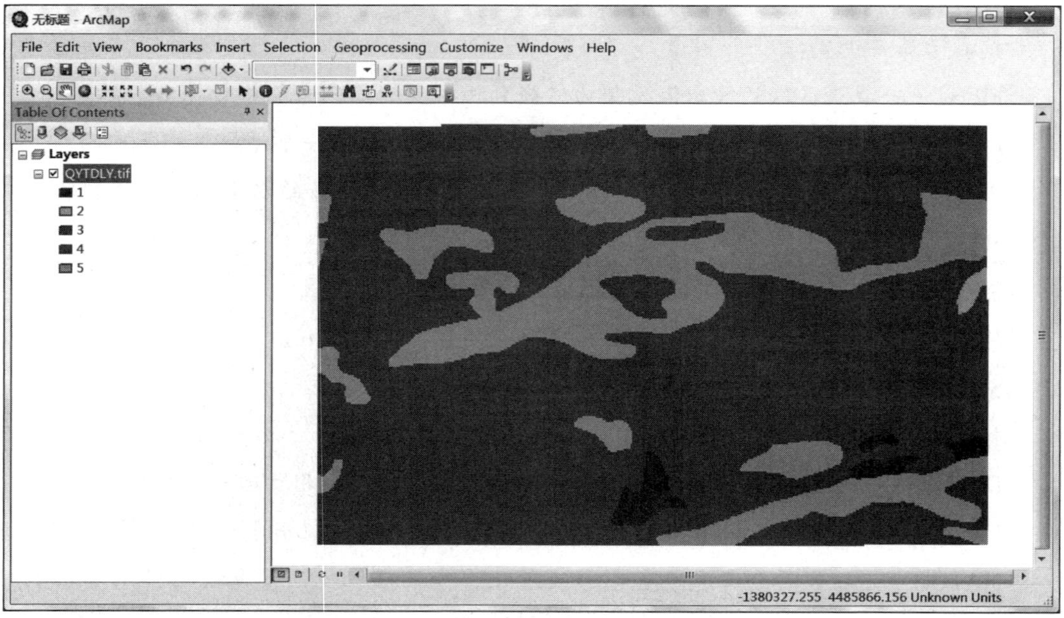

图 6-95

②打开 Arc Toolbox，如图 6－96 所示，选择“Spatial Analyst Tools”（空间分析工具）→“Extraction”（提取分析）→“Extract by Attributes”（按属性提取）。

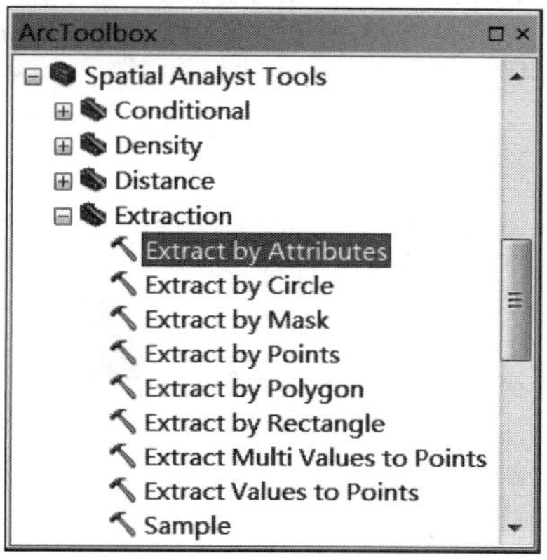

图 6－96

③打开新窗口，如图 6－97 所示，在“Input raster”（输入栅格）中选择要进行数据提取的栅格数据（QYTDLY.tif）；在“Where clause”（Where 子句）下方文本框中输入公式：（"LANDUSE_ID" ＝2），或者单击后方按钮，打开“Query Builder”（查询构建器），在上方对话框中双击“LANDUSE_ID”，单击“＝”符号，点击下方“Get Unique Values”（获取唯一值），选择并双击 2，点击“OK”，完成设置（见图 6－98）；在“Output raster”（输出栅格）中设置输出数据的路径和名称。

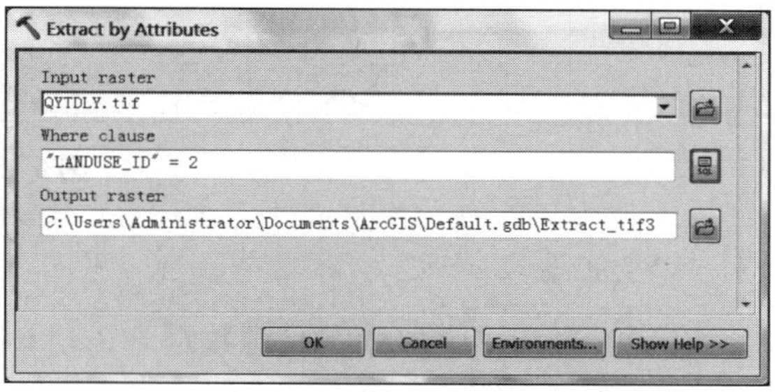

图 6－97

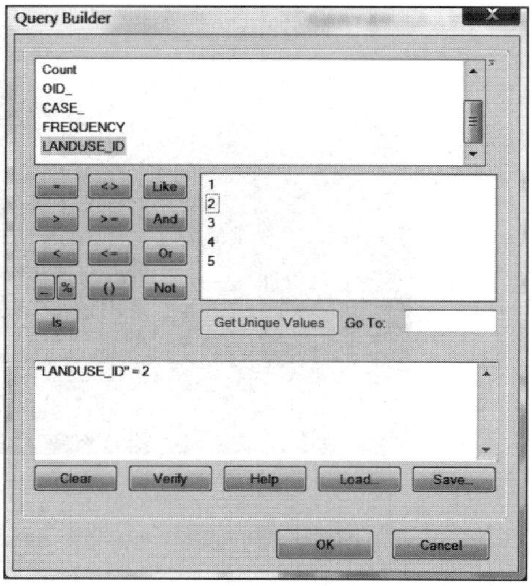

图 6－98

④单击“OK”(确定),完成栅格数据提取操作,如图6-99所示。

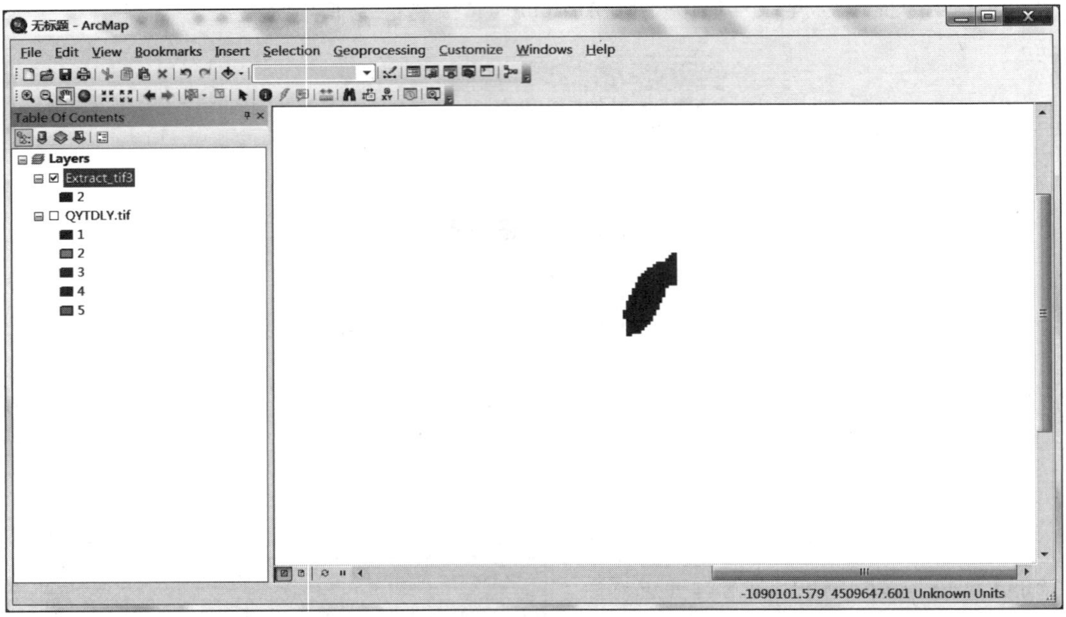

图6-99

(5)重设比例尺

①在ArcMap中加载实验源数据SGCJ.tif(位置:CH6\实验源数据\栅格数据翻转、镜像、旋转、平移、重设比例尺实验源数据),如图6-100所示。

图6-100

②打开 ArcToolbox，如图 6－101 所示，选择“Data Management Tools”（数据管理工具）→“Projections and Transformations”（投影和变换）→“Raster”（栅格）→“Rescale”（重设比例）。

③打开新窗口，如图 6－102 所示，在“Input Raster”（输入栅格）中选择要进行重设比例尺操作的栅格数据（SGCJ. tif）；在“Output Raster Dataset”（输出栅格数据集）中设置输出文件的路径和名称；在“X Scale Factor”（X 比例因子）中设置 X 方向上的比例系数，键入的值必须大于 0；在“Y Scale Factor”（Y 比例因子）中设置 Y 方向上的比例系数，键入的值必须大于 0。键入的值将把栅格数据按 XY 方向等比例放大或者缩小。

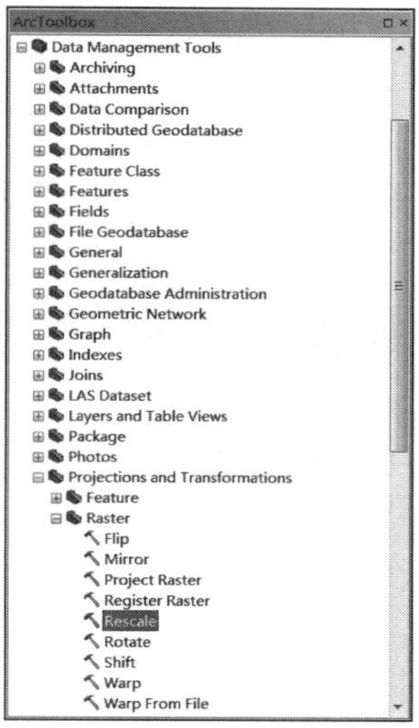

图 6－101

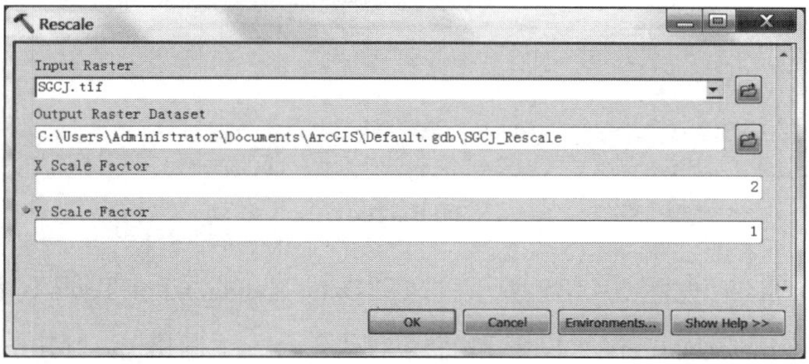

图 6－102

④点击“OK”（确定），完成操作，如图 6－103 所示。

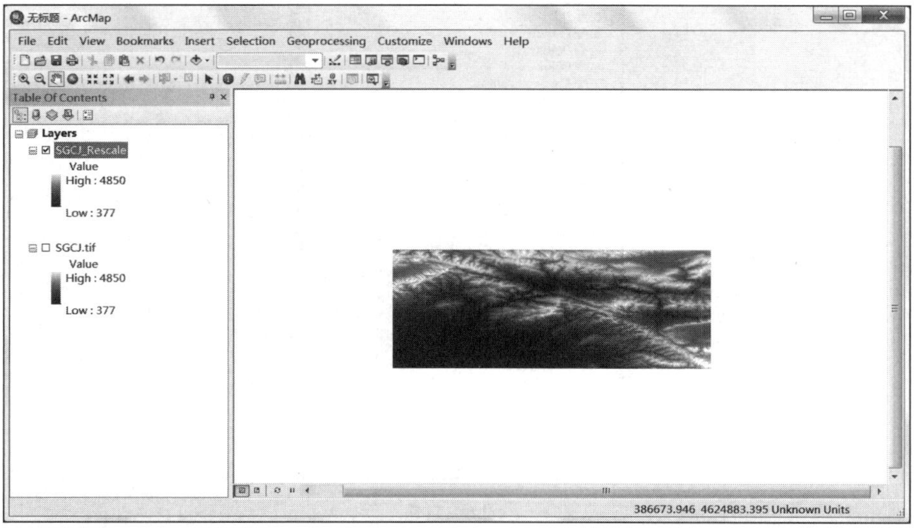

图 6－103

(6)镜像

①在 ArcMap 中加载实验数据,如图 6-104 所示。

图 6-104

②打开 ArcToolbox,如图 6-105 所示,选择“Data Management Tools”(数据管理工具)→“Projections and Transformations”(投影和变换)→“Raster”(栅格)→“Mirror”(镜像)。

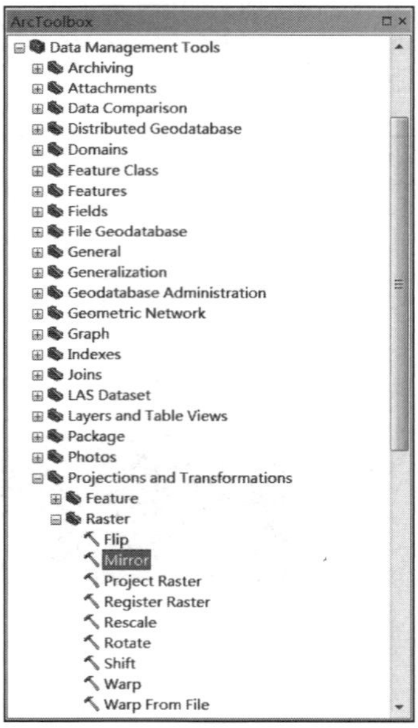

图 6-105

③打开新窗口，如图 6-106 所示，在“Input Raster”（输入栅格）中选择要进行镜像操作的栅格数据（SGCJ. tif）；在“Output Raster Dataset”（输出栅格数据集）中设置输出文件的路径和名称。

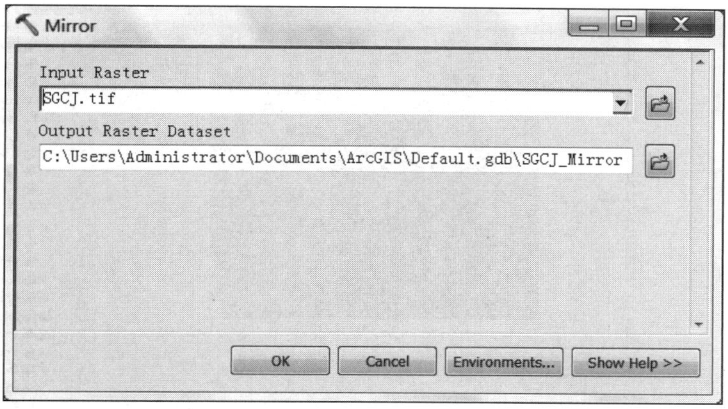

图 6-106

④点击“OK”（确定），完成操作，如图 6-107 所示。

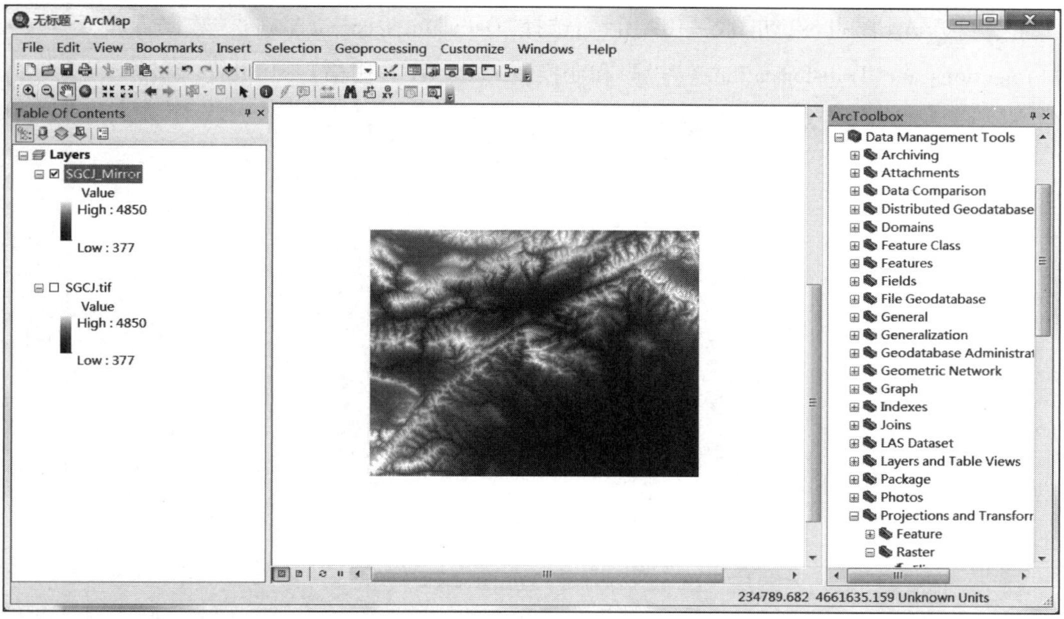

图 6-107

(7) 翻转

①在 ArcMap 中加载实验数据，如图 6-108 所示。

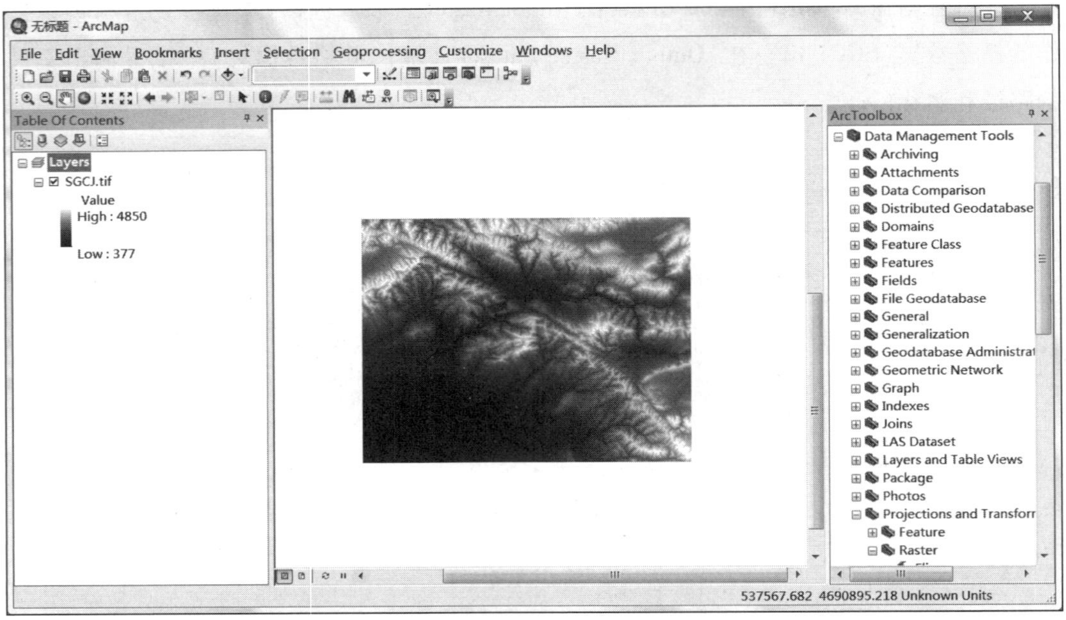

图 6-108

②打开 ArcToolbox，如图 6-109 所示，选择“Data Management Tools”（数据管理工具）→“Projections and Transformations”（投影和变换）→“Raster”（栅格）→“Flip”（翻转）。

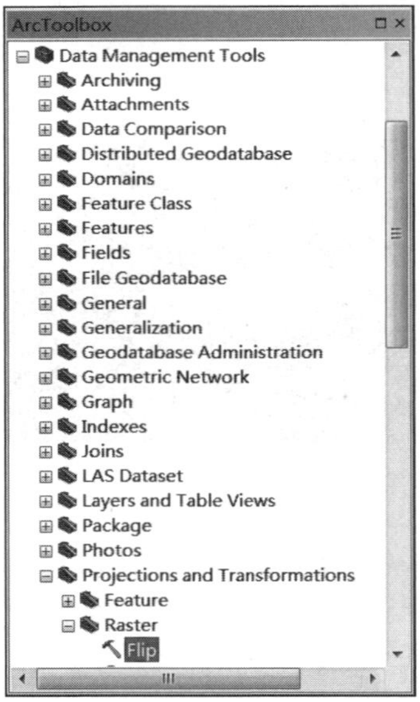

图 6-109

③打开新窗口，如图 6-110 所示，在“Input Raster”（输入栅格）中选择要进行翻转操作的栅格数据（SGCJ. tif）；在“Output Raster Dataset”（输出栅格数据集）中设置输出文件的路径和名称。

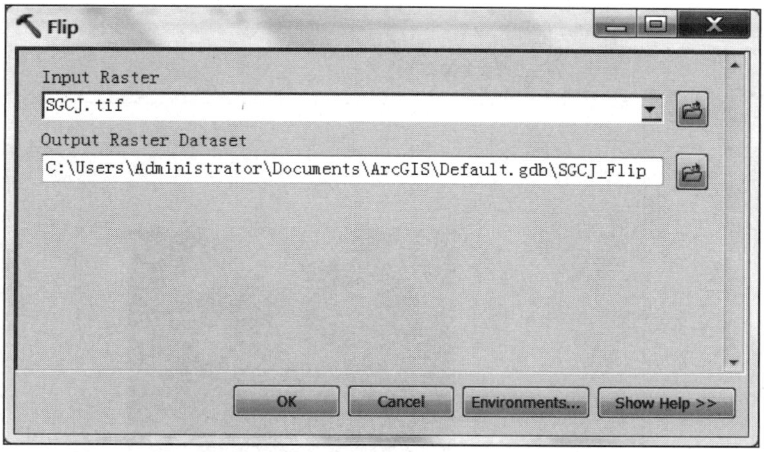

图 6－110

④点击“OK”(确定),完成实验操作,如图 6－111 所示。

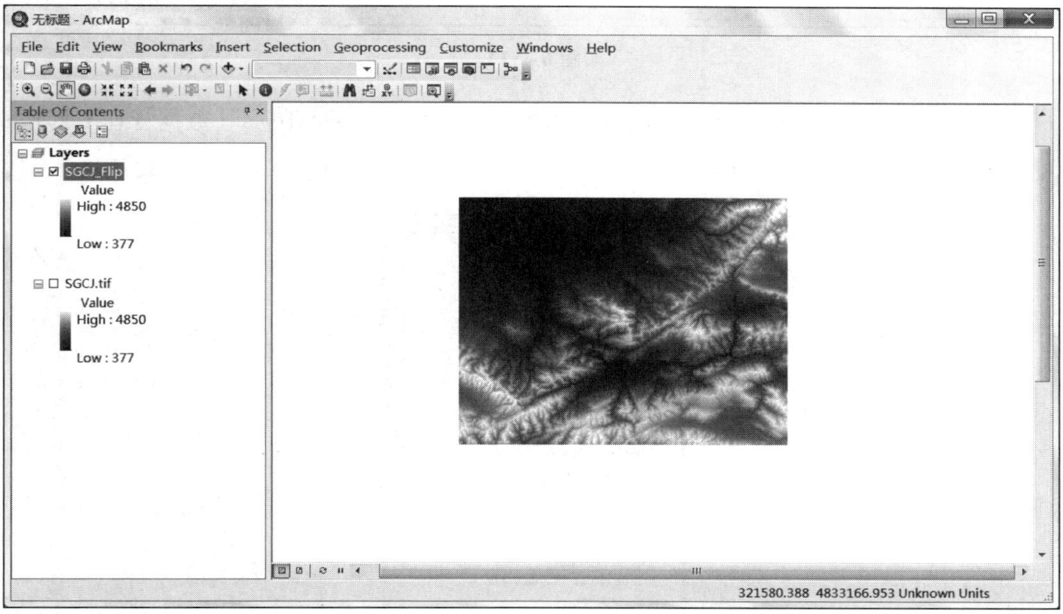

图 6－111

对栅格数据的翻转和镜像操作是不同的,镜像操作是指将栅格数据沿着数据中心点的垂直轴线左右反转,而翻转是指将栅格数据沿着数据中心点的水平轴线进行上下翻转。由于栅格数据的特殊性,需要读者仔细体会其中的差别。

(8)旋转

①在 ArcMap 中加载实验数据,如图 6－112 所示。

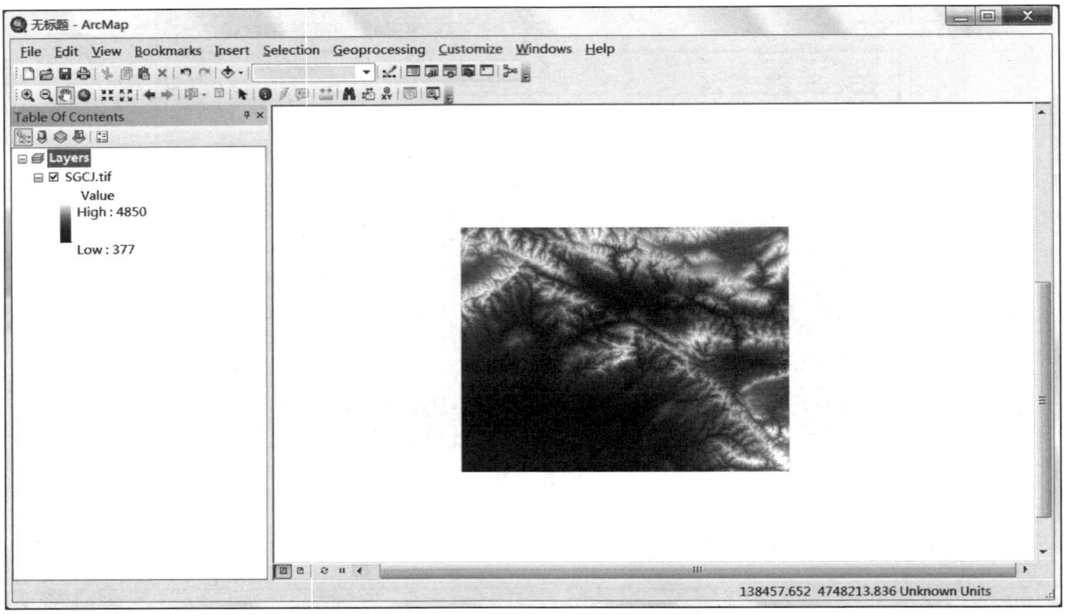

图 6-112

②打开 ArcToolbox,如图 6-113 所示,选择“Data Management Tools”(数据管理工具)→“Projections and Transformations”(投影和变换)→“Raster”(栅格)→“Rotate”(旋转)。

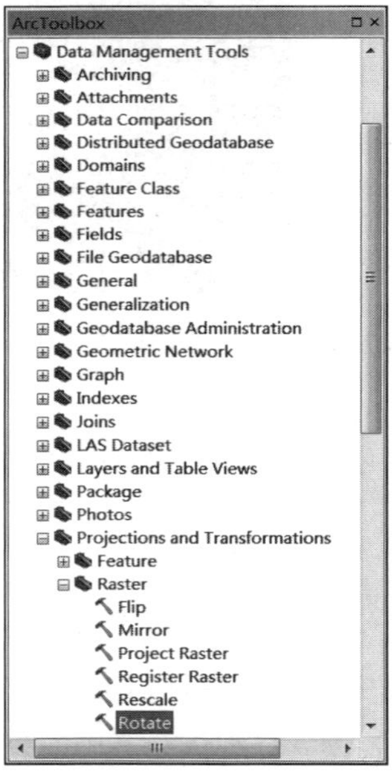

图 6-113

③打开新窗口,如图 6-114 所示,在“Input Raster”(输入栅格)中选择要进行旋转操作的栅格数据(SGCJ. tif);在“Output Raster Dataset”(输出栅格数据集)中设置输出文件的路

径和名称;在"Angle"(角度)中设置旋转的角度;在"Pivot Point"(枢轴点)中设置旋转中心点的 X、Y 坐标,默认的枢纽点是栅格数据的左下角点;在"Resampling Technique"(重采样技术)中设置为 NEAREST(默认),即最邻近采样法。

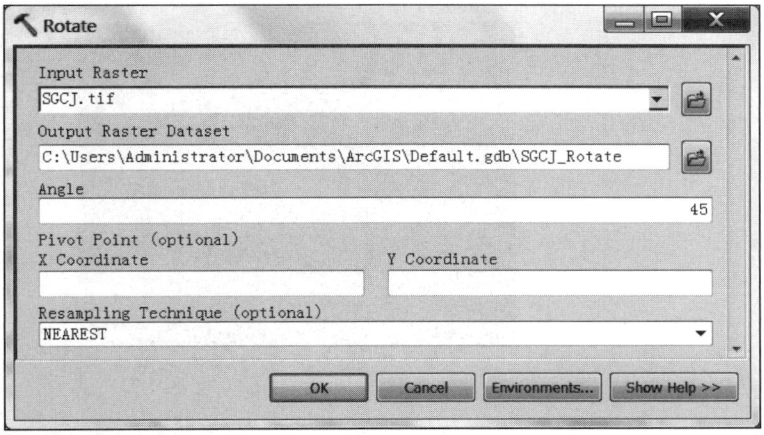

图 6-114

④点击"OK"(确定),完成实验操作,如图 6-115 所示。

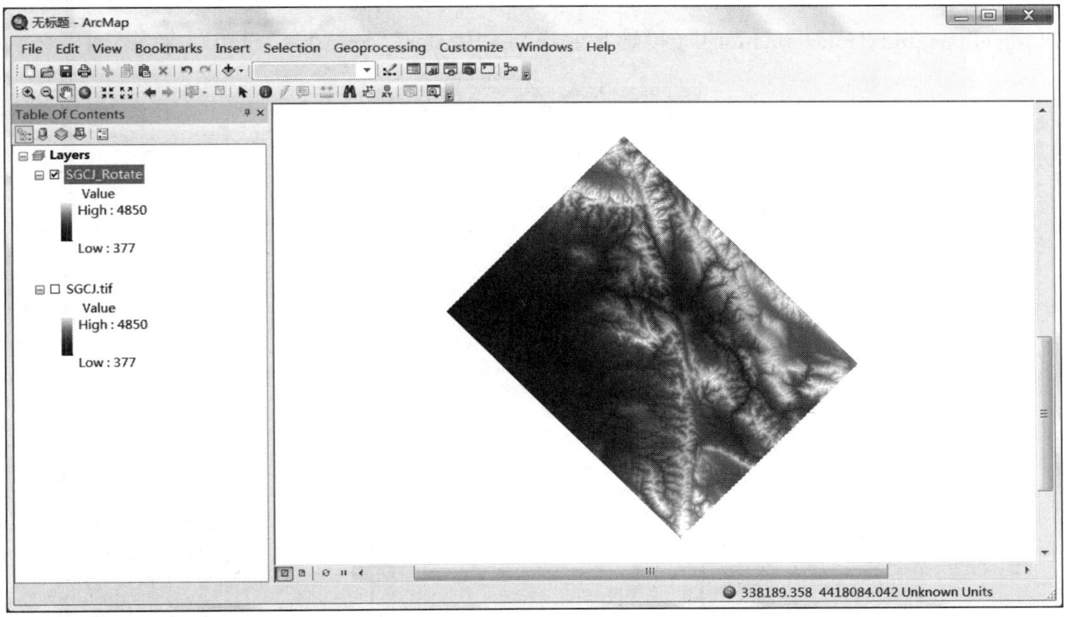

图 6-115

(9)平移

①在 ArcMap 中加载实验数据,如图 6-116 所示。

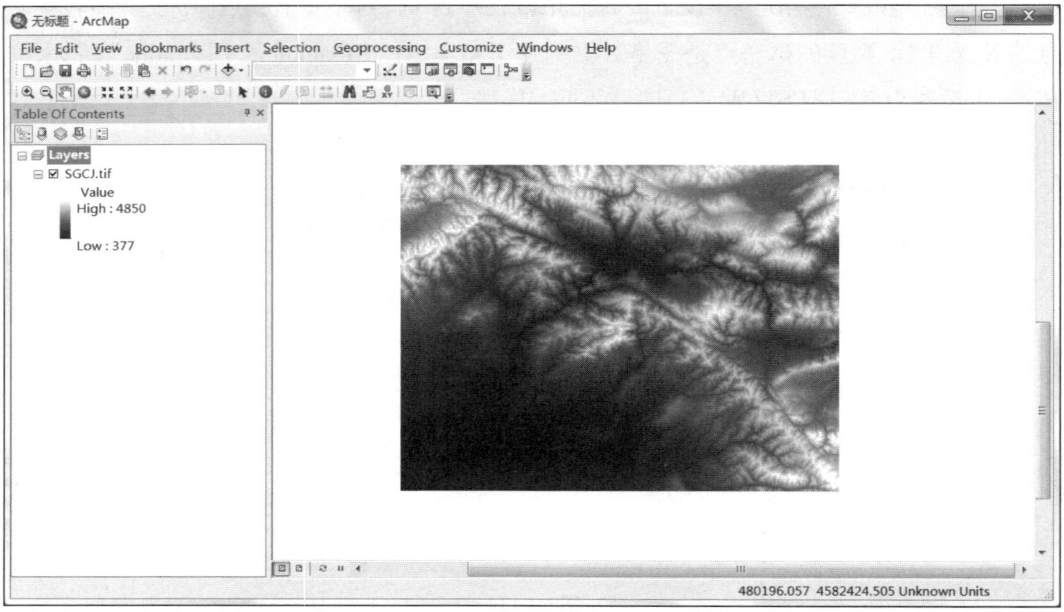

图 6－116

②打开 ArcToolbox，如图 6－117 所示，选择“Data Management Tools”（数据管理工具）→“Projections and Transformations”（投影和变换）→“Raster”（栅格）→“Shift”（平移）。

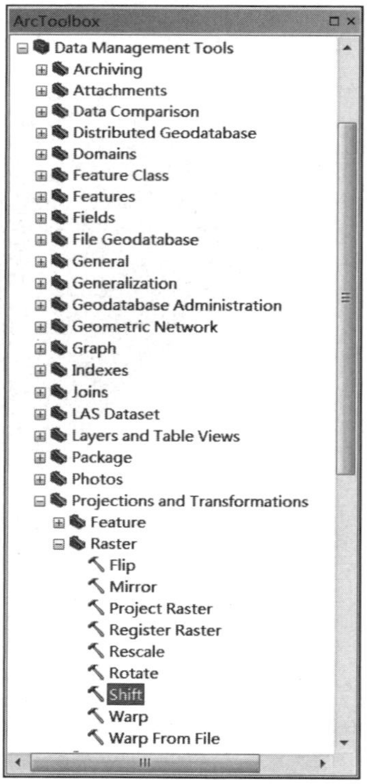

图 6－117

③打开新窗口，如图 6－118 所示，在“Input Raster”（输入栅格）中选择需要进行平移的数据；在“Output Raster Dataset”（输出栅格数据集）中设置输出文件的名称和路径位置；在“Shift X Coordinates by”（X 坐标平移值）中输入数据在 X 方向上移动的距离；在“Shift Y Coordinates by”（Y 坐标平移值）中输入在 Y 方向上移动的距离；在“Input Snap Raster”（输入捕捉栅格）中可以浏览确定其他栅格数据，与结果数据合并。

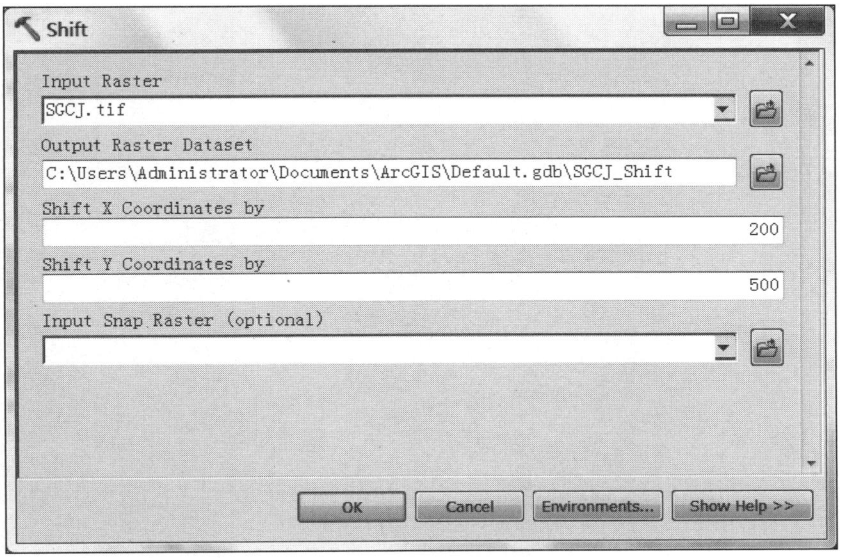

图 6－118

④点击“OK”（确定），完成实验操作，如图 6－119 所示。

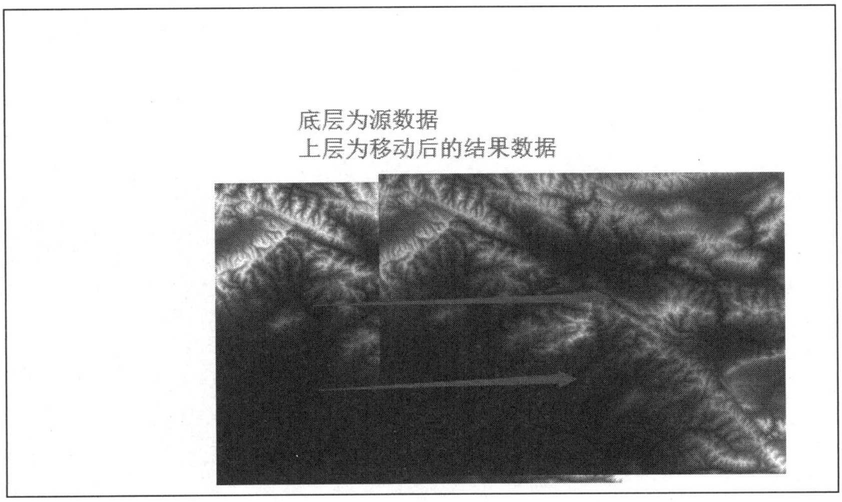

图 6－119

6.4 本章小结

通过本章学习,读者应当掌握地图投影变换的基本原理和方法,熟悉 ArcGIS 中投影的应用及投影变换的方法和技术,并了解地图投影及其变换在实际中的应用。此外,也应当掌握空间数据处理(裁剪、合并、融合、提取、拼接等)的具体方法和原理,并且能够灵活应用。

第7章

ArcMap制图与地图版面设计

7.1 矢量数据符号化
7.2 栅格数据符号化
7.3 专题地图制作
7.4 本章小结

地理信息系统将地理空间数据输入计算机系统内，这些数据是人类肉眼无法识别的，这就需要将地理空间数据输出为可视化的地图，这样才能实现数据的价值。

数据符号化是指通过一定的基本形状和颜色，以区分事物的性质。ArcGIS 软件中默认用统一的图层符号来表达统一图层的要素，但有时统一的图层符号无法完全表达地图数据中的全部信息数据的类别及其内部的细微差异，这就需要多元化的地图符号设置和渲染方式。本章将介绍 ArcMap 软件中矢量数据和栅格数据的符号化以及如何制作专题地图，调整地图版面，以提升地图设计的美观性。

7.1 矢量数据符号化

在 ArcMap 中加载实验源数据（位置：CH7\实验源数据\矢量符号化源数据），如图 7-1 所示。

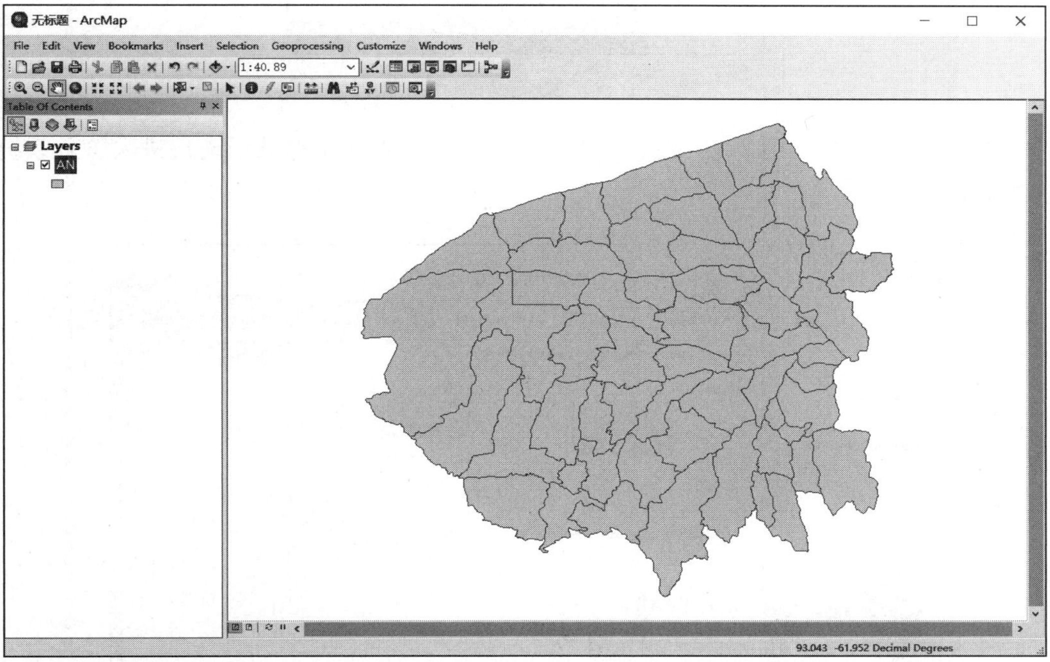

图 7-1

7.1.1 分类符号设置

①如图 7-2 所示，在 ArcMap 左侧内容列表中右键单击已经加载到 ArcMap 中的矢量图层，选择“Properties”（属性）。

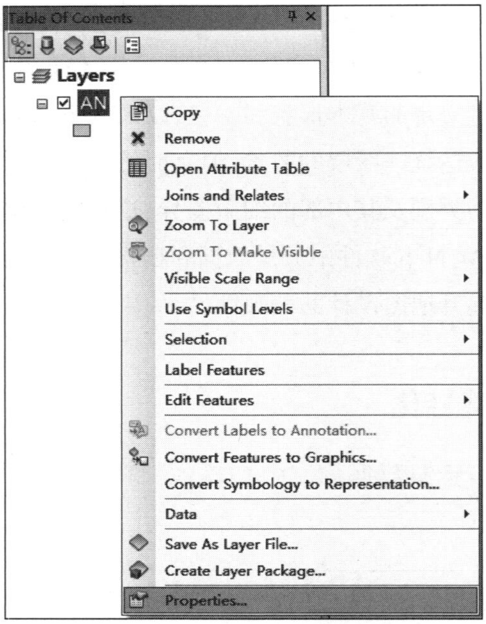

图 7-2

②打开新窗口，如图 7-3 所示，在上方点击“Symbology”（符号系统），进入符号系统设置界面。

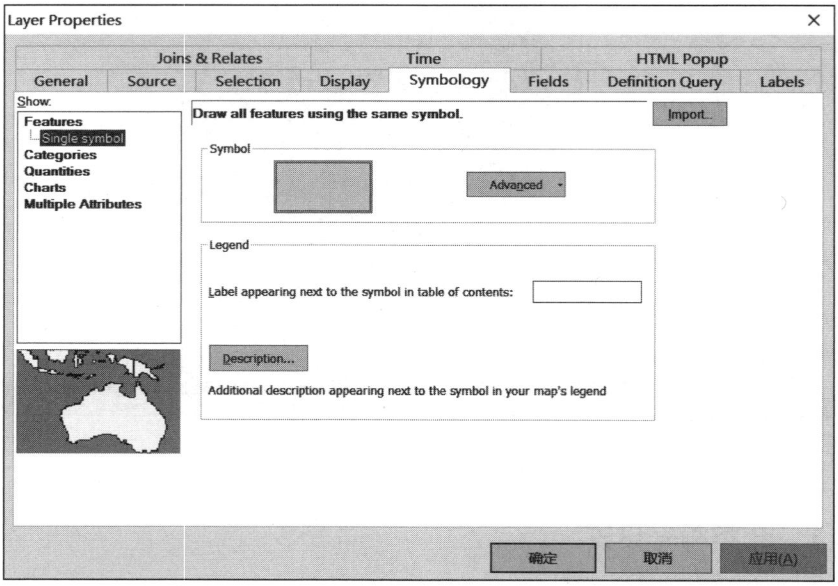

图 7-3

③如图 7-4 所示，在“Show”（显示）下方小窗口中选择“Categories”（类别）。下方出现三个选项，“Unique values”（唯一值），即按照一个字段属性值进行分类；“Unique values，many fields”（唯一值，多个字段），即按照多个属性字段值的组合来确定分类符号显

示;“Match to symbols in a style”(与样式中的符号匹配),即按照事先设置好的符号通过自动匹配来表示图层属性分类。

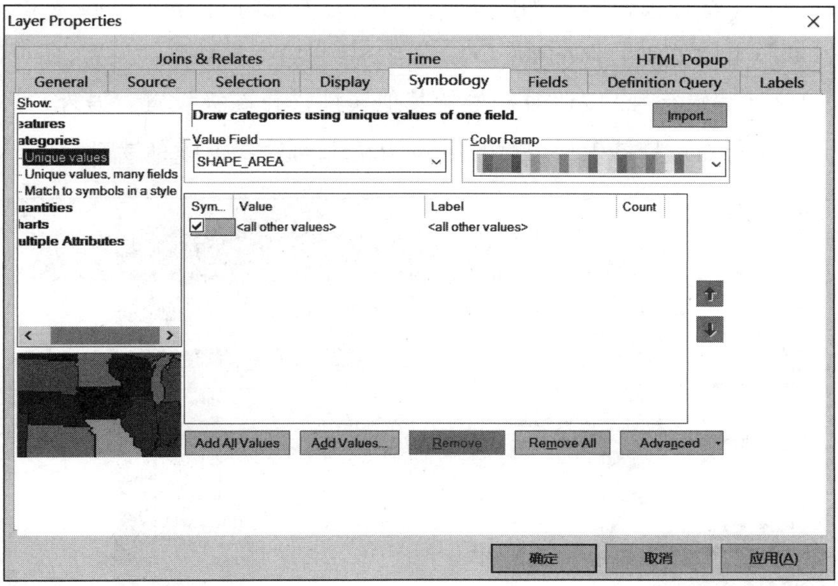

图 7-4

④如图 7-5 所示,选择“Unique values”(唯一值),在右侧窗口中的“Value Field”(值字段)中选择 D,点击下方的“Add All Values”(添加所有值),将 D 字段下属性值按照类别全部添加到下方窗口中。如果此时添加的值不能完全满足符号设置需要,还可以点击“Add Values”(添加值)继续添加需要的字段值,来完成字段设置。

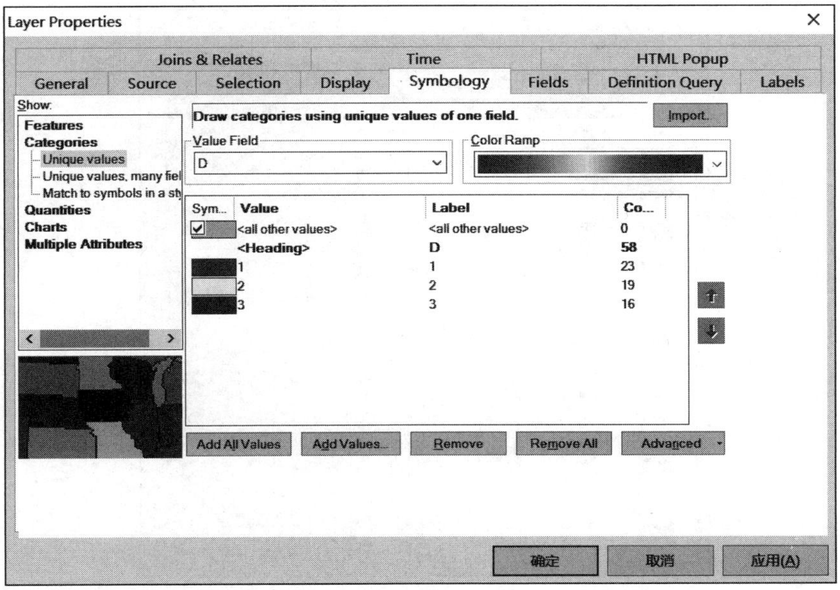

图 7-5

⑤点击“Color Ramp”(色带)下方的倒三角按钮,可以一次性选择并设置属性字段的颜色。或者选择需要调整的字段值属性,用鼠标左键双击图7-6所示的颜色区域,打开“Symbol Selector”(符号选择器),如图7-7所示,在右侧进行“Fill Color”(填充颜色)、“Outline Width”(轮廓宽度)、“Outline Color”(轮廓颜色)等基础属性设置,还可以点击下方“Edit Symbol”(编辑符号)按钮对符号的其他属性进行高级设置。另外,可以在左侧ESRI样式中双击已有的样式模板,直接将其应用在目标字段值的符号中。

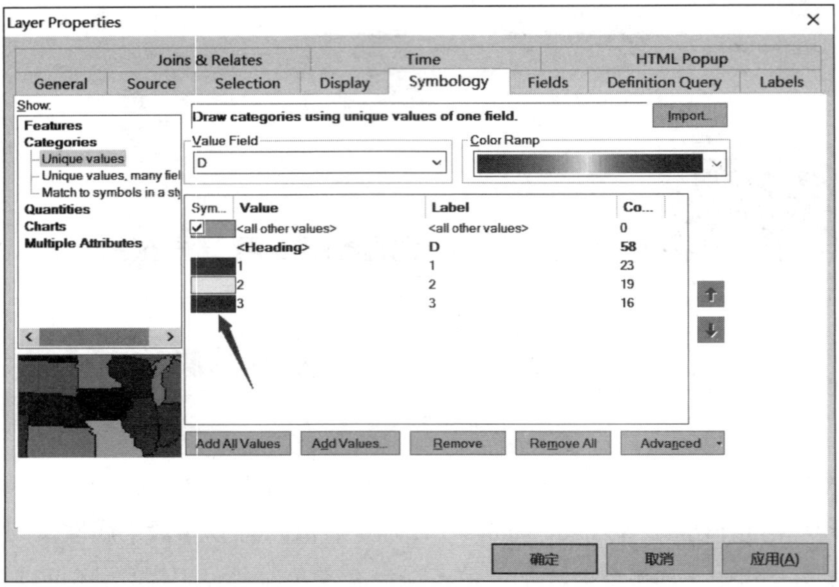

图7-6

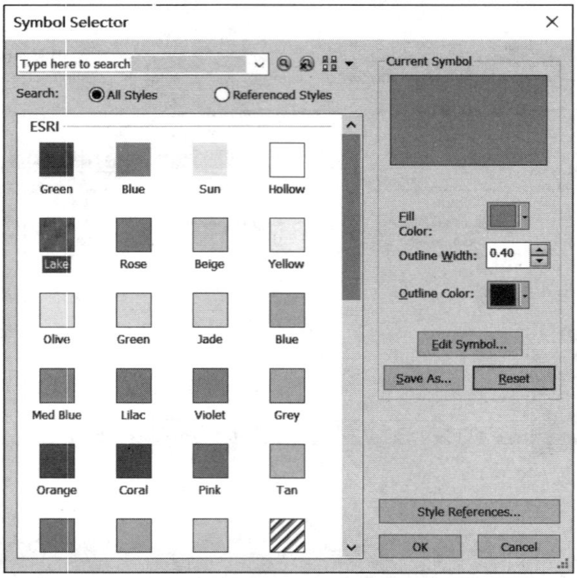

图7-7

⑥完成所有设置后，点击"OK"（确定）按钮，完成操作，如图7-8所示。

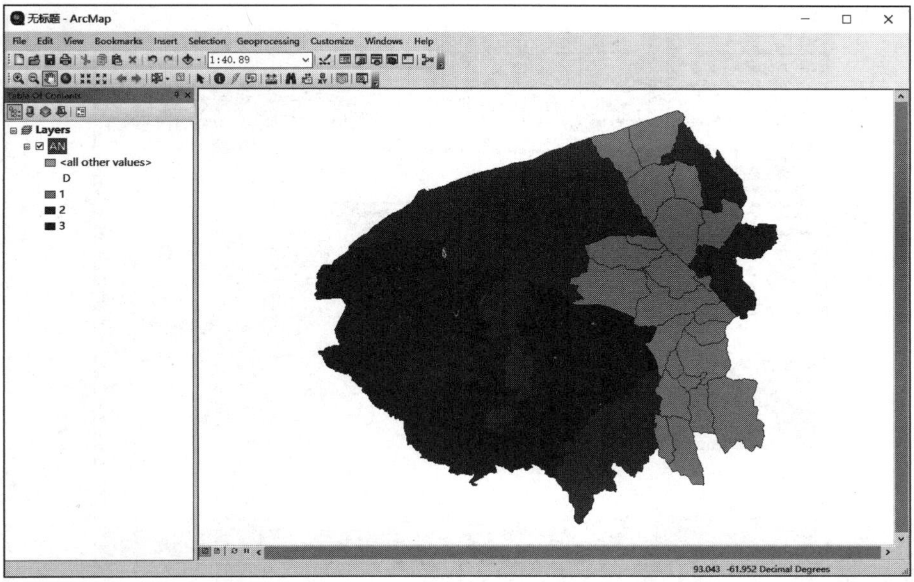

图7-8

7.1.2　分级符号设置

(1)分级色彩设置

①如图7-9所示，在ArcMap左侧内容列表中右键单击已经加载到ArcMap中的矢量图层，选择"Properties"（属性）。

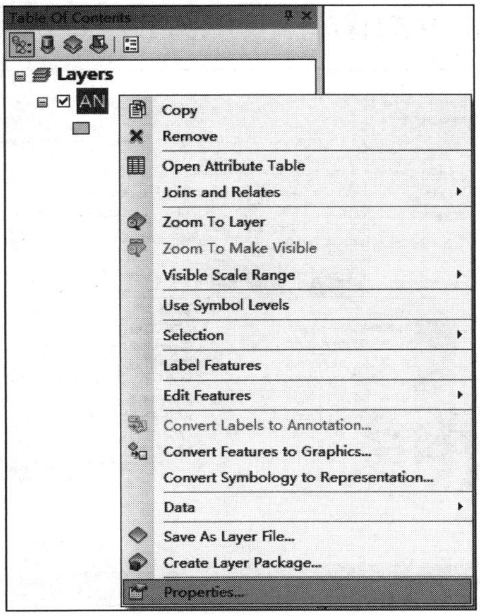

图7-9

②打开新窗口，在上方点击“Symbology”（符号系统），进入符号系统设置界面，如图 7-10 所示。

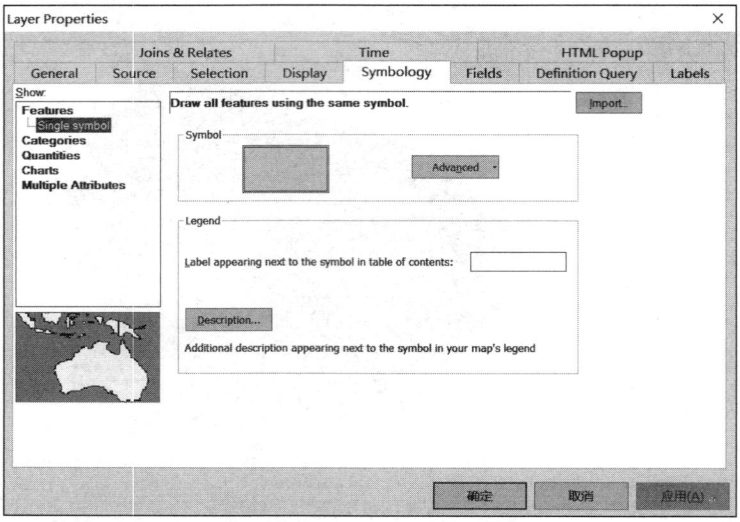

图 7-10

③如图 7-11 所示，在“Show”（显示）下方小窗口中选择“Quantities”（数量）→“Graduated colors”（分级色彩）。在“Fields”（字段）中的“Value”（值）中选择字段 GDP，在“Normalization”（归一化）中选择字段 SHAPE_AREA，该设置即用区域 GDP 值除以区域表面积，得到单位面积的 GDP 量。此时 GDP 量以分级符号的形式展示于地图中。在“Classification”（分类）中点击“Classify”（分类），打开分类窗口，可以在该处设置“Method”分类方法、“Classes”分类的类别数量、“Break Values”分类中断值等，其中中断值可以根据需要使用电脑默认设置或者自行调整设置，如图 7-12 所示。

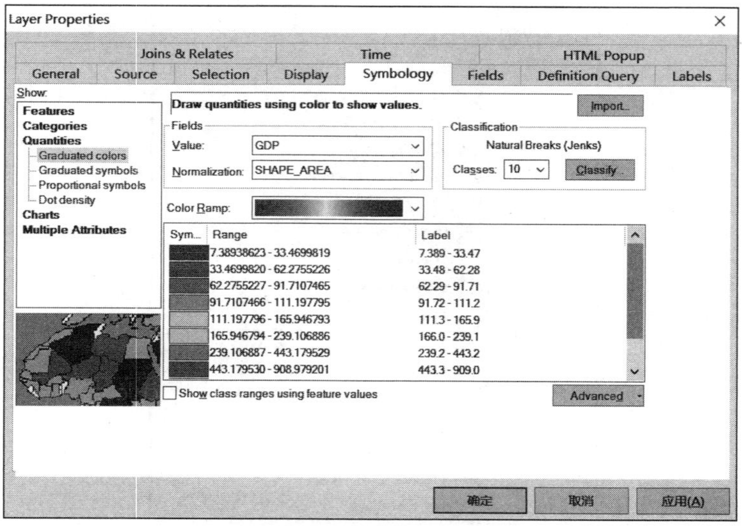

图 7-11

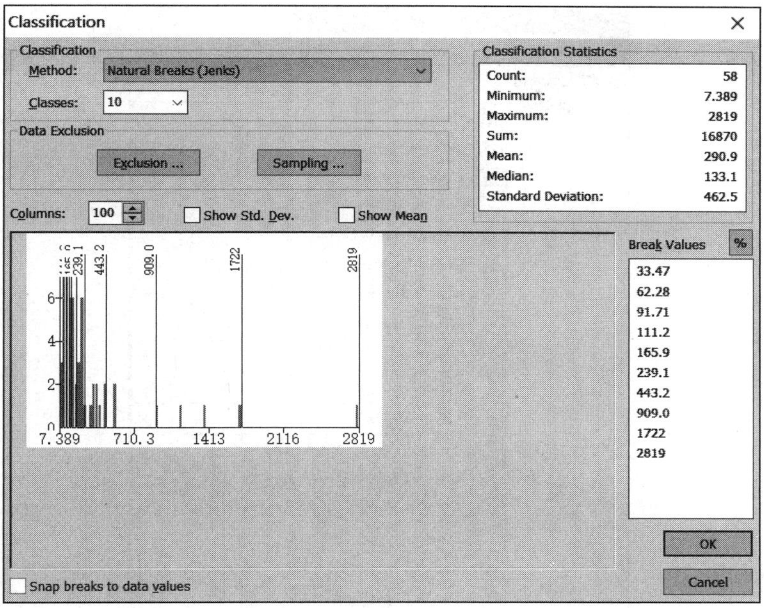

图 7－12

④相关设置完成后，点击“OK”（确认），如图 7－13 所示。

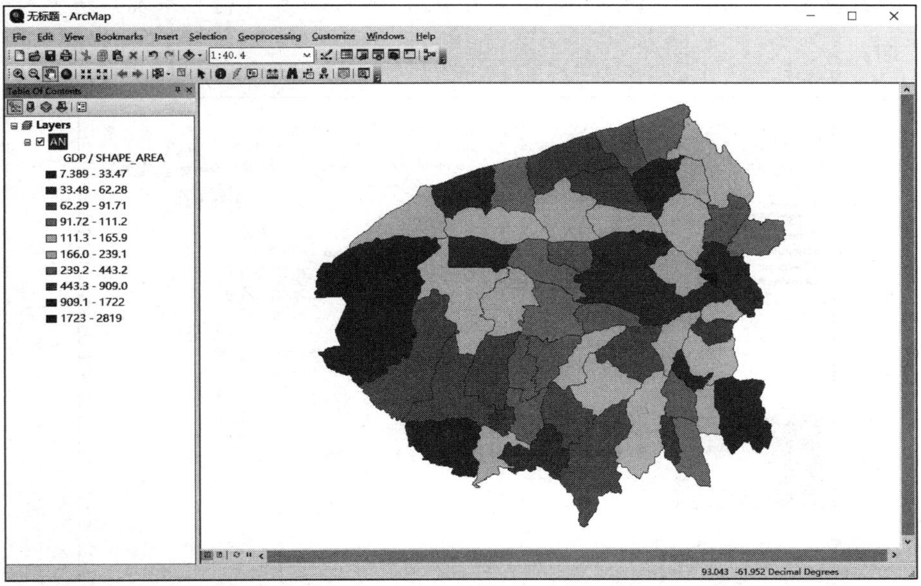

图 7－13

（2）分级符号设置

①在 ArcMap 左侧内容列表中右键单击已经加载到 ArcMap 中的矢量图层，选择“Properties”（属性），如图 7－14 所示。

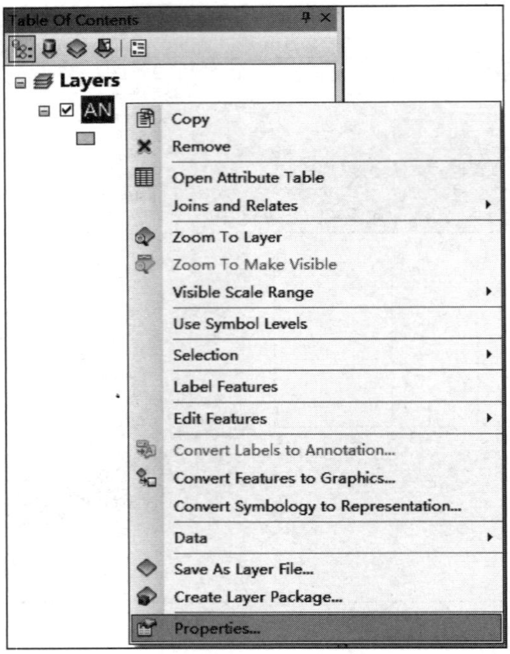

图 7-14

②打开新窗口,如图 7-15 所示,在上方点击"Symbology"(符号系统),进入符号系统设置界面。

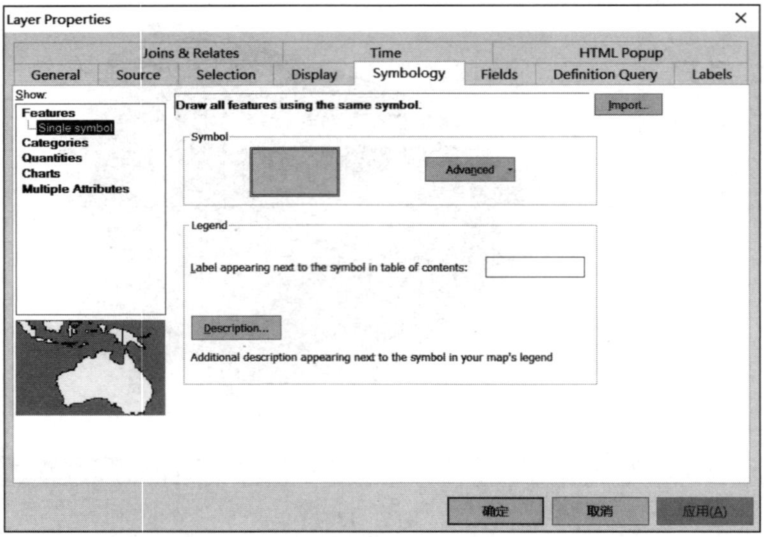

图 7-15

③如图 7-16 所示,在"Show"(显示)下方小窗口中选择"Quantities"(数量)→"Graduated symbol"(分级符号)。在"Fields"(字段)中的"Value"(值)中选择字段 GDP,在"Normalization"(归一化)中设置字段为"none"(无);在"Symbol Size"(符号大小)中设置符号

从小到大的尺寸大小;点击“Template”(模板)下方的按钮,打开“Symbol Selector”(符号选择器)窗口,对分级符号的属性的“Color”(颜色)、“Size”(大小)和“Angle”(角度)等进行调整和设置,还可以点击下方“Edit Symbol”(编辑符号)按钮对符号的其他属性进行高级设置。另外,可以在左侧ESRI样式中双击已有的样式模板,直接将其应用在目标字段值的符号中,如图7-17所示。

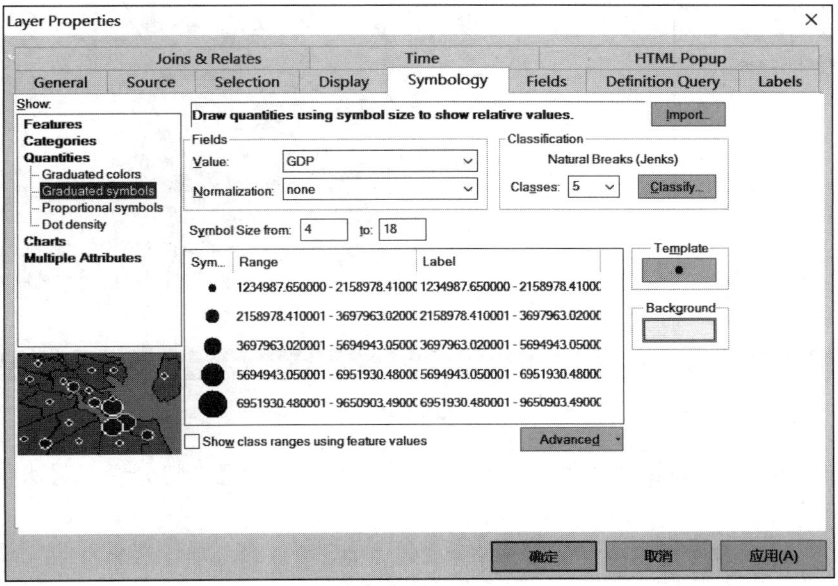

图7-16

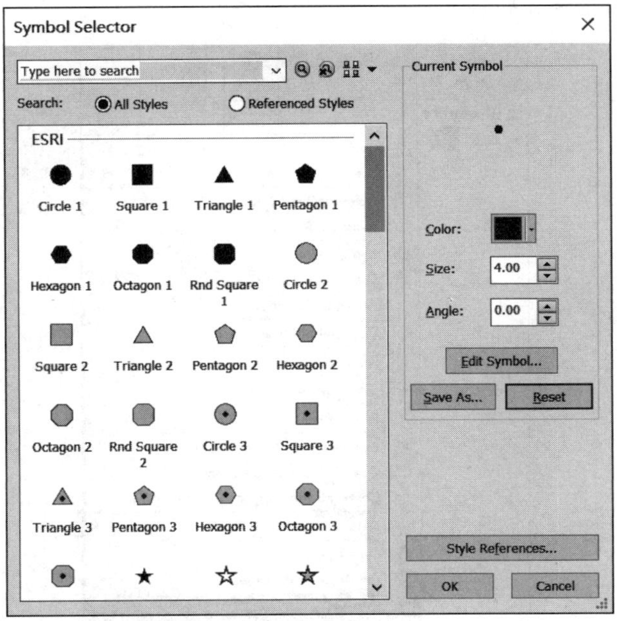

图7-17

④相关设置完成后,点击“OK”(确认),如图7-18所示。

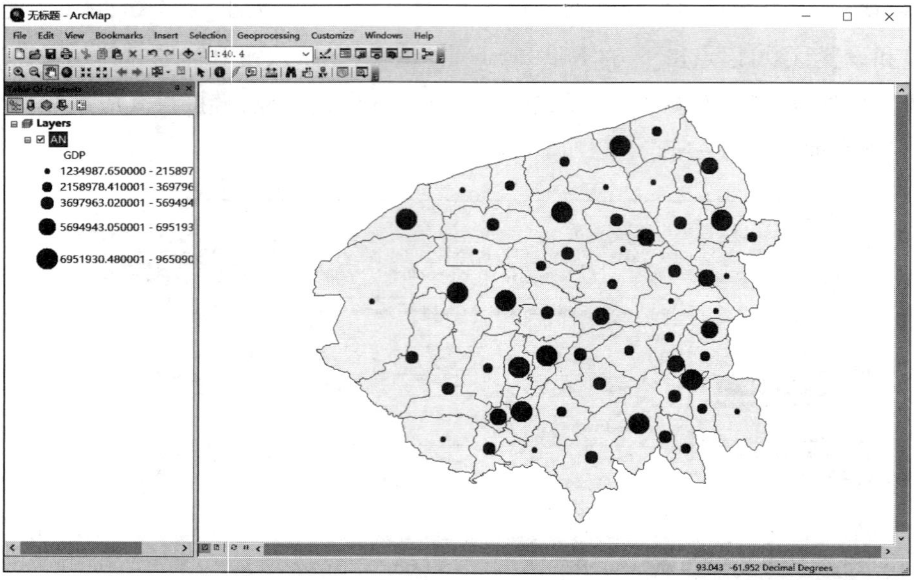

图7-18

“Proportional symbols”(比例符号)、“Dot density”(点密度)与分级符号大同小异,此处不再赘述。

(3)统计符号设置

①如图7-19所示,在ArcMap左侧内容列表中右键单击已经加载到ArcMap中的矢量图层,选择“Properties”(属性)。

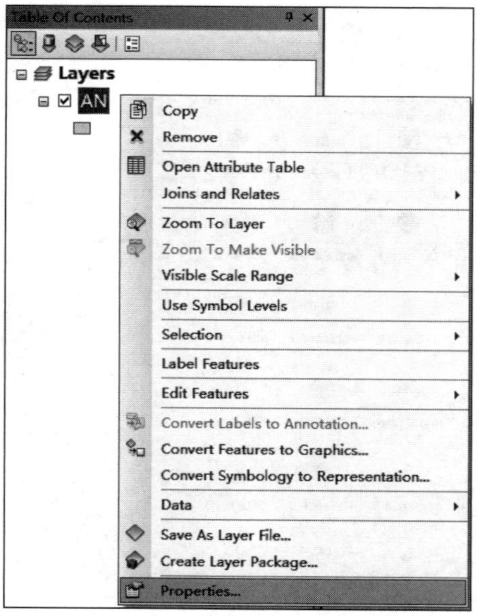

图7-19

②打开新窗口，如图 7－20 所示，在上方点击“Symbology”（符号系统），进入符号系统设置界面。

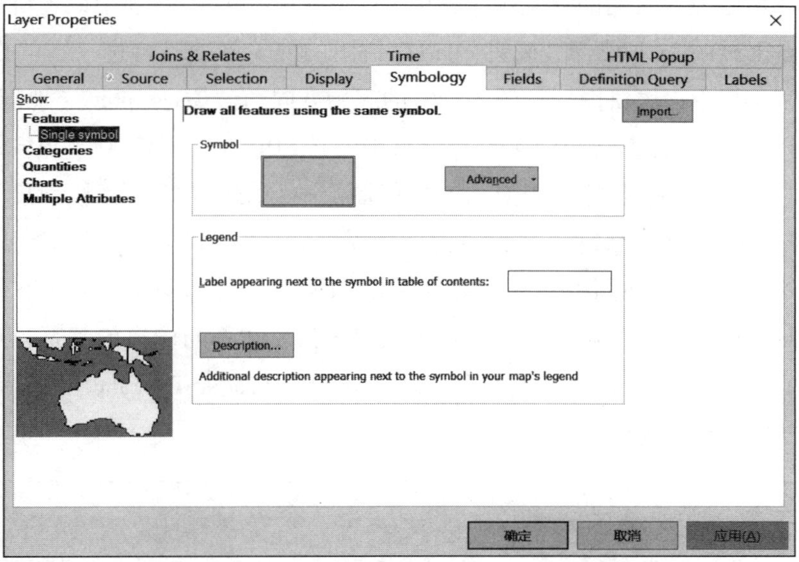

图 7－20

③如图 7－21 所示，在“Show”（显示）下方小窗口中选择“Charts”（图表）→“Pie”（饼图）。在“Field Selection”（字段选择）下方双击选择与性别有关的“Female”和“Male”字段，将其选入到右侧框中；在“Background”（背景）中设置饼图后方的要素图层的颜色；在“Color Scheme”（配色方案）中设置饼图内部的渐变配色；勾选“Prevent chart overlap”（避免图表压盖）将防止饼图相互叠置，影响显示。

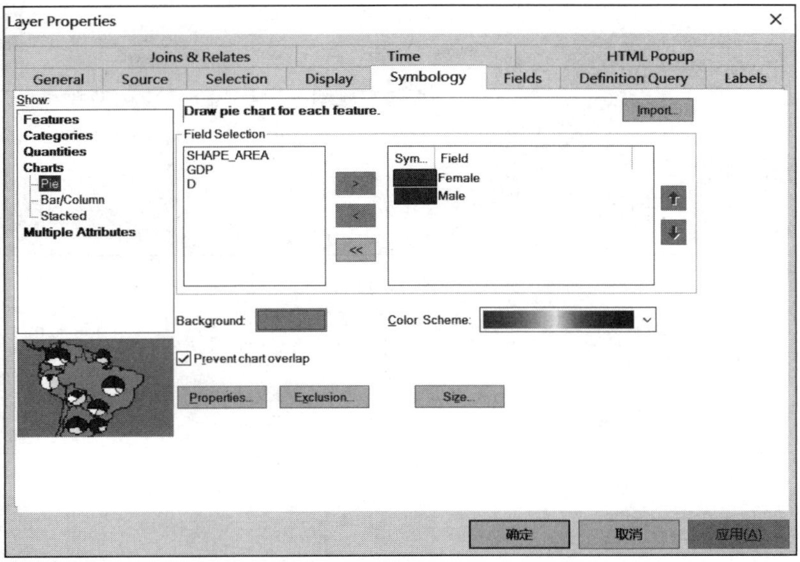

图 7－21

④如图 7－22 所示，点击“Properties”（属性）按钮，打开“Chart Symbol Editor”（图表符号编辑器）。在“Outline”（轮廓）中勾选“Show”（显示），将显示饼图的外轮廓线，在“Color”（颜色）选项中设置饼图的外轮廓线颜色，在“Width”（宽度）选项中设置饼图的外轮廓线的宽度，点击“Outline”（轮廓）按钮，可以对饼图的外轮廓线进行进一步的设置；在“Orientation”（方向）中设置饼图统计图的绘制的起始方向，有“Geographic”（地理）和“Arithmetic”（算术函数）两种方向；在“3－D”窗口中勾选“Display in 3－D”（以 3－D 方式显示），将使饼图从二维图形样式变为三维立体图形，可以通过“Tilt”（倾斜度）和“Thickness”（厚度）分别调整三维饼图的倾斜程度和厚度。在“Leader Lines”（牵引线）中勾选“Show”（显示），则会在地图中展示饼图的牵引线，牵引即为如果饼图大于它所指代的地区的矢量图斑，则会在图上出现一条特殊的线段来指示饼图与图斑的关系，点击“Properties”（属性），可以在其中对牵引线的“Gap”（间距）、“Leader Tolerance”（牵引线容差）、“Style”（样式）等属性进行调整和设置。

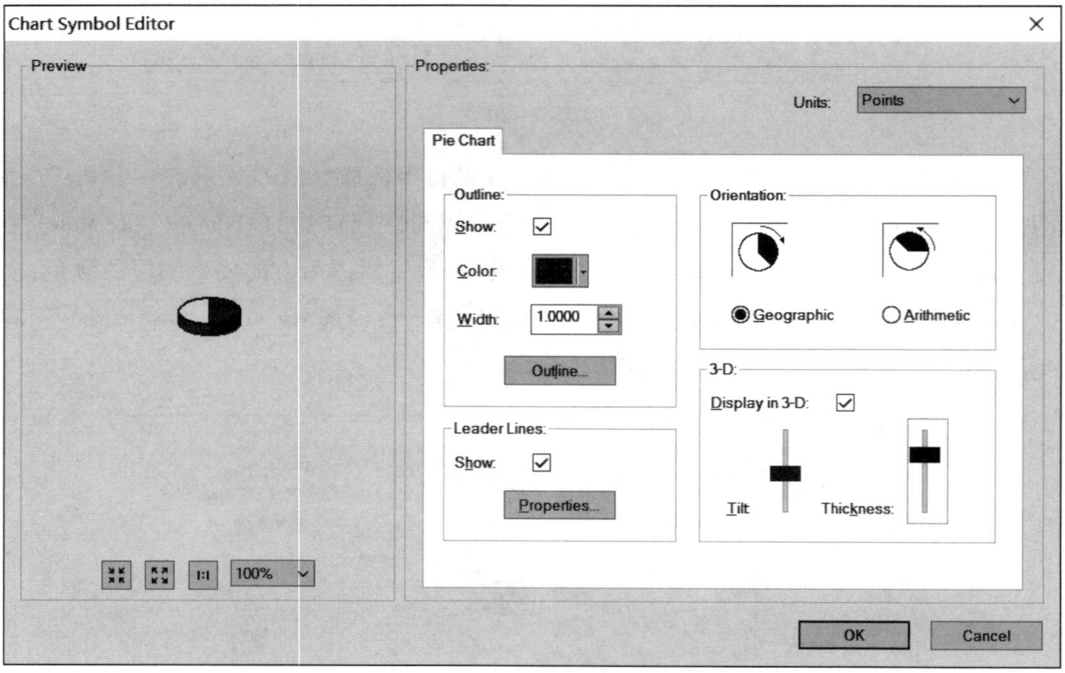

图 7－22

⑤相关设置完成后，点击“OK”（确认），如图 7－23 所示。

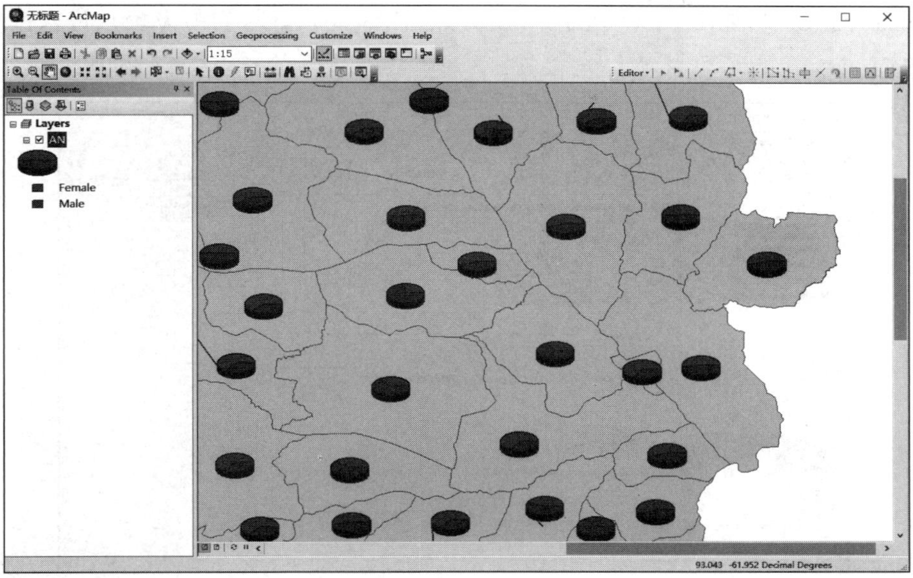

图 7－23

“Bar/Column”（条状图）、“Stacked”（堆叠图）与饼图的设置大同小异，此处不再赘述。

（4）组合符号设置

①如图 7－24 所示，在 ArcMap 左侧内容列表中右键单击已经加载到 ArcMap 中的矢量图层，选择“Properties”（属性）。

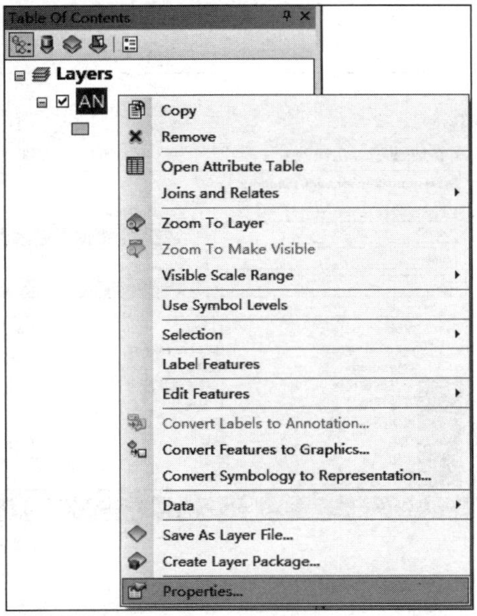

图 7－24

②打开新窗口，如图 7－25 所示，在上方点击“Symbology”（符号系统），进入符号系统设置界面。

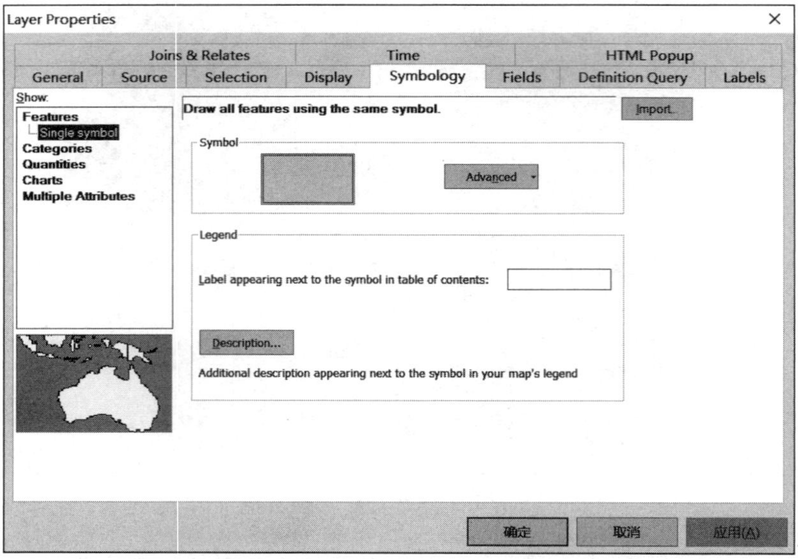

图 7－25

③如图 7－26 所示，在“Show”（显示）下方小窗口中选择“Multiple Attributes”（多个属性）→“Quantity by category”（按类别确定数量）。在“Value Fields”（值字段）中选择 DLMC，单击“Add All Values”（添加所有值），将地类名称字段下的值添加到列表中；在“Color Scheme”（配色方案）中设置渐变色带，或者点击列表中的值前面的色块调整符号设置。

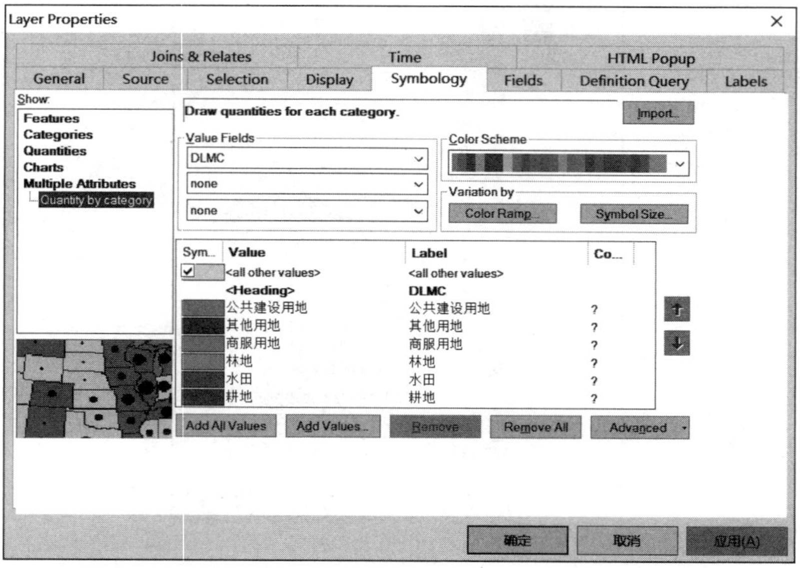

图 7－26

④如图 7－27 所示，在“Variation by”（变化依据）中点击“Symbol Size”（符号大小）按钮，打开“Draw quantities using symbol size to show relative values”（使用符号大小表示数量），在“Fields”（字段）中设置“Value”（值）为 GDP；点击“Template”（模板）设置符号样式；点击“Background”（背景）下方的色块对符号的背景要素颜色进行设置；在“Classification”（分类）中点击“Classify”（分类），打开分类窗口，可以设置“Method”分类方法、“Classes”分类的类别数量、“Break Values”分类中断值等属性。

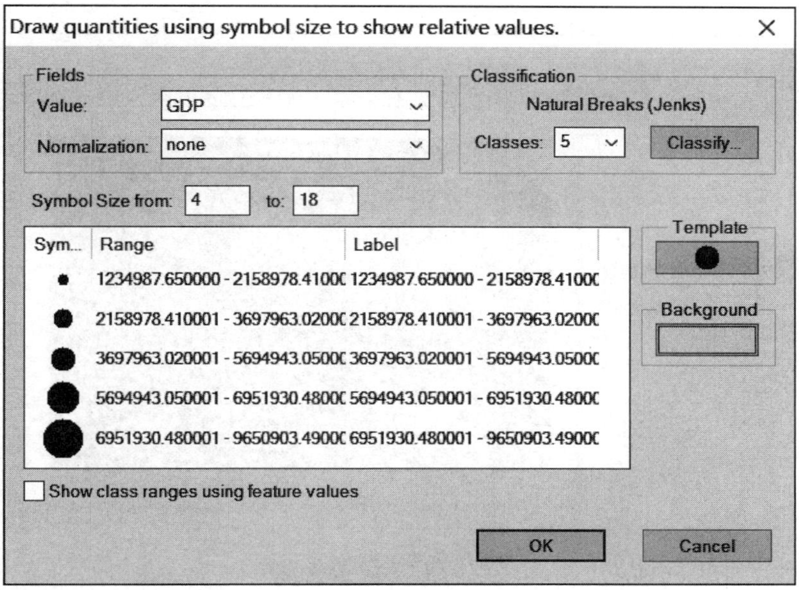

图 7－27

⑤相关设置完成后，点击“OK”（确认），如图 7－28 所示。

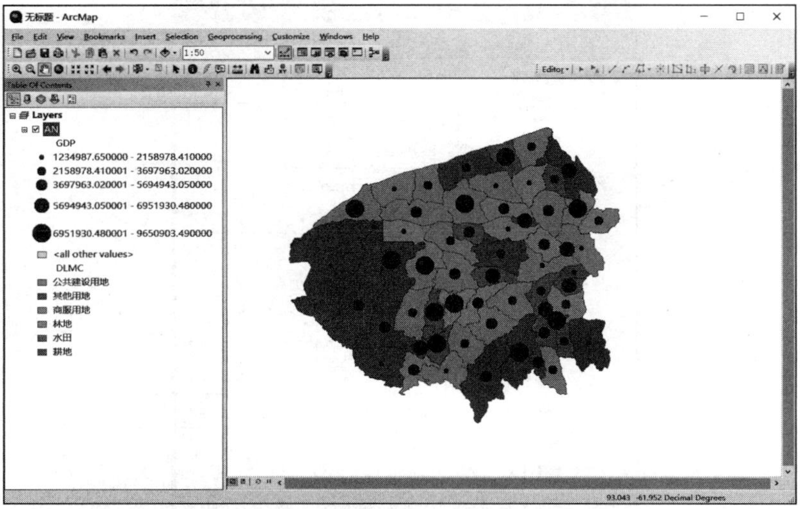

图 7－28

7.2 栅格数据符号化

7.2.1 分类栅格符号设置

①在 ArcMap 中加载实验源数据(位置:CH7\实验源数据\栅格符号化源数据\分类栅格符号设置源数据),如图 7－29 所示。

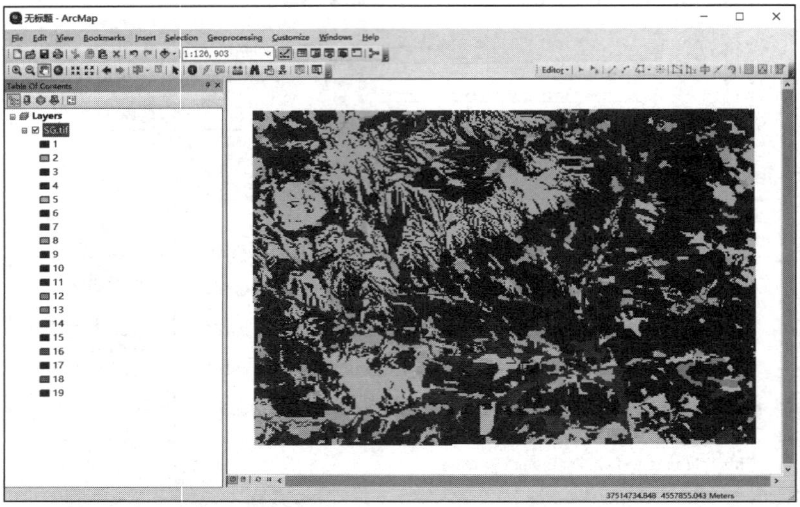

图 7－29

②在 ArcMap 左侧内容列表中右键单击已经加载到 ArcMap 中的栅格图层,如图 7－30 所示,选择"Properties"(属性)。

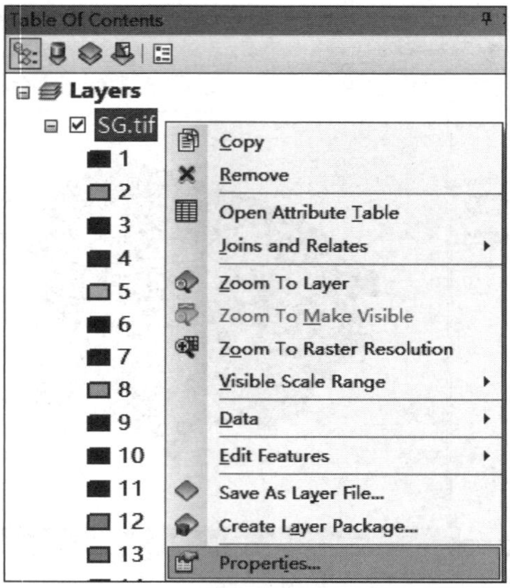

图 7－30

③打开新窗口,如图 7 - 31 所示,在上方点击“Symbology”(符号系统),进入符号系统设置界面。在“Show”(显示)下方小窗口中选择“Unique Values”(唯一值);在“Value Field”(值字段)中选择 DLMC;在“Color Scheme”(配色方案)中设置下方列表中的属性值的符号颜色,或者点击列表中的字段值前方的色块对字段值的符号进行单独的特殊设置。

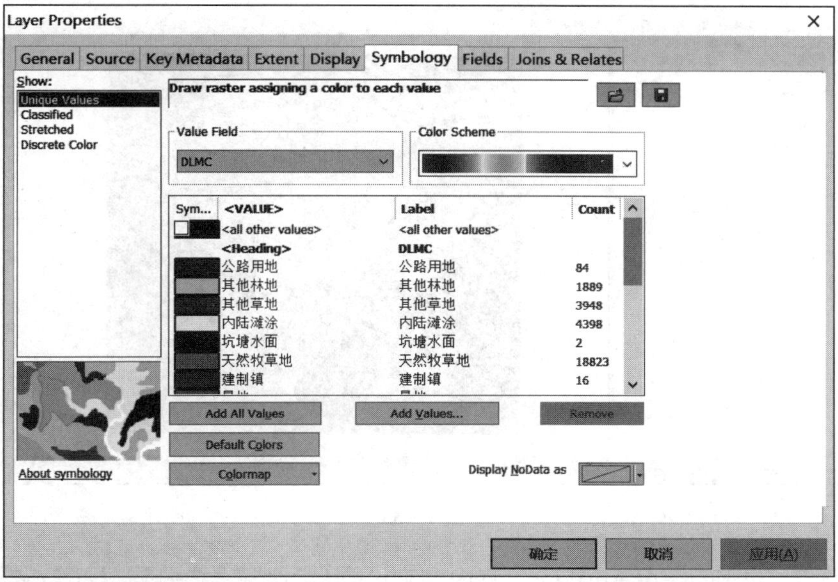

图 7 - 31

④相关设置完成后,点击“OK”(确认),如图 7 - 32 所示。

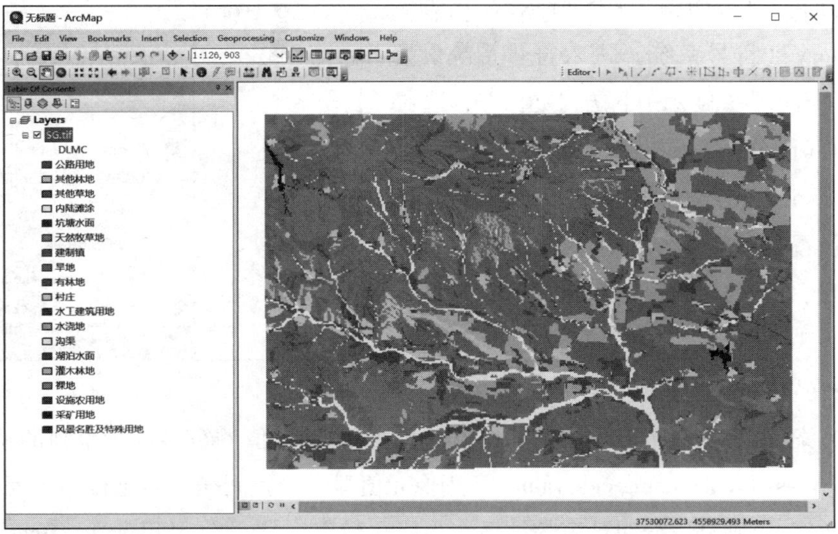

图 7 - 32

7.2.2 分级栅格符号设置

①在 ArcMap 中加载实验源数据(位置:CH7\实验源数据\栅格符号化源数据\分级栅格符号设置源数据),如图 7－33 所示。

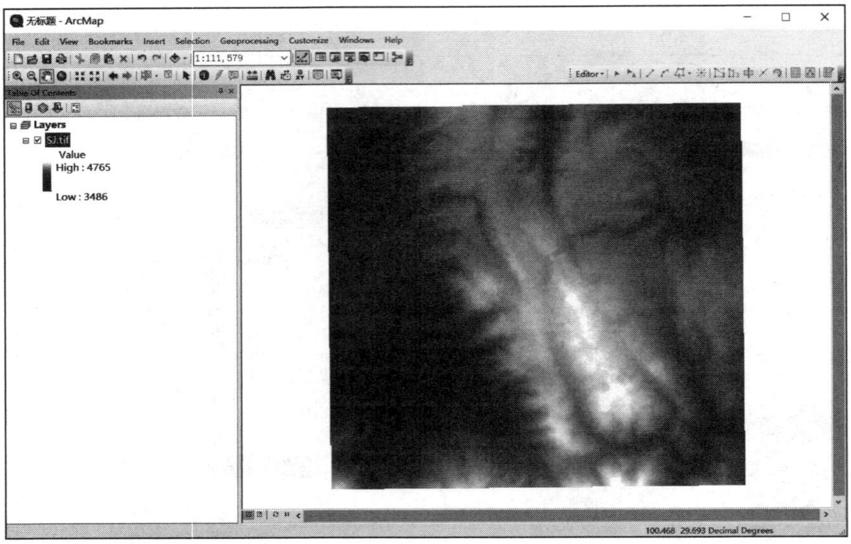

图 7－33

②如图 7－34 所示,在 ArcMap 左侧内容列表中右键单击已经加载到 ArcMap 中的栅格图层,选择“Properties”(属性)。

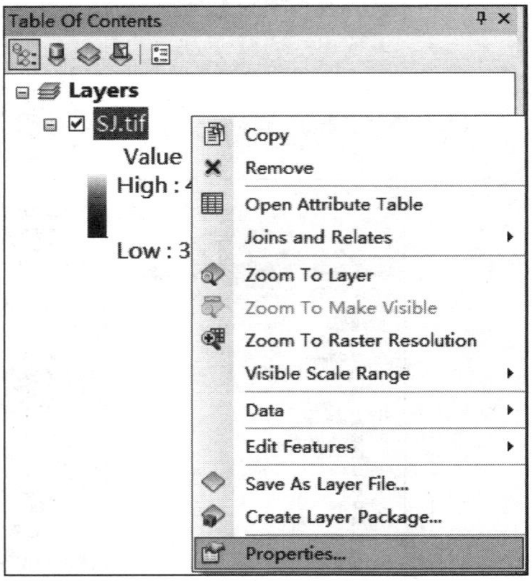

图 7－34

③打开新窗口,如图 7－35 所示,在上方点击“Symbology”(符号系统),进入符号系统设置界面。在“Show”(显示)下方小窗口中选择“Classified”(已分类);在“Classification”(分类)中点击“Classify”(分类)按钮,打开分类窗口,可以在该处设置“Method”分类方法、“Classes”分类的类别数量、“Break Values”分类中断值等,此处设置级别为 3,在实际操作中,可以根据需要进行调整设置;在“Color Ramp”(色带)中选择设置分级色彩的方案,或者点击下方列表中属性值的色块,对字段值的符号进行单独的特殊设置;勾选“Show class breaks using cell values”(用像元值显示分类间隔),将把栅格单元的值作为分级标注数字,否则是以分级计算的结果作为标注数字;勾选“Use hillshade effect”(使用山体阴影效果)将会在栅格分级图像中显示山体阴影。

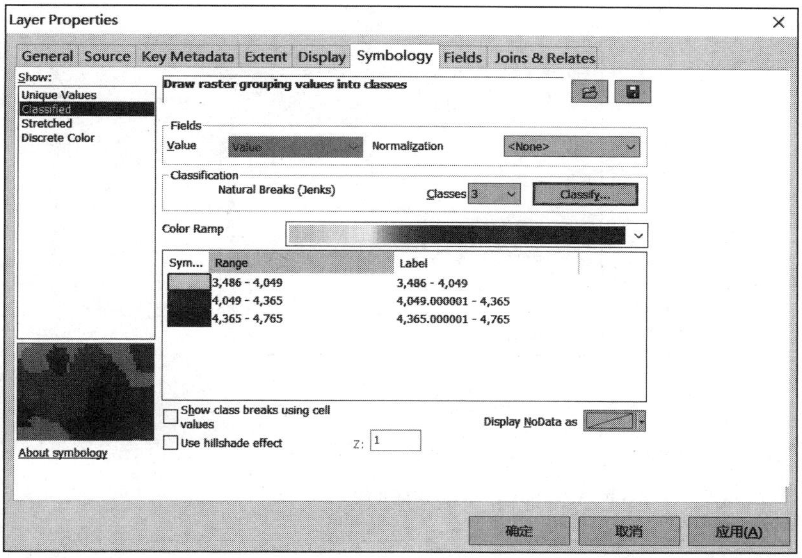

图 7－35

④相关设置完成后，点击“OK”（确认），如图 7－36 所示。

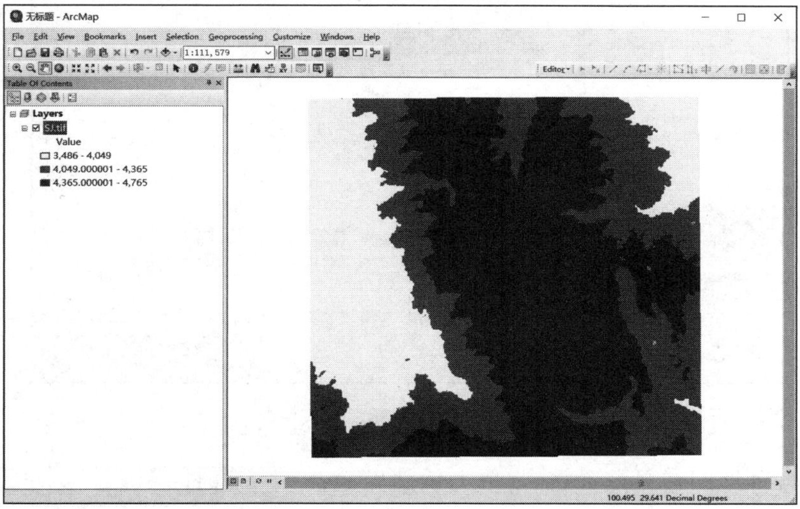

图 7－36

7.3　专题地图制作

7.3.1　布局设计

（1）地图模板

①打开 ArcMap，单击软件界面上方主菜单“File”（文件），选择“New”（新建）按钮，如

图 7－37 所示。

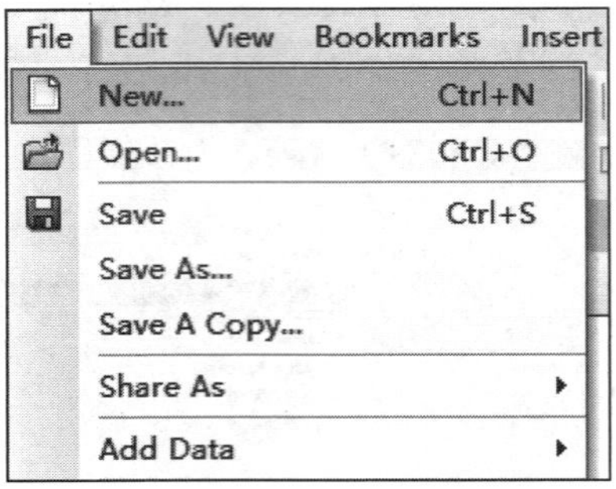

图 7－37

②打开“New Document”(新建文档)窗口,如图 7－38 所示,点击“Blank Map”(空白地图),再点击“OK”,即完成空白地图模板的创建。

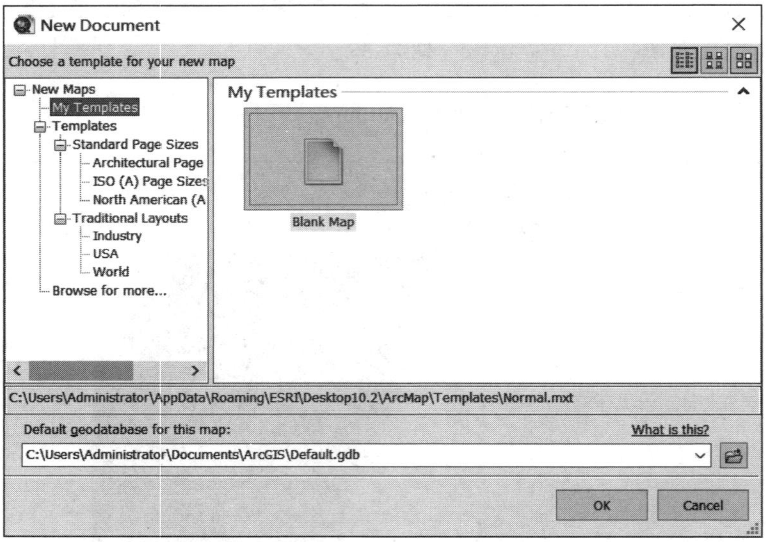

图 7－38

③完成各种地图布局设置之后,单击软件界面上方主菜单“File”(文件),选择“Save As”(另存为),将设置完成的地图文档保存为模板,如图 7－39 所示。如果需要在 ArcMap 新建地图文档时调用已经设计好的地图文档作为模板,只需要将文件保存在软件安装目录 ArcGIS\Desktop10. 2\Templates 下即可。

图 7－39

(2)地图尺寸设置

ArcMap 软件分为数据视图和布局视图,在输出生成地图之前,需要将界面视图转为布局视图,对输出地图的尺寸等属性进行进一步设置和调整。

①如图 7－40 所示，点击 ArcMap 上方主菜单栏中的“View”（视图）→“Layout View”（布局视图），进入布局视图界面。

②如图 7－41 所示，在布局视图的打印纸张外部任意空白位置右键单击，选择“Page and Print Setup”（页面和打印设置）。

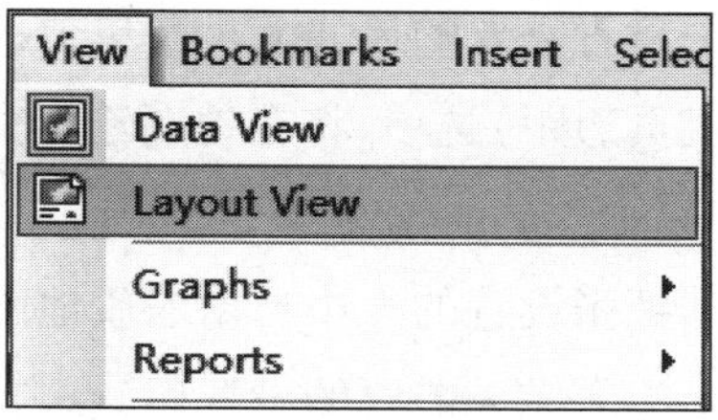

图 7－40

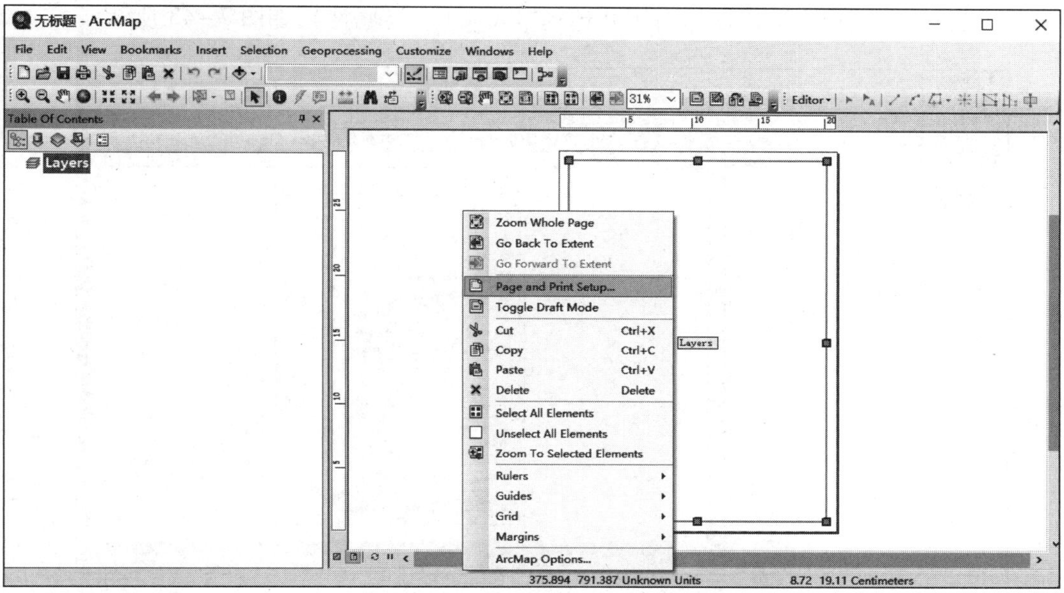

图 7－41

③打开新窗口，如图 7－42 所示，在上方“Printer Setup”（打印机设置）中选择打印机；在“Paper”（纸张）下方的“Size”（大小）中设置纸张的大小，在“Orientation”（方向）中设置纸张的方向，有“Portrait”（纵向）和“Landscape”（横向）两个选项；在“Map Page Size”（地图页面大小）中如果勾选了“Use Printer Paper Settings”（使用打印机纸张设置）选项，则在“Page”（页）这一栏中纸张的设置将会默认为纸张类型的默认尺寸，如不勾选，可以在下方的“Page”（页）这一栏中的“Size”（大小）下拉列表选择“Custom”（自定义），在“Width”（宽度）和“Height”（高度）

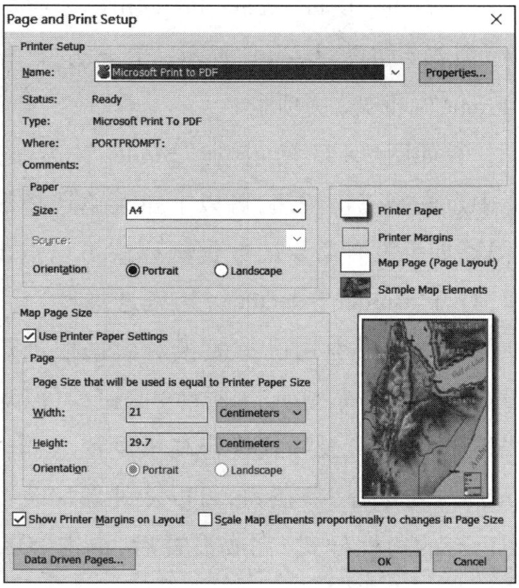

图 7－42

中设置需要的尺寸大小及单位；勾选“Show Printer Margins on Layout”（在布局上显示打印机页边距）选项，将在地图输出窗口中显示打印的边界；勾选“Scale Map Elements proportionally to changes in Page Size”（根据页面大小的变化按比例缩放地图元素）选项，则会根据纸张设置的大小自动缩放地图数据的比例尺大小。

④完成需要的设置后，点击“OK”（确定）即可应用设置。

(3)地图图框与底色设置

①在目标数据框上单击鼠标右键并选择“Properties”（属性），如图7-43所示。

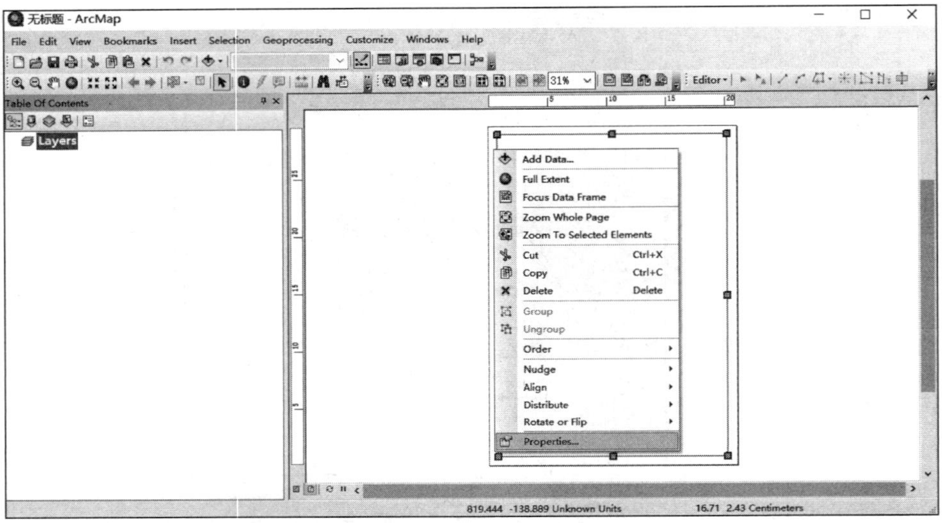

图7-43

②打开“Data Frame Properties”（数据框属性）窗口，如图7-44所示，在上方单击选择“Frame”（框架）选项卡。

③如图7-45所示，在“Border”（边框）选项栏中点击倒三角按钮，可以下拉菜单选择数据框样式，如果没有需要的数据框样式可以点击▣按钮，打开“Border Selector”（边框选择器）窗口，在左侧单击即可引用已有模板对数据框进行样式设置，点击“Properties”（属性）按钮，可以对边框线的颜色、宽度及样式进行高级设置，点击“More Styles”（更多样式）按钮，可以从外部加载数据库中已有的边框样式，完成设置后，单击“OK”（确定），返回上级窗口。

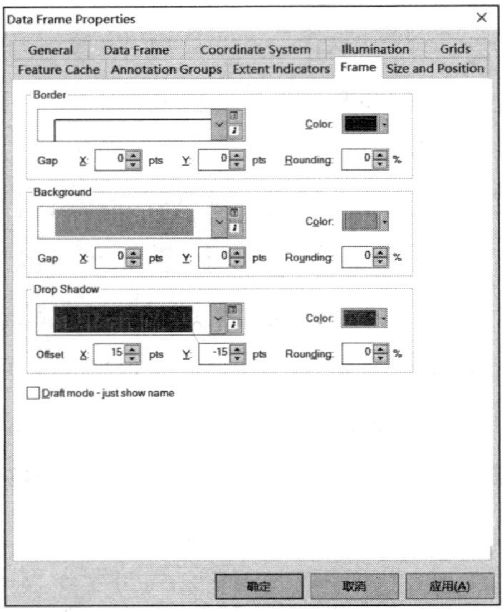

图7-44

④如图7-46所示,在"Background"(背景)选项栏中点击倒三角按钮下拉菜单可以选择需要的底图色,如果没有需要的底图色可以点击按钮,进入"Background Selector"(背景选择器),在左侧单击即可引用已有的颜色样式,点击"Properties"(属性)按钮可以对底图色的填充颜色、轮廓颜色以及轮廓宽度进行设置,点击"More Styles"(更多样式)可以引用外部数据库中已有的样式。

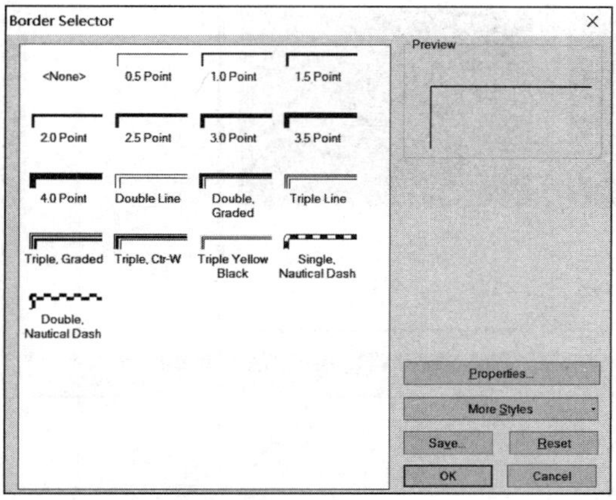

图7-45

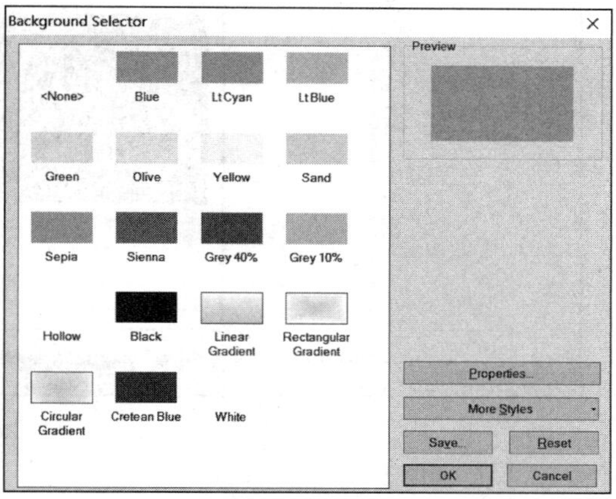

图7-46

⑤对"Drop"(下拉阴影)的设置与"Background"(背景)的设置大同小异,此处不再赘述。

⑥调整各选项中的X、Y值可以改变它们的位置,调整"Rounding"(圆角)的角度百分比可以改变图框边角的圆滑程度。

⑦完成上述设置后,点击"OK"(确定),应用设置。

7.3.2 地图数据框设置

(1)复制地图数据框

右键单击选中目标数据框→"Copy"(复制),在适当位置右键单击→"Paste"(粘贴),或者选中目标数据框使用快捷键 Ctrl + C,再次将鼠标移动到适当位置,使用快捷键 Ctrl + V,即可完成地图数据框的复制操作,此时地图数据框变为两个,而内容列表内的数据库也相应变为两个,如图7-47所示。

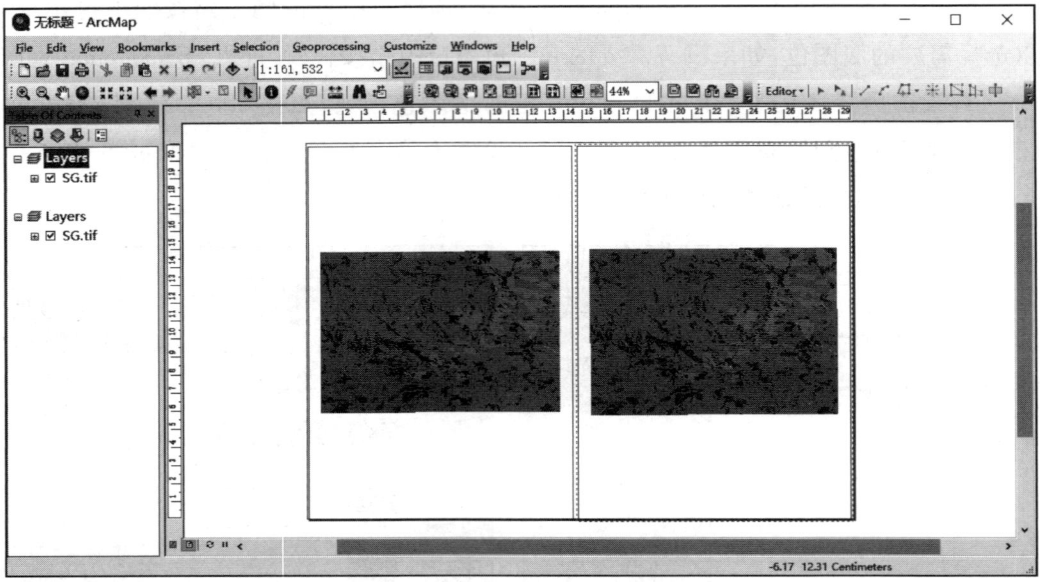

图 7-47

(2)设置总图数据框

①在需要作为总图即显示其他要素范围的地图数据框上单击右键→“Properties”(属性),打开“Data Frame Properties”(数据框属性)窗口。如图 7-48 所示,点击上方“Extent Indicators”(范围指示器)按钮,进入范围指示设置窗口。在“Other data frames”(其他数据框)的窗口中选择目标图层添加到右边的“Show extent indicator for these data frames”(显示这些数据框的范围指示器);单击下方的“Frame”(框架)按钮,打开“Extent Indicator Frame Properties”(范围指示器框架属性)窗口,对范围指示框进行边框、背景和下拉阴影的进一步设置。

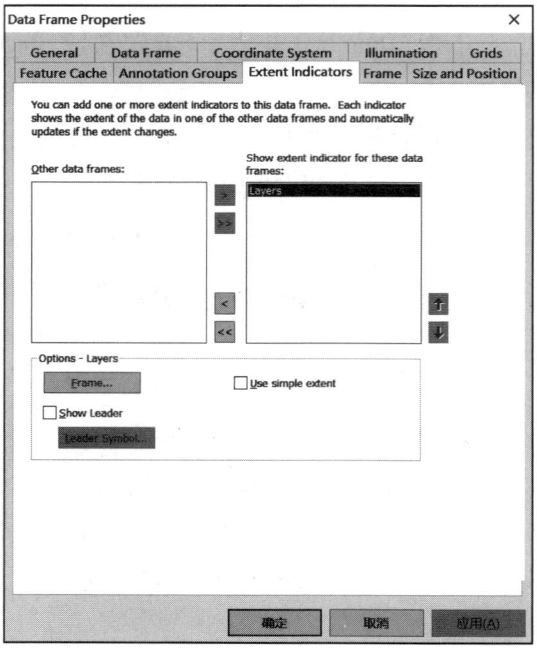

图 7-48

②完成设置后,点击“OK”(确定)。返回总图查看显示效果,如图 7-49 所示。

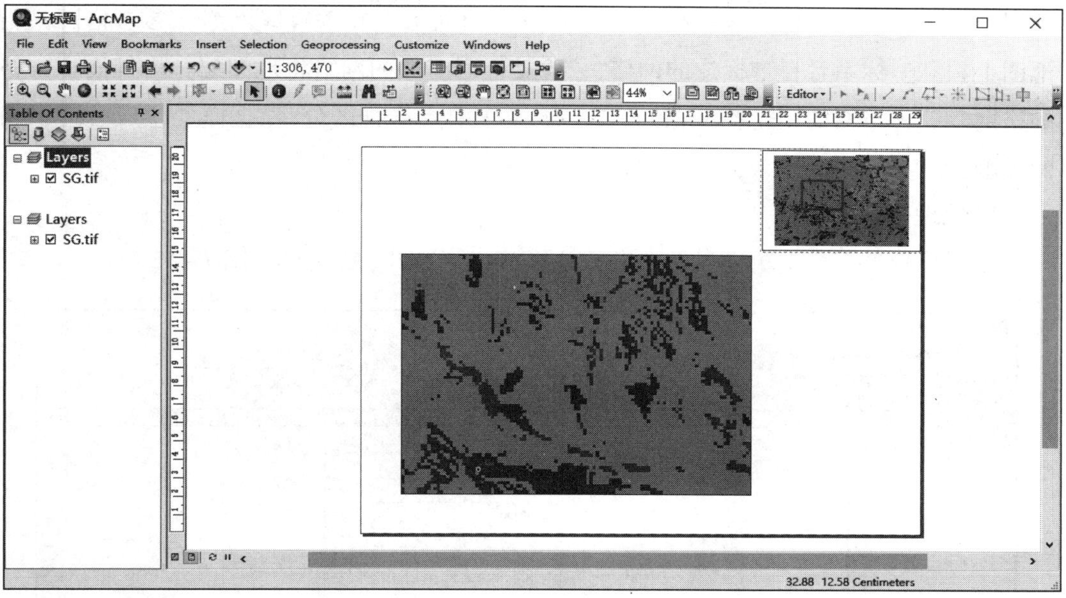

图 7－49

(3)制图数据框工具条调用

①如图 7－50 所示，在 ArcMap 的上方选择"Customize"(自定义)→"Toolbars"(工具条)→"Data Frame Tools"(数据框工具)。

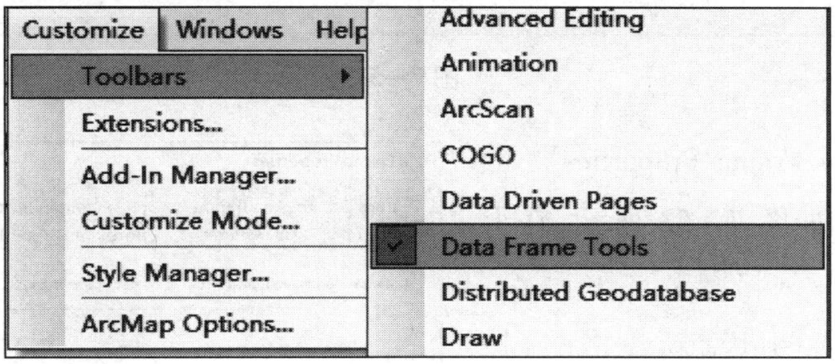

图 7－50

②如图 7－51 所示，点击工具条上的按钮，再次用鼠标拖拽目标数据框图层，即可旋转图层。也可以在工具条上的文本框中输入需要旋转的角度。

图 7－51

(4)绘制坐标格网

ArcGIS 中的坐标格网共有三种，分别为地理坐标格网、方里格网和参考格网。地理坐标格网是以一定的经纬坐标间距为依据，在地图上划分的格网，通常来说，坐标格网是地图上不可缺少的要素。方里格网是指间隔均匀的水平和垂直线网络。参考格网是指地图上独立坐标系且自带标注的网格，它通过行列组成的网络将地图划分为等面积方格的格网。三种格网的用途各不相同，在实际操作中要认真区分，根据需要生成合适的格网类型。

1）地理坐标格网

①在目标数据框上单击鼠标右键并选择“Properties”（属性），如图7-52所示。

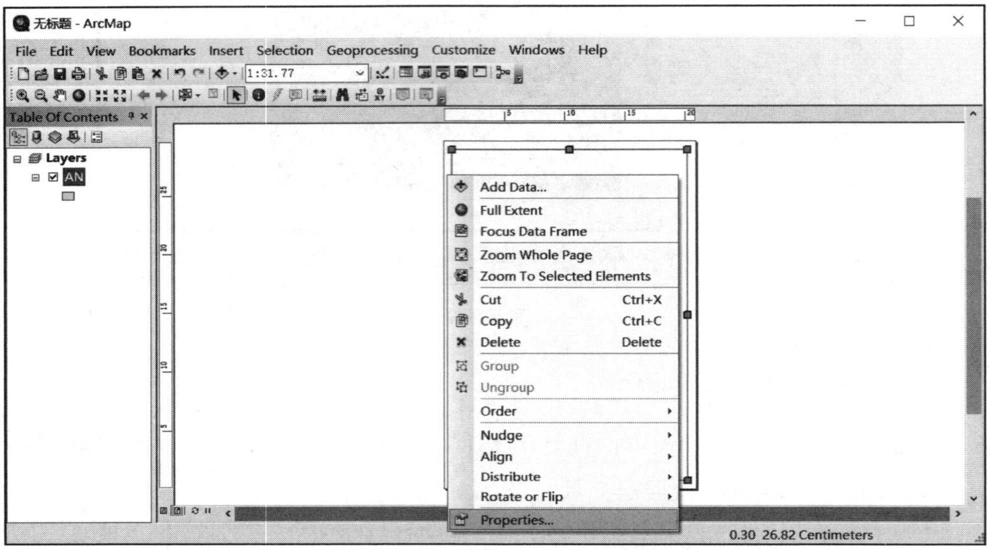

图7-52

②打开“Data Frame Properties”（数据框属性）窗口，如图7-53所示，在上方单击选择“Grids”（格网）。

③点击“New Grid”（新建格网）按钮，打开新窗口。如图7-54所示，在上方勾选“Graticule：divides map by meridians and parallels”（经纬网：用经线和纬线分割地图）；在下方“Grid name”（格网名称）中设置经纬网的名字。完成设置后点击“下一步”。

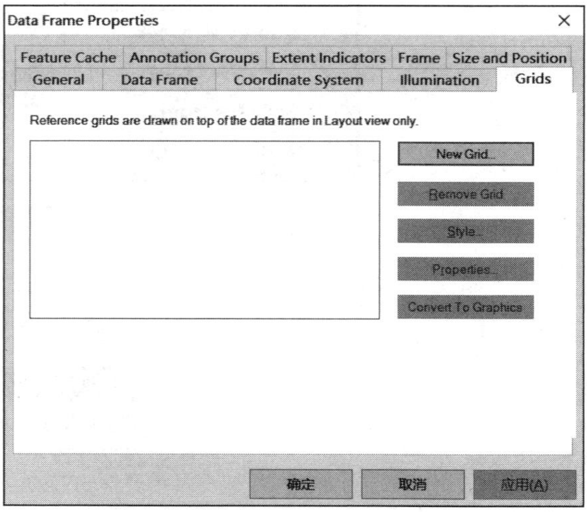

图7-53

④如图7-55所示，在“Appearance”（外观）中勾选“Graticule and labels”（经纬网和标注），将在布局视图中同时显示经纬网和标注，此外，还可以勾选“Labels only”（仅标注），即在布局视图中只显示标注，不在内部显示网格线，勾选“Tick marks and labels”(刻度和标注)即不显示经纬网本身,只显示在经纬网相交处的刻度线和标注;单击“Style”(样式)下方的按钮,即可设置经纬网格线的样式;在“Intervals”(间隔)中可以设置经纬网显示的间隔,默认值通常不够精细,可以根据需要对其进行设置。设置完成后点击“Next”(下一步),如图7-55所示。

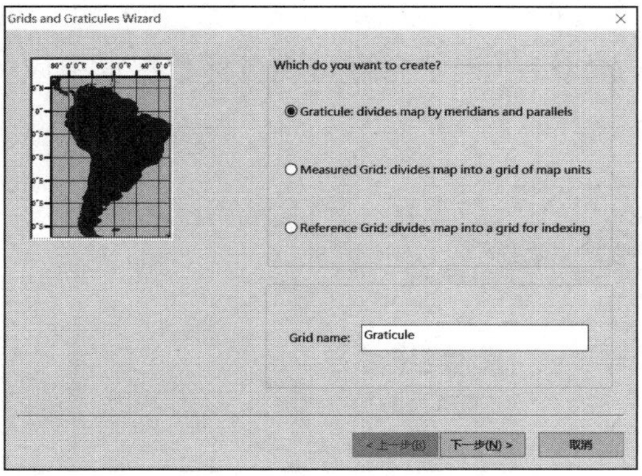

图7-54

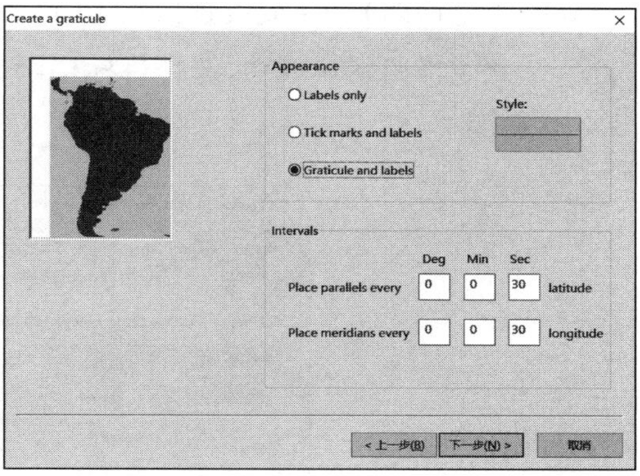

图7-55

⑤如图7-56所示,在“Axes”(轴)选项栏中设置是否启用“Major division ticks”(长轴主刻度)和“Minor division ticks”(短轴主刻度),点击后方的“Line style”(线样式)按钮可以对长短轴标注线的样式进行设置,在“Number of ticks per major”(每个长轴主刻度的刻度数)中输入数字,可以对主要格网线中每个间隔的主要刻度线数进行设置;在“Labeling”(标注)中点击“Text style”(文本样式)后方的按钮即可设置标注字体的属性。完成设置后点击“Next”(下一步)。

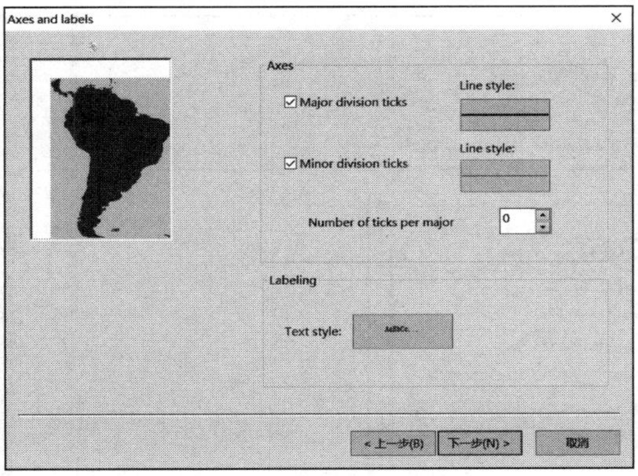

图7-56

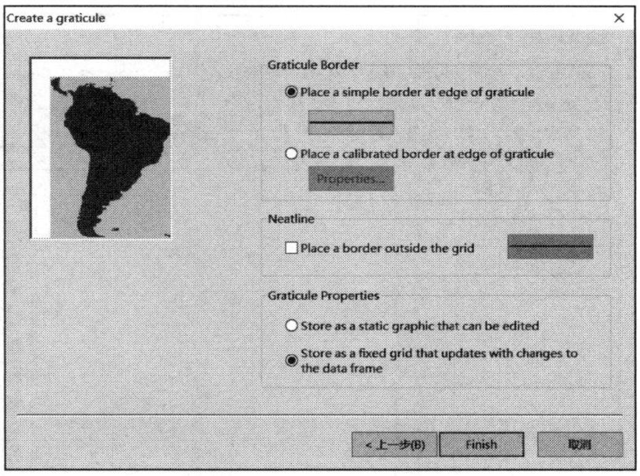

图7-57

⑥如图7-57所示,在“Graticule Border”(经纬网边框)中可以设置“Place a simple border at edge of graticule”(在经纬网边缘放置简单边框)或者“Place a calibrated border at edge of graticule”(在经纬网边缘放置整饰边框),点击两个选项下方的按钮都可以对边框的样式进行设置和调整;在“Neatline”(内图廓线)中可以通过勾选“Place aborder outside the grid”(在格网外部放置边框)确定是否在布局视图中放置内图廓线,单击后面的线条按钮可以对内图廓线进行样式设置和调整;在“Graticule Properties”(经纬网属性)中设置经纬网的储存属性,“Store as a static graphic that can be edited”(储存为可编辑的静态图形)或“Store as a fixed grid that updates with changes to the data frame”(储存为随数据框变化而更新的固定格网)。完成设置后点击“Finish”(完成)。

⑦此时格网新建成功,选择目标格网,点击“OK”(确定),即可在目标数据框中应用格网,如图7-58所示。

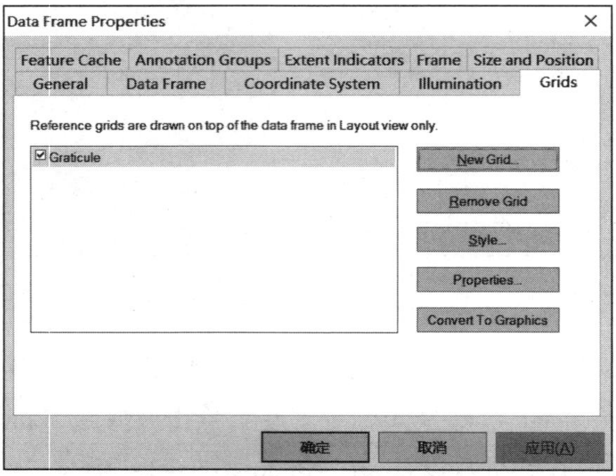

图7-58

2)地图方里格网

①在目标数据框上单击鼠标右键并选择“Properties”(属性),如图7-59所示。

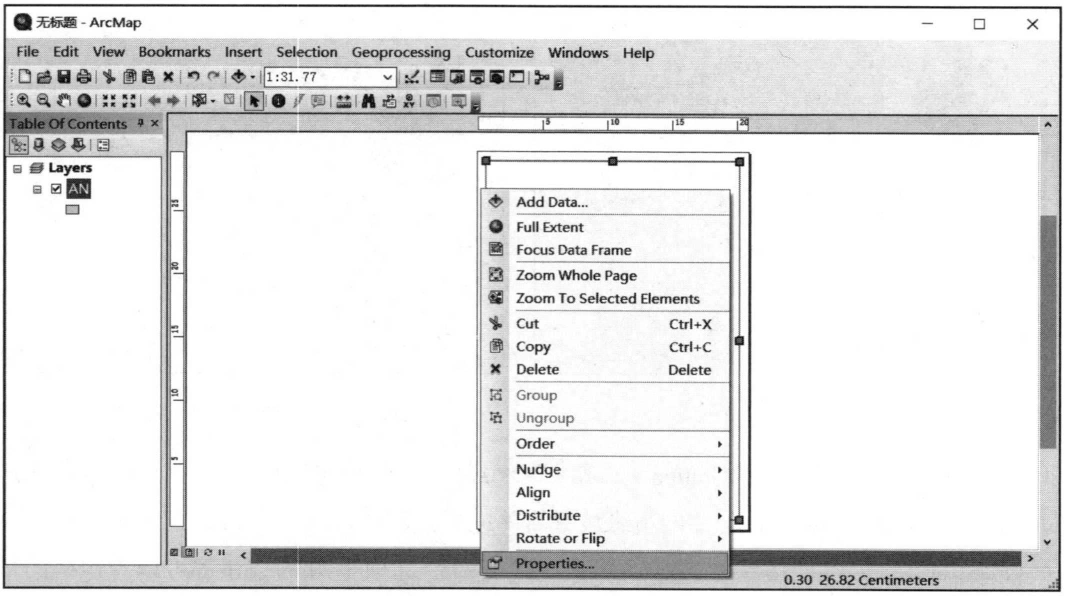

图7-59

②打开“Data Frame Properties”(数据框属性)窗口。在上方单击选择“Grids”(格网),如图7-60所示。

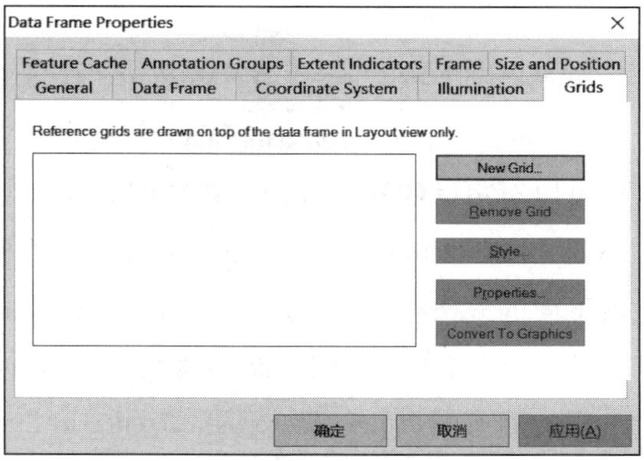

图7-60

③如图7-61所示,点击“New Grid”(新建格网)按钮,打开新窗口。在上方勾选“Measured Grid:divides map into a grid of map units”(方里格网:将地图分割为一个地图单位格网);在下方“Grid name”(格网名称)中设置方里格网的名称。完成设置后点击“Next”(下一步)。

④如图7-62所示,在“Appearance”(外观)中勾选“Grid and labels”(格网和标注),即在数据框中生成的方里格网将既有格网又有标注,如果勾选“Labels only”(仅标注)则只会在数据框外部进行标注,不会绘制方里格网,如果勾选“Tick marks and labels”(刻度和标注)则只会在方里格网线交叉处绘制十字及标注;在“Coordinate System”(坐标系)中设置方里格网需要参考的坐标系,通常为默认,即“Same as data frame”(与数据框相同),如果有特殊需要,可以点击后方的“Properties”(属性)按钮,对坐标系进行进一步设置;在“Intervals”(间隔)中输入X、Y的值可以设置方里格网水平和垂直线网间隔,默认值通常不够精细,可以根据需要对其进行设置。设置完成后点击“Next”(下一步)。

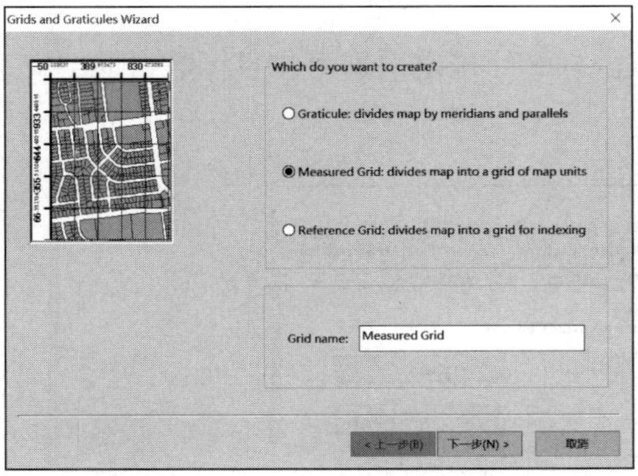

图7-61

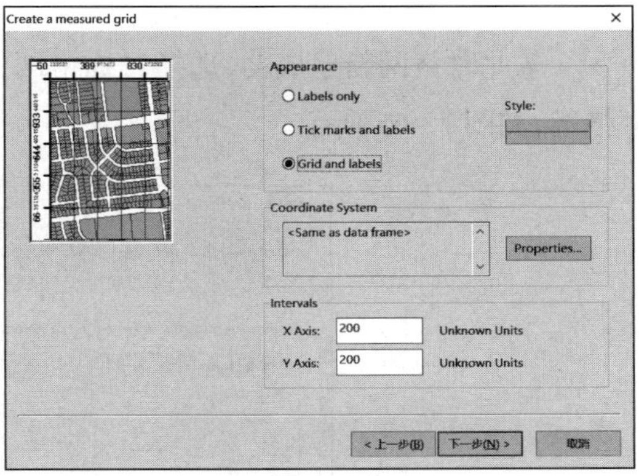

图7-62

⑤如图7-63所示,在“Axes”(轴)选项栏中设置是否启用“Major division ticks”(长轴主刻度)和“Minor division ticks”(短轴主刻度),点击后方的“Line style”(线样式)按钮可以对长短轴标注线的样式进行设置,在“Number of ticks per major”(每个长轴主刻度的刻度数)中输入数字,可以对主要格网线中每个间隔的主要刻度线数进行设置;在“Labeling”(标注)中点击“Text style”(文本样式)后方的按钮即可设置标注字体的属性。完成

设置后点击“Next”(下一步)。

⑥如图 7-64 所示,在“Measured Grid Border”(方里格网边框)中可以勾选“Place a border between grid and axis labels”(在格网和轴标注之间放置边框),点击选项下方的按钮可以对边框的样式进行设置和调整;在“Neatline”(内图廓线)中可以通过勾选“Place a border outside the grid”(在格网外部放置边框)确定是否在布局视图中放置内图廓线,单击下面的线条按钮可以对内图廓线进行样式设置和调整;在“Graticule Properties”(格网属性)中设置方里格网的储存属性,“Store as a static graphic that can be edited”(储存为可编辑的静态图形)或“Store as a fixed grid that updates with changes to the data frame”(储存为随数据变化而更新的固定格网)。完成设置后点击“Finish”(完成)。

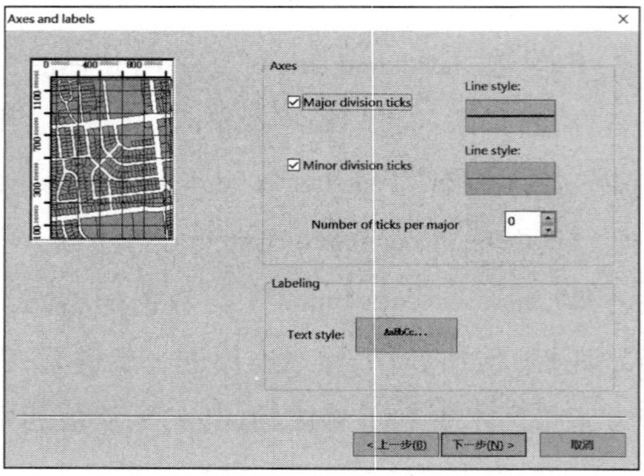

图 7-63

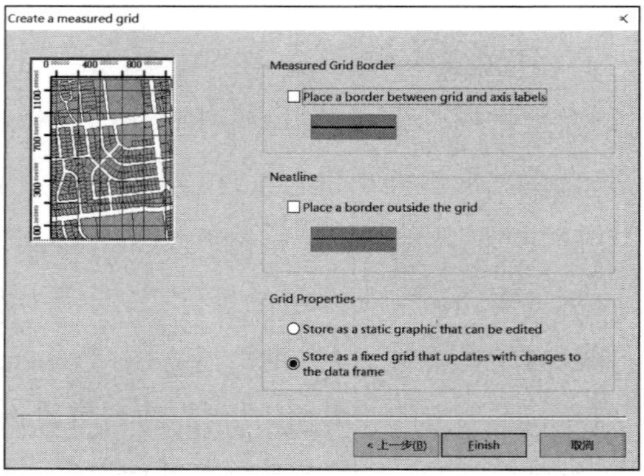

图 7-64

⑦此时格网新建成功,选择目标格网,点击“OK”(确定),即可在目标数据框中应用格网,如图 7-65 所示。

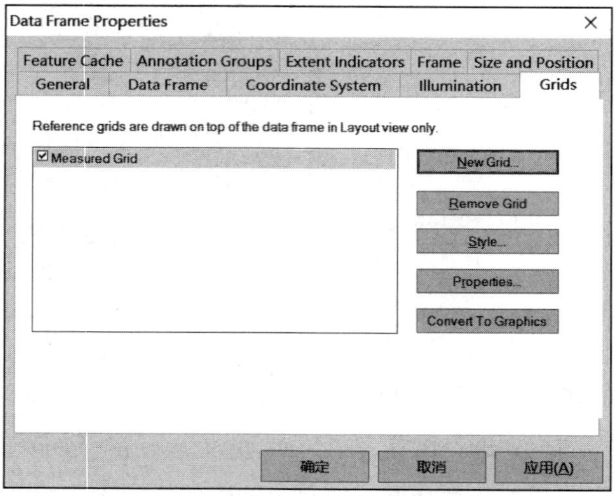

图 7-65

3）索引参考格网

①在目标数据框上单击鼠标右键并选择“Properties”（属性），如图 7－66 所示。

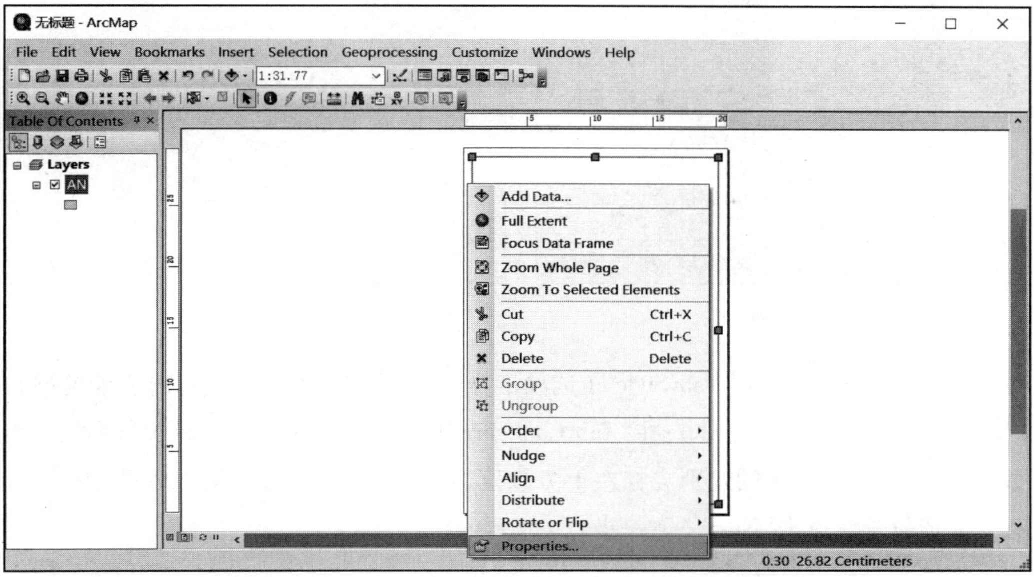

图 7－66

②打开“Data Frame Properties”（数据框属性）窗口，在上方单击选择“Grids”（格网），如图 7－67 所示。

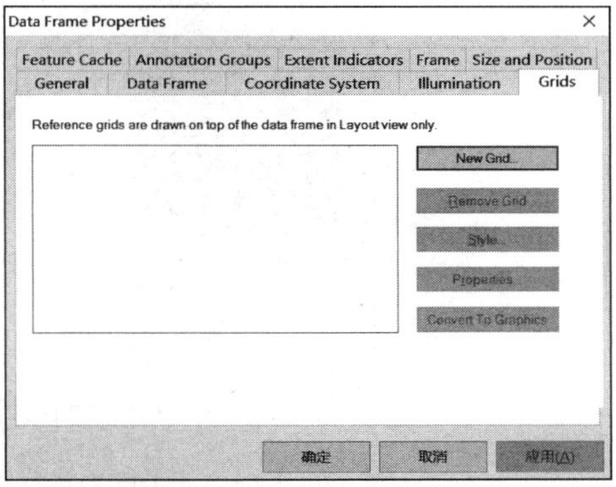

图 7－67

③如图 7－68 所示，点击“New Grid”（新建格网）按钮，打开新窗口。在上方勾选“Reference Grid：divides map into a grid for indexing”（参考格网：将地图分割为一个用于索引的格网）；在下方“Grid name”（格网名称）中设置参考格网的名称。完成设置后点击“Next”（下一步）。

④如图 7－69 所示，在“Appearance”（外观）中勾选“Grid and index tabs”（格网和索引选项卡），将在布局视图中同时显示格网和索引选项卡，此外，还可以勾选“Index tabs only”（仅索引选项卡）即在布局视图中只显示索引选项卡，不在内部显示网格线；单击“Line Style”（线样式）按钮，即可设置参考格网线的样式；在“Intervals”（间隔）中可以设置参考格网线分割的“rows”（行）与“columns”（列），可以根据需要对其进行设置。设置完成后点击“Next”（下一步）。

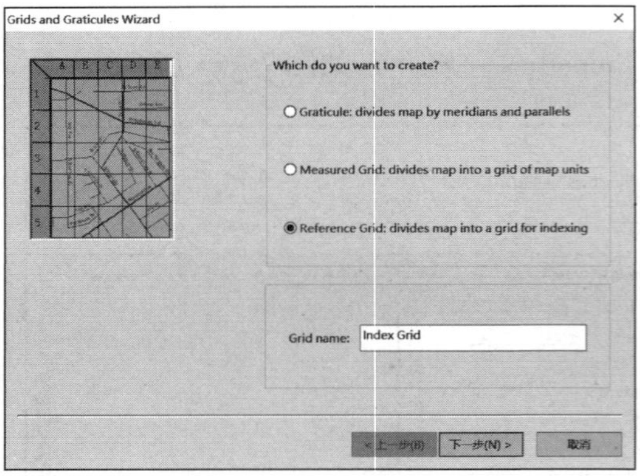

图 7－68

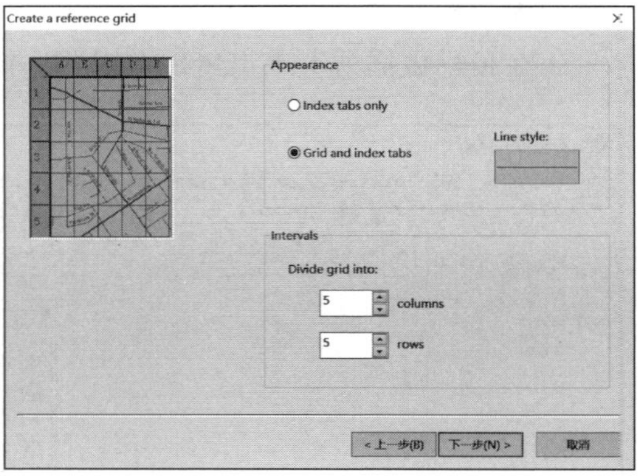

图 7－69

⑤如图 7－70 所示，在“Tab Style”（选项卡样式）中设置“Tab type”（选项卡类型）、“Color”（颜色）及“Font”（字体）；在“Tab Configuration”（选项卡配置）中设置行列的字母和数字的配置，两个选项的差别会在左上方预览窗口中进行提示，根据需要进行设置和选择。完成设置后点击“Next”（下一步）。

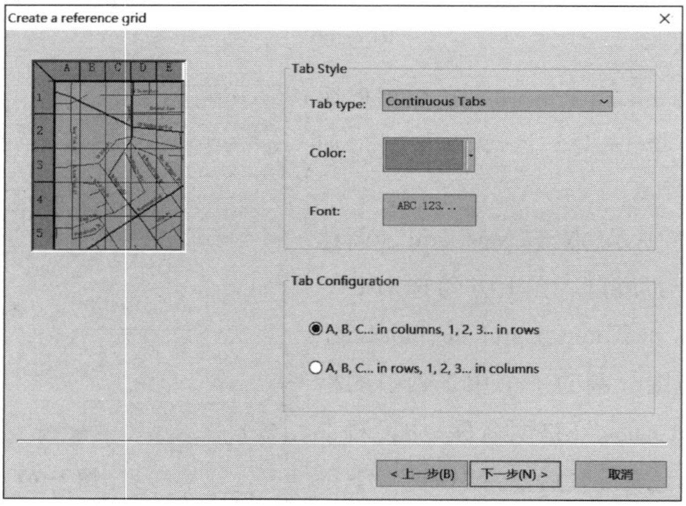

图 7－70

⑥如图 7－71 所示，在“Reference Grid Border”（参考格网边框）中勾选“Place a border between grid and axis labels”（在格网和轴标注之间放置边框），点击下方的按钮可以设置边框样式；在“Neatline”（内图廓线）中勾选“Place a border outside the grid”（在格网外部放置边框），点击下方的按钮可以设置边框样式；在“Grid Properties”（格网属性）中设置参考格网的储存属性，“Store as a static graphic that can be edited”（储存为可编辑的静态图形）或“Store as a fixed grid that updates with changes to the data frame”（储存为随数据变化而更新的固定格网）。完成设置后点击“Finish”（完成）。

⑦此时格网新建成功，选择目标格网，点击“OK”（确定），即可在目标数据框中应用格网，如图 7－72 所示。

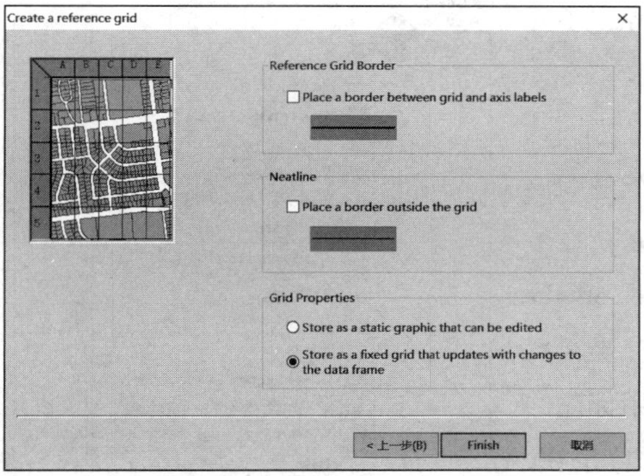

图 7－71

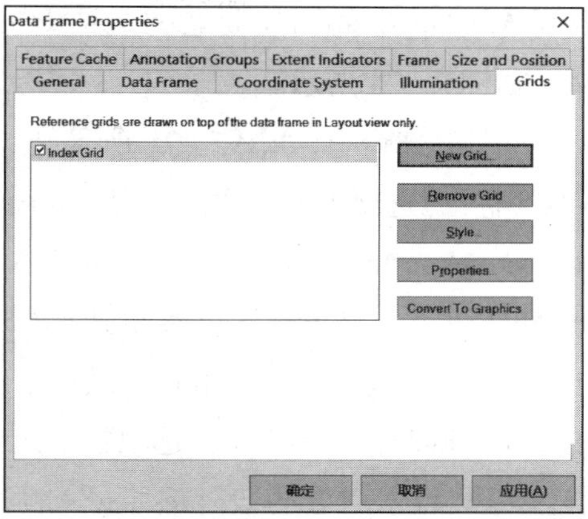

图 7－72

7.3.3　地图标注

地图标注是指在地图图斑上通过一些文字或数字说明来表达图斑的某些具体属性。

（1）调用标注

在 ArcMap 中加载要素图层，在内容列表中选中目标单击右键，选择“Label Features”（标注要素），即可在数据层上显示注记，如图 7－73 所示。

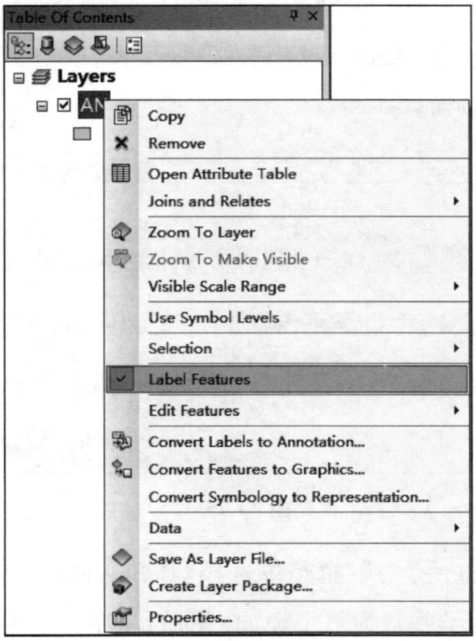

图 7－73

(2)标注创建

①在 ArcMap 左侧内容列表中右键单击已经加载到 ArcMap 中的图层要素,选择"Properties"(属性),如图 7-74 所示。

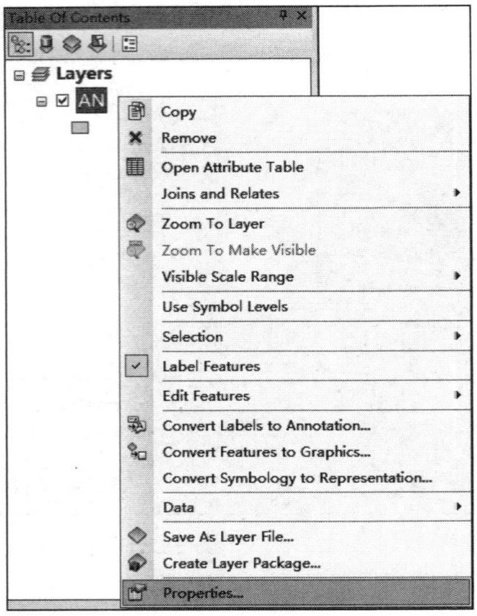

图 7-74

②打开新窗口,如图 7-75 所示,点击上方"Labels"(标注)选项进入地图标注设置界面。勾选"Label features in this layer"(标注此图层的要素);在下方"Method"(方法)中下拉菜单选择"Label all the features the same way"(以相同方式标注所有要素);在"Label Field"(标注字段)选项栏中设置用标注的信息字段,点击后方的"Expression"(表达式)按钮,可以通过设置一定的表达式来增加标注字段的表达内容;在"Text Symbol"(文本符号)选项栏中可以对标注字体进行字体类型、字体大小、颜色以及加粗等设置,点击后方的"Symbol"(符号)可以对标注字体进行进一步的设置;在"Pre-defined Label Style"(预定义的标注样式)中点击下方的"Label Styles"(标注样式)按钮即可调用 ESRI 提前设置好的标注样式。

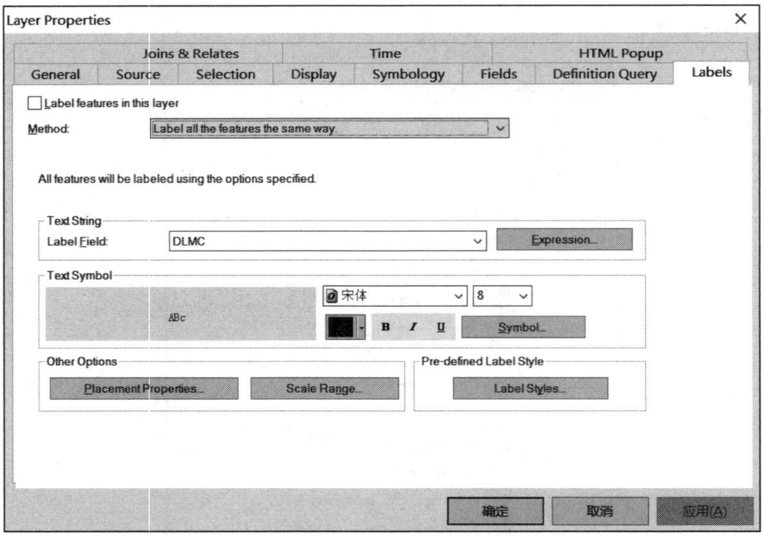

图 7-75

③或者在"Method"(方法)中下拉菜单选择"Define classes of features and label each class differently"(定义要素类并且为每个类加不同的标注),将会对要素的不同类别进行标注;点击"Add"(添加)并设置完毕要素类别名称后,即可添加要素标注类别,添加的类

别多少直接影响要素标注信息量；点击“Class”（类）后方下拉菜单可以选择已经添加完毕的要素标注类别；点击“Delete”（删除）按钮即可删除已有的要素标记类别；点击“Rename”（重命名）即可对已经设置好名称的要素标记类进行重命名；在“Label Field”（标注字段）选项栏中设置用标注的信息字段，点击后方的“Expression”（表达式）按钮，可以通过设置一定的表达式来增加标注字段的表达内容；在“Text Symbol”（文本符号）选项栏中可以对标注字体进行字体类型、字体大小、颜色以及加粗等设置，点击后方的“Symbol”（符号）可以对标注字体进行进一步的设置；在“Pre－defined Label Style”（预定义的标注样式）中点击下方的“Label Styles”（标注样式）按钮即可调用ESRI提前设置好的标注样式，如图7－76所示。

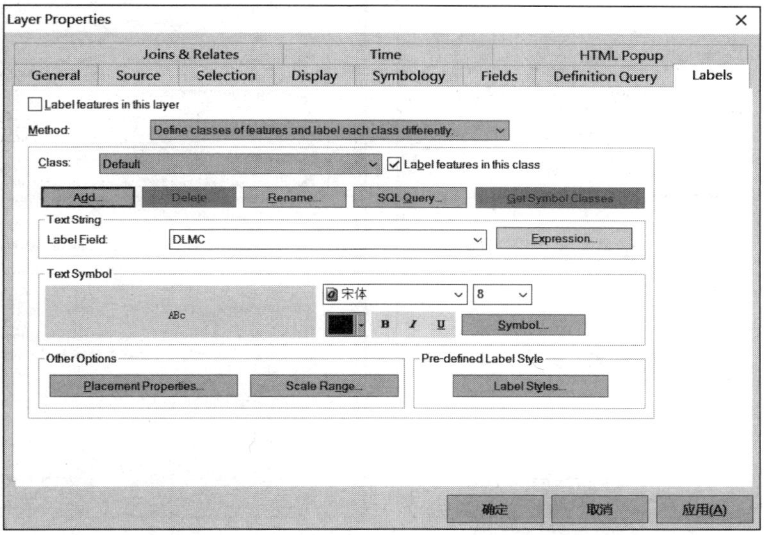

图7－76

④在完成第2步或者第3步的标注设置后，点击“确定”，即可在目标要素图层中对目标地类要素属性进行标注。

（3）标注属性设置

在图层属性的标注选项卡中点击“Placement Properties”（放置属性）按钮，打开图7－77所示窗口。在“Polygon Settings”（面设置）中设置标注放置的位置，“Always horizontal”（始终水平）即标注永远在地图中水平显示，“Always straight”（始终平直）即标注与面要素的边界平行，“Try horizontal first，then straight”（先水平，如不合适则平直）即标注优先设置为水平显示，如果与面要素显示不适合，则会与面要素的边界平行；勾选“Only place label inside polygon”（仅在面内部放置标注）选项，则标注只会在面要素内部显示；在“Duplicate Labels”（同名标注）中设置同名标注的显示情况，“Remove duplicate labels”（移除同名标注）将在地图中删除所有的同名的标注，“Place one label per feature”（每个要素放置一个标注）即在每个图形要素内部只放置一个标注，“Place one label per feature part”（每个要素部分放置一个标注）即在每个图形内部的每个部分都放置一个标注。根据需要设置完成后，点击“确定”，即可应用设置。

如图 7－78 所示，点击“Conflict Detection”（冲突检测），在该界面设置“Label Weight”（标注权重）和“Feature Weight”（要素权重），权重越高，则越不会被其他要素压盖；在“Buffer”（缓冲区）下方的文本框中设置数字，在标注要素的数字距离内将不会出现其他标注。

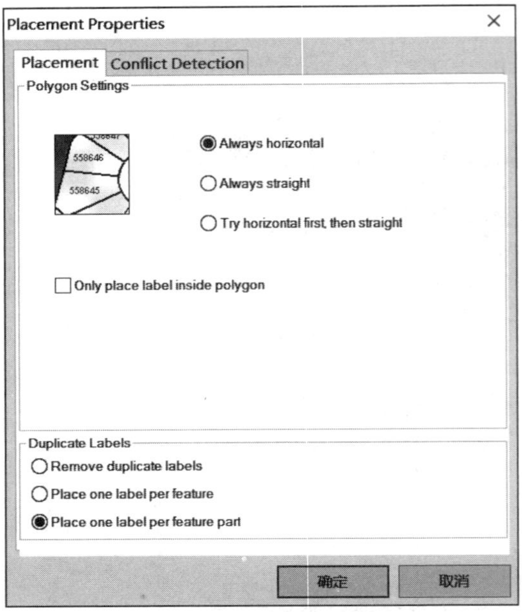

图 7－77

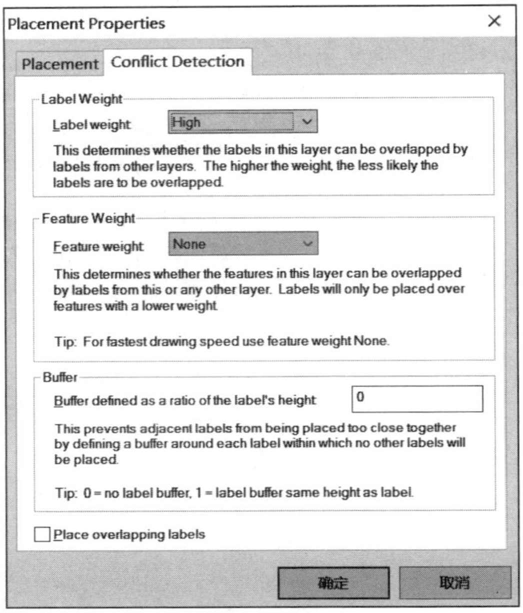

图 7－78

在图层属性的标注选项卡中点击“Scale Range”（比例范围）按钮，可以设置标注显示的比例范围，如图 7－79 所示。“Use the same scale range as the feature layer”（使用与要素图层相同的比例范围）即注记的比例范围将与要素图层一致，“Don't show labels when zoomed”（缩放超过下列限制时不显示标注）即在下方的选项中通过输入一定的数值对注记显示进行缩放大小的限制。

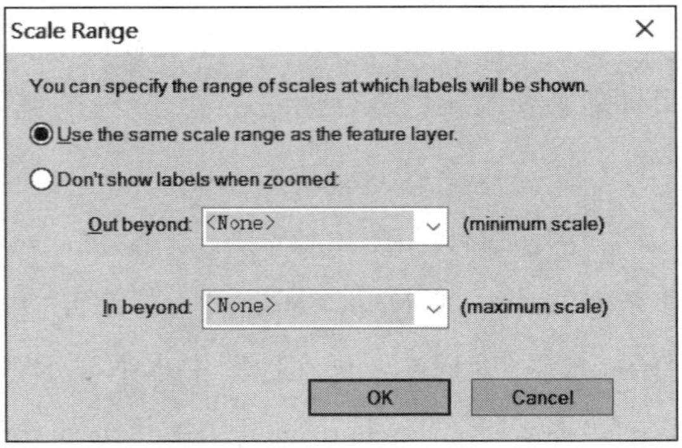

图 7－79

7.3.4 地图整饰

(1)图名设置

①打开 ArcMap 加载数据,在将地图数据设置完毕后,进入布局视图。

②在 ArcMap 上方菜单栏中点击"Insert"(插入)→"Title"(标题),如图 7-80 所示。

③打开新窗口,在图 7-81 所示窗口的文本框中输入图名。点击"OK"(确定),完成添加。

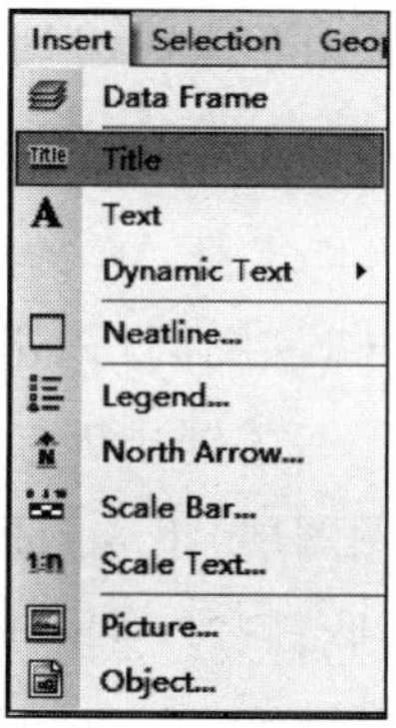

图 7-80

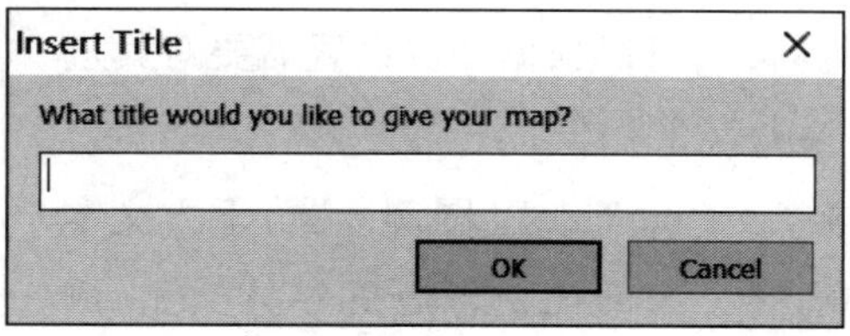

图 7-81

④添加完成后,选中地图标题框,右键单击选择"Properties"(属性),打开图 7-82 所示窗口。在"Text"(文本)下方窗口中可以修改地图标题内容;点击"Change Symbol"(更改符号)按钮,可以对字体的颜色、类型及大小等属性进行高级设置和修改。设置完成后,点击"OK"(确定)即可应用设置。

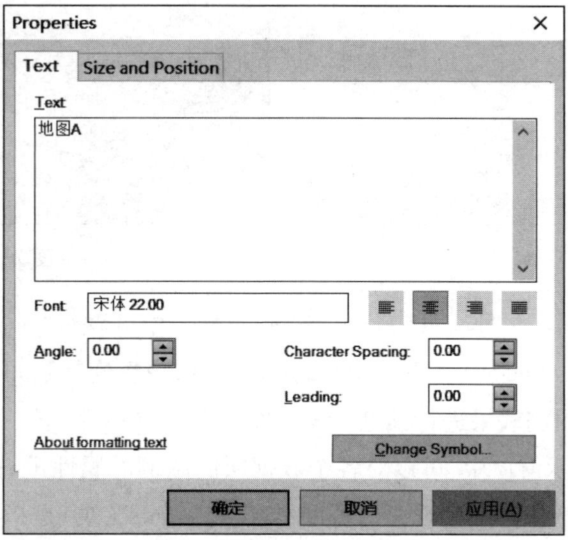

图 7-82

(2)图例设置

①打开 ArcMap 加载数据,在将地图数据设置完毕后,进入布局视图。

②在 ArcMap 上方菜单栏中点击“Insert”(插入)→“Legend”(图例),如图 7-83 所示。

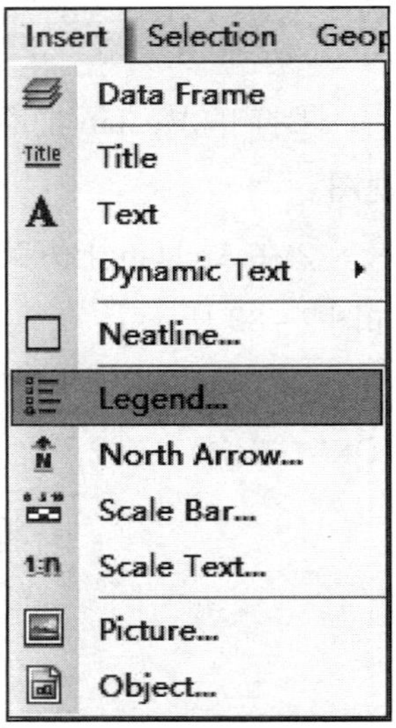

图 7-83

③打开新窗口,如图 7-84 所示,在左侧“Map Layers”(地图图层)下方的列表双击需要进行显示图例的图层,将其加载到右侧“Legend Items”(图例项)列表;点击两个选项栏中间的左右箭头按钮可以对左右两边选项栏要素进行调整;点击右侧的上下箭头可以对图例项列表中的数据层进行顺序调整;在“Set the number of columns in your legend”(设置图例中的列数)中输入 1,则图例会按一行排列,可以根据图例设置需要对其进行修改。设置完毕点击“Next”(下一步)。

④如图 7-85 所示,在“Legend Title”(图例标题)下方文本框中输入想要的图例标题;在下方对图例标题的字体类型、颜色、字体大小及对齐方式进行调整和设置。设置完毕点击“Next”(下一步)。

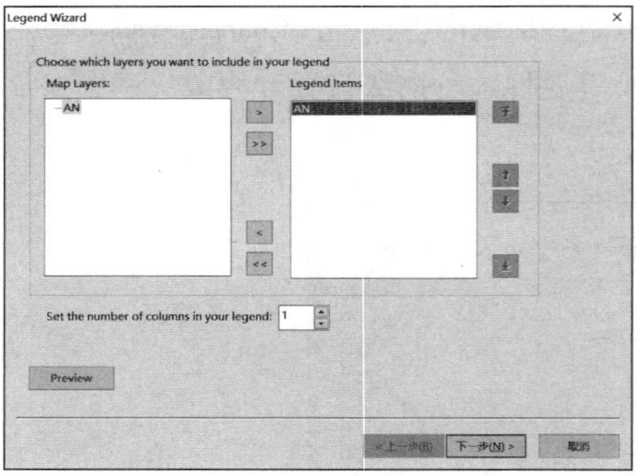

图 7-84

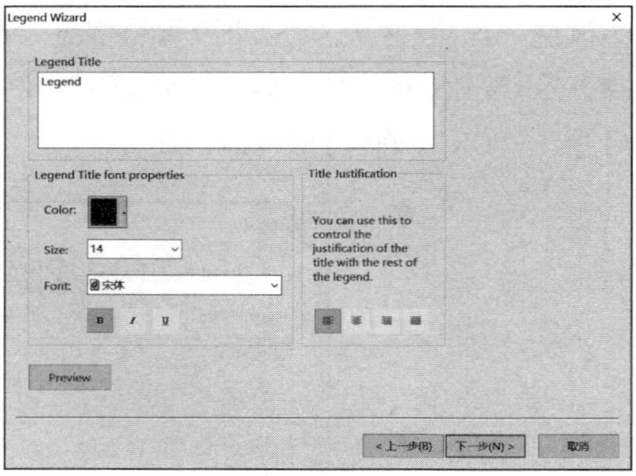

图 7-85

⑤如图 7-86 所示,在“Legend Frame”(图例框架)中可以对“Border”(边框)、“Background”(背景)、“Drop Shadow”(下拉阴影)进行设置,设置完毕后可以点击下方的“Preview”(预览)按钮对图例效果进行预览。设置完毕点击“Next”(下一步)。

⑥在图 7-87 所示窗口中,可以对各个数据层的图例的属性进行设置。“Width”(宽度)和“Height”(高度)是指图例方框的宽度和高度;“Line”(线)是指图例方框的轮廓线;“Area”(面)是指图例方框的形状属性。设置完成后点击下方的“Preview”(预览)按钮对图例符号显示效果进行预览。设置完毕点击“Next”(下一步)。

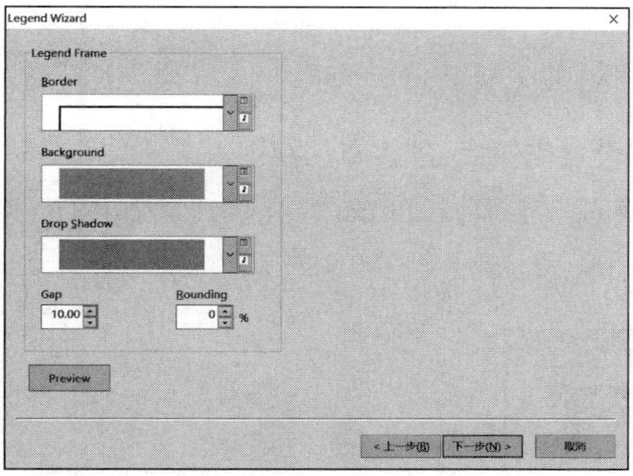

图 7-86

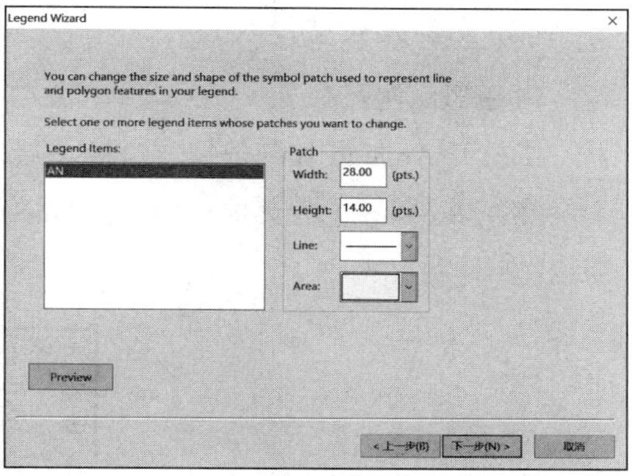

图 7-87

⑦如图 7-88 所示，在“Spacing between”（以下内容之间的间距）中设置图例中各要素之间的间距。“Title and Legend Items”（标题和图例项）是指图例标题和图例符号之间的距离；“Legend Items”（图例项）是指图例项之间的距离；“Columns”（列）是指图例中各列图例符号之间的距离；“Headings and Classes”（标题和类）是指分组图例标题和分级符号之间的距离；“Labels and Descriptions”（标注和描述）是指图例标注与说明之间的距离；“Patches（vertically）”（图面（垂直））是指图例符号之间的距离；“Patches and Labels”（图面和标注）是指图例符号与标注之间的距离。每次单击各个文本框时，在右侧都会有图形提示。设置完成后点击下方的“Preview”（预览）按钮对图例进行预览。设置完毕点击“Finish”（完成）即可在布局视图中生成图例。

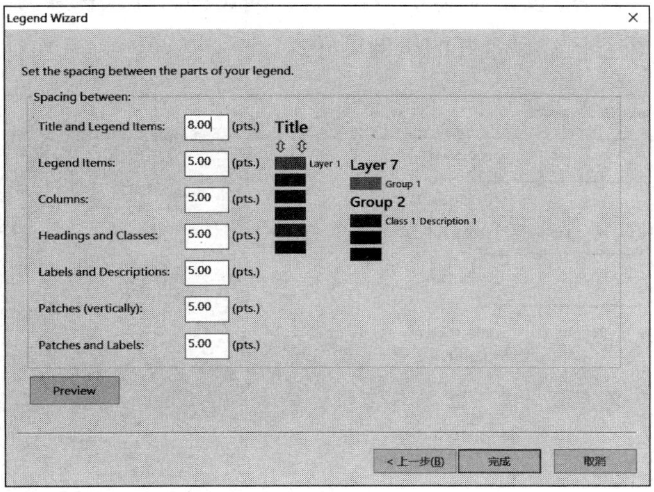

图 7-88

⑧对已经生成的图例效果不满意时，可以双击生成的图例，打开图例属性窗口，对图例进行进一步的调整和设置。具体设置内容与图例生成步骤中提到的内容大同小异，此处不再赘述。

(3)比例尺设置

1)图形比例尺

①打开 ArcMap 加载数据,在将地图数据设置完毕后,进入布局视图。

②在 ArcMap 上方菜单栏中点击“Insert”(插入)→“Scale Bar”(比例尺),如图 7-89 所示。

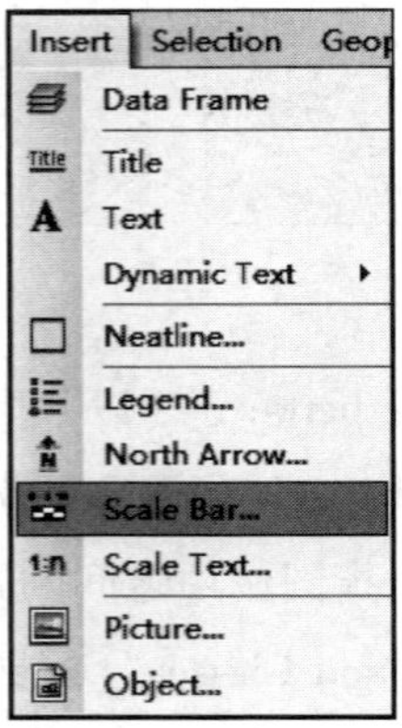

图 7-89

③打开新窗口,如图 7-90 所示,在左侧的窗口栏中可以直接双击已有的比例尺样式并且进行引用;勾选“Scale to fit page”(缩放以适合页面)选项,则生成的比例尺会自动缩放至符合地图页面大小;点击“More Styles”(更多样式)可以直接引用已有样式之外的比例尺;点击“Save”(保存)按钮可以将已经设置好的比例尺样式保存为模板;点击“Reset”(重置)按钮可以重置已经设置好的比例尺样式。

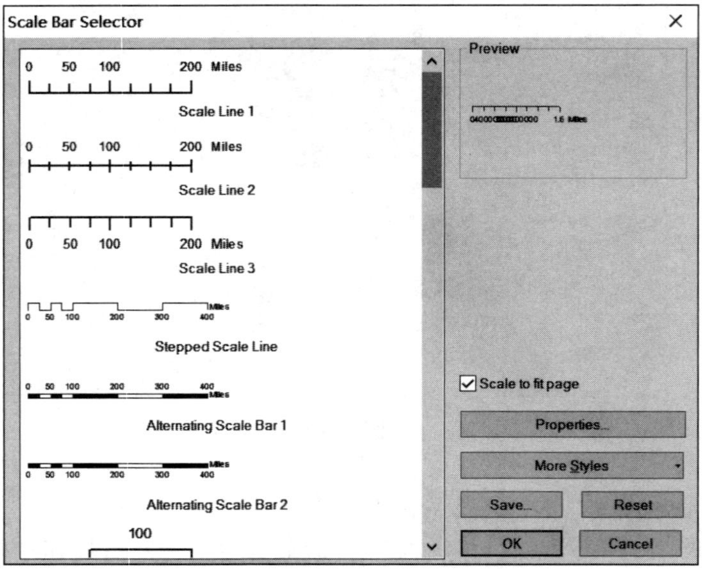

图 7-90

④如图 7－91 所示，点击“Properties”（属性）按钮，打开新窗口。在“Scale”（比例）中设置比例尺的间隔，“Number of divisions”（主刻度数）是指比例尺的主刻度数；“Number of subdivisions”（分刻度数）是指比例尺中每一个主刻度中包含的分刻度数量；勾选“Show one division before zero”（在零之前显示一个主刻度）将会在比例尺的 0 值前放置一个主刻度；在“When resizing”（调整大小时）下拉选项菜单有四个选项：“Adjust division value”（调整分割值）即调整比例尺大小的同时调整主刻度、分刻度的数量；“Adjust width”（调整宽度）即调整比例尺比例大小的同时调整比例尺每一段的长度；“Adjust number of divisions”（调整分割数）即调整比例尺大小的同时调整主刻度长度和分刻度的数量，拉伸比例尺时，主刻度不变；“Adjust divisions and division values”（校正分割数和分割值）即调整比例尺大小的同时调整主刻度长度和分刻度数量。在“Units”（单位）中下拉菜单选择设置比例尺的“Division Units”（主刻度单位）以及在“Label Position”（标注位置）下拉菜单设置比例尺标注的位置；在“Label”（标注）后方文本框中设置标注的内容，点击后方的“Symbol”（符号）按钮，可以对标注的字体进行进一步的设置和调整。

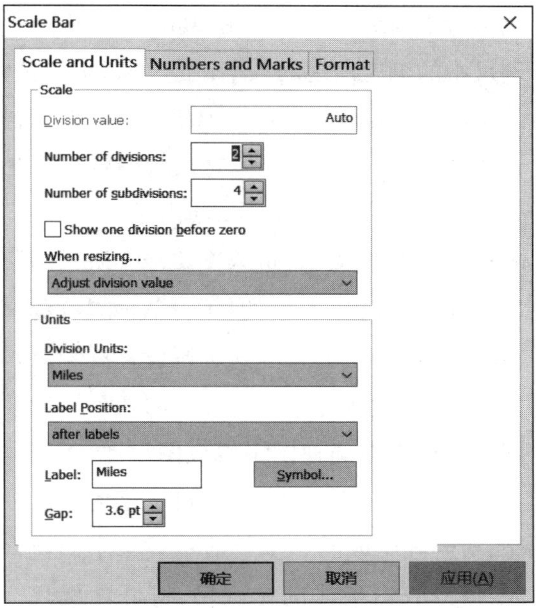

图 7－91

⑤点击上方“Numbers and Marks”（数字和刻度）选项卡，进入图 7－92 所示窗口。在“Numbers”（数字）下方设置栏中，在“Frequency”（频数）中设置比例尺中的标注数字出现的频率；在“Position”（位置）中设置比例尺中的标注数字的位置；在“Gap”（间距）中设置标注数字和比例尺符号之间的距离；点击下方的“Number Format”（数字格式）可以对标注数字的样

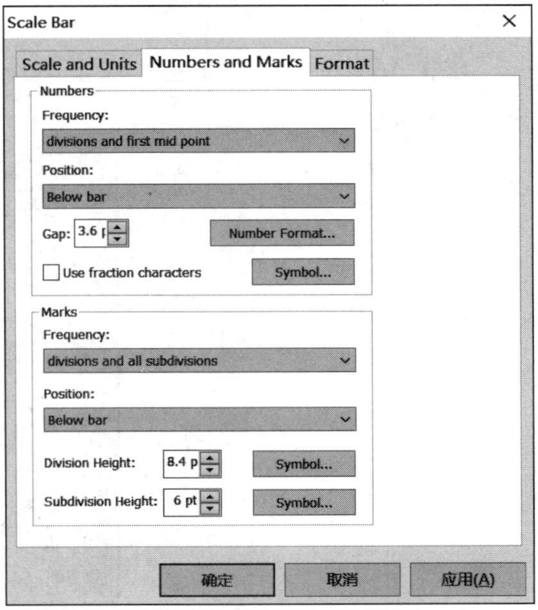

图 7－92

式进行更高级的设置。在“Marks”(刻度)下方设置栏中,在“Frequency”(频数)中设置比例尺中的刻度出现的频率;在“Position”(位置)中设置分隔符号出现的位置方向;在下方的文本框中设置“Division Height”(主刻度高度)和“Subdivision Height”(分刻度高度),点击后方的“Symbol”(符号)按钮,即可对刻度线进行进一步的高级设置和调整。

⑥如图 7-93 所示,点击上方“Format”(格式)选项卡,进入图 7-93 所示窗口。在其中对比例尺的“Text”(文本)和“Bar”(条块)的属性样式进行设置。

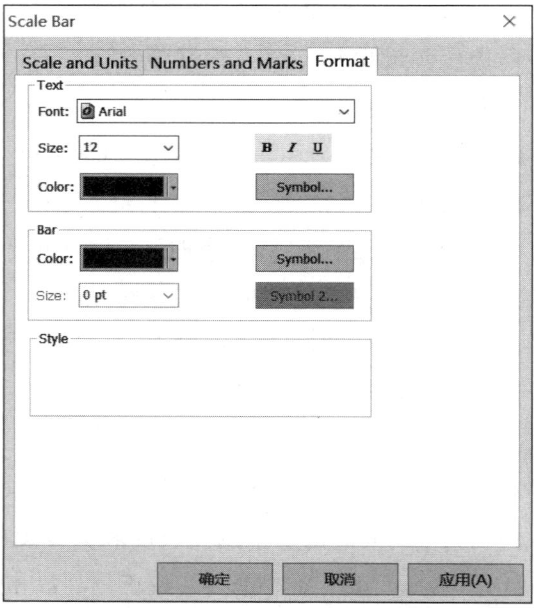

图 7-93

⑦在上述设置完成后,点击“OK”(确定),即可在布局视图中生成图形比例尺。通过拖拽比例尺边框即可调整比例尺大小,对已经生成的比例尺显示效果不满意时,可以双击生成的比例尺,打开比例尺属性窗口,对比例尺进行进一步的调整和设置。具体设置内容与比例尺生成步骤中提到的内容大同小异,此处不再赘述。

2)数字比例尺

①打开 ArcMap 加载数据,在将地图数据设置完毕后,进入布局视图。

②在 ArcMap 上方菜单栏中点击“Insert”(插入)→“Scale Text”(比例文本),如图 7-94 所示。

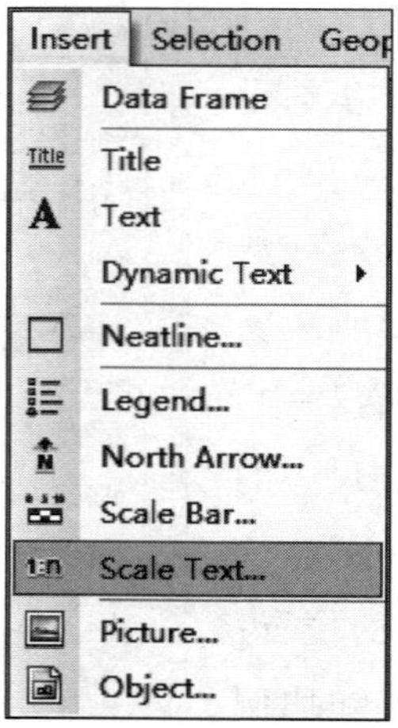

图 7-94

③打开新窗口,如图 7-95 所示,在左侧的窗口栏中可以直接双击已有的比例文本样

式并且进行引用；勾选“Scale to fit page”（缩放以合适页面）选项，则生成的比例文本会自动缩放至符合地图页面大小；点击“More Styles”（更多样式）可以直接引用已有样式之外的比例文本；点击“Save”（保存）按钮可以将已经设置好的比例文本样式保存为模板；点击“Reset”（重置）按钮可以重置已经设置好的比例文本样式。

④点击“Properties”（属性）按钮，打开新窗口。如图 7－96 所示，在“Style”（样式）中设置文本比例尺的类型，分为“Absolute”（绝对）和“Relative”（相对），点击不同的选项，可以在上方的“Preview”（预览）中观察文本比例尺的显示效果；如果勾选了“Relative”（相对）样式选项，则需要在“Format”（格式）中设置“Page Units”（页面单位）和“Map Units”（地图单位）；在下方的“Separator”（分隔符）中设置文本比例尺中间的符号，通常默认为“ = ”。

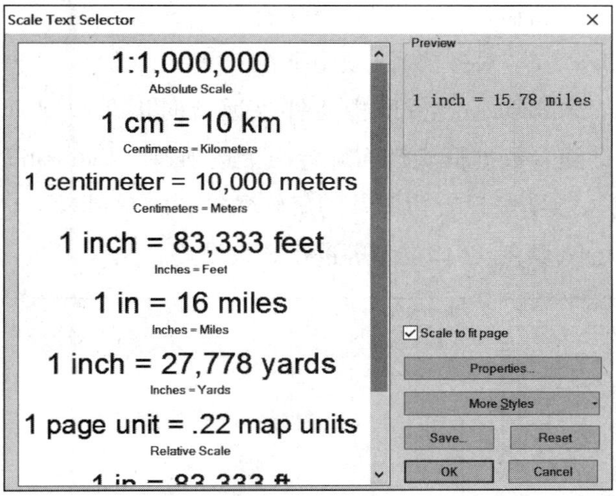

图 7－95

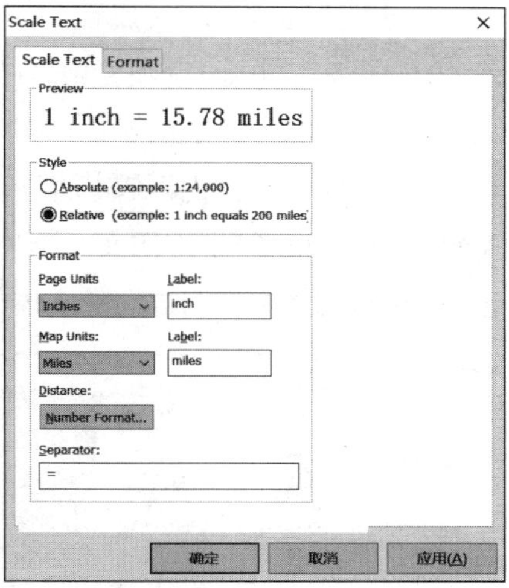

图 7－96

⑤点击上方“Format”（格式）选项卡，进入图 7－97 所示窗口。在其中对比例尺的“Font”（字体）的属性样式进行设置。

⑥在上述设置完成后，点击“OK”（确定），即可在布局视图中生成文本比例尺。通过拖拽比例尺边框即可调整比例尺大小，对已经生成的比例尺显示效果不满意时，可以双击生成的比例尺，打开比例尺属性窗口，对比例尺进行进一步的调整和设置。具体设置内容与比例尺生成步骤中提到的内容大同小异，此处不再赘述。

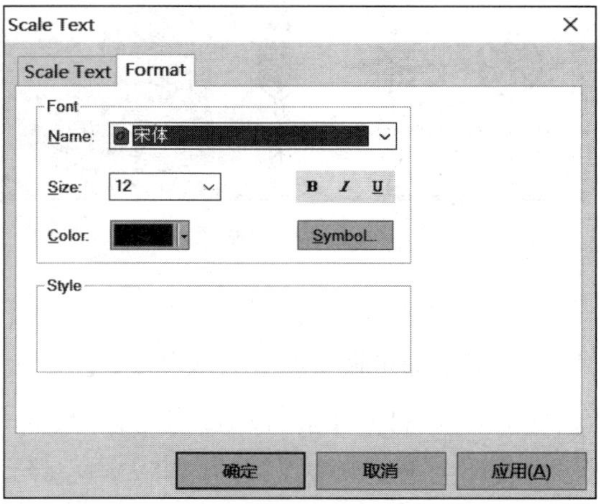

图 7－97

(4)指北针设置

①在 ArcMap 布局视图下,在上方菜单栏中点击"Insert"(插入)→"North Arrow"(指北针),如图 7-98 所示。

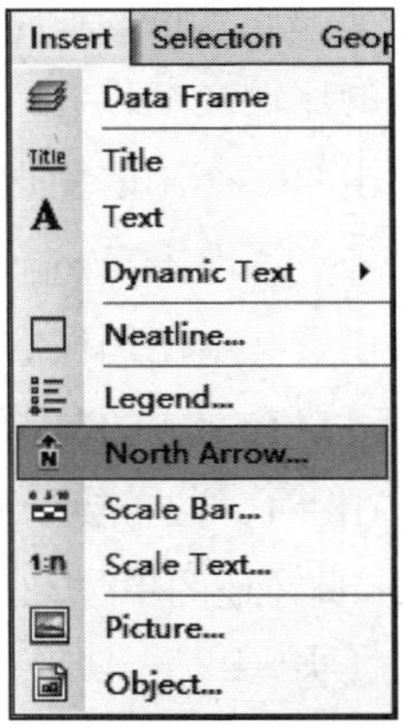

图 7-98

②打开新窗口,如图 7-99 所示,在左侧的窗口栏中可以直接双击已有的指北针样式并且进行引用;勾选"Scale to fit page"(缩放以适合页面)选项,则生成的指北针会自动缩放至符合地图页面大小;点击"More Styles"(更多样式)可以直接引用已有样式之外的指北针;点击"Save"(保存)按钮可以将已经设置好的指北针样式保存为模板;点击"Reset"(重置)按钮可以重置已经设置好的指北针样式。

③点击"Properties"(属性)按钮,打开新窗口。如图 7-100 所示,在"Angle"(角度)选项栏中,在"Align To"(对齐到)选项中下拉菜单选择指北针的对齐方式,有"True North"(正北)即指北针永远指向正北和"Data Frame Rotation"(数据框旋转)即指北针随着数据框旋转而旋转两个选项;在"Calibration Angle"(校准角度)下方的文本框中输入数字来设置指北针的旋转角度;在"Marker"(标记)中对指北针中标明方向的字体的大小、颜色、字体类型等进行高级设置。

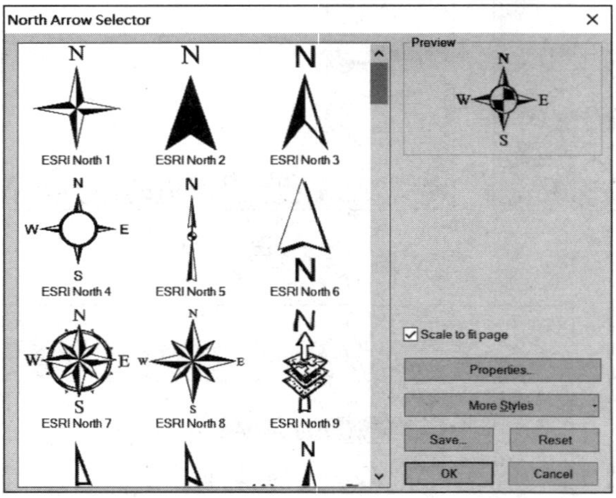

图 7-99

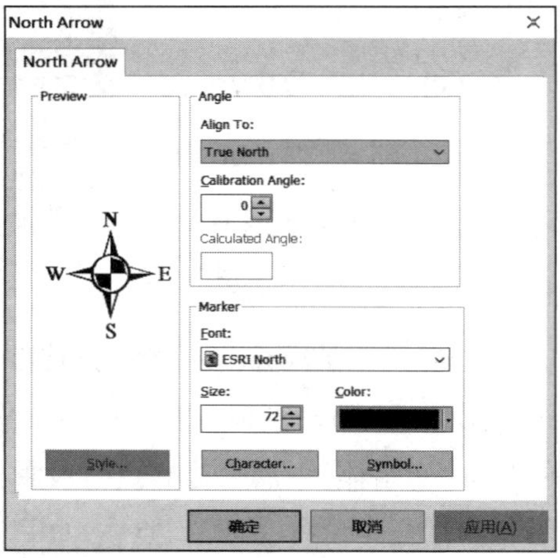

图 7-100

④在上述设置完成后,点击"OK"(确定),即可在布局视图中生成指北针。通过拖拽指北针边框即可调整指北针大小,对已经生成的指北针显示效果不满意时,可以双击生成的指北针,打开指北针属性窗口,对指北针进行进一步的调整和设置。具体设置内容与指北针生成步骤中提到的内容大同小异,此处不再赘述。

(5)图形要素的设置

①在 ArcMap 的上方选择“Customize”(自定义)→“Toolbars”(工具条)→“Draw”(绘图),打开绘图工具条,如图 7-101 所示。

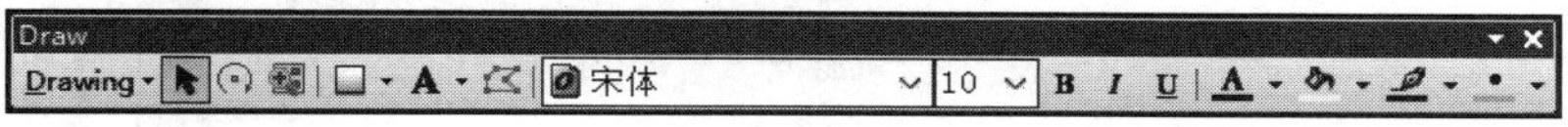

图 7-101

②借助该工具条可以在布局视图下对地图进行图形要素的增加、在目标区域输入文字等操作。点击按钮□·,即可在地图中点住左键拖拽构建矩形区域,点击旁边黑色倒三角可以下拉菜单选择更多图形;点击按钮A·,在地图中点击左键,即可创建文本信息,点击旁边黑色倒三角按钮可以下拉菜单选择更多文本排列格式。

(6)统计表的设置

①点击 ArcMap 上方主菜单栏中的“View”(视图)→“Reports”(报表)→“Create Report”(创建报表),如图 7-102 所示。

②如图 7-103 所示,在“Layer/Table”(图层/表)中设置制作报表的参照图层,在下方的左侧列表中选择需要添加到报表中的字段,双击后将其添加到右侧列表。设置完成后,点击“Next”(下一步)。

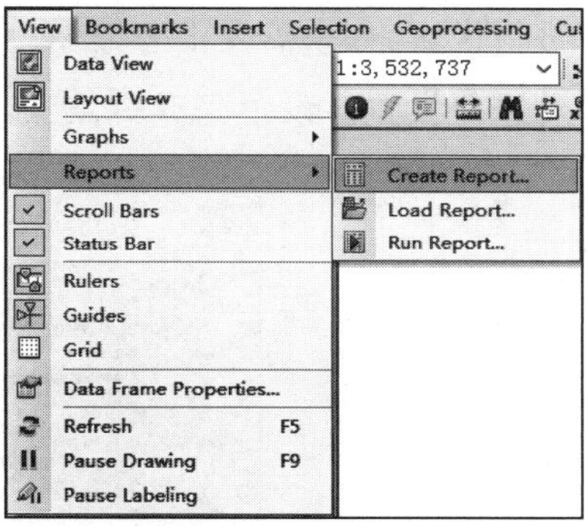

图 7-102

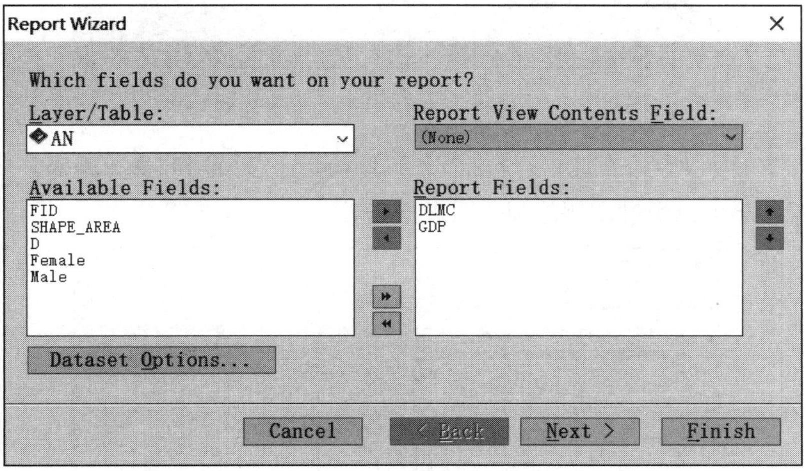

图 7-103

③如图 7-104 所示,在左侧列表中通过双击目标字段,对报表数据进行分组。设置完成后,点击“Next”(下一步)。

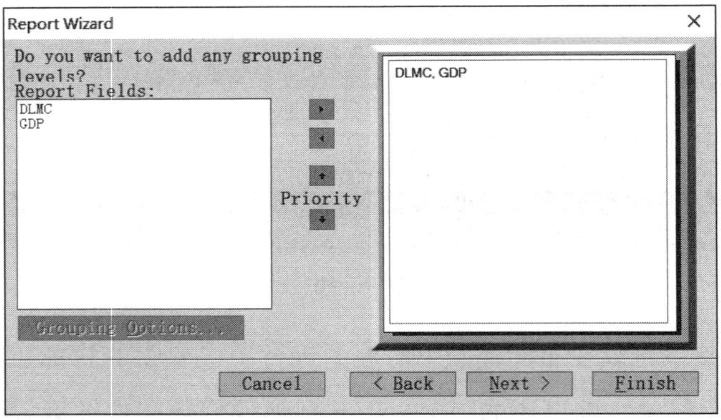

图 7－104

④在图 7－105 界面中对报表的“Fields”(字段)以及字段数据内容的“Sort”(排序)进行设置,如果需要汇总数据,点击下方的“Summary Options”(汇总选项)按钮对数据汇总进行设置。设置完成后,点击“Next”(下一步)。

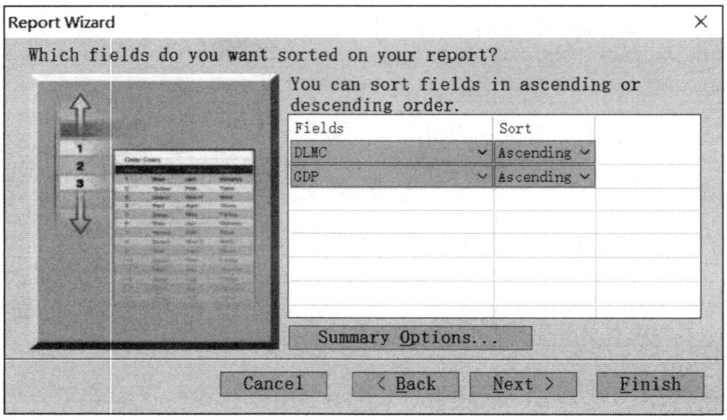

图 7－105

⑤如图 7－106 所示,在此窗口对报表的“Layout”(布局)和“Orientation”(方向)进行设置。设置效果可以通过左侧的预览图进行查看。

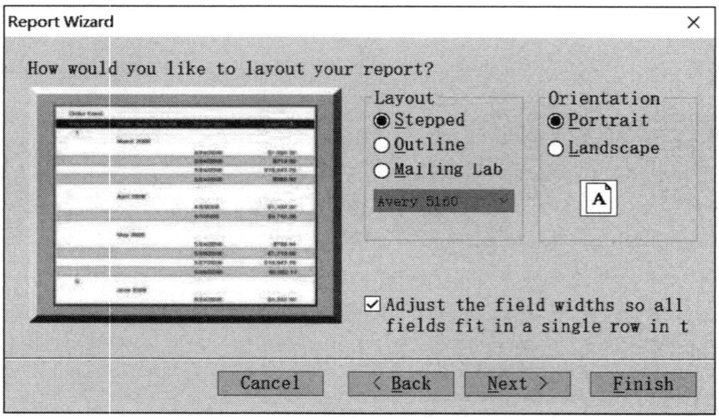

图 7－106

⑥如图7－107所示，在右侧列表中选择报表的样式。设置完成后，点击“Next”（下一步）。

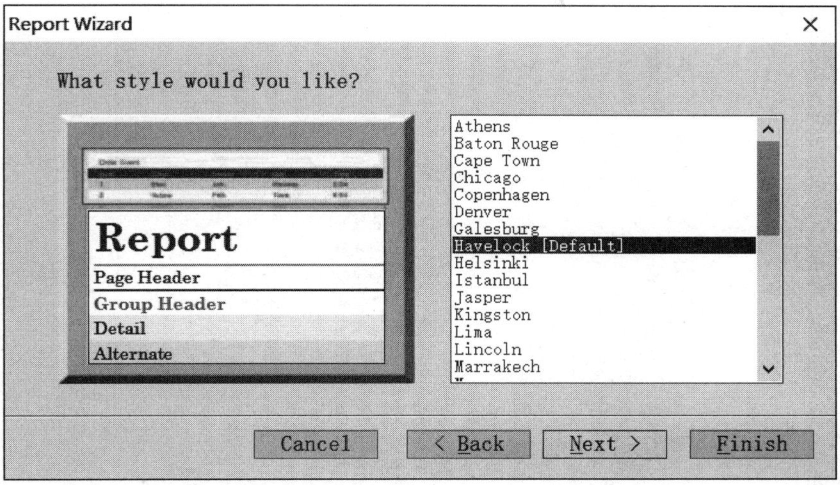

图7－107

⑦如图7－108所示，在下方文本框中输入报表名称，在下方可以设置是直接“Modify the report's design”（修改报表设计）还是“Preview the report”（预览报表）。设置完成后，点击“Next”（下一步）。

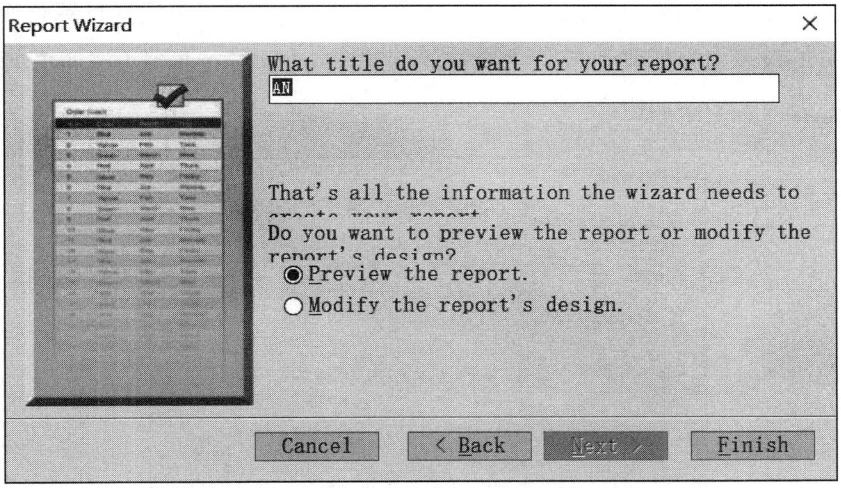

图7－108

⑧图7－109为报表的预览窗口界面，点击箭头所示的按钮。

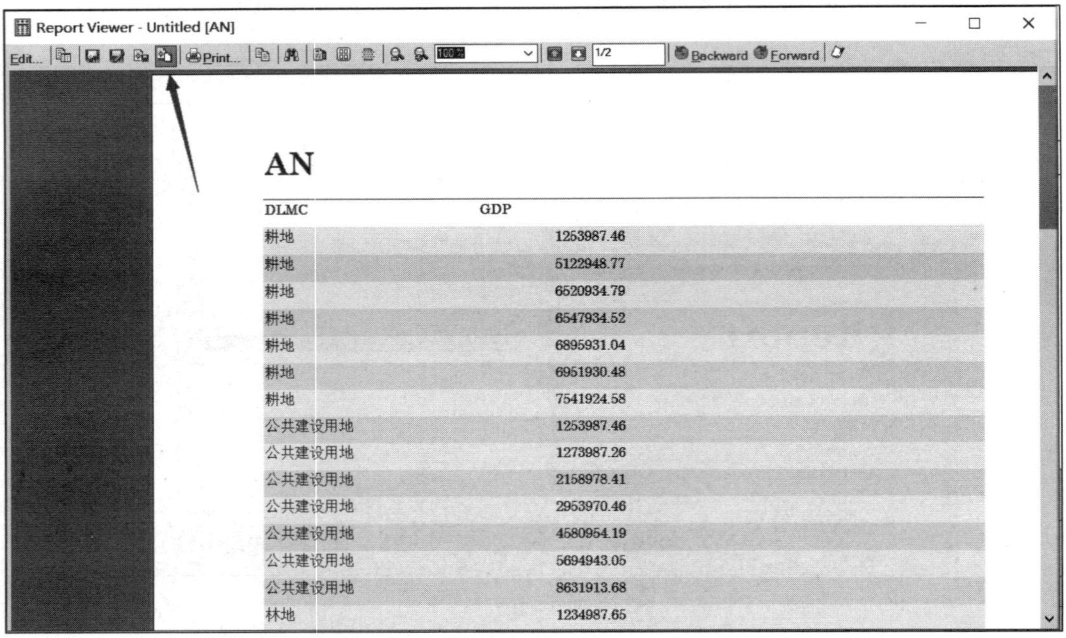

图 7－109

⑨打开新窗口，如图 7－110 所示，选择生成报表的页面，“All 2 page(s)”(所有 2 个页面)即将报表中的所有内容添加到布局视图中；“Current Page”(当前页面)即将报表中的当前页面添加到布局视图中；在“Pages”(页面)后方的文本框中设置目标页面的页码，指定特殊页的报表内容加载到布局视图中；勾选“Add Page Borders”(添加页面边框)将在生成的报表内容中添加边框。

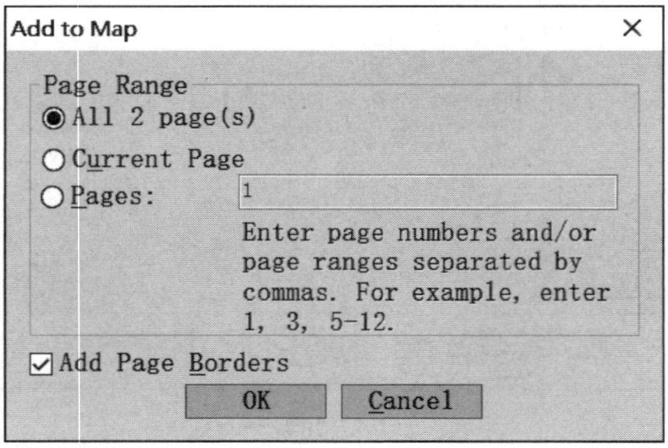

图 7－110

⑩点击“OK”(确定)，完成统计表格的生成。在布局视图中通过拖拽表格即可完成对表格的放大、缩小以及位置移动。

(7)统计图的放置

①如图 7－111 所示,点击 ArcMap 上方主菜单栏中的"View"(视图)→"Graphs"(图表)→"Create Graph"(创建图表)。

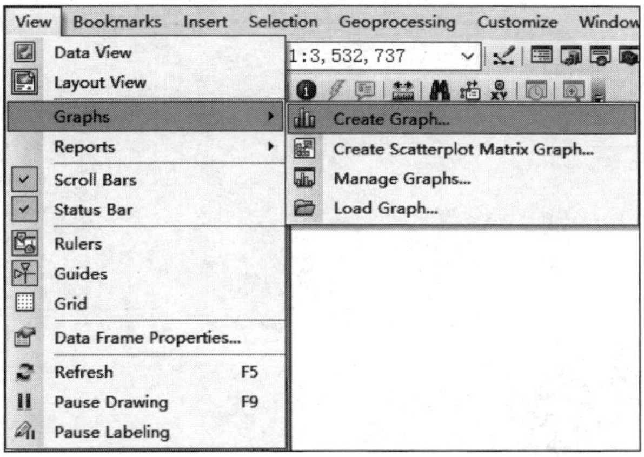

图 7－111

②如图 7－112 所示,在"Graph type"(图表类型)中设置要生成的图表类型,选择图表类型不同,则在下方需要进行设置的选项不同。所有选项设置的所有效果都可以在右侧窗口中进行预览,在此不再赘述。设置完毕后点击"Next"(下一步)。

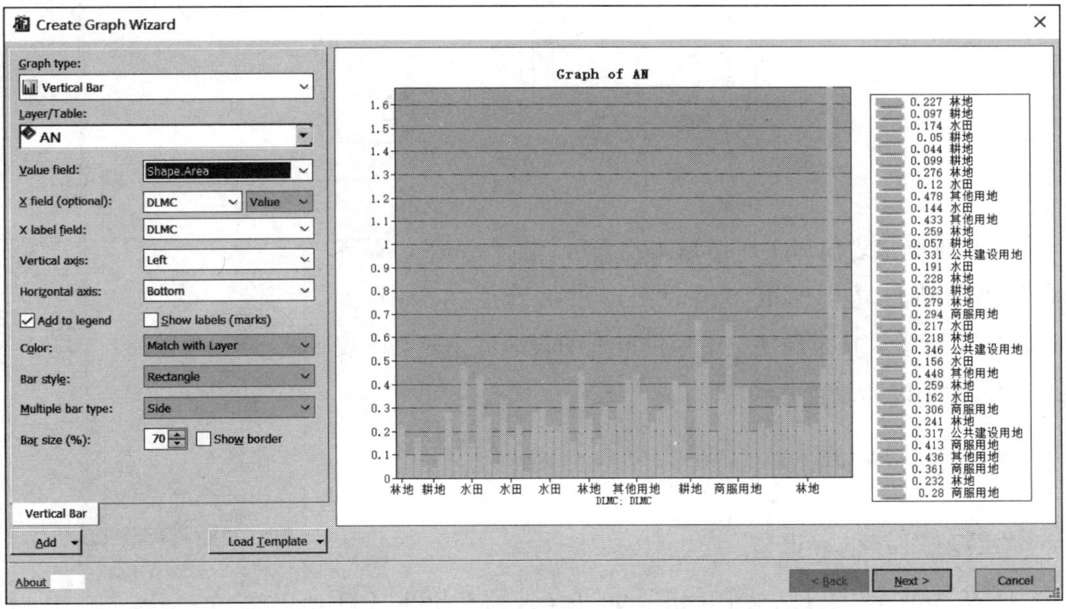

图 7－112

③在图 7－113 所示窗口对数据图表的其他属性进行设置,所有设置效果都将在右侧预览窗口中同步显示。设置完成后,点击"Finish"(完成),生成图表预览,如图 7－114 所示。

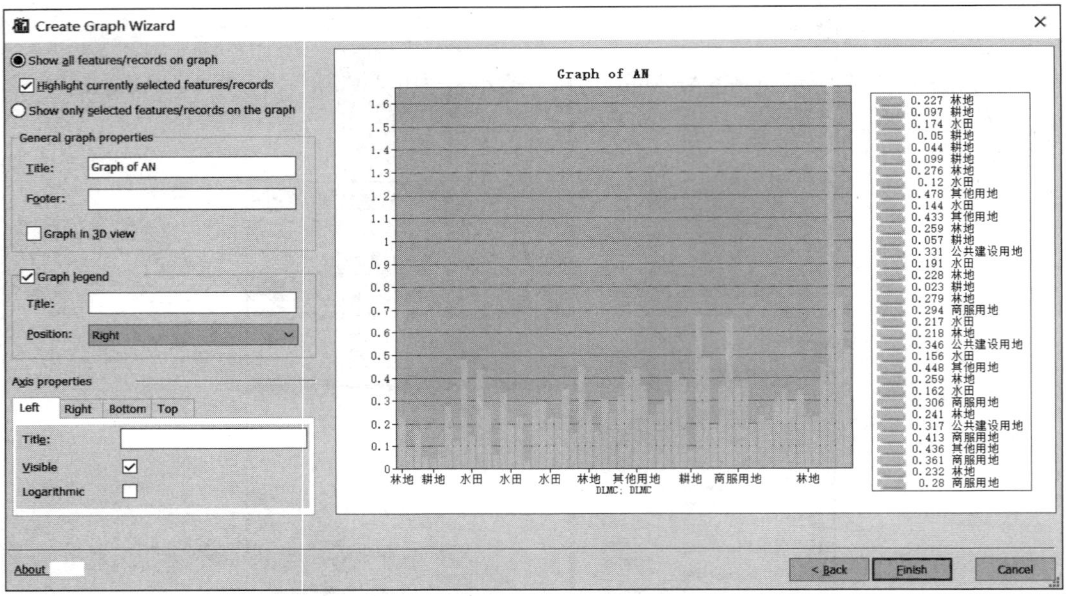

图 7-113

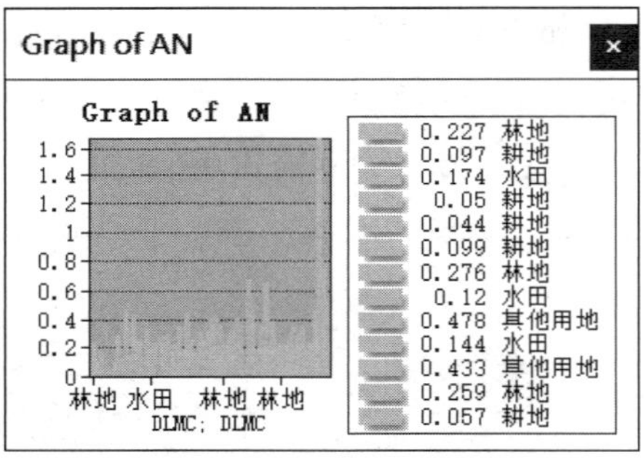

图 7-114

④在预览报表窗口中右键单击空白处，选择“Add to Layout”（添加到布局），即可将报表图形添加到地图当中，如图 7-115 所示。在布局视图中通过拖拽图表即可完成对图表的放大、缩小以及位置移动。

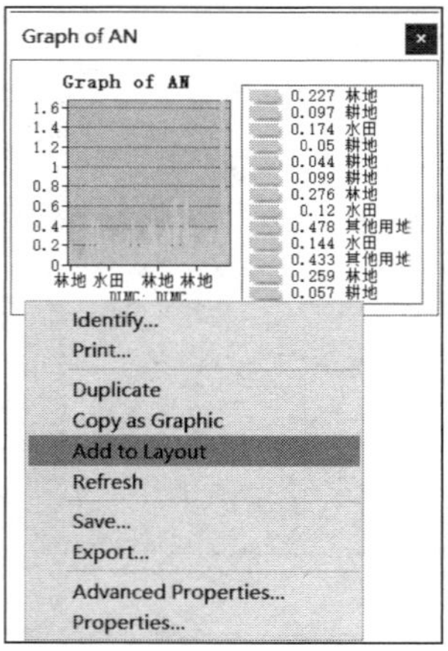

图 7-115

7.3.5 地图输出

(1)地图打印输出

①在 ArcMap 上方主菜单单击“File”（文件）→“Print”（打印），如图 7-116 所示。

②打开新窗口，如图 7-117 所示，点击“Setup”（设置）按钮，对打印机和纸张大小进行设置。在“Output Image Quality”（输出图像质量）中设置打

印地图的质量。点击“OK”(确定),打印机开始打印。

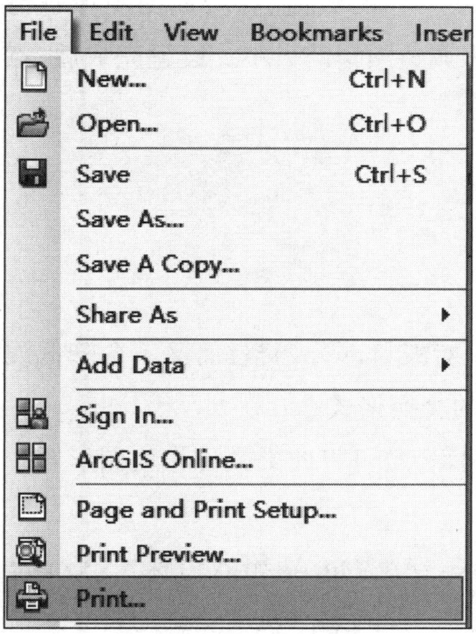

图 7－116

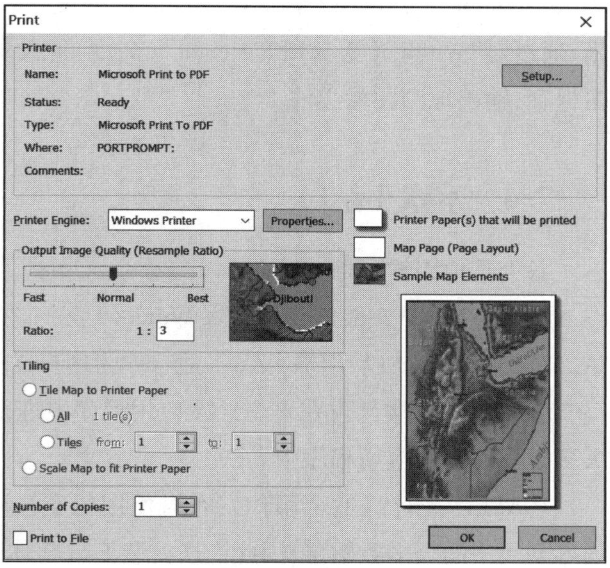

图 7－117

(2)地图转换输出

①在 ArcMap 上方主菜单单击“File”(文件)→“Export Map”(导出地图),如图 7－118 所示。

②打开新窗口,如图 7－119 所示,在文件名中设置要输出的地图的名字;在下方的

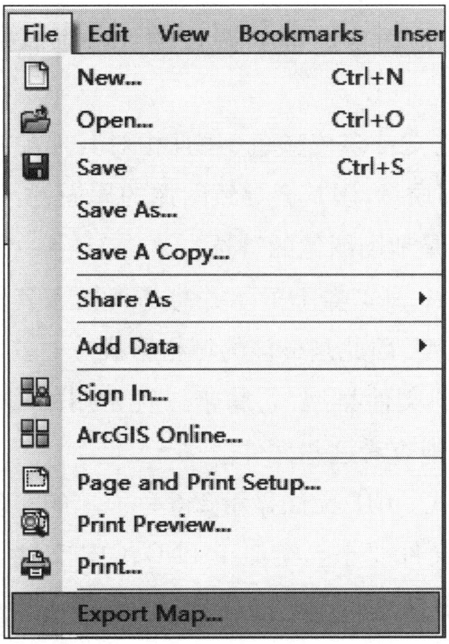

图 7－118

图 7－119

保存类型设置输出的地图图像的格式;点击下方的"Options"(选项)按钮,展开选项栏,在"Resolution"(分辨率)中设置地图的清晰度,后方文本栏的数值越高,地图图像越清晰;通过对"Width"(宽度)和"Height"(高度)的设置来调整图幅的大小。设置完成后,点击保存,输出地图图像文件。

7.4 本章小结

各类型地图输出格式简介:

①EMF:EMF 文件适合于嵌入 Windows 文档,便于对矢量部分调整,而又不会降低质量。该类文件不支持字体嵌入,不适合作为用户之间的交换格式。

②EPS:EPS 文件可在多个绘图应用程序中进行编辑,也可将此类文件作为图形置于大多数页面布局应用程序中。

③AI:AI 文件是适合用作发布时使用的交换格式。ArcMap AI 格式可保留 ArcMap 内容列表中的大多数图层,因此尚未安装 Esri 字体的用户可能无法使用正确的符号系统查看 AI 文件。

④PDF:PDF 文件可在多种程序下打开和打印,质量保持一致。从 ArcMap 中导出的 PDF 文件支持嵌入字体,因此尚未安装 Esri 字体的用户也可以正确地显示符号。

⑤SVG:SVG 是一种专门适用于在 Web 上进行查看的基于 XML 的文件格式。SVG 可以同时包含矢量信息和栅格信息。某些 Web 浏览器可能需要安装插件才能查看 SVG 文件。

⑥BMP:BMP 文件属于简单的本地 Windows 栅格图像。BMP 图像的大小通常比 JPEG 或 PNG 等格式的图像大很多。

⑦JPEG:JPEG 文件属于经过压缩的图像文件,它支持多位颜色,并且相对其他类型较小,常在 Web 上使用。但是,JPEG 压缩算法会有损质量,因其会导致图像的模糊,所以大多数地图图像中都不推荐使用。通常 PNG 格式才是地图图像的首选。

⑧PNG:PNG 属于通用型栅格格式,可在各种 Web 浏览器上显示并且还可插入其他文档。它是支持 24 位颜色并使用无损压缩的文件类型,因此是最佳的栅格格式。

⑨TIFF:TIFF 是最适合导入图像编辑应用程序的文件类型,它属于一种常用的 GIS 栅格数据格式。其缺陷是无法通过 Web 浏览器在本地查看这些文件。

⑩GIF:GIF 文件属于 Web 中使用的旧的栅格格式。GIF 无法显示 256 种以上的颜色(每像素 8 位),因此此类文件的大小比其他格式的文件要小。类似于 PNG,GIF 文件也具有定义透明颜色的功能。从 ArcMap 的数据视图中导出的 GIF 在生成时,还将生成一个坐标文件,可用作地理配准栅格数据。

第8章

矢量数据的空间分析

8.1 缓冲区分析
8.2 叠加分析
8.3 追踪分析
8.4 本章小结

矢量数据的空间分析是 GIS 空间分析的重要基础,矢量数据图像质量好、精度高,其空间分析操作通常具有极高的灵活性。ArcGIS 软件中针对矢量数据的空间分析主要有缓冲区分析、叠加分析、网络分析和追踪分析等方面。本章将着重介绍矢量数据的空间分析方法,结合具体实验数据,方便读者掌握了解各种分析工具对矢量数据处理分析结果的影响。

8.1 缓冲区分析

缓冲区是地理空间目标的一种影响范围或服务范围,具体指在点、线、面实体的周围,自动建立的一定宽度的多边形。缓冲区分析通常运用于分析某类设施或者城市的功能辐射范围,森林、湖泊及河流的自然保护区范围,公共服务设施或餐饮等设施最佳位置的确定等。本章将介绍点要素矢量数据的缓冲区创建步骤,线要素和面要素矢量数据的缓冲区创建步骤与其大同小异,不再赘述。缓冲区创建步骤如下:

①在 ArcMap 中加载实验源数据(位置:CH8\实验源数据\缓冲区的创建),如图 8-1 所示。

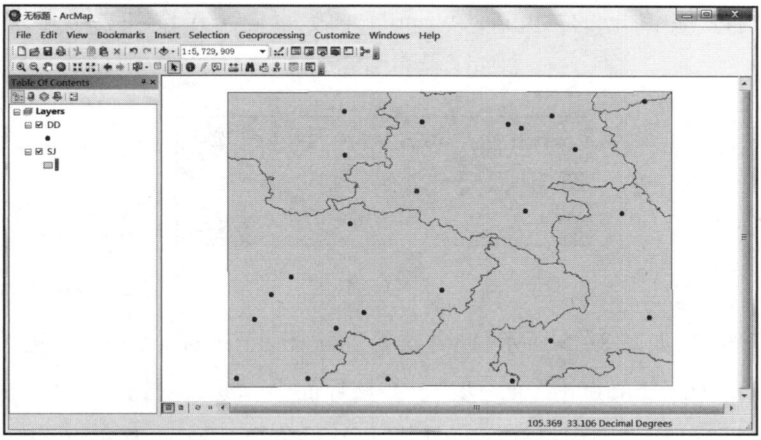

图 8-1

②如图 8-2 所示,单击选择 ArcMap 上方菜单栏中"Customize"(自定义)→"Customize Mode"(自定义模式)。

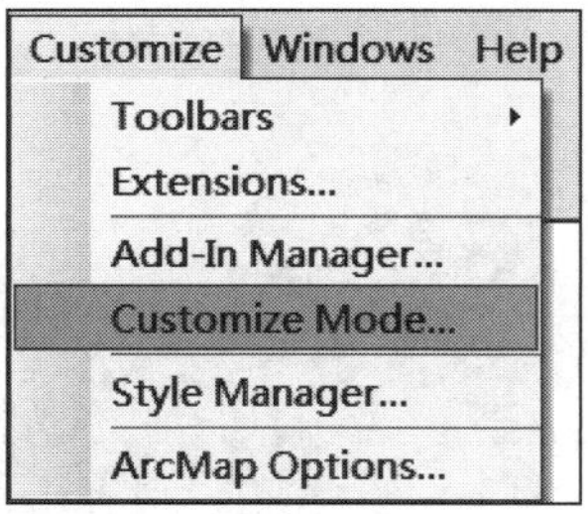

图 8-2

③打开新窗口，如图 8-3 所示，在新窗口中进入“Commands”（命令）选项卡中，在上方输入“Buffer”（缓冲区）并搜索，在左边类别中选择“Tools”（工具），选择下方工具“Buffer Wizard”（缓冲向导）并拖拽到 ArcMap 上方菜单栏中。

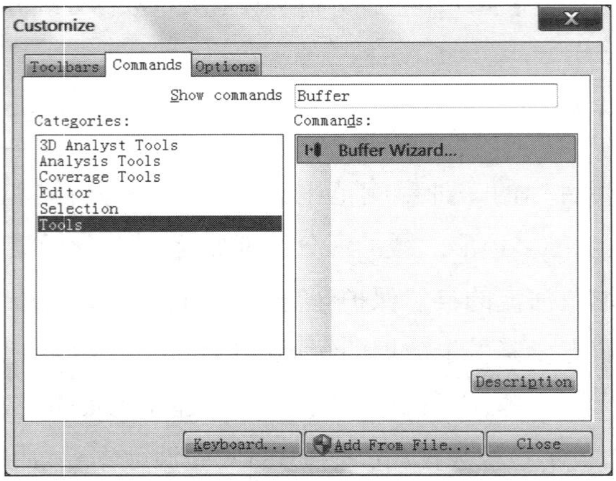

图 8-3

④点击刚刚拖拽出的“Buffer Wizard”（缓冲向导）按钮，打开缓冲向导，如图 8-4 所示。

图 8-4

⑤打开新窗口，如图 8-5 所示，此处选择“The features of a layer”（图层中的要素），下拉菜单中选择 DD. shp，点击“下一步”。在该界面中，如果在打开缓冲向导之前选中了图层中的部分图形要素，则在打开缓冲向导时，软件将自动勾选“Use only the selected feature”（仅使用所选要素）。

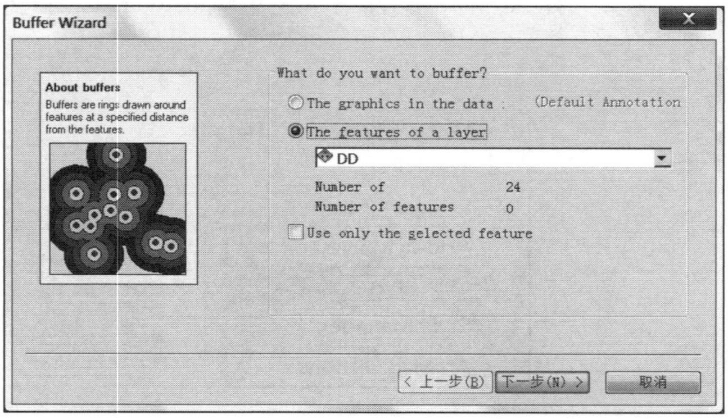

图 8-5

⑥如图 8－6 所示，在此处可以通过勾选不同的选项来设置不同类型的缓冲区。“At a specified distance”（以指定的距离）是以一个给定的距离建立缓冲区；“Based on a distance from an attribute”（基于来自属性的距离）是以分析对象的某一属性值来建立缓冲区；“As multiple buffer rings”（作为多缓冲区圆环）是指建立多个同距离的分级的缓冲区，在“Number of rings”（圆环数目）中设置缓冲区要分多少级，在“Distance between rings”（圆环之间的距离）设置圆环的间距。在“Buffer distance”（缓冲距离）中下拉菜单设置缓冲区单位。在完成缓冲区类型设置后，点击“下一步”。

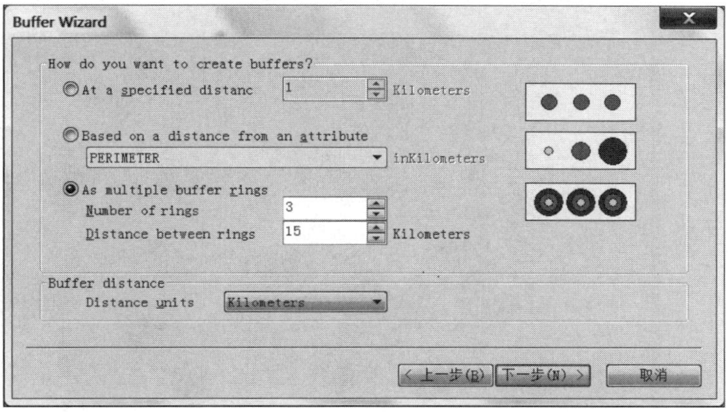

图 8－6

⑦如图 8－7 所示，在“Buffer output type”（缓冲区输出类型）选项中设置是否要将相交的缓冲区融合在一起；在“Create buffers so they are”（创建缓冲区使其）中设置是否要将缓冲区建立在多边形内部或者外部（当需要建立缓冲区的图形几何类型为面要素时，需要在此处进行设置调整缓冲区，由于本次实验数据为点要素，所以不涉及相关设置）；在“Where do you want the buffers to be saved?”（指定缓冲区的保存位置）中设置生成文件的类型，“As graphics layer in data frame”（作为数据框中的图形图层保存）即生成一个图

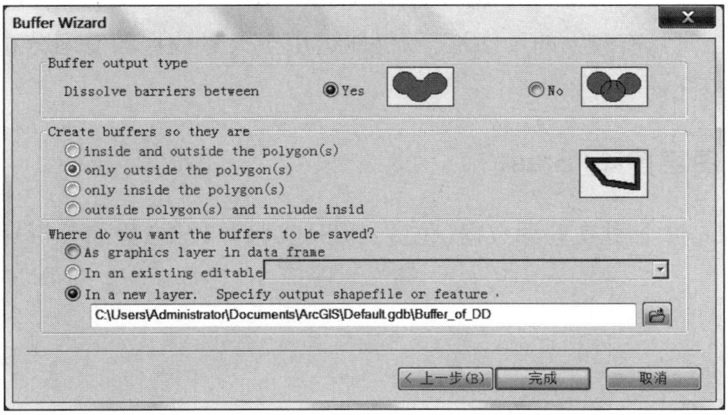

图 8－7

形文件；"In an existing editable layer"（保存在现有可编辑图层中）即是否选择在已经生成的文件图层上添加；"In a new layer. Specify output shapefile or feature"（保存在新图层中(L)），指定输出 shapefile 或要素类即重新生成一个新的文件，在下方选项处设置要保存的文件的位置和文件名称。

⑧点击"完成"，建成图 8-8 所示缓冲区。

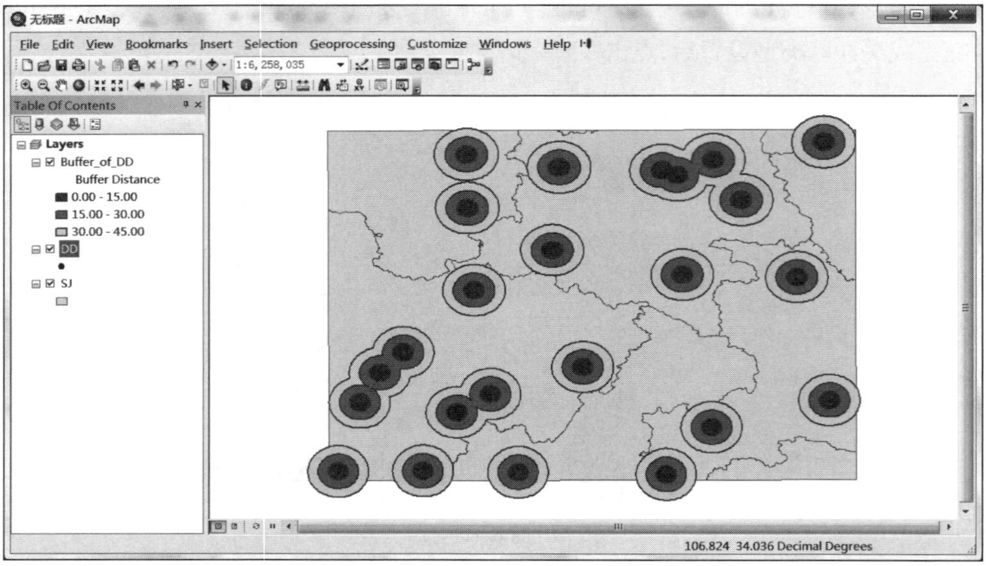

图 8-8

8.2 叠加分析

叠加分析是将两层或多层地图要素进行叠置产生一个新要素层的操作，其结果将原来要素分割成新的要素，新要素综合了原来两层或多层要素所具有的属性。也就是说，叠加分析不仅生成了新的空间关系，还将输入数据层的属性联系起来产生了新的属性关系。叠加分析工具具有较大的灵活性，不仅能运用于矢量数据的空间分析，还能运用于矢量数据的图形几何处理。

8.2.1 图层擦除(Erase)

①在 ArcMap 中加载实验源数据（位置：CH8\实验源数据\叠加分析\图层擦除），如图 8-9 所示。

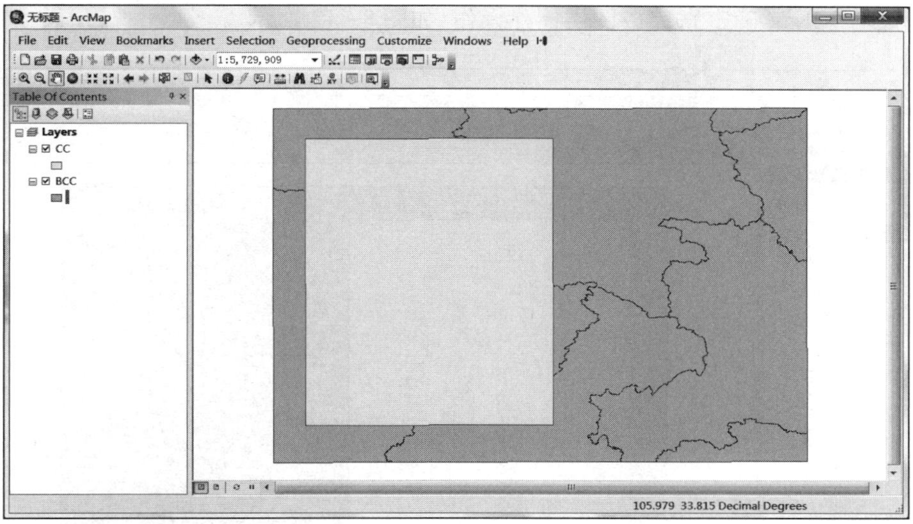

图 8－9

②打开 ArcToolbox，如图 8－10 所示，选择“Analysis Tools”（分析工具）→“Overlay”（叠加分析）→“Erase”（擦除）。

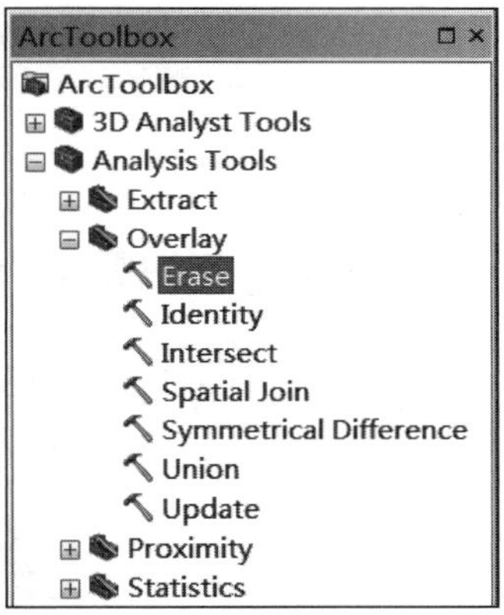

图 8－10

③打开新窗口，如图 8－11 所示，在“Input Features”（输入要素）中设置需要被擦除的要素（被擦除的要素的图形几何类型可以是点、线、面）；在“Erase Features”（擦除要素）中设置擦除要素（擦除要素的图形几何类型必须为多边形）；在“Output Feature Class”（输出要素类）中设置输出要素的储存位置和文件名称；在“XY Tolerance”（XY 容差）中设置 XY 容限值（一般为默认）。

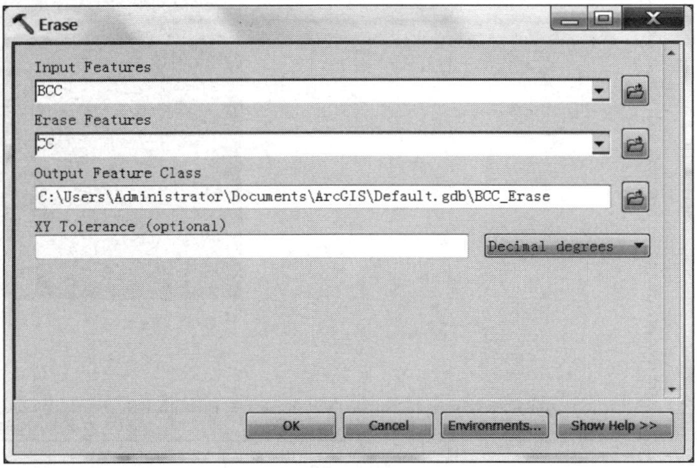

图 8－11

④点击“OK”（确定），完成图层擦除操作，如图 8 – 12 所示。

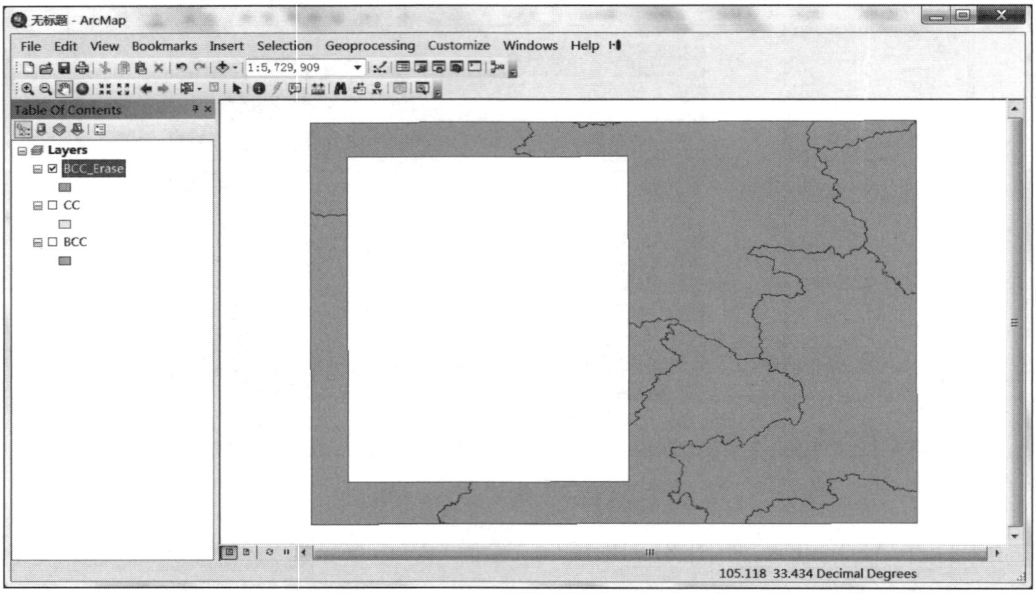

图 8 – 12

8.2.2 标识叠加(Identity)

①在 ArcMap 中加载实验源数据（位置：CH8\实验源数据\叠加分析\标识叠加），如图 8 – 13 所示。

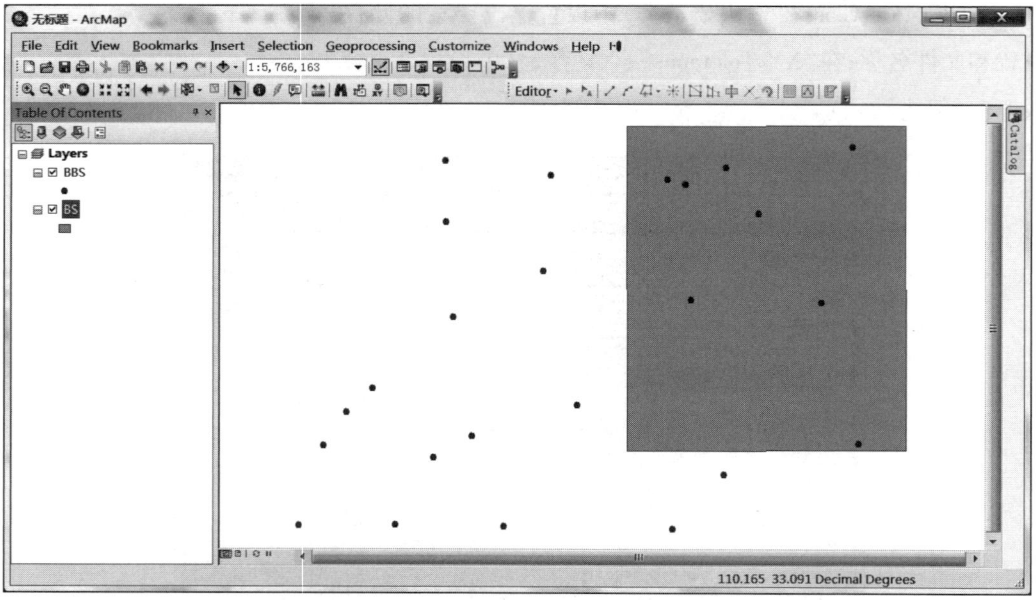

图 8 – 13

②打开 ArcToolbox，如图 8－14 所示，选择“Analysis Tools”（分析工具）→“Overlay”（叠加分析）→“Identity”（标识）。

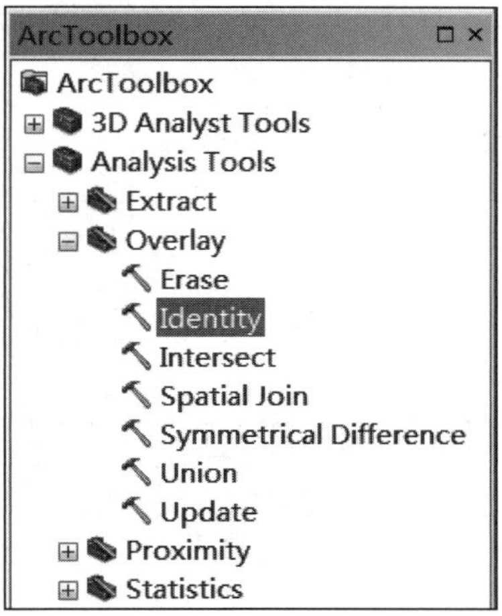

图 8－14

③打开新窗口，如图 8－15 所示，在“Input Features”（输入要素）中设置需要被标识的要素；在“Identity Features”（标识要素）中设置标识要素；在“Output Feature Class”（输出要素类）中设置输出要素的储存位置和文件名称；在“Join Attributes”（连接属性）中设置要连接的字段；在“XY Tolerance”（XY 容差）中设置 XY 容限值（一般为默认）；“Keep relationships”（保留关系）为可选选项（仅有输入要素为线要素而标识要素为面的时候适用），勾选后，新生成图层将会生成两个附加字段（即 LEFT_poly 和 RIGHT_poly），这些字段将用于记录标识要素的左侧和右侧的要素 ID。

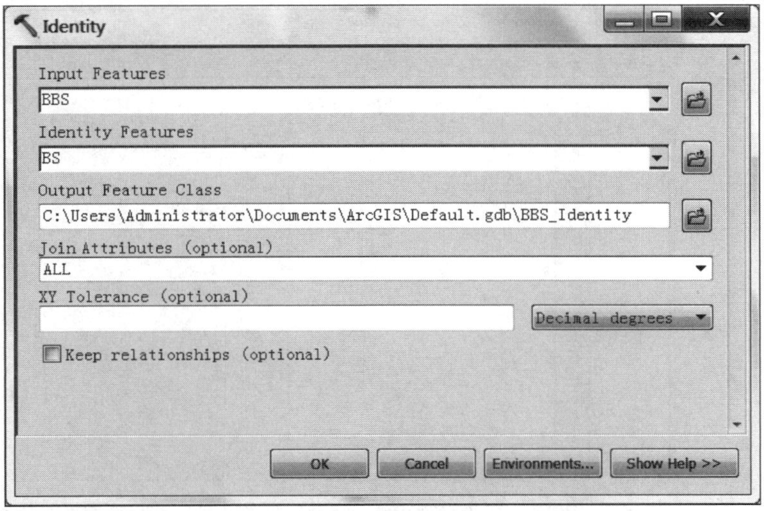

图 8－15

④点击“OK”(确定),完成标识叠加操作(即在新生成的图层中,原黄色区域的点图层都在 DLBM 字段赋值为 203),如图 8-16 所示。

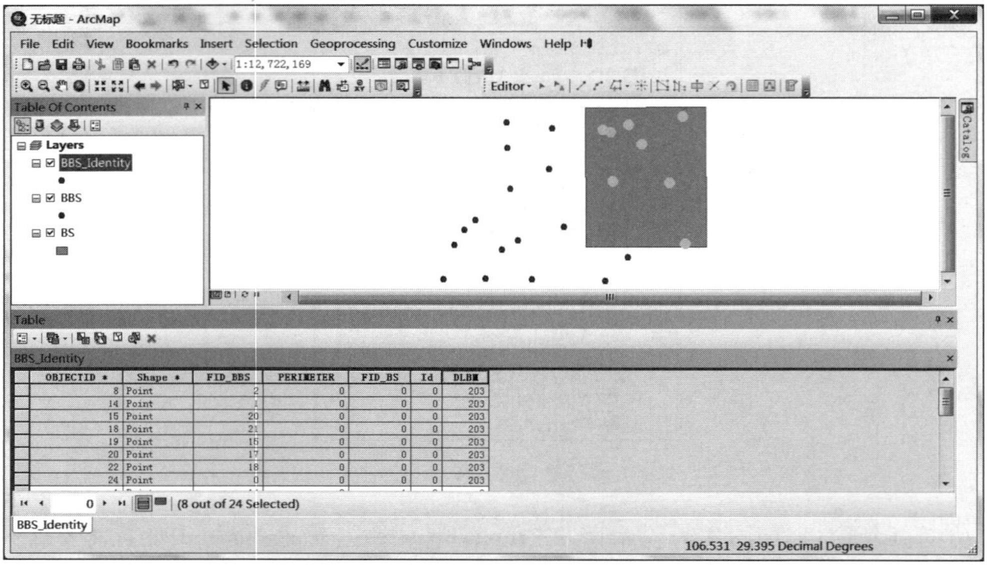

图 8-16

8.2.3 相交操作(Intersect)

①在 ArcMap 中加载实验源数据(位置:CH8\实验源数据\叠加分析\相交操作),如图 8-17 所示。

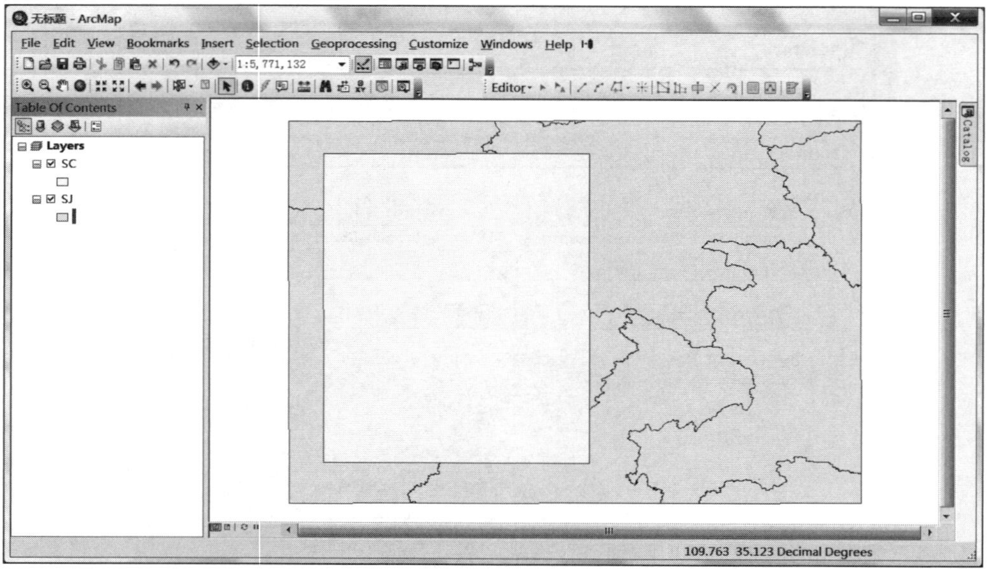

图 8-17

②打开 ArcToolbox，如图 8－18 所示，选择"Analysis Tools"（分析工具）→"Overlay"（叠加分析）→"Intersect"（相交）。

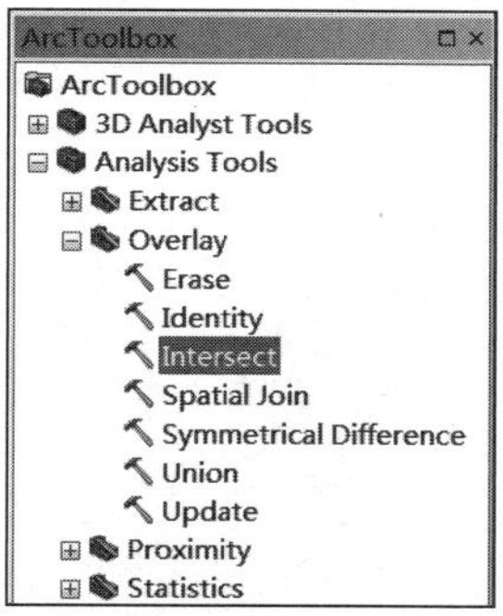

图 8－18

③打开新窗口，如图 8－19 所示，在"Input Features"（输入要素）中设置拥有相交区域的要素；在"Output Feature Class"（输出要素类）中设置生成要素的文件名和储存路径；在"Join Attributes"（连接属性）中设置要进行连接的属性字段，默认为 All；在"XY Tolerance"（XY 容差）中设置 XY 容限值（一般为默认）；在"Output Type"（输出类型）中设置相交类型（INPUT 即所返回相交的几何类型与输入要素的几何类型相同。举例来说，所有输入都是面，则输出要素类将包含面。如果一个或多个输入是线但不包含点，则输出是线。如果一个或多个输入是点，则输出要素类将包含点；LINE 即将返回线相交，但仅当输入中不包含点时，此选项才有效；POINT 将返回点相交，当输入要素为线或面，则输出将是多点要素类）。

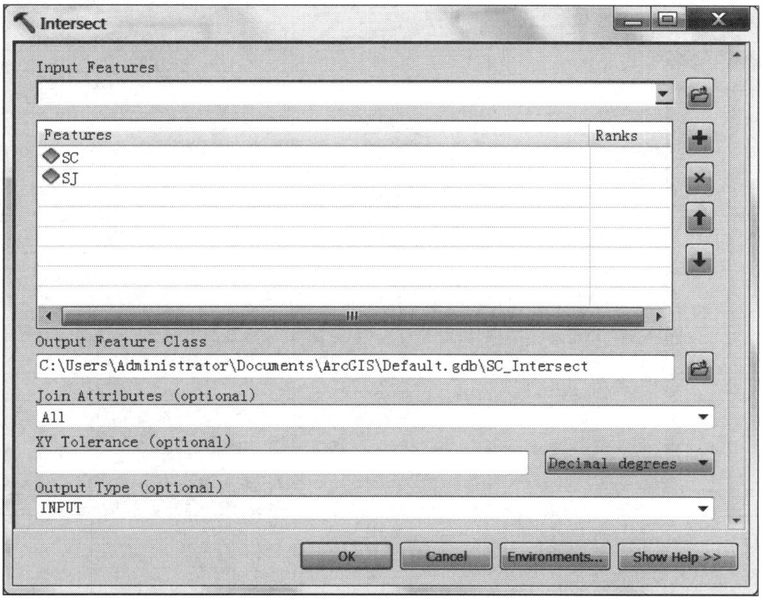

图 8－19

④点击“OK”(确认),完成相交操作,如图 8-20 所示。

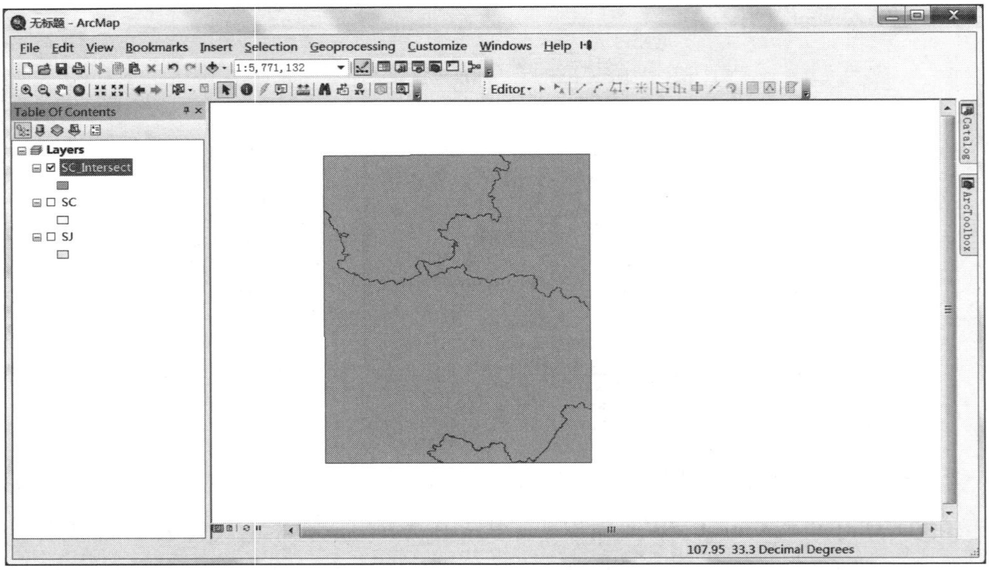

图 8-20

8.2.4 交集取反(Symmetrical Difference)

①在 ArcMap 中加载实验源数据(位置:CH8\实验源数据\叠加分析\交集取反),如图 8-21 所示。

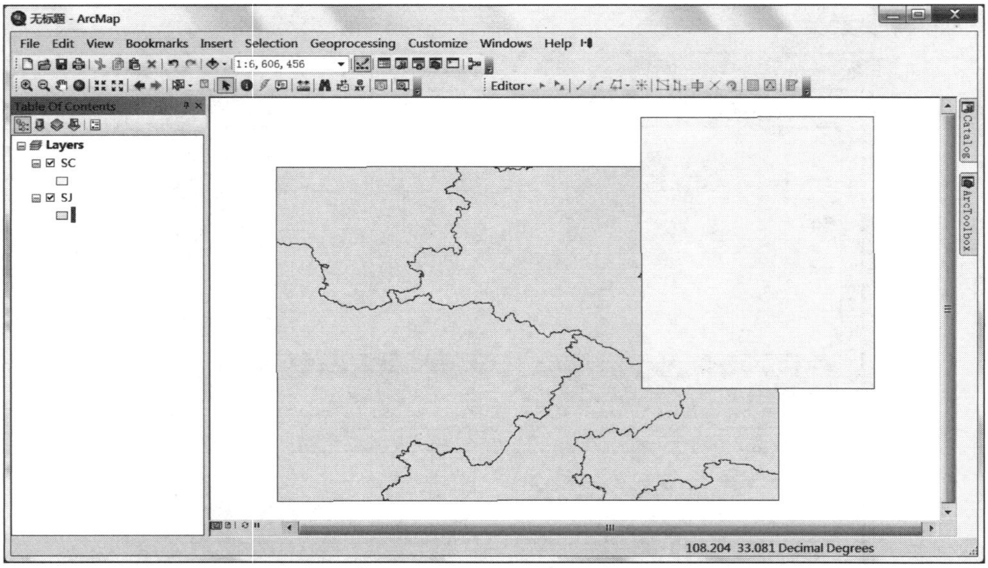

图 8-21

②打开 ArcToolbox，如图 8 - 22 所示，选择"Analysis Tools"（分析工具）→"Overlay"（叠加分析）→"Symmetrical Difference"（交集取反）。

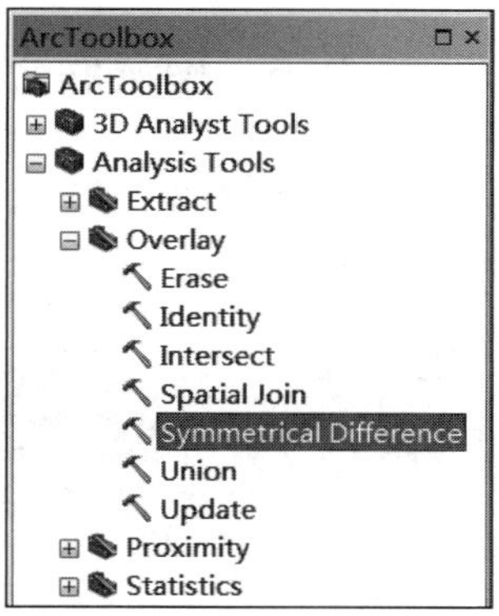

图 8 - 22

③打开新窗口，如图 8 - 23 所示，在"Input Features"（输入要素）中设置要进行操作的要素；在"Update Features"（更新要素）中设置擦除要素；在"Output Feature Class"（输出要素类）中设置输出要素的储存位置和文件名称；在"Join Attributes"（连接属性）中设置要进行连接的属性字段，默认为 ALL；在"XY Tolerance"（XY 容差）中设置 XY 容限值（一般为默认）。

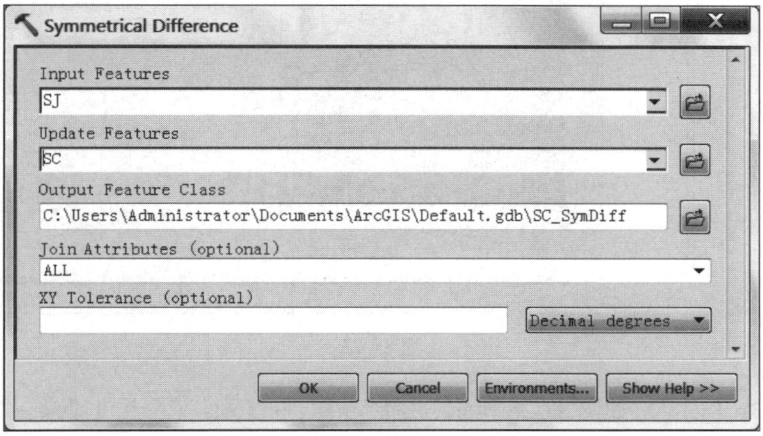

图 8 - 23

④点击"OK"（确认），完成交集取反操作，如图 8 - 24 所示。

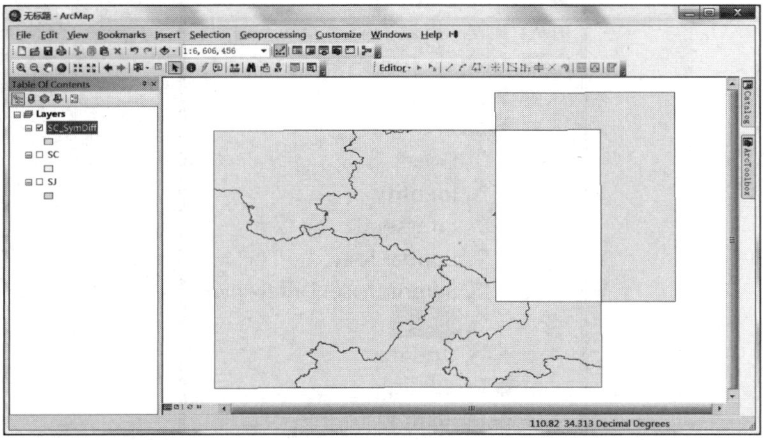

图 8 - 24

8.2.5 图层联合(Union)

①在 ArcMap 中加载实验源数据(位置:CH8\实验源数据\叠加分析\图层联合),如图 8-25 所示。

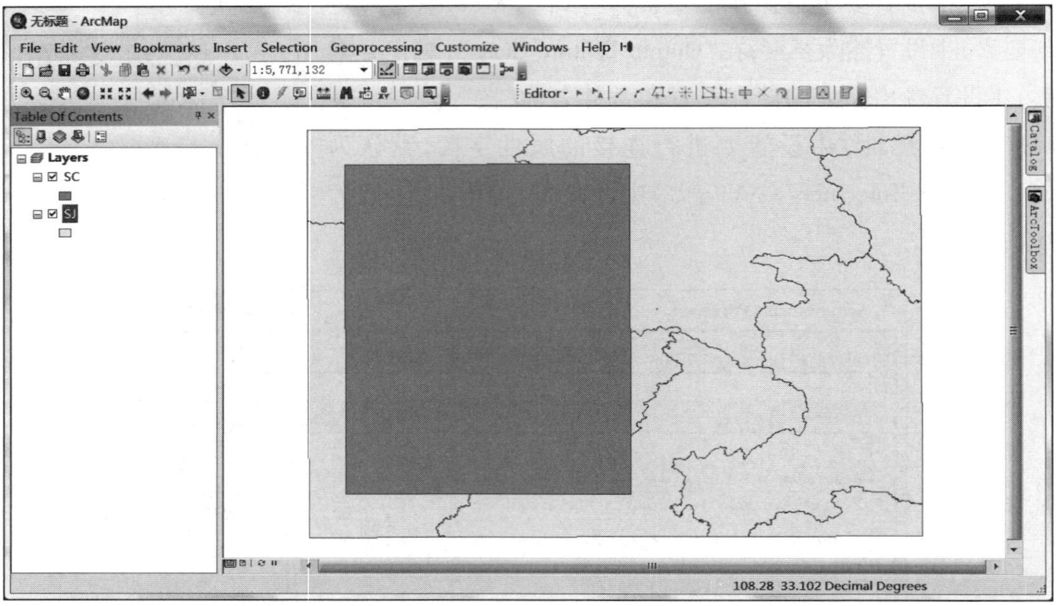

图 8-25

②打开 ArcToolbox,如图 8-26 所示,选择"Analysis Tools"(分析工具)→"Overlay"(叠加分析)→"Union"(联合)。

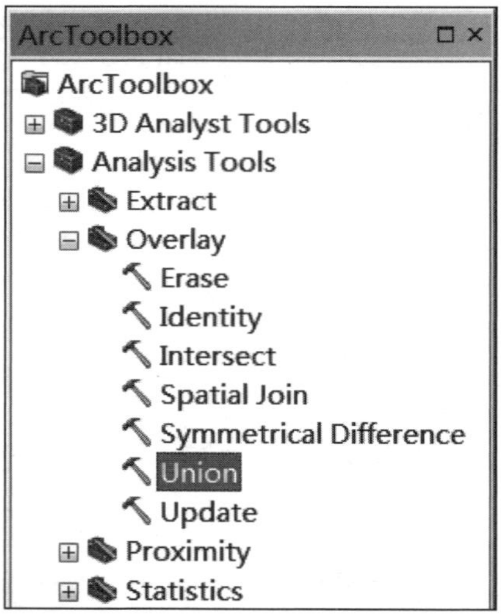

图 8-26

③打开新窗口，如图 8-27 所示，在“Input Features”（输入要素）中设置需要进行联合的要素；在“Output Feature Class”（输出要素类）中设置输出要素的储存位置和文件名称；在“Join Attributes”（连接属性）中设置要进行连接的属性字段，默认为 ALL；在“XY Tolerance”（XY 容差）中设置 XY 容限值（一般为默认）；“Gaps Allowed”（允许间隙存在）为可选选项，勾选该选项后，被面包围的输出区域不会创建要素（该选项为默认）。

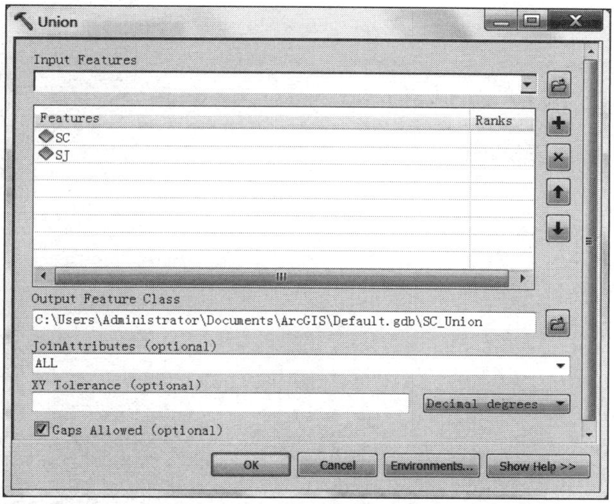

图 8-27

④点击“OK”（确认），完成图层联合操作，如图 8-28 所示。

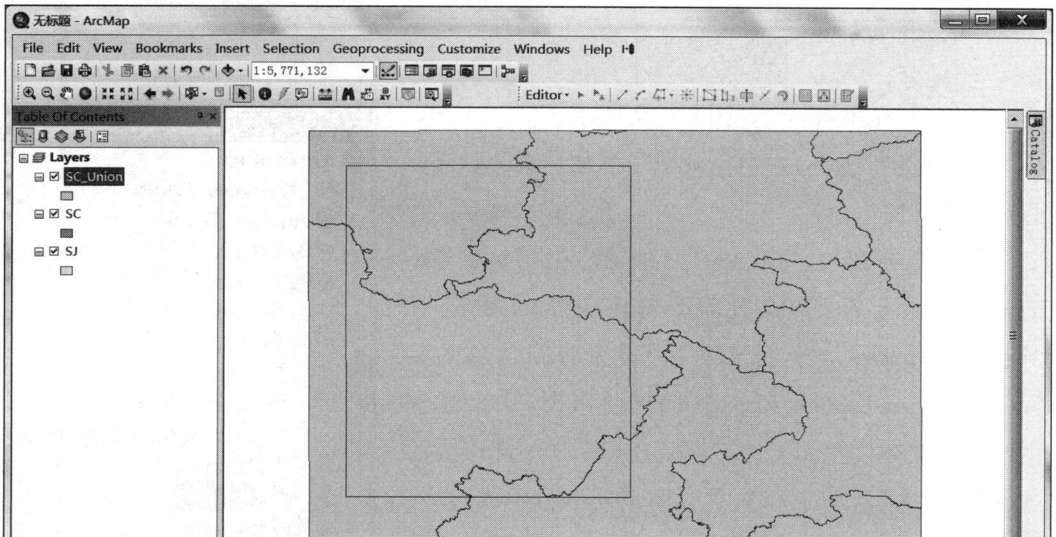

图 8-28

图层联合只适用于多边形与多边形、线与线、点与点之间。如果要素之间几何类型不一致,则不能用图层联合功能对其进行操作处理。

8.2.6 修正更新(Update)

①在 ArcMap 中加载实验源数据(位置:CH8\实验源数据\叠加分析\修正更新),如图 8-29 所示。

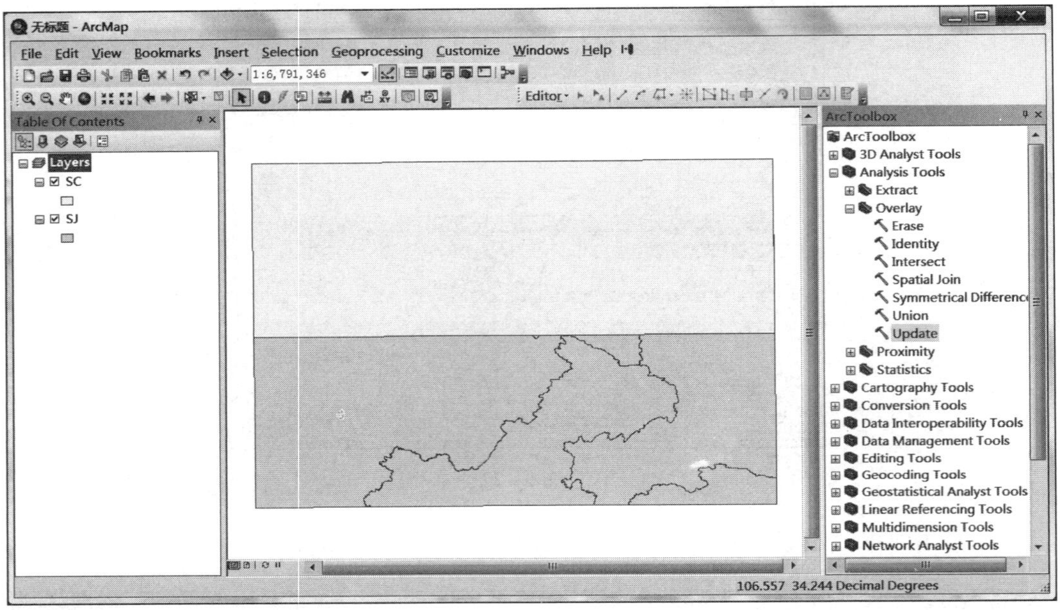

图 8-29

②打开 ArcToolbox,如图 8-30 所示,选择"Analysis Tools"(分析工具)→"Overlay"(叠加分析)→"Update"(更新)。

③打开新窗口,如图 8-31 所示,在"Input Features"(输入要素)中设置需要修正更新的要素;在"Update Features"(更新要素)中设置有新信息的要素;在"Output Feature Class"(输出要素类)中设置输出要素的储存位置和文件名称;"Borders"(边框)为可选选项,勾选后,则在两个图形相交处不会生成边界;在"XY Tolerance"(XY 容差)中设置 XY 容限值(一般为默认)。

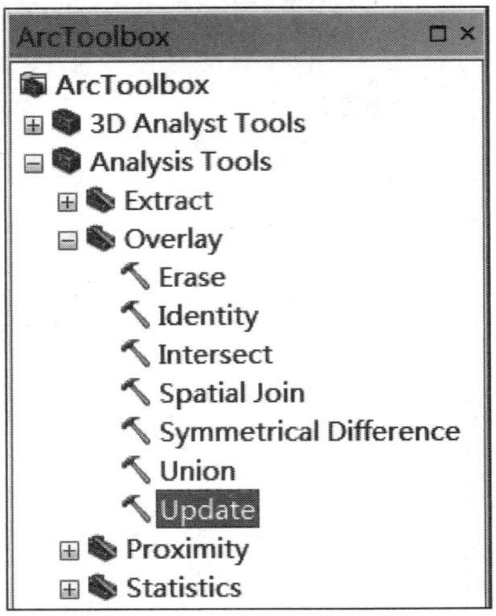

图 8-30

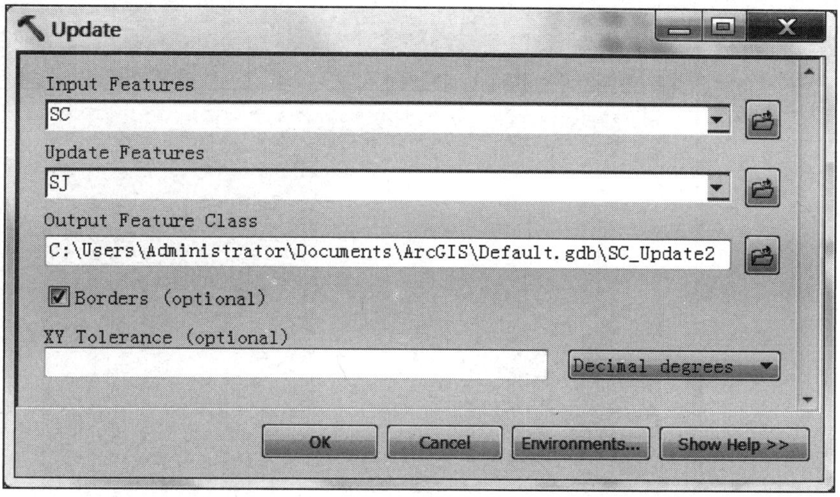

图 8-31

④点击“OK”(确认),完成修正更新操作,如图 8-32 所示。

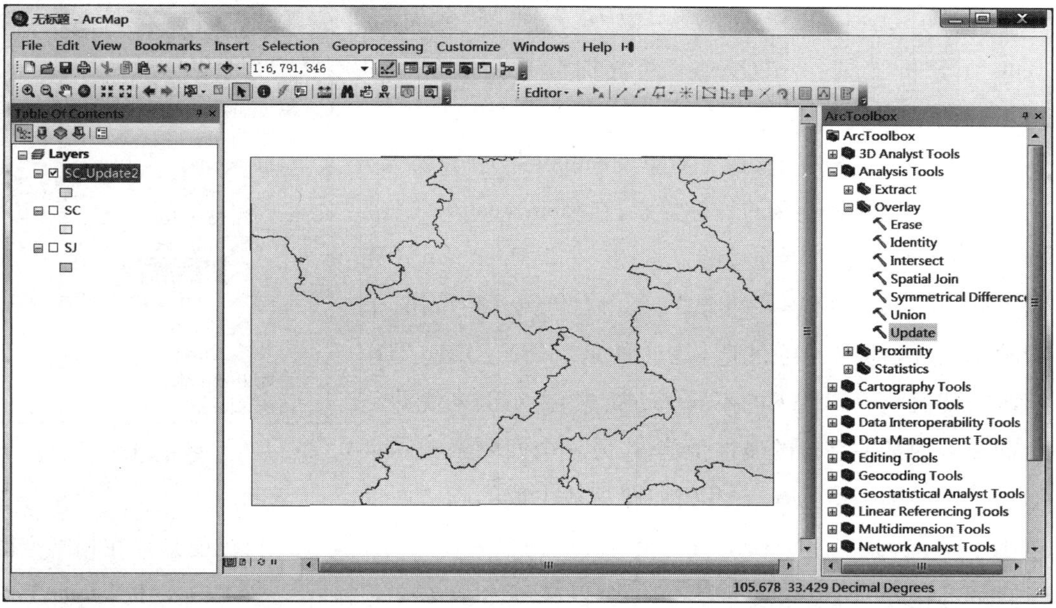

图 8-32

8.2.7　空间连接(Spatial Join)

①在 ArcMap 中加载实验源数据(位置:CH8\实验源数据\叠加分析\空间连接),如图 8-33 所示。

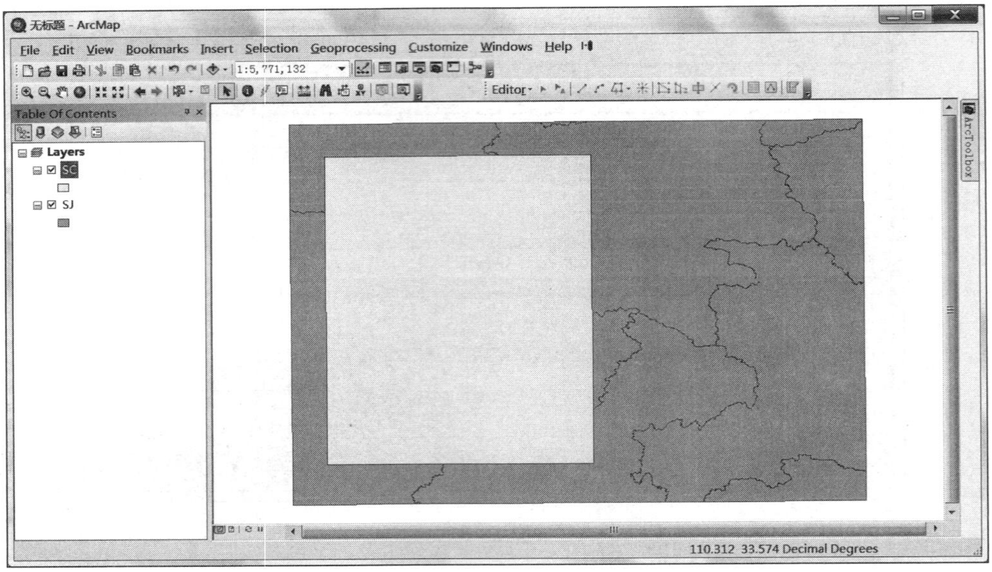

图 8－33

②打开 ArcToolbox，如图 8－34 所示，选择"Analysis Tools"（分析工具）→"Overlay"（叠加分析）→"Spatial Join"（空间连接）。

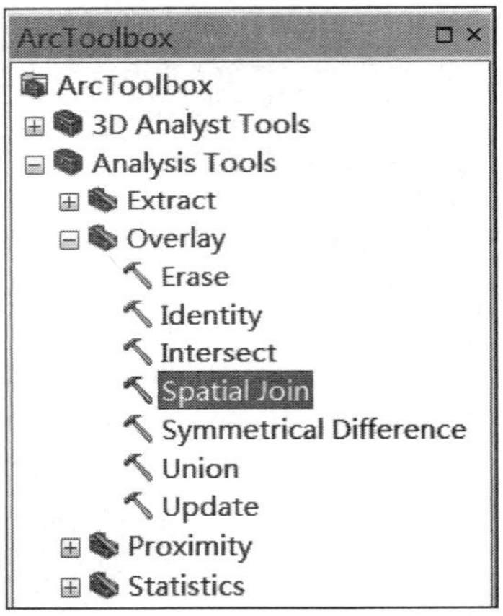

图 8－34

③如图 8－35 所示，在"Target Features"（目标要素）中设置要进行空间连接的目标要素；在"Join Features"（连接要素）中设置要进行连接的要素；在"Join Operation"（连接方式）中设置空间连接的方式，单击右侧倒三角按钮，下拉菜单，有两种方式可供选择：一种是"JOIN_ONE_TO_ONE"，即对同一属性下的不同值进行聚合，举例来说即一个面要素的某一字段的属性值为 4，另一个面要素相同且对应的字段属性值为 6，二者相加即为新生成的图层属性值 10，另一种是"JOIN_ONE_TO_MANY"，即如果找到多个与同一目标要素存在相同空间关系的连接要素，输出要素类将包含目标要素的多个记录；勾选"Keep All Target Features"（保留所有目标要素）选项将在新图层中保留原所有目标要素类，该选项为默认选项；在"Field Map of Join Features"（连接要素的字段映射）中设置要素连接的字段；在"Match Option"（空间关系）中设置用于匹配行的条件；在"Search Radius"（搜索半径）中设置连接要素的搜索半径，仅当指定了空间关系（匹配选项）INTERSEC、WITHIN_A_DISTANCE、HAVE_THEIR_CENTER_IN、CLOSEST 时，搜索半径才有效；在"Distance Field Name"（距离字段名称）中设置添加到输出要素类中的字段的名称，其中包含目标要素和最近连接要素之间的距离。仅当将空间关系（匹配选项）指定为 CLOSEST 时，此选项才

有效，如果在搜索半径内没有任何匹配的要素，则此字段的值为 -1。如果未指定字段名称，将不会向输出要素类中添加该字段。

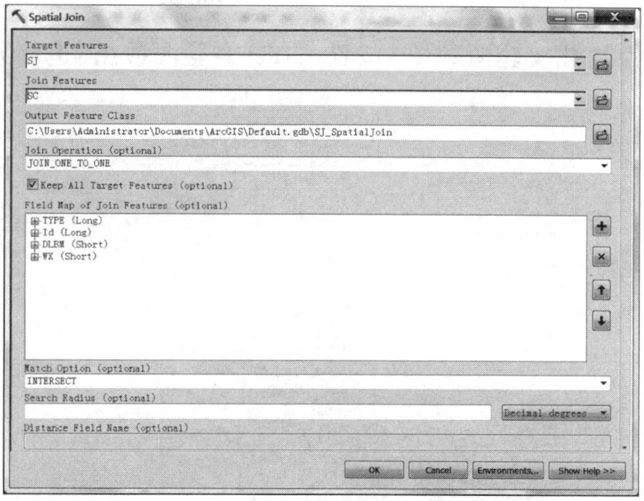

图 8-35

④点击“OK”（确认），完成空间连接操作，如图 8-36 所示。

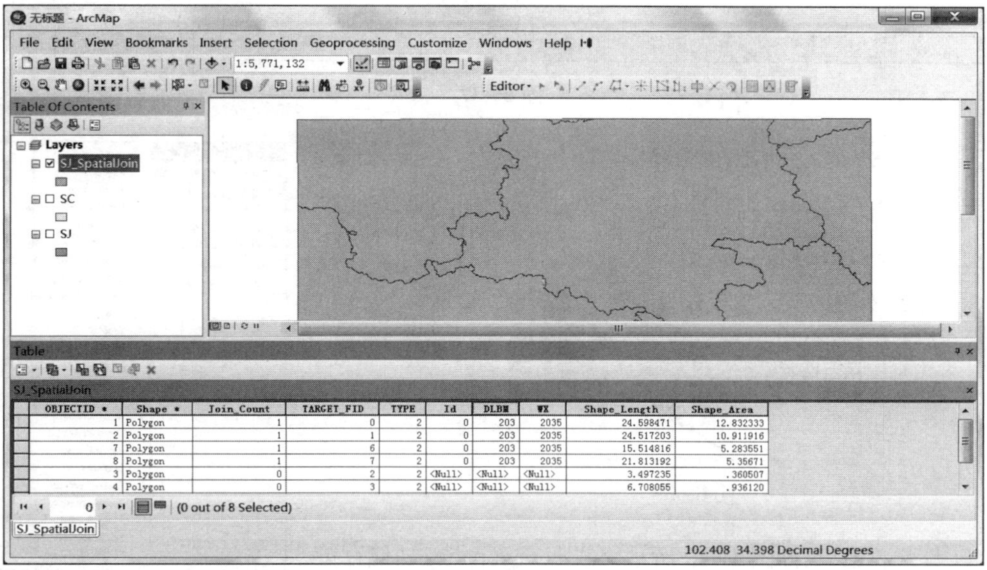

图 8-36

8.3　追踪分析

追踪分析是基于时间序列的可视化和分析工具，可以实现带有时间属性的事物和现象变化的历史回放，以及实时数据的动态显示。本次实验所选取的飓风数据已经被处理过，并无实际地理意义，仅供学习操作使用，不适用于任何其他实验研究。

8.3.1 追踪图层构建

①在 ArcMap 中加载实验源数据（位置：CH8\实验源数据\追踪分析源数据），如图 8－37 所示。

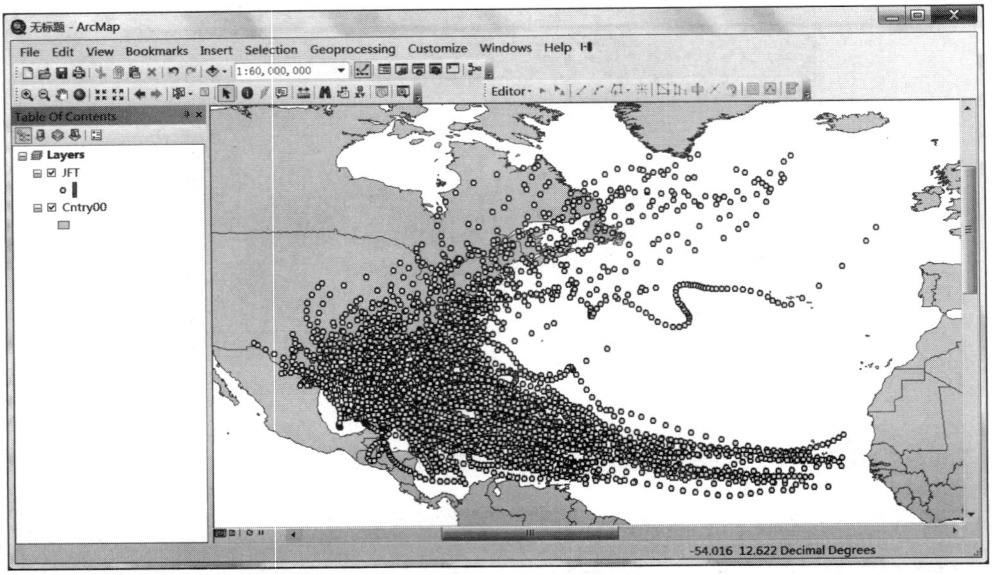

图 8－37

②如图 8－38 所示，在 ArcMap 的上方选择“Customize”（自定义）→“Toolbars”（工具条）→“Tracking Analyst”（追踪分析）。打开追踪分析工具栏。

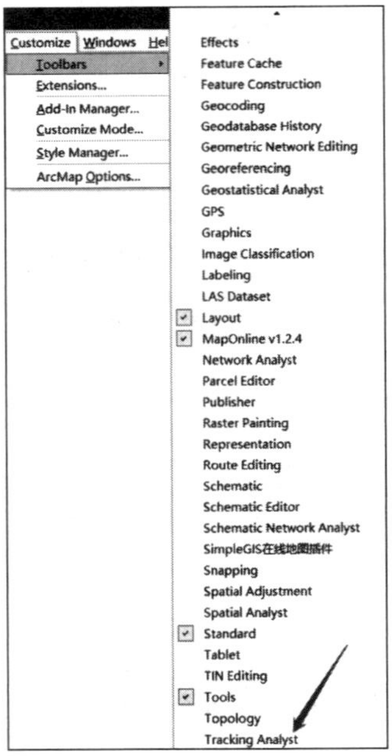

图 8－38

③如图 8－39 所示，单击图中箭头所示按钮。

图 8－39

④打开新窗口，如图 8－40 所示，在“Storage policy”（储存策略）中设置选择“Copy all data to memory”（将所有数据复制到内存）；在下方“What data do you want to add into your map as a temporal layer”（要将哪些数据作为时态图层添加到地图中）中选择“A feature class or shapefile containing temporal data”（包含时态数据的要素类或 Shapefile）即加载的数据是简单的追踪数

据且包含在单个要素类或者 Shapefile 中，勾选“A feature class and a separate table containing temporal data that this wizard will join to the feature class”（要素类以及单独的表，该表中包含此向导将要连接到要素类的时态数据）即加载的数据是两个单独的表中所含的复杂追踪数据；在“Data source”（数据源）中设置添加时间数据；在“Field containing the data/time”（包含日期/时间的字段）中下拉箭头选择时间属性字段，在下方设置时区为“（UTC +08:00）北京，重庆，香港特别行政区，乌鲁木齐”，勾选“Values are adjusted for daylight savings”（按夏时制调整值），此处也可以根据具体需要设置时区属性；在下方下拉菜单可以设置追踪分析如何将数据组织为追踪，如果追踪数据无法组织为追踪，则可以选择“None”（无），即表示数据不含任何追踪。

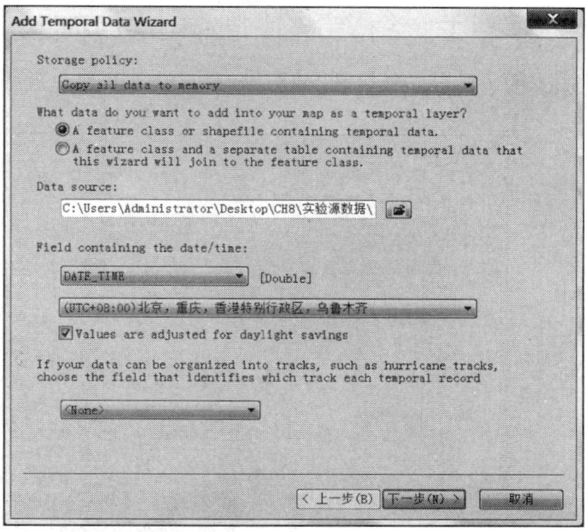

图 8－40

⑤单击“下一步”。如图 8－41 所示，在“Time field format”（时间字段格式）后方选项处单击，根据字段属性中的值选择时间格式。“y”代表“Year”（年）；“M”代表“Month”（月）；“d”代表“Date”（日期）；“H”代表“Hour”（小时）；“m”代表“Minutes”；“s”代表“Second”（秒），此处默认不设置。

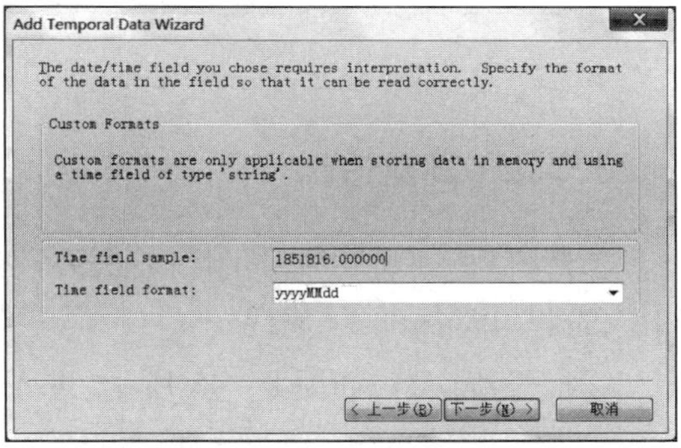

图 8－41

⑥单击“下一步”。如图 8－42 所示，单击按钮“Query Builder”（查询构建器）即可构建过滤条件来进行子要素集选取。

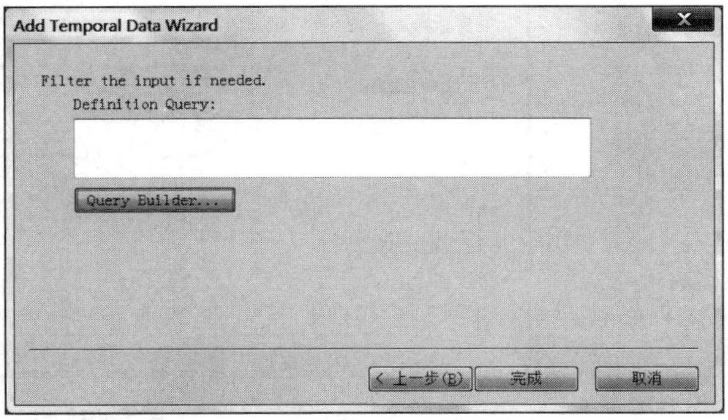

图 8－42

⑦单击“完成”,完成追踪图层的构建。追踪图层将自动加载到 ArcMap 中,并具有默认显示符号,如图 8-43 所示。

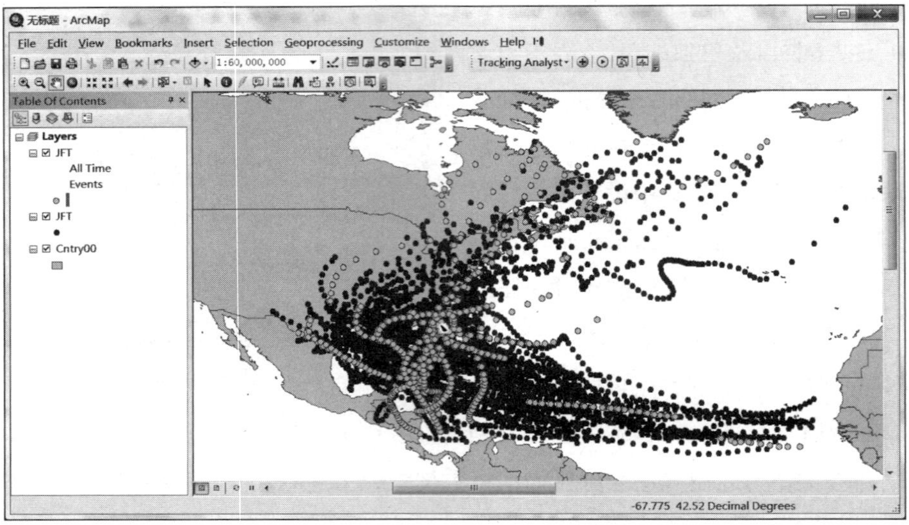

图 8-43

8.3.2 浏览追踪

①如图 8-44 所示,在 ArcMap 左侧“Table Of Contents”(内容目录)中右键单击追踪图层,选择“Properties”(属性)。

②打开新窗口,如图 8-45 所示,进入“Symbology”(符号系统)选项卡,在左上方“Show”(显示)窗口中勾选“Tracks”(追踪)。在右侧“Symbol”(符号)中可以设置追踪线的符号。

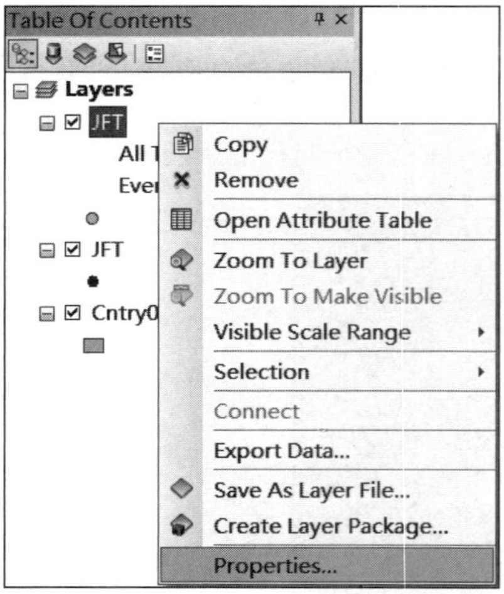

图 8-44

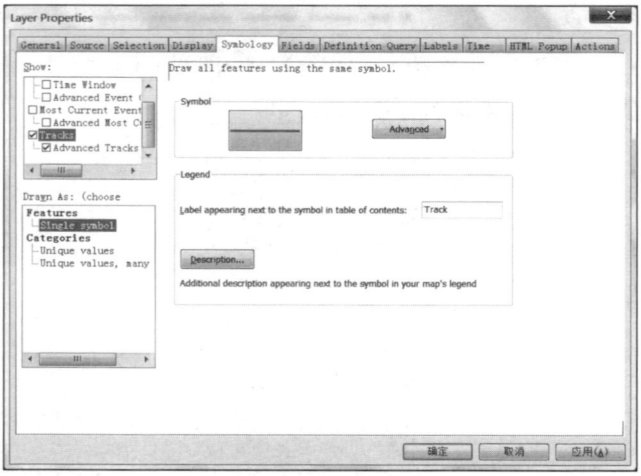

图 8-45

③单击“确定”，完成设置，如图 8-46 所示。此时事件点则通过追踪线相连接。

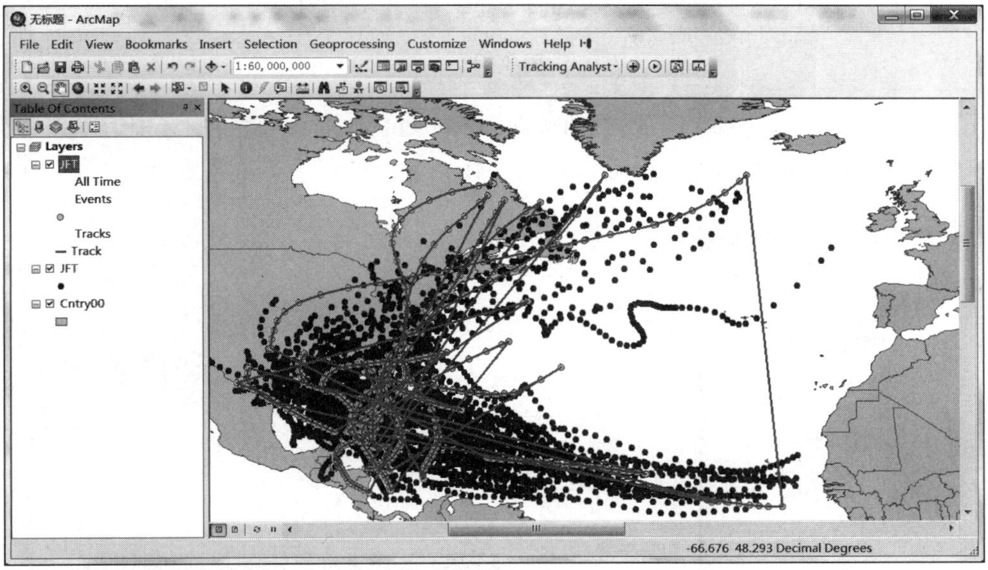

图 8-46

④点击 ArcMap 上方菜单栏中“Customize”（自定义）→“Customize Mode”（自定义模式），如图 8-47 所示。

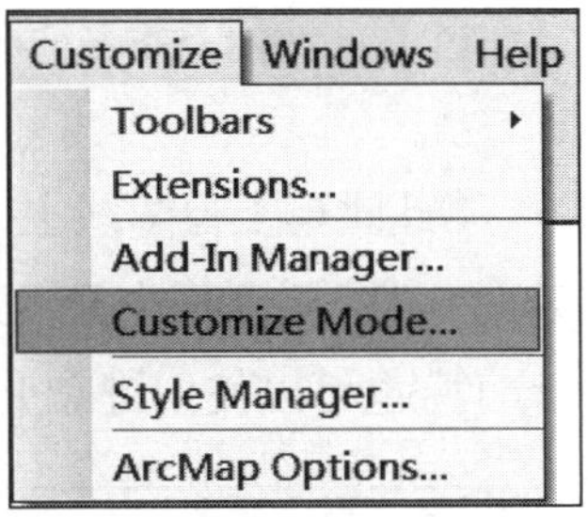

图 8-47

⑤打开新窗口，如图 8-48 所示，在新窗口中选中“Commands”（命令）选项卡，在左侧窗口中选择“Tracking Analyst”（追踪分析），在右侧左键单击拖拽“Step Tool”（步进工具）到追踪分析工具栏中，如图 8-49 所示。

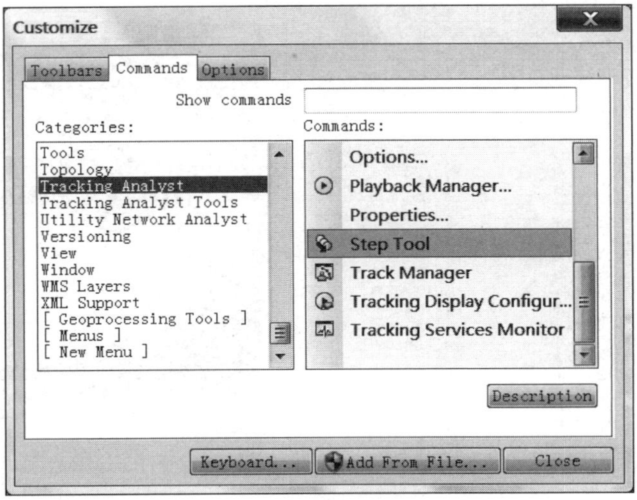

图 8-48

图 8-49

⑥关闭窗口,如图 8-50 所示,在"Table Of Contents"(内容列表)中选中追踪数据层,此时工具栏中功能按钮可用,单击 ,如图 8-51 所示。

图 8-50

图 8-51

⑦此时单击追踪线上某个点或者拖拽选择框框选事件点,则会在"Event Attribute"(事件属性)对话框中显示其属性信息。点击上方的箭头按钮,可以逐步浏览飓风追踪中的事件,也可以使用键盘上的上下方向键进行追踪,如图 8-52 所示。

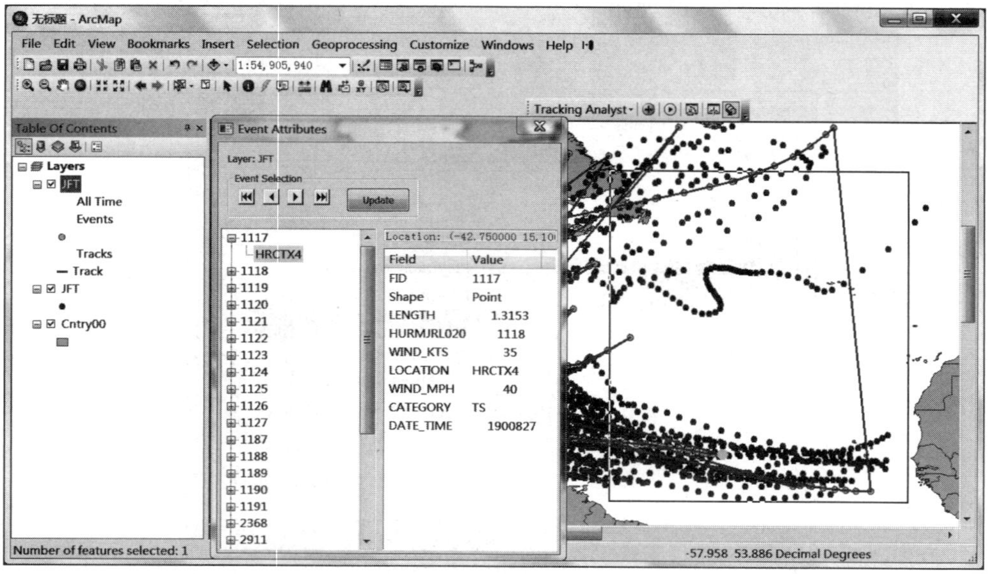

图 8-52

8.3.3　创建数据时钟图

数据时钟图是用来显示各个时间段的数据时间频率即不同时间所存在的数据量的工具。创建步骤如下：

①如图 8－53 所示，在追踪工具条中选择“Tracking Analyst”（追踪分析）→“Data Clock”（数据时钟）→“Create Data Clock”（创建数据时钟）。

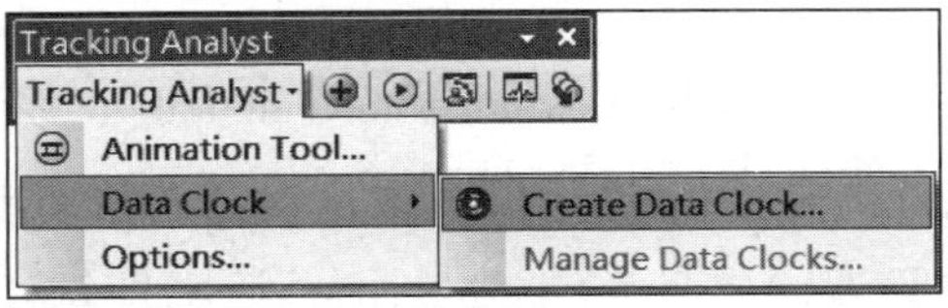

图 8－53

②打开新窗口，如图 8－54 所示，在“Choose layer to chart”（选择要制成图表的图层）中选择要用于分析的追踪图层；在“Choose summary method to create data clock”（选择要创建数据时钟的汇总方法）中设置调整汇总方法的时间单位，方法第一部分即对数据进行环分割，第二部分则进行楔形分割。如“‘Months of Year’by ‘Days of Month’”即将生成由月份划分的环和日期标注的楔形组成的数据时钟图，，如图 8－55 所示；在“Choose number of legend classes”（选择图例类别数）中设置图例的类别数量；在“Choose color scheme”（选择配色方案）中调整配色方案。

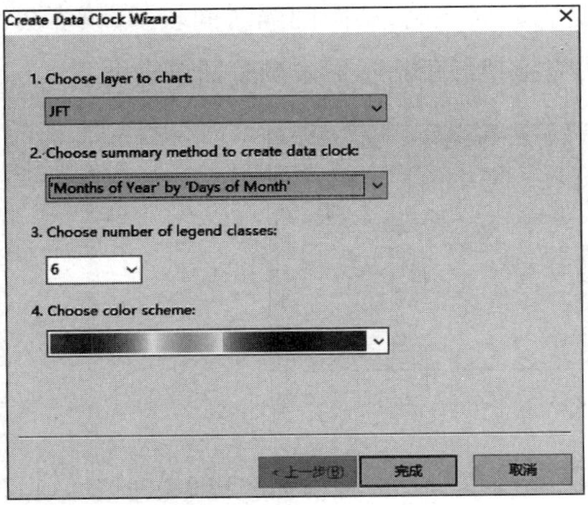

图 8－54

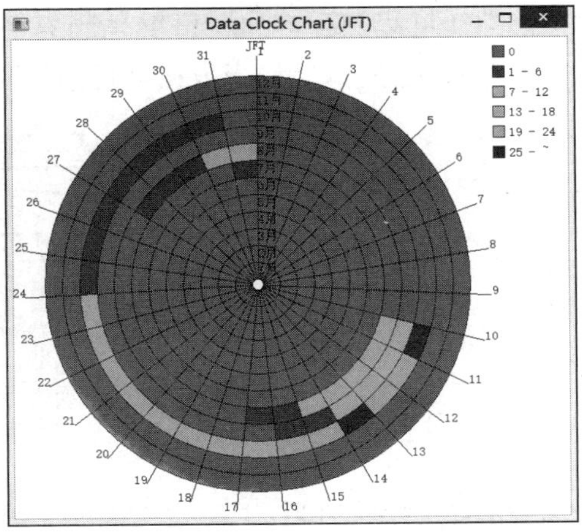

图 8－55

8.3.4　回放管理器

图 8－56

①如图 8－56 所示，在“Tracking Analyst”（追踪分析）工具条上点击箭头所示按钮，即“Playback Manager”（回放管理器）。

②打开新窗口。如图 8－57 所示,点击箭头所示按钮,可以展开该窗口。

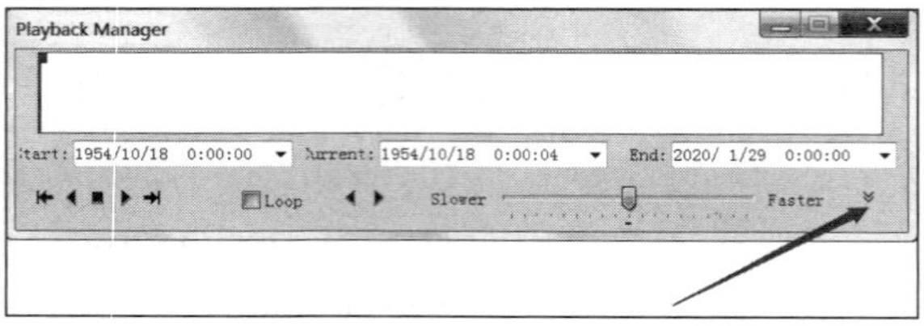

图 8－57

③如图 8－58 所示,在“Set playback window to temporal”(将回放窗口设置为以下图层的时态范围)下方设置选择追踪图层 JFT,该项设置会调整回放窗口的开始和结束时间;在“Set the playback”(设置回放速率)中设置回放速率,即每秒为多少天,单击下拉箭头可以选择单位。

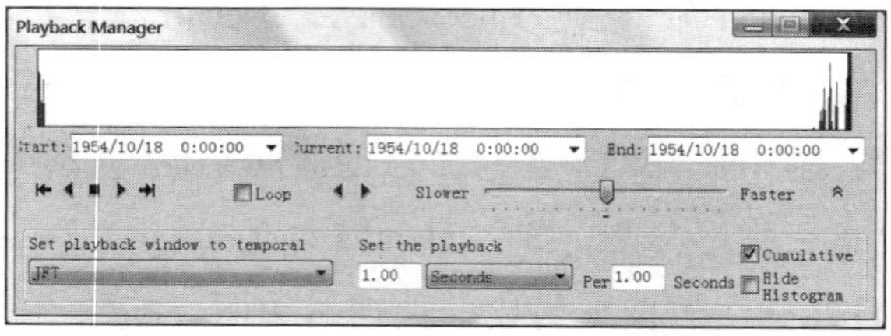

图 8－58

④准备好以后,可以点击播放按钮进行播放。如图 8－59 所示,在播放之前确保窗口中箭头所示红色指示器在窗口最左侧边缘。受到数据限制,动画间隔时间较长,读者可自行调整单位进行设置,当数据进行回放时,可以拖拽红色指示器来调整回放进度。

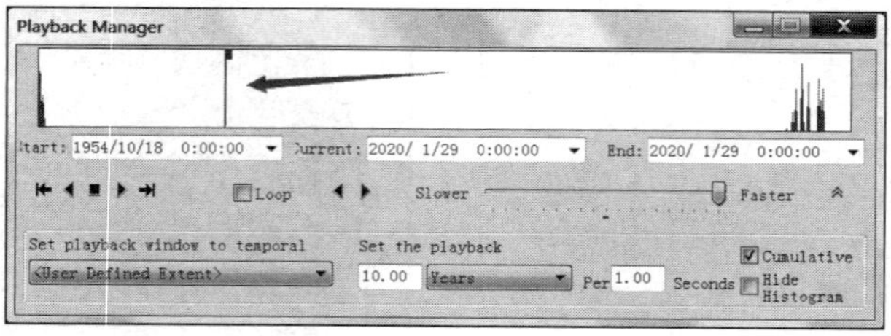

图 8－59

⑤如图 8－60 所示,单击“Tracking Analyst”(追踪分析)中选择“Tracking Analyst”(追踪分析)→“Animation Tool”(动画工具)。

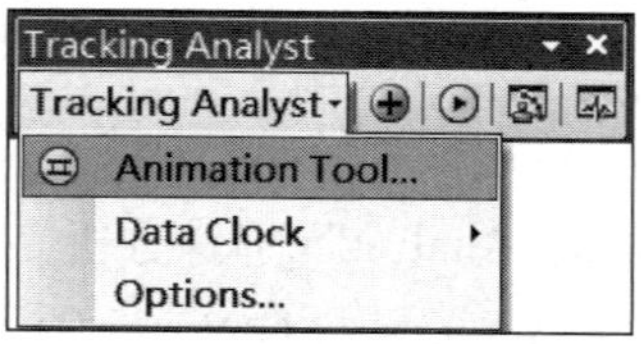

图 8－60

⑥打开新窗口。如图 8－61 所示，在“Date Range”（日期范围）中设置动画的开始日期和结束日期；在“Frame Information”（帧信息）中设置每一帧间隔的单位以及数量；在“Animation Format”（动画格式）中设置输出的动画格式，点击后方“Configure Engine”（配置引擎）可以进一步对动画格式进行设置；在“Frame Size”（帧大小）中设置动画画面大小；在“Save To File”（保存至文件）中设置生成文件的储存位置。通过该工具可以实现动画输出。

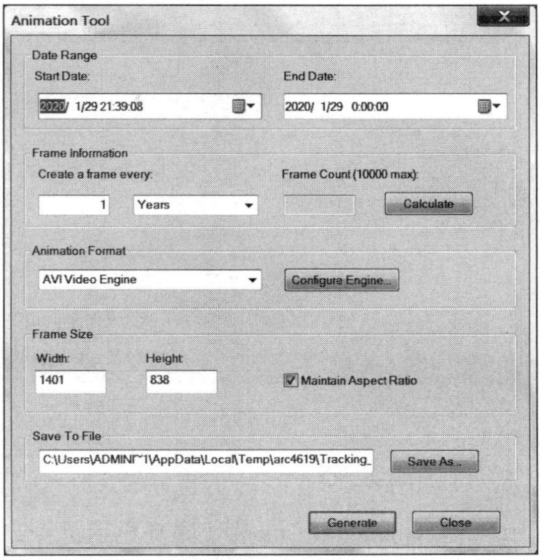

图 8－61

8.3.5　特殊数据的高亮显示

①在 ArcMap 左侧“Table Of Contents”（内容目录）中右键单击追踪图层，选择“Properties”（属性），如图 8－62 所示。

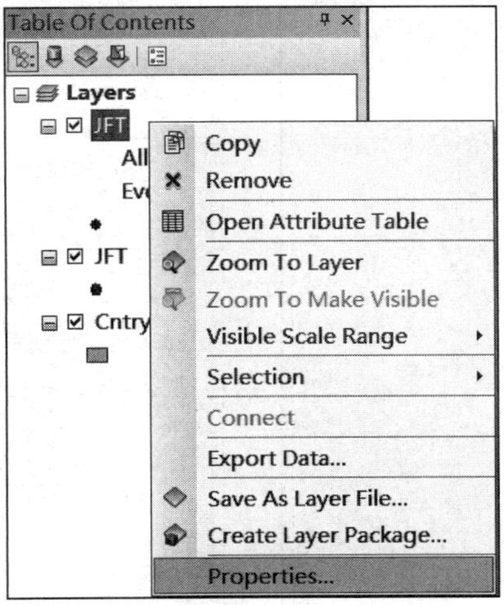

图 8－62

②打开新窗口，如图 8－63 所示，选择“Actions”（操作）选项卡，点击“New Action”（新建操作）按钮。

③打开新窗口，如图 8－64 所示，在“Name the Action”（命名操作）中设置操作名称；在“Type of Action to Create”（要创建的操作类型）中设置为“Highlight/Suppression”（高亮显示/禁止显示）。点击“OK”（确定）。

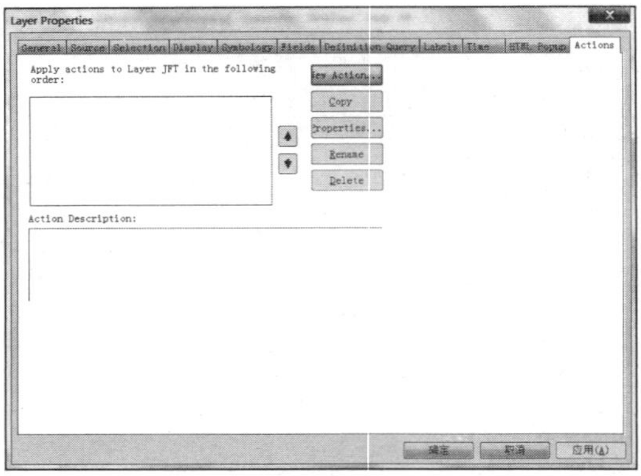

图 8-63

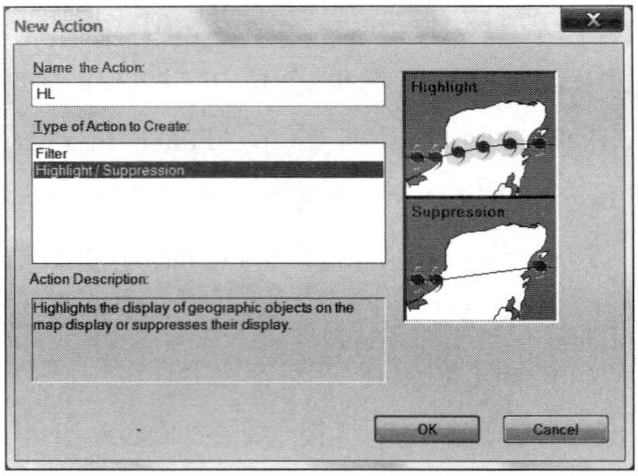

图 8-64

④如图 8-65 所示，出现新窗口。在“Type”（类型）中设置为“Highlight”（高亮显示）；在“Highlight Symbol”（高亮显示符号）中点击按钮，可以设置编辑显示符号；在“How the action will be triggered”（操作触发方式）中设置为“Attribute Query”（属性查询），此时下方“Query Builder”（查询构建器）变为可用状态，单击该按键打开新窗口。在此处设置查询表达式："WIND_MPH" > =80，如图 8-66 所示，单击“OK”（确定），返回上一级对话框。

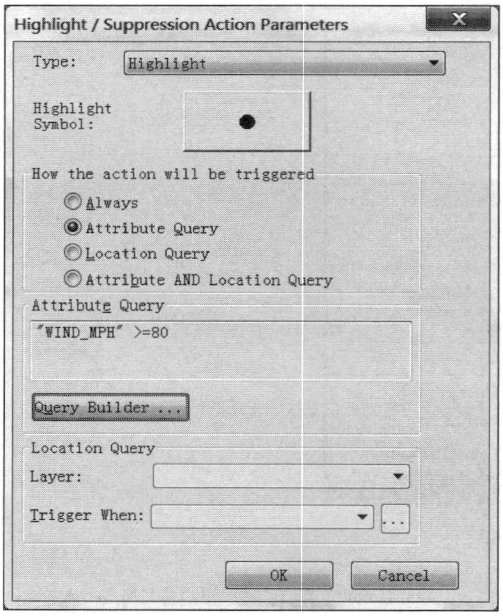

图 8-65

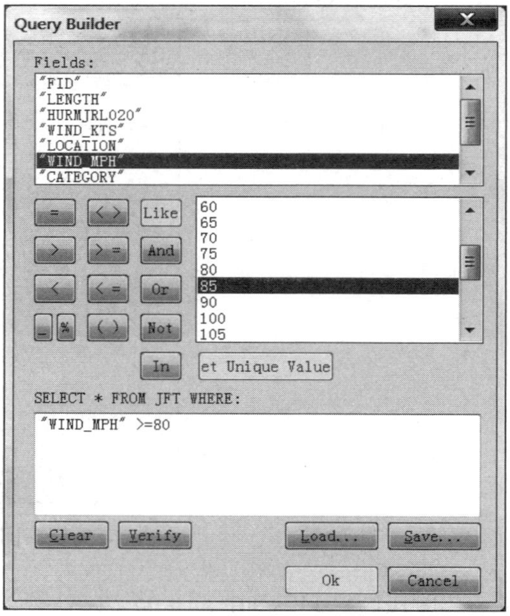

图 8-66

⑤连续单击“OK”（确定），返回 ArcMap 界面。高亮显示结果如图 8-67 所示。

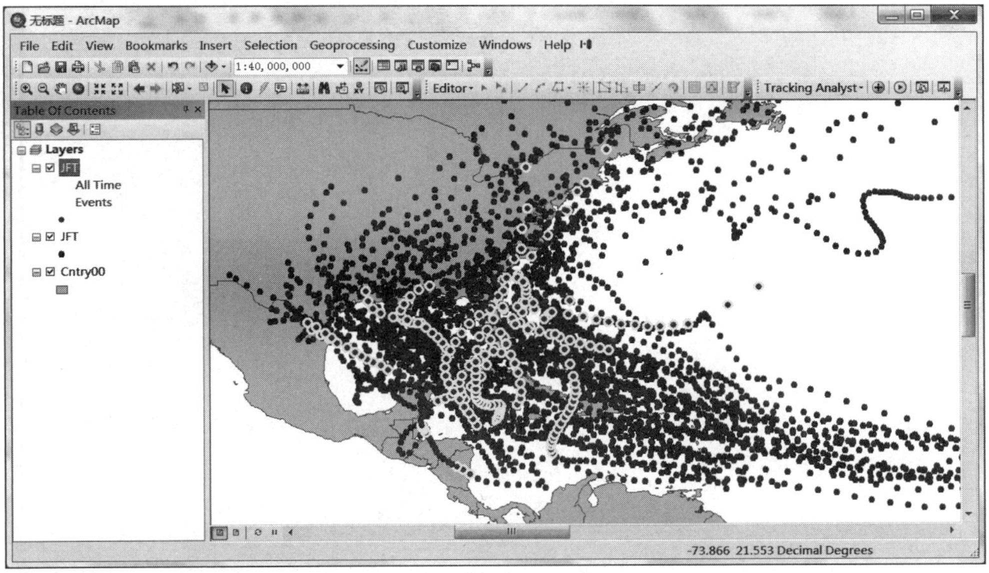

图 8－67

8.4　本章小结

本章为基础的矢量数据空间分析操作。通过本章学习读者应当了解矢量数据空间分析的原理及操作，掌握空间矢量数据的缓冲区分析、叠加分析等空间分析基本操作和操作结果。在进行矢量数据的空间分析过程中，最重要的前提是要弄清楚目标和条件，灵活组合各种分析工具，取得所需的分析结果。

第9章

栅格数据的空间分析

9.1 栅格分析准备工作
9.2 距离制图
9.3 密度制图
9.4 栅格插值
9.5 统计分析
9.6 重分类
9.7 栅格计算器
9.8 多元分析
9.9 本章小结

栅格数据的空间分析是 GIS 空间分析的重要基础。栅格数据直接记录数据信息本身,数据信息量更为具体,非常有利于数据处理与分析。本章将介绍栅格数据的 GIS 空间分析操作,结合具体实验操作数据,方便读者把握各种 GIS 分析工具对栅格数据处理的影响。

9.1 栅格分析准备工作

①打开 ArcMap 应用程序。单击 ArcMap 上方菜单栏"Customize"(自定义)按钮,下拉菜单选择"Extensions"(扩展模块),如图 9-1 所示。

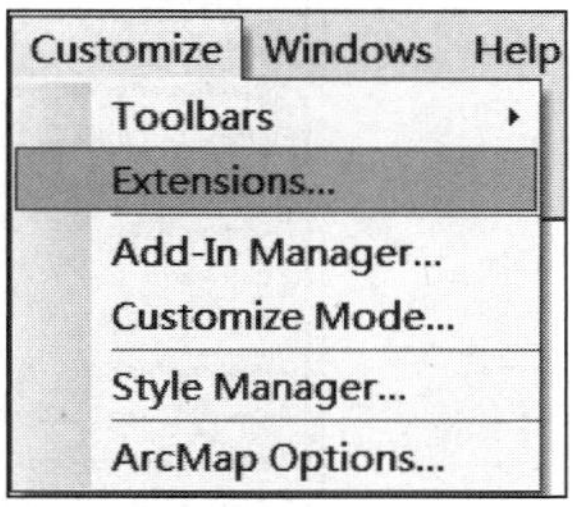

图 9-1

②打开新窗口。如图 9-2 所示,勾选"Spatial Analyst"(空间分析)。勾选完成后点击"Close"(关闭)关闭窗口。

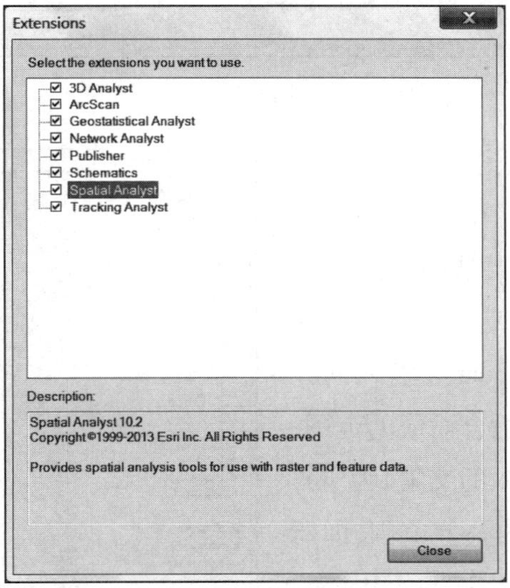

图 9-2

③单击 ArcMap 上方菜单栏"Geoprocessing"(地理处理),下拉菜单选择"Environments"(环境),如图 9-3 所示。

④打开新窗口,如图 9-4 所示,点击展开"Workspace"(工作空间),设置"Current Workspace"(当前工作空间)和"Scratch Workspace"(临时工作空间)的储存路径。当前工作空间是指为当前运行分析工具时,获得的输出和输入文件的储存位置;临时工作空间是指任何工具生成的临时输出和输入文件放置的位置。

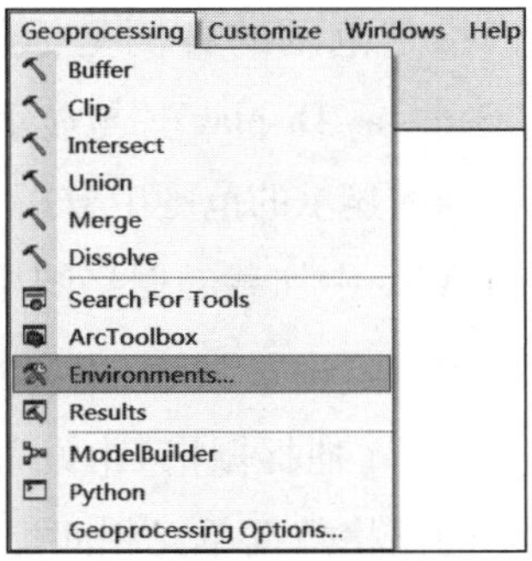

图 9-3

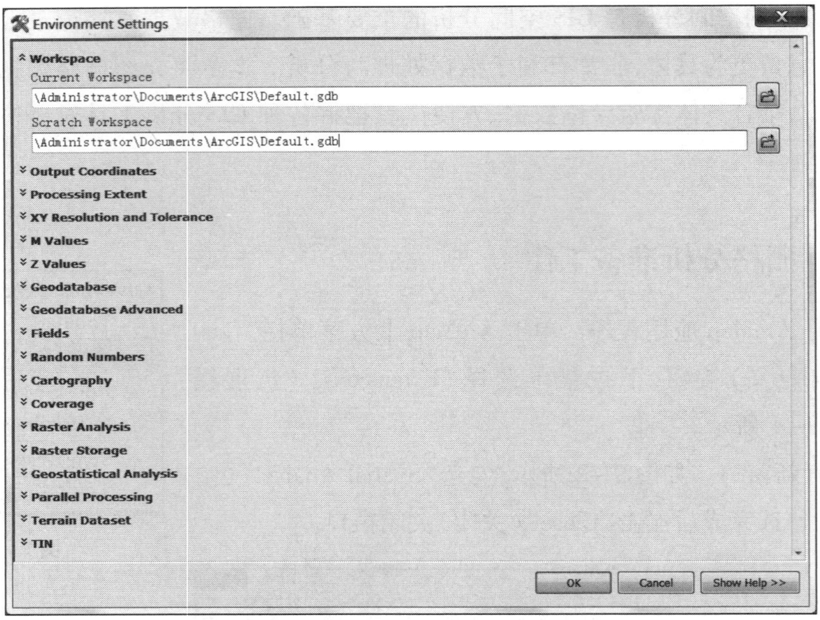

图 9－4

⑤如图 9－5 所示，点击展开“Processing Extent”（处理范围）。在“Extent”（范围）中，点击箭头，根据需要选择合适的选项：“Default”（默认）即由使用的工具来决定分析范围；“Union of Inputs”（输入的并集）为所有输入栅格数据组合而成的范围；“Intersection of Input”（输入的交集）为所有输入要素或者栅格数据的叠置范围，即所有数据的相交范围；“As Specified Below”（如下面的指定）即在下方数据框中输入矩形指定范围的各侧坐标（上、下、左、右）；“Same as Display”（与显示相同）即在地图中当前显示的范围中分析；“Same as layer ＊＊＊”（与图层＊＊＊相同）即分析范围会同ArcMap 中加载的栅格图层一致（该选项只有在 ArcMap 中加载了栅格数据后才会显示）；也可以点击按钮，选择其他栅格文件，以它们的坐标范围作为当前分析范围。在“Snap Raster”（捕捉栅格）中设置栅格数据集的捕捉范围，输出生成的所有栅格数据单元都与指定的栅格数据单元相匹配。

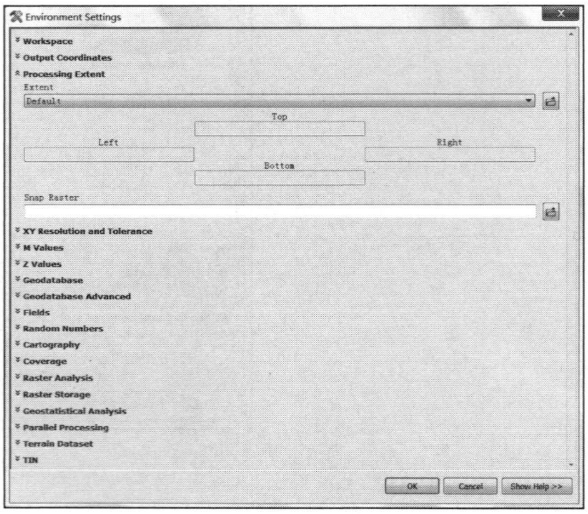

图 9－5

⑥如图 9－6 所示，点击展开“Output Coordinates”（输出坐标系）。在“Output Coordinate System”（输出坐标系）中根据需要选择合适的选项：“Same as Input”（与输入相同）

即与输入的有坐标的要素坐标系统相同；“As Specified Below”（如下面的指定）即输出要素将按照下面所指定的新的坐标系统；“Same as Display”（与显示相同）即使用当前数据显示的坐标系；“Same as layer ＊＊＊”（与图层＊＊＊相同）即采用已经加载到 ArcMap 中的与图层＊＊＊相同的坐标系统（该选项只有在 ArcMap 中加载了栅格数据后才会显示）。

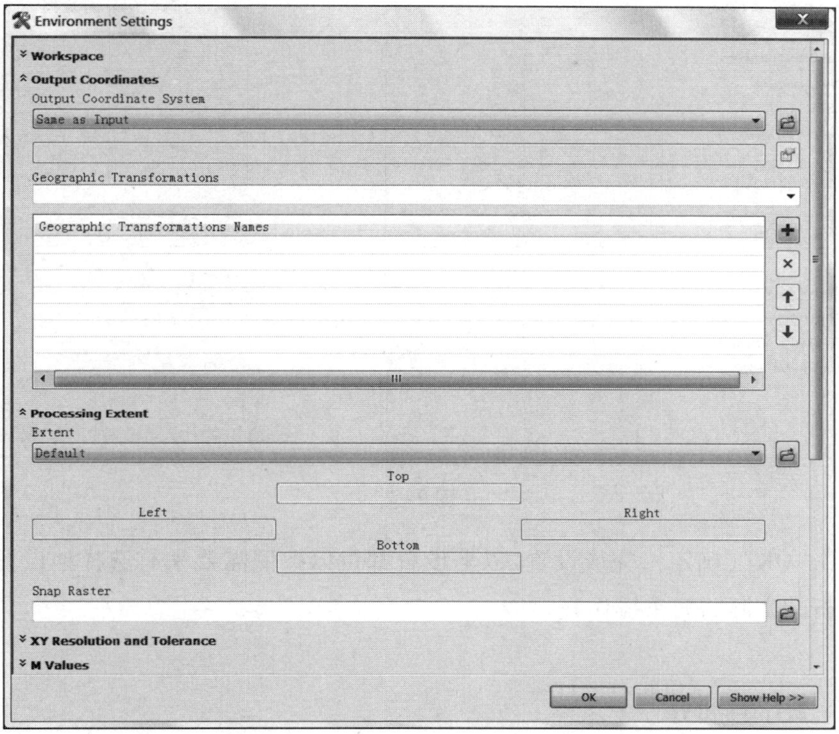

图 9－6

⑦如图 9－7 所示，点击展开“Raster Analysis”（栅格分析）。单击“Cell Size”（像元大小），点击箭头，根据需要选择合适的选项：“Maximum of Inputs”（最大输入数）即设置栅格数据集中最大的像元值；“Minimum of Inputs”（最小输入数）即设置栅格数据集中最小的像元值；“As Specified Below”（如下面指定）即在下方数据框中输入指定的像元大小值；“Same as layer ＊＊＊”（与图层＊＊＊相同）即栅格像元大小同 ArcMap 中加载的栅格图层一致（该选项只有在 ArcMap 中加载了栅格数据后才会显示）；也可以通过点击按钮，选择文件夹中其他已经保存的栅格数据，用它的栅格像元大小作为分析过程中的栅格像元大小。在“Mask”（掩膜）中，选择已经创建的掩膜数据，从而设置局部分析区域，区域外的栅格数据将被指定为 Nodata。

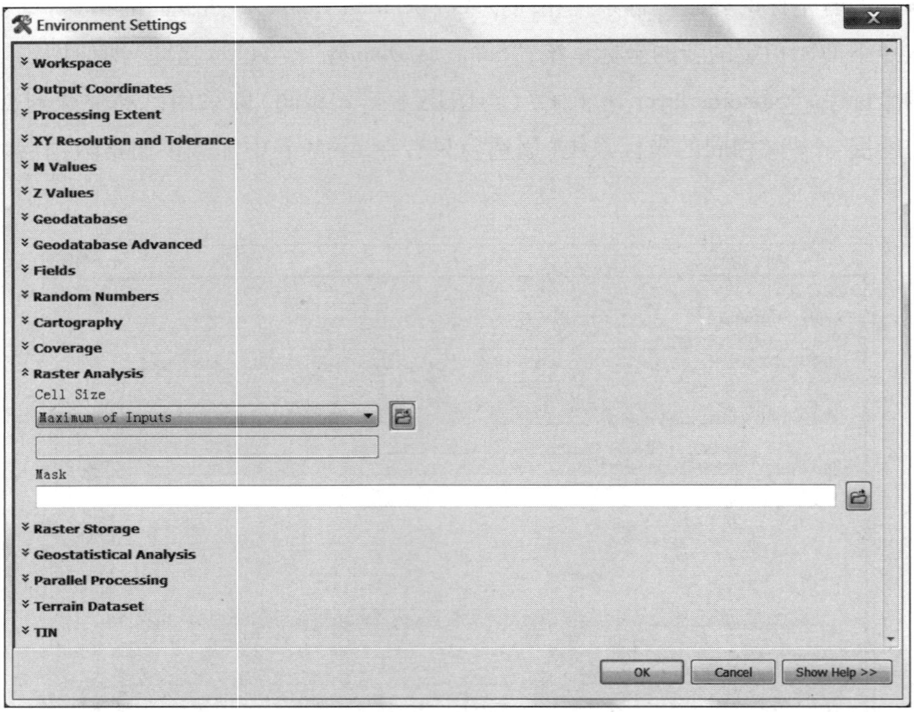

图 9-7

⑧点击“OK”（确定），完成设置（以上设置都可以按照需要来有选择地设置，根据栅格数据分析的实际需要来操作）。

9.2 距离制图

距离制图根据每一栅格距离其最邻近要素的距离分析制图，从而反映每一栅格与其最邻近源的关系。

9.2.1 欧氏距离

欧氏距离是指通过一定的函数计算每个栅格距离最近的分析目标的距离，并根据距离远近对其进行分等定级的工具。欧氏距离工具可以运用在分析某区域受某类环境影响程度、寻找最近设施、计算目标位置到最近设施点距离等分析操作中。

①在 ArcMap 中加载实验源数据（位置：CH9\实验源数据\距离制图\欧氏距离），如图 9-8 所示。

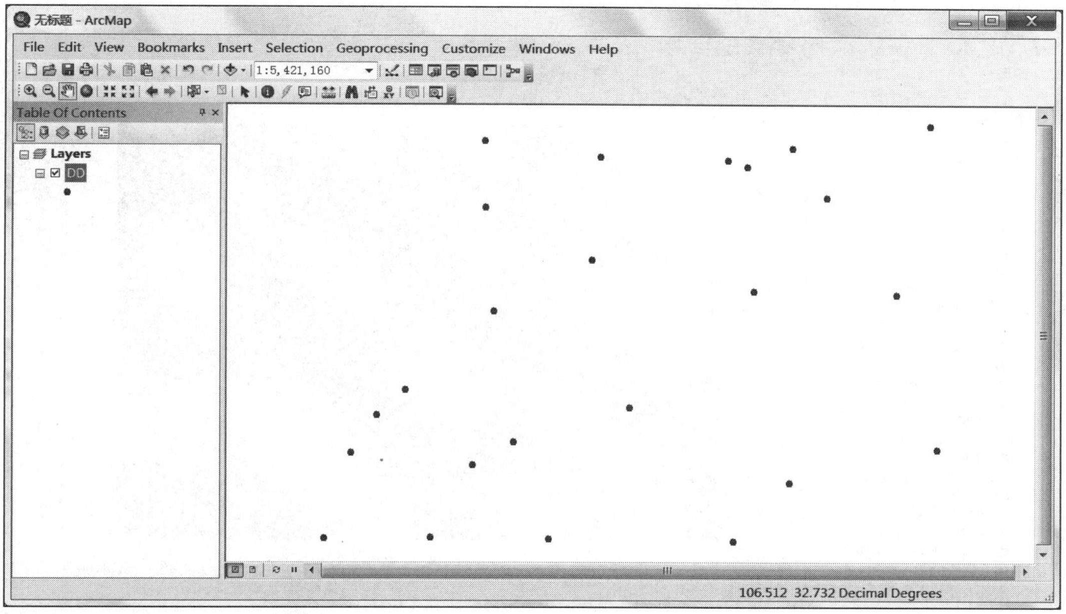

图 9-8

②打开 ArcToolbox，如图 9-9 所示，选择“Spatial Analyst Tools”（空间分析工具）→“Distance”（距离）→“Euclidean Distance”（欧氏距离）。

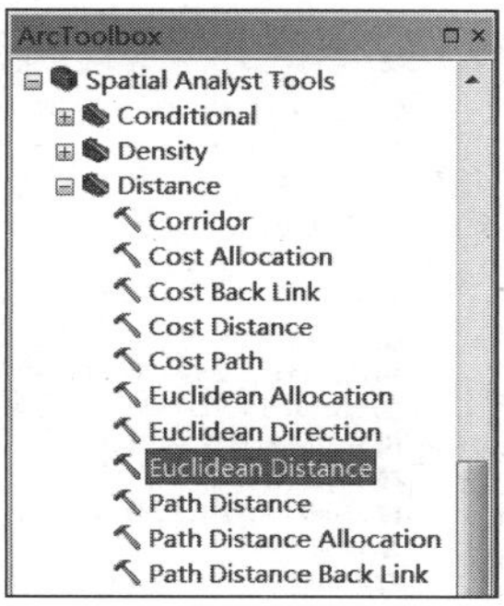

图 9-9

③打开新窗口，如图 9-10 所示，在“Input raster or feature source data”（输入栅格数据或要素源数据）中设置需要进行计算直线距离的数据；在“Output distance raster”（输出距离栅格数据）中设置生成的栅格数据名称和储存路径；在“Maximum distance”（最大距离）中设置最大距离，计算分析将会在最大距离范围内进行，距离以外的地方将直接为空值，如果不输入的话，计算将在整个图层范围内进行；在“Output cell size”（输出像元大小）中设置输出结果数据的栅格大小；在“Output direction raster”（输出方向栅格数据）中设置直线方向数据文件名称和储存路径（该结果如图 9-11 所示）。

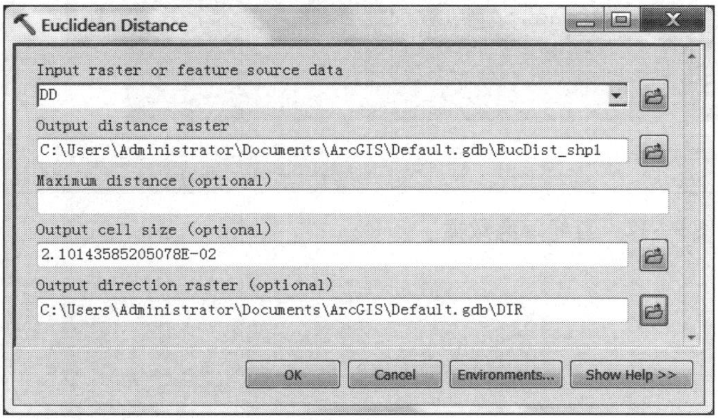

图 9-10

④单击“OK”（确定），完成操作，如图 9-12 所示。

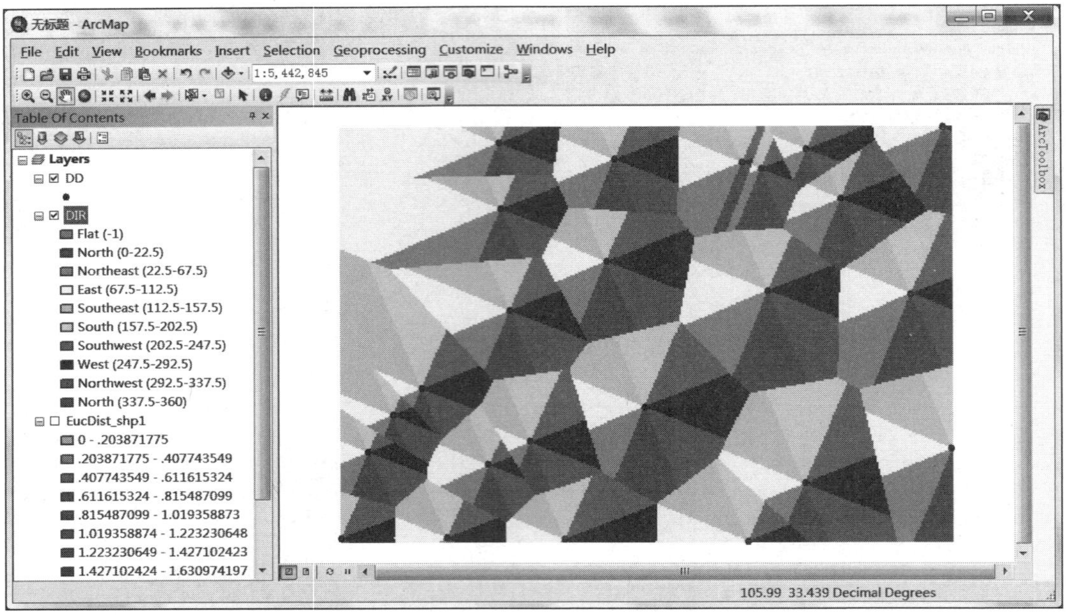

图 9－11　直线方向数据

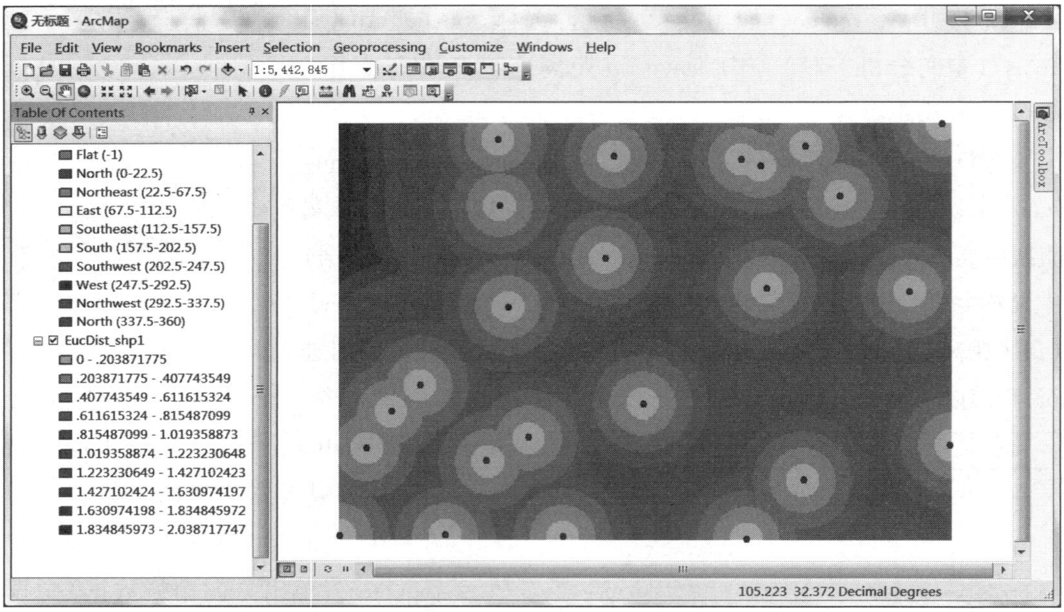

图 9－12　直线距离数据

9.2.2　区域分配

区域分配是指设定各区域到目标点的距离来划分区域归属的工具。该工具通常运用于划分公共设施服务区域及分析各区域公共设施服务完整性等分析操作中。

①在 ArcMap 中加载实验源数据(位置:CH9\实验源数据\距离制图\区域分配),如图 9－13 所示。

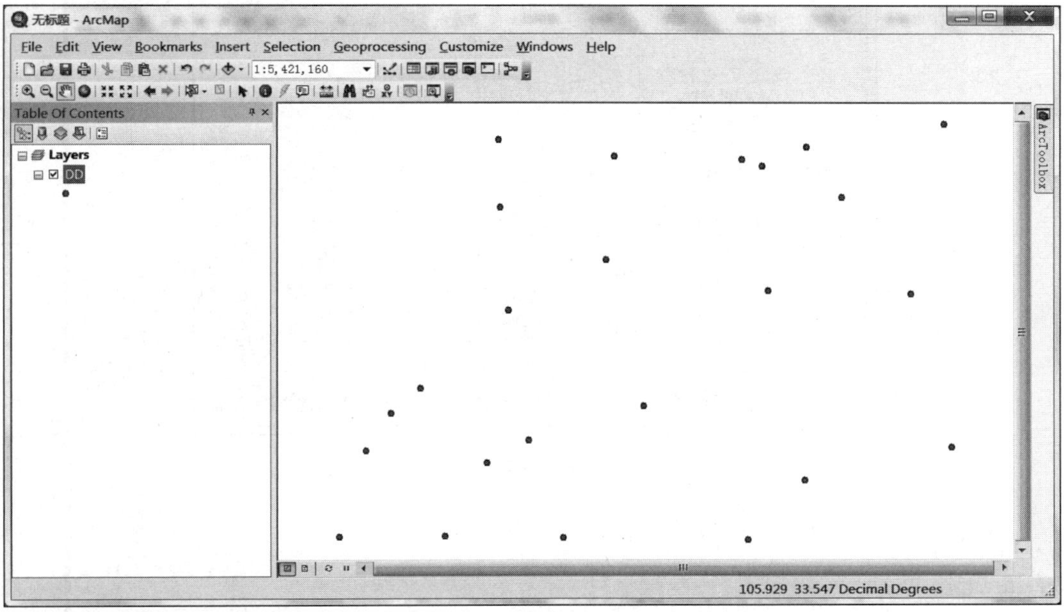

图 9－13

②打开 ArcToolbox,如图 9－14 所示,选择“Spatial Analyst Tools”(空间分析工具)→“Distance”(距离)→“Euclidean Allocation”(欧氏分配)。

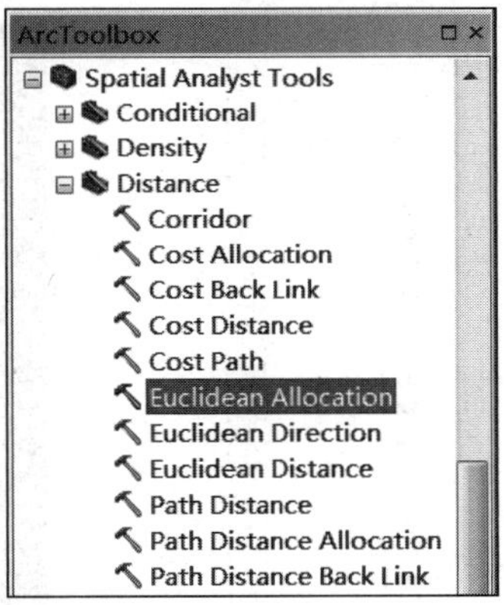

图 9－14

③打开新窗口,如图 9－15 所示,在“Input raster or feature source data”(输入栅格数据或要素源数据)中设置要进行分析的数据;在“Source field”(源字段)中设置用于向源位置分配值的字段,该字段必须为整型;在“Output allocation raster”(输出分配栅格数据)中设置生成文件的名称和储存路径;在“Maximum distance”(最大距离)中设置最大距离,计算分析将会在最大距离范围内进行,距离以外的地方将直接为空值,如果不输入的话,计算将在整个图层范围内进行;在“Input value raster”(输入赋值栅格)中设置标识应该用于每个输入源位置的区域值的输入整型栅格;在“Output cell size”(输出像元大小)设置输出结果的栅格大小;在“Output distance raster”(输出距离栅格数据)文本框设置输出距离数据文件的名称;在“Output direction raster”(输出方向栅格数据)中设置输出方向数据文件名称。

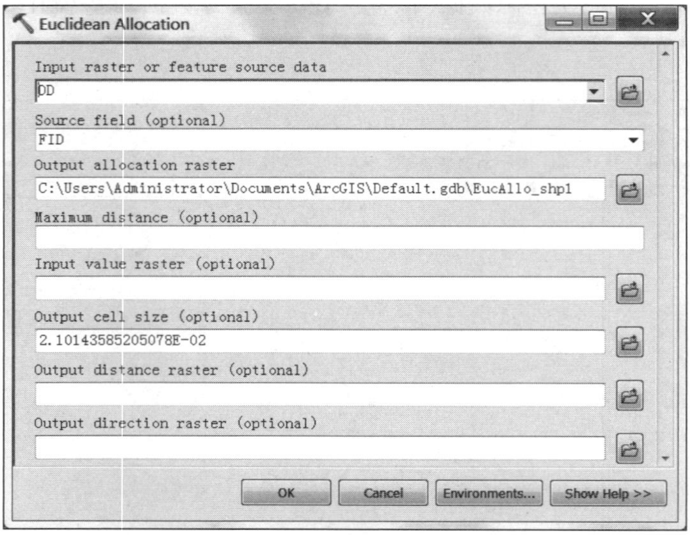

图 9-15

④点击“OK”(确定),完成操作,如图 9-16 所示。

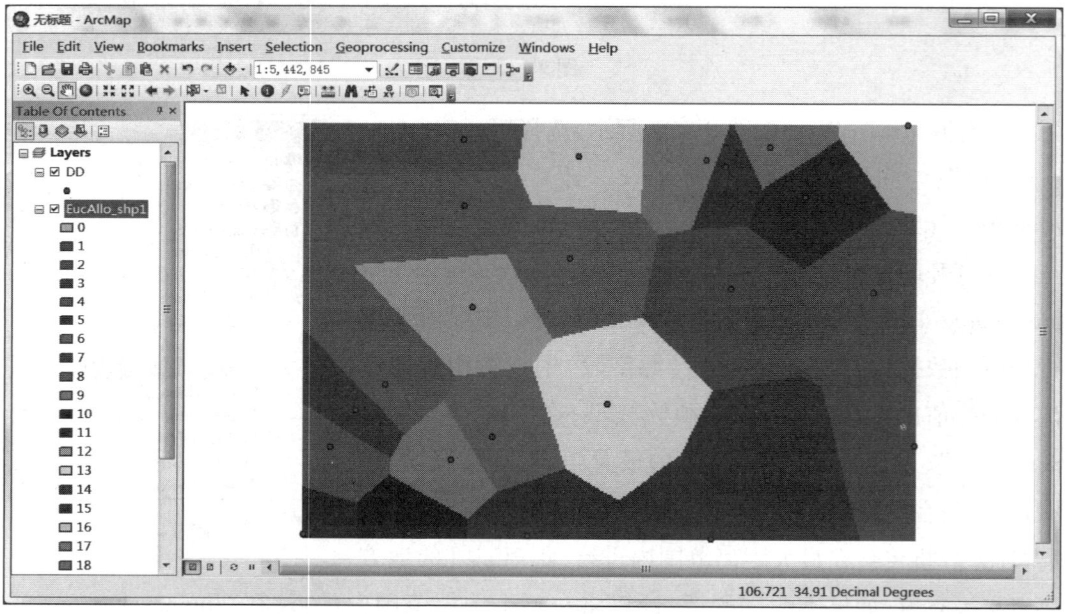

图 9-16

9.2.3 成本距离

成本距离是指在分析各栅格到最近目标的距离时,运用加权函数来分析出包含加权因素在内的距离加权图。成本距离的计算需要成本栅格数据,成本栅格数据即对区域进行特殊赋值,并对计算结果产生加权影响的栅格数据。如土地利用栅格数据,通过对某一特定区域土地利用类型分类并按照适宜度赋值，并在计算距离时将土地利用的适宜性作为成本因素进行分析，这样得到的栅格距离分析结果将不再是单一的要素间的距离，还将土地利用的适宜性作为成本要素考虑进去。

①在 ArcMap 中加载实验源数据（位置：CH9\实验源数据\距离制图\成本距离），如图 9－17 所示。

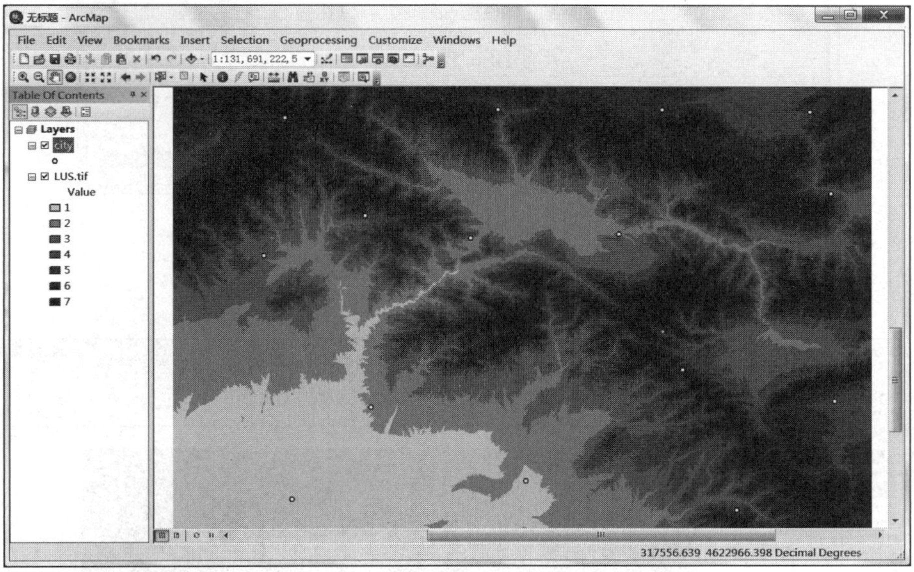

图 9－17

②打开 ArcToolbox，如图 9－18 所示，选择“Spatial Analyst Tools”（空间分析工具）→“Distance”（距离）→“Cost Distance”（成本距离）。

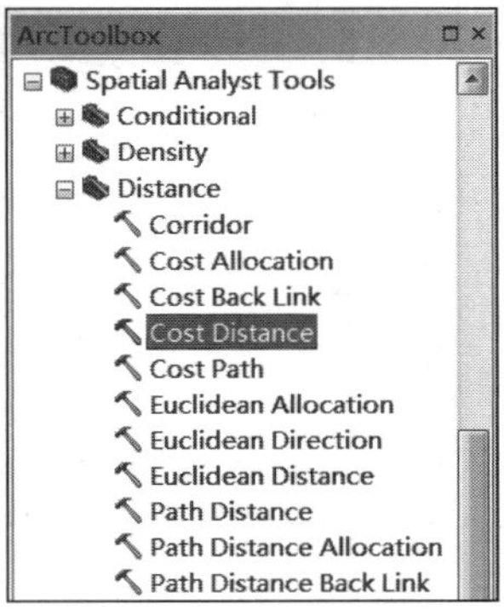

图 9－18

③打开新窗口，如图 9－19 所示，在“Input raster or feature source data”（输入栅格数据或要素源数据）中设置要进行分析的源数据；在“Input cost raster”（输入成本栅格数据）中设置成本数据；在“Output distance raster”（输出距离栅格数据）中设置生成文件的名称和储存路径；在“Maximum distance”（最大距离）中设置最大距离，计算分析将会在源图层周围最大距离范围内进行，距离以外的地方将直接为空值，如果不输入的话，计算将在整个源图层范围内进行；在“Output backlink raster”（输出回溯链接栅格数据）中设置生成输出的回溯链接栅格数据的名称和储存路径。

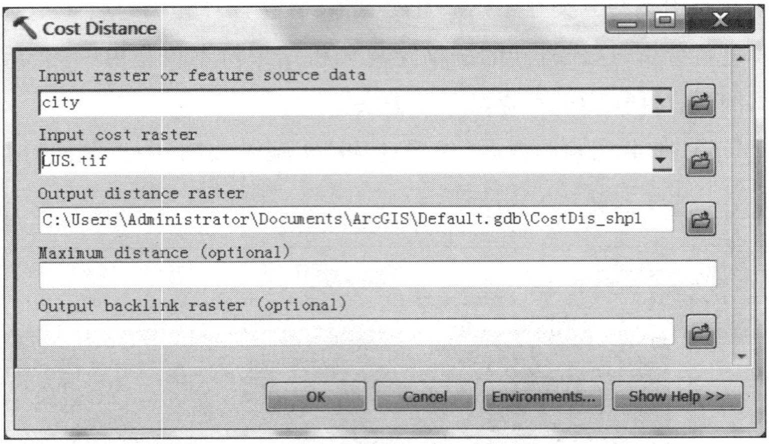

图 9－19

④点击“OK”(确定),完成操作,如图 9－20 所示。

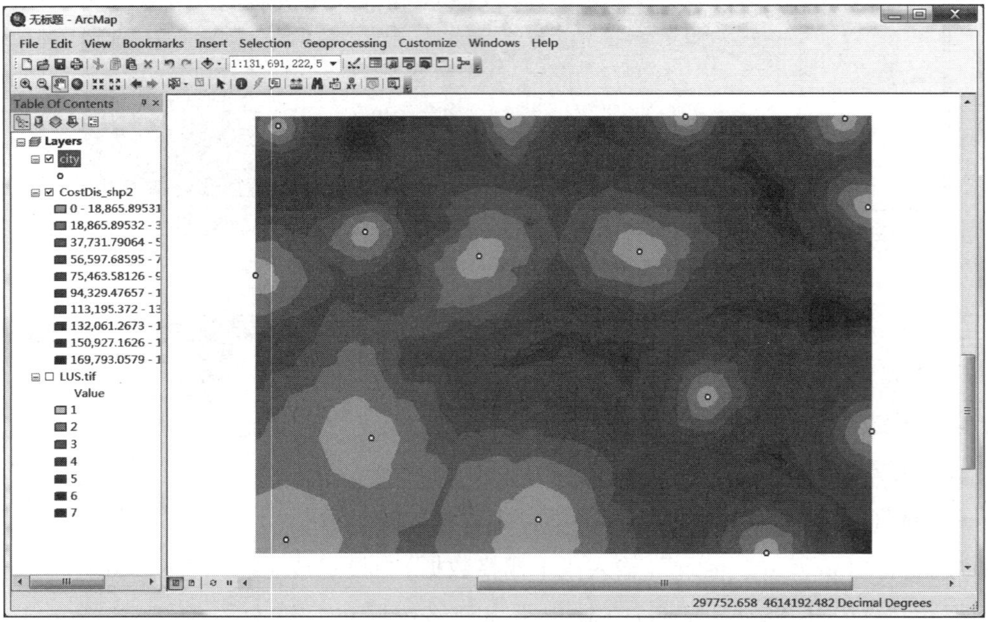

图 9－20

9.2.4 最短路径

①在 ArcMap 中加载实验源数据(位置:CH9\实验源数据\距离制图\最短路径),如图 9－21 所示。

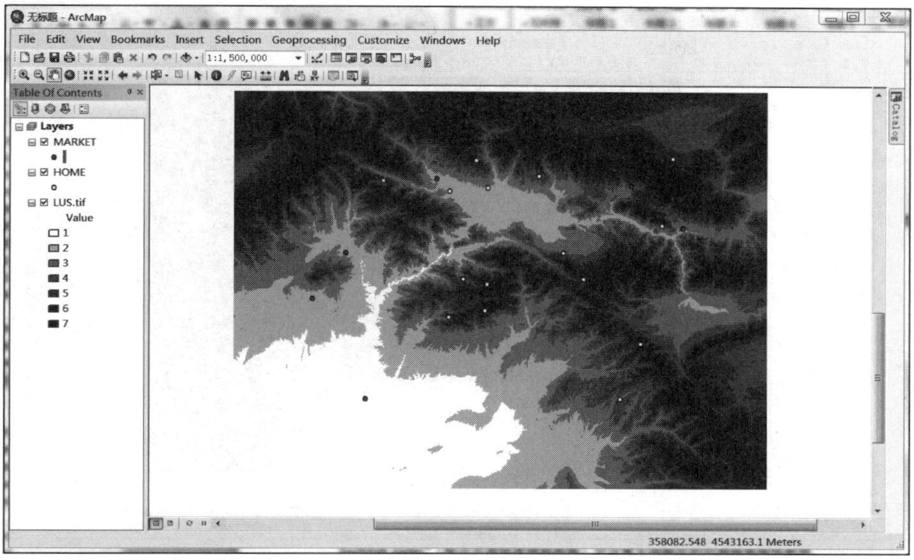

图 9－21

②打开 ArcToolbox，如图 9－22 所示，选择“Spatial Analyst Tools”（空间分析工具）→“Distance”（距离）→“Cost Distance”（成本距离）。

③打开新窗口，如图 9－23 所示，在“Input raster or feature source data”（输入栅格数据或要素源数据）中设置要进行分析的源数据为 MARKET；在“Input cost raster”（输入成本栅格数据）中设置成本数据；在“Output distance raster”（输出距离栅格数据）中设置生成文件的名称和储存路径；在“Maximum distance”（最大距离）中设置最大距离，计算分析将会在源图层周围最大距离范围内进行，距离以外的地方将直接为空值，如果不输入的话，计算将在整个源图层范围内进行；在“Output backlink raster”（输出回溯链接栅格数据）中设置生成输出的回溯链接栅格数据的名称和储存路径。

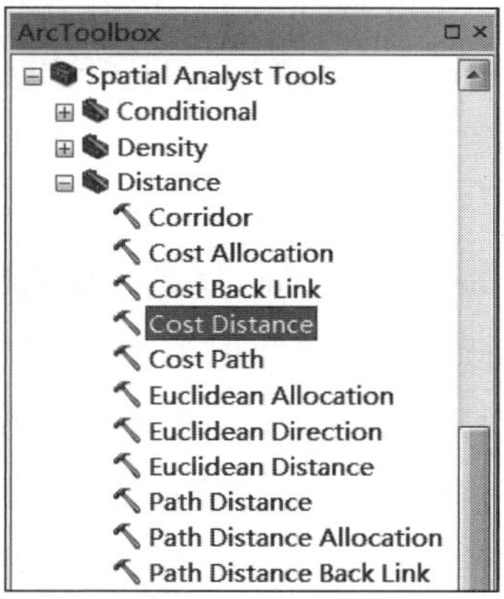

图 9－22

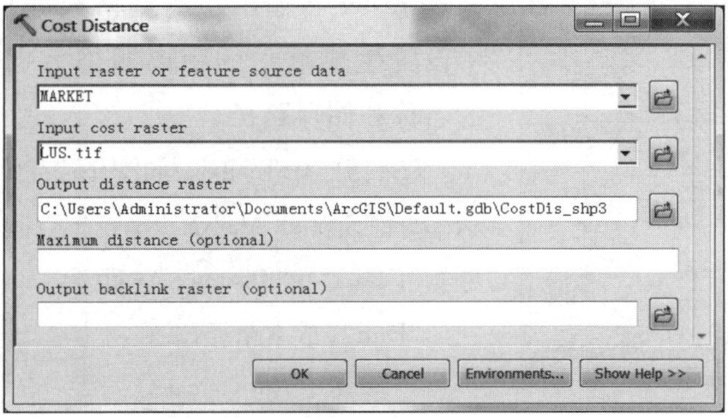

图 9－23

④点击“OK”（确定），完成操作，如图 9－24 所示。

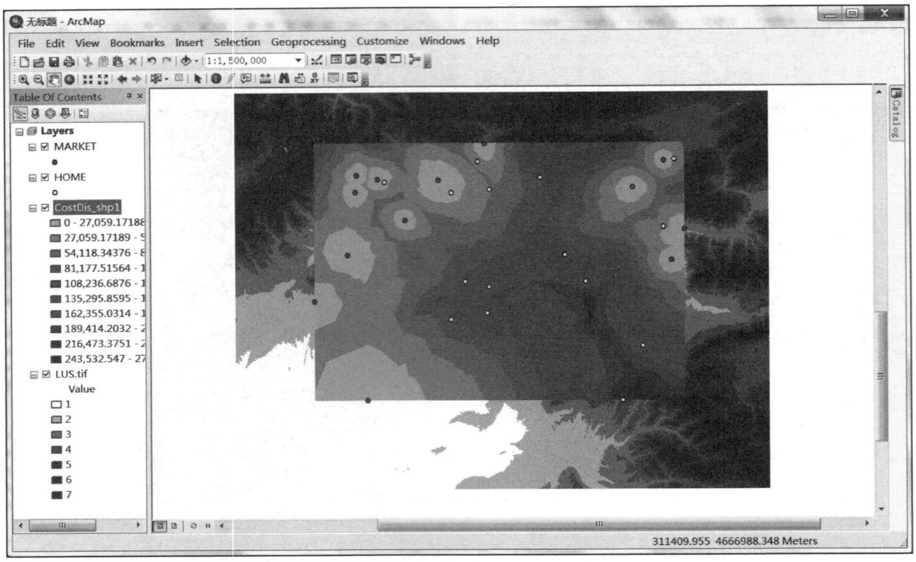

图 9-24

⑤选择“Spatial Analyst Tools”(空间分析工具)→“Distance”(距离)→“Cost Back Link”(成本回溯链接),如图 9-25 所示。

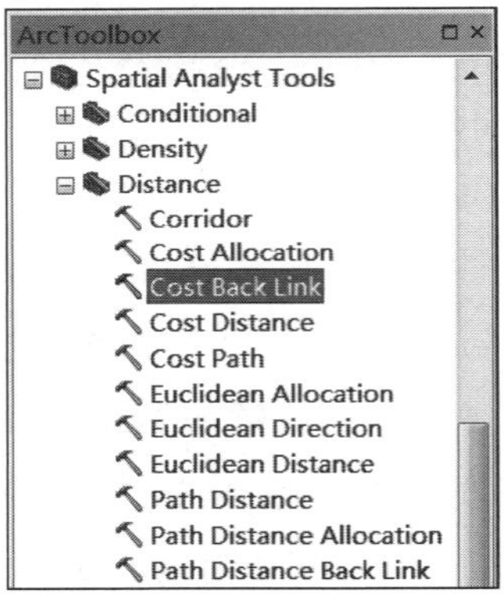

图 9-25

⑥打开新窗口,如图 9-26 所示,在“Input raster or feature source data”(输入栅格数据或要素源数据)中设置要进行分析的源数据为 MARKET;在“Input cost raster”(输入成本栅格数据)中设置成本数据;在“Output backlink raster”(输出回溯链接栅格数据)中设置生成文件的名称和储存路径;在“Maximum distance”(最大距离)中设置最大距离,计算分析将会在源图层周围最大距离范围内进行,距离以外的地方将直接为空值,如果不输入的话,计算将在整个源图层范围内进行;在“Output distance raster”(输出距离栅格数据)中设置生成输出的距离栅格数据的名称和储存路径。

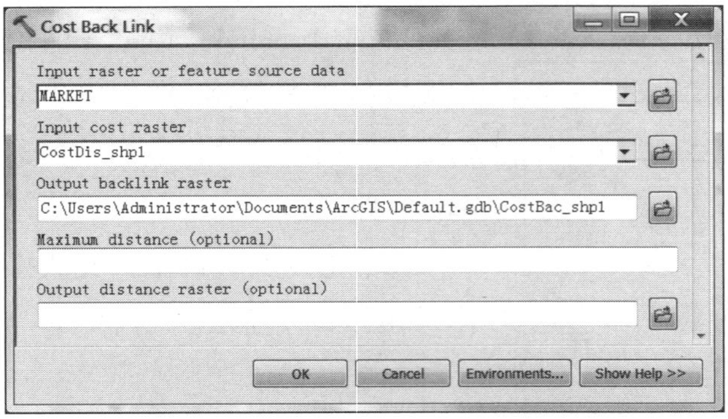

图 9-26

⑦打开 ArcToolbox,如图 9-27 所示,选择“Spatial Analyst Tools”(空间分析工具)→“Distance”(距离)→“Cost Path”(成本路径)。

⑧打开新窗口，如图 9－28 所示，在“Input raster or feature source data”（输入栅格数据或要素源数据）中设置要进行分析的源数据为 HOME；在“Destination field”（目标字段）中设置用于获得目标位置的值的字段；在“Input cost distance raster”（输入成本距离栅格数据）中设置距离栅格数据为 CostDis_shp1；在“Input cost backlink raster”（输入成本回溯链接栅格数据）中设置回溯栅格数据为CostBac_shp1；在“Output raster”（输出栅格数据）中设置生成文件的名称和储存路径；在“Path type”（路径类型）中设置生成的最短路径计算方法：“EACH_CELL”即系统会单独处理输入目标数据的每个像元，并确定每个“起始”像元的最小成本路径，“EACH_ZONE”即系统对于输入目标数据上的每个区域，会确定最小成本路径并将该路径保存在输出栅格上，“BEST_SINGLE”即系统对于输入目标数据上的所有像元，将从具有最小成本路径的最小值的像元到源像元之间获得，此处选择“EACH_CELL”。

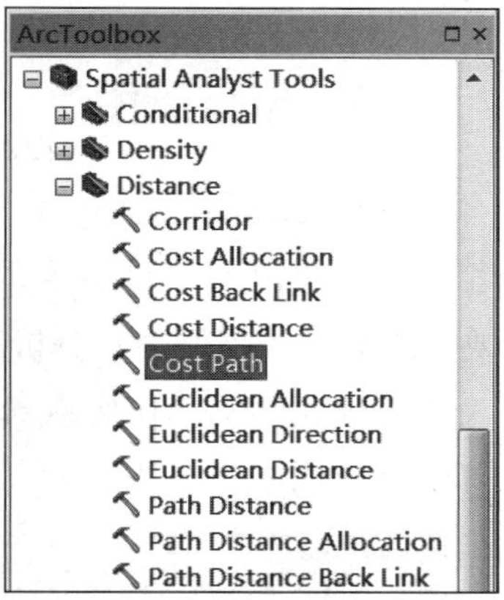

图 9－27

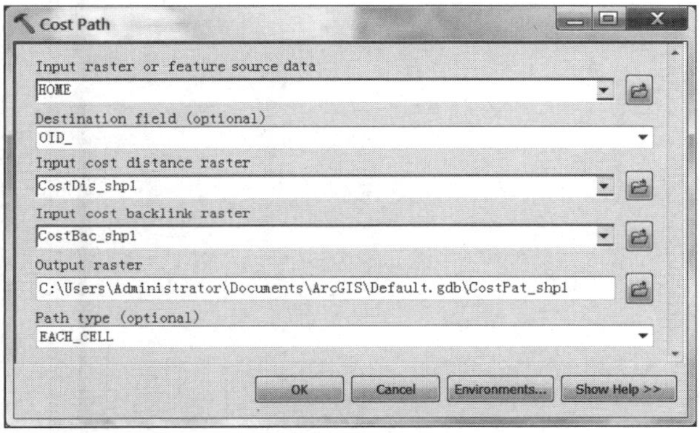

图 9－28

⑨点击“OK”（确定），完成操作，如图 9－29 所示。

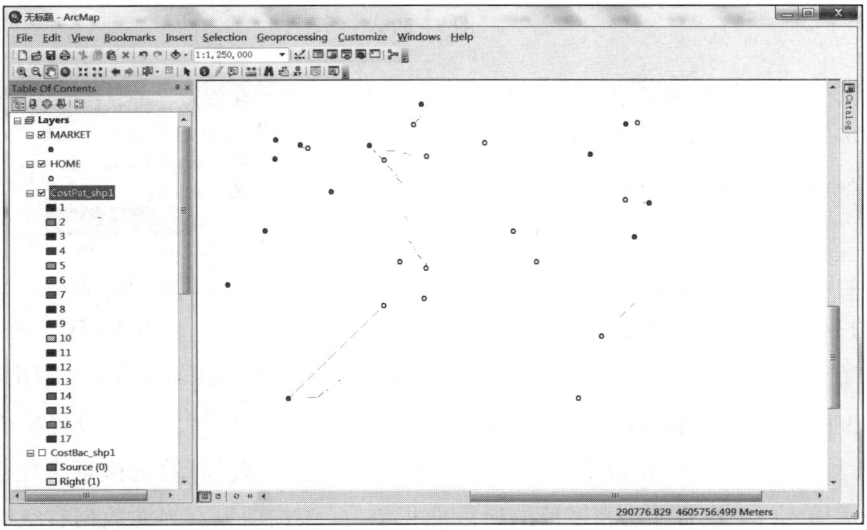

图 9－29

9.3　密度制图

核密度分析工具用于计算目标要素在其周围邻域中的密度。此工具既可计算点要素的密度,也可计算线要素的密度。核密度分析可以用来分析区域的设施密度,其中反映设施数量的字段会对分析结果产生加权影响。

①在 ArcMap 中加载实验源数据(位置:CH9\实验源数据\密度制图),如图 9-30 所示。

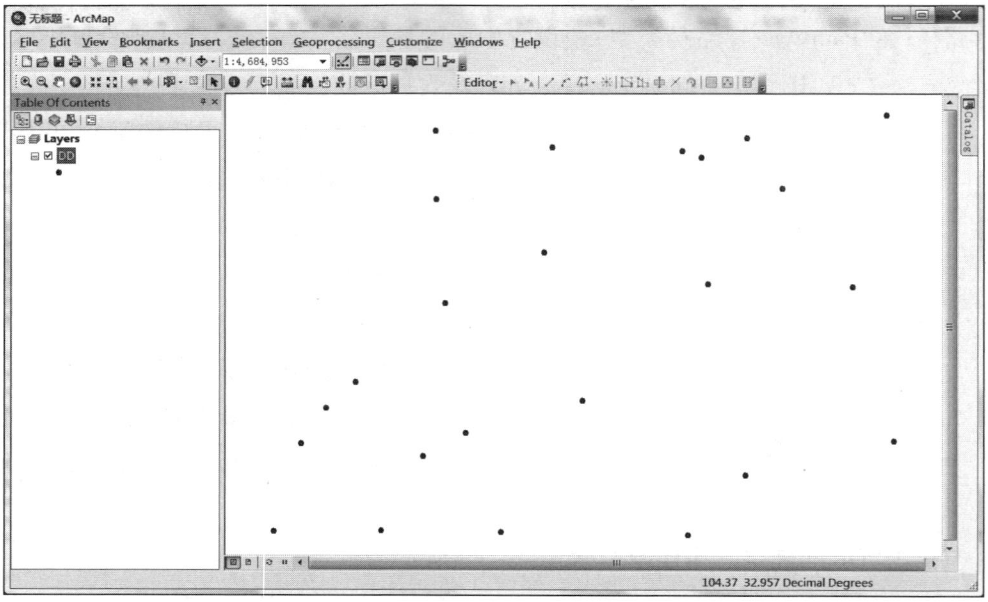

图 9-30

②打开 ArcToolbox,如图 9-31 所示,选择"Spatial Analyst Tools"(空间分析工具)→"Density"(密度分析)→"Kernel Density"(核密度分析)。

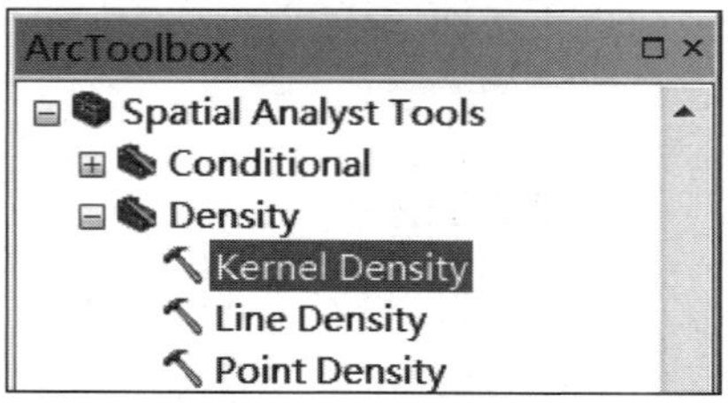

图 9-31

③打开新窗口,如图 9-32 所示,在"Input point or polyline features"(输入点或折线要素)中设置需要进行分析的源数据;在"Population field"(Population 字段)中设置参与密度计算的属性字段,默认为 none(没有);在"Output raster"(输出栅格)中设置生成的数据名称和储存路径;在"Output cell size"(输出像元大小)中设置生成栅格数据的栅格大小;在"Search radius"(搜索半径)中设置要进行密度计算的搜索半径;在"Area units"(面积单位)中设置输出密度值的所需面积单位(该选项只有当源数据有空间参考投影时为可选),可选选项有"SQUARE_MAP_UNITS"即在下面单位为未知,用于输出空间参考的线性单位的平方,"SQUARE_MILES"用于英尺、码、英里或海里,"SQUARE_KILOME-

TERS”用于米或千米,“SQUARE_INCHES”用于英寸,SQUARE_CENTIMETERS 用于厘米,“SQUARE_MILLIMETERS”用于毫米。

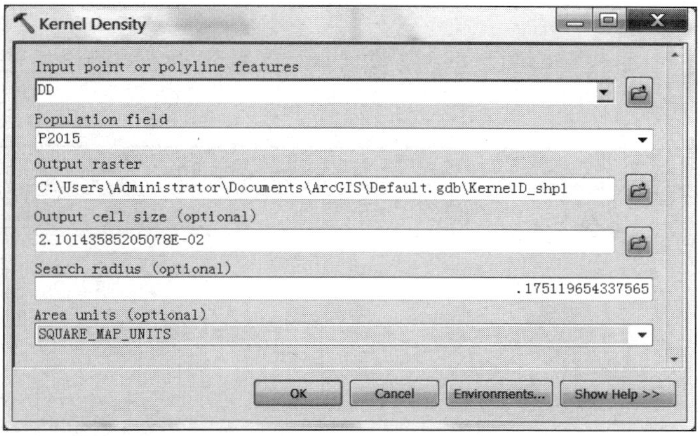

图 9-32

④点击“OK”(确定),完成操作,如图 9-33 所示。

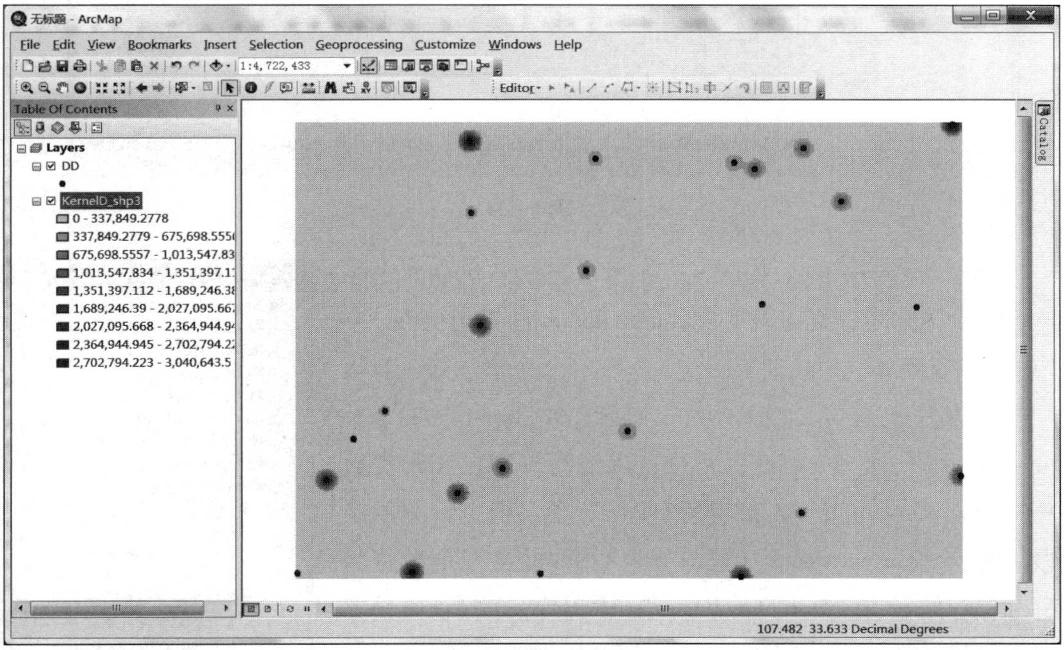

图 9-33

9.4　栅格插值

栅格插值可以根据目标数据中有限的样本值预测未知区域的像元值。栅格插值共有 5 种插值方式,它们采用了不同的插值方法估计像元值。接下来我们将通过对同一组数据的不同插值方法，来了解不同的栅格差值方式产生的不同的插值结果。

9.4.1 反距离权重插值(IDW)

①在 ArcMap 中加载实验源数据(位置:CH9\实验源数据\栅格插值\反距离权重插值)，如图 9－34 所示。

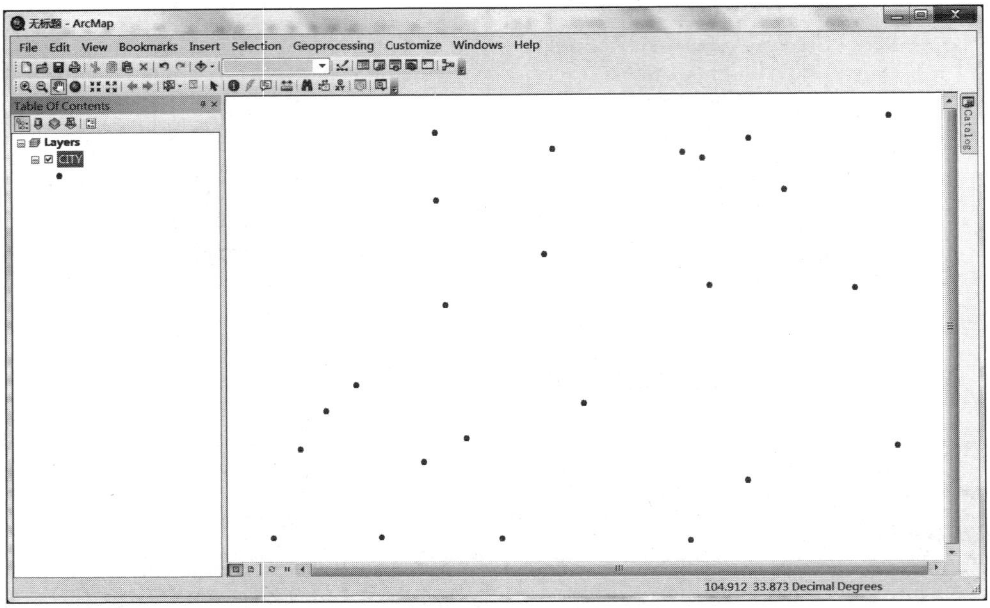

图 9－34

②打开 ArcToolbox，如图 9－35 所示，选择“Spatial Analyst Tools”(空间分析工具)→“Interpolation”(插值分析)→“IDW”(反距离权重插值)。

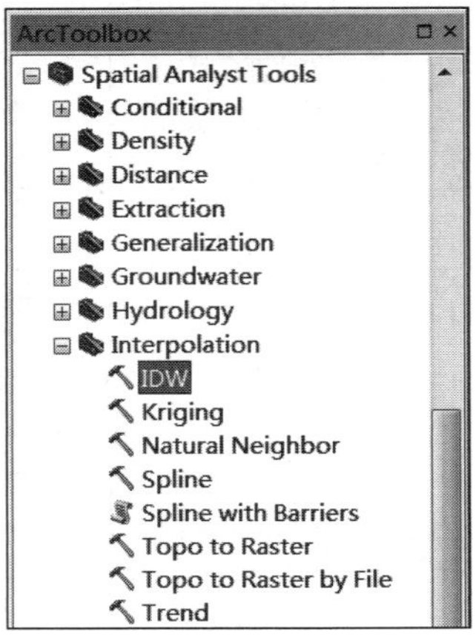

图 9－35

③打开新窗口，如图 9－36 所示，在“Input point features”(输入点要素)中设置要进行内插计算的点要素类数据；在“Z value field”(Z 值字段)中设置参与内插计算的字段名称；在“Output raster”(输出栅格)中设置生成的数据名称和储存路径；在“Output cell size”(输出像元大小)中设置输出栅格的像元大小；在“Power”(幂)中设置 IDW 的幂值，该值会影响内插值周围点的显著性，幂值越高，远点数据的影响就会越小，它可以是任何大于 0 的实数，但是用从 0.5 到 3 的值可以获得最合理的结果，默认值为 2；在“Search radius”(搜索半径)中设置搜索半径类型，“Variable”(变量)即可变搜索半径，该选项在进行内插值计算时，样本点的个数是固定的(默认为 12)，但搜索距离取决于插值单元周围样本点的密度，密度越大半径越小，如果在下面的“Maximum distance”（最大距离）中输入最大搜索半径值，将会限制对最邻近输入采样点的搜索，“Fixed”（固定）即搜索半径为固定值，使用指定的固定距离，将利用此距离范围内的所有输入点进行插值，在下面的“Minimum number of points”（最小点数）文本框中设置最小点数，如果在指定距离内没有找到所需点数，则将增加搜索半径，直至找到指定的最小点数；在“Input barrier polyline features”（输入折线障碍要素）中可设置中短线文件，以此来表示地理要素中的悬崖、峭壁、海岸等，借此可以限制插值计算。

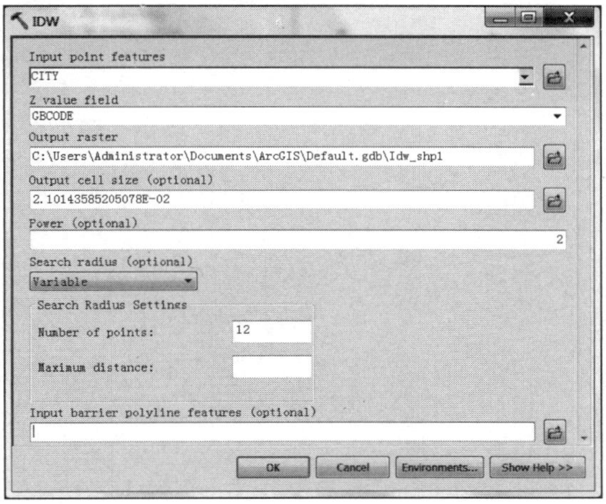

图 9-36

④点击“OK”（确定），完成操作，如图 9-37 所示。

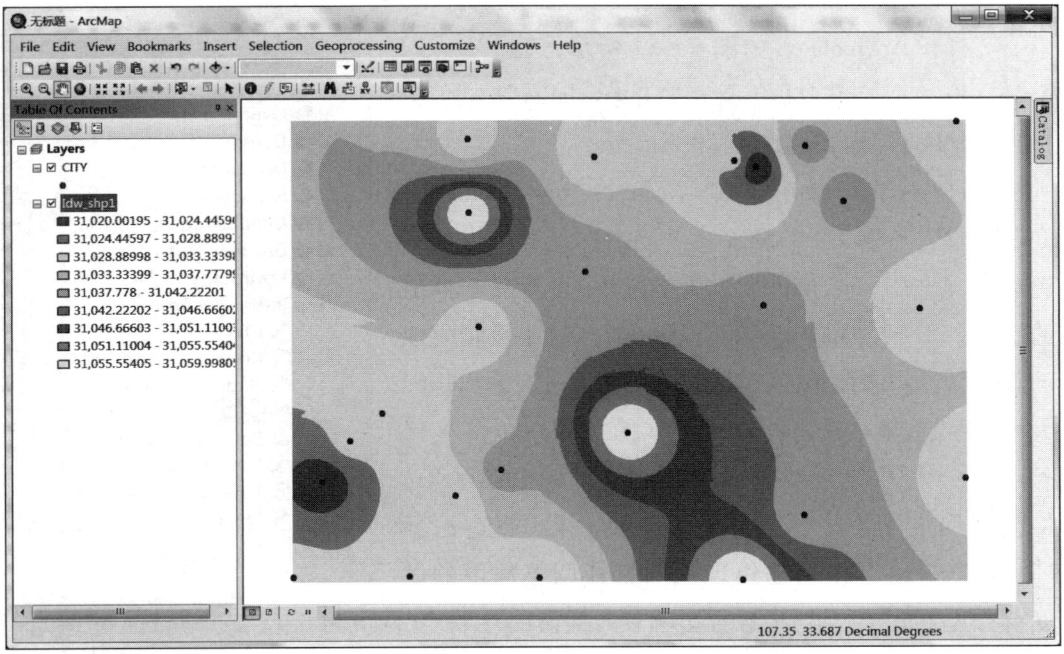

图 9-37

9.4.2 样条函数插值(Spline)

①在 ArcMap 中加载实验源数据(位置:CH9\实验源数据\栅格插值\样条函数插值),如图 9-38 所示。

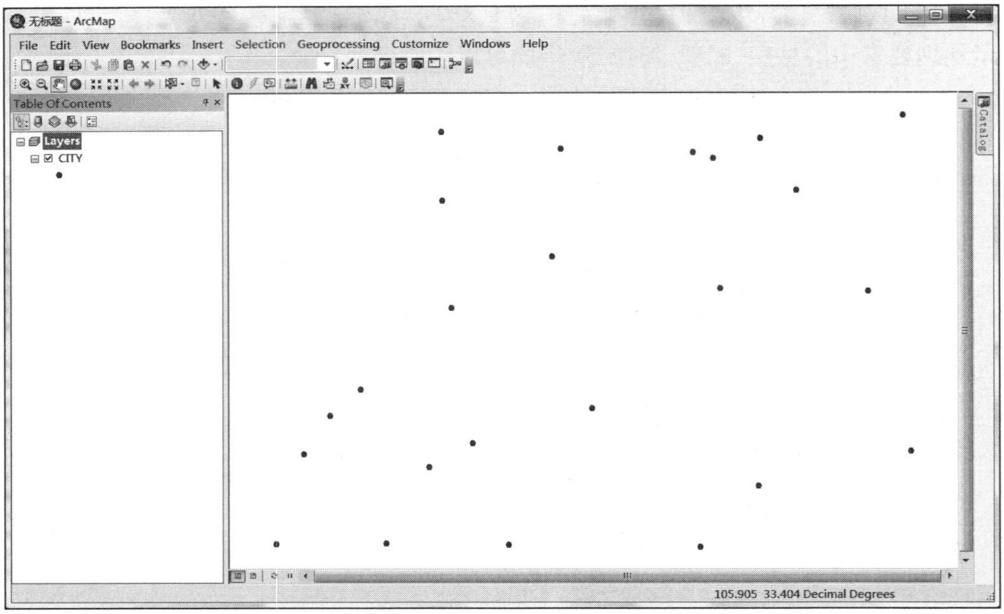

图 9-38

②打开 ArcToolbox,如图 9-39 所示,选择"Spatial Analyst Tools"(空间分析工具)→"Interpolation"(插值分析)→"Spline"(样条函数法)。

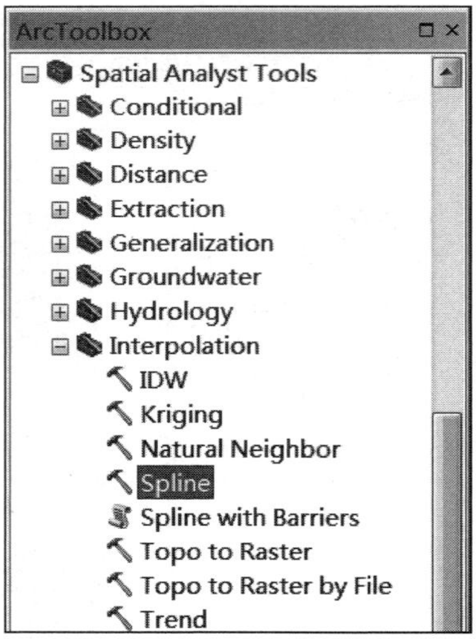

图 9-39

③打开新窗口,如图 9-40 所示,在"Input point features"(输入点要素)中设置要进行内插计算的点要素类数据;在"Z value field"(Z 值字段)中设置参与插值的字段名称;在"Output raster"(输出栅格)中设置生成的数据名称和储存路径;在"Output cell size"(输出像元大小)中设置输出栅格的像元大小;在"Spline type"(样条函数类型)中设置插值方法,选择"REGULARIZED"将会使用产生平滑的表面和平滑的一阶导数,选择"TENSION"将会根据建模现象的特征调整插值的硬度;在"Weight"(权重)中设置影响表面插值的参数,默认值为 0.1;在"Number of points"(点数)中设置局部近似的每个区域的点数,默认值为 12。

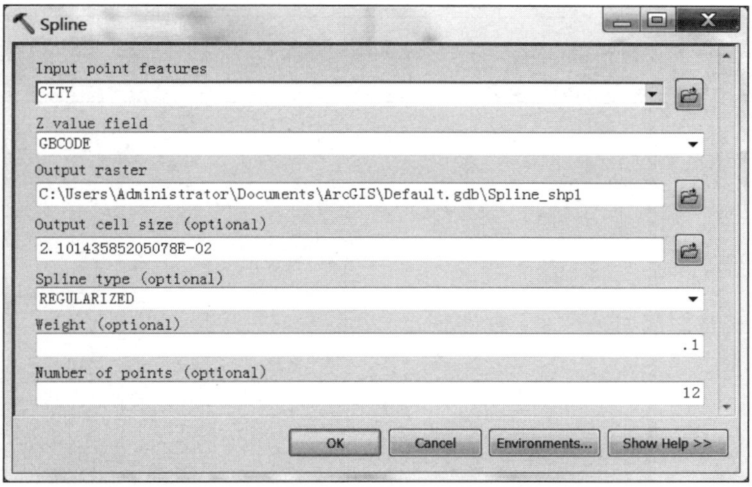

图 9-40

④点击“OK”(确定),完成操作,如图 9-41 所示。

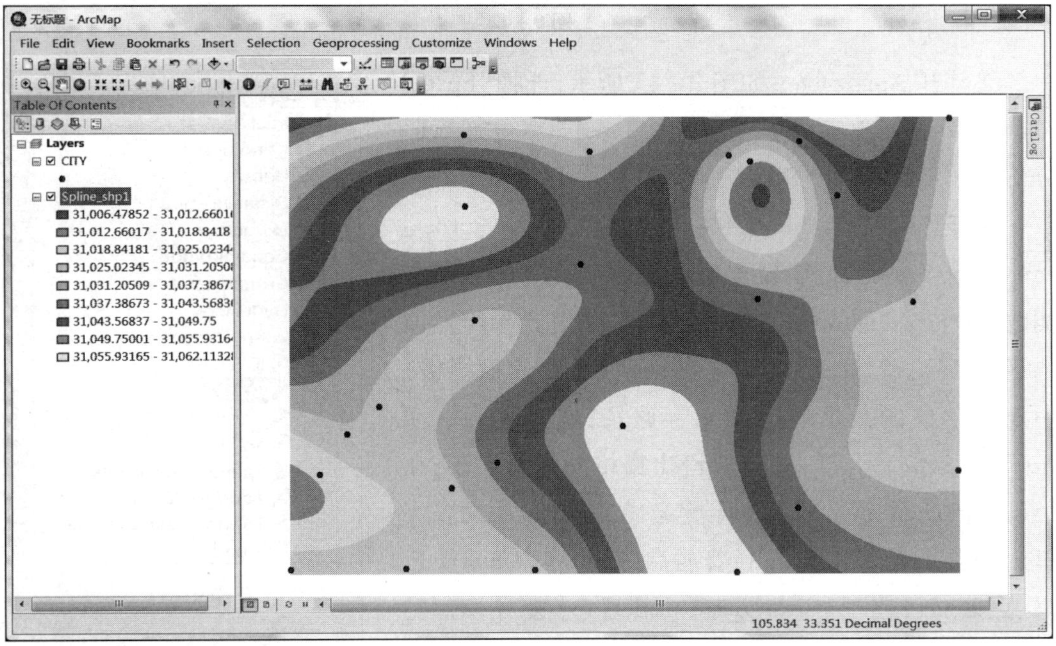

图 9-41

9.4.3　克里金插值(Kriging)

①在 ArcMap 中加载实验源数据(位置:CH9\实验源数据\栅格插值\克里金插值),如图 9-42 所示。

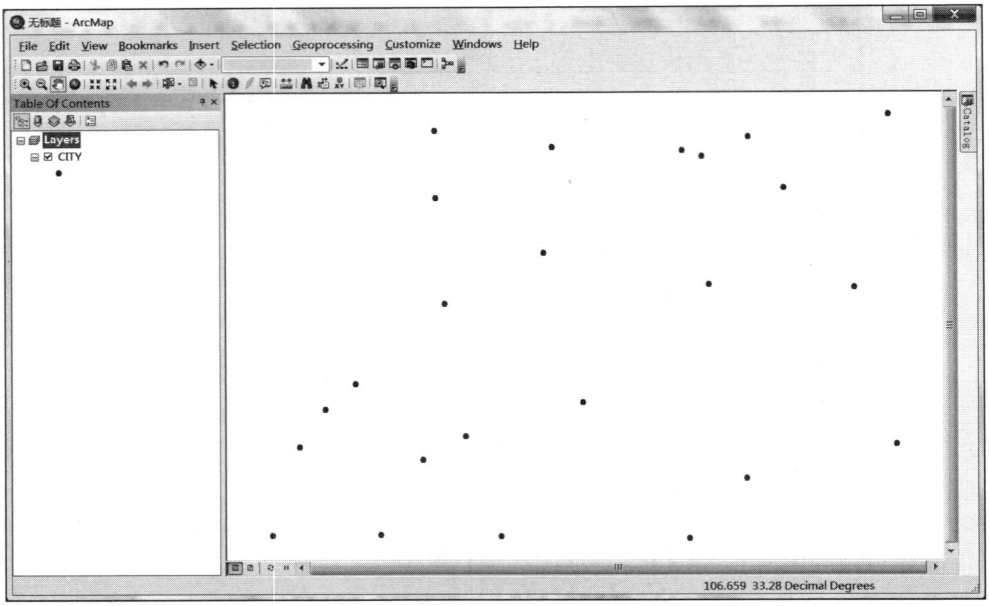

图 9-42

②打开 ArcToolbox，如图 9-43 所示，选择“Spatial Analyst Tools”（空间分析工具）→“Interpolation”（插值分析）→“Kriging”（克里金法）。

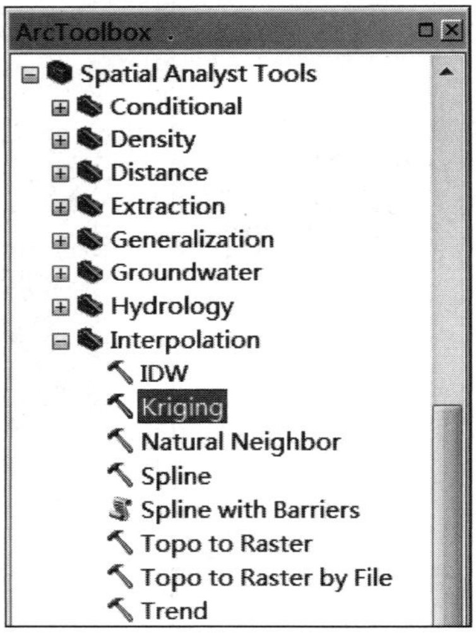

图 9-43

③打开新窗口，如图 9-44 所示，在“Input point features”（输入点要素）中设置要进行内插计算的点要素类数据；在“Z value field”（Z 值字段）中设置参与插值的字段名称；在“Output surface raster”（输出表面栅格）中设置生成的数据名称和储存路径；在“Output cell size”（输出像元大小）中设置输出栅格的像元大小；在“Semivariogram properties”（半变异函数属性）中设置克里金方法，分为“Ordinary”（普通克里金）和“Universal”（泛克里金）；在“Semivariogram model”（半变异模型类型）中设置合适的模型类型：（当上一个选项普通时）可以设置“Spherical”（球面半变异函数模型）、“Circular”（圆半变异函数模型）、“Exponential”（指数半变异函数模型）、“Gaussian”（高斯（或正态分布）半变异函数模型）、“Linear”（具有基台的线性半变异函数模型）或者（当上一个选项为通用时）可以设置“Linear drift”（采用一次漂移函数的泛克里金法）和“Quadratic drift”（采用二次漂移函数的泛克里金法）；点击“Advanced Parameters”，可以进行更高级的设置；在“Search radius”（搜索半径）中设置搜索半径类型，“Variable”（变量）即可变搜索半径，该选项在进行内插值计算时，样本点的个数是固定的

(默认为 12),但搜索距离取决于插值单元周围样本点的密度,密度越大半径越小,如果在下面的"Maximum distance"(最大距离)中输入最大搜索半径值,将会限制对最邻近输入采样点的搜索,"Fixed"(固定)即搜索半径为固定值,使用指定的固定距离,将利用此距离范围内的所有输入点进行插值,在下面的"Minimum number of points"(最小点数)文本框中设置最小点数,如果在指定距离内没有找到所需点数,则将增加搜索半径,直至找到指定的最小点数;"Output variance of prediction raster"(输出预测栅格数据的方差)为可选项,如果需要生产标准误差图,可以在此设置生成图文件的名称和储存路径。

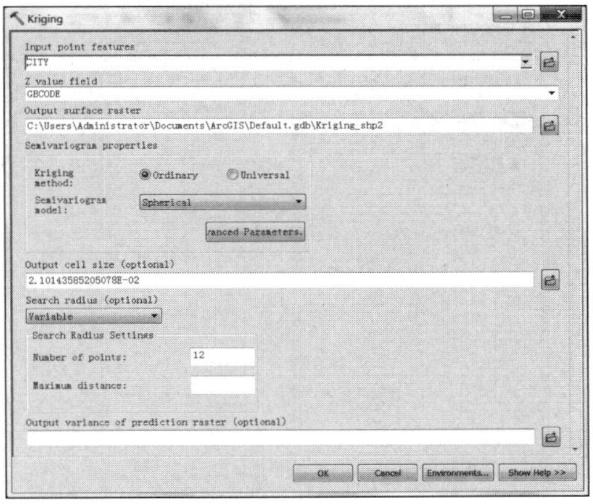

图 9-44

④点击"OK"(确定),完成操作,如图 9-45 所示。

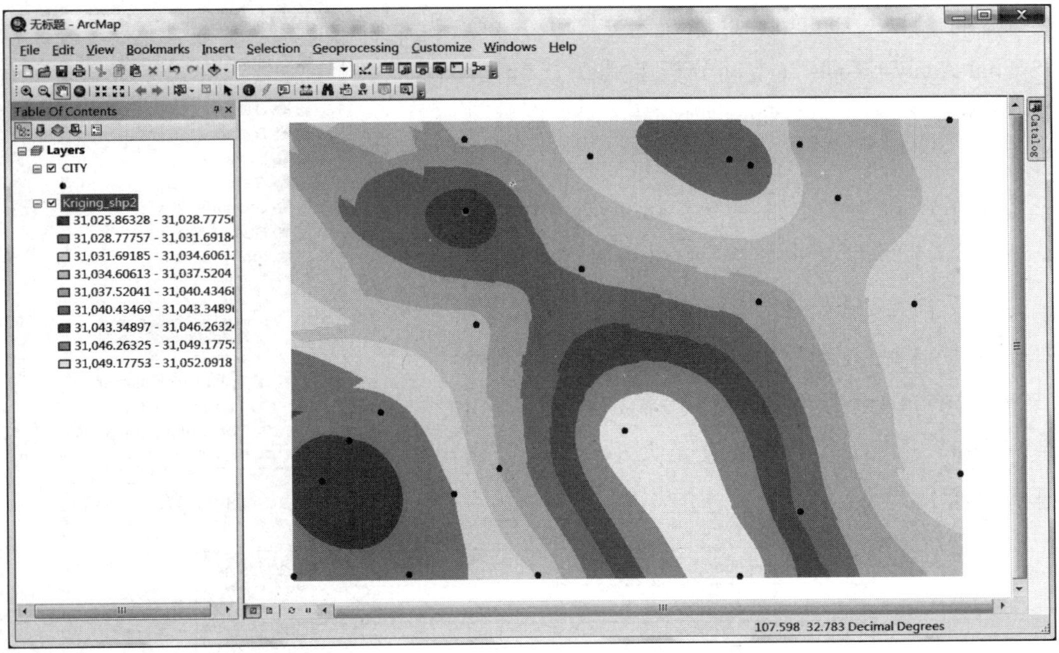

图 9-45

9.4.4　自然邻域法插值(Natural Neighborhood)

①在 ArcMap 中加载实验源数据(位置:CH9\实验源数据\栅格插值\自然邻域法),如图 9-46 所示。

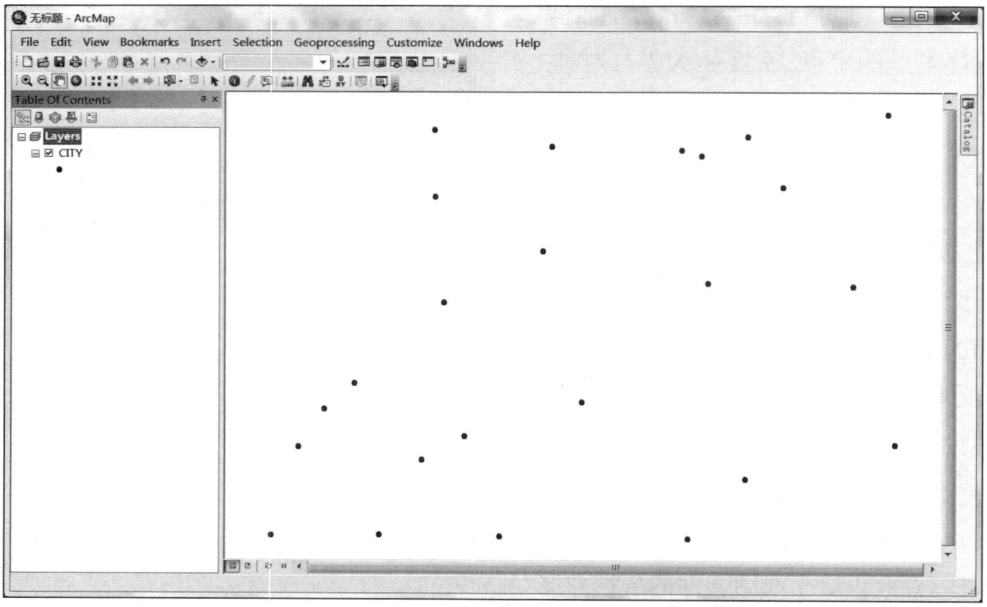

图 9－46

②打开 ArcToolbox，如图 9－47 所示，选择“Spatial Analyst Tools”（空间分析工具）→“Interpolation”（插值分析）→“Natural Neighbor”（自然邻域法）。

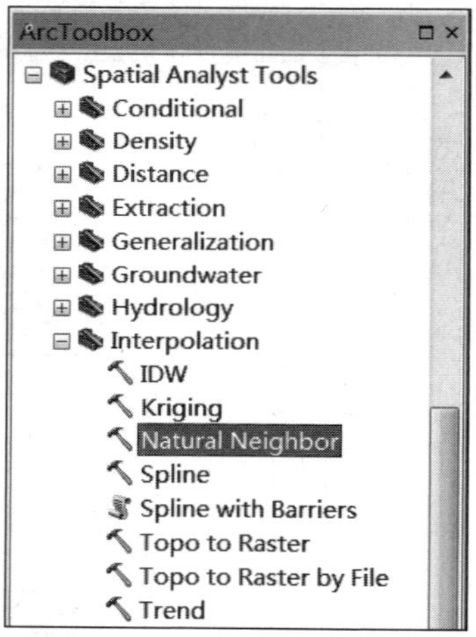

图 9－47

③打开新窗口，如图 9－48 所示，在“Input point features”（输入点要素）中设置要进行插值计算的点要素类数据；在“Z value field”（Z 值字段）中设置参与插值的字段名称；在“Output raster”（输出栅格）中设置生成的数据名称和储存路径；在“Output cell size”（输出像元大小）中设置输出栅格的像元大小。

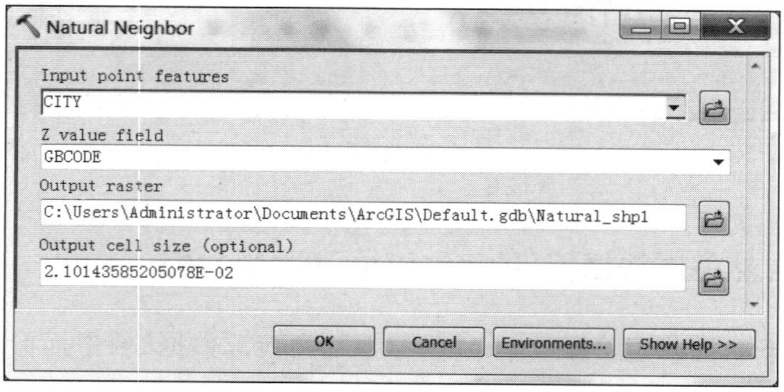

图 9－48

④点击“OK”(确定),完成操作,如图 9－49 所示。

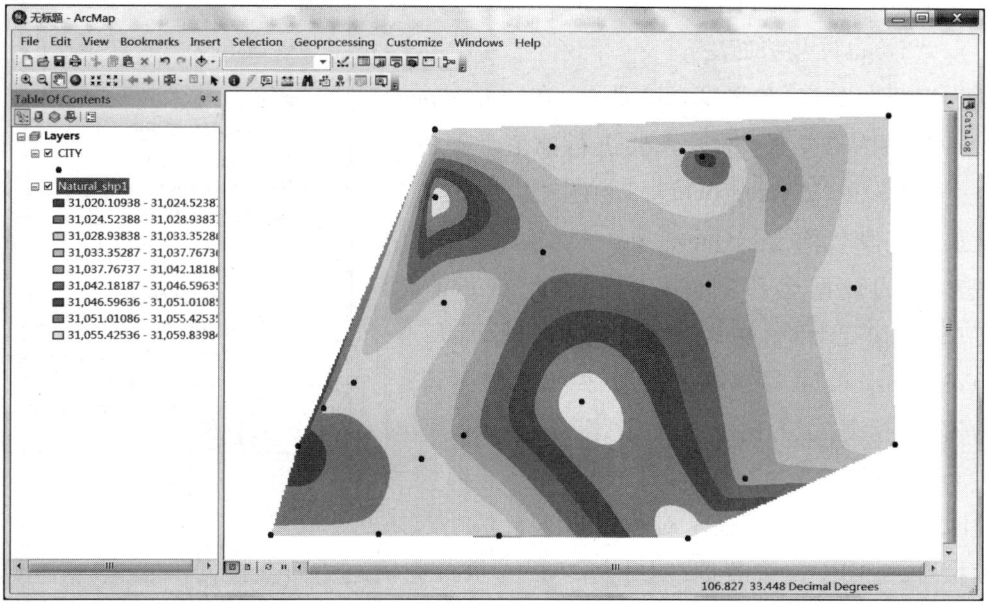

图 9－49

9.4.5　趋势面法插值(Trend)

①在 ArcMap 中加载实验源数据(位置:CH9\实验源数据\栅格插值\趋势面法),如图 9－50 所示。

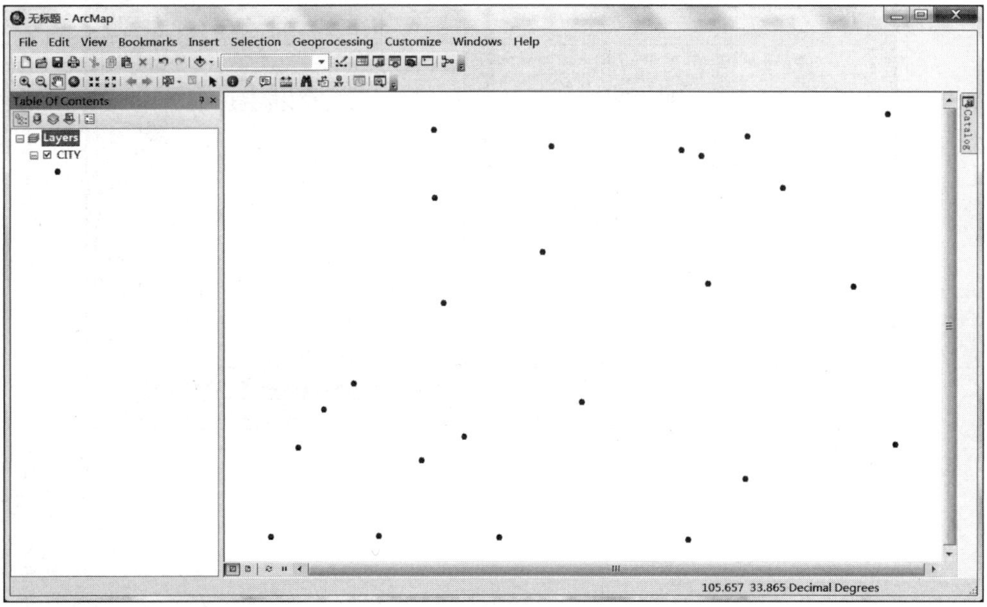

图 9－50

②打开 ArcToolbox，如图 9－51 所示，选择“Spatial Analyst Tools”（空间分析工具）→“Interpolation”（插值分析）→“Trend”（趋势面法）。

③打开新窗口，如图 9－52 所示，在“Input point features”（输入点要素）中设置要进行插值计算的点要素类数据；在“Z value field”（Z 值字段）中设置参与插值的字段名称；在“Output raster”（输出栅格）中设置生成的数据名称和储存路径；在“Output cell size”（输出像元大小）中设置输出栅格的像元大小；在“Polynomial order”（多项式的阶）中设置 1～12 之间的值，值越高，拟合的面越复杂，默认值为 1（即对点进行平面拟合）；在“Type of regression”（回归类型）中，其中“LINEAR”表示对输入点进行最小二乘曲面拟合，适用于连续数据，“LOGISTIC”为执行逻辑趋势面分析，为二元数据生成连续的概率曲面；在“Output RMS file”（输出 RMS 文件）中设置包含插值的 RMS 误差和卡方相关信息的输出文本文件的文件名，该选项为可选选项。

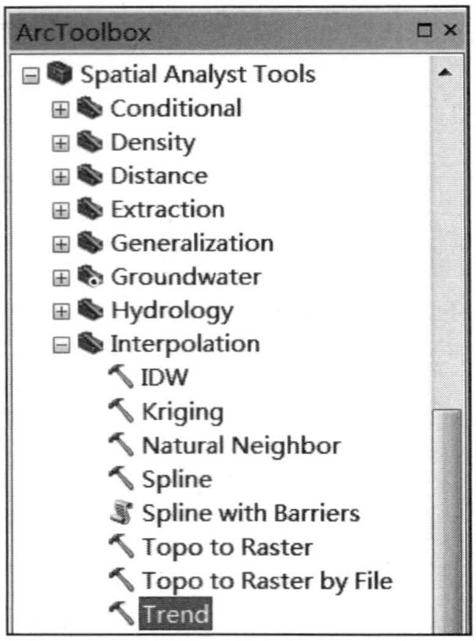

图 9－51

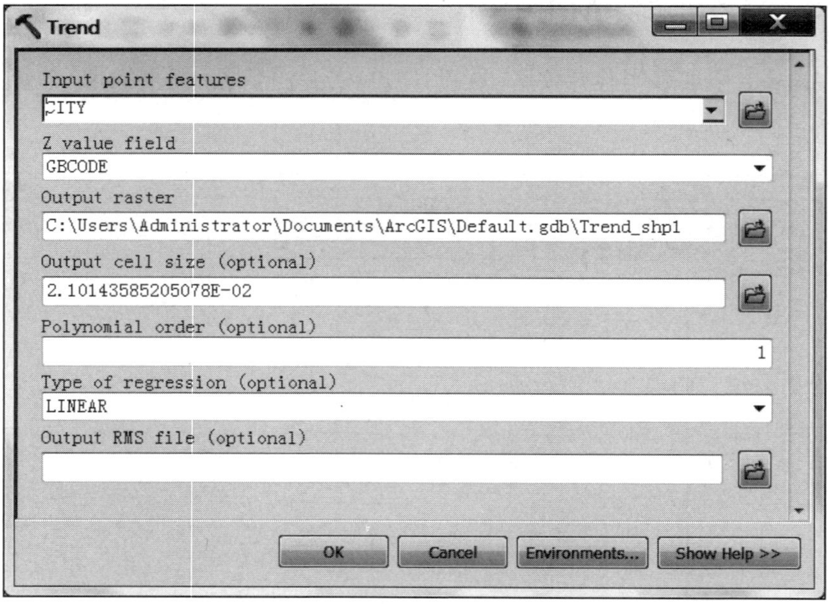

图 9－52

④点击“OK”（确定），完成操作，如图 9－53 所示。

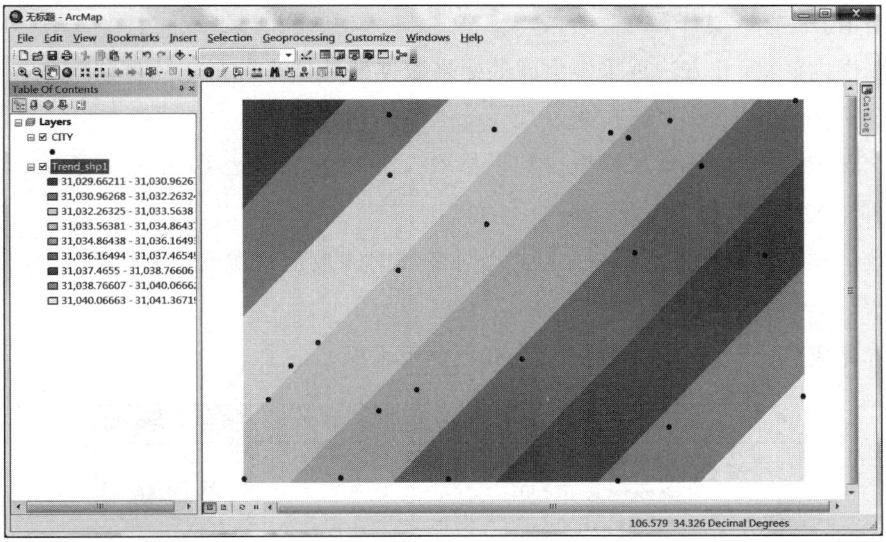

图 9-53

9.4.6　数据重采样(Resample)

数据重采样工具用来解决参与分析过程中的栅格数据像元大小不一致问题。通过数据重采样,统一栅格像元大小,方便正确地对栅格数据进行空间分析,保证栅格数据分析结果的正确性。

①在 ArcMap 中加载需要进行校正的数据(位置:CH9\实验源数据\栅格插值\数据重采样)。

②打开 ArcToolbox,如图 9-54 所示,选择"Data Management Tools"(数据管理工具)→"Raster"(栅格)→"Raster Processing"(栅格处理)→"Resample"(重采样)。

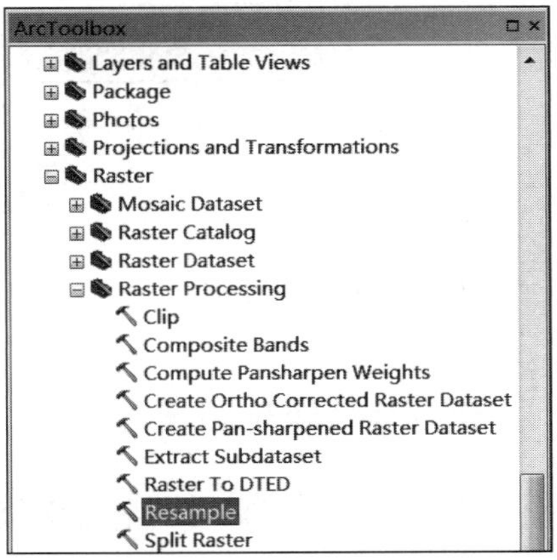

图 9-54

③打开新窗口,如图 9-55 所示,在"Input Raster"(输入栅格)中设置要进行重采样的栅格数据;在"Output Raster Dataset"(输出栅格数据集)中设置输出栅格数据的文件名称和储存路径;在"Output Cell Size"(输出像元大小)中设置输出栅格的像元大小;在"Resampling Technique"(重采样技术)下单击按钮,选择需要的重采样技术:"NEAREST"(最邻近距离)、"BLINEAR"(双线性内插)、"CUBIC"(三次卷积)和"MAJORITY"(众数采样法)。

重采样方法介绍:

最邻近距离,即此方法重采样生成的栅格数据的数值来源是输入栅格源数据中最邻近的栅格值。

双线性内插，即此方法重采样生成的栅格数据的数值来源是输入栅格源数据中最邻近的四个栅格值的加权平均值。

三次卷积，即此方法重采样生成的栅格数据的数值来源是16个最邻近输入单元中心及其值加权计算后得到的平均值。

众数采样法，即此方法重采样生成的栅格数据的数值来源是3×3窗口中出现频率最高的值。

设置完成后，点击“OK”（确定），完成数据重采样。

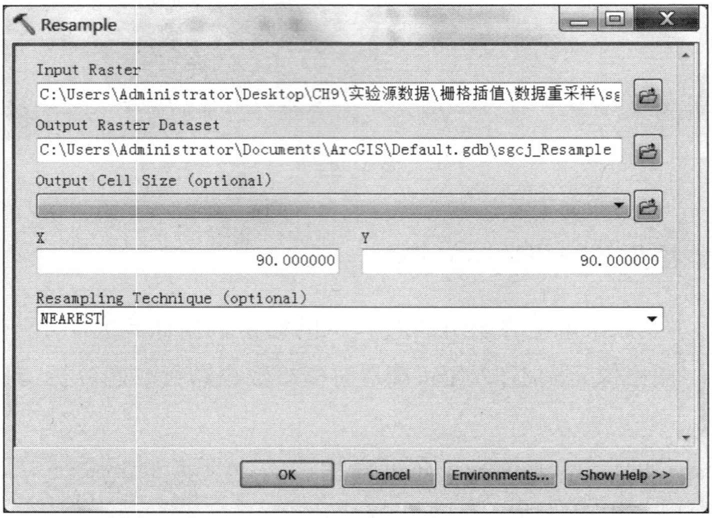

图9-55

9.5 统计分析

9.5.1 像元统计

像元统计是用来对多个栅格值的数据进行统计的分析工具。通过选择不同的统计方法，获得不同的像元统计结果。像元统计通常运用于统计同一区域栅格数据同一类型数值变化，统计的栅格数据集必须是同一个地理区域，并且坐标系统必须一致。本次操作只用了两个较为简单的栅格数据，方便读者操作。

像元统计共有10种统计方法：

MEAN——计算输入的平均值。

MAJORITY——确定输入的众数（出现次数最多的值）。

MAXIMUM——确定输入的最大值。

MEDIAN——计算输入的中位数。

MINIMUM——确定输入的最小值。

MINORITY——确定输入的少数(出现次数最少的值)。

RANGE——计算输入的范围(最大值和最小值之差)。

STD——计算输入的标准差。

SUM——计算输入的总和(所有值的总和)。

VARIETY——计算输入的变异度(唯一值的数量)。

①在 ArcMap 中加载实验源数据(位置:CH9\实验源数据\统计分析\像元统计),如图 9－56 所示。

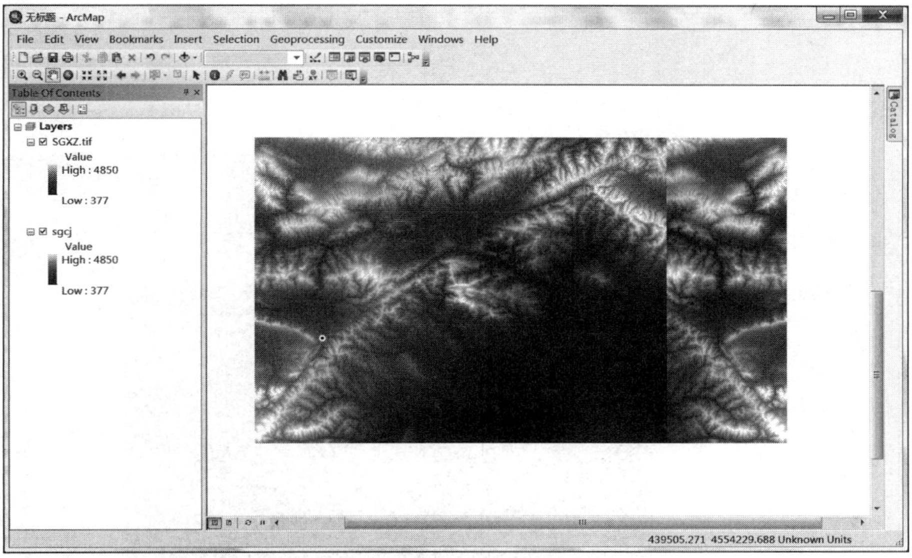

图 9－56

②打开 ArcToolbox,如图 9－57 所示,选择“Spatial Analyst Tools”(空间分析工具)→“Local”(局部分析)→“Cell Statistics”(像元统计数据)。

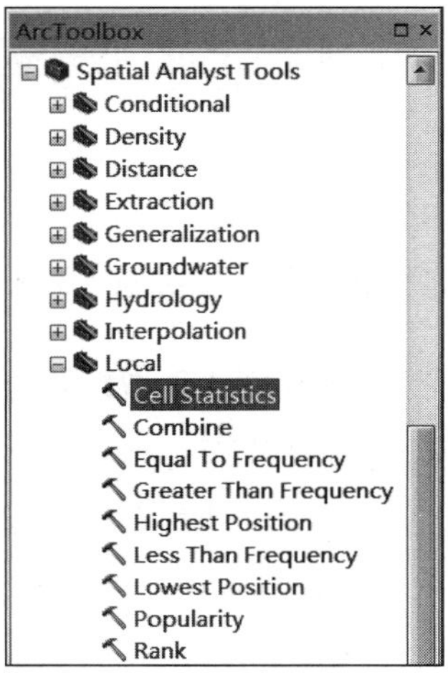

图 9－57

③打开新窗口,如图 9－58 所示,在“Input rasters or constant values”(输入栅格数据或常量值)中设置要参与像元统计的栅格图层;在“Output raster”(输出栅格)中设置输出栅格的文件名称和储存路径;在“Overlay statistic”(叠加统计)中选择统计类型;勾选“Ignore NoData in calculations”(在计算中忽略 NoData),则将在进行统计计算时忽略 NoData 值。

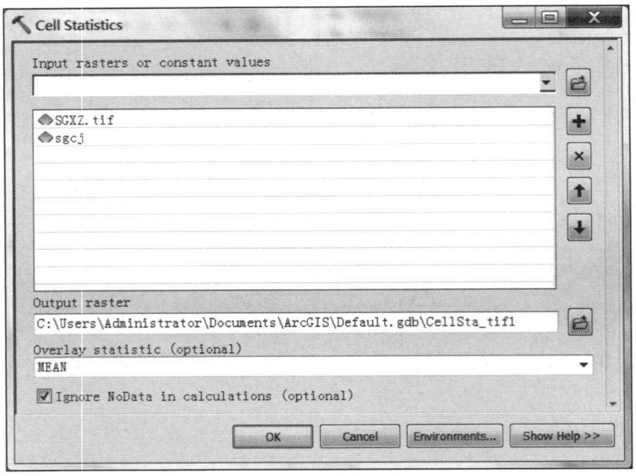

图 9-58

④点击"OK"(确定),完成操作,如图 9-59 所示。

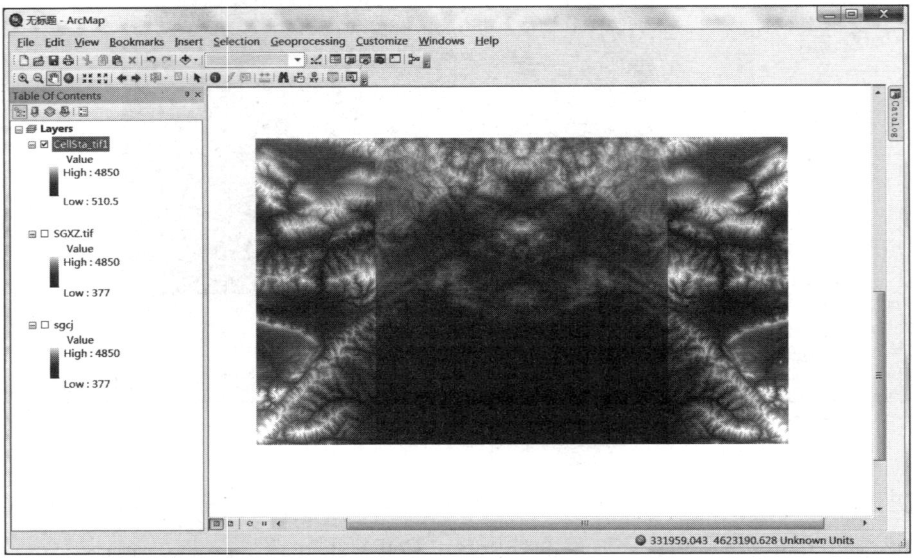

图 9-59

9.5.2 邻域统计

邻域统计是指以要统计的栅格为中心向四周限定一定区域范围的数值并对其进行计算统计从而得到新栅格值的分析工具。

邻域统计共有 10 种统计方法:

MEAN——计算邻域内像元的平均值。

MAJORITY——计算邻域内像元的众数(出现次数最多的值)。

MAXIMUM——计算邻域内像元的最大值。

MEDIAN——计算邻域内像元的中值。

MINIMUM——计算邻域内像元的最小值。

MINORITY——计算邻域内像元的少数(出现次数最少的值)。

RANGE——计算邻域内像元的范围(最大值和最小值之差)。

STD——计算邻域内像元的标准差。

SUM——计算邻域内像元的总和(所有值的总和)。

VARIETY——计算邻域内像元的变异度(唯一值的数量)。

①在 ArcMap 中加载实验源数据(位置:CH9\实验源数据\统计分析\邻域统计),如图 9-60 所示。

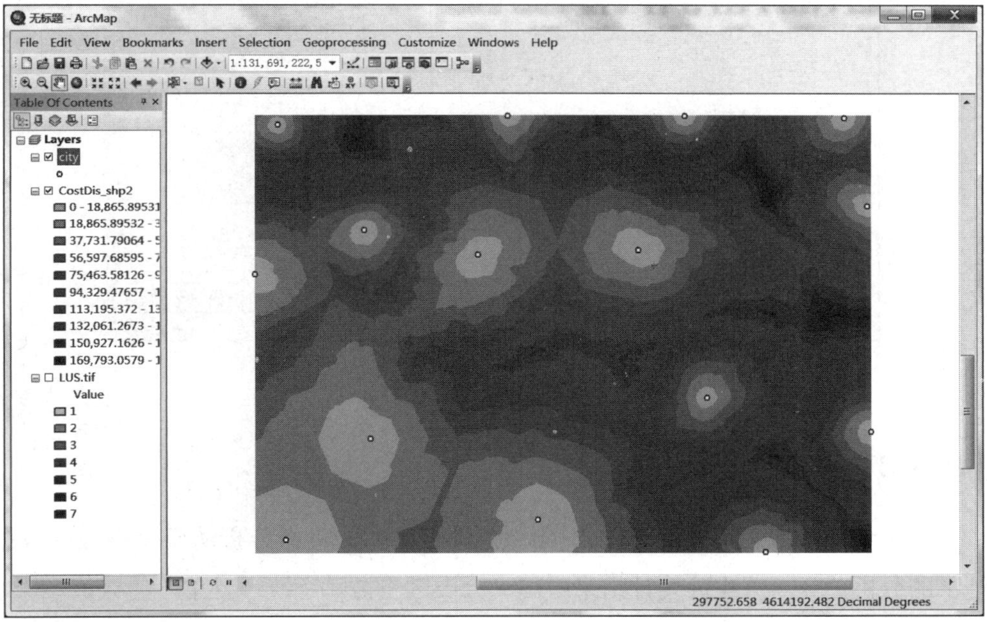

图 9-60

②打开 ArcToolbox,如图 9-61 所示,选择"Spatial Analyst Tools"(空间分析工具)→"Neighborhood"(邻域分析)→"Focal Statistics"(焦点统计)。

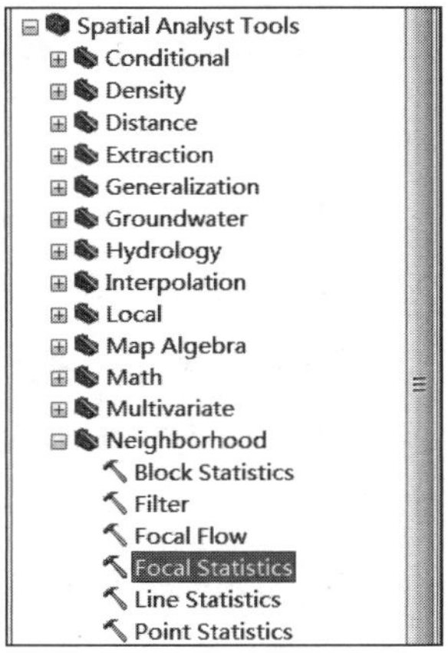

图 9-61

③打开新窗口,如图 9-62 所示,在"Input raster or constant values"(输入栅格数据或常量值)中设置要参与像元统计的栅格图层;在"Output raster"(输出栅格)中设置输出栅格的文件名称和储存路径;在"Neighborhood"(邻域分析)中点击按钮下拉菜单,选择邻域分析方法:"Rectangle"(矩形)需要设置矩形窗口的长和宽,"Annulus"(环形)需要设置邻域的内半径和外半径,"Circle"(圆形)需要设置圆的半径,

“Wedge”(楔形)需要设置起始角度、终止角度和半径;在“Statistics type”(统计类型)中选择统计类型;勾选“Ignore NoData in calculations”(在计算中忽略 NoData),则将在进行统计计算时忽略 NoData 值。点击“OK”(确定),完成操作。

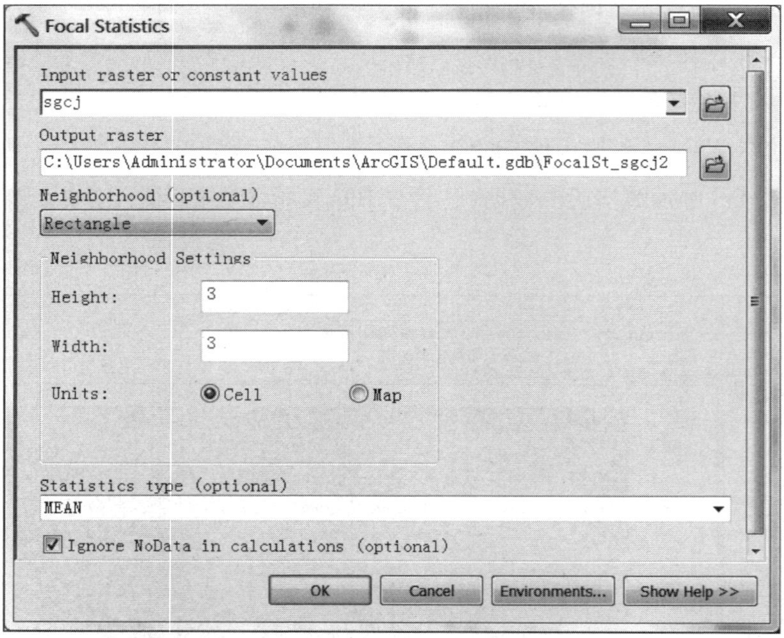

图 9-62

9.5.3 分类区统计

分类区统计是指利用分区图层,对栅格值进行统计并进行分析从而获得分区数据统计结果的分析工具。分类区统计结果中同一分类区将被赋予统一且单一的数值。

分类区统计共有 10 种统计方法:

MEAN——计算值栅格中与输出像元同属一个区域的所有像元的平均值。

MAJORITY——确定值栅格中与输出像元同属一个区域的所有像元中最常出现的值。

MAXIMUM——确定值栅格中与输出像元同属一个区域的所有像元的最大值。

MEDIAN——确定值栅格中与输出像元同属一个区域的所有像元的中值。

MINIMUM——确定值栅格中与输出像元同属一个区域的所有像元的最小值。

MINORITY——确定值栅格中与输出像元同属一个区域的所有像元中出现次数最少的值。

RANGE——计算值栅格中与输出像元同属一个区域的所有像元的最大值与最小值之差。

STD——计算值栅格中与输出像元同属一个区域的所有像元的标准差。

SUM——计算值栅格中与输出像元同属一个区域的所有像元的值的总和。

VARIETY——计算值栅格中与输出像元同属一个区域的所有像元中唯一值的数目。

①在 ArcMap 中加载实验源数据(位置:CH9\实验源数据\统计分析\分类区统计实验源数据),如图 9-63 所示。

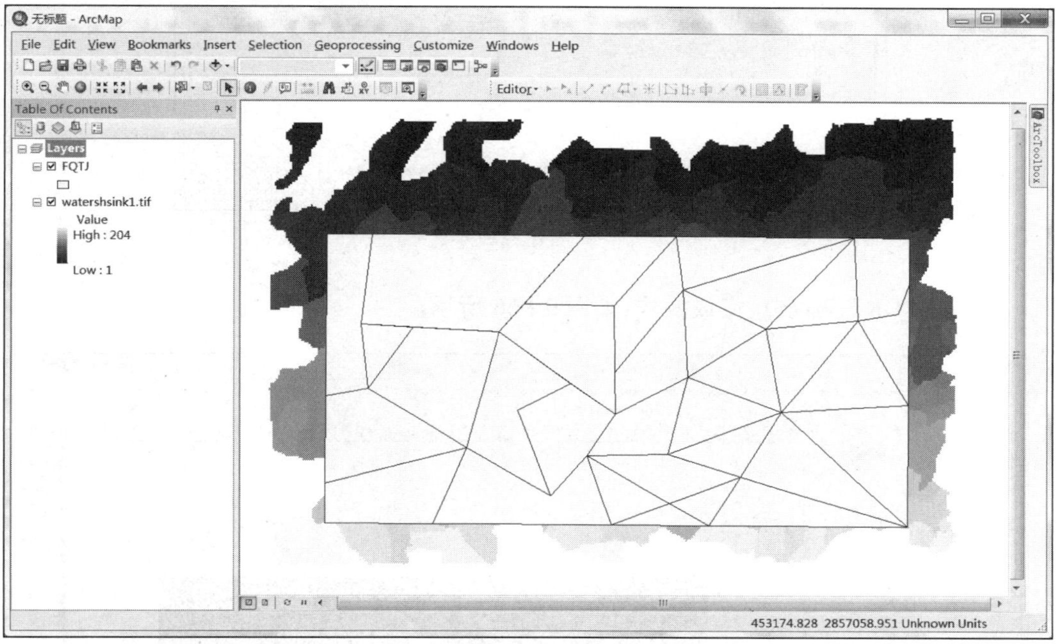

图 9-63

②打开 ArcToolbox,如图 9-64 所示,选择"Spatial Analyst Tools"(空间分析工具)→"Zonal"(区域分析)→"Zonal Statistics"(分区统计)。

③打开新窗口,如图 9-65 所示,在"Input raster or feature zone data"(输入栅格数据或要素区域数据)中设置分类区数据;在"Zone field"中设置要分区统计依据的字段;在"Input value raster"(输入赋值栅格)中设置要统计的栅格数据;在"Output raster"(输出栅格)中设置生成数据的名称和储存路径;在"Statistics type"(统计类型)中设置为 MEAN(平均值);在"Ignore NoData in calculations"(在计算中忽略 NoData)中设置在计算最低高程时忽略 NoData 值。

图 9-64

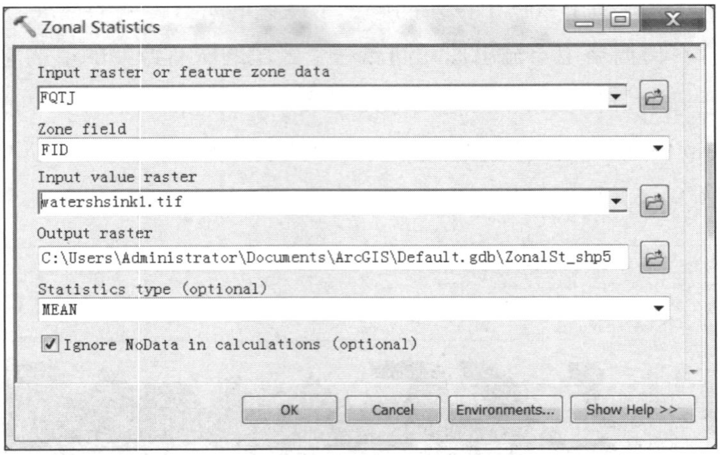

图 9－65

④点击“OK”(确定),完成操作,如图 9－66 所示。

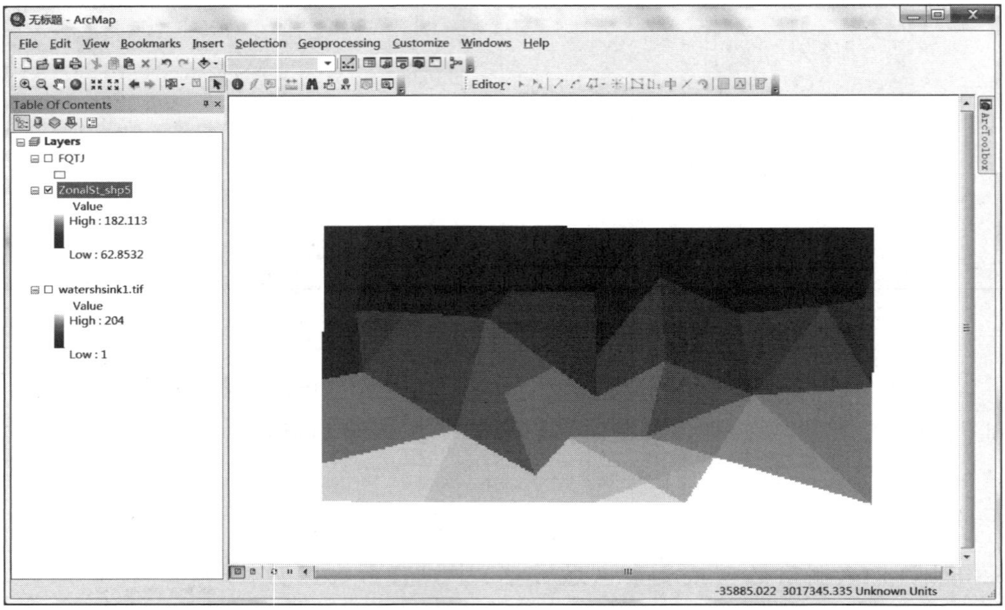

图 9－66

9.6　重分类

重分类是对要进行处理的栅格源数据的数值进行分类并重新赋予新值的工具,这个新值可以是实际数值,也可以是空值。重分类工具有助于更好地减轻计算机渲染栅格数据的压力并减轻计算机处理数据的运行负担,利用重分类工具将进一步简化栅格数据像元的处理。

①在 ArcMap 中加载实验源数据（位置：CH9\实验源数据\重分类），如图 9－67 所示。

图 9－67

②打开 ArcToolbox，如图 9－68 所示，选择“Spatial Analyst Tools”（空间分析工具）→“Reclass”（重分类）→“Reclassify”（重分类）。

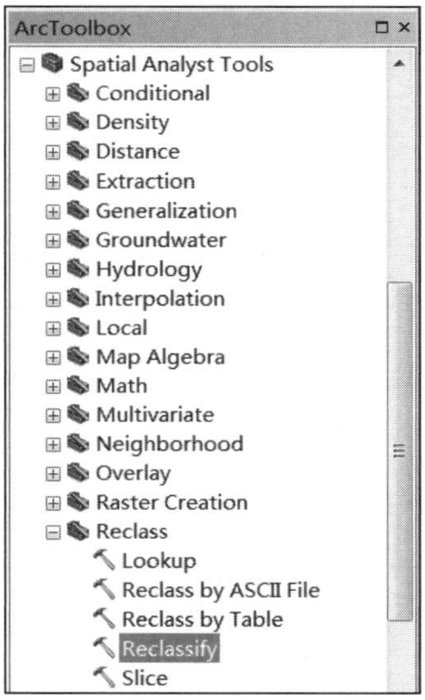

图 9－68

③打开新窗口，如图 9－69 所示，在“Input raster”（输入栅格）中设置需要进行分析的栅格数据；在“Reclass field”（重分类字段）中设置需要继续重分类的数据字段；在“Reclassification”（重分类）中设置重分类相关属性；单击“Classify”（分类）按钮，打开新窗口，如图 9－70 所示，在上方“Method”（方法）中设置一种分类方法，如“Manual”（手动）、“Equal Interval”（相等间隔）、“Defined Interval”（定义的间隔）、“Quantile”（分位数）、“Natural Breaks”（自然断点）、“Geometrical Interval”（几何间隔）、“Standard Deviation”（标准差），在“Classes”（类别）中设置分类的个数，点击“OK”（确定），完成操作，返回上一个窗口；在“Output raster”（输出栅格）中设置生成的栅格数据名称及储存路径；勾选“Change missing values to NoData”（将缺失值更改为 NoData）可以将栅格中缺失的值用 NoData 来表示。

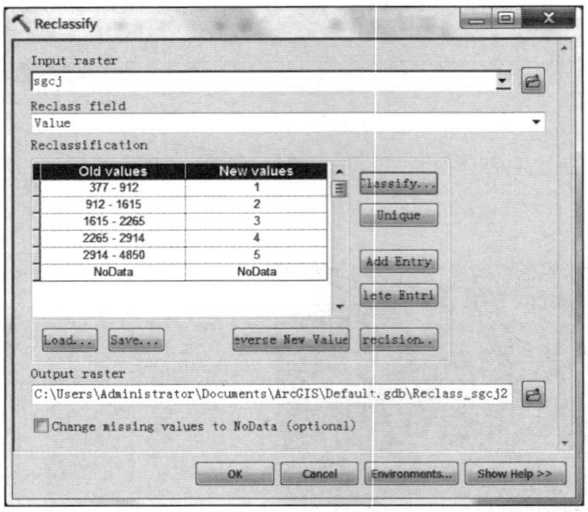

图 9－69

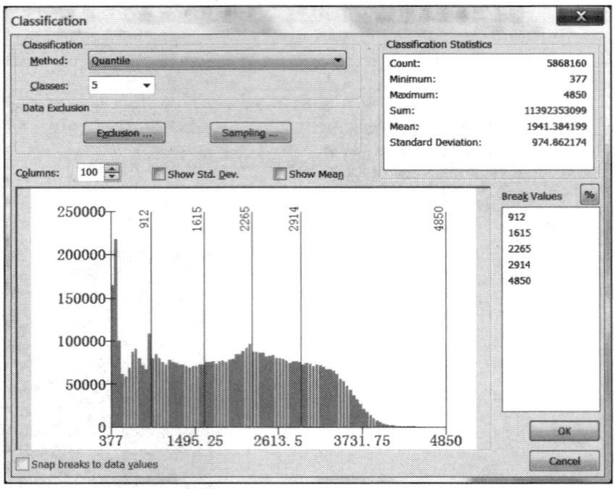

图 9－70

④点击“OK”(确定),完成操作,如图 9－71 所示。

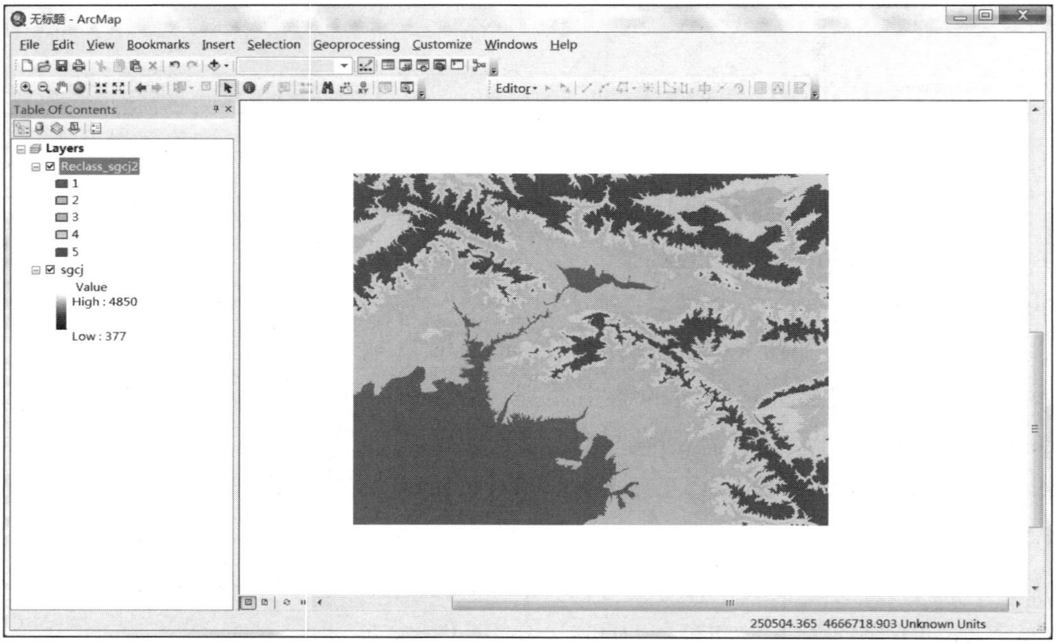

图 9－71

9.7 栅格计算器

栅格计算器是 GIS 软件中较为直接的对栅格数据进行计算的工具,通过输入简单的公式和函数,方便多种计算语句同时录入和运行。栅格数据集可以直接借助该工具进行数字、公式、函数等混合运算,不需要进行任何转换。

①在 ArcMap 中加载栅格数据后，打开 ArcToolbox。如图 9－72 所示，选择"Spatial Analyst Tools"（空间分析工具）→"Map Algebra"（地图代数）→"Raster Calculator"（栅格计算器），启动栅格计算器。

②如图 9－73 所示，在左侧文本框中可以选择需要的地图要素和属性；在右侧文本框中可以选择需要的计算符号和函数模型；在图中所示文本框中编辑所需要的计算公式；在"Output raster"（输出栅格）中设置生成的栅格数据名称及储存路径。设置完成后，点击"OK"（确定），完成计算并生成新图层。

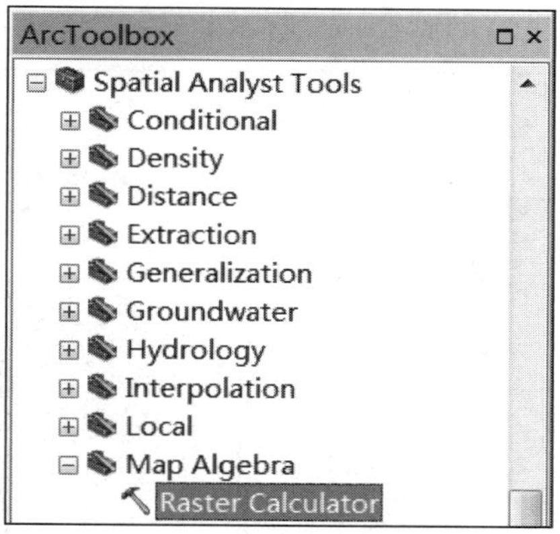

图 9－72

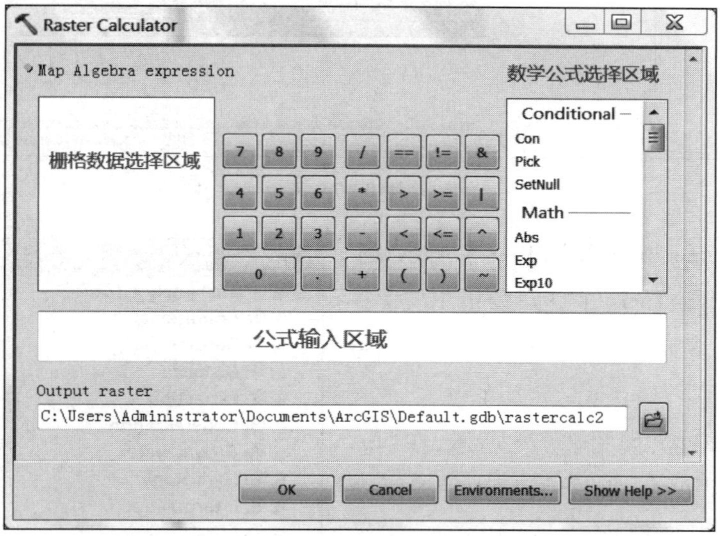

图 9－73

9.8　多元分析

通过多元统计分析可以探查许多不同类型的属性之间的关系。使用多元分析工具涉及较多的遥感知识，本章只介绍多元分析工具如何使用，具体遥感理论基础需要读者自行学习补充。

9.8.1　Iso 聚类

9.8.1.1　特征文件的创建

①在 ArcMap 中加载实验源数据（位置：CH9\实验源数据\多元分析\特征文件的创

建)，如图 9－74 所示。

图 9－74

②打开 ArcToolbox，如图 9－75 所示，选择“Spatial Analyst Tools”(空间分析工具)→“Multivariate”(多元分析)→“Iso Cluster”(Iso 聚类)。

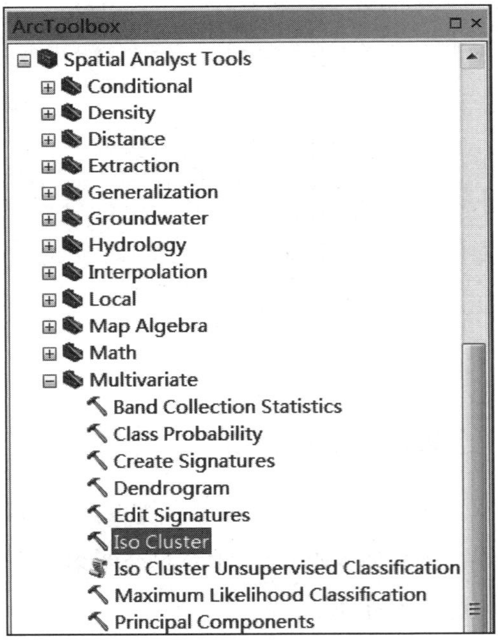

图 9－75

③打开新窗口，如图 9－76 所示，在“Input raster bands”(输入栅格波段)中设置要进行生成特征文件的源数据；在“Output signature file”(输出特征文件)中设置输出的特征文件的名称和储存路径；在“Number of classes”(类数目)中设置聚类过程中可能产生的最大聚类数；在“Number of iterations”(迭代次数)中，该值随着“类数目”的增加而增大，该数值越大，像元从一个类迁移到另一类的次数越少，使得所有聚类变成稳定状态；在“Minimum class size”(最小类大小)中设置一个有效类所含的最少栅格数；在“Sample interval”(采样间隔)中设置相邻两次采样的间隔，间隔过大将会导致损失重要信息，间隔过小则会导致计算量变大，应当酌情考虑。

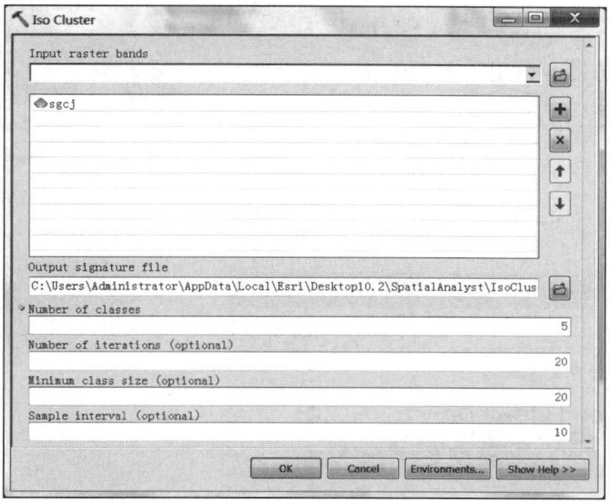

图 9-76

④点击“OK”(确定),完成操作,如图 9-77 所示。

图 9-77

9.8.1.2　Iso 聚类非监督分类

①在 ArcMap 中加载实验源数据(位置:CH9\实验源数据\多元分析\ISO 聚类分析),如图 9-78 所示。

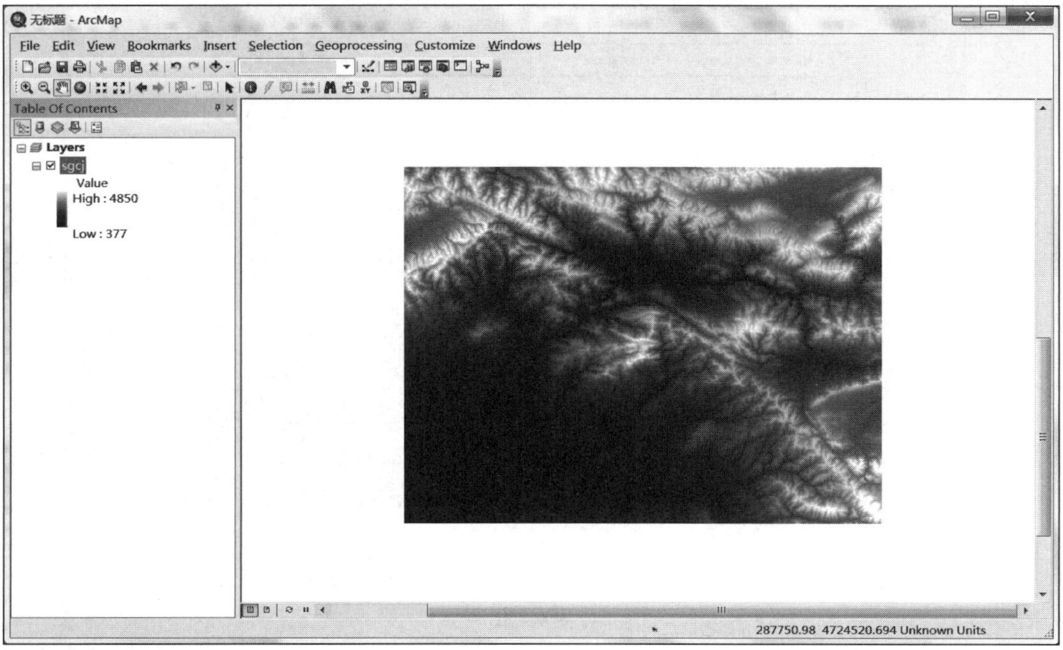

图 9-78

②在 ArcMap 上方空白处右键单击启动"Image Classification"(影像分类),如图 9－79 所示。

③打开影像分类工具条,如图 9－80 所示,单击"Classification"(分类)→"Iso Cluster Unsupervised Classification"(Iso 聚类非监督分类)。

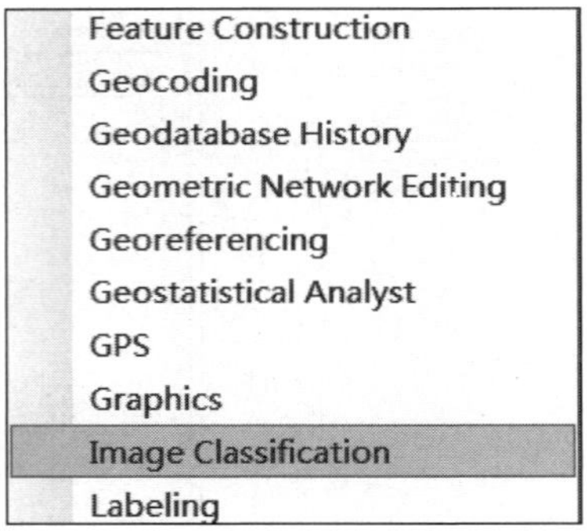

图 9－79

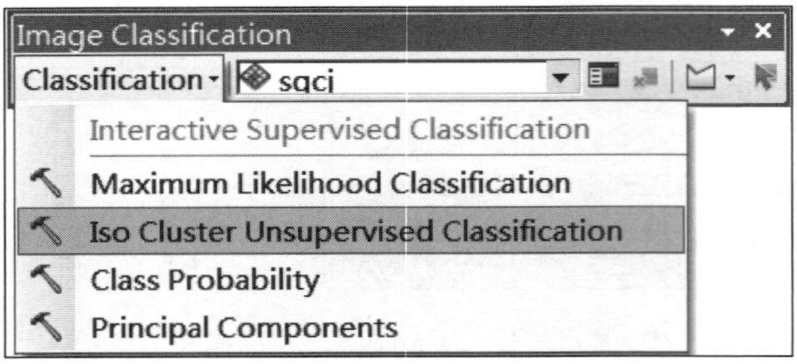

图 9－80

④打开新窗口,如图 9－81 所示,在"Input raster bands"(输入栅格波段)中设置要进行生成特征文件的源数据;在"Number of classes"(类数目)中设置聚类过程中可能产生的最大聚类数;在"Output classified raster"(输出分类的栅格数据)中设置输出的栅格文件的名称和储存路径;在"Minimum class size"(最小类大小)中设置一个有效类所含的最少栅格数;在"Sample interval"(采样间隔)中设置相邻两次采样的间隔,间隔过大将会导致损失重要信息,间隔过小则会导致计算量变大,应当酌情考虑;在"Output signature file"(输出特征文件)中设置输出的特征文件的名称和储存路径。

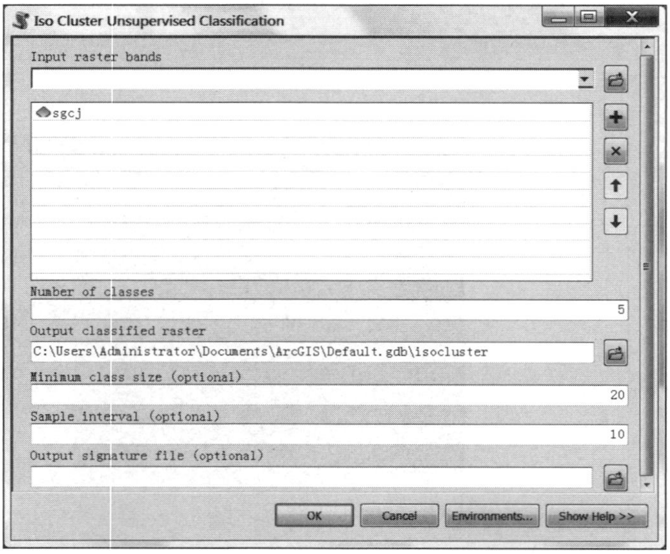

图 9－81

⑤点击“OK”(确定),完成操作,如图 9－82 所示。

图 9－82

9.8.2　最大似然分类

①在 ArcMap 中加载实验源数据(位置:CH9\实验源数据\多元分析\最大似然法),如图 9－83 所示。

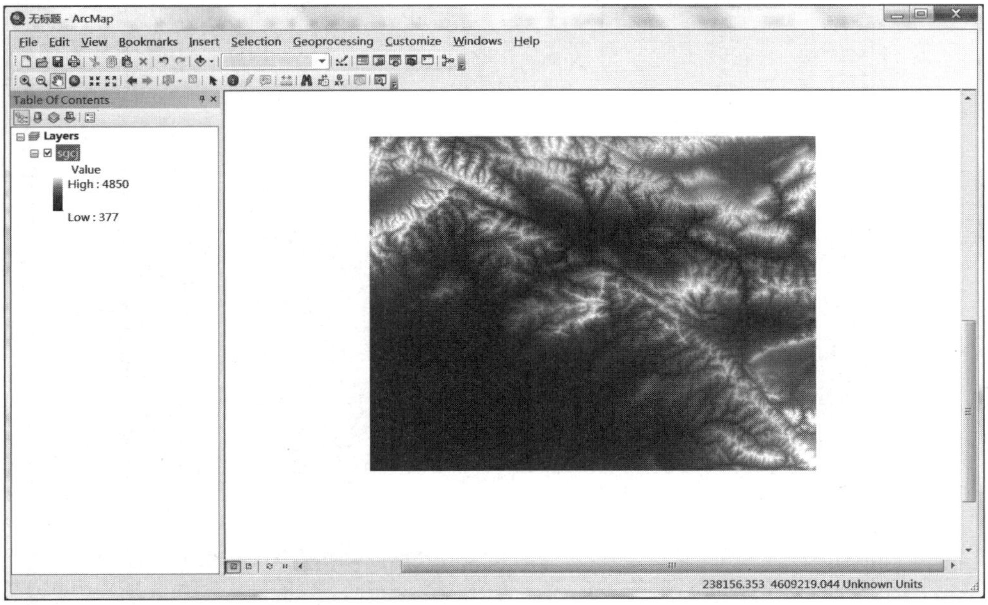

图 9－83

②打开 ArcToolbox，如图 9－84 所示，选择“Spatial Analyst Tools”（空间分析工具）→“Multivariate”（多元分析）→“Maximum Likelihood Classification”（最大似然法分类）。

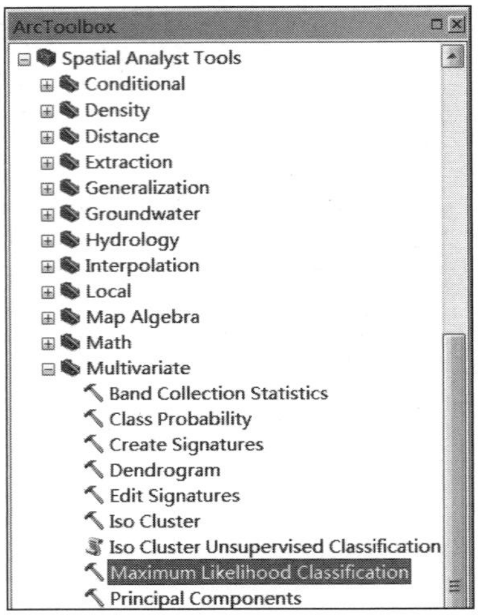

图 9－84

③打开新窗口，如图 9－85 所示，在“Input raster bands”（输入栅格波段）中设置要进行生成特征文件的源数据；在“Input signature file”（输入特征文件）中设置已经生成的特征文件；在“Output classified raster”（输出分类的栅格数据）中设置输出的栅格文件的名称和储存路径；在“Reject fraction”（剔除分数）中设置值，默认值为 0.0，即对每个像元进行分类，下拉选项有更多的有效值可供选择；在“A priori probability weighting”（先验概率权重）中，有三个选项可供选择：“EQUAL”即所有类将具有相同的先验概率，“SAMPLE”即先验概率将与特征文件内所有类中采样像元总数的相关的各类的像元数成比例，“FILE”即先验概率将会分配给输入 ASCII 先验概率文件中的各个类；在“Input a priori probability file”（输入先验概率文件）中设置用于输入特征类的先验概率的文本文件；在“Output confidence raster”（输出置信栅格）中设置以 14 个置信度显示分类确定性的输出置信栅格数据集的名称和储存路径。

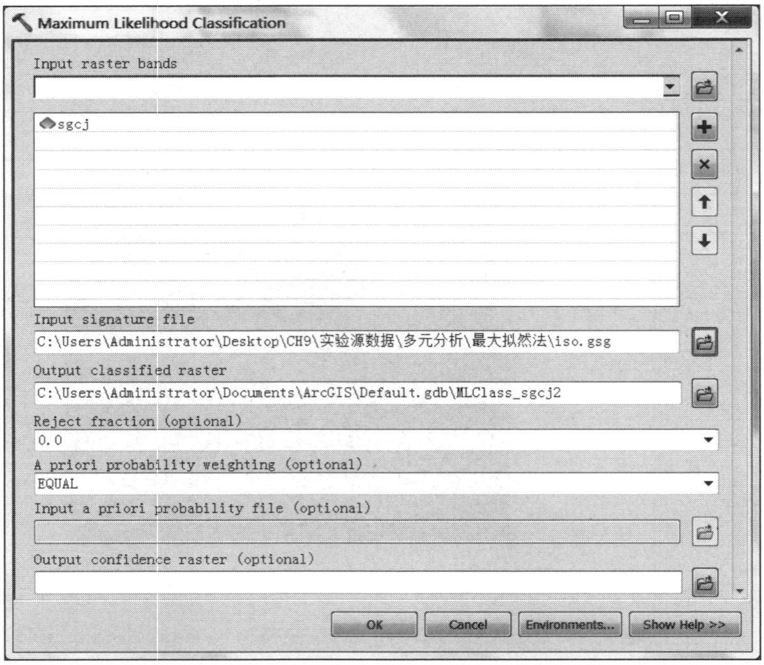

图 9－85

④点击“OK”（确定），完成操作，如图 9－86 所示。

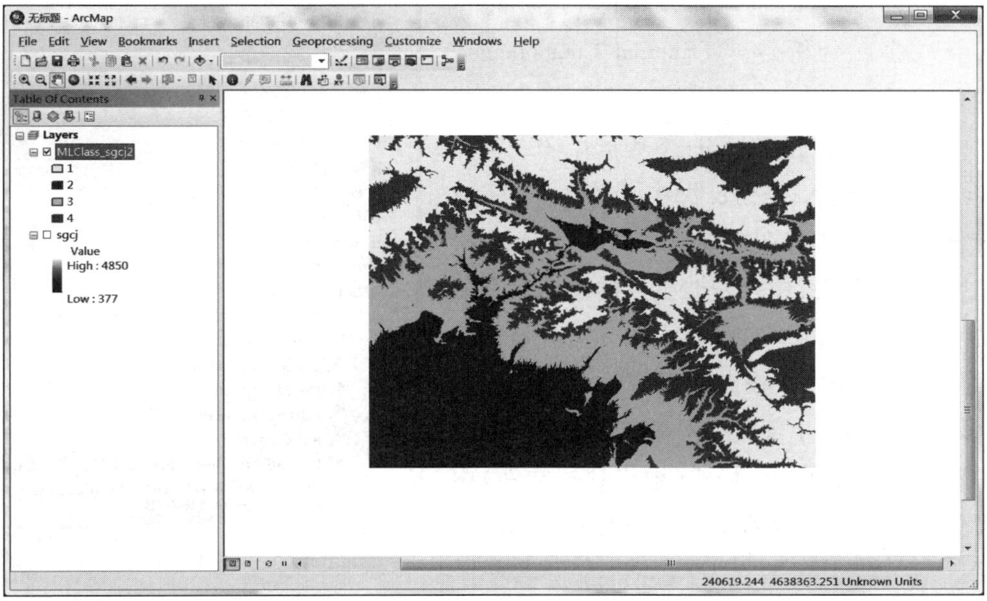

图 9－86

9.8.3　主成分分析

①在 ArcMap 中加载实验源数据（位置：CH9\实验源数据\多元分析\主成分分析），如图 9－87 所示。

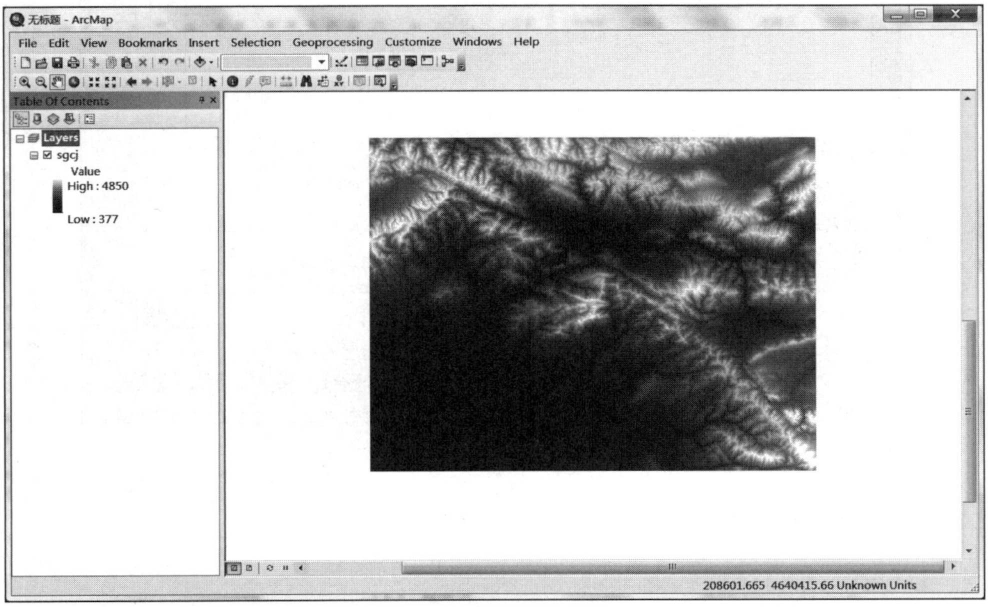

图 9－87

②打开 ArcToolbox，如图 9－88 所示，选择“Spatial Analyst Tools”（空间分析工具）→“Multivariate”（多元分析）→“Principal Components”（主成分分析）。

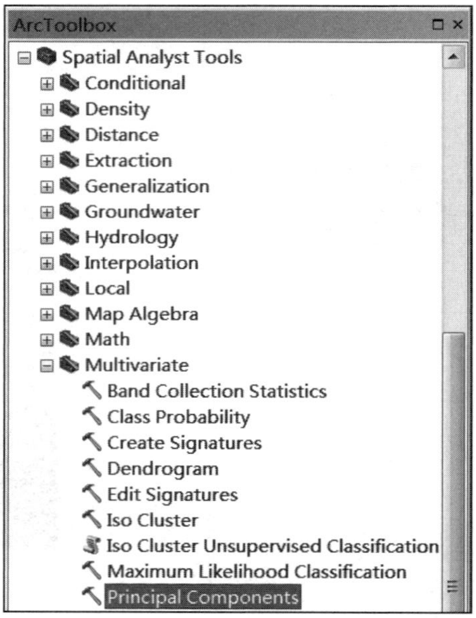

图 9－88

③打开新窗口，如图 9－89 所示，在“Input raster bands”（输入栅格波段）中设置要进行主成分分析的栅格数据；在“Output multiband raster”（输出多波段栅格）中设置要生成的栅格数据的名称和储存位置；在“Number of Principal components”（主成分数）中设置数据变换主成分的数量，该数值必须大于零但小于等于输入三个的波段总数；在“Output data file”（输出数据文件）中设置储存主成分参数的文本文件的名称和储存路径。

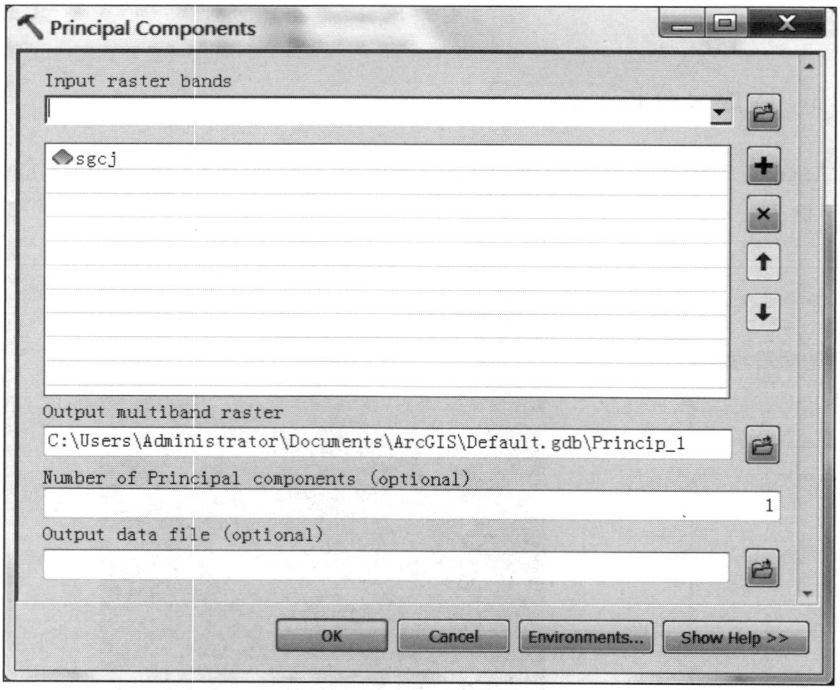

图 9－89

④点击“OK”（确定），完成操作，如图 9－90 所示。

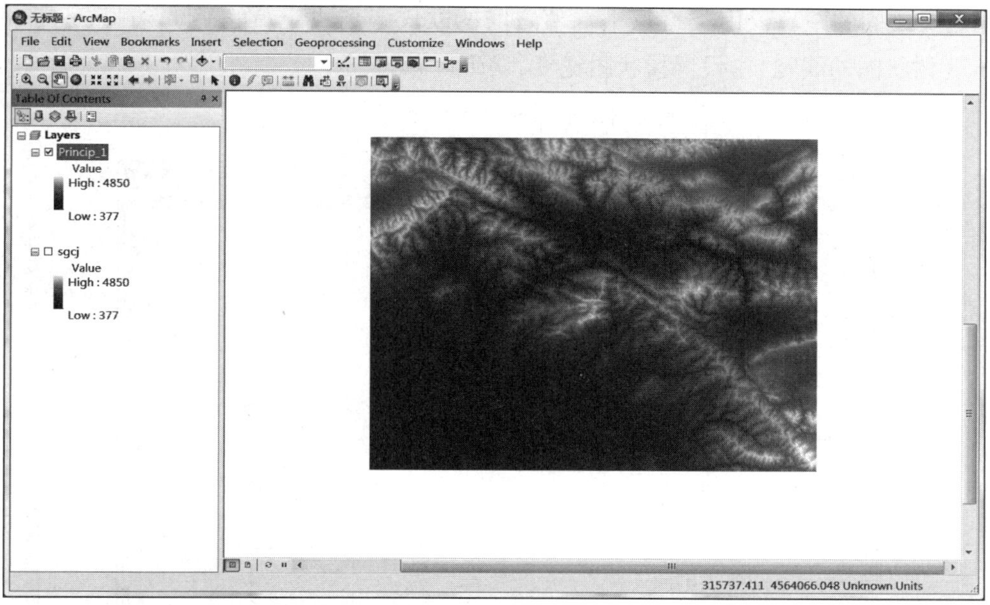

图 9-90

9.8.4　树状图

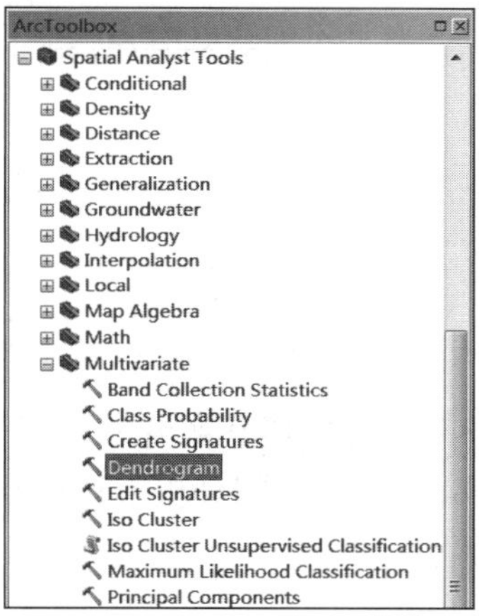

图 9-91

①打开 ArcToolbox，选择“Spatial Analyst Tools”（空间分析工具）→“Multivariate”（多元分析）→“Dendrogram”（树状图），如图 9-91 所示。

②打开新窗口，如图 9-92 所示，在“Input signature file”（输入特征文件）中设置要生成树状图的源文件；在“Output dendrogram file”（输出树状图文件）中设置输出树状图的文件名称和储存路径；勾选“Use variance in distance calculations”（在距离计算中使用方差）选项，各类之间的距离将根据其特征平均值之间的方差和欧氏距离进行计算，

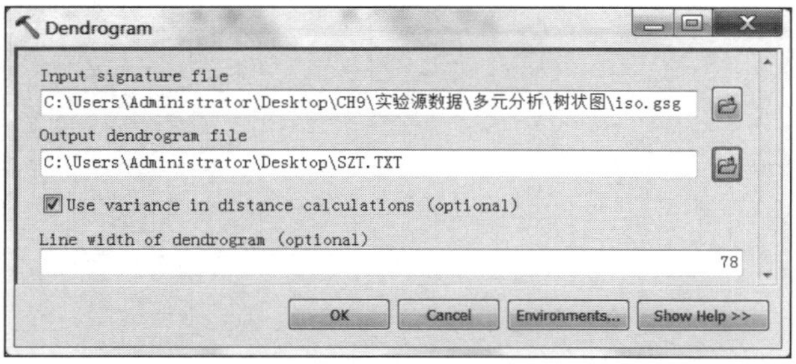

图 9-92

否则各类之间的距离仅由类特征平均值之间的欧氏距离决定；在“Line width of dendrogram”(树状图的线宽)中设置树状图宽度，默认为78。

③点击“OK”(确定)，完成操作，如图9-93所示。

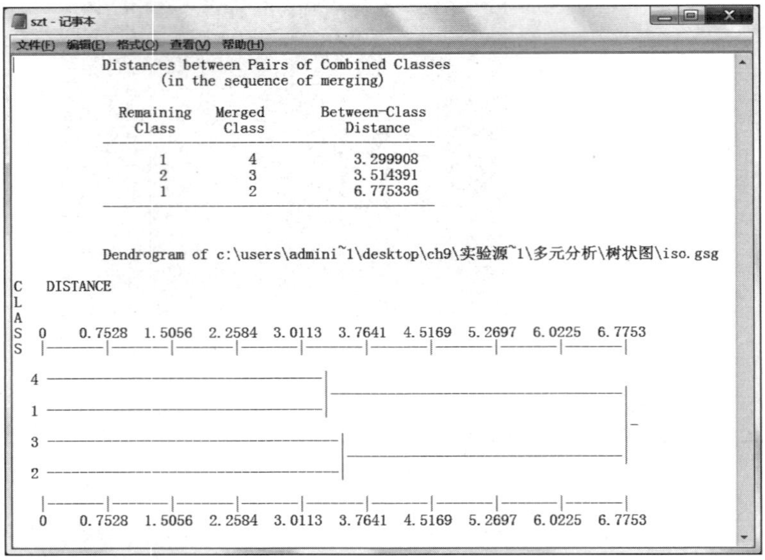

图9-93

9.9 本章小结

该章实验较为庞杂，对栅格数据的分析操作进行了详尽的解释和阐述，通过练习本章的操作，读者能够对ArcGIS栅格空间分析模块有更为清楚的认识，能够更好地应用ArcGIS中空间分析工具对栅格数据进行处理与分析。

第10章 三维分析

10.1 三维分析准备
10.2 表面创建
10.3 表面分析
10.4 三维数据转换
10.5 ArcScene三维可视化
10.6 三维要素分析
10.7 本章小结

10.1 三维分析准备

①点击 ArcMap 上方菜单栏中"Customize"(自定义)→"Extensions"(扩展模块),如图 10-1 所示。

②打开新窗口,如图 10-2 所示,在新窗口中出现的对话框中勾选"3D Analyst"(3D 分析),激活 3D 分析工具模块。

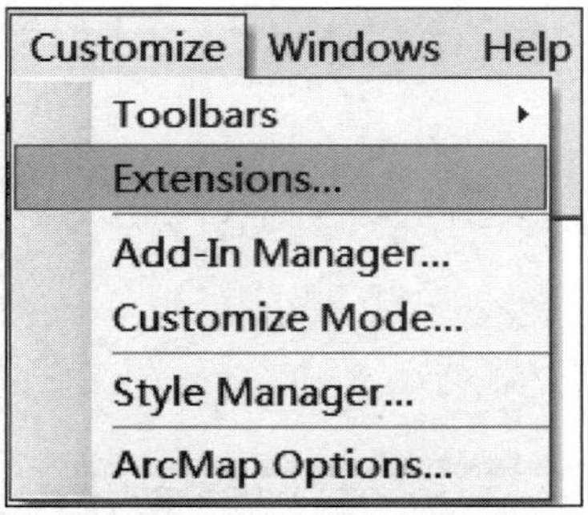

图 10-1

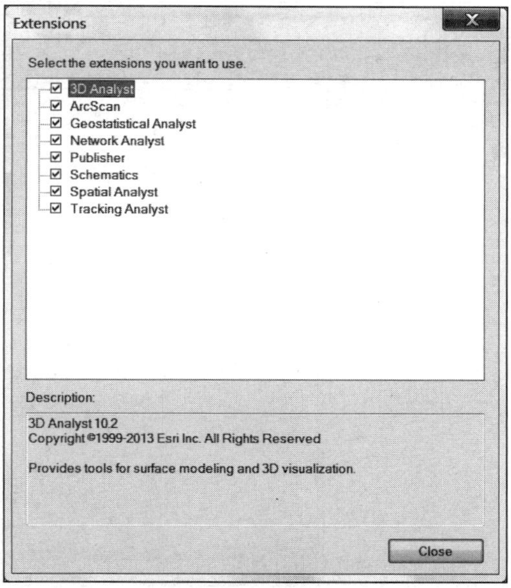

图 10-2

10.2 表面创建

10.2.1 栅格表面创建

栅格表面的创建,需要用到插值方法。插值方法是利用一定数量的样本点来估计未知样本点值的一种方法,适用于高程、气候温度、湖泊水质等级和噪声等具有一定空间相关性的空间地物的属性值的处理。在实际操作过程中,我们无法对地区每一个地点的值都进行测量,所以就需要选择一部分具有代表性或者控制意义的地区位置作为样本点,通过获取它们的属性值,借助插值方法,来生成整个区域的数值栅格表面。插值方法包括反距离权重法、克里金法、自然邻域法、样条函数法等,无论使用哪种方法来进行插值处理,样本点采样数目越多,分布越均匀,数据插值效果就越好。更多有关插值方法的操作可以参考本书第 9 章和第 12 章的有关内容。

(1)反距离权重法

反距离权重法适用于数据中每个点都有影响,并且影响力随着距离变大不断变小的采样数据。反距离权重法工具可以处理约4500万个输入点,当数据值超过这个数量限制,工具可能无法生成结果。

①在ArcMap中加载实验源数据(位置:CH10\实验源数据\栅格表面创建源数据),如图10-3所示。

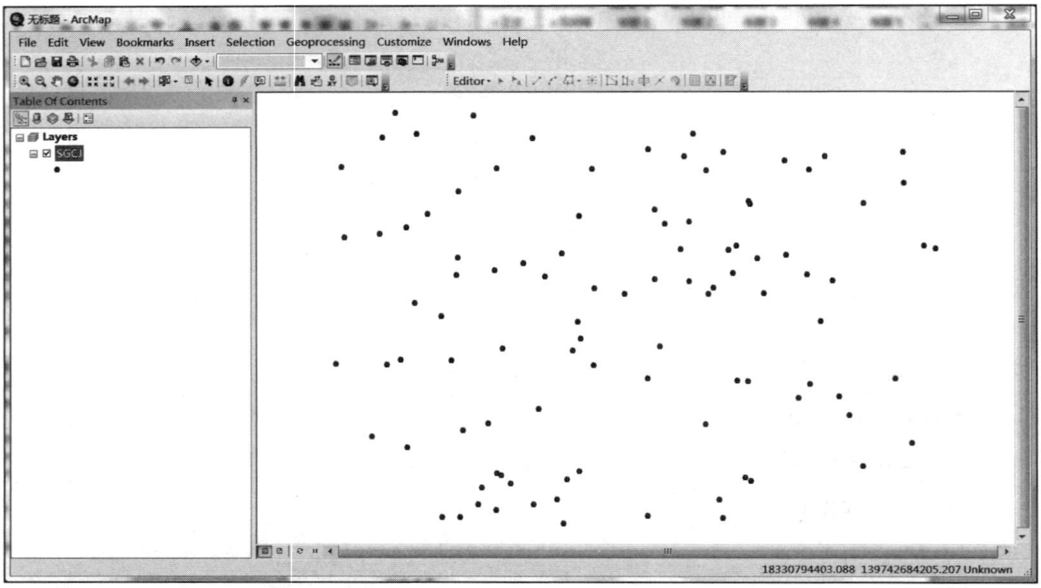

图10-3

②打开ArcToolbox,如图10-4所示,选择"3D Analyst Tools"(3D分析工具)→"Raster Interpolation"(栅格插值)→"IDW"(反距离权重法)。

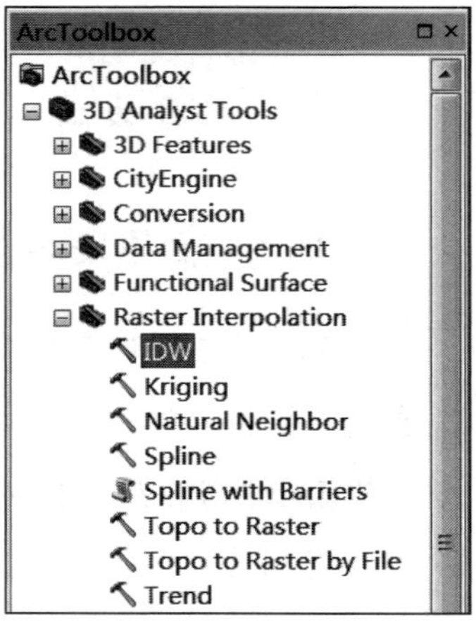

图10-4

③打开新窗口,如图10-5所示,在"Input point features"(输入点要素)中设置要进行插值的点图层;在"Z value field"(Z值字段)中设置插值依据的字段;在"Output raster"(输出栅格)中设置插值生成的栅格表面的输出位置;在"Output cell size"(输出像元大小)中设置输出栅格的像元大小,该处为可选选项,可以默认不设置;在"Power"(幂)中设置点距离对栅格表面平滑度的影响,幂越小,栅格表面越平滑,幂值的合理范围为0.5~3.0;在"Search radius"(搜索半径)中,"Variable"(变量)表示搜索半径可变,但可以在"Number of points"(点数)中设置在可变搜索半径范围内最多需要搜索到的点数量和"Maximum distance"

(最大距离)中设置搜索半径能够扩张的最大距离,“Fixed”(固定)表示搜索半径不可变,但可以在“Distance”(距离)中设置搜索半径的搜索距离和“Minimum number of points”(最小点数)中设置固定搜索半径范围内的最小点数值,当搜索范围内点数值不够时,搜索半径将扩大直至搜索范围点数满足最少点数要求;在“Input barrier polyline features”(输入折线障碍要素)中设置线性要素如地形中的断层或者悬崖,用来限制栅格插值时输入点的搜索。

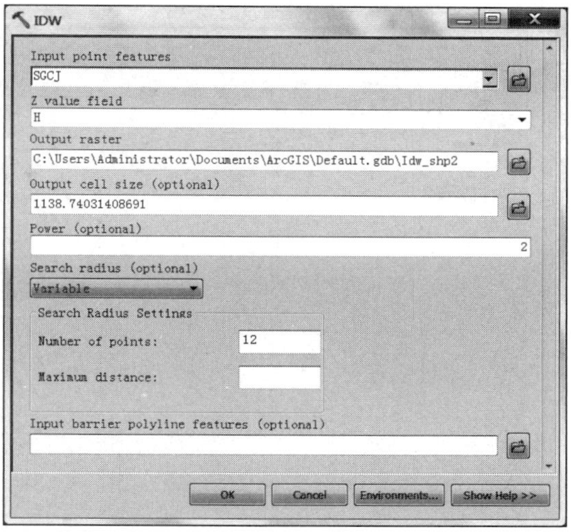

图 10-5

④点击“OK”(确定),完成栅格表面的创建,如图 10-6 所示。

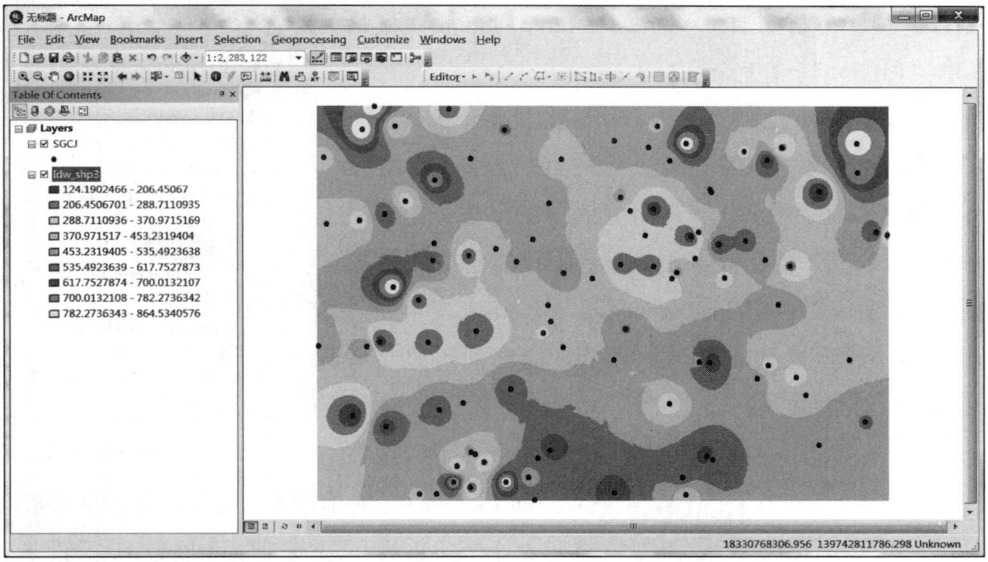

图 10-6

(2)克里金法

克里金法适用于样本点数据具有一定的空间关联,并且数据能够反映一定的空间变异性的情况,即适用于已知数据在方向和距离上存在偏差的状况。

①在 ArcMap 中加载实验源数据(位置:CH10\实验源数据\栅格表面创建源数据),如图 10-7 所示。

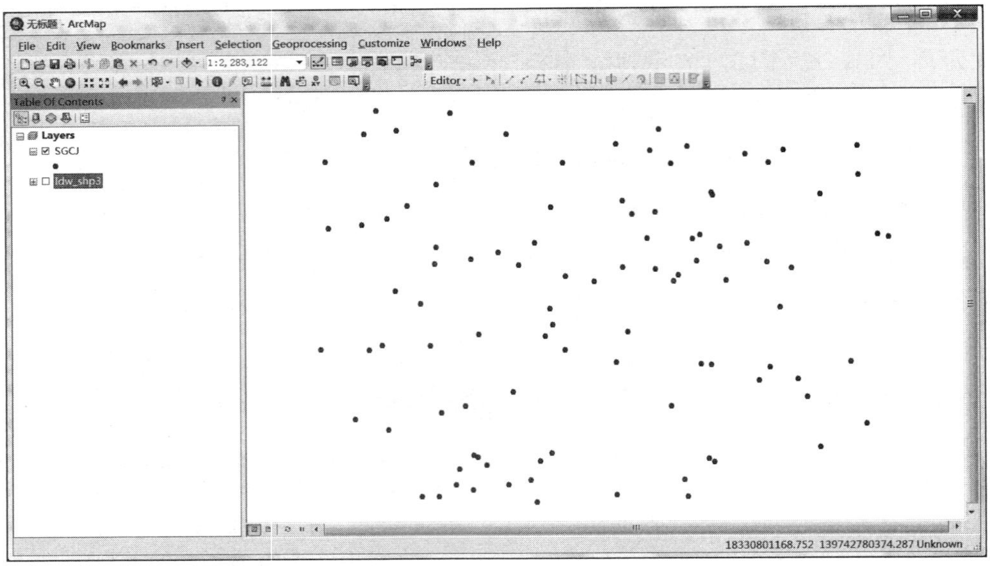

图 10－7

②打开 ArcToolbox，如图 10－8 所示，选择“3D Analyst Tools”（3D 分析工具）→“Raster Interpolation”（栅格插值）→“Kriging”（克里金法）。

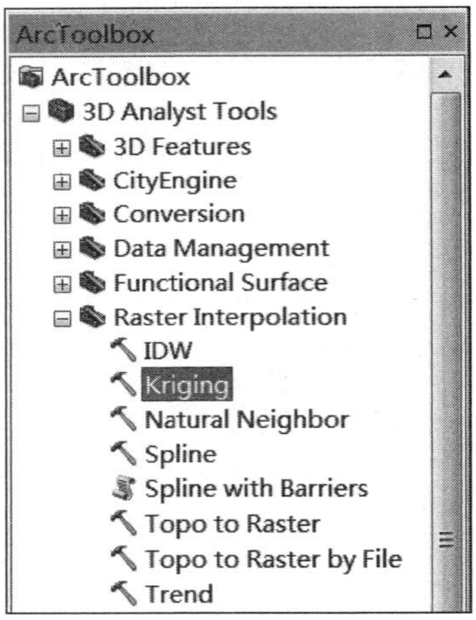

图 10－8

③打开新窗口，如图 10－9 所示，在“Input point features”（输入点要素）中设置要进行插值的点图层；在“Z value field”（Z 值字段）中设置插值依据的字段；在“Output surface raster”（输出表面栅格）中设置插值生成的栅格表面的输出位置；在“Semivariogram properties”（半变异函数属性）中设置克里金插值方法，克里金方法可以参考本书第 12 章的统计分析中有关内容；在“Output cell size”（输出像元大小）中设置输出栅格的像元大小，该处为可选选项，可以默认不设置；在“Search radius”（搜索半径）中，“Variable”（变量）表示搜索半径可变，但可以在“Number of points”（点数）中设置在可变搜索半径范围内最多需要搜索到的点数量和“Maximum distance”（最大距离）中设置搜索半径能够扩张的最大距离，“Fixed”（固定）表示搜索半径不可变，但可以在“Distance”（距离）中设置搜索半径的搜索距离和“Minimum number of points”（最小

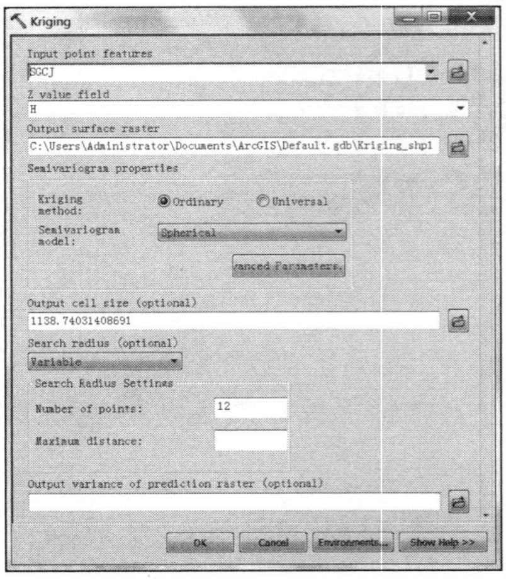

图 10－9

点数）中设置固定搜索半径范围内的最小点数值，当搜索范围内点数值不够时，搜索半径将扩大直至搜索范围点数满足最少点数要求；在“Output variance of prediction raster”（输出预测栅格数据的方差）中设置输出栅格数据方差的位置和名称。

④点击“OK”（确定），完成栅格表面的创建，如图 10－10 所示。

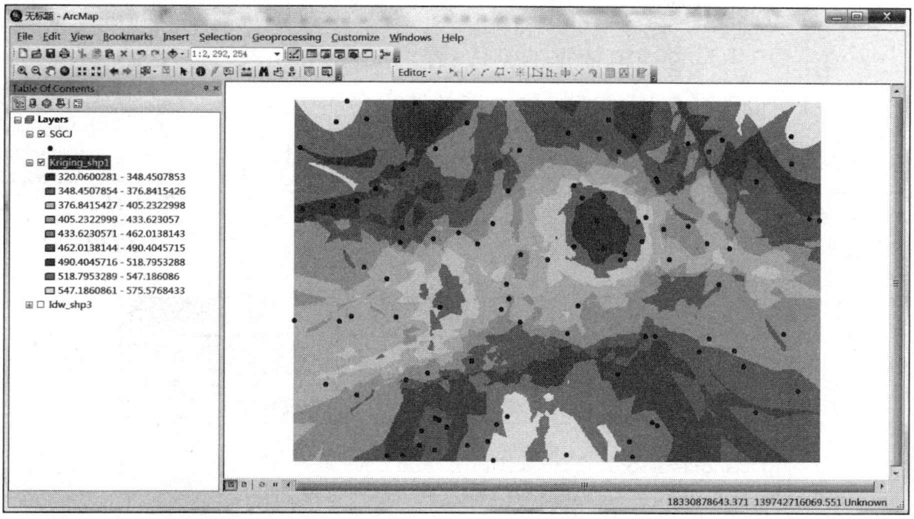

图 10－10

(3) 自然邻域法

自然邻域法适用于样本点分布不均的情况。

①在 ArcMap 中加载实验源数据（位置：CH10\实验源数据\栅格表面创建源数据），如图 10－11 所示。

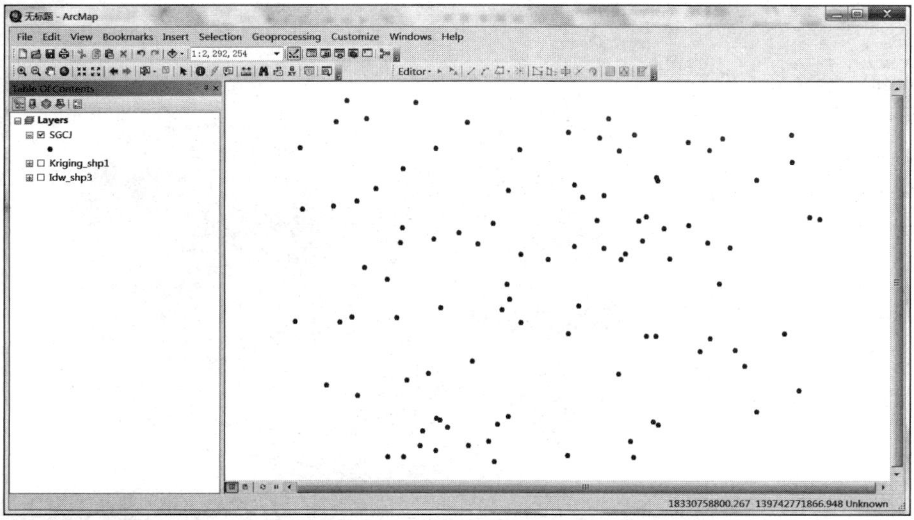

图 10－11

②打开 ArcToolbox，如图 10－12 所示，选择“3D Analyst Tools”（3D 分析工具）→“Raster Interpolation”（栅格插值）→“Natural Neighbor”（自然邻域法）。

③打开新窗口，如图 10－13 所示，在“Input point features”（输入点要素）中设置要进行插值的点图层；在“Z value field”（Z 值字段）中设置插值依据的字段；在“Output raster”（输出栅格）中设置插值生成的栅格表面的输出位置；在“Output cell size”（输出像元大小）中设置输出栅格的像元大小，该处为可选选项，可以默认不设置。

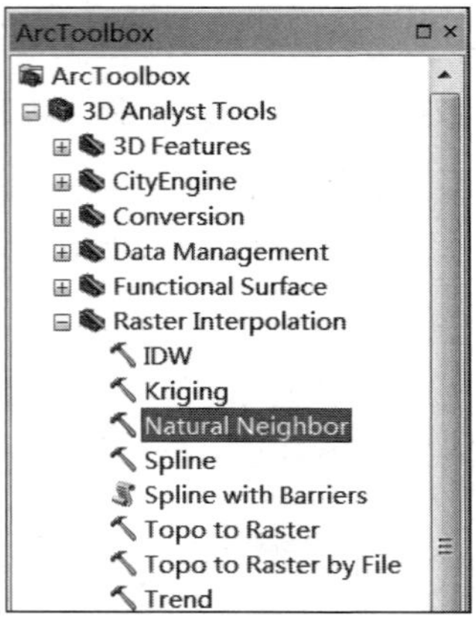

图 10－12

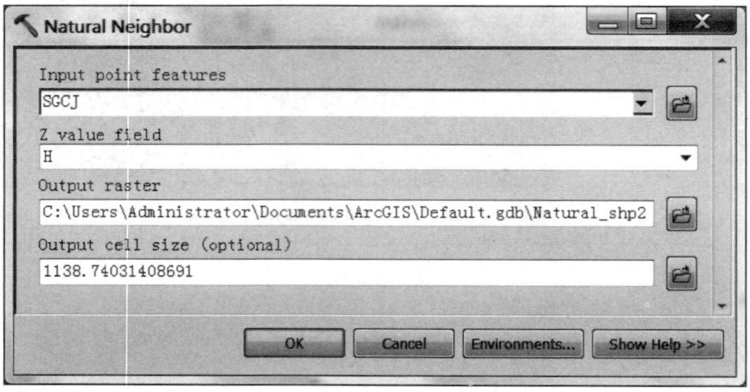

图 10－13

④点击“OK”（确定），完成栅格表面的创建，如图 10－14 所示。

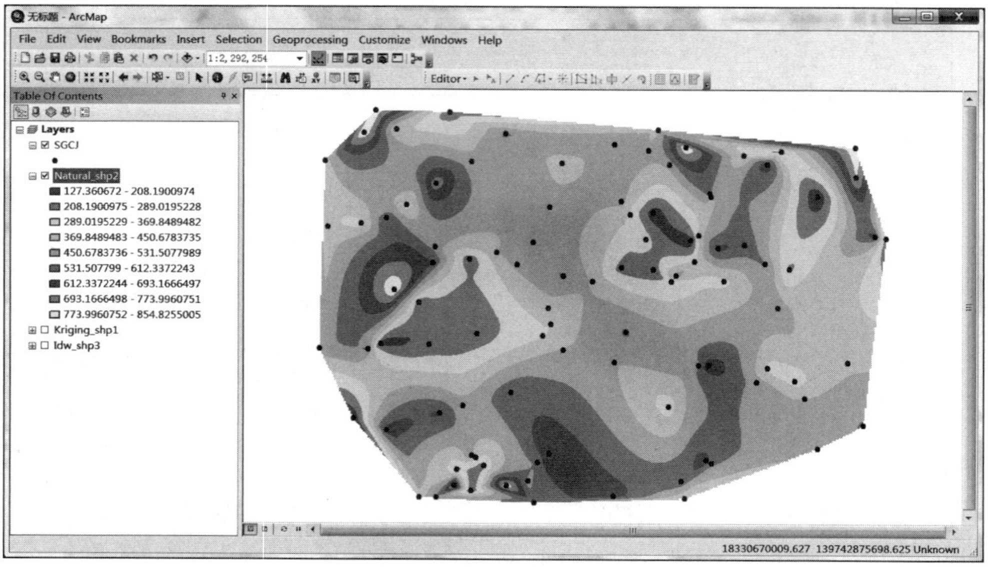

图 10－14

(4)样条函数法

样条函数法生成的栅格表面最光滑，曲率最小，它是通过一定的数学函数对采样点周围的未知点值进行拟合。这种插值方法适用于在地理空间范围内具有渐变特性的点数据，如高程、湖泊水质、大气污染度等。样条函数法不适用于区域属性值变化剧烈的地区，否则估值结果通常会过大。此外，还有含障碍的样条插值，其中设置与样条函数法大同小异，只需要在 ArcToolbox 中的 3D Analyst 工具的栅格插值工具集中选择“Spline”（含障碍的样条函数法）即可调用工具对数据进行含障碍的样条函数插值，此处不再赘述。

①在 ArcMap 中加载实验源数据（位置：CH10\实验源数据\栅格表面创建源数据），如图 10－15 所示。

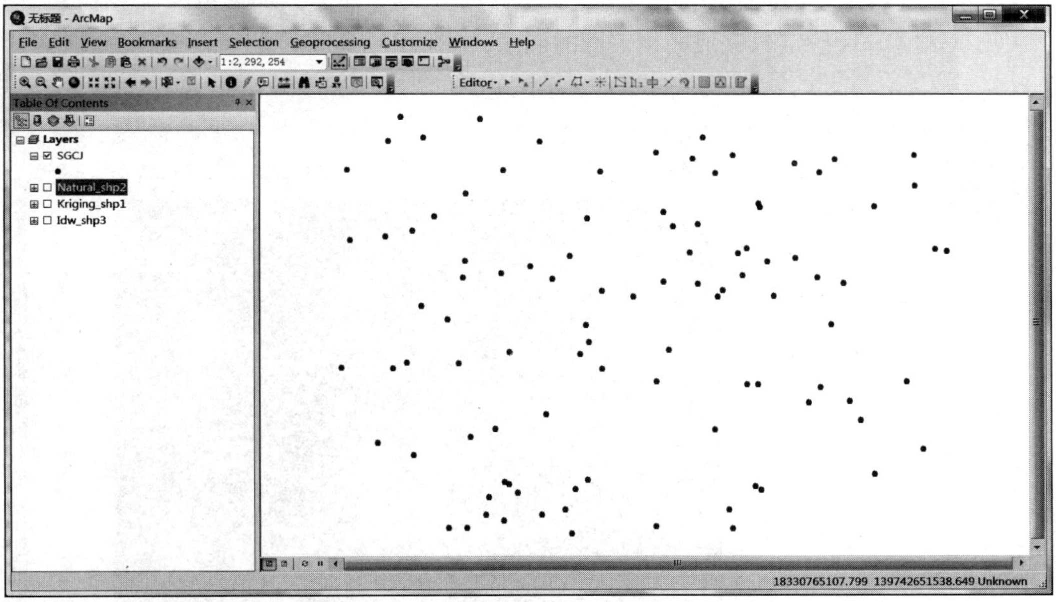

图 10－15

②打开 ArcToolbox，如图 10－16 所示，选择“3D Analyst Tools”（3D 分析工具）→“Raster Interpolation”（栅格插值）→“Spline”（样条函数法）。

图 10－16

③打开新窗口，如图 10－17 所示，在“Input point features”（输入点要素）中设置要进行插值的点图层；在“Z value field”（Z 值字段）中设置插值依据的字段；在“Output raster”（输出栅格）中设置插值生成的栅格表面的输出位置；在“Output cell size”（输出像元大小）中设置输出栅格的像元大小，该处为可选选项，可以默认不设置；在“Spline type”（样条函数类型）中设置样条

函数类型，有“REGULARIZED”（规则样条）和“TENSION”（张力样条）两个设置选项，规则样条将产生平滑的表面和平滑的一阶导数，可在下方“Weight”（权重）中设置的典型的加权值有0、1、5和10，权重越大，表面弹性就越大，张力样条则根据建模现象的特征调整插值的硬度，可在下方“Weight”（权重）中设置的典型的加权值通常取0～0.5；在“Number of points”（点数）中设置用于局部表面拟合的点，当一定范围内的点数量不够时，将会自动扩张搜索范围。

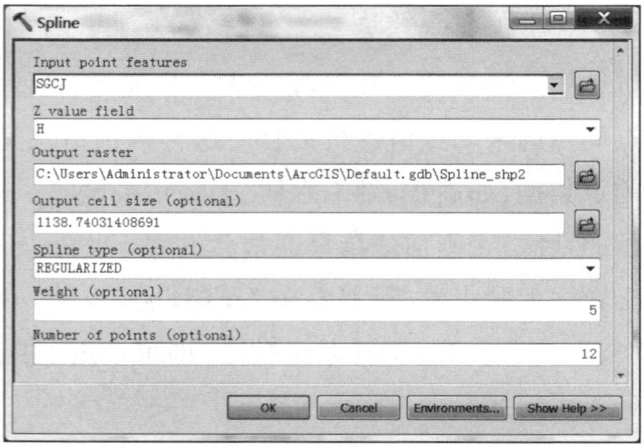

图10－17

④点击“OK”（确定），完成栅格表面的创建，如图10－18所示。

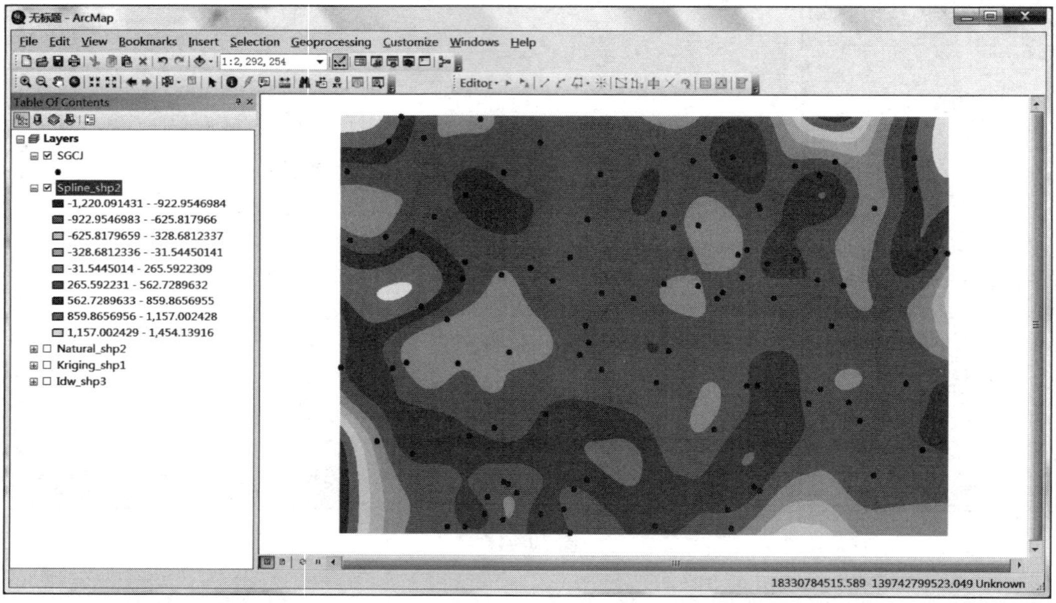

图10－18

（5）趋势面法

趋势面法适用于样本区域数值出现渐变情况时需要对点数据进行栅格插值的情况。

①在ArcMap中加载实验源数据（位置：CH10\实验源数据\栅格表面创建源数据），如图10－19所示。

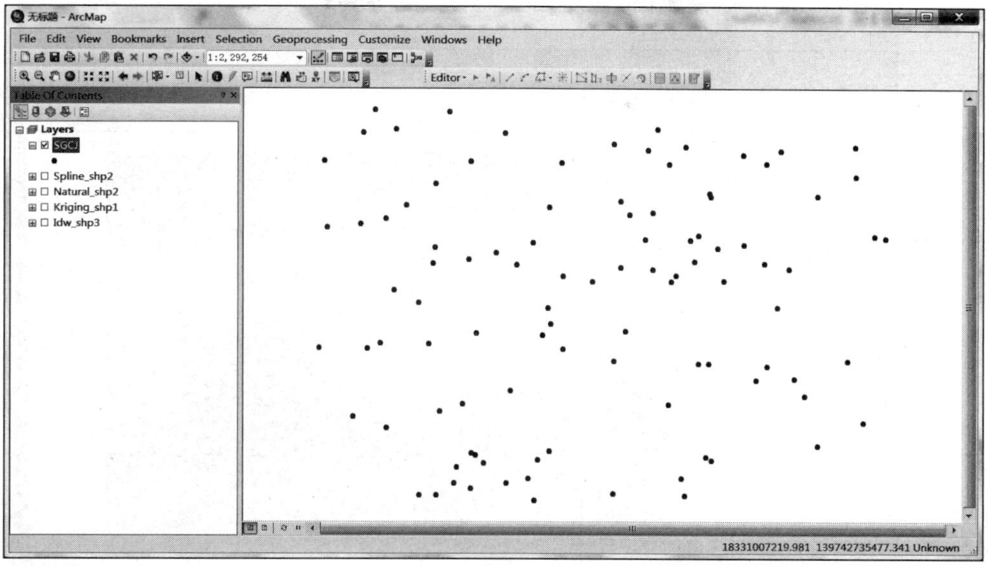

图10－19

②打开ArcToolbox，如图10－20所示，选择“3D Analyst Tools”（3D分析工具）→“Raster Interpolation”（栅格插值）→“Trend”（趋势面法）。

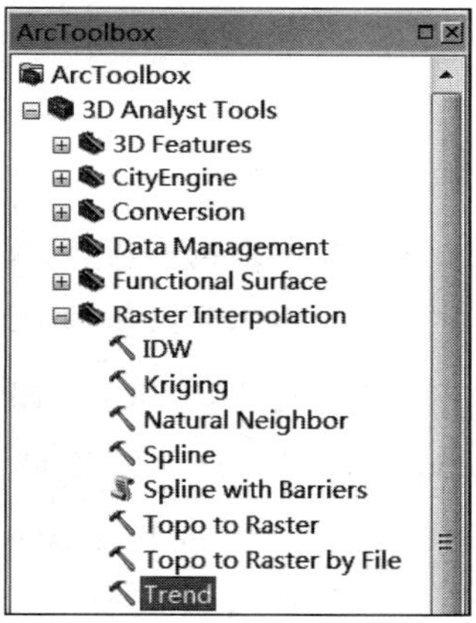

图10－20

③打开新窗口，如图10－21所示，在“Input point features”（输入点要素）中设置要进行插值的点图层；在“Z value field”（Z值字段）中设置插值依据的字段；在“Output raster”（输出栅格）中设置插值生成的栅格表面的输出位置；在“Output cell size”（输出像元大小）中设置输出栅格的像元大小，该处为可选选项，可以默认不设置；在“Polynomial order”（多项式的阶）中通过设置一定的数值来控制拟合表面的复杂程度，该值必须是1～12之间的整数，数值越小拟合平面越简单；在“Type of regression”（回归类型）中设置要进行操作的回归类型，“LINEAR”（线性回归）即执行多项式回归，适用于连续型数据，“LOGISTIC”（逻辑回归）即执行逻辑趋势面回归，为二元数据生成连续的回归概率曲面；在“Output RMS file”（输出RMS文件）中设置生成RMS文件的名称和位置，RMS文件包含了插值的RMS误差等有关信息。

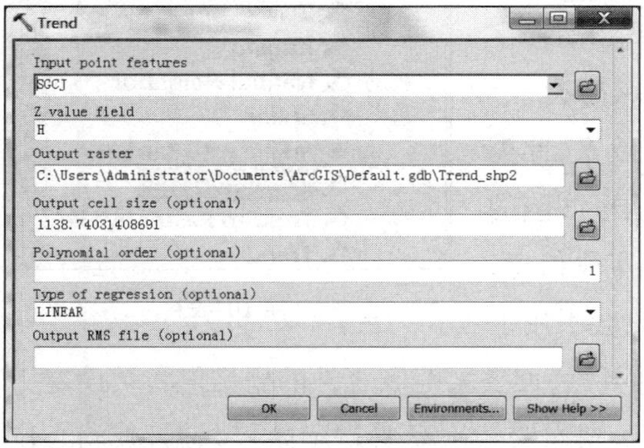

图10－21

④点击“OK”(确定),完成栅格表面的创建,如图 10-22 所示。

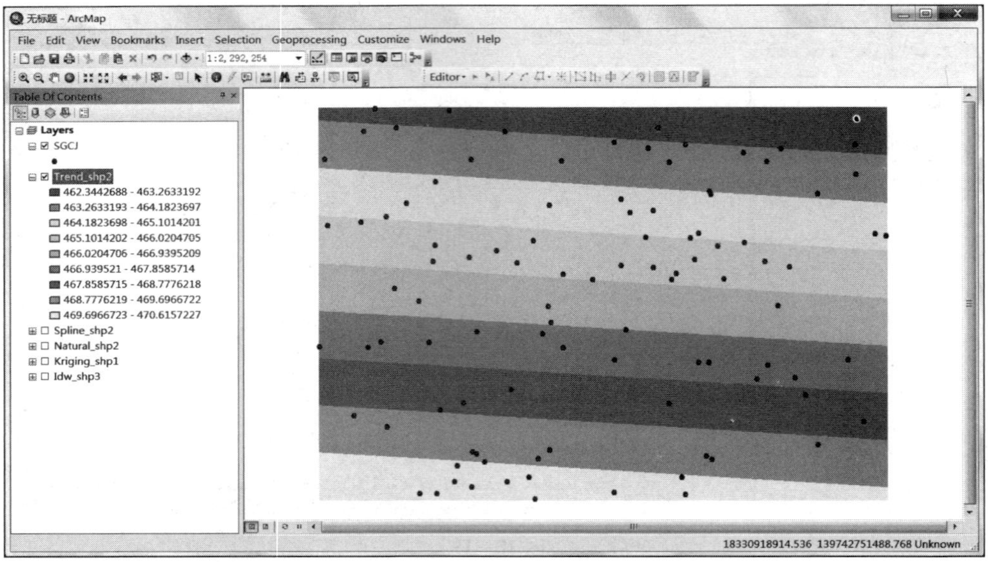

图 10-22

(6)地形转栅格

地形转栅格工具适用于生成真实反映地表状况的 DEM 数据的情况,它的优点是既保证了地形结构的连续,又准确呈现了等值线表达出的山脊、湖泊、河流等情况。

①加载需要进行地形转栅格的矢量数据到 ArcMap 中。

②打开 ArcToolbox,如图 10-23 所示,选择“3D Analyst Tools”(3D 分析工具)→“Raster Interpolation”(栅格插值)→“Topo To Raster”(地形转栅格)。

图 10-23

③如图 10-24 所示,在“Input feature data”(输入要素数据)中设置要进行地形转栅格的源数据,矢量数据要有高程字段,已经输入的要素数据会在下方列表中展示,并需要在下方列表中对数据的类型和高程字段进行设置。数据类型有:A. PointElevation:高程点。B. Contour:等高线。C. Stream:表示水系的线要素,此类要素无须指定高程字段。D. Sink:用于表示地形凹陷的点要素,称为汇,该类数据中字段通常有高程字段信息,如果不指定高程字段信息,则在生成栅格时只会引用汇的位置。E. Boundary:用于限制输出范围的面要素,面要素范围之外的栅格值将被设定为 NoData。F. Lake:用于指出湖泊位置的面要素,湖面要素不需要指定高程数据,其湖心位置高程将与沿岸高程一致。G. Cliff:悬崖的线要素类,不需要指定高程。H. Exclusion:输

入被忽略的区域面要素，不需要指定高程。I. Coast：包含沿海地区轮廓的面要素类，不需要指定高程。在“Output surface raster”（输出表面栅格）中设置栅格表面数据存放的目标路径和名称。在“Output cell size”（输出像元大小）中设置输出数据的栅格大小。在“Output extent”（输出范围）设置输出栅格数据集的范围，通常输出范围比输入要素约少 10 个像元，以此来保证数据结果的可靠性。

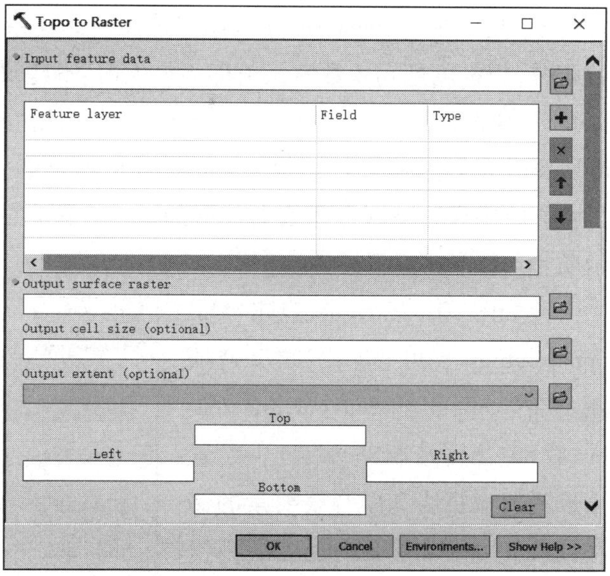

图 10-24

④如图 10-25 所示，在“Margin in cells”（像元间距）中设置输出范围和边界外进行插值的距离，该值的限制范围为 0～20，数值越大，栅格边界与邻接图幅匹配性越好；在“Smallest z value to be used in interpolation”（插值中所用的最小 z 值）中设置用于插值的最小 z 值，默认值比所有最大值中最小的低 20%；在“Largest z value to be used in interpolation”（插值中所用的最大 z 值）中设置用于插值的最大 z 值，默认值比所有输入值中最大的提高 20%；在“Drainage enforcement”（地形强化）中设置是否要填充汇，它将汇数据分为真汇和伪汇，“ENFORCE”将填充所有的汇，“NO_ENFORCE”将不会填充汇，“ENFORCE_WITH_SINK”将对已经标识的真汇不做更改，只对未标识的伪汇进行填充；在“Primary type of input data”（输入数据的主要类型）中设置输入要素的主要高程数据类型，“CONTOUR”为高程等值线，“SPOT”为点，指定主要数据将有助于优化河流和山脊生成；在“Maximum number of iterations”（最大迭代次数）中设置插值迭代的最大次数，迭代次数通常大于 0，值越大，清

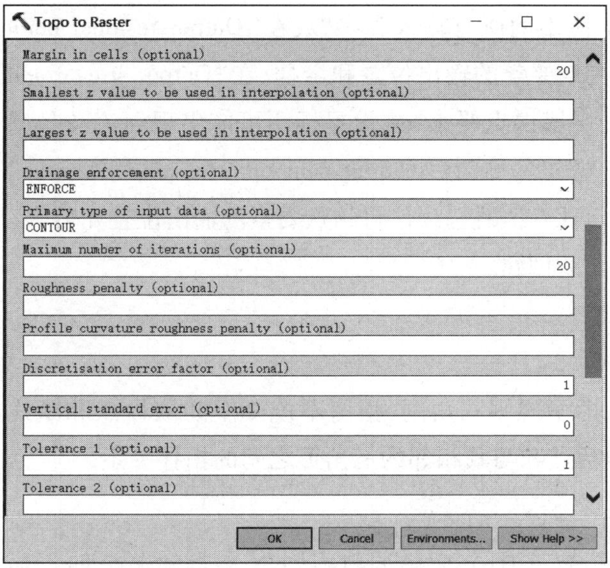

图 10-25

楚的汇越多；在“Roughness penalty”（粗糙度惩罚系数）中设置粗糙度衡量指标的二阶导数积分，粗糙度惩罚系数默认值即为最大值，不建议设置更高的值；在“Discretisation error factor”（离散误差系数）中设置值调整平滑量，该值正常范围为0.25～4；在“Vetical standard error”（垂直标准差）中设置Z值的随机误差量，该值必须大于等于0；在“Tolerance 1”（容差1）中设置高程点和表面地形的误差容限；在“Tolerance 2”（容差2）中设置极大限值防止产生地形间隙。

⑤如图10－26所示，点击“Optional outputs”（可选输出）展开选项栏。在“Output stream polyline features”（输出河流折线要素）中设置生成的河流折线和山脊线要素的储存位置和名称，用于比较生成栅格的准确性；在“Out remaining sink point features”（输出其余汇点要素）中设置其余凹陷点要素的输出位置和名称，用于指出未被清除的汇；在“Output diagnostic file”（输出诊断文件）中设置诊断文件的输出位置和名称，诊断文件列出了使用的所有输入和参数以及各分辨率和迭代中清除的凹陷数；在“Output parameter file”（输出参数文件）中设置参数文件的输出位置和名称，该文件列出了使用的所有输入和参数；在“Output residual point features”（输出残差点要素）中设置残差点要素的输出位置和名称；在“Output stream and cliff error point features”（输出河流和悬崖错误点要素）中设置标明可能出现河流和悬崖错误的位置的输出点要素类的输出位置和名称；在“Output contour error point features”（输出等值线错误点要素）中标明可能出现等值线错误位置的点要素的输出位置和名称。

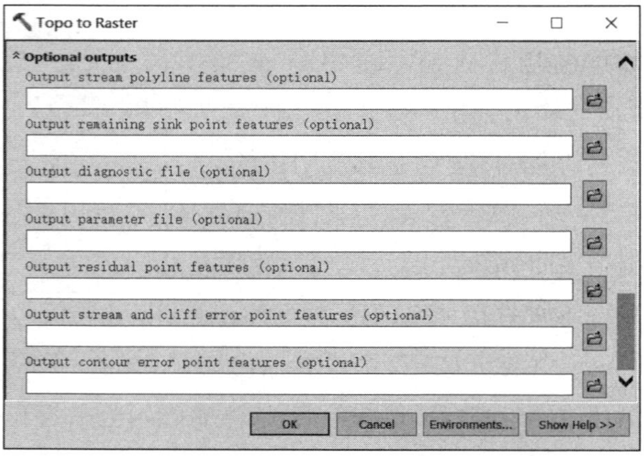

图10－26

⑥点击“OK”（确定），完成栅格表面的创建。

10.2.2 TIN表面创建

TIN（Triangular Irregular Network），即不规则三角网，指由不规则空间取样点和断线要素得到的一个对表面的近似表示，包括点和与其相邻的三角形之间的拓扑关系。

（1）创建TIN

①在ArcMap中加载实验源数据（位置：CH10\实验源数据\TIN图创建源数据），如图10－27所示。

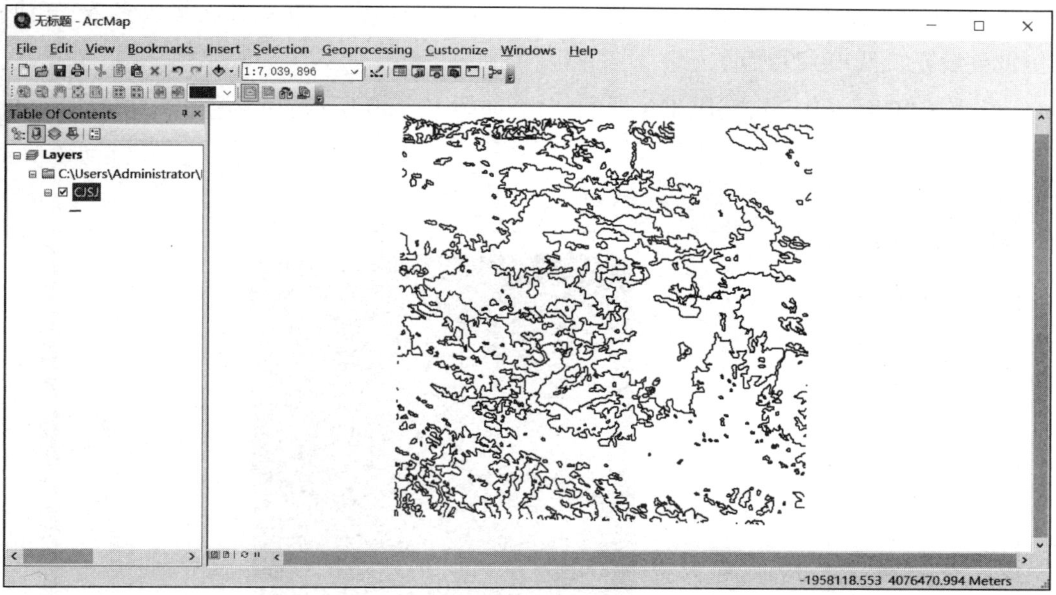

图 10－27

②打开 ArcToolbox，如图 10－28 所示，选择“3D Analyst Tools”（3D 分析工具）→“Data Management”（数据管理）→“TIN”→“Create TIN”（创建 TIN）。

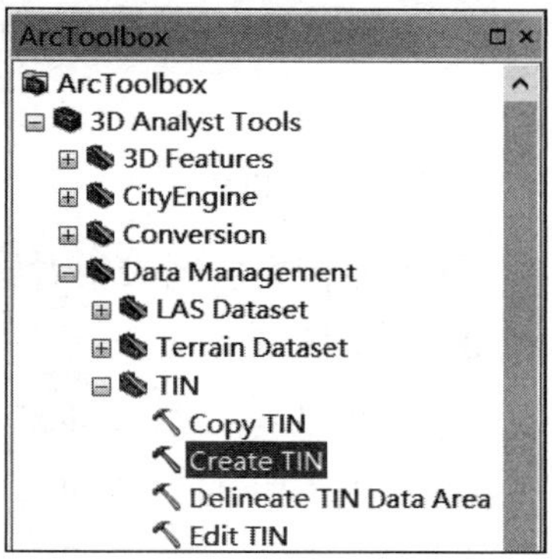

图 10－28

③打开新窗口，如图 10－29 所示，在“Output TIN”（输出 TIN 图）中设置 TIN 图输出路径；在“Coordinate System”（坐标系统）中选择生成 TIN 图的坐标系统，该选项为可选选项；在“Input Feature Class”（输入要素类）中设置用于构造 TIN 的输入要素；在下方小窗口中，“Input Features”一栏用于构建 TIN 的要素集名称，在“Height Field”中设置要素集中具有高程值的字段，在“SF Type”中定义要素以何种类型参与构建 TIN，包括离散多点、隔断线或多边形，在“Tag Field”中设置标签值，如果使用该字段，则面的边界线将被强化为隔断线，且面内部的三角形会将标签值作为属性，如果不使用标签值，则可以在下方指定为 <None>；如果勾选下方“Constrained Delaunay”（约束型 Delaunay），Delaunay 三角测量将被约

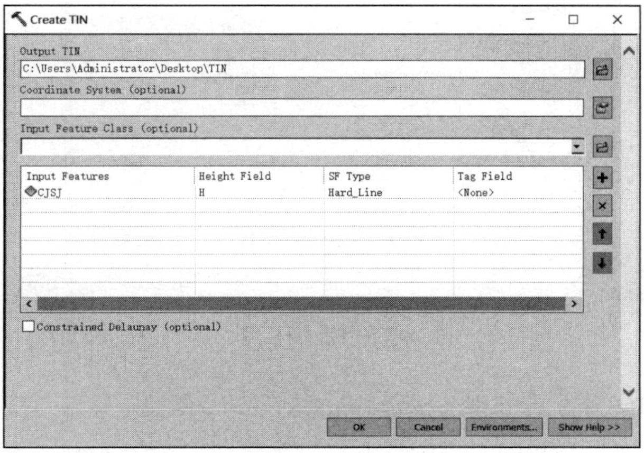

图 10－29

束,不会对隔断线进行增密,如果不勾选,则隔断线将会被增密,一条线段将形成多条三角形边,此处设置如图 10-29 所示。

④点击"OK"(确定),完成 TIN 图的创建,如图 10-30 所示。

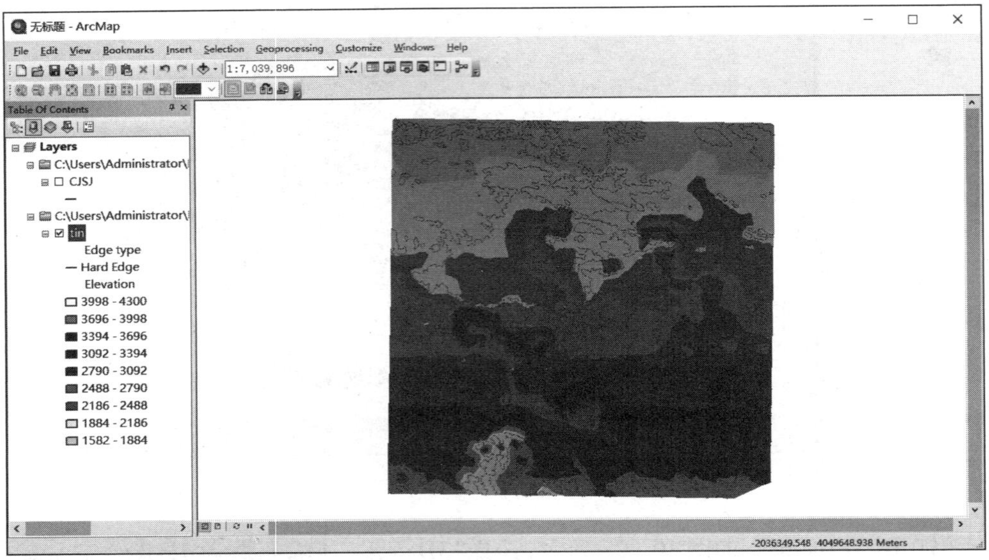

图 10-30

(2)显示 TIN

①在左侧内容列表中右键单击已经创建好的 TIN 图层,选择"Properties"(属性),如图 10-31 所示。

②打开"Layer Properties"(图层属性)窗口,如图 10-32 所示,进入"Symbology"(符号系统),点击"Add"(添加)。

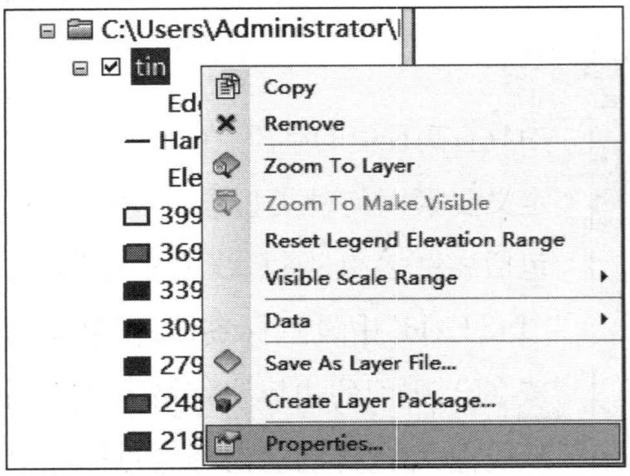

图 10-31

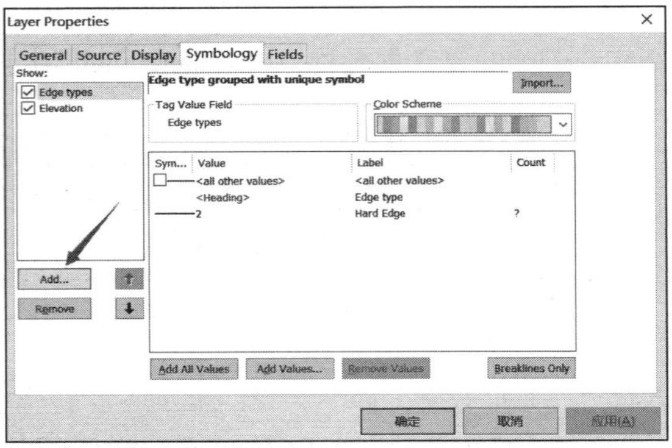

图 10-32

③如图 10-33 所示,双击选择添加渲染方式"Edges with the same symbol"(具有相同符号的边)和"Nodes with the same symbol"(具有相同符号的结点),添加完成后关闭该窗口。

④在左侧"Show"窗口中勾选"Edges"(边)和"Nodes"(点),如图 10-34 所示。

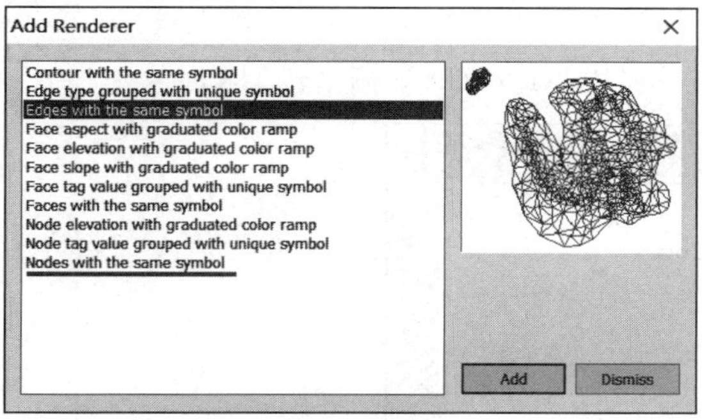

图 10－33

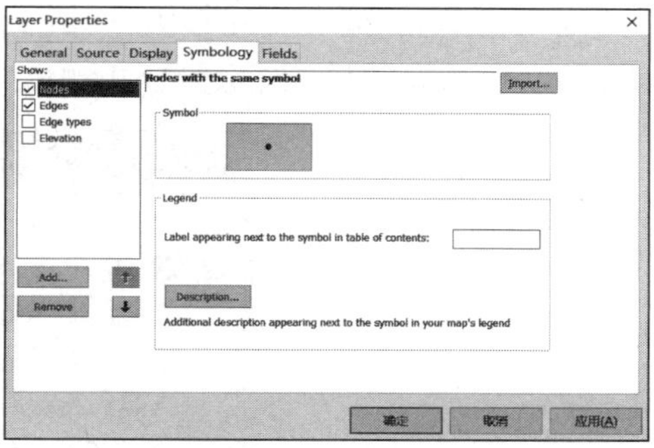

图 10－34

⑤单击“确定”，完成操作（图 10－35 为局部放大图）。

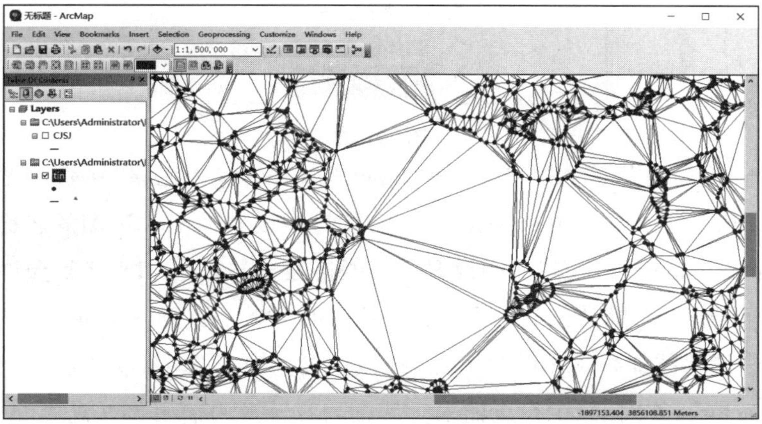

图 10－35

(3) 由栅格转 TIN

①在 ArcMap 中加载实验源数据（位置：CH10\实验源数据\栅格创建 TIN 图源数据），如图 10－36 所示。

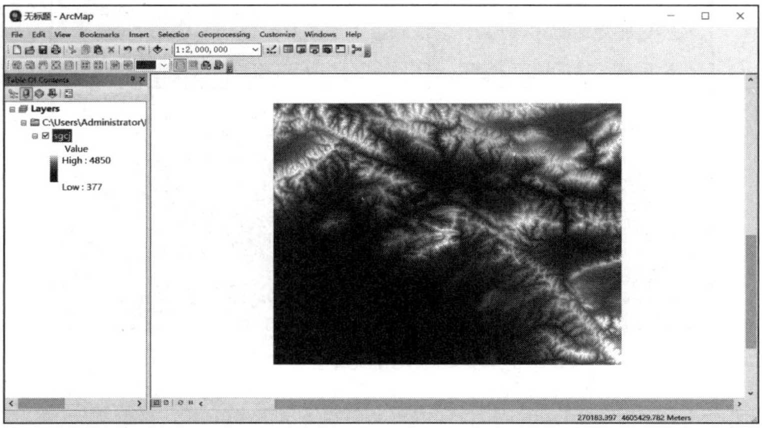

图 10－36

②打开 ArcToolbox，如图 10－37 所示，选择“3D Analyst Tools”（3D 分析工具）→“Conversion”（转换）→“From Raster”（由栅格转出）→“Raster to TIN”（栅格转 TIN）。

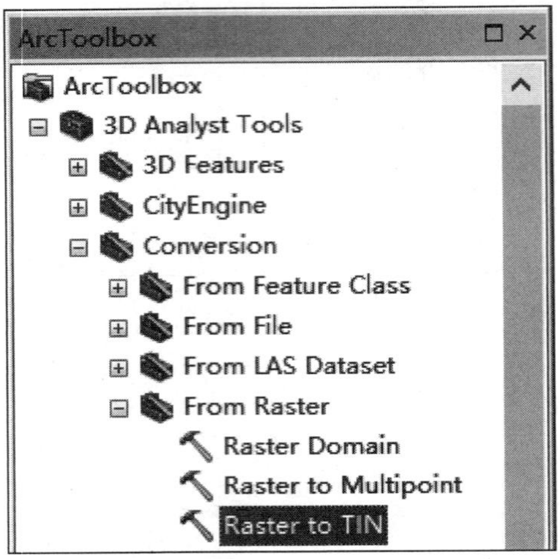

图 10－37

③打开新窗口，如图 10－38 所示，在“Input Raster”（输入栅格）中选择要进行栅格表面转化的源栅格数据；在“Output TIN”（输出 TIN）中设置输出 TIN 图的名称和储存的目标路径；在“Z Tolerance”（Z 容差）中设置输入栅格数据与输出 TIN 之间允许的最大高度差，该选项为可选选项，默认值为输入栅格 z 范围的 1/10；在“Maximum Number of Points”（最大点数）中设置添加到 TIN 的最大点数，该选项为可选选项，默认情况下为所有点都添加；在“Z Factor”（Z 因子）中设置输入 TIN 的高度转换为输出 TIN 高度时所乘系数，默认为 1，该设置可以将 z 单位转换为 x 和 y 单位。

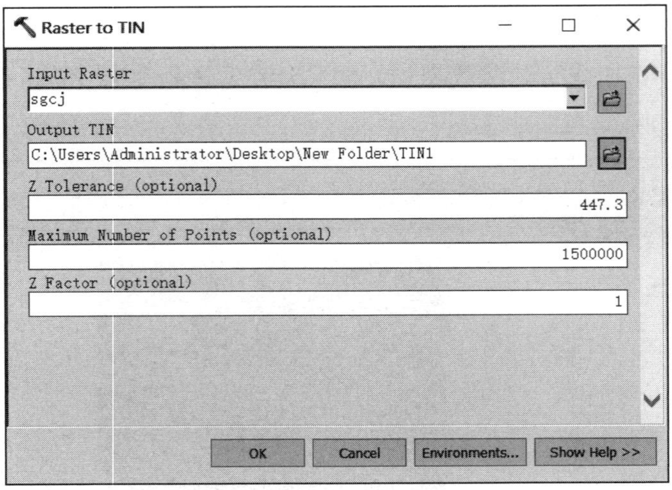

图 10－38

④单击“OK”(确定),完成操作,如图 10－39 所示。

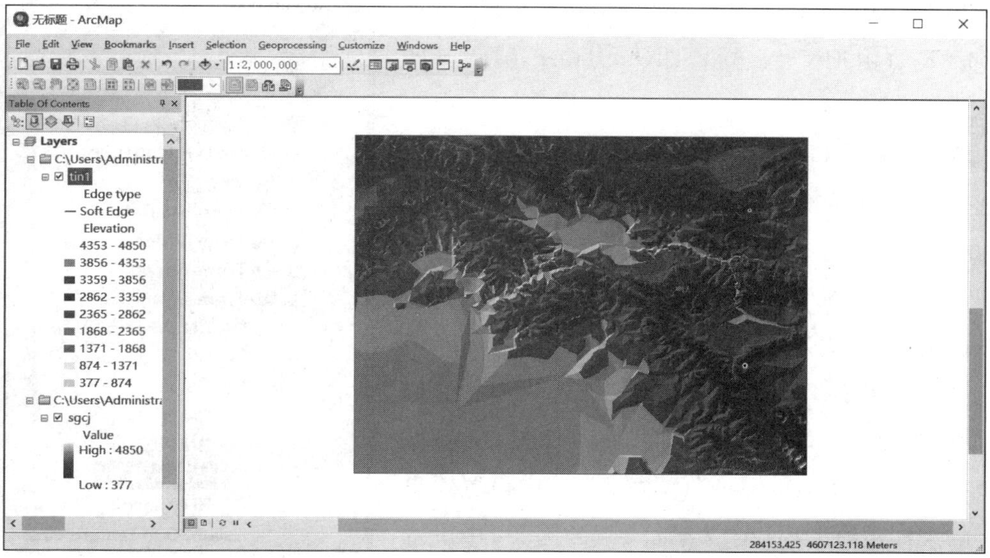

图 10－39

(4)由 TIN 转栅格

①在 ArcMap 中加载实验源数据(位置:CH10\实验源数据\TIN 图转栅格源数据),如图 10－40 所示。

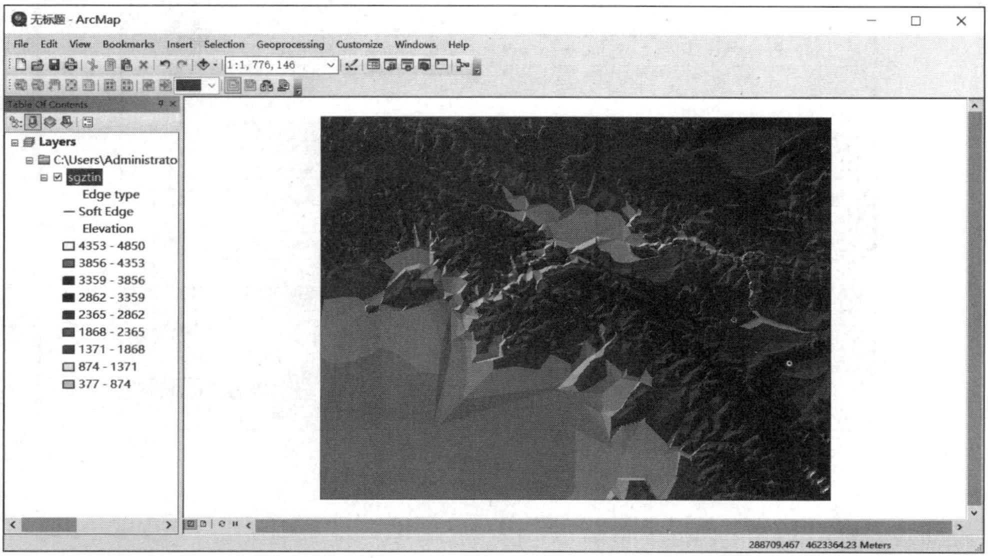

图 10－40

②打开 ArcToolbox，如图 10－41 所示，选择“3D Analyst Tools”（3D 分析工具）→“Conversion”（转换）→“From TIN”（由 TIN 转出）→“TIN to Raster”（TIN 转栅格）。

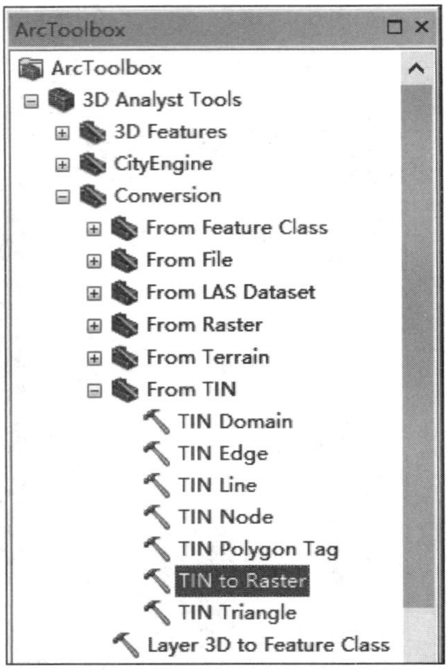

图 10－41

③打开新窗口，如图 10－42 所示，在“Input TIN”中选择要进行转换的 TIN 数据；在“Output Raster”（输出栅格）中选择输出栅格的路径和文件名；在“Output Data Type”（输出数据类型）中设置输出栅格的数据类型，默认为“FLOAT”（浮点型）；在“Method”（方法）中设置计算像元值的方法，该选项为可选选项，默认为使用 LINEAR 方法即线性回归法来计算像元值；在“Sampling Distance”（采样距离）中设置输出栅格的采样距离大小；在“Z Factor”（Z 因子）中设置输入 TIN 的高度转换为输出 TIN 高度时所乘系数，默认为 1，该设置可以将 z 单位转换为 x 和 y 单位。

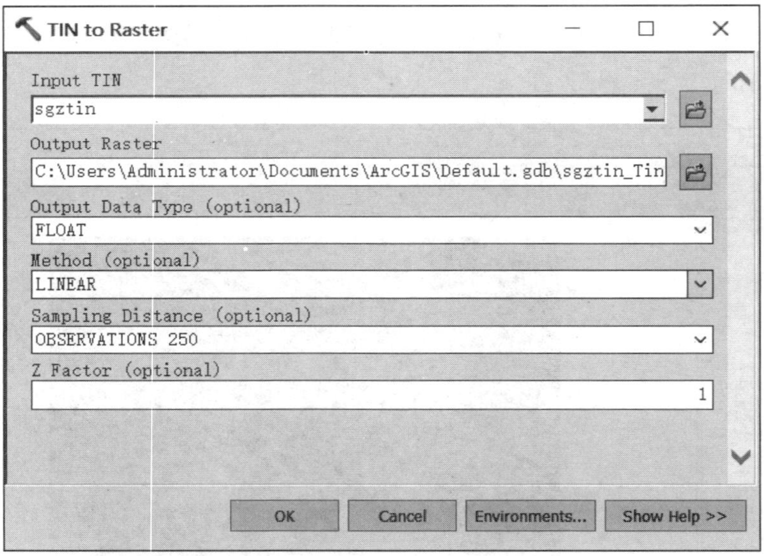

图 10－42

④单击“OK”（确定），完成操作，如图 10－43 所示。

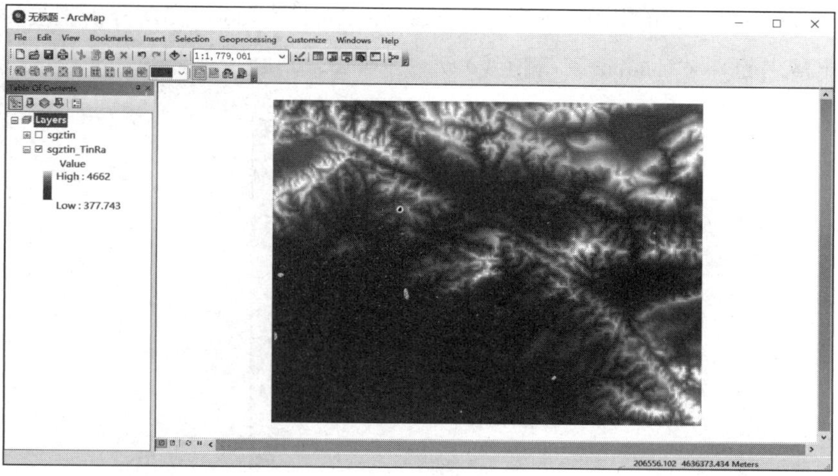

图 10-43

10.3 表面分析

栅格表面中包含着大量的地理信息,需要利用各种分析工具提取分析。在 ArcGIS 中,不仅可以利用 3D 分析工具集中的表面分析来完成对栅格表面数据的处理,还可以利用“Spatial Analyst Tools”(空间分析工具)中的表面分析工具对栅格数据进行处理,二者在 ArcGIS 中的应用异曲同工。本节将着重介绍在 3D 分析工具中的表面分析工具,在使用空间分析工具集中的表面分析工具时也可以以本节内容作为参考。

10.3.1 等高线提取

①在 ArcMap 中加载实验源数据(位置:CH10\实验源数据\表面分析源数据),如图 10-44 所示。

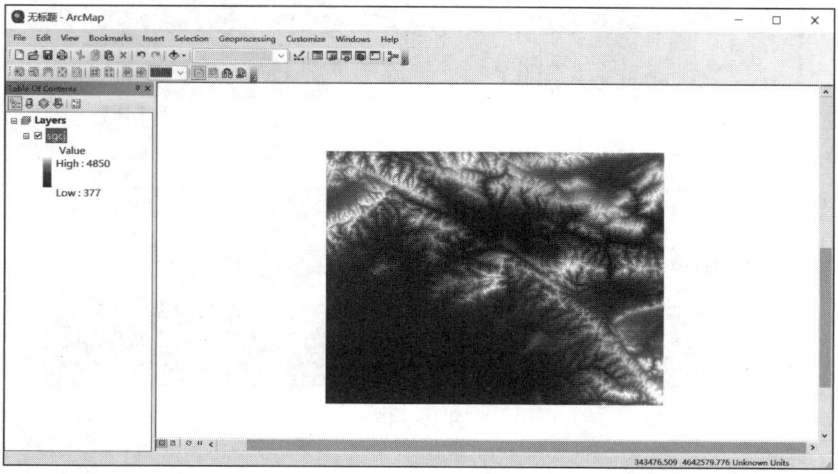

图 10-44

②打开 ArcToolbox，如图 10－45 所示，选择“3D Analyst Tools”（3D 分析工具）→“Raster Surface”（栅格表面）→“Contour”（等值线）。

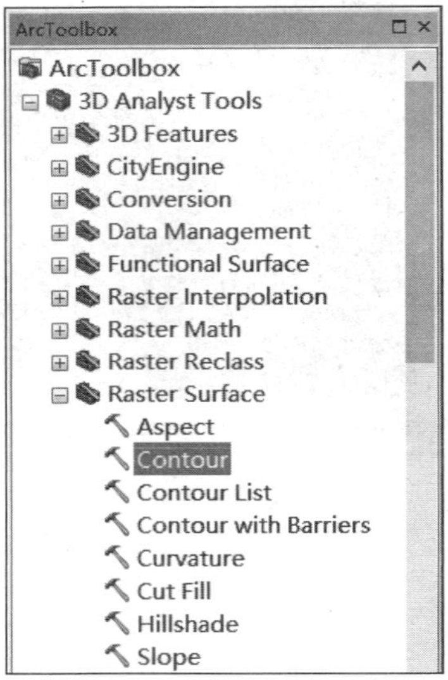

图 10－45

③如图 10－46 所示，在“Input raster”（输入栅格）中设置需要进行分析的栅格数据；在“Output polyline features”（输出折线要素）中设置生成的等高线数据名称及储存位置；在“Contour interval”（等值线间距）中设置等值线即等高线的间距或者距离，该数值可以为任意正数；在“Base contour”（起始等值线）中设置起始等值线的值，可以为 0；在“Z factor”（Z 因子）中设置输入 DEM 的 z 值转换为等高线时所乘系数，默认为 1，该设置可以将 z 单位转换为 x 和 y 单位。

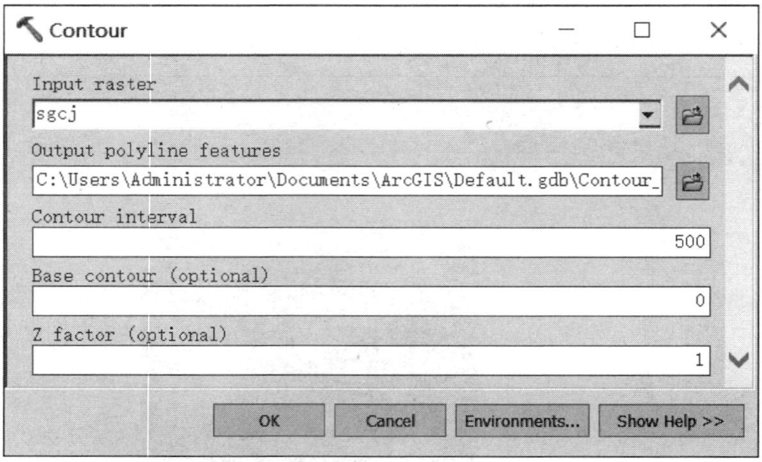

图 10－46

④点击“OK”(确定),完成操作,如图 10－47 所示。

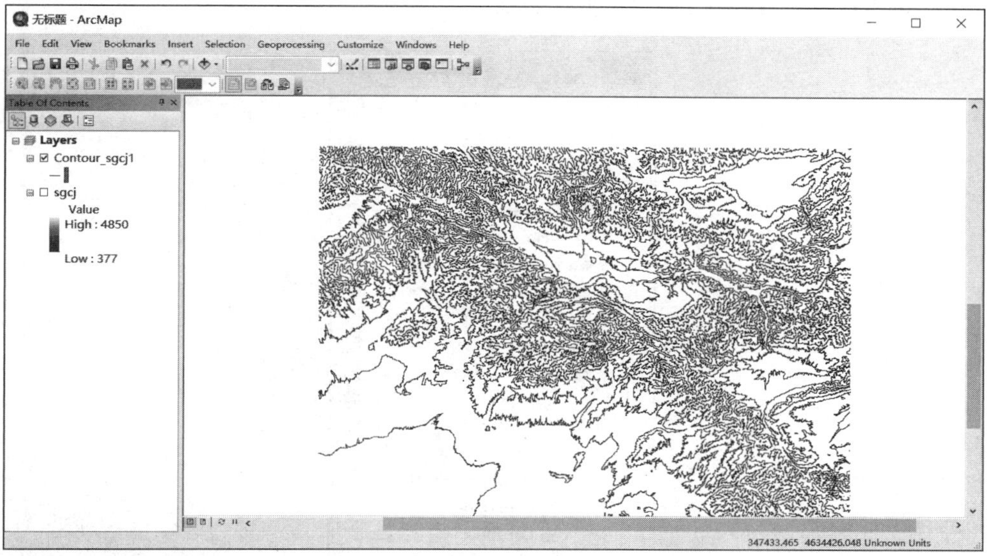

图 10－47

10.3.2　坡度提取

①在 ArcMap 中加载实验源数据(位置:CH10\实验源数据\表面分析实验源数据),如图 10－48 所示。

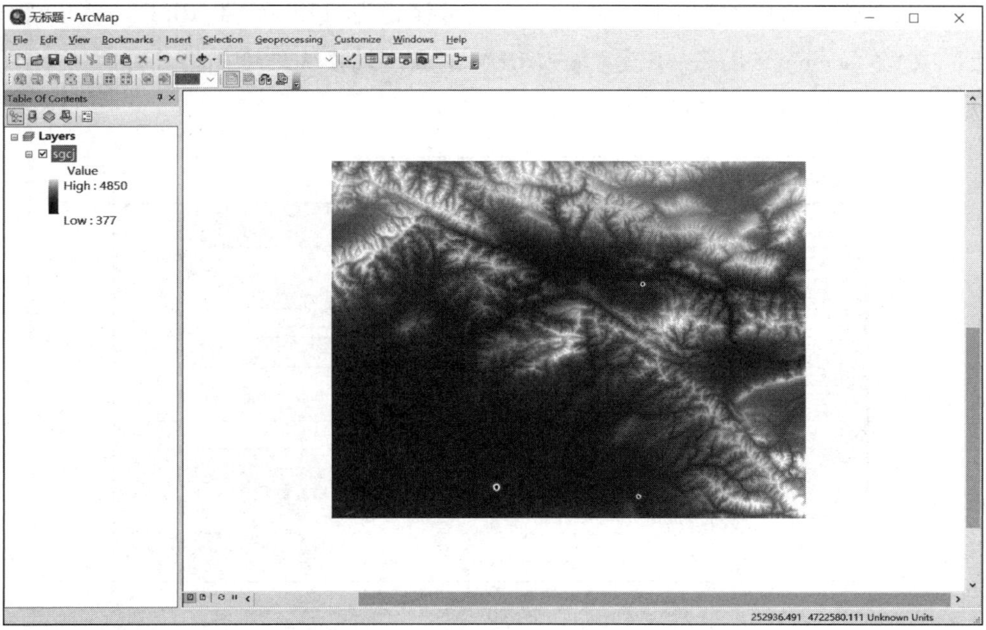

图 10－48

②打开 ArcToolbox，如图 10-49 所示，选择“3D Analyst Tools”（3D 分析工具）→“Raster Surface”（栅格表面）→“Slope”（坡度）。

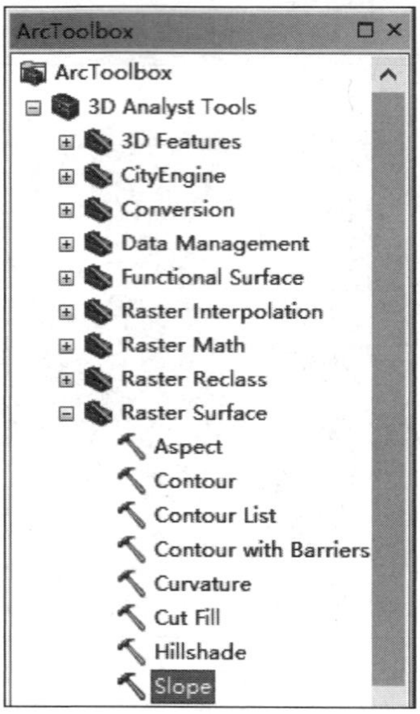

图 10-49

③打开新窗口，如图 10-50 所示，在“Input raster”（输入栅格）中设置需要进行分析的栅格数据；在“Output raster”（输出栅格）中设置生成的坡度数据名称及储存位置；在“Output measurement”（输出测量单位）中设置输出的坡度数据的单位，默认为“DEGREE”（坡度倾角将以度为单位），下拉菜单还可设置为“PERCENT_RISE”（输出百分比坡度）；在“Z factor”（Z 因子）中设置输入 DEM 的高度转换为坡度栅格高度时所乘系数，默认为 1，该设置可以将 z 单位转换为 x 和 y 单位。

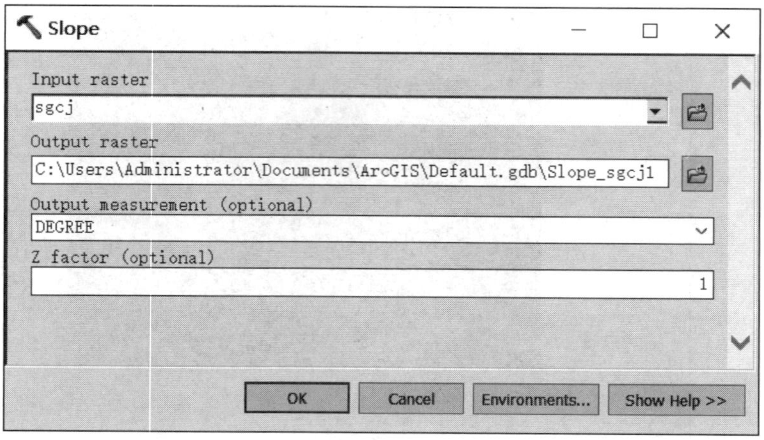

图 10-50

④点击“OK”(确定),完成操作,如图 10 - 51 所示。

图 10 - 51

10.3.3　坡向提取

①在 ArcMap 中加载实验源数据(位置:CH10\实验源数据\表面分析实验源数据),如图 10 - 52 所示。

图 10 - 52

②打开 ArcToolbox，如图 10－53 所示，选择“3D Analyst Tools”（3D 分析工具）→“Raster Surface”（栅格表面）→“Aspect”（坡向）。

③打开新窗口，如图 10－54 所示，在“Input raster”（输入栅格）中设置需要进行分析的栅格数据；在“Output raster”（输出栅格）中设置生成的坡度数据名称及储存位置。

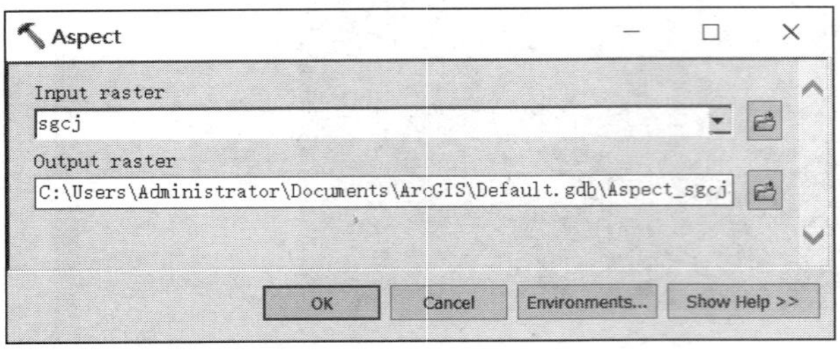

图 10－54

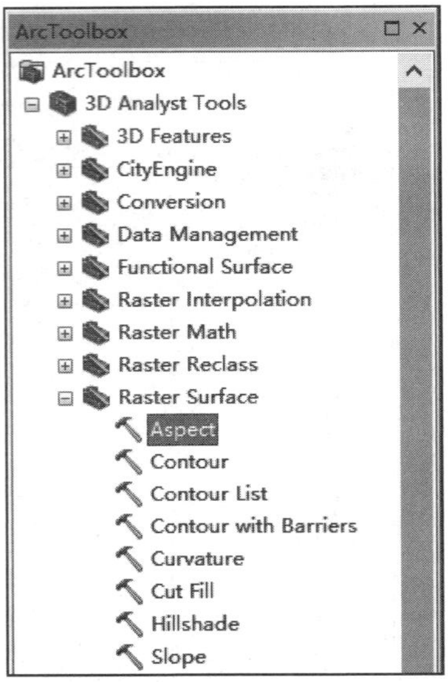

图 10－53

④点击“OK”（确定），完成操作，如图 10－55 所示。

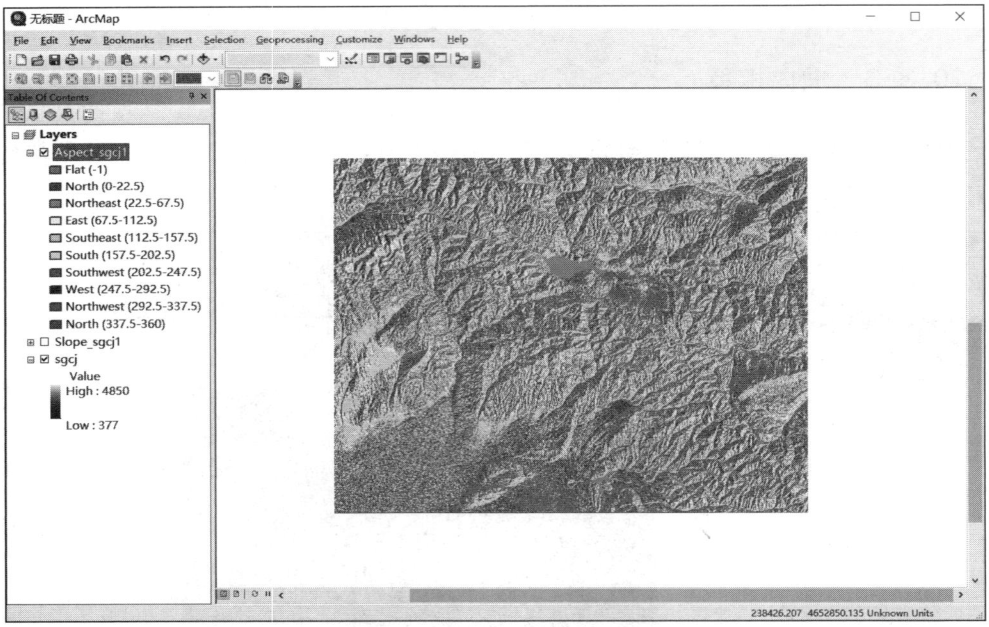

图 10－55

10.3.4　表面阴影

①在 ArcMap 中加载实验源数据（位置：CH10\实验源数据\表面分析实验源数据），如图 10－56 所示。

图 10-56

②打开 ArcToolbox，如图 10-57 所示，选择“3D Analyst Tools”（3D 分析工具）→“Raster Surface”（栅格表面）→“Hillshade”（山体阴影）。

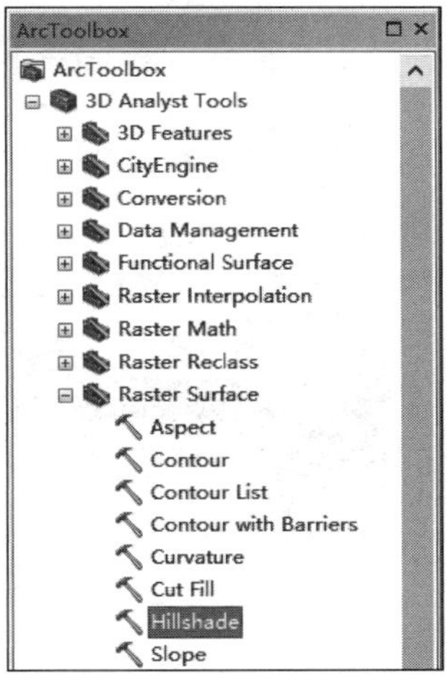

图 10-57

③打开新窗口，如图 10-58 所示，在“Input raster”（输入栅格）中设置需要进行分析的栅格数据；在“Output raster”（输出栅格）中设置生成的数据名称及储存位置；在“Azimuth”（方位角）中设置光源的方位角度，以北方为基准，默认为 315°；在“Altitude”（高度角）中设置光源射入的高度角，默认为 45°；勾选“Model shadows”（模拟阴影），将在新栅格数据中考虑本地光入射角度和阴影，如不勾选则会考虑入射角度，不考虑阴影。在“Z factor”（Z 因子）中设置输入 DEM 的 z 值转换为等高线时所乘系数，默认为 1，该设置可以将 z 单位转换为 x 和 y 单位。

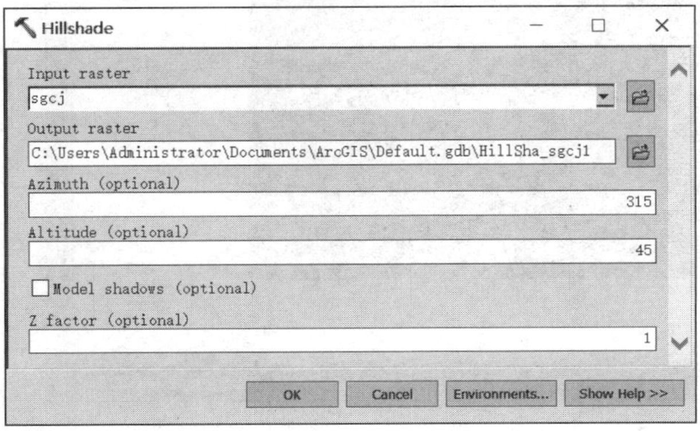

图 10-58

④点击“OK”（确定），完成实验，如图 10-59 所示。

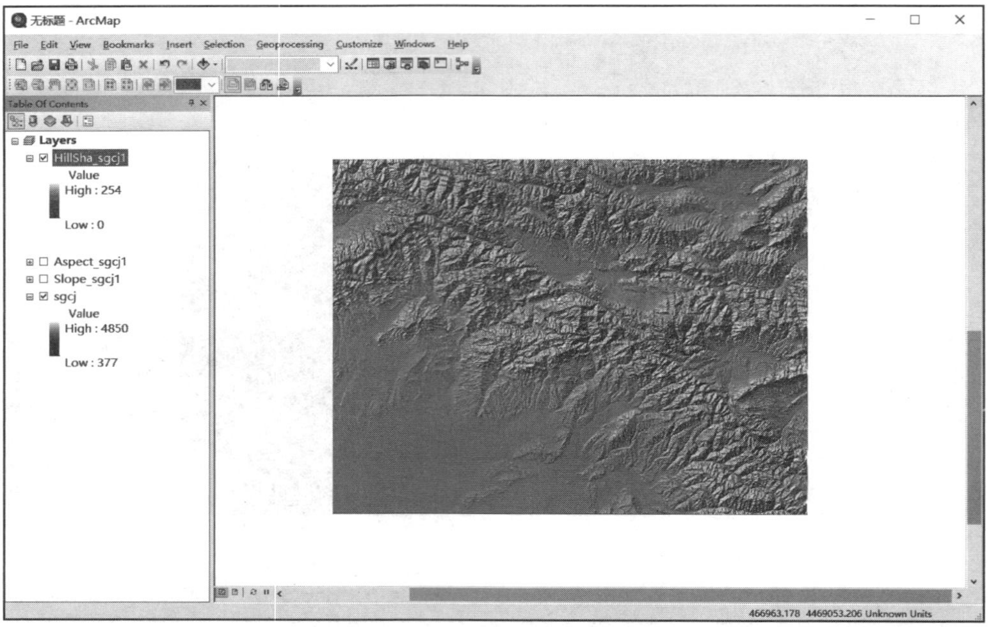

图 10－59

10. 3. 5 断面提取

①在 ArcMap 中加载实验源数据(位置:CH10\实验源数据\表面分析实验源数据)，如图 10－60 所示。

图 10－60

②打开编辑工具，如图 10－61 所示，在 ArcMap 的上方选择“Customize”（自定义）→“Toolbars”（工具条）→“3D Analyst”（3D 分析）。

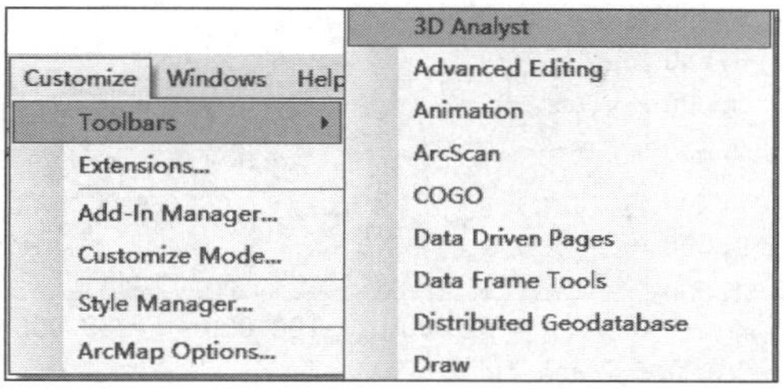

图 10－61

③如图 10－62 所示，点击工具条中的按钮，即“Interpolate Line”（插入线），在图上绘制所要进行剖面分析的线段，双击鼠标完成编辑并保存，如图 10－63 所示。

图 10－62

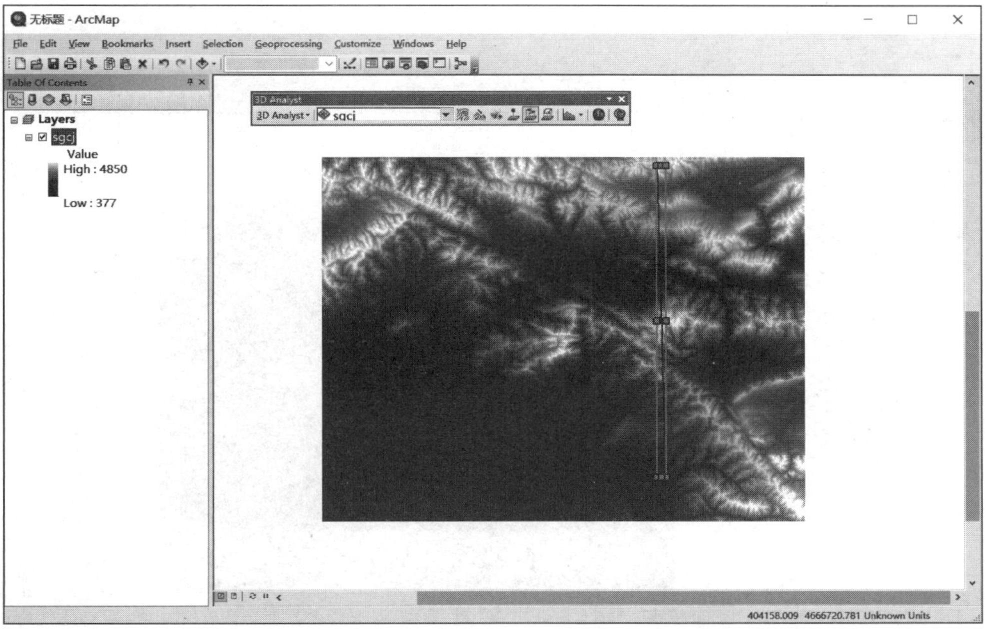

图 10－63

④点击工具条中的按钮，即“Profile Graph”（剖面图），如图 10－64 所示。出现剖面分析图，如图 6－65 所示。实验完成。

图 10－64

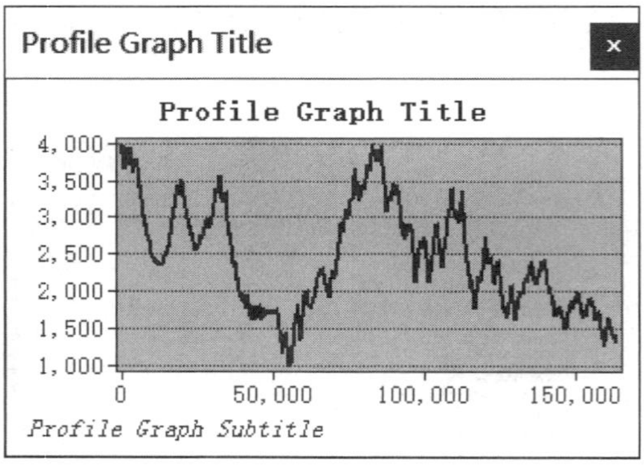

图 10-65

10.3.6 可视性分析

(1)通视分析

①在 ArcMap 中加载实验源数据(位置:CH10\实验源数据\表面分析实验源数据),如图 10-66 所示。

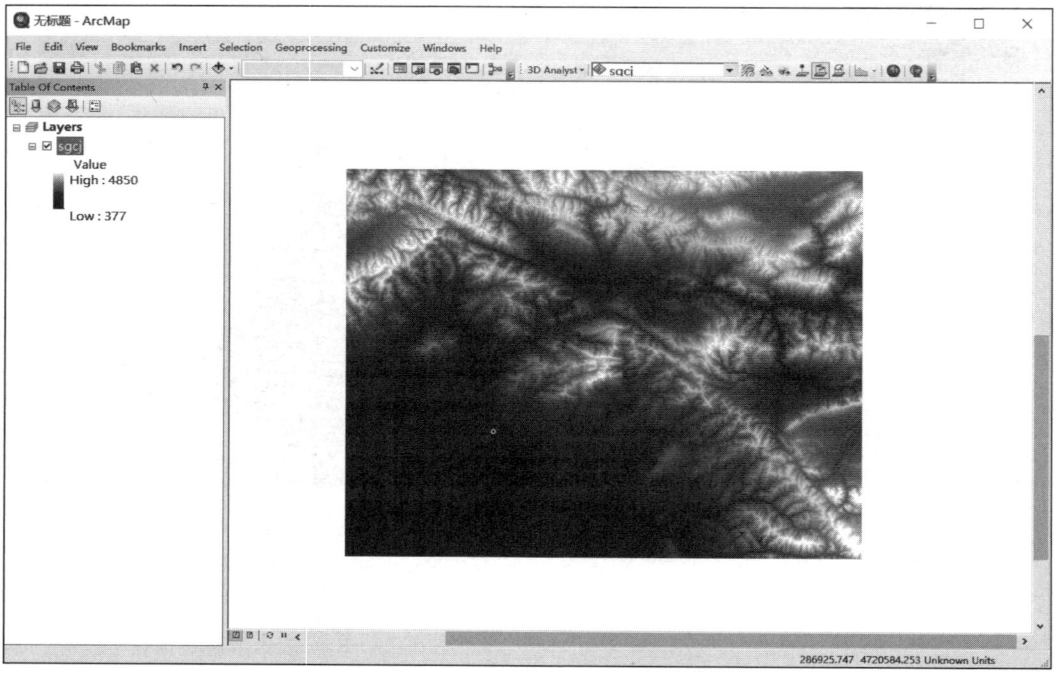

图 10-66

②打开编辑工具,如图 10-67 所示,在 ArcMap 的上方选择“Customize”(自定义)→“Toolbars”(工具条)→“3D Analyst”(3D 分析)。

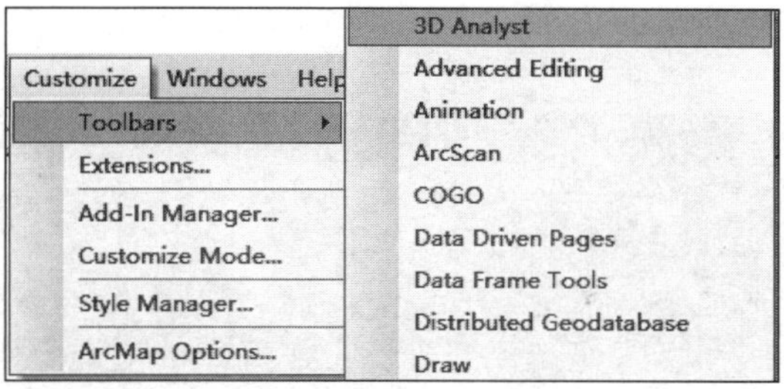

图 10-67

③如图 10-68 所示,点击工具条中的按钮,即“Create Line of Sight”(创建视线)。

图 10-68

④打开新窗口,如图 10-69 所示,在“Observer offset”(观察点偏移)中设置相对于观察点位置的视线高度,该高度决定所见视线的范围,高度值低的观察点视线比高度值高的观察点视线更容易受阻,其高度值单位和 DEM 表面的高度单位相同;在“Target offset”(目标偏移)中设置目标点在表面上方的高度。该高度值越低,越不容易被看到。

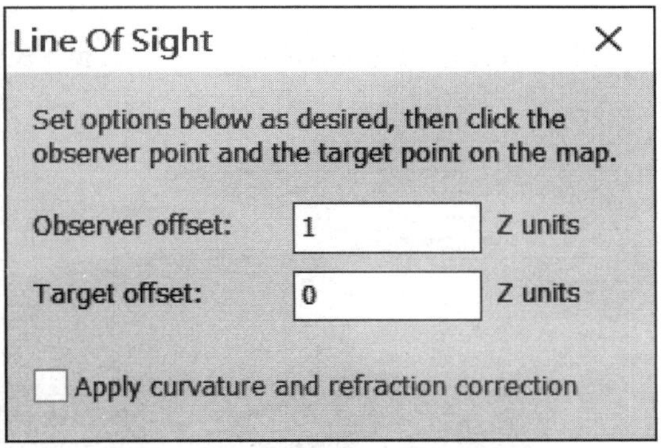

图 10-69

⑤设置完成后,如图 10-70 所示,可以在图中单击,第一次单击设置的点为观察点,第二次单击设置的点为目标点,该操作将形成一条彩色的线。红色为不可见区域,绿色为可见区域,黑色点为观察点位置,蓝色为观察点与目标点之间的障碍点,红色点为目标点位置。可以根据需要进行多次线段绘制,对 DEM 数据进行多次通视分析。创建的线段可以按键盘“Delete”键删除或者右键单击线段选中框边界选择删除。

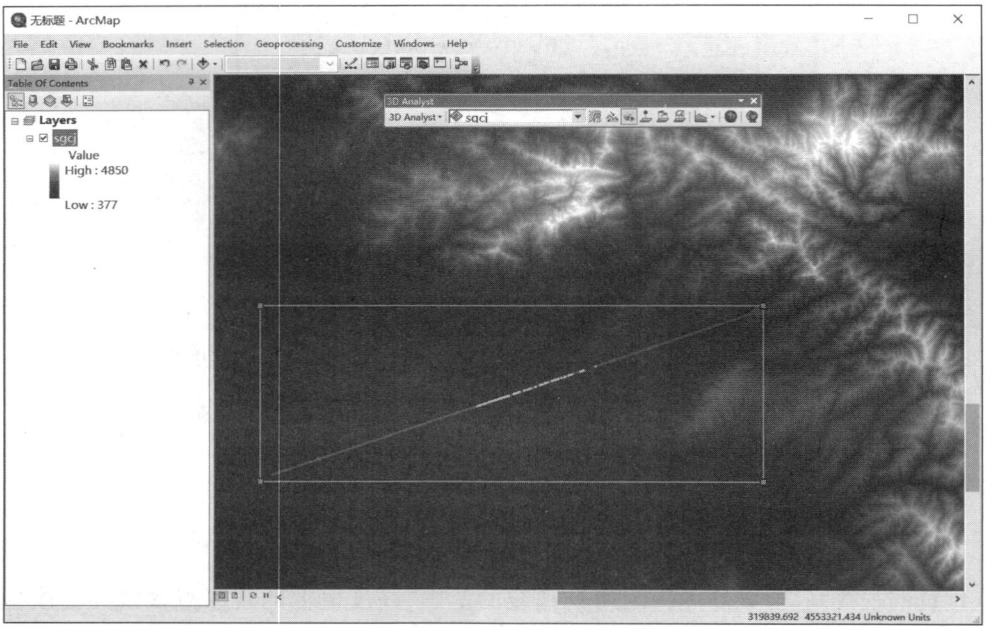

图 10－70

(2)视点分析

①在 ArcMap 中加载实验源数据(位置:CH10\实验源数据\视点分析实验源数据),如图 10－71 所示。

图 10－71

②打开 ArcToolbox，如图 10－72 所示，选择“3D Analyst Tools”（3D 分析工具）→“Visibility”（可见性）→“Observer Points”（视点分析）。

③打开新窗口，如图 10－73 所示，在“Input raster”（输入栅格）中设置需要进行分析的栅格数据；在“Input point observer features”（输入点观察要素）中设置用于识别观察点位置的要素类，最多点数为 16；在“Output raster”（输出栅格）中设置生成数据的保存路径；在“Output above ground level raster”（输出地平面以上的栅格）中设置该栅格；在“Z factor”（Z 因子）中设置转换比例，如果 x、y 单位和 z 单位采用不同的测量单位，则必须将 z 因子设置为适当的因子，例如 z 单位是英尺而 x、y 单位是米，则应使用 z 因子 0.3048 将 z 单位由英尺转换为米（1 英尺 ＝ 0.3048 米）；在“Refractivity coefficient”（折射系数）中设置空气中可见光的折射系数，默认值为 0.13。

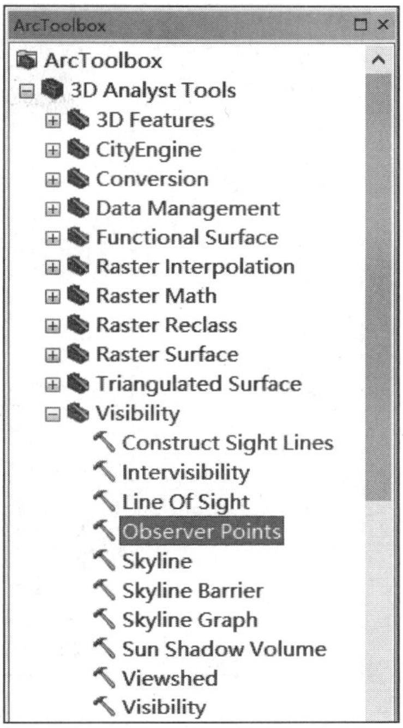

图 10－72

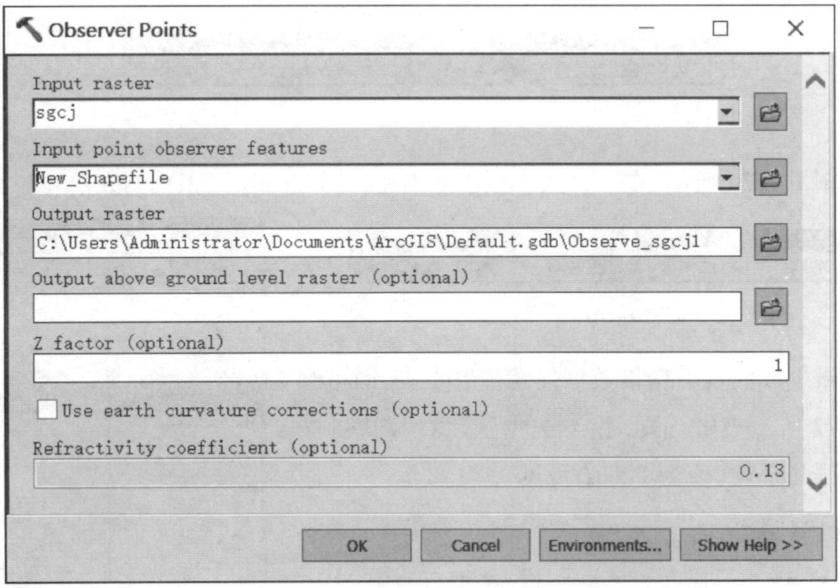

图 10－73

④点击“OK”（确定），完成视点栅格创建，如图 10－74 所示。

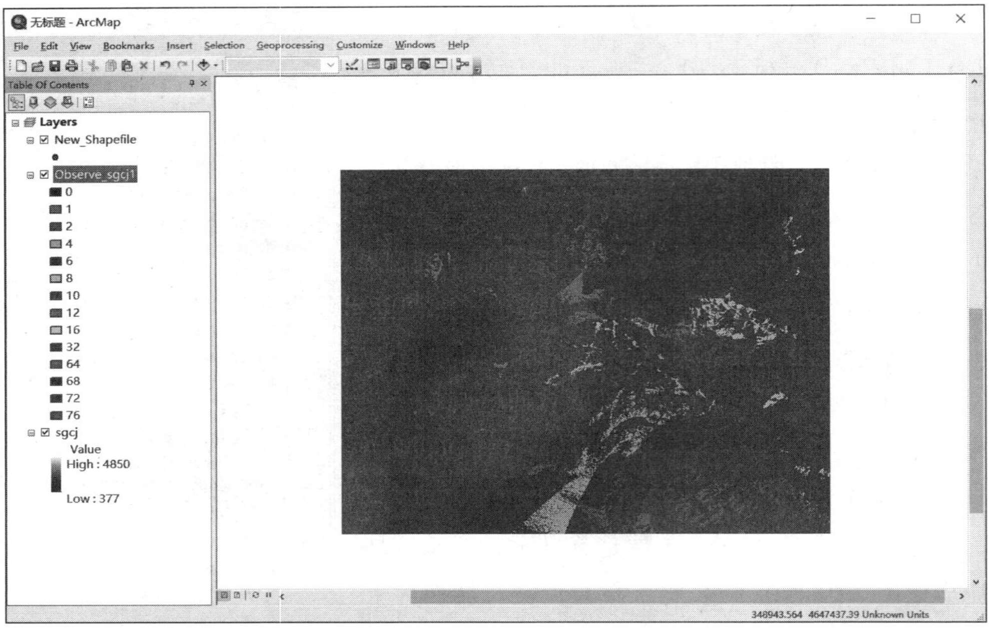

图 10－74

⑤打开编辑工具，在 ArcMap 的上方选择“Customize”（自定义）→“Toolbars”（工具条）→“Tools”（工具），如图 10－75 所示。

图 10－75

⑥如图 10－76 所示，在工具条中点击按钮，即“Identfy”（识别）按钮。

图 10－76

⑦在新生成的视点栅格数据任意位置点击，即可弹出图 10－77 所示表格，记录了点击的位置可以观察到 6 个点中的哪几个点（值为 1 即为可见）。

（3）视域分析

①在 ArcMap 中加载实验源数据（位置：CH10\实验源数据\视域分析实验源数据），如图 10－78 所示。

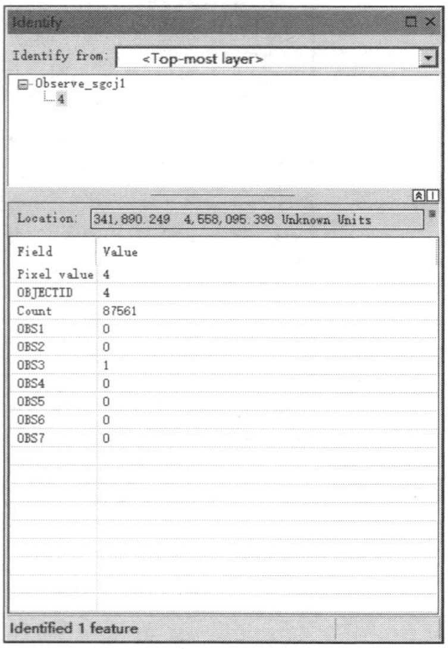

图 10－77

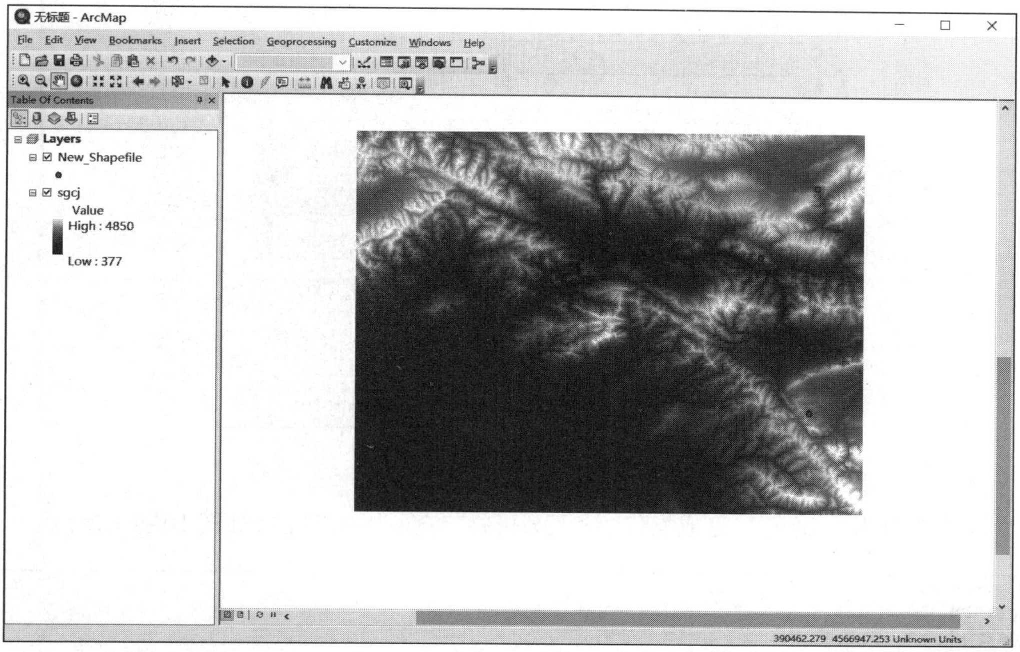

图 10－78

②打开 ArcToolbox，如图 10－79 所示，选择“3D Analyst Tools”（3D 分析工具）→“Visibility”（可见性）→“Viewshed”（视域）。

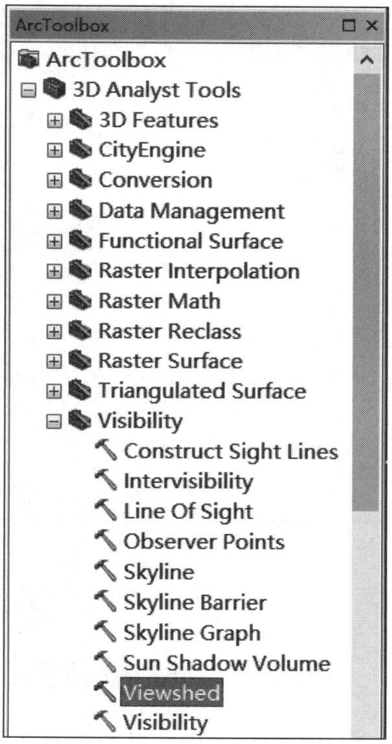

图 10－79

③打开新窗口，如图 10－80 所示，在“Input raster”（输入栅格）中设置需要进行分析的栅格数据；在“Input point or polyline observer features”（输入观察点或观察折线要素）中设置用于识别观察点位置的要素类，可以是面或者点要素类；在“Output raster”（输出栅格）中设置生成的分析数据名称及储存位置；在“Output above ground level raster”（输出地平面以上的栅格）中设置为 0，即输出栅格中已可见的像元的值为 0，如果有特殊需要可以另设置，添加可见的区域图层到目标栅格中；在“Z factor”（Z 因子）中设置转换比例，如果 x、y 单位和 z 单位采用不同的测量单位，则必须将 z 因子设置为适当的因子，例如 z 单位是英尺而 x、y 单位是米，则应使用 z 因子 0.3048 将 z 单位由英尺转换为米（1 英尺 = 0.3048 米）；在“Refractivity coefficient”（折射系数）中设置空气中可见光的折射系数，默认值为 0.13。

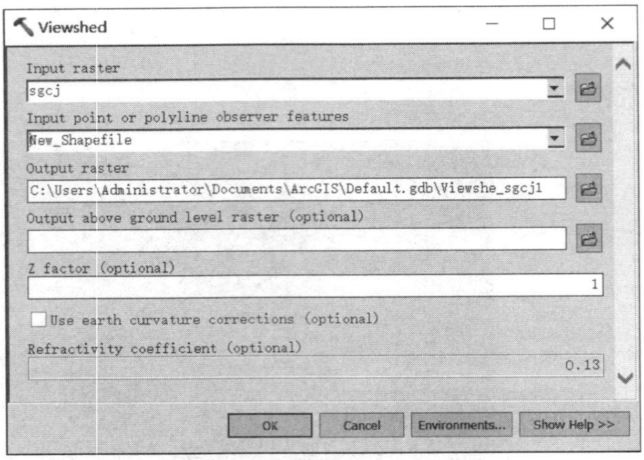

图 10-80

④点击“OK”(确定),完成操作(绿色为可视,红色为不可视),如图 10-81 所示。

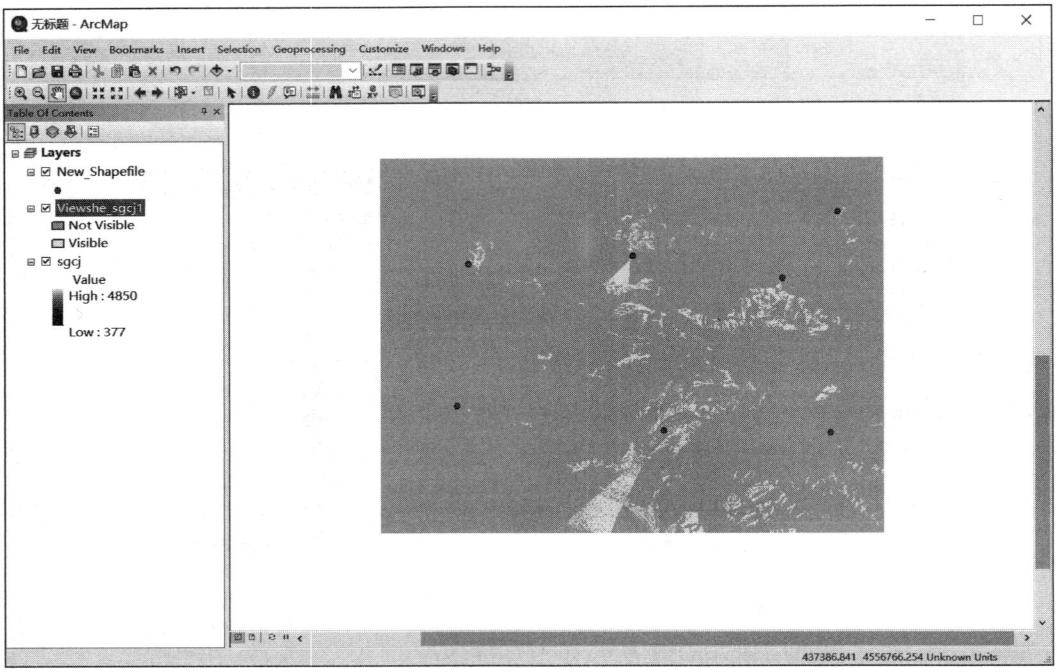

图 10-81

10.4 三维数据转换

从此处开始,本章的实验操作将开始使用 ArcScene(该工具在系统开始菜单栏中 ArcGIS 目录下打开),如图 10-82 所示。

图 10-82

10.4.1 从栅格表面获取要素的高程值

①在 ArcScene 中加载实验源数据(位置:CH10\实验源数据\三维数据转换\从栅格表面获取要素的高程值实验源数据),如图 10-83 所示。

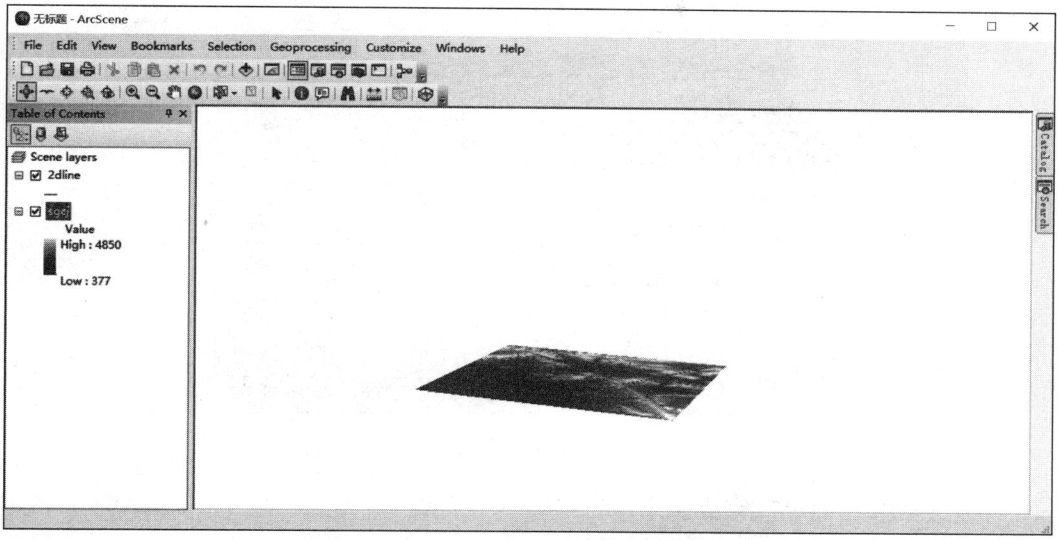

图 10-83

②打开 ArcToolbox,如图 10-84 所示,选择"3D Analyst Tools"(3D 分析工具)→"Functional Surface"(功能性表面)→"Interpolate Shape"(插值 Shape)。

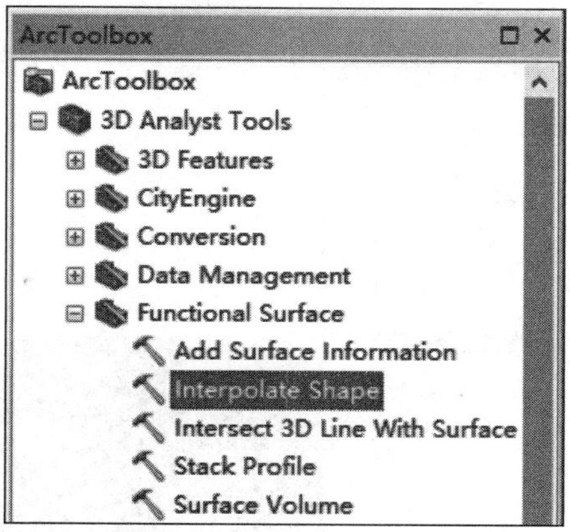

图 10-84

③打开新窗口,如图 10-85 所示,在"Input Surface"(输入表面)中设置高程参照的表面数据,可以是 Terrain、栅格数据或 TIN;在"Input Feature Class"(输入要素类)中设置二维要素为 2dline;在"Output Feature Class"(输出要素类)中设置生成要素的文件名称和储存路径;在"Sampling Distance"(采样距离)中设置内插 Z 值的间距;在"Z Factor"(Z 因子)中设置输出要素类高度值乘以的系数;在"Method"(方法)中设置定义 Z 值的插值方法,"BILINEAR"即根据 TIN 定义的平面来估计 Z 值,"NATURAL_NEIGHBORS"即根据区域权重应用于 TIN 的查询点来估计 Z 值,"CONFLATE_MIN"即通过 TIN 的查询点的自然邻域的最小高度来获取 Z 值,"CONFLATE_MAX"即通过 TIN 的查询点的自然邻域的最大高度来获取 Z 值,"CONFLATE_NEAREST"即通过 TIN 的查询点的某个自然邻域来获取 Z 值,"CONFLATE_

CLOEST_TO_MEAN”即通过 TIN 的查询点的某个自然邻域来获取 Z 值，使用最接近所有邻域平均高度的邻域 Z 值；勾选“Interpolate Vertices Only”（仅插值折点）将会忽略采样距离，仅为插值使用输入折点位置。

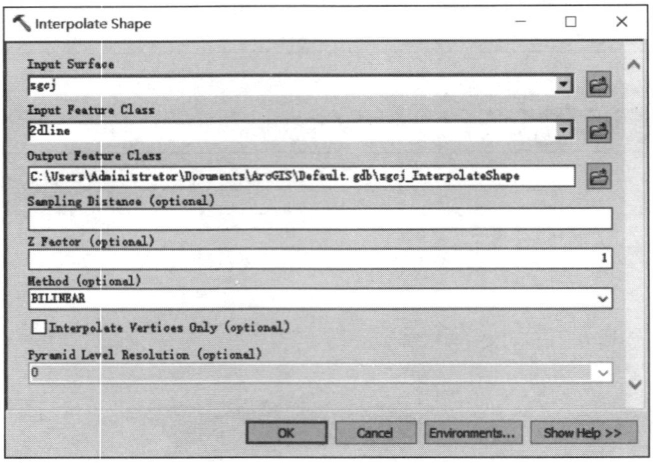

图 10-85

④点击“OK”（确定），完成操作，如图 10-86 所示。

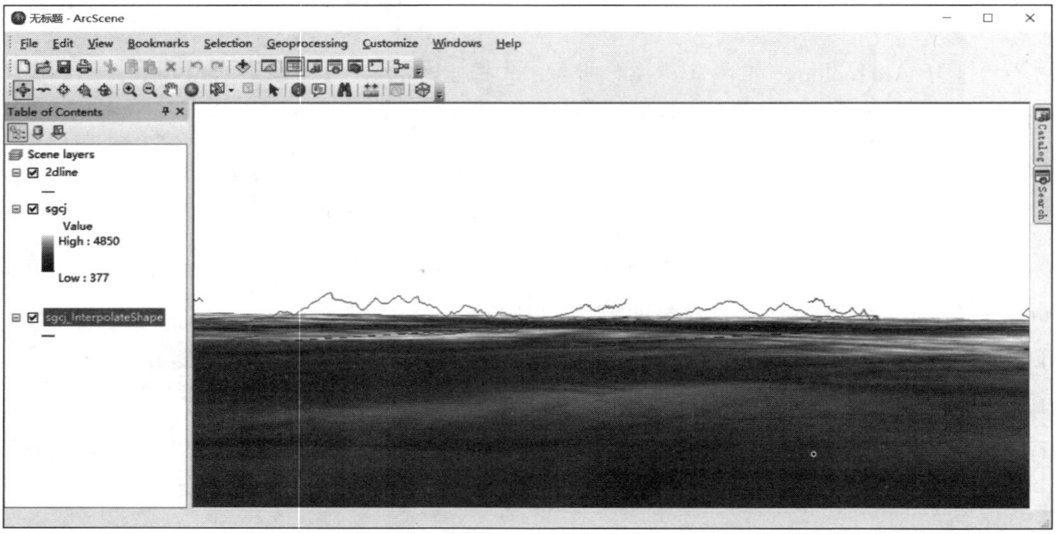

图 10-86

10.4.2 以要素的某一属性值作为高程值

①在 ArcScene 中加载实验源数据（位置：CH10\实验源数据\三维数据转换\以要素的某一属性值作为高程值实验源数据），如图 10-87 所示。

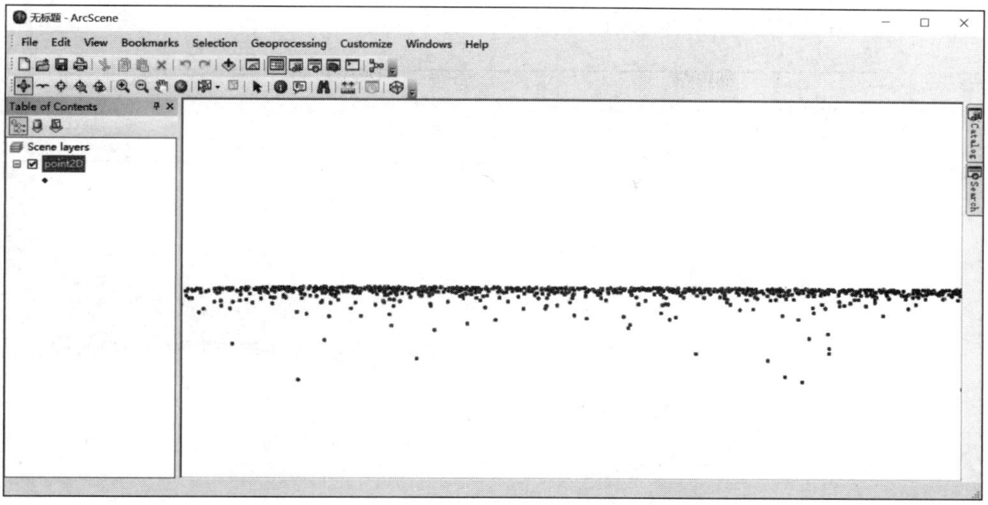

图 10－87

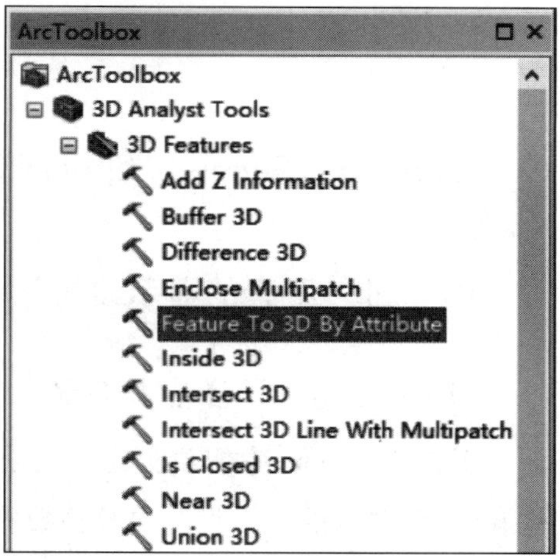

图 10－88

②打开 ArcToolbox，如图 10－88 所示，选择"3D Analyst Tools"（3D 分析工具）→"3D Features"（3D 要素）→"Feature To 3D By Attribute"（依据属性实现要素转 3D）。

③如图 10－89 所示，在"Input Features"（输入要素）中设置要进行转换的要素；在"Output Feature Class"（输出要素类）中设置生成要素的储存路径和文件名称；在"Height Field"（高度字段）中设置高度字段；在"To Height Field"（终止高度字段）中设置用于线的第二个可选高度字段。

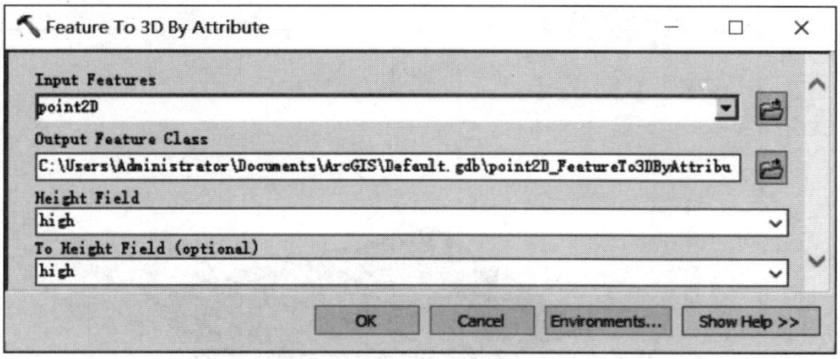

图 10－89

④点击“OK”(确定),完成操作,如图 10-90 所示。

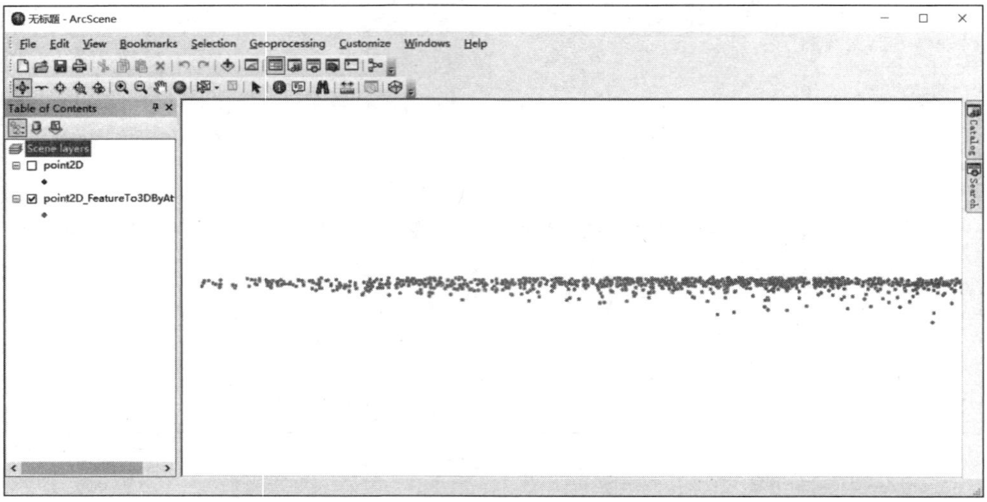

图 10-90

10.5 ArcScene 三维可视化

10.5.1 要素的显示设置

(1)通过属性设置基本高程

①在 ArcScene 中加载实验源数据(位置:CH10\实验源数据\ArcScene 三维可视化实验源数据\要素的显示设置实验源数据),如图 10-91 所示。

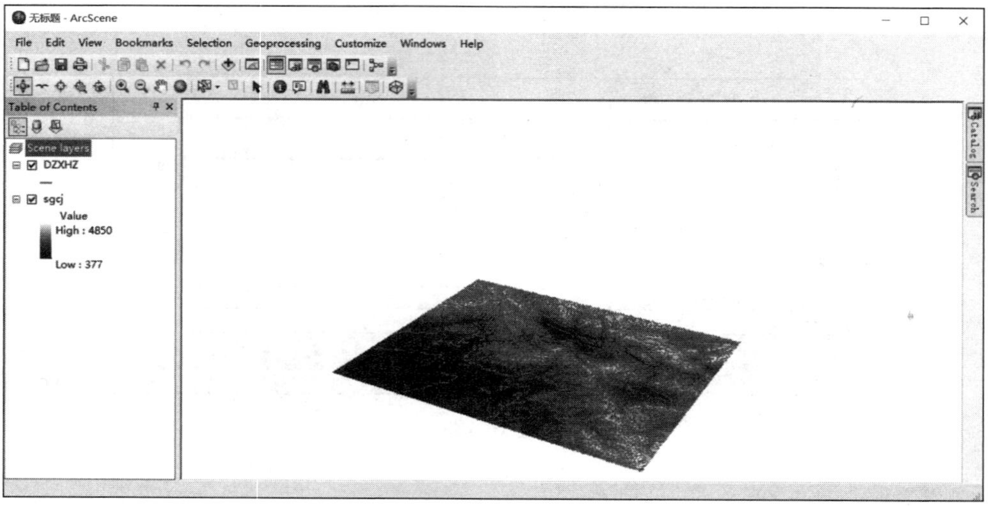

图 10-91

②右键单击 DZXHZ 图层，如图 10－92 所示，选择“Properties”（属性）。

③打开新窗口，如图 10－93 所示，进入“Base Heights”（基本高度）选项卡。点击选择“Use a constant value or expression”（使用常量值或表达式），再点击▦按钮。

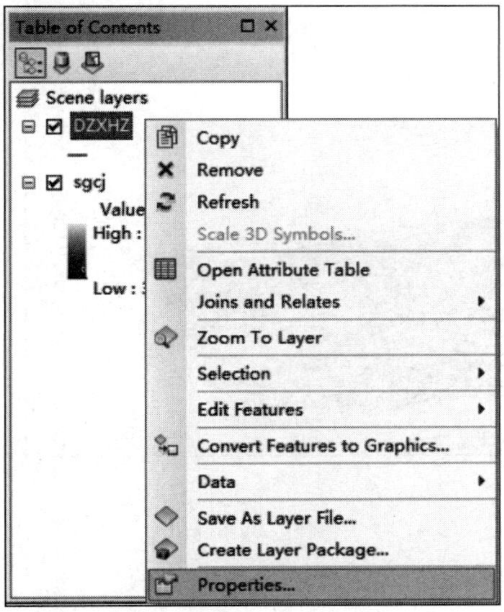

图 10－92

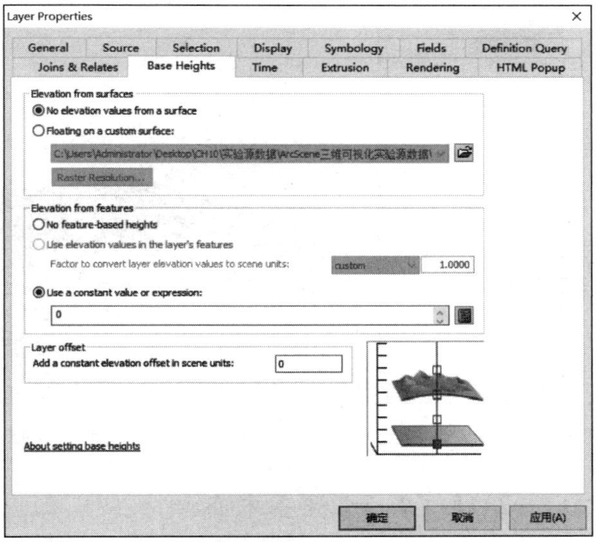

图 10－93

④打开新窗口。点击上方“Contour”字段，点击“OK”（确定），如图 10－94 所示。

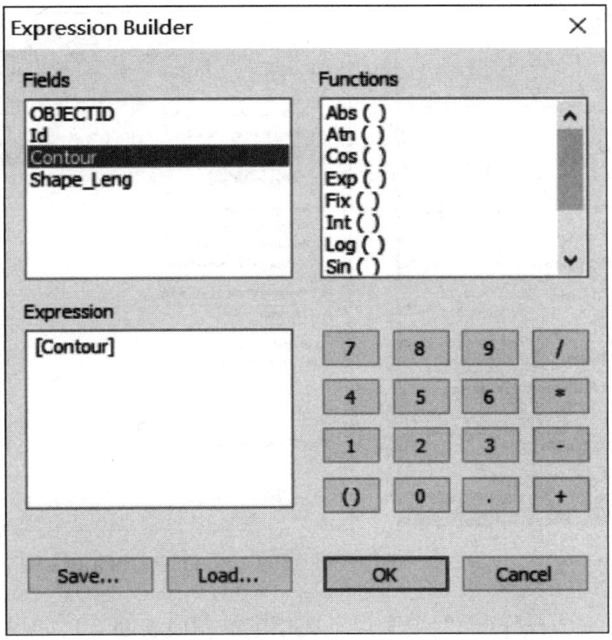

图 10－94

⑤点击“应用”,关闭窗口,如图 10-95 所示。

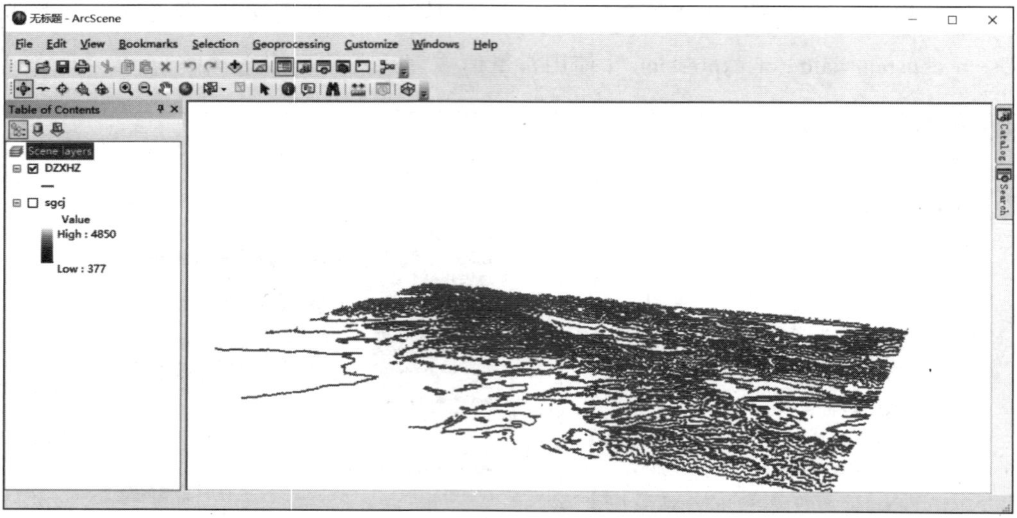

图 10-95

(2)通过表面设置基本高程

①右键单击 DZXHZ 图层,选择“Properties”(属性),如图 10-96 所示。

②打开新窗口,如图 10-97 所示,进入“Base Heights”(基本高度)选项卡。点击选项“Floating on a custom surface”(在自定义表面上浮动),并在选项下方指定表面要素。

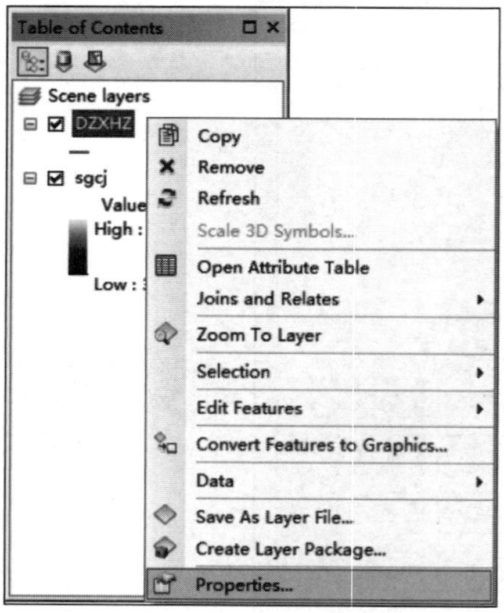

图 10-96

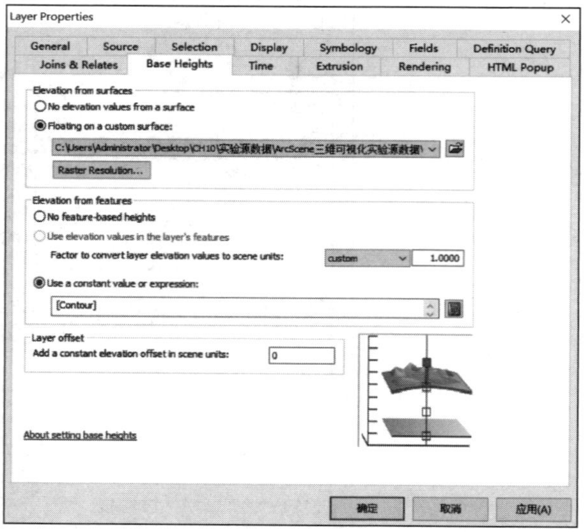

图 10-97

③点击“应用”,完成操作(此时要素浮动在指定的栅格表面上),如图 10-98 所示。

图 10－98

(3)要素的拉伸显示

①右键单击 DZXHZ 图层,选择“Properties”(属性),如图 10－99 所示。

②打开新窗口,如图 10－100 所示,进入“Extrusion”(拉伸)选项卡。点击勾选选项“Extrude feature in layer. Extrusion turns points into vertical lines, lines into walls, and polygons into blocks”(拉伸图中的要素。可将点拉伸成垂直直线,将线拉伸成墙面,将面拉伸成块体)。点击后方按钮。

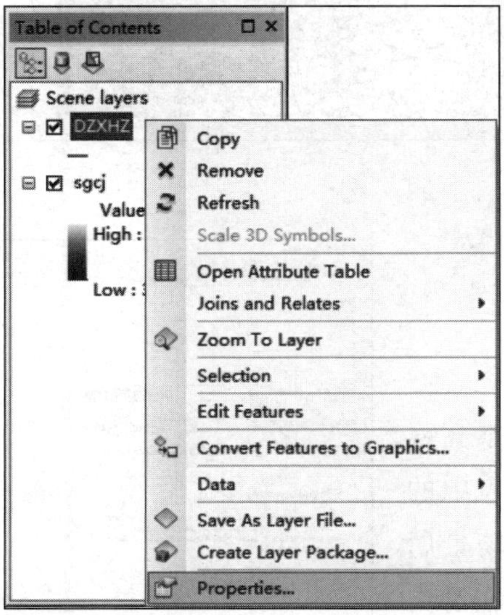

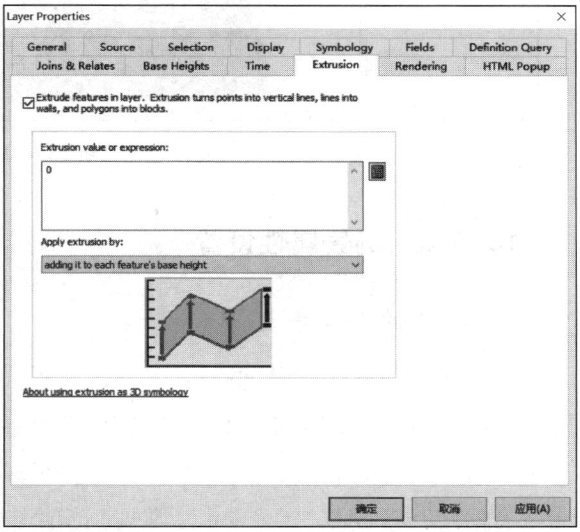

图 10－99　　　　图 10－100

③打开新窗口,点击上方“Contour”字段,点击“OK”(确定),如图 10－101 所示。

图 10-101

④点击“应用”,关闭窗口。完成操作,如图 10-102 所示。

图 10-102

10.5.2 场景属性设置

(1)要素的垂直夸大

重新加载源数据到 ArcScene 中。在设置完基本高程后,垂直夸大操作可以通过右键单击左侧内容列表中的“Scene layers”(场景图层)→“Scene Properties”(场景属性)。打开新窗口进入“General”(常规)选项卡中,在箭头所示处单击下拉菜单进行设置,如图 10-103、图 10-104、图 10-105 所示。

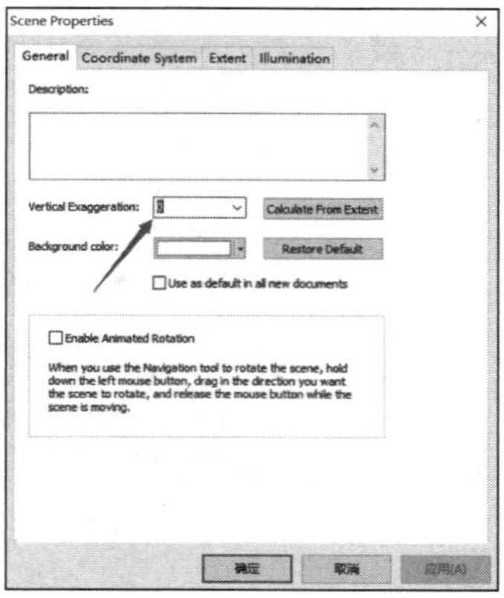

图 10-103

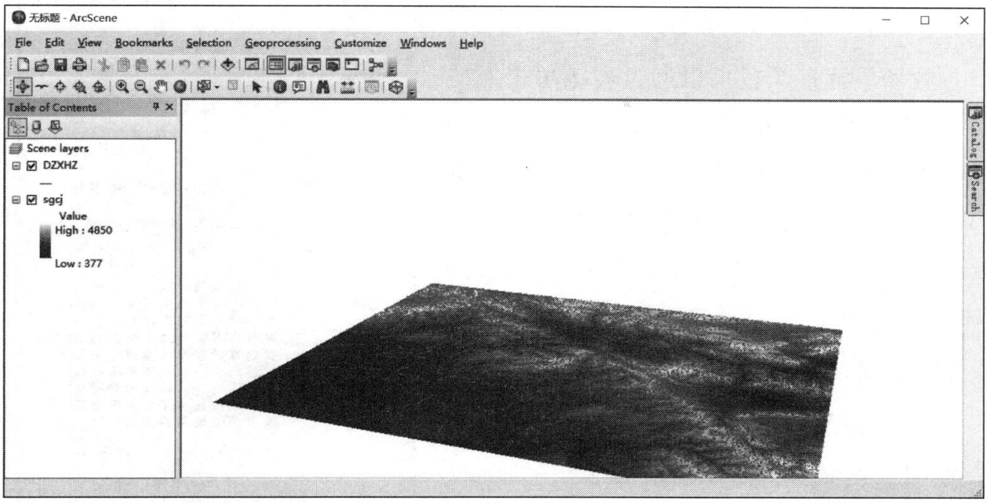

图 10-104 拉伸前

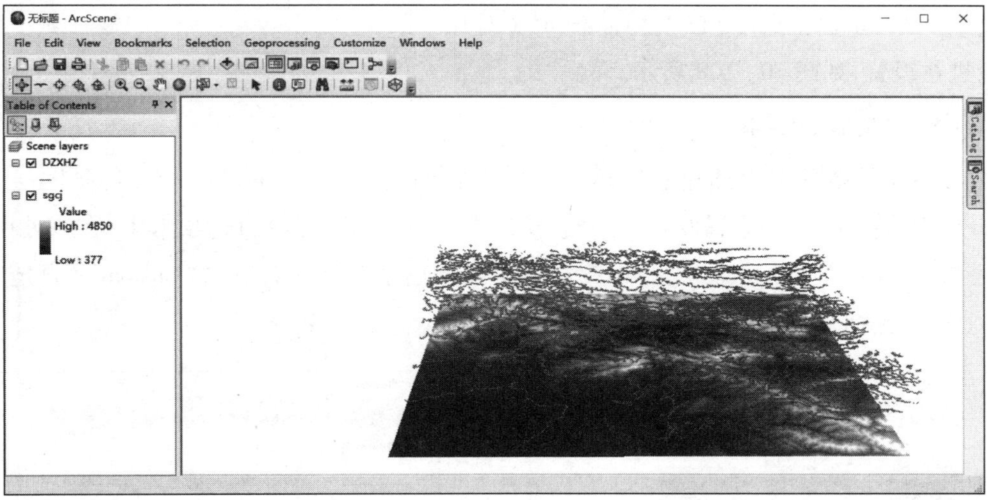

图 10-105 拉伸后

(2)使用动画旋转

动画旋转操作可以通过右键单击左侧内容列表中的"Scene layers"(场景图层)→"Scene Properties"(场景属性)。打开新窗口进入"General"(常规)选项卡中勾选选项"Enable Animated Rotation"(启用动画旋转),激活该功能。激活以后,使用鼠标拖动图像后,图像将依照鼠标拖动方向无限旋转,如图 10-106 所示。

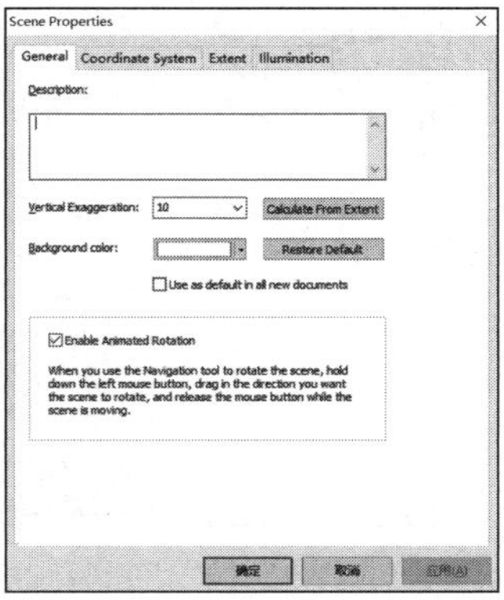

图 10-106

(3)设置场景背景颜色

设置场景背景颜色可以通过右键单击左侧内容列表中的"Scene layers"(场景图层)→"Scene Properties"(场景属性)。打开新窗口进入"General"(常规)选项卡中勾选选项"Background color"(背景色)下拉菜单进行设置,如图 10-107 所示。

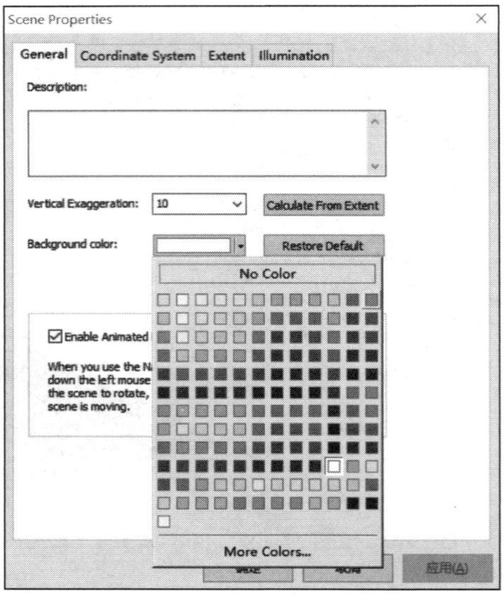

图 10-107

(4)改变场景的光照

设置光照操作可以通过右键单击左侧内容列表中的"Scene layers"(场景图层)→"Scene Properties"(场景属性)。打开新窗口进入"Illumination"(照明度)选项卡中对"Azimuth"(方位角)和"Altitude"(高度)以及"Contrast"(对比度)进行设置,如图 10-108 所示。

(5)改变场景范围

改变场景范围可以通过右键单击左侧内容列表中的"Scene layers"(场景图层)→"Scene Properties"(场景属性)。打开新窗口进入"Extent"(范围)选项卡中,在该处可以勾选"Layer(s)"(图层)选项,利用图层大小限制场景范围或者点击"Custom"(自定义)输入 X、Y 坐标来确定场景范围,如图 10-109 所示。

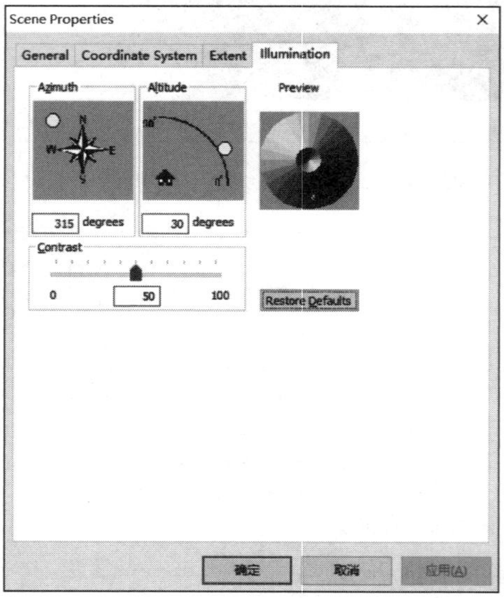

图 10-108

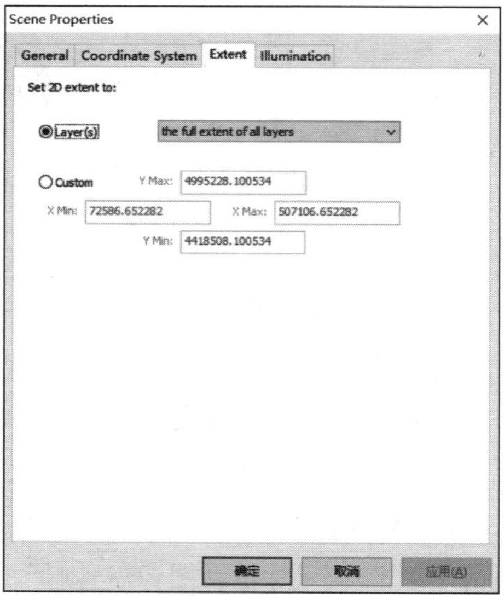

图 10-109

10.5.3 飞行动画

(1)启动动画工具

①如图10-110所示，在ArcScene上方工具栏单击“Customize”(自定义)→“Toolbars”(工具条)→“Animation”(动画)。启动动画工具栏，如图10-111所示。

②点击图10-111工具条上的按钮，打开“Animation Controls”(动画控制器)工具条，如图10-112所示。

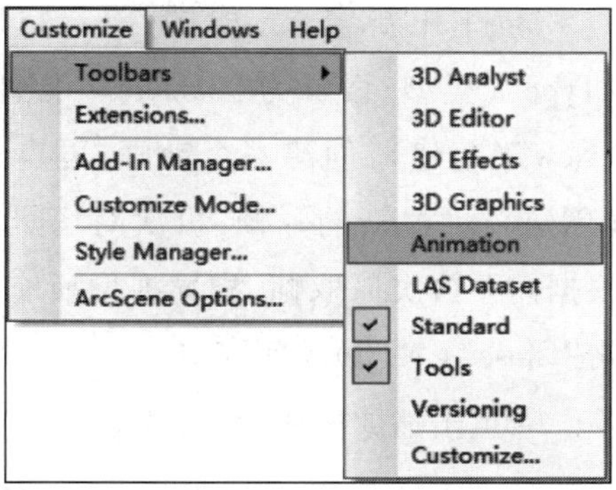

图10-110

图10-111

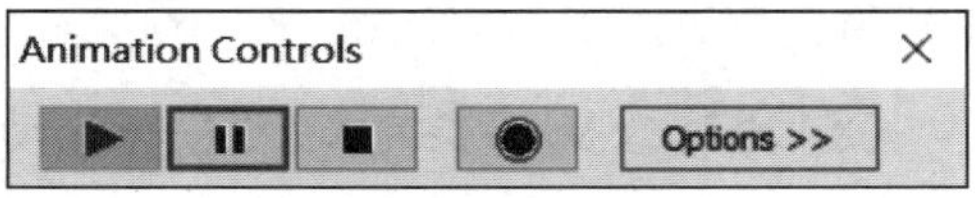

图10-112

(2)通过录制制作动画

点击动画控制器上的按钮开始录制，在场景中通过导航工具或飞行工具对已经加载到ArcScene中的要素进行浏览操作，操作结束再次点击录制按钮停止录制。这个工具类似录像器，将场景变化或飞行动作的过程录制下来形成动画。点击按钮进行预览。

(3)通过创建一系列帧组成轨迹来制作动画

①设置好动画第一帧的场景属性。

②点击“Animation”(动画)→“Create Keyframe”(创建关键帧)，如图10-113所示。

图10-113

③打开新窗口，如图 10－114 所示，将“Type”(类型)设置为“Camera”(照相机)，点击“New”(新建)，创建一个动画；再点击“Create”(创建)，创建新的一帧；再次对场景进行设置，根据需要再次抓取帧，指导抓取所有关键帧，点击“Close”(关闭)关闭窗口。

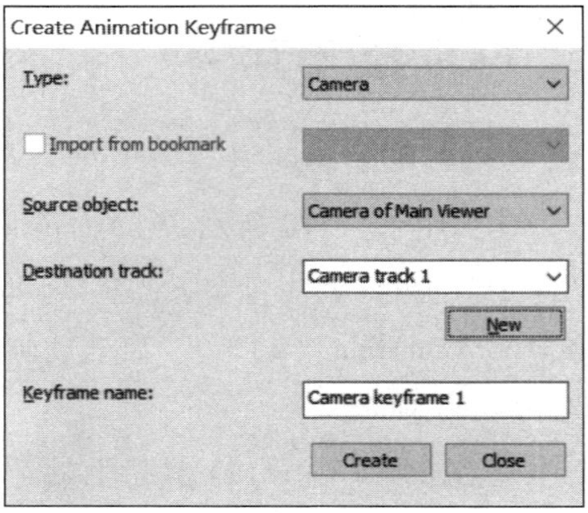

图 10－114

④点击播放按钮，预览动画。

(4)通过捕捉不同视角来制作动画

调整场景视角，点击动画工具条上的捕捉视图工具捕捉视角，然后调整场景视角，再次捕捉视角。然后点击播放按钮，预览动画。

(5)通过改变图层可视化来制作动画

①在 ArcScene 中加载实验源数据并调整图层顺序(位置：CH10\实验源数据\ArcScene 三维可视化实验源数据\飞行动画\图层可视化动画效果)，如图 10－115 所示。

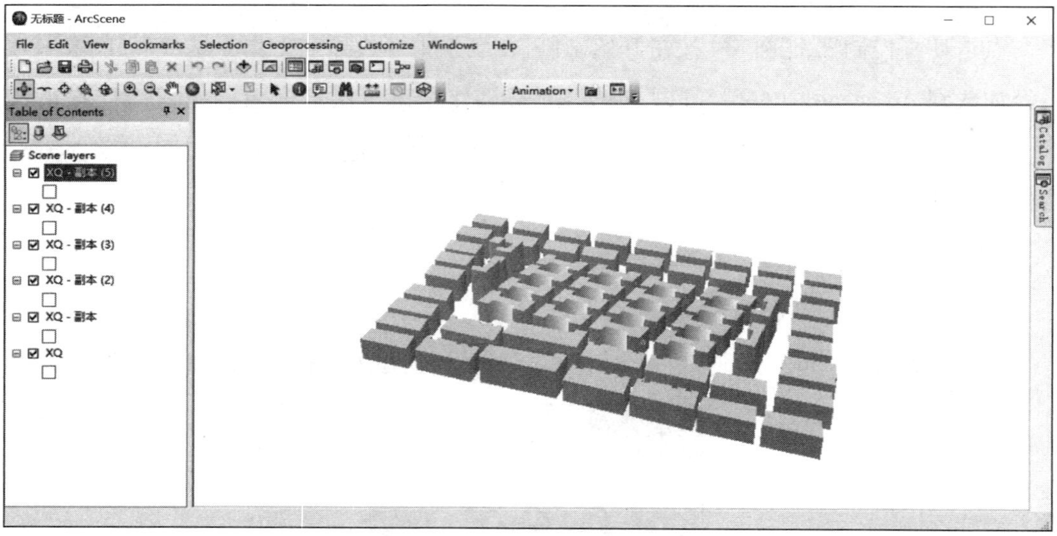

图 10－115

②点击“Animation”(动画)→“Create Group Animation”(创建组动画)，如图 10－116 所示。

③打开新窗口，如图 10－117 所示，在“Begin time”(开始时间)中设置动画开始时间；在“End time”(结束时间)中设置动画结束时间；在“Layer visibility”(图层可见性)中设置图层显示的方式。设置完成后，点击“OK”(确定)，完成操作。

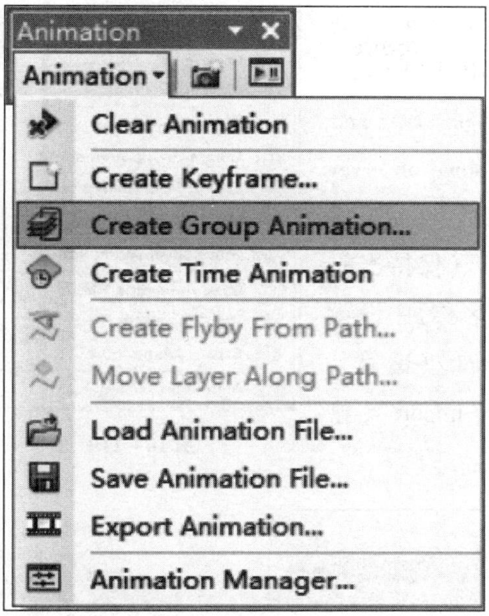

图 10 – 116

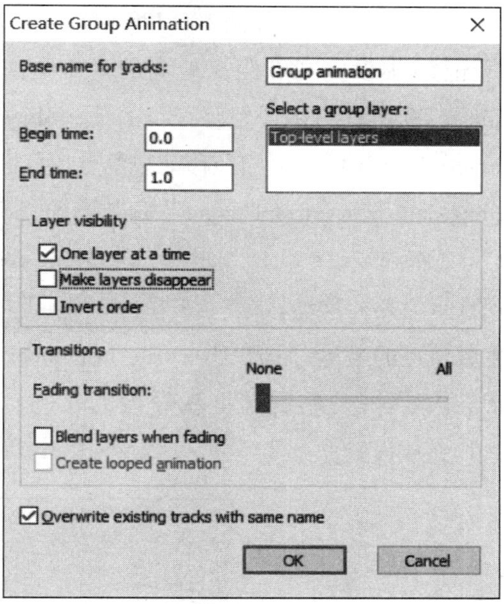

图 10 – 117

④点击播放按钮 ▶ ,预览动画。

(6)通过导入路径的方法来制作动画

①在 ArcScene 中加载实验源数据(位置:CH10\实验源数据\ArcScene 三维可视化实验源数据\飞行动画),如图 10 – 118 所示。

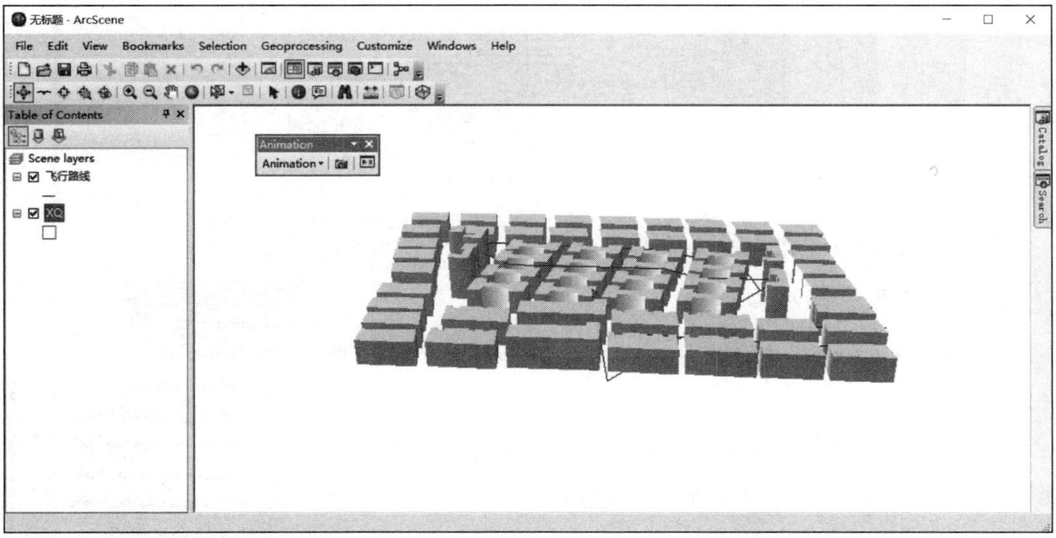

图 10 – 118

②如图 10 – 119 所示,选中飞行路线图层后,点击"Animation"(动画)→"Create Flyby From Path"(根据路径创建飞行动画)。

③打开新窗口，如图 10－120 所示，在“Vertical offset”（垂直偏移）中设置视点距离地面的垂直距离；在“Path destination”（路径目标）中设置路径目的地：“Move both observer and target along path”（沿路径移动观察点和目标）、“Move observer along path with current target”（保持当前目标沿路径移动观察点）、“Move target along path with current observer”（保持当前观察点沿路径移动目标）；在“Track name”（轨迹名称）中设置生成轨迹的名称；勾选“Overwrite last imported track”（覆盖上次导入的轨迹）将覆盖上次导入的轨迹。单击“Import”（导入），完成设置。

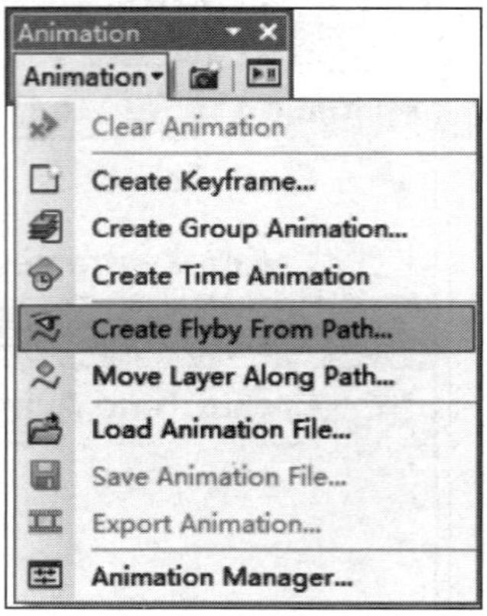

图 10－119

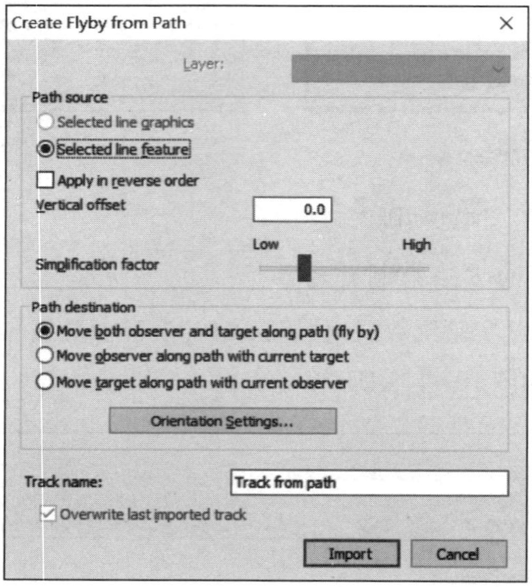

图 10－120

④点击播放按钮，预览动画。

（7）编辑和管理动画属性

①点击“Animation”（动画）→“Animation Manager”（动画管理器），如图 10－121 所示。

②打开窗口，如图 10－122 所示，在该窗口内可以选中动画中的目标帧对动画进行编辑和调整动画顺序。

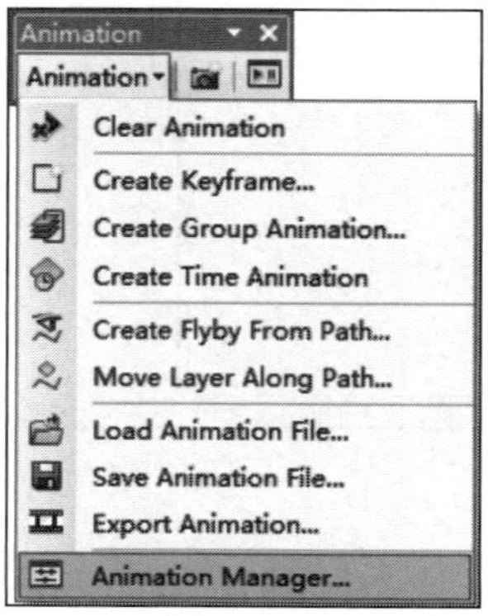

图 10－121

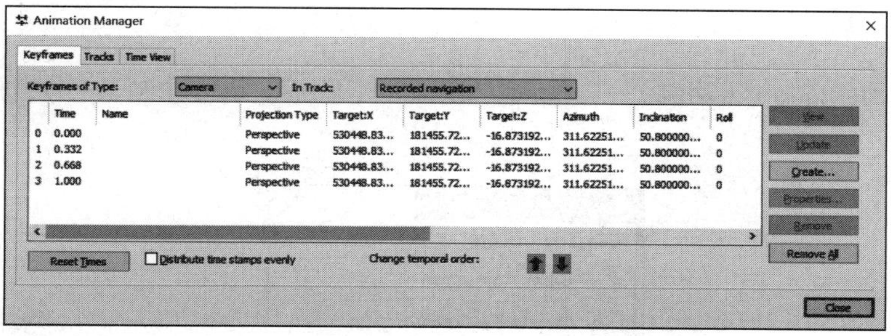

图 10－122

(8)保存动画

①点击“Animation”(动画)→“Save Animation File”(保存动画文件)，如图 10－123 所示。

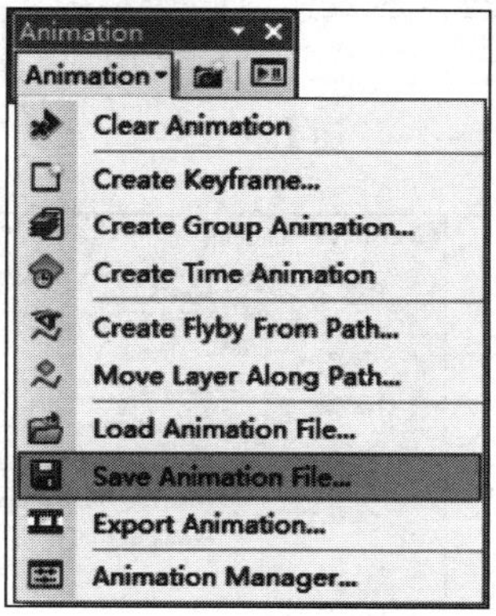

图 10－123

②打开新窗口，在此窗口设置文件的保存名称和储存路径即可，如图 10－124 所示。

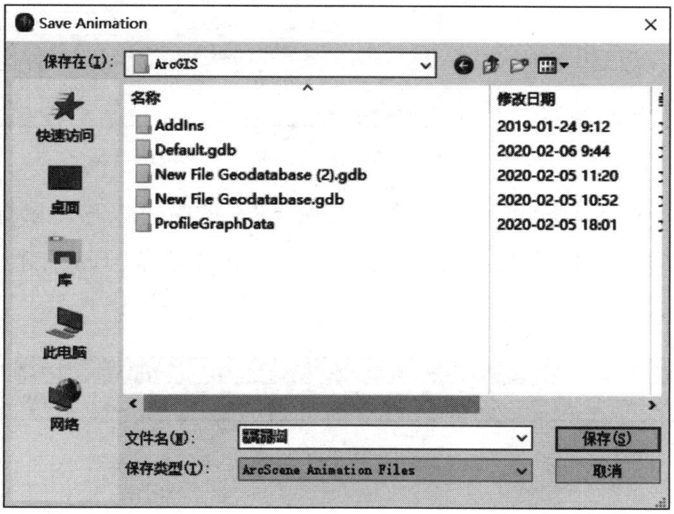

图 10－124

(9)导出动画

①点击“Animation”(动画)→“Export Animation File”(导出动画文件),如图 10-125 所示。

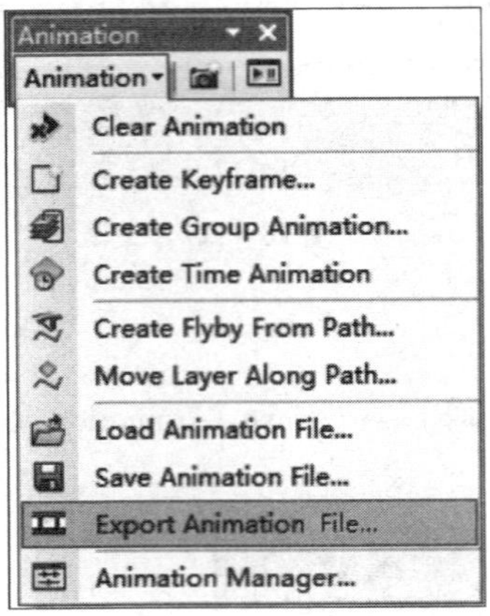

图 10-125

②打开新窗口,如图 10-126 所示,在该处设置导出动画的文件名称和储存位置即可。

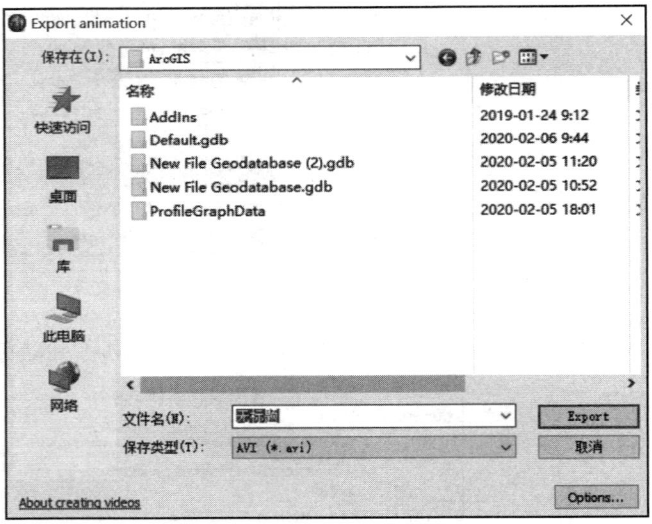

图 10-126

导出与保存动画生成的文件并不相同。保存动画生成的是 ArcScene 动画文件,只能在 ArcScene 中打开;而导出动画生成的是视频格式的文件,可以利用其他视频播放软件打开。

(10)使用 Fly 工具飞行

点击工具条上的按钮,可以对场景进行飞行浏览。点击以后鼠标指针会变成小鸟形状,再次点击会开始飞行,此时可以移动鼠标来控制飞行方向,点击左键会加速飞行,点击右键会减速飞行。敲击键盘“ESC”键则停止飞行,如图 10-127 所示。

图 10-127

10.6 三维要素分析

三维要素分析是指通过一系列三维分析工具对三维要素之间的空间关系进行计算和分析,适用于分析爆炸物影响范围、城镇服务设施服务区域以及寻找最近的医院等情况,由于数据采用三维数据,分析的显示结果比二维数据更加形象具体。本节将逐一介绍各类三维分析工具的使用。

10.6.1 3D要素分析

(1)3D 邻近

①在 ArcScene 中加载实验源数据(位置:CH10\实验源数据\三维要素分析\3D 邻近实验源数据\XQ),如图 10-128 所示。

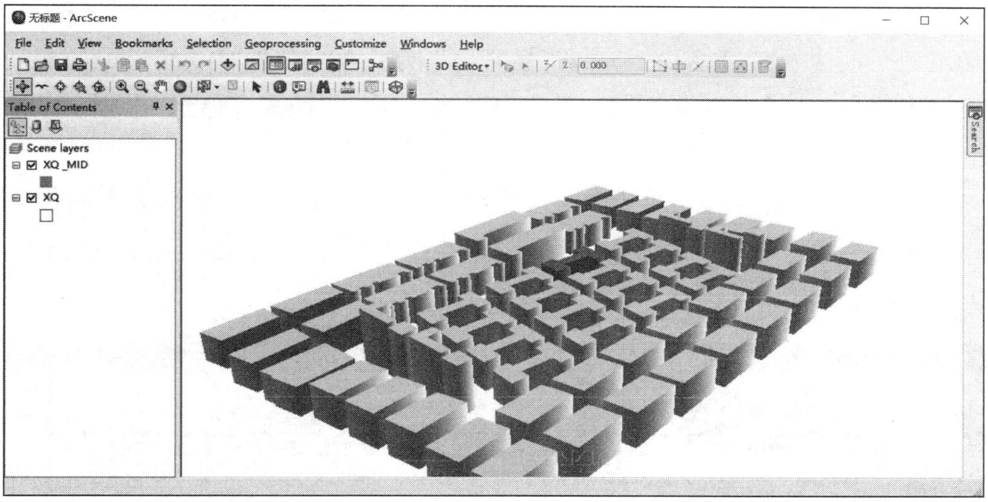

图 10-128

②打开 ArcToolbox,如图 10-129 所示,选择“3D Analyst Tools”(3D 分析工具)→“3D Features”(3D 要素)→“Near 3D”(3D 邻近)。

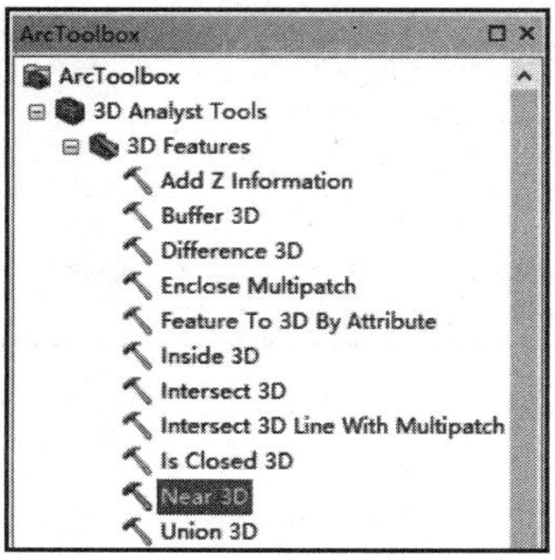

图 10-129

③打开新窗口,如图 10-130 所示,在“Input Features”(输入要素)中设置要进行 3D 邻近分析的要素,此处设置为 XQ_MID;在“Near Features”(邻近要素)中设置为进行邻近搜索的要素层(可以为多个要素),此处设置为 XQ;在“Search Radius”(搜索半径)中设置搜索半径,如果该处不设置,将使用所有邻近要素参与搜索;勾选“Location”(位

置)将六个坐标字段(两组 X、Y、Z 值)添加到各输入要素,这些值为输入要素的三个坐标(NEAR_FROMX、NEAR_FROMY、NEAR_FROMZ)和最近要素的三个坐标(NEAR_X、NEAR_Y、NEAR_Z)。无论如何设置"位置"选项,始终将添加字段 NEAR_FID 和 NEAR_DIST;勾选"Angle"(角度)将计算输入要素与最邻近要素之间的角度并将计算所得角度存储到 NEAR_ANG_H 和NEAR_ANG_V 字段中,两个角度值都以度为单位,一度表示圆的 1/360,小于一度的度数以小数形式表示,水平角度范围从 180°到 -180°;0°为东,90°为北,180°(-180°)为西,-90°为南。垂直角度在水平方向为零度,垂直向上为 90°,垂直向下为 -90°;勾选"Delta"(增量)将计算输入要素与最邻近要素在主轴方向上的距离并将计算所得距离存储到 NEAR_DELTX、NEAR_DELTY 和 NEAR_DELTZ 字段中。

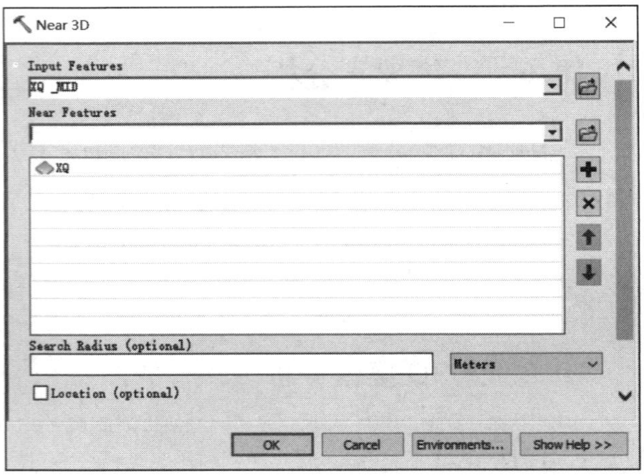

图 10-130

④点击"OK"(确定),完成操作。该分析工具将在目标要素属性表中添加字段"NEAR_FID"(最邻近要素的 ID)和"NEAR_DIST"(最邻近要素的距离),如图 10-131 所示。

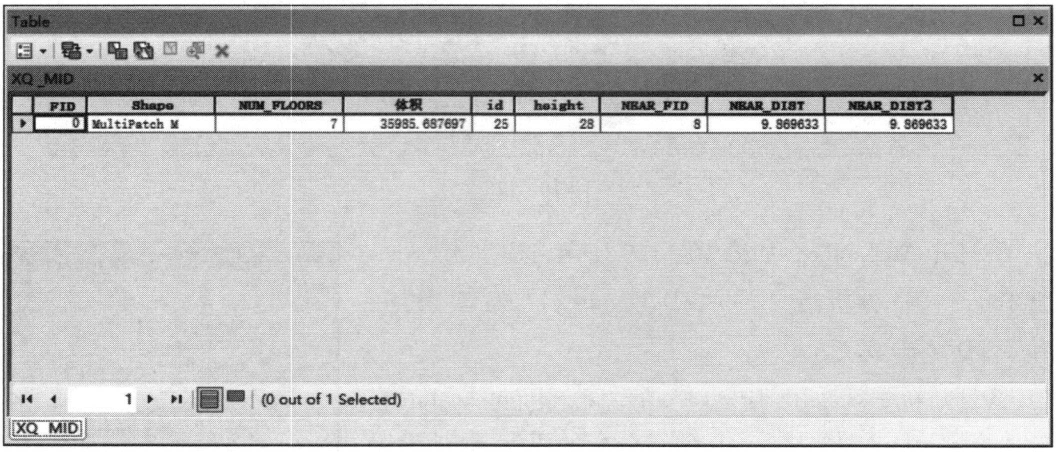

图 10-131

(2)3D 内部

①在 ArcScene 中加载实验源数据(位置:CH10\实验源数据\三维要素分析\3D 内部实验源数据\XQ),如图 10-132 所示。

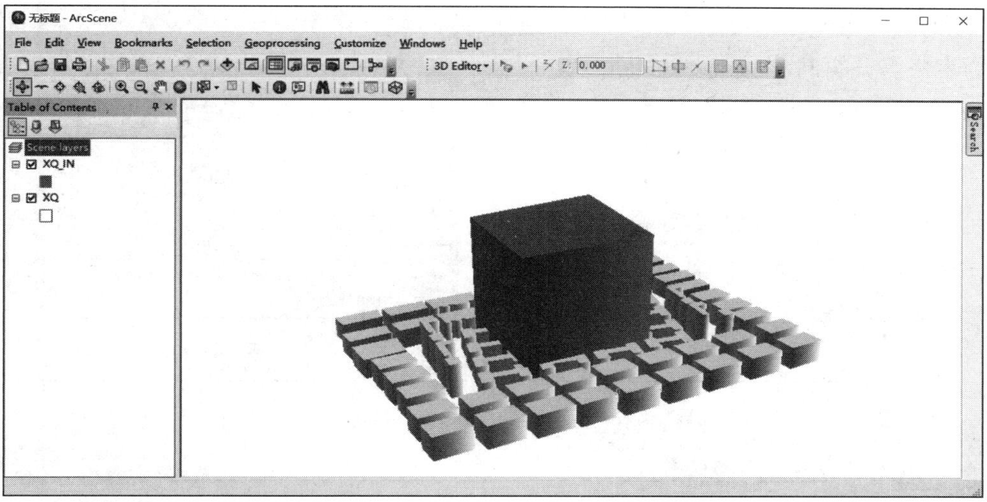

图 10 – 132

②打开 ArcToolbox,如图 10 – 133 所示,选择“3D Analyst Tools”(3D 分析工具)→“3D Features”(3D 要素)→“Inside 3D”(3D 内部)。

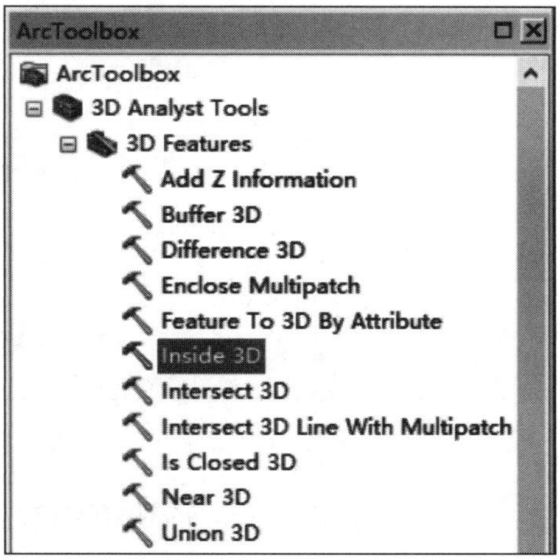

图 10 – 133

③打开新窗口,如图 10 – 134 所示,在“Input Features”(输入要素)中设置要进行 3D 内部分析的范围要素,此处设置为 XQ;在“Input Multipatch Features”(输入多面体要素)中设置为 XQ_IN,该多面体必须闭合;在“Output Table”(输出表)中设置输出表的名称和储存位置;勾选“Complex Output Table”(复杂输出表)将指定输出表通过创建 Contain_ID 字段(识别包含输入要素的多面体要素)来识别输入要素和输入多面体要素之间的关系。

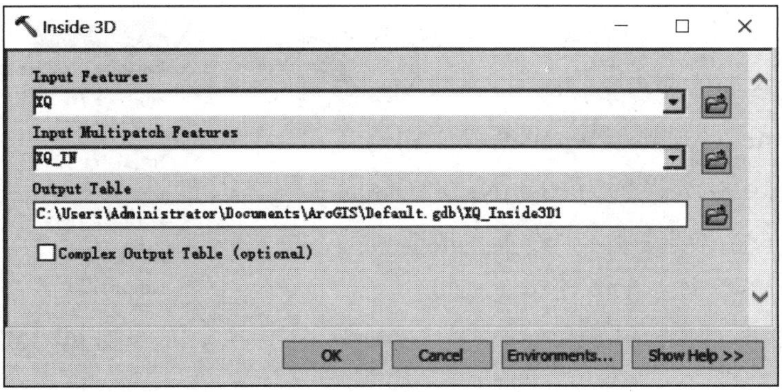

图 10 – 134

④点击“OK”(确定),完成操作。新生成的表格需要自行加载到 ArcMap 中进行查看,如图 10－135 所示。

(3)3D 差异

①在 ArcScene 中加载实验源数据(位置:CH10\实验源数据\三维要素分析\3D 差异实验源数据\XQ),如图 10－136 所示。

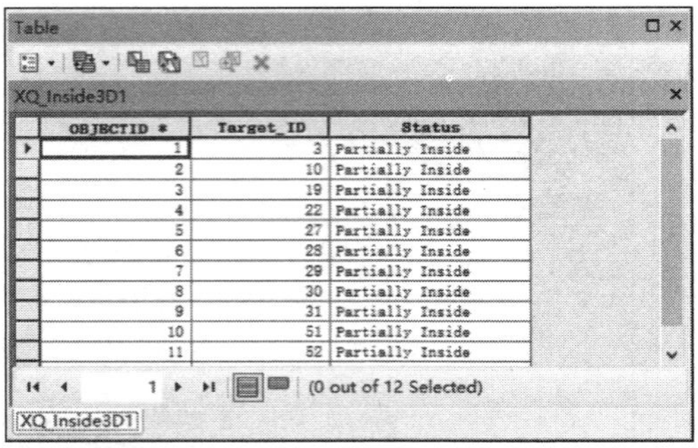

OBJECTID *	Target_ID	Status
1	3	Partially Inside
2	10	Partially Inside
3	19	Partially Inside
4	22	Partially Inside
5	27	Partially Inside
6	28	Partially Inside
7	29	Partially Inside
8	30	Partially Inside
9	31	Partially Inside
10	51	Partially Inside
11	52	Partially Inside

图 10－135

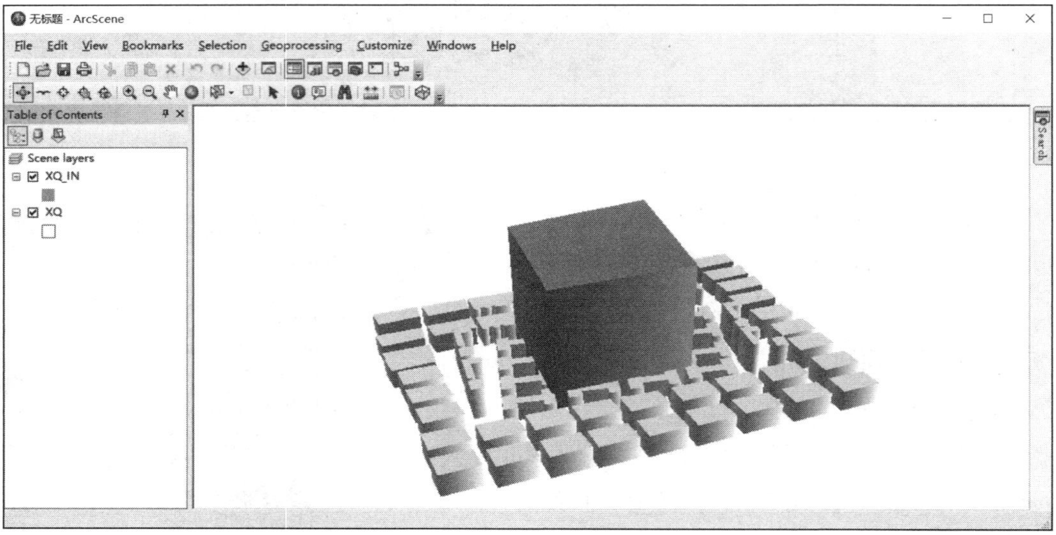

图 10－136

②打开 ArcToolbox,如图 10－137 所示,选择“3D Analyst Tools”(3D 分析工具)→“3D Features”(3D 要素)→“Difference 3D”(3D 差异)。

③打开新窗口,如图 10－138 所示,在“Input Features”(输入要素)中设置为要进行检出其他多面体要素的多面体要素集,此处设置为 XQ;在“Subtract Features”(剪除要素)中设置从其他多面体要素中剪除,该处设置为 XQ_IN;在“Output Feature Class”(输出要素类)中设置生成要素的名称和储存位置。

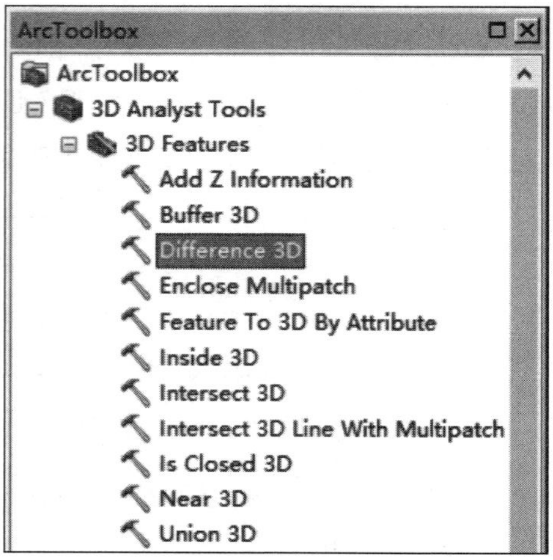

图 10－137

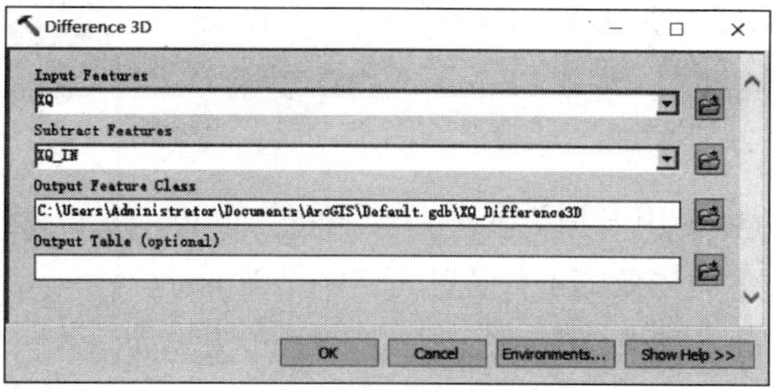

图 10 – 138

④点击“OK”(确定),完成操作,如图 10 – 139 所示。

图 10 – 139

(4)3D 相交

①在 ArcScene 中加载实验源数据(位置:CH10\实验源数据\三维要素分析\3D 相交实验源数据\XQ),如图 10 – 140 所示。

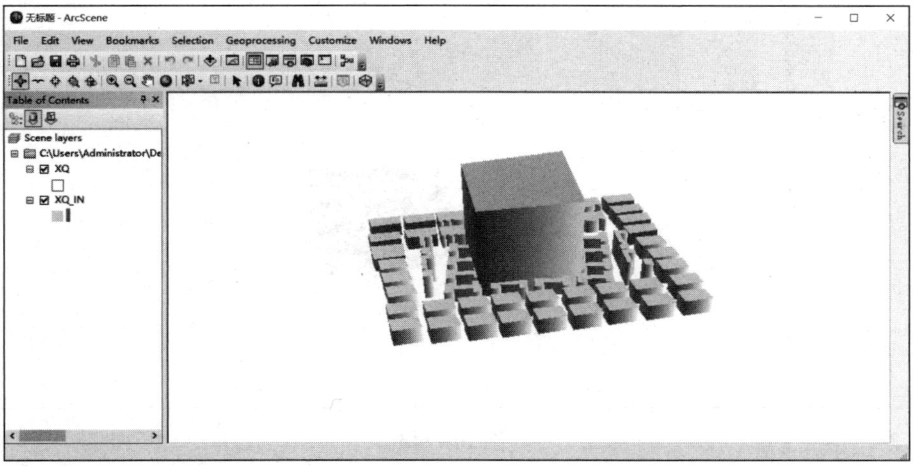

图 10 – 140

②打开 ArcToolbox，如图 10－141 所示，选择“3D Analyst Tools”（3D 分析工具）→“3D Features”（3D 要素）→“Intersect 3D”（3D 相交）。

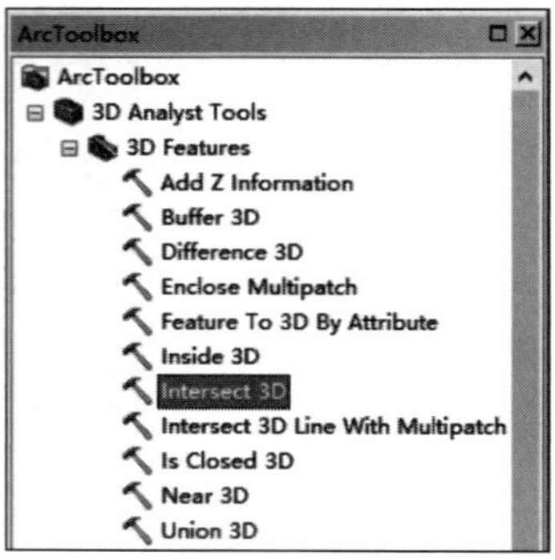

图 10－141

③打开新窗口，如图 10－142 所示，在“Input Multipatch Features”（输入多面体要素）中设置为 XQ；在“Input Multipatch Features(optional)”（输入多面体要素(可选)）中设置为 XQ_IN；在“Output Feature Class”（输出要素类）中设置生成要素的名称和储存位置；在“Output Geometry Type”（输出几何类型）中设置生成相交要素的类型：“SOLID”即创建表示输入要素之间重叠体积的闭合多面体，“SURFACE”即创建表示输入要素之间共享面的多面体表面，“POLYLINE”即创建表示输入要素之间共享边的折线。

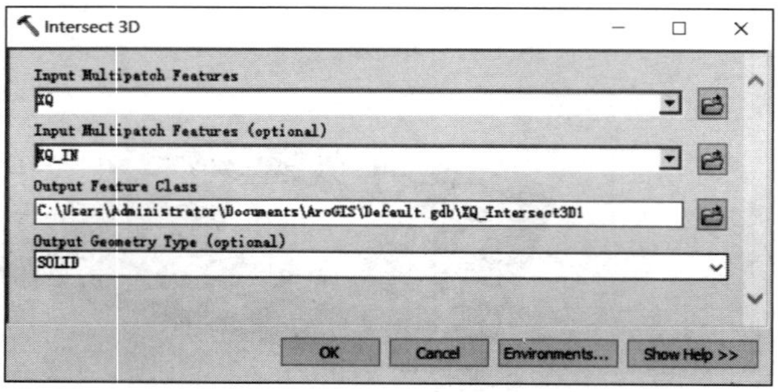

图 10－142

④点击“OK”（确定），完成操作，如图 10－143 所示。

图 10－143

(5)3D 线与多面体相交

①在 ArcScene 中加载实验源数据(位置:CH10\实验源数据\三维要素分析\3D 线与多面体相交\XQ),如图 10-144 所示。

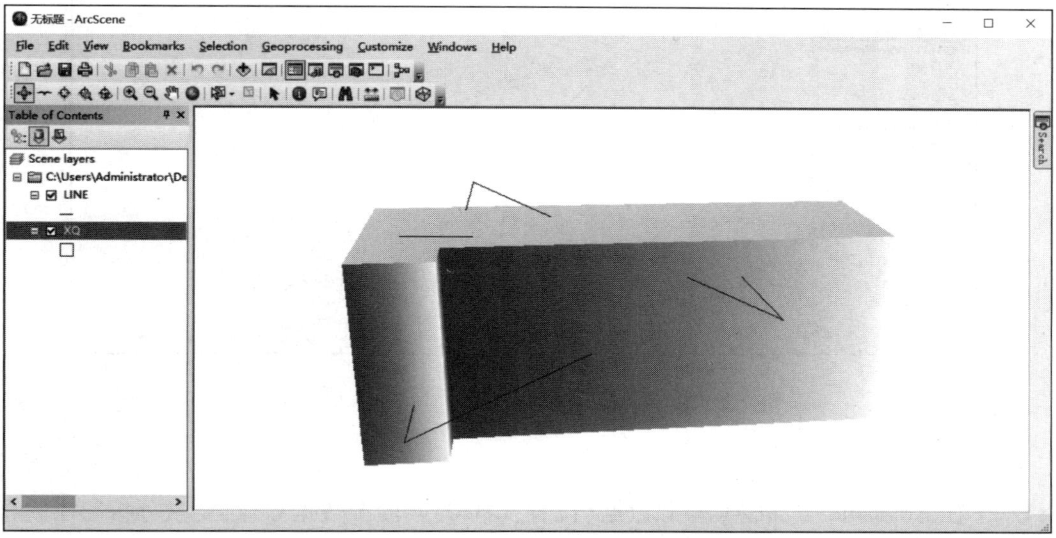

图 10-144

②打开 ArcToolbox,如图 10-145 所示,选择"3D Analyst Tools"(3D 分析工具)→"3D Features"(3D 要素)→"Intersect 3D Line With Multipatch"(3D 线与多面体相交)。

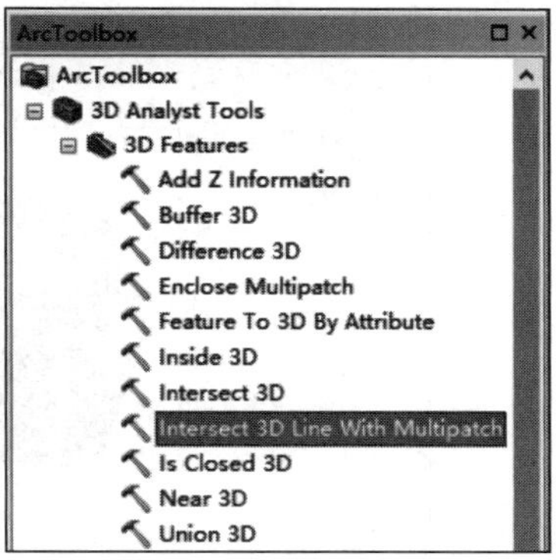

图 10-145

③打开新窗口,如图 10-146 所示,在"Input Line Features"(输入线要素)中设置 3D 线要素;在"Input Multipatch Features"(输入多面体要素)中设置参与分析的多面体要素;在"Join Attributes"(连接属性)中设置是否将输入线要素的属性保留在输出线要素类中,IDS_ONLY 即不会将线要素属性写入输出要素中,ALL 即将所有线要素属性都写入输出要素中;在"Output Points"(输出点)中设置输出相交点要素的文件名称和储存位置;在"Output Lines"(输出线)中设置输出相交线要素的文件名称和储存位置。

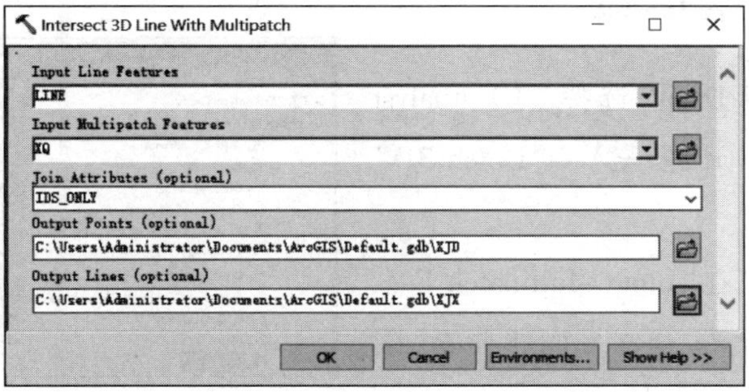

图 10-146

④点击“OK”(确定),完成操作,如图 10-147 所示。

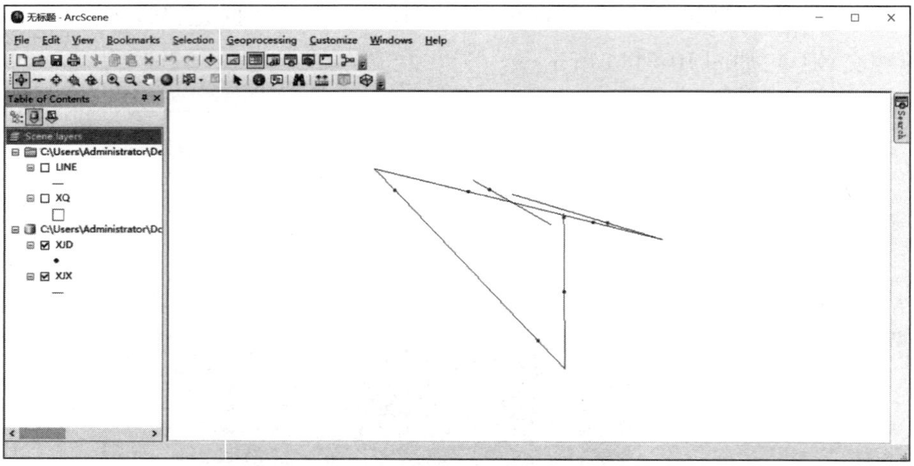

图 10-147

(6)3D 联合

①在 ArcScene 中加载实验源数据(位置:CH10\实验源数据\三维要素分析\3D 联合实验源数据\XQ),如图 10-148 所示。

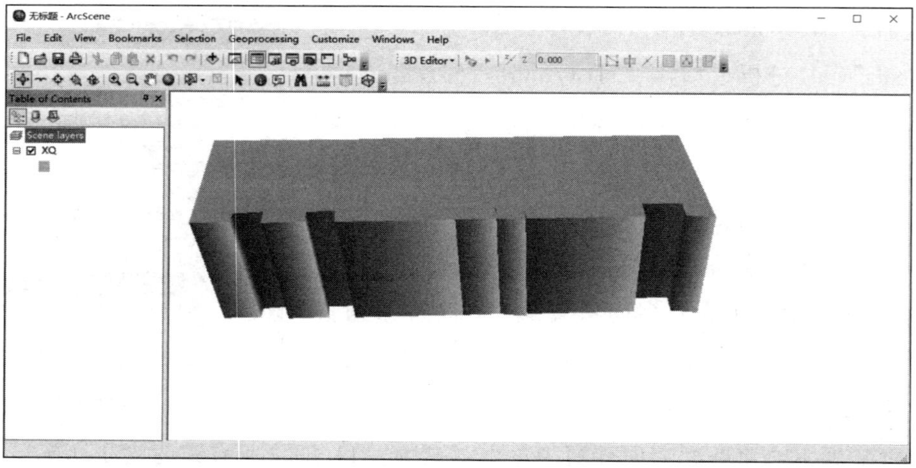

图 10-148

②打开 ArcToolbox,如图 10-149 所示,选择“3D Analyst Tools”(3D 分析工具)→“3D Features”(3D 要素)→“Union 3D”(3D 联合)。

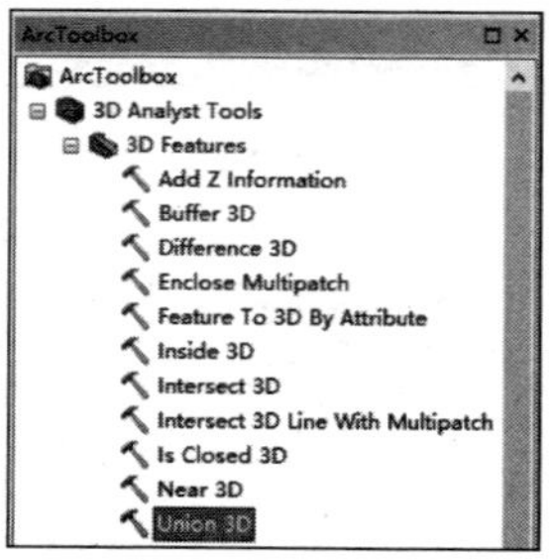

图 10-149

③打开新窗口,如图 10-150 所示,在“Input Multipatch Features”(输入多面体要素)中设置要进行联合的多面体要素,该处为相交或者聚合的多面体要素,此处设置为 XQ;在“Grouping

Field”(分组字段)中指定用于将输入多面体要素组合在一起的字段;在“Output Feature Class”(输出要素类)中设置生成的要素的文件名称和储存路径;在“Output Table”(输出表)中设置描述输入要素及要素聚合生成的输出要素的表的名称和储存位置;不勾选“Disable Optimization”(禁用优化)将对输入数据执行优化,即进行一些预处理来检测可能重叠的要素,将其组合在一起以提高性能,并为每组重叠要素创建唯一的输出;勾选“Output All Solids”(输出所有实体)即将所有输入要素写到输出中。

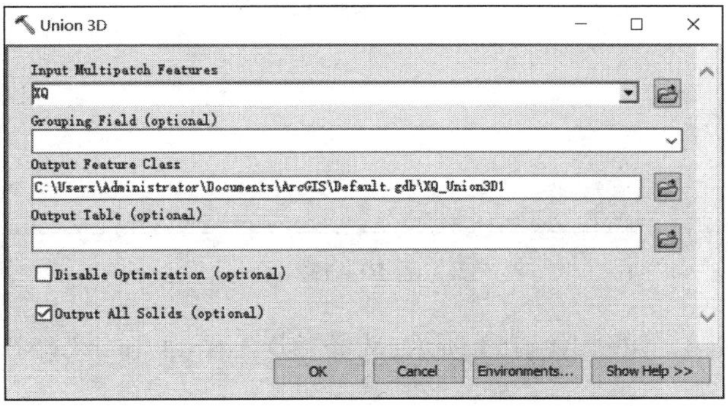

图 10-150

④点击“OK”(确定),完成操作,如图 10-151 所示。

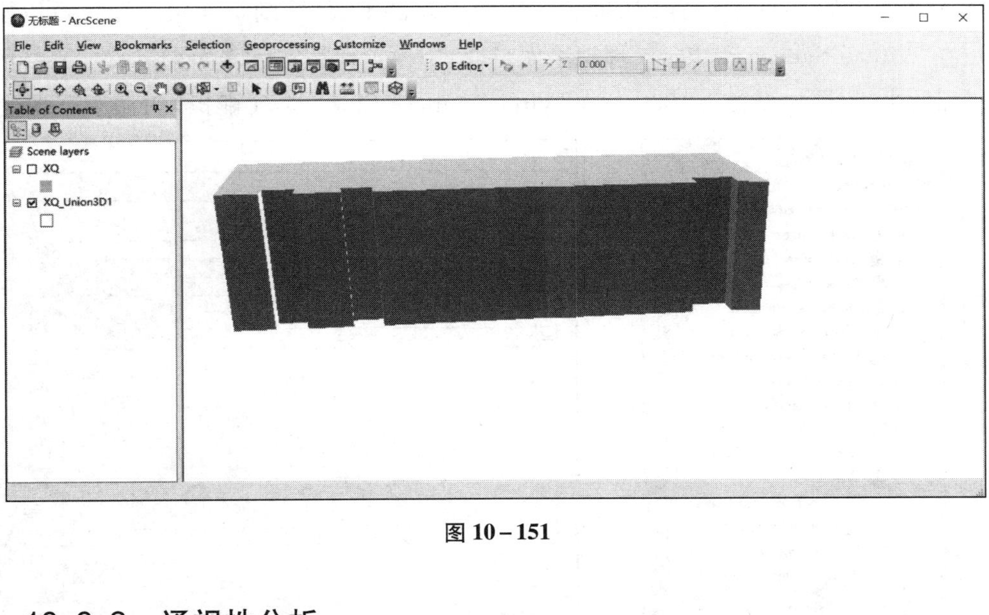

图 10-151

10.6.2 通视性分析

(1)天际线

①在 ArcScene 中加载实验源数据(位置:CH10\实验源数据\三维要素分析\可视性分析实验源数据\天际线\XQ),如图 10-152 所示。

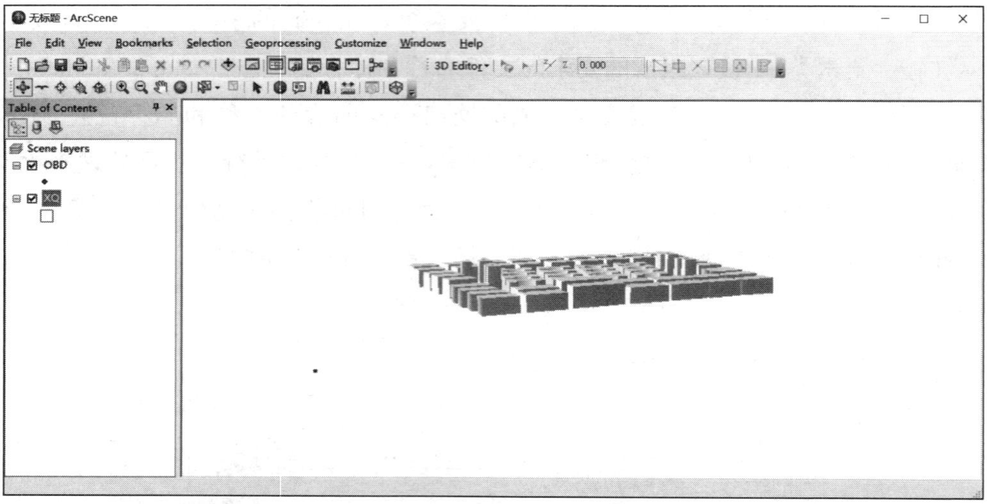

图 10－152

②打开 ArcToolbox，如图 10－153 所示，选择“3D Analyst Tools”（3D 分析工具）→“Visibility”（可见性）→“Skyline”（天际线）。

③打开新窗口，如图 10－154 所示，在“Input Observer Point Features”（输入观察点要素）设置添加 3D 点要素；在“Input Surface”（输入表面）中设置表面要素，可以是 Terrain、栅格或图层文件，该处不设置（如果实际操作中提供了表面，则下面两个选项可以不设置）；在“Virtual Surface Radius”（虚拟表面半径）中设置代替实际表面来定义地平线的虚拟表面的半径，该处设置为 1000m；在“Virtual Surface Elevation”（虚拟表面高程）中设置

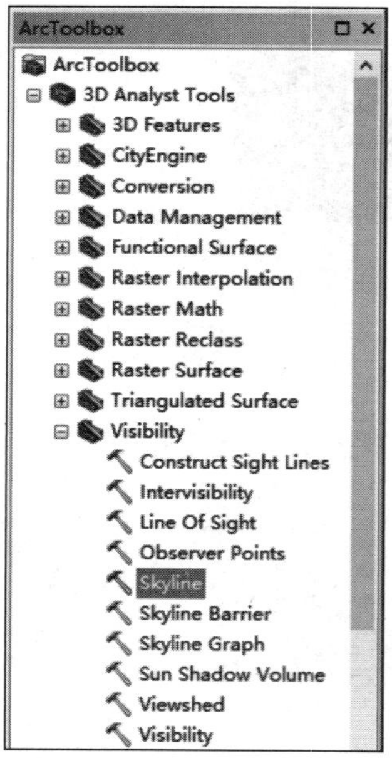

图 10－153

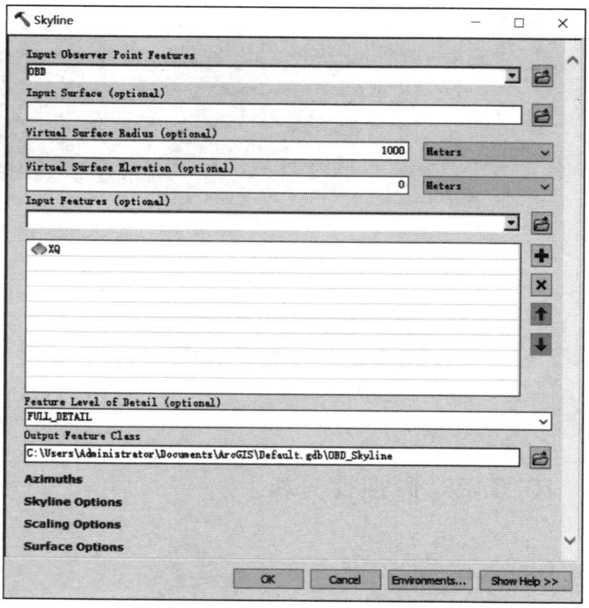

图 10－154

代替实际表面来定义地平线的虚拟表面的高程，该处设置为0；在“Input Features”（输入要素）中设置被观察的要素，该处设置为XQ；在“Feature Leval of Detail”（要素细节层次）中设置为FULL_DETAIL（全细节）；在“Output Feature Class”（输出要素类）中设置生成要素的文件名称和储存位置。

④点击“OK”（确定），完成操作，如图10－155所示。

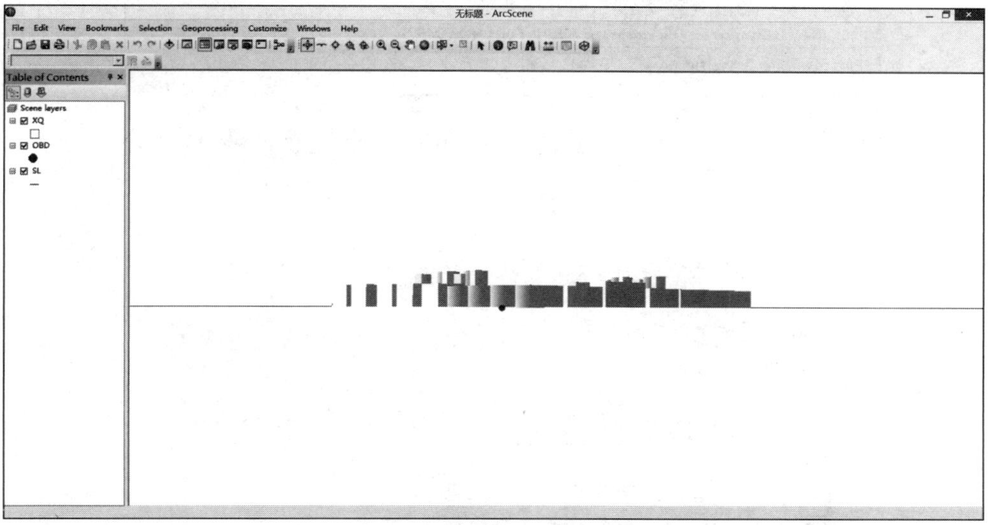

图10－155

（2）天际线图

①打开ArcToolbox，如图10－156所示，选择“3D Analyst Tools”（3D分析工具）→“Visibility”（可见性）→“Skyline Graph”（天际线图）。

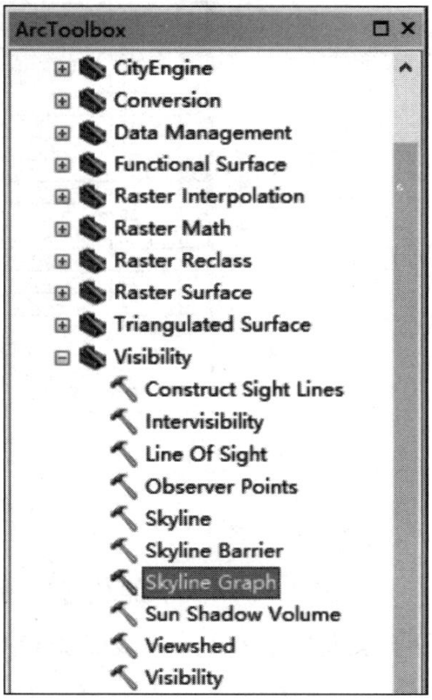

图10－156

②打开新窗口，如图10－157所示，在“Input Observer Point Features”（输入观察点要素）中设置观察点要素，该处为OBD；在“Input Line Features”（输入线要素）中设置选择天际线数据；在“Base Visibility Angle”（基本可见角）中设置用作计算可见天空百分比的基线的垂直角，0表示水平，90表示竖直向上，－90表示竖直向下，该处默认值为0；勾选“Additional Fields”（附加字段）选项将确定除两个角度值之外，也将附加字段输出到表中；在“Output Angles Table”（输出角度表）中设置生成表的文件名称和储存位置；在“Output Graph Name”（输出图表名称）中设置输出图表的名称。

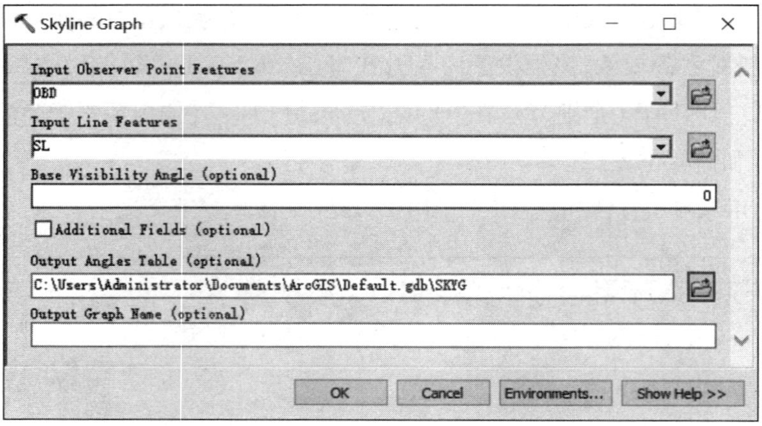

图 10－157

③点击“OK”(确定),完成操作,如图 10－158 所示。

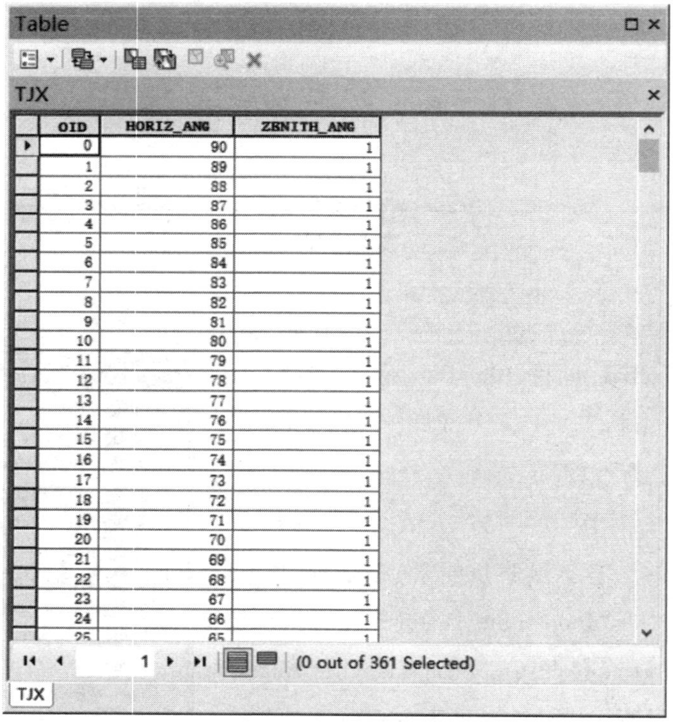

OID	HORIZ_ANG	ZENITH_ANG
0	90	1
1	89	1
2	88	1
3	87	1
4	86	1
5	85	1
6	84	1
7	83	1
8	82	1
9	81	1
10	80	1
11	79	1
12	78	1
13	77	1
14	76	1
15	75	1
16	74	1
17	73	1
18	72	1
19	71	1
20	70	1
21	69	1
22	68	1
23	67	1
24	66	1
25	65	1

图 10－158

(3)天际线障碍

①在 ArcScene 中加载实验源数据(位置:CH10\实验源数据\三维要素分析\可视性分析实验源数据\天际线障碍\XQ),如图 10－159 所示。

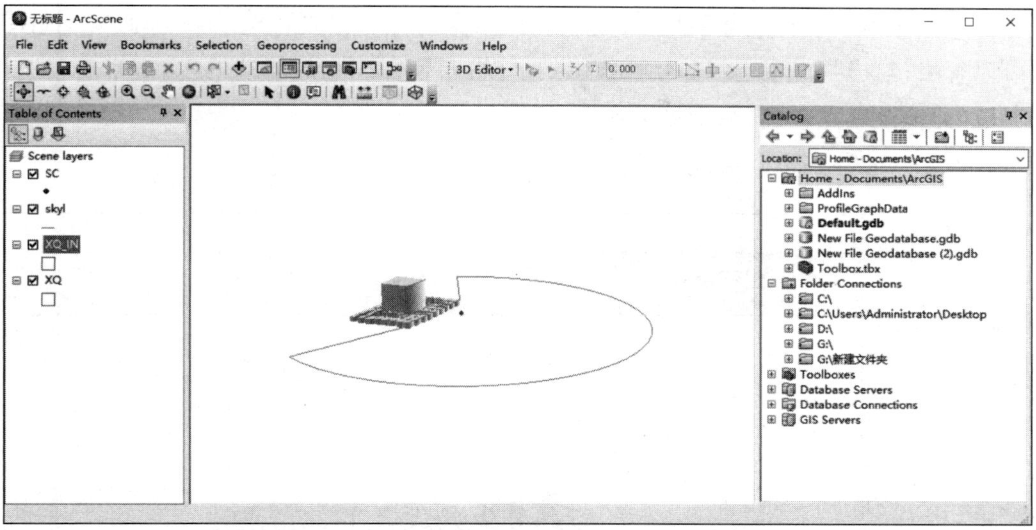

图 10－159

②打开 ArcToolbox，如图 10－160 所示，选择“3D Analyst Tools”（3D 分析工具）→“Visibility”（可见性）→“Skyline Barrier”（天际线障碍）。

③打开新窗口，如图 10－161 所示，在“Input Observer Point Features”（输入观察点要素）中设置为 SC；在“Input Features”（输入要素）中设置为天际线要素，该处为 skyl 图层；在“Output Feature Class”（输出要素类）中设置输出要素的文件名称和储存位置；在“Minimum Radius”（最小半径）和“Maximum Radius”（最大半径）中根据需要设置数值，借此来影响阴影体的投影长度，该处为默认 0；勾选“Closed”（闭合）将把生成的多面体变为封闭多

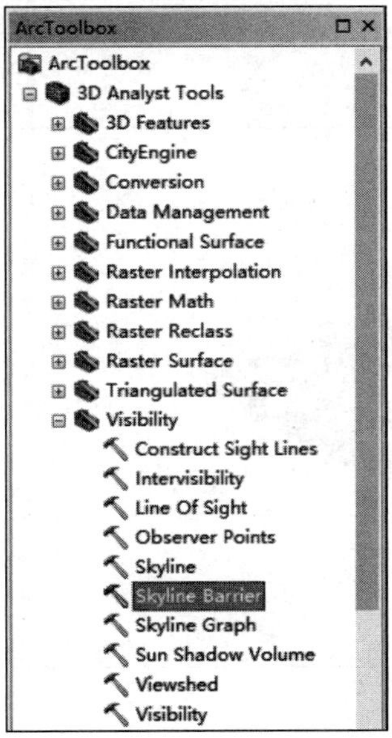

图 10－160

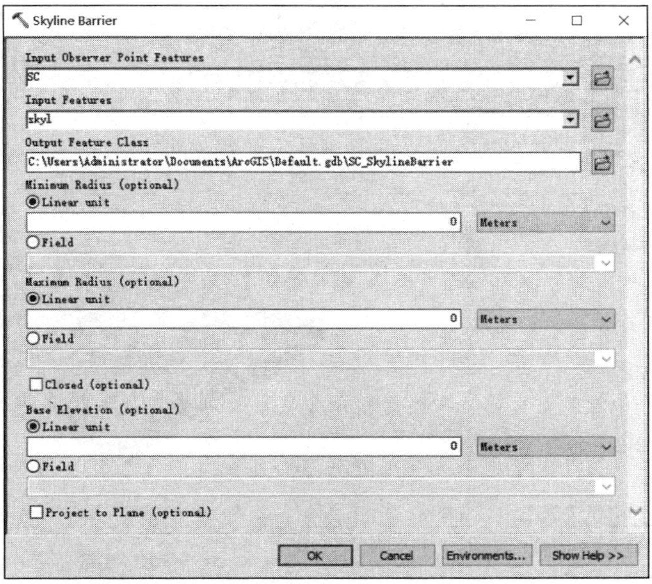

图 10－161

面体；在“Base Elevation”（基本高程）中设置封闭多面体的地面高程，如果障碍物不封闭则可以忽略；勾选“Project to Plane”（投影到平面）将使障碍物的前端（距离观察点较近）和后端（距离观察点较远）分别投影到垂直平面。

④点击“OK”（确定），完成实验，如图 10－162 所示。

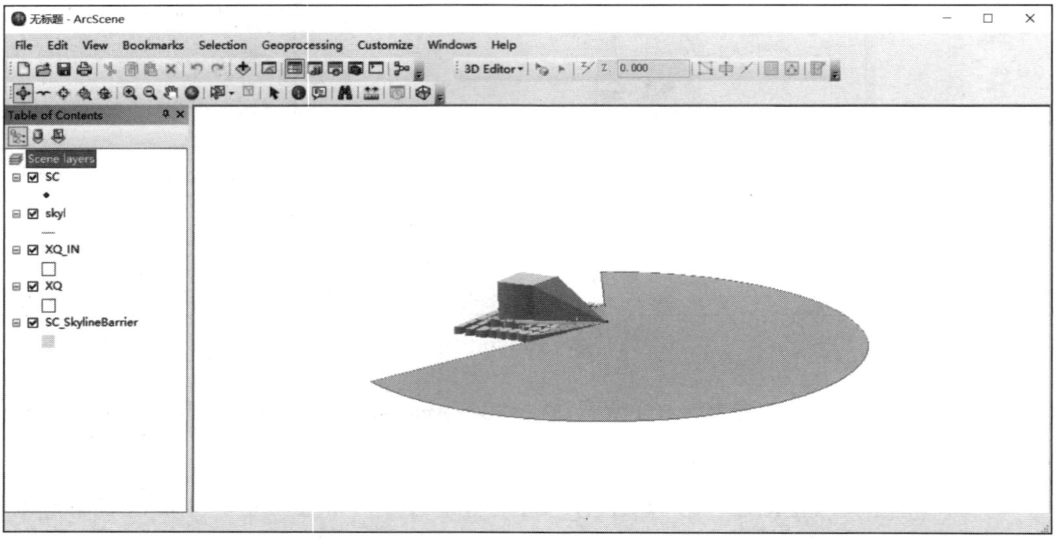

图 10－162

(4)通视线构造

①在 ArcScene 中加载实验源数据，如图 10－163 所示。

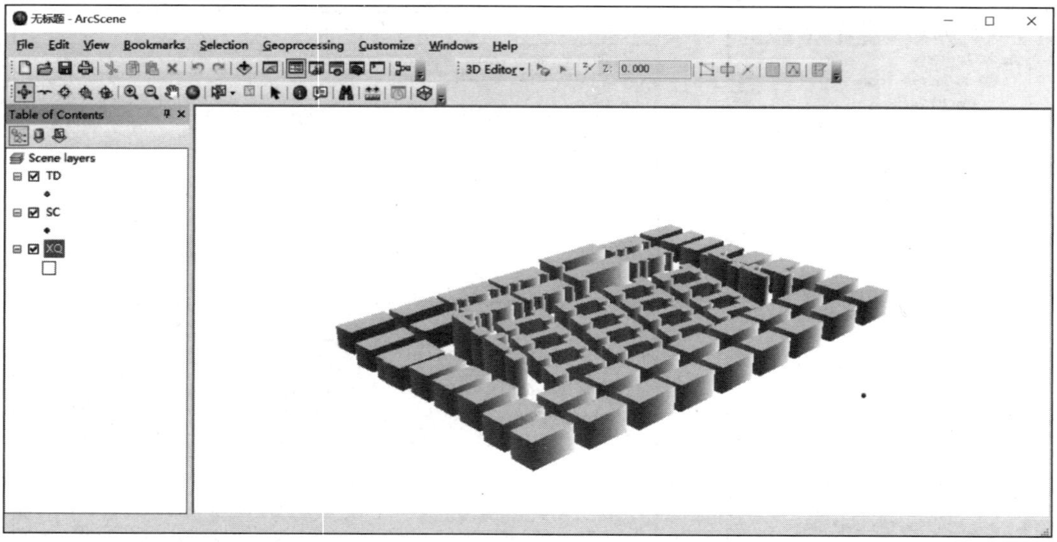

图 10－163

②打开 ArcToolbox，如图 10－164 所示，选择“3D Analyst Tools”（3D 分析工具）→“Visibility”（可见性）→“Construct Sight Lines”（构造视线）。

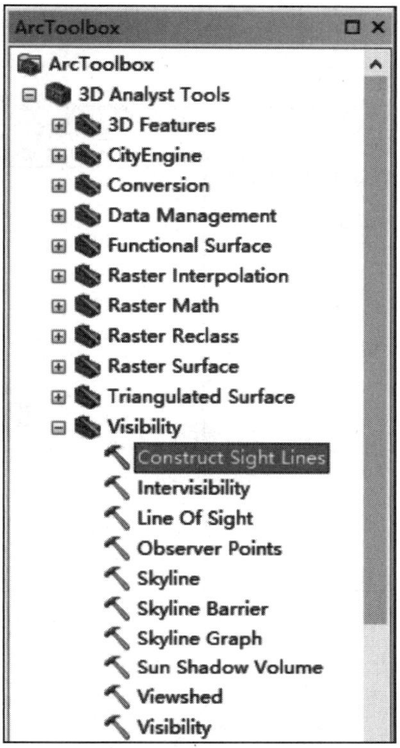

图 10－164

③打开新窗口，如图 10－165 所示，在“Observer Points”（视点分析）中设置为 SC；在“Target Features”（目标要素）中设置为目标点要素，该处为 TD 图层；在“Output”（输出）中设置输出视线要素的文件名称和储存位置；在“Observer Height Field”（观察者高度字段）中设置视点观察图层高度字段；在“Target Height Field”（目标高度字段）中设置目标图层的高度字段；在“Join Field”（连接字段）中设置字段使观察点和特定目标点相匹配，该处默认为不设置；在“Sampling Distance”（采样距离）中设置目标为线或面要素类时采样之间的距离，该处默认值为 1；勾选“Output the Direction”（输出方向），将在输出视线要素中添加并填充两个附加字段以指示方向：AZIMUTH 和 VERT_ANGLE。

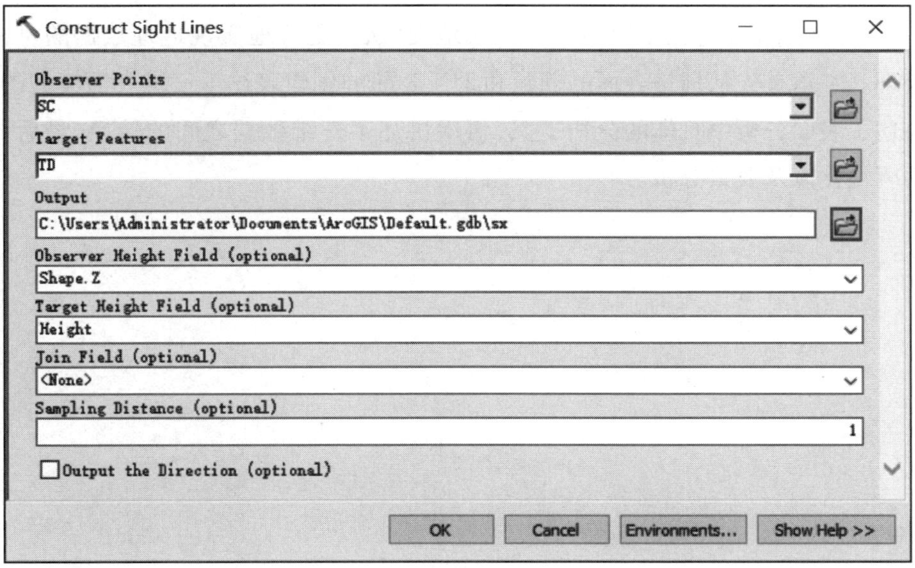

图 10－165

④点击“OK”(确定),完成实验,如图 10–166 所示。

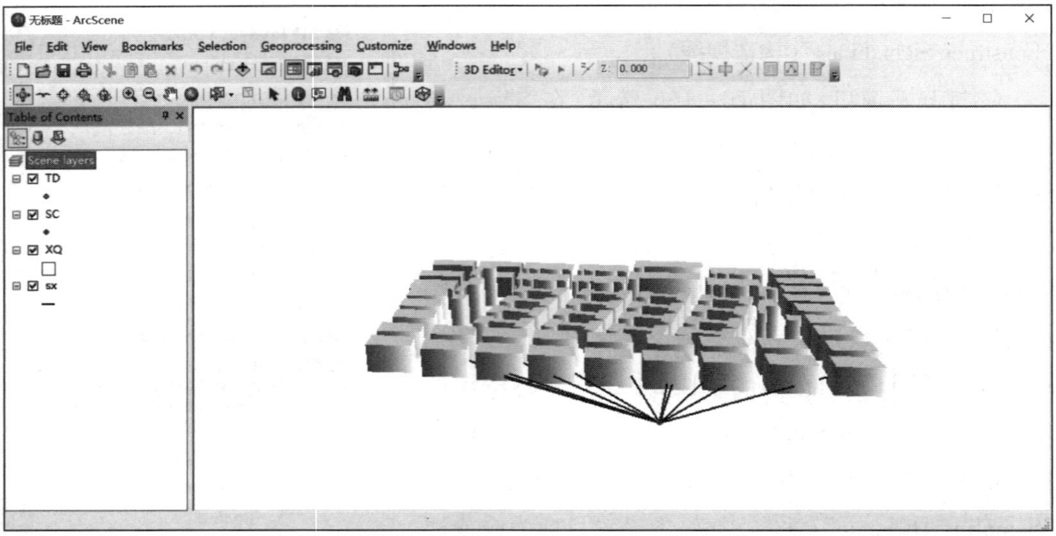

图 10–166

10.7 本章小结

3D Analyst 是能为三维可视化、三维分析以及表面生成提供高级分析功能的扩展板块,可以用它来创建动态三维模型和交互式地图,从而更好地实现地理数据的可视化和分析处理。本章首先从栅格表面的创建和 TIN 表面的创建表述了三维表面模型的建立,其次讲述了表面分析中具体的分析工具,再次讲述了三维数据之间的转换,最后讲述了三维的可视化以及要素分析。

第11章 水文分析

11.1 无洼地DEM生成
11.2 汇流累积量
11.3 水流长度
11.4 河网提取
11.5 流域的分割
11.6 本章小结

水文分析是针对某一地区的 DEM 数字地形数据的水文状况的分析工具。通过对 DEM 数据的分析处理，利用该工具可得到地区如流向、河网、河流长度、河流流域等水文状况信息。

初学者在学习本章内容时，建议利用整段且较长的时间来完整操作水文分析实验，整体把握其中的栅格数据的变化与处理，该章操作练习结果与源数据环环相扣，初学者可能混淆分析结果数据，需要认真注意分析结果数据的命名和使用。

11.1 无洼地 DEM 生成

11.1.1 水流方向提取

①在 ArcMap 中加载实验源数据（位置：CH11 \ 实验源数据 \ 水文分析），如图 11 - 1 所示。

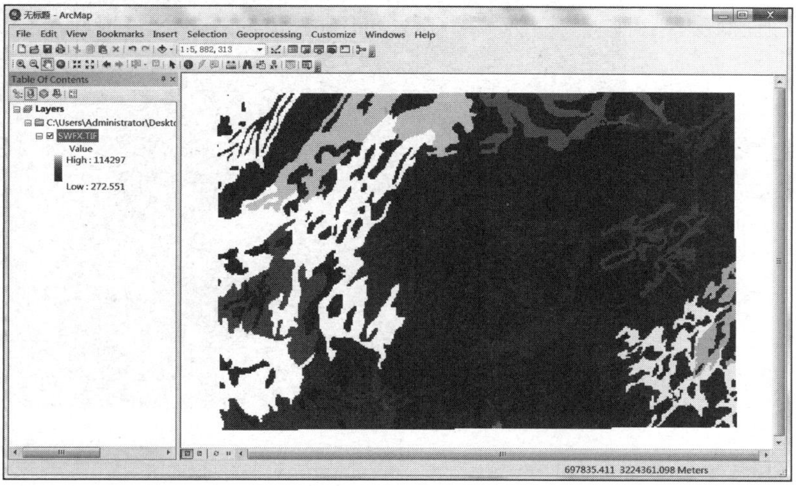

图 11 - 1

②打开 ArcToolbox，如图 11 - 2 所示，选择“Spatial Analyst Tools”（空间分析工具）→“Hydrology”（水文分析）→“Flow Direction”（流向）。

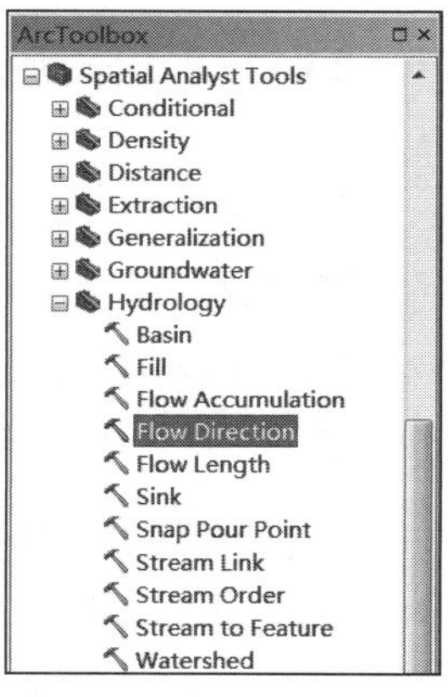

图 11 - 2

③打开新窗口，如图 11 - 3 所示，在“Input surface raster”（输入表面栅格数据）中设置要进行流向分析的栅格数据；在“Output flow direction raster”（输出流向栅格数据）中设置输出栅格数据的名称和储存路径；勾选“Force all edge cells to flow outward”（强制所有边缘像元向外流动）将指定边表面栅格边缘的所有像元从表面栅格向外流，不勾选则将遵循如果边缘像元内部的最大降幅

大于零,那么将照常确定流向,如果边缘像元内部的最大降幅小于零,那么流向将朝向边缘,应从表面栅格的边缘向内流的像元也将执行此行为;在“Output drop raster”(输出下降率栅格数据)中设置生成的下降率栅格数据的名称和储存路径。

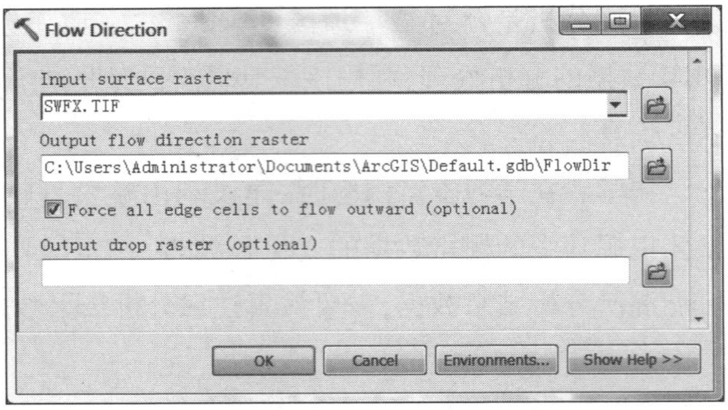

图 11-3

④点击“OK”(确定),计算出的水流方向的结果数据如图 11-4 所示。

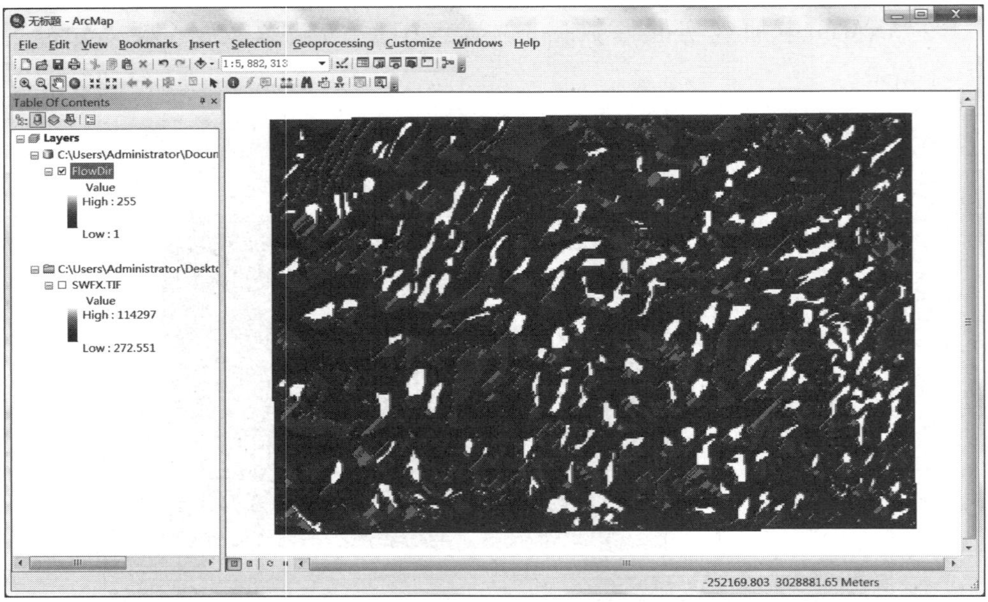

图 11-4

11.1.2 洼地计算

(1)洼地提取

①打开 ArcToolbox,如图 11-5 所示,选择“Spatial Analyst Tools”(空间分析工具)→“Hydrology”(水文分析)→“Sink”(汇)。

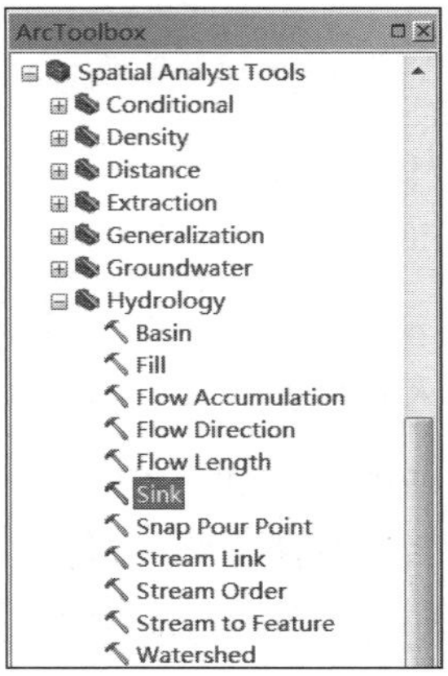

图 11-5

②打开新窗口,如图 11-6 所示,在“Input flow direction raster”(输入流向栅格数据)中设置为上述实验操作生成的流向栅格数据 FlowDir;在“Output raster”(输出栅格)中设置生成的数

据名称和储存路径。

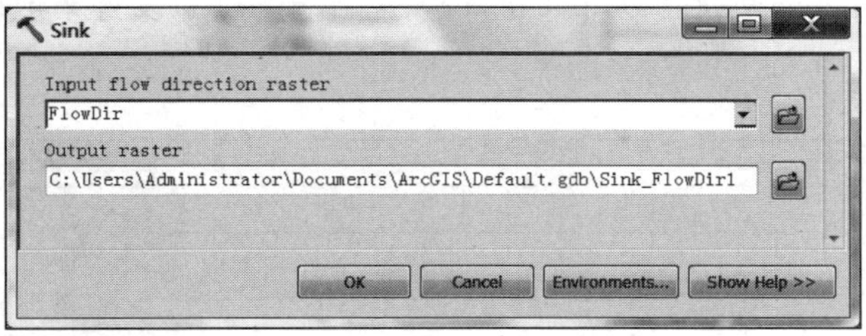

图 11－6

③点击“OK”(确定),完成操作(深色区域即为洼地),如图 11－7 所示。

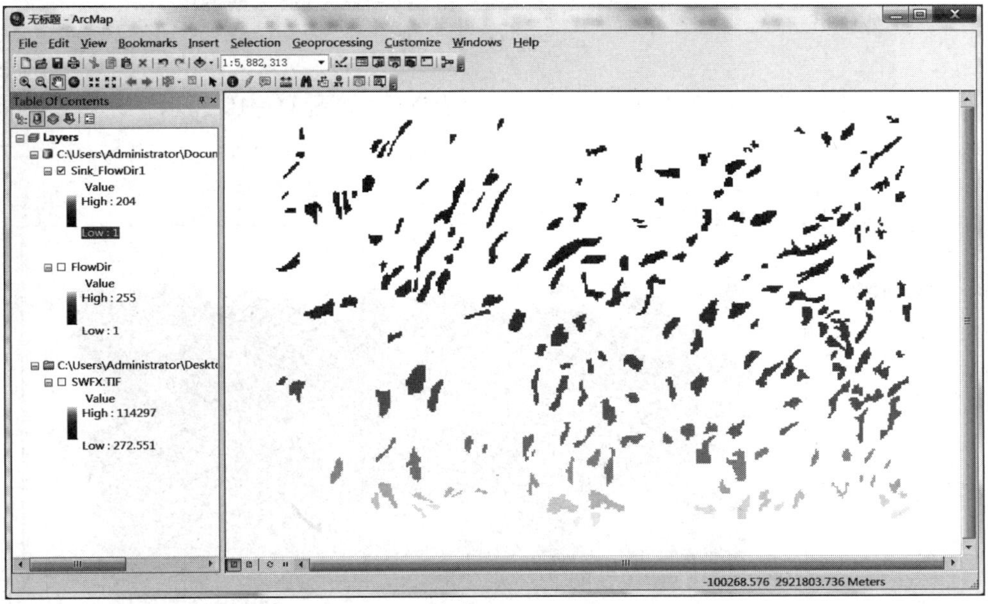

图 11－7

(2)洼地深度计算

①打开 ArcToolbox,如图 11－8 所示,选择“Spatial Analyst Tools”(空间分析工具)→“Hydrology”(水文分析)→“Watershed”(集水区)。

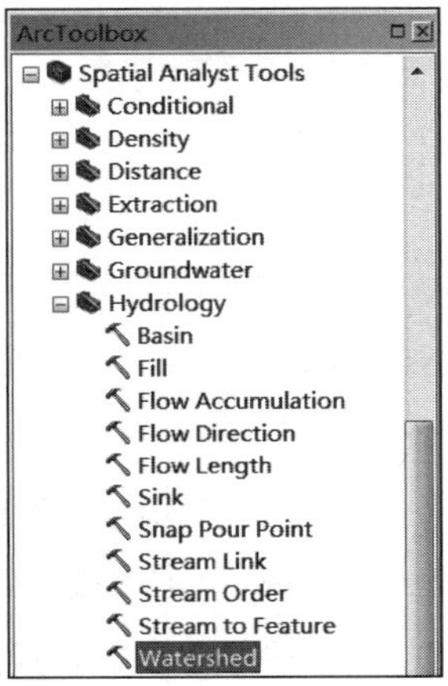

图 11－8

②打开新窗口,如图 11－9 所示,在“Input flow direction raster”(输入流向栅格)中设置为上述实验操作生成的流向栅格数据 FlowDir;在“Input raster or feature pour point data”(输入栅格数据或要素倾泻点数据)中设置为上述实验生成的洼地提取栅格 Sink_FlowDir1;在“Pour point field”(倾泻点字段)中设置要进行用于为倾泻点位置赋值的字段,由于源数据为栅格,该倾

泻点字段即为 Value，如果倾泻点数据集为要素，则使用数值字段。如果该字段包含浮点型值，它们将被截断为整型；在“Output raster”（输出栅格）中设置生成的数据名称和储存路径。

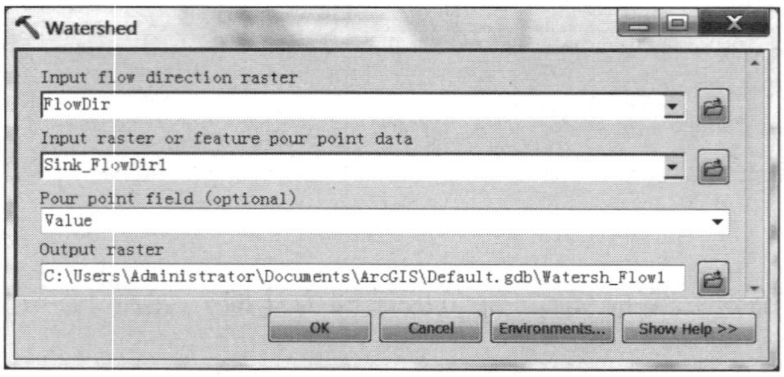

图 11－9

③点击“OK”（确定），完成洼地贡献区域生成操作，如图 11－10 所示。

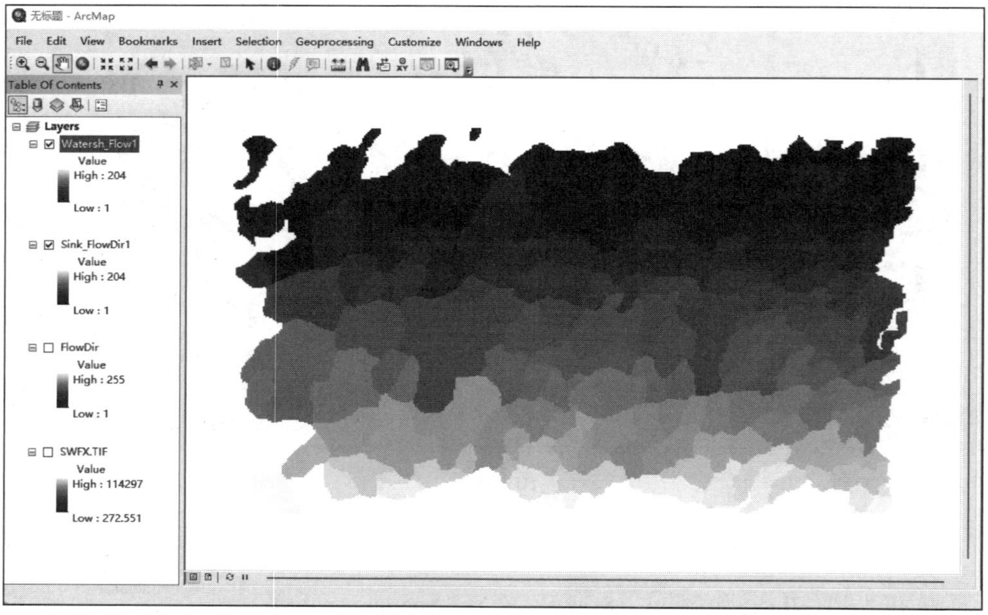

图 11－10

④打开 ArcToolbox，如图 11－11 所示，选择“Spatial Analyst Tools”（空间分析工具）→“Zonal”（区域分析）→“Zonal Statistics”（分区统计）。

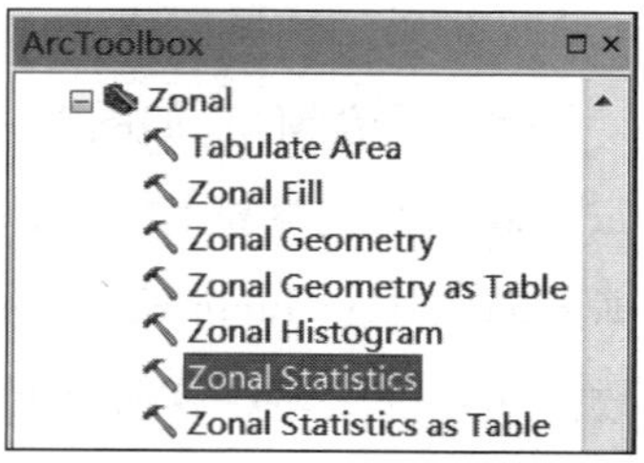

图 11－11

⑤打开新窗口，如图 11－12 所示，在“Input raster or feature zone data”（输入栅格数据或要素区域数据）中设置为上述实验中生成的洼地提取栅格数据 Watersh_Flow1；在“Zone field”（区域字段）中设置要进行分区统计

的字段；在“Input value raster”（输入赋值栅格）中设置为源栅格数据 SWFX. TIF；在“Output raster”（输出栅格）中设置生成数据的名称为 Zonalmin 和储存路径；在“Statistics type”（统计类型）中设置为 MINIMUM（最小值）；在“Ignore NoData in calculations”（在计算中忽略 NoData）中设置在计算最低高程时忽略 NoData 值。

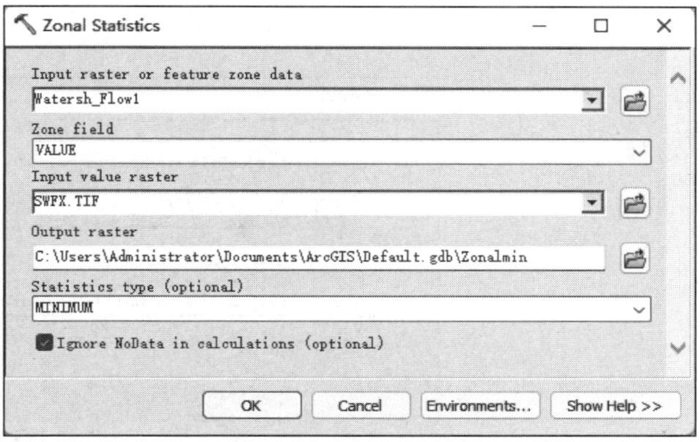

图 11-12

⑥点击“OK”（确定），完成贡献区域最低高程计算操作，如图 11-13 所示。

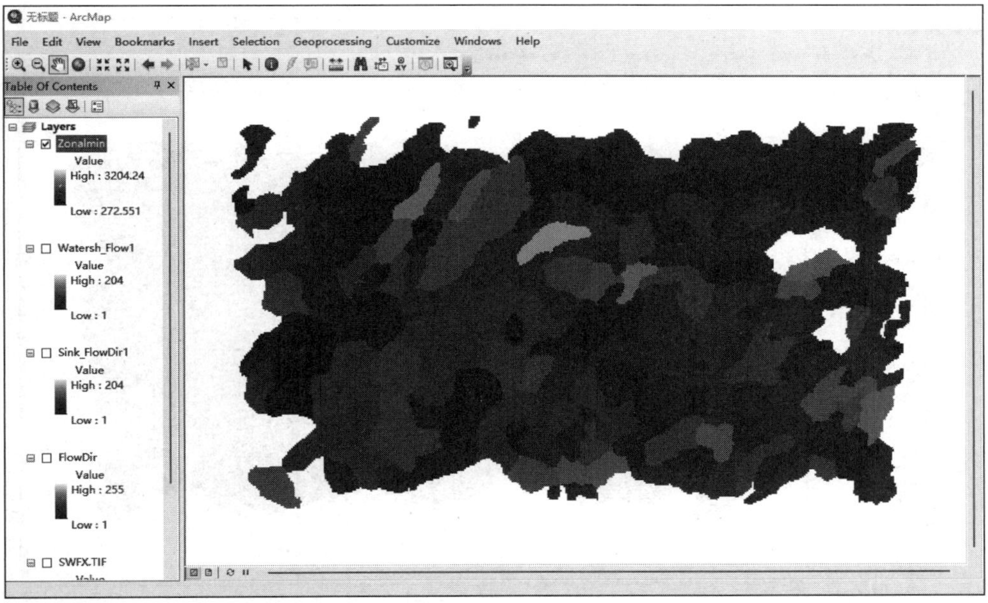

图 11-13

⑦打开 ArcToolbox，如图 11-14 所示，选择“Spatial Analyst Tools”（空间分析工具）→“Zonal”（区域分析）→“Zonal Fill”（区域填充）。

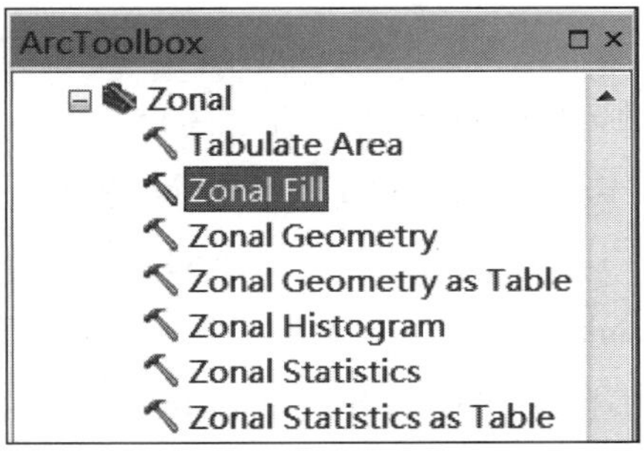

图 11-14

⑧打开新窗口，如图 11-15 所示，在“Input zone raster”（输入区域栅格数据）中设置输入栅格为上述实验生成的洼地贡献区域栅格图；在“Input weight raster”（输入权重栅格数据）中设置输入栅格为源栅格数据；在“Output raster”（输出栅格）中

设置输出栅格的名称为 Zonalmax 和储存路径。

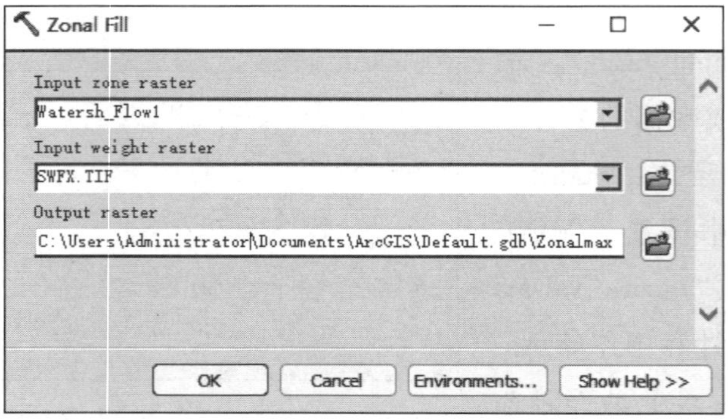

图 11－15

⑨点击“OK”(确定),完成洼地出水口高程计算操作,如图 11－16 所示。

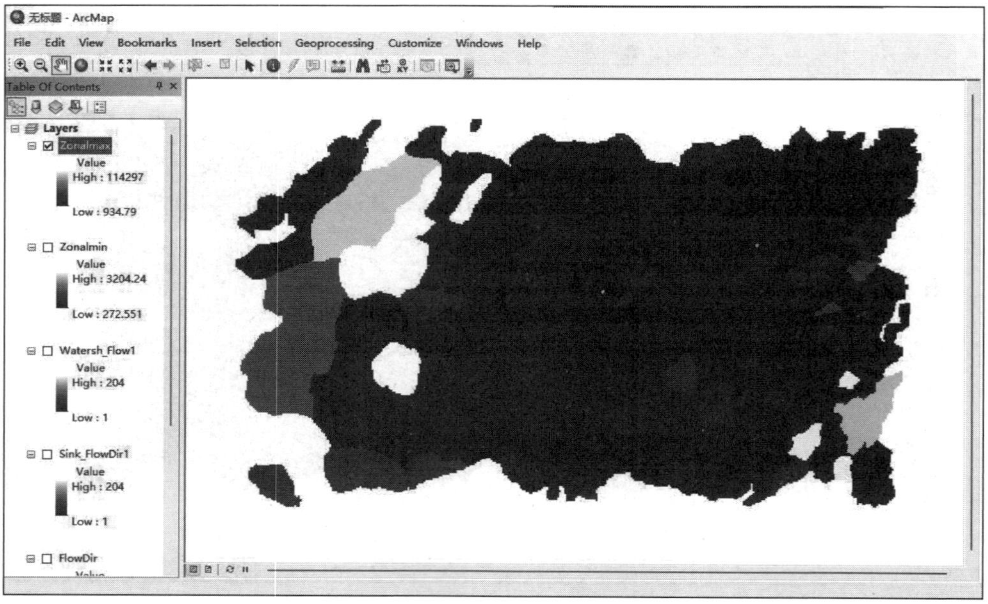

图 11－16

⑩打开 ArcToolbox,如图 11－17 所示,选择“Spatial Analyst Tools”(空间分析工具)→“Map Algebra”(地图代数)→“Raster Calculator”(栅格计算器)。

⑪打开新窗口,如图 11－18 所示,在文本框中设置公式:sinkdep = ("Zonalmax" - "Zonalmin"),在“Output raster”(输出栅格)中设置输出栅格的名称和储存路径。

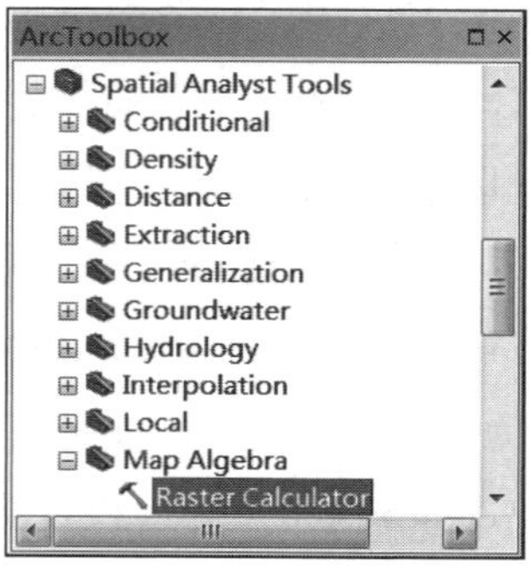

图 11－17

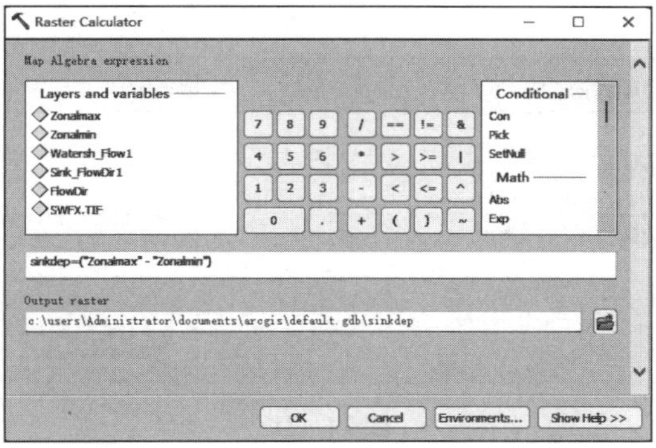

图 11－18

⑫点击“OK”(确定),完成洼地深度计算操作,如图 11－19 所示。

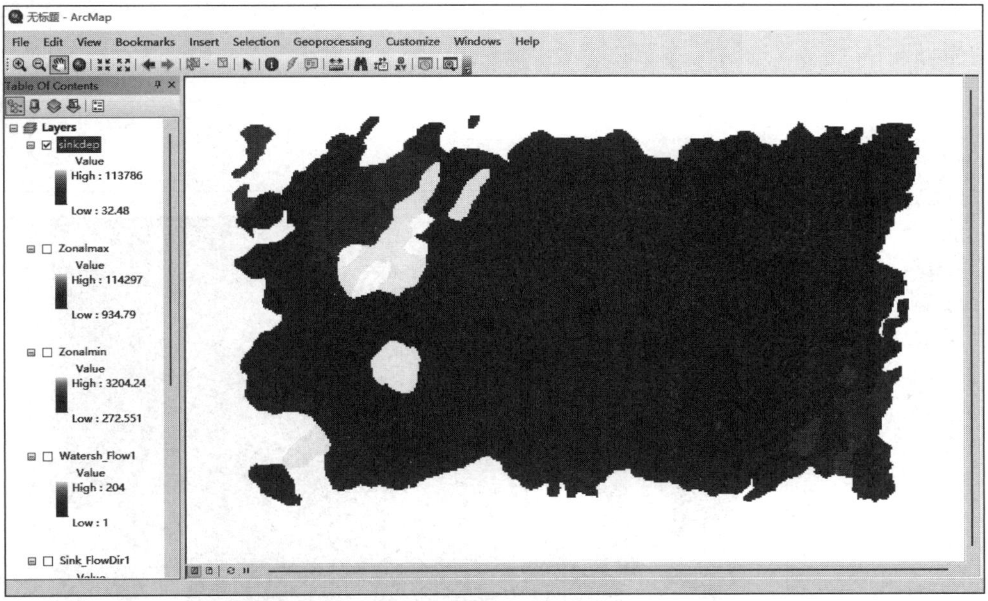

图 11－19

11.1.3　洼地填充

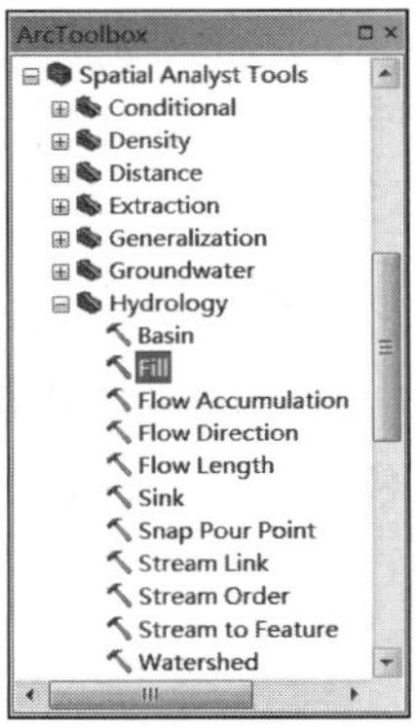

图 11－20

①打开 ArcToolbox,如图 11－20 所示,选择“Spatial Analyst Tools”(空间分析工具)→“Hydrology”(水文分析)→“Fill”(填洼)。

②打开新窗口,如图 11－21 所示,在“Input surface raster”(输入表面栅格数据)中设置为源栅格数据 SWFX. TIF;在“Output surface raster”(输出表面栅格)中设置生成的数据名称和储存路径;在“Z limit”(Z 限制)中设置阈值,洼地深度大于阈值的地方将被当作真实地形保留,系统默认不设置阈值,即所有地区的洼地区域将被填平。

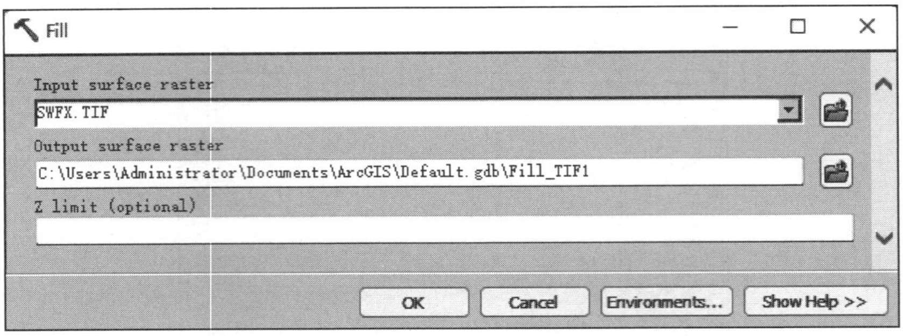

图 11－21

③点击“OK”(确定),完成洼地填充操作(洼地区域被填平之后,该区域再与其他邻近区域进行洼地计算,可能还会形成新的洼地。所以需要不断进行洼地填充,直到所有的洼地都被填平,新的洼地不再产生为止)。图 11－22 为洼地填充一次的数据处理结果。

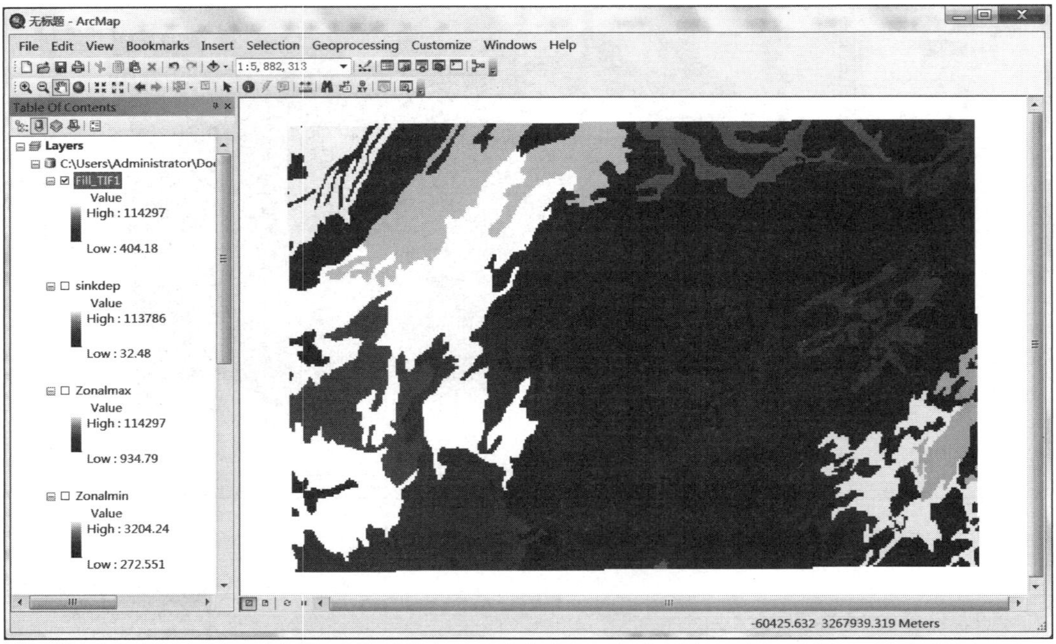

图 11－22

此时需注意,填充完毕的栅格需再次生成水流方向数据,操作步骤同 11.1.1 章节一致。之后使用的流向栅格数据为新生成的流向栅格数据,新生成的流向栅格数据如图 11－23 所示。

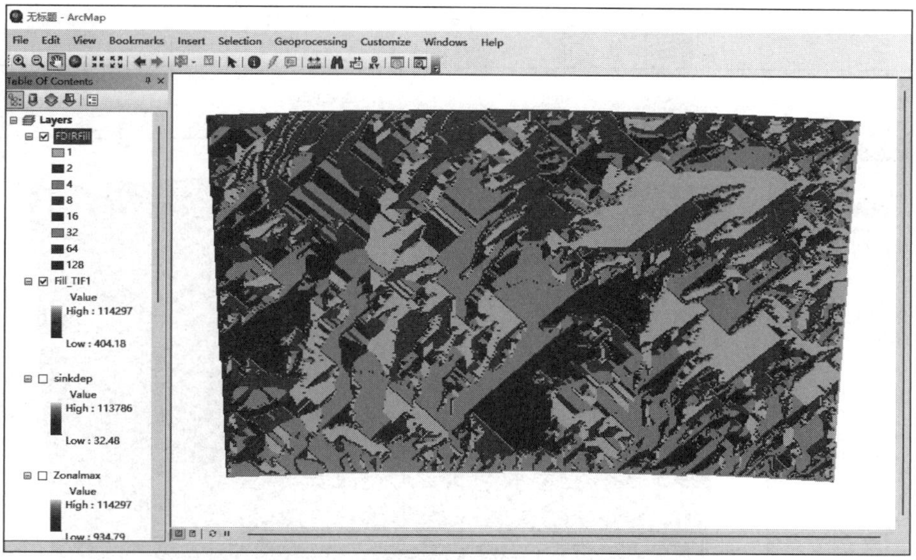

图 11－23

11.2　汇流累积量

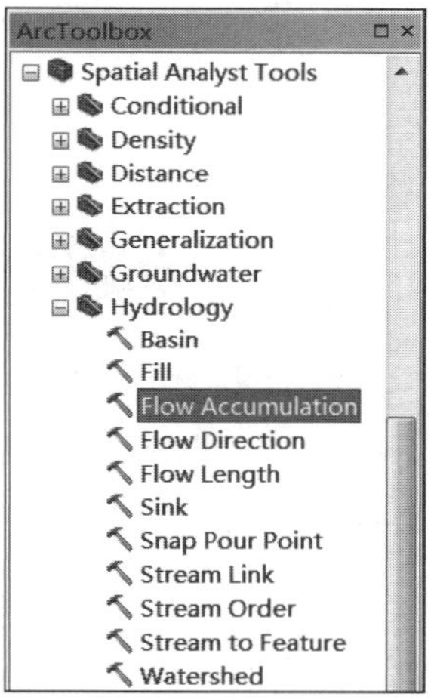

图 11－24

①打开 ArcToolbox，如图 11－24 所示，选择“Spatial Analyst Tools”（空间分析工具）→“Hydrology”（水文分析）→“Flow Accumulation”（流量）。

②打开新窗口，如图 11－25 所示，在“Input flow direction raster”（输入流向栅格数据）中设置为新生成的流向栅格数据；在“Output accumulation raster”（输出蓄积栅格数据）中设置生成的数据名称和储存路径；在“Input weight raster”（输入权重栅格数据）中设置权重栅格数据，一般考虑到降水等因素对于径流的影响，系统默认栅格权重为 1；在“Output data type”（输出数据类型）中设置输出蓄积栅格数据是“INTEGER”（整型）或“FLOAT”（浮点型）。

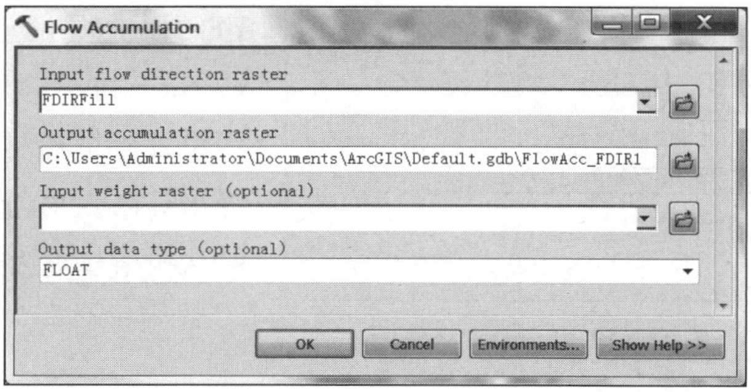

图 11－25

③点击“OK”(确定),完成操作,计算结果如图 11 - 26 所示。

图 11 - 26

11.3 水流长度

①打开 ArcToolbox,如图 11 - 27 所示,选择“Spatial Analyst Tools”(空间分析工具)→“Hydrology”(水文分析)→“Flow Length”(水流长度)。

②如图 11 - 28 所示,在“Input flow direction raster”(输入流向栅格数据)中设置为洼地填充后流向数据;在“Output raster”(输出栅格)中设置生成的数据名称和储存路径;在“Direction of measurement”(测量方向)中设置测量方向为 DOWNSTREAM(顺流计算)或 UPSTREAM(溯流计算);在“Input weight raster”(输入权重栅格数据)中设置权重栅格数据,一般考虑到降水等因素对于径流的影响,系统默认栅格权重为 1。

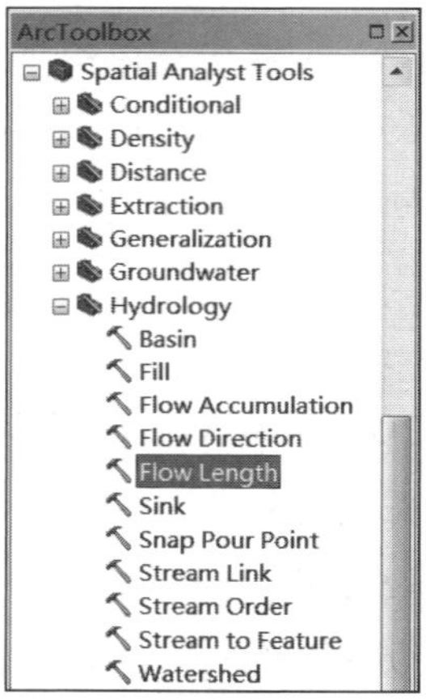

图 11 - 27

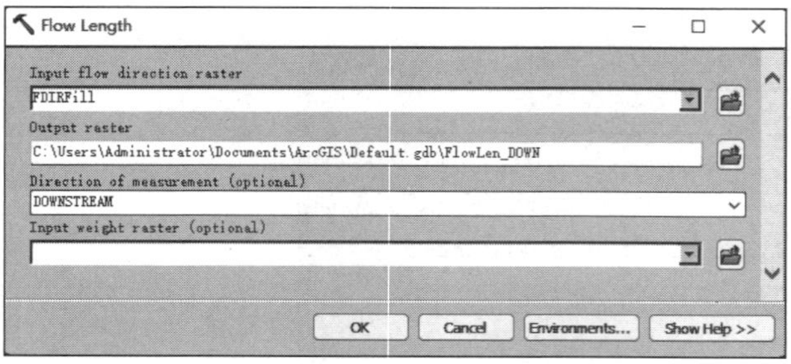

图 11 - 28

③点击“OK”(确定),完成操作,如图 11-29、图 11-30 所示。

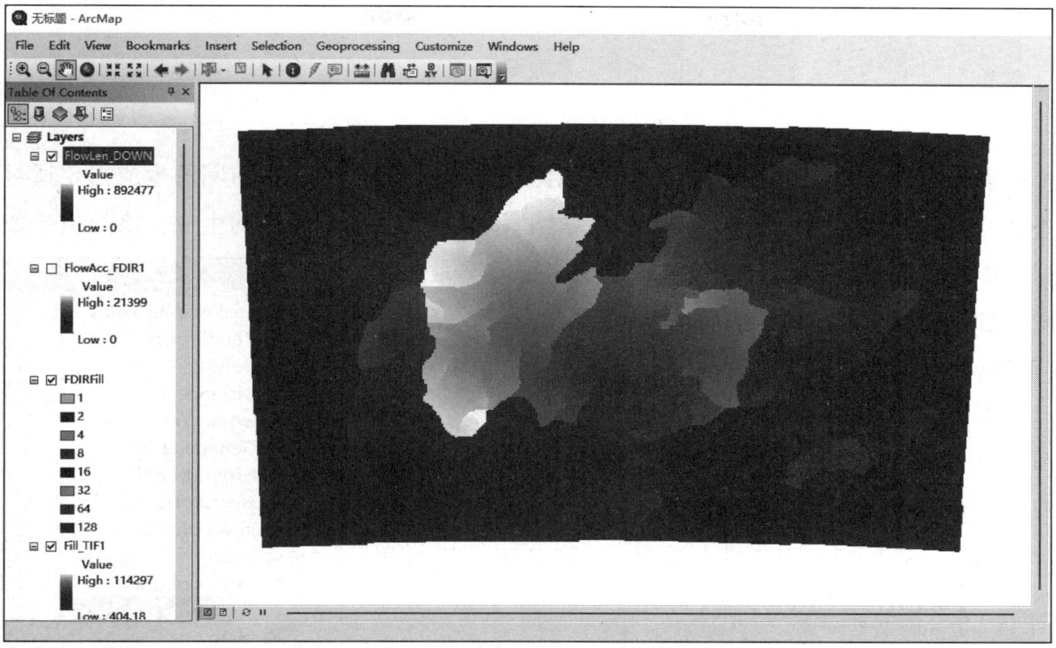

图 11-29 顺流计算

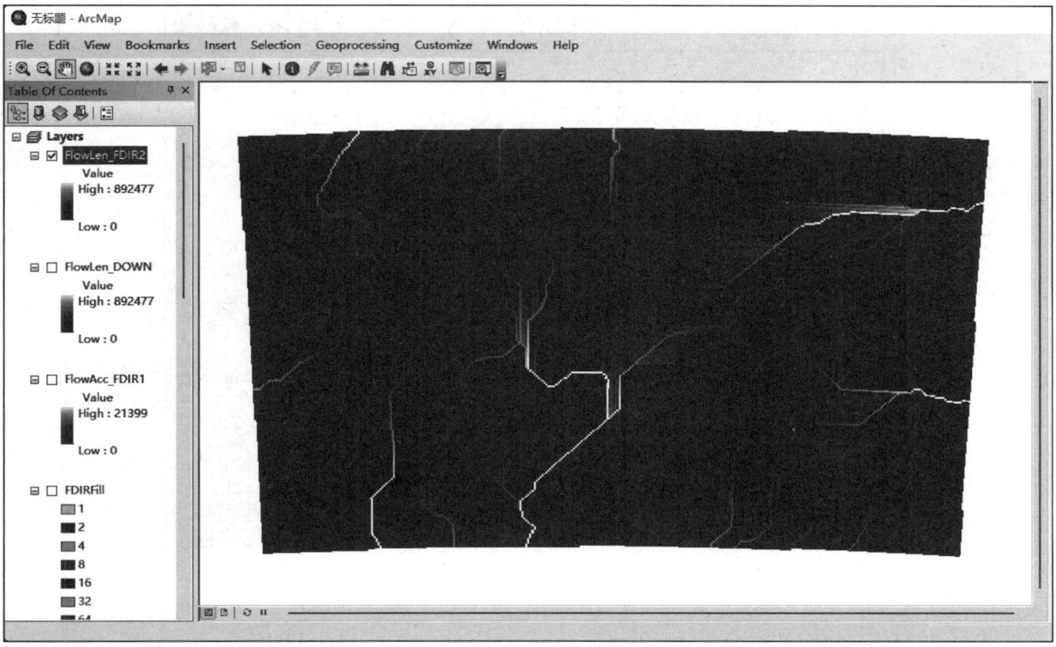

图 11-30 溯流计算

11.4 河网提取

11.4.1 栅格河网生成

该处生成河网数据使用前面计算的汇流累积数据 FLOWACC。河网的生成需要通过不断的实验并且对照现有地形图来确定阈值,该阈值直接影响河网的生成。该处由于数据为虚拟数据,没有现实参照,故阈值确定可能不是很准确,仅提供操作方法,对于实际情况中遇到的实验与研究,应当选取合适的阈值来进行河网提取的操作。

①打开 ArcToolbox,如图 11-31 所示,选择"Spatial Analyst Tools"(空间分析工具)→"Map Algebra"(地图代数)→"Raster Calculator"(栅格计算器)。

②打开新窗口,如图 11-32 所示,在文本框中设置公式:"FlowAcc_FDIR1">=1000,在"Output raster"(输出栅格)中设置输出栅格的名称 STREAMNET 和储存路径。

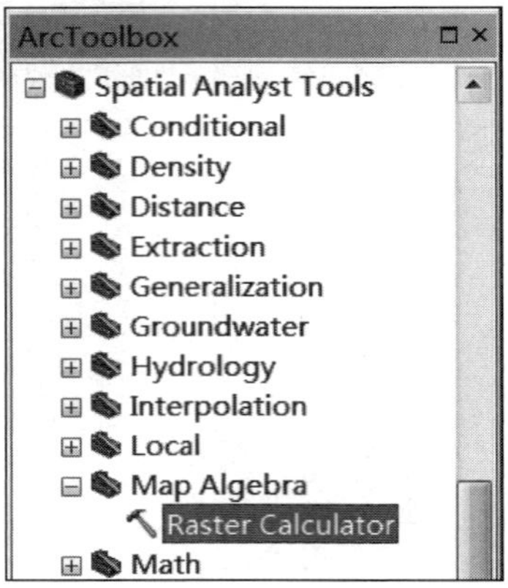

图 11-31

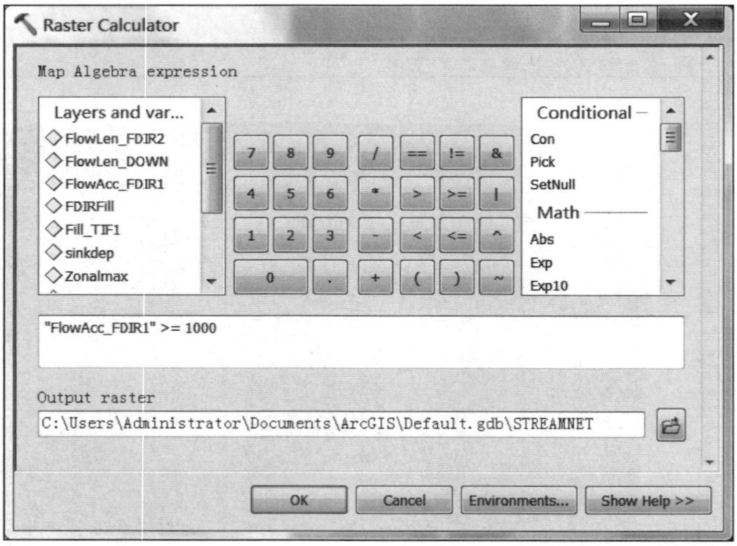

图 11-32

③点击"OK"(确定),完成栅格河网生成的操作,如图 11-33 所示。

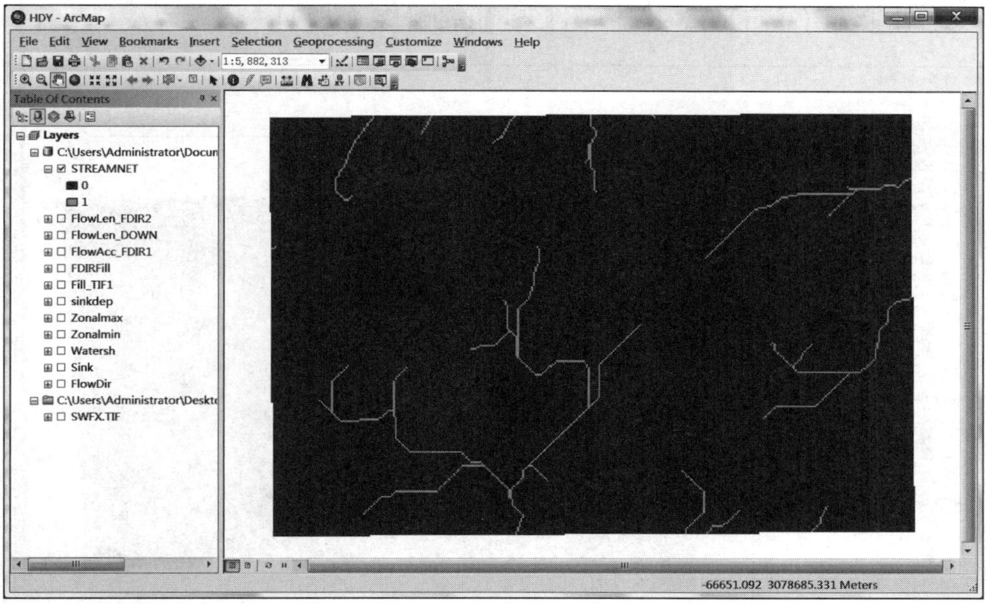

图 11 - 33

11.4.2 栅格河网矢量化

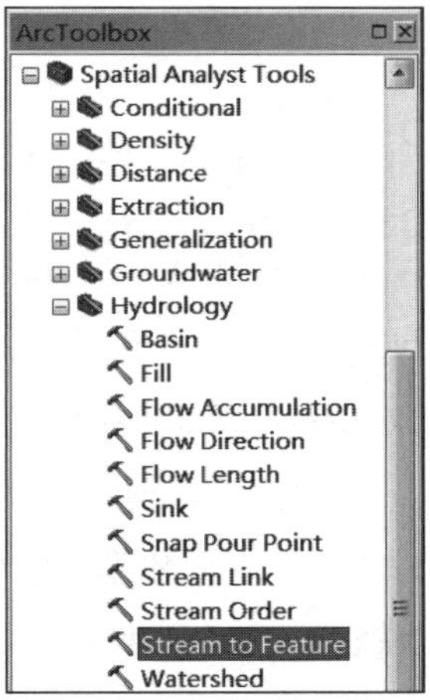

图 11 - 34

①打开 ArcToolbox，如图 11 - 34 所示，选择“Spatial Analyst Tools”(空间分析工具)→“Hydrology”(水文分析)→“Stream to Feature”(栅格河网矢量化)。

②打开新窗口，如图 11 - 35 所示，在“Input stream raster”(输入河流栅格数据)中设置为栅格数据 STREAMNET；在“Input flow direction raster”(输入流向栅格数据)中设置为洼地填充后栅格数据流向数据；在“Output polyline features”(输出折线要素)中设置生成的数据名称和储存路径；勾选“Simplify polylines”(简化折线)选项。

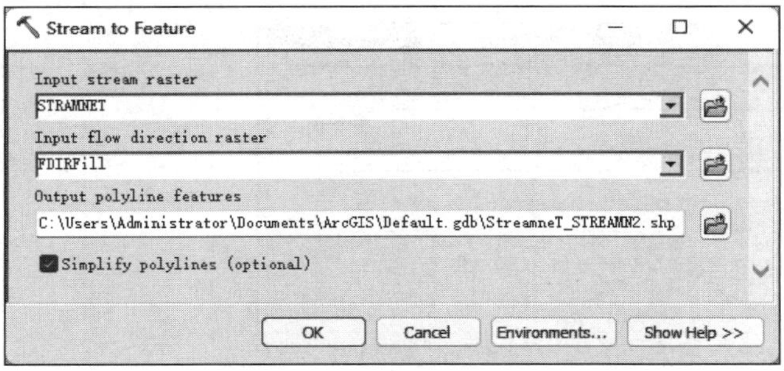

图 11 - 35

③点击“OK”(确定),完成栅格河网矢量化的操作,如图 11-36 所示。

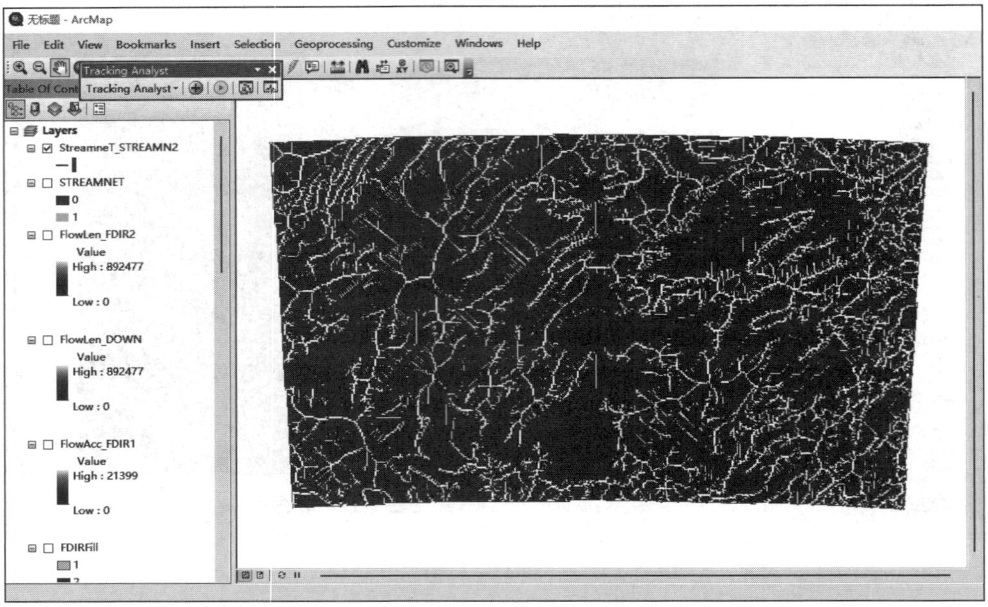

图 11-36

11.4.3 Stream Link 的生成

①打开 ArcToolbox,如图 11-37 所示,选择“Spatial Analyst Tools”(空间分析工具)→“Hydrology”(水文分析)→“Stream Link”(河流链接)。

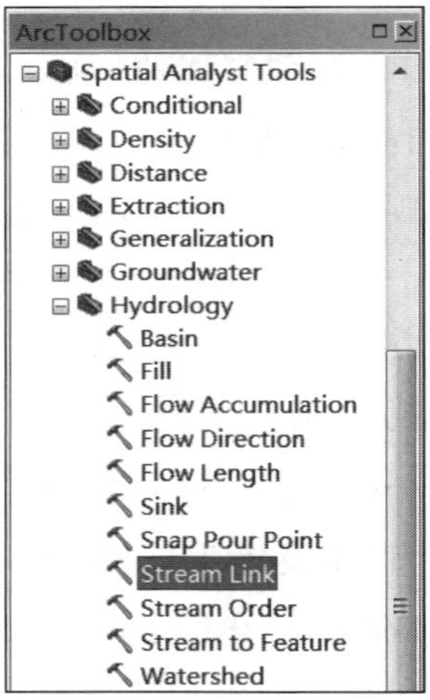

图 11-37

②打开新窗口,如图 11-38 所示,在“Input stream raster”(输入河流栅格数据)中设置栅格数据为流向数据 STREAMNET;在“Input flow direction raster”(输入流向栅格数据)中设置栅格数据为洼地填充后流向数据;在“Output raster”(输出栅格)中设置生成的数据名称和储存路径。

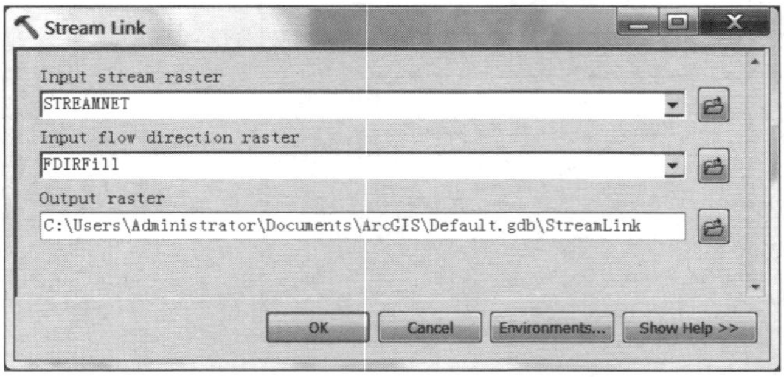

图 11-38

③点击“OK”(确定),完成操作,如图11-39所示。在ArcMap左侧内容列表中选中新生成的图层,右键打开其属性表,可以看到其每个片段所包含的栅格个数(COUNT字段)。

图11-39

11.4.4 河网分级

①打开ArcToolbox,如图11-40所示,选择“Spatial Analyst Tools”(空间分析工具)→“Hydrology”(水文分析)→“Stream Order”(河网分级)。

②打开新窗口,如图11-41所示,在“Input stream raster”(输入河流栅格数据)中设置栅格数据为流向数据STREAMNET;在“Input flow direction raster”(输入流向栅格数据)中设置栅格数据为洼地填充后流向数据;在“Output raster”(输出栅格)中设置生成的数据名称和储存路径;在“Method of steam ordering”(河网分级方法)中可以设置分级方法为STRAHLER或SHREVE。

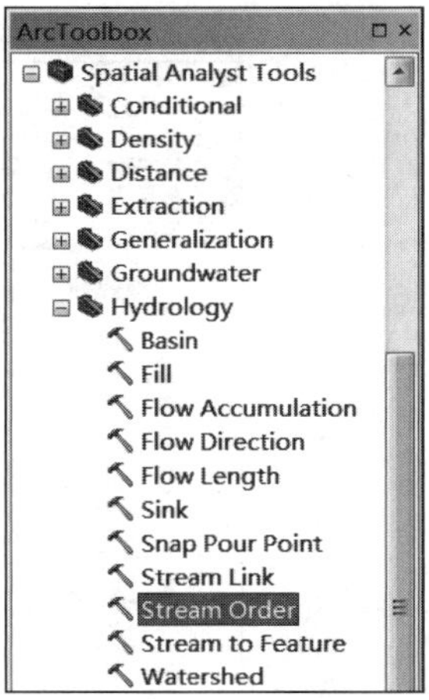

图11-40

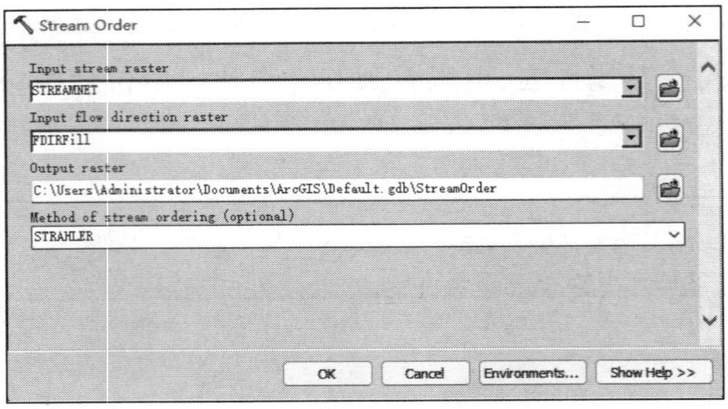

图 11－41

③点击“OK”(确定),完成操作,如图 11－42、图 11－43 所示。

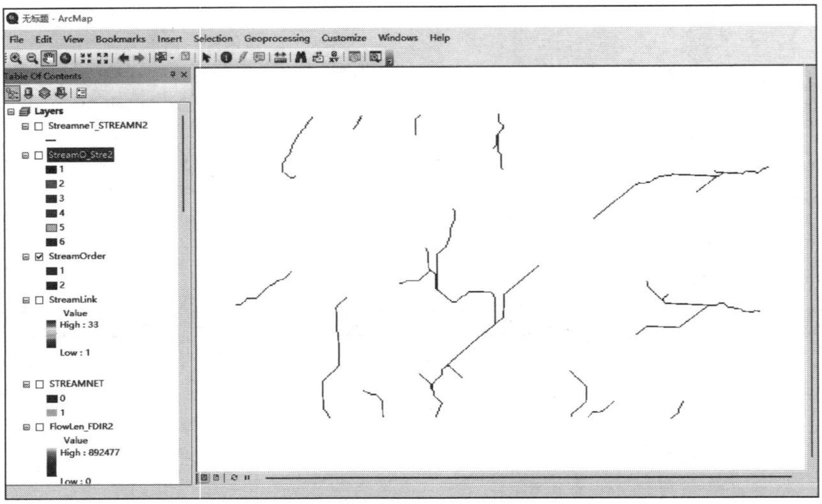

图 11－42　河网的 STRAHLER 分级

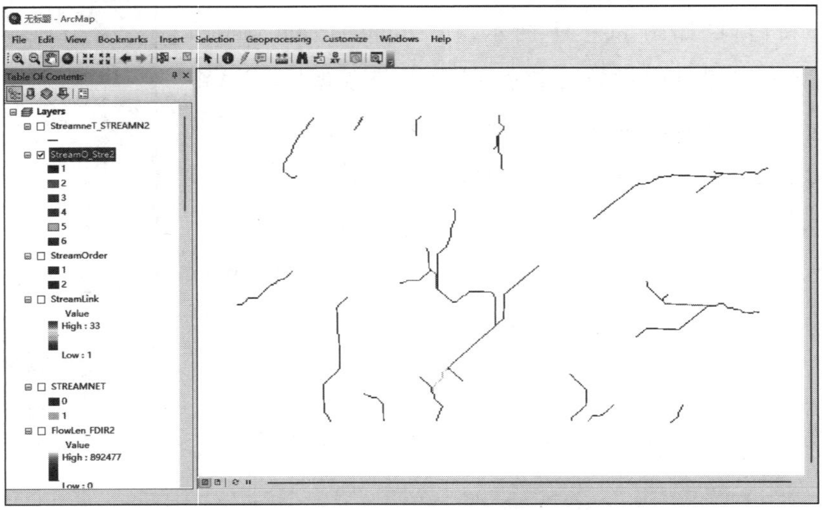

图 11－43　河网的 SHREVE 分级

11.5　流域的分割

11.5.1　流域盆地的确定

①打开 ArcToolbox，如图 11－44 所示，选择“Spatial Analyst Tools”（空间分析工具）→“Hydrology”（水文分析）→“Basin”（盆域分析）。

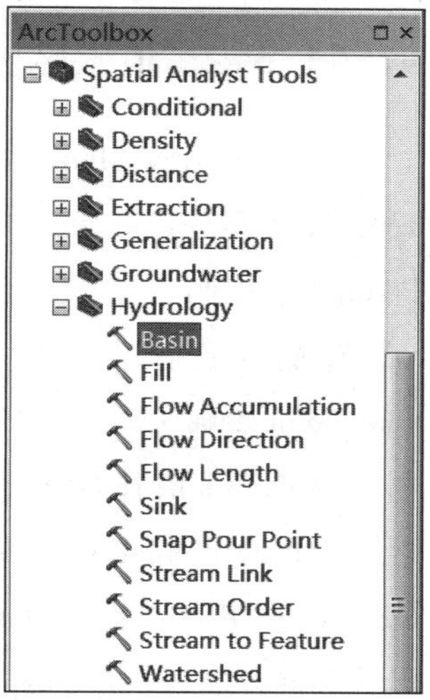

图 11－44

②打开新窗口，如图 11－45 所示，在“Input flow direction raster”（输入流向栅格数据）中设置为洼地填充后流向数据；在“Output raster”（输出栅格）中设置生成的数据名称和储存路径。

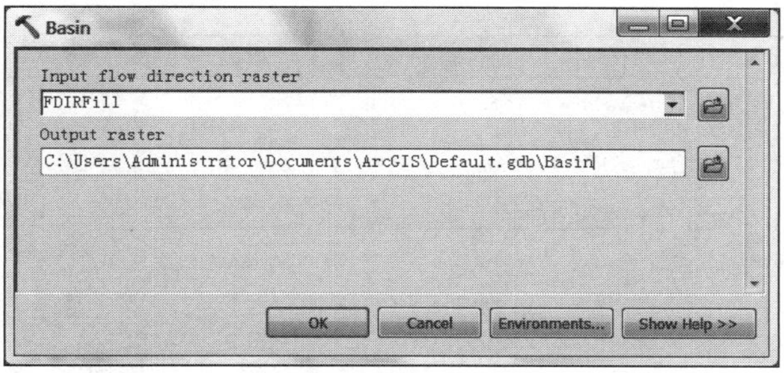

图 11－45

③点击“OK”（确定），完成操作，如图 11－46 所示。

图 11－46

11.5.2 汇水区出水口的确定

①打开 ArcToolbox，如图 11－47 所示，选择“Spatial Analyst Tools”（空间分析工具）→“Hydrology”（水文分析）→“Snap Pour Point”（捕捉倾泻点）。

②打开新窗口，如图 11－48 所示，在“Input raster or feature pour point data”（输入栅格数据或要素倾泻点数据）中设置栅格数据为 StreamLink；在“Pour point field”中设置倾泻点字段为 Value；在“Input accumulation raster”（输入蓄积栅格）中设置栅格数据为 FlowAcc_FDIR1；在“Output raster”（输出栅格）中设置生成的数据名称和储存路径；在“Snap distance”（捕捉距离）中设置搜索累积流量更大的像元时所使用的最大距离范围（以地图单位表示）。

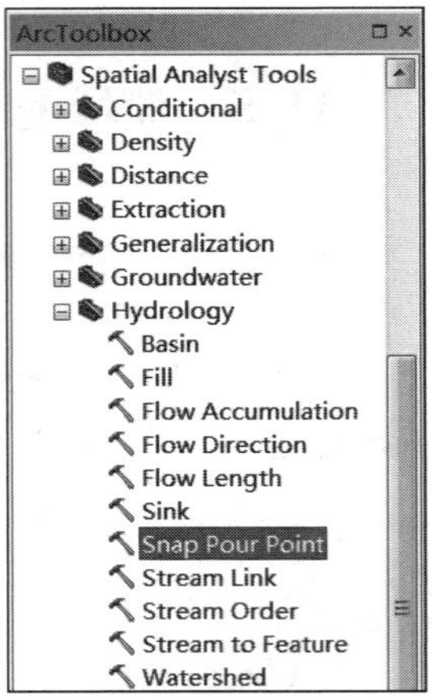

图 11－47

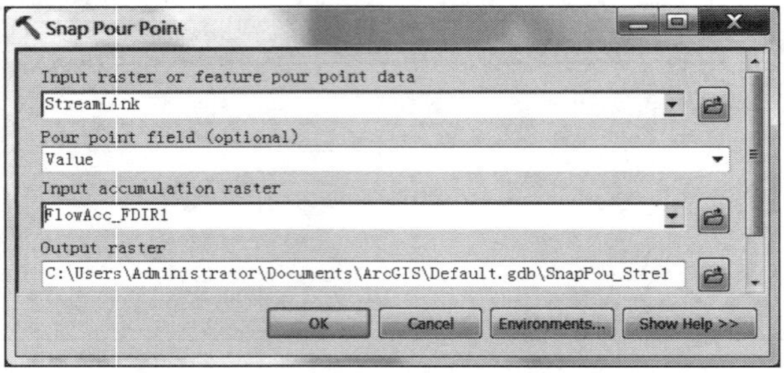

图 11－48

③点击“OK”（确定），完成操作，如图 11－49 所示。

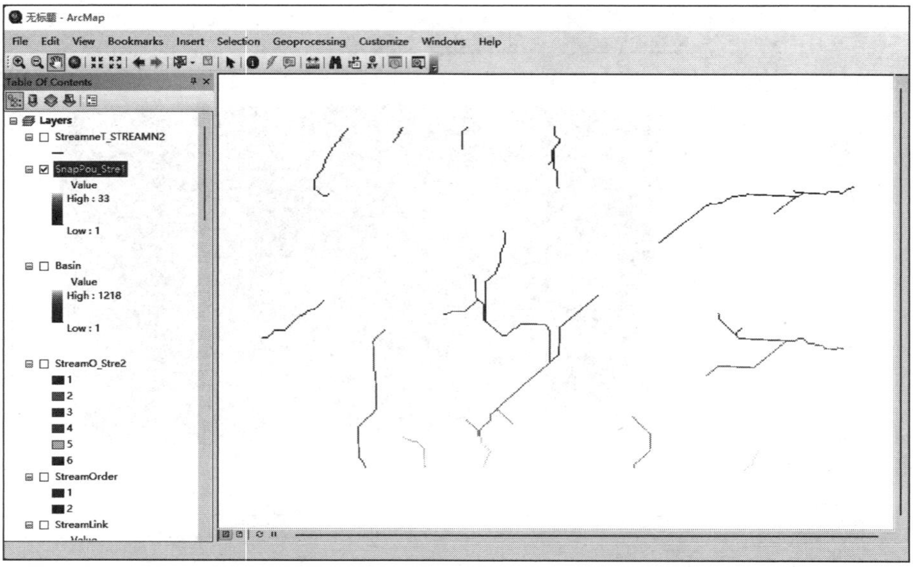

图 11－49

11.5.3 积水流域的生成

①打开 ArcToolbox，如图 11－50 所示，选择“Spatial Analyst Tools”（空间分析工具）→“Hydrology”（水文分析）→“Watershed”（集水区）。

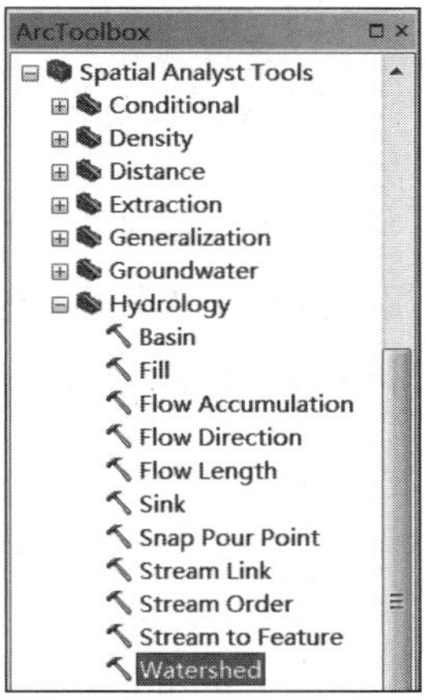

图 11－50

②打开新窗口，如图 11－51 所示，在“Input flow direction raster”（输入流向栅格数据）中设置为上述实验操作生成的洼地填充后流向栅格；在“Input raster or feature pour point data”（输入栅格数据或要素倾泻点数据）中设置为上述实验生成的洼地提取栅格 StreamLink；在“Pour point field”（倾泻点字段）中设置要进行用于为倾泻点位置赋值的字段，由于源数据为栅格，该倾泻点字段即为 Value，如果倾泻点数据集为要素，则使用数值字段，如果该字段包含浮点型值，它们将被截断为整型；在“Output raster”（输出栅格）中设置生成的数据名称和储存路径。

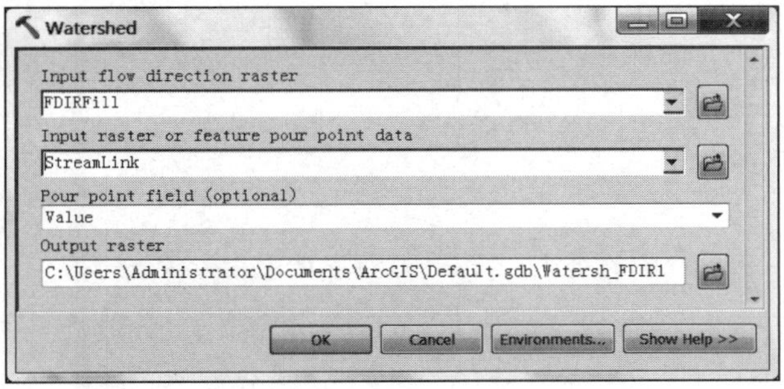

图 11－51

③点击“OK”（确定），完成操作，如图 11－52 所示。

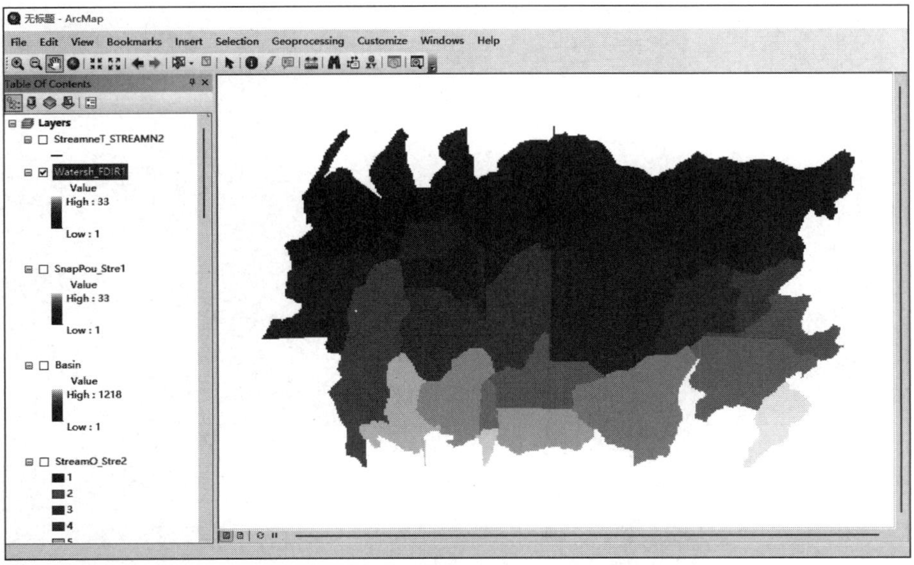

图 11－52

11.6 本章小结

在进行水文分析时,一定要认真区分栅格数据处理结果。由于水文分析工具产生的栅格分析结果较多,绝大部分环环相扣,一个环节的数据分析过程条件的设置错误,就会导致整个分析结果的错误,所以每个水文分析工具用到的源数据都需要认真区分和设置。

第12章 地统计分析

12.1 地统计分析准备
12.2 探索数据
12.3 检验数据分布
12.4 全局趋势分析
12.5 空间自相关及方向变异
12.6 多数据集协变分析
12.7 空间确定性插值
12.8 地统计插值
12.9 含障碍插值
12.10 本章小结

地统计分析又称地质统计，是以区域数据的变化量为基础，通过变异函数，对地区数据组进行统计并分析其变化的统计学分支。地统计分析相较于传统统计分析具有较强的空间性，一定程度上弥补了传统统计学忽视空间方位的缺陷。地统计分析工具只能对矢量数据进行处理，无法对栅格数据进行统计分析。

12.1 地统计分析准备

①在 ArcMap 中加载实验源数据（位置：CH12\实验源数据\地统计分析源数据），如图 12-1 所示。

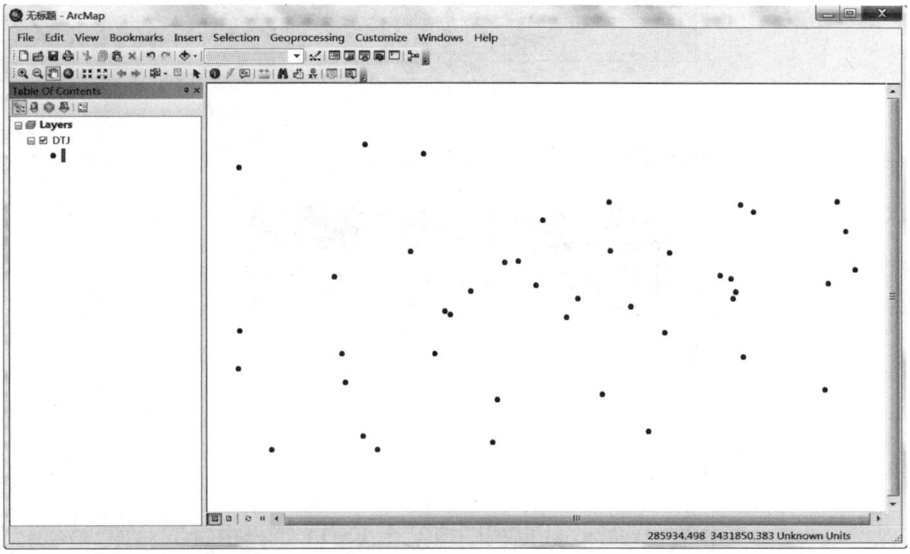

图 12-1

②点击 ArcMap 上方菜单栏中“Customize”（自定义）→“Customize Mode”（自定义模式），如图 12-2 所示。

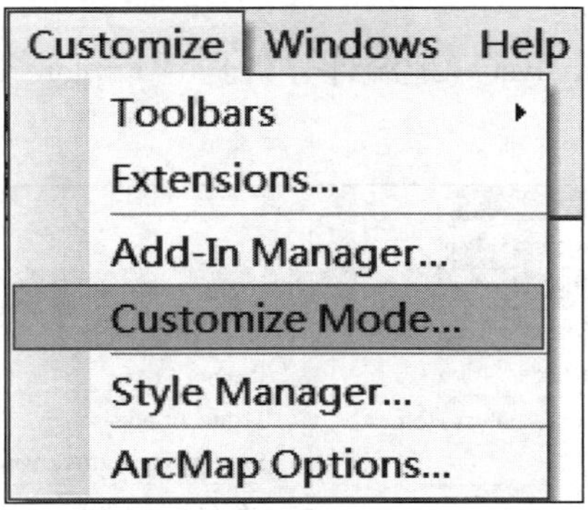

图 12-2

③打开新窗口，如图 12－3 所示，在新窗口中点击勾选“Geostatistical Analyst”（地统计分析）。

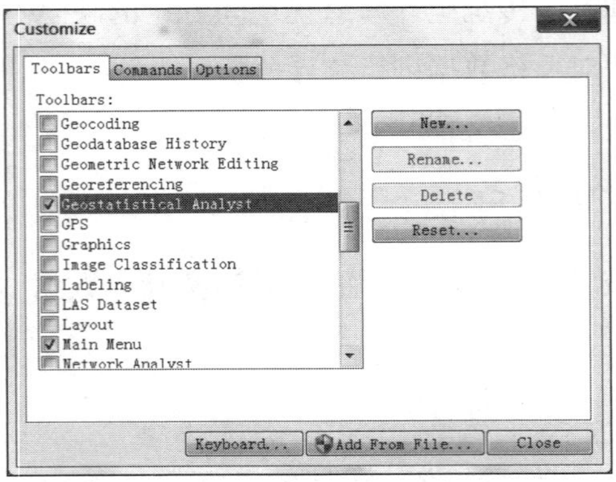

图 12－3

④在 ArcMap 中打开新的工具栏，如图 12－4 所示。

图 12－4

12.2　探索数据

刷光（Brushing）是指在 ArcMap 数据视图或某个 ESDA 工具中选取对象，被选择的对象高亮度显示；链接（Linking）是指在 ArcMap 数据视图或某个 ESDA 工具视图中的被选取对象；ESDA 工具即指直方图、Voronoi 图、QQplot 图以及趋势分析等分析工具。

12.2.1　直方图

①点击“Geostatistical Analyst”（地统计分析）→“Explore Data”（探索数据）→“Histogram”（直方图），如图 12－5 所示。

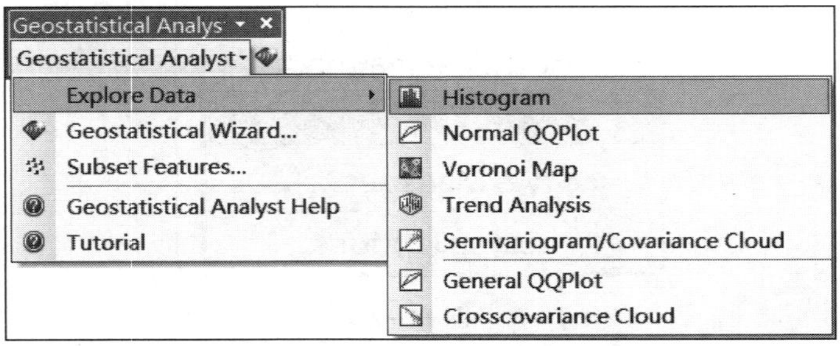

图 12－5

②打开新窗口，如图 12－6 所示，在“Bars”（条）中设置直方图中条带个数；在“Transformation”（变换）中设置数据变换方式，共有三种方式：“None”即对原始采样数据不做变换，直接生成直方图；“Log”即对原始数据采样取对数，再生成直方图；“Box－Cox”即对原始采样数据进行幂变换（也称博克斯—考克斯变换），再生成直方图；在“Layer”（图层）中设置正在分析的图层；在“Attribute”（属性）中设置生成直方图的属性字段。点击按钮“Add to Layout”（添加到布局），可以将直方图添加到布局视图中。

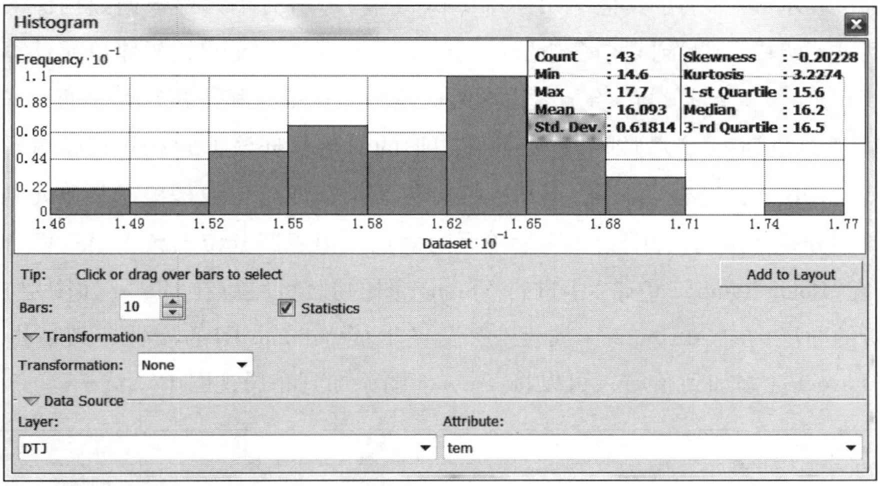

图 12－6

③在直方图右上方的黄色窗口中，显示了一些基本统计信息，包括数据总数（Count）、最小值（Min）、最大值（Max）、平均值（Mean）、标准差（Std. Dev.）、峰度（Kurtosis）、偏态（Skewness）、1/4 分位数（1－st Quartile）、中数（Median）和 3/4 分位数（3－rd Quartile），通过这些信息可以对数据有初步的了解。

12.2.2　Voronoi 图

①如图 12－7 所示，点击“Geostatistical Analyst”（地统计分析）→“Explore Data”（探索数据）→“Voronoi Map”（Voronoi 图）。

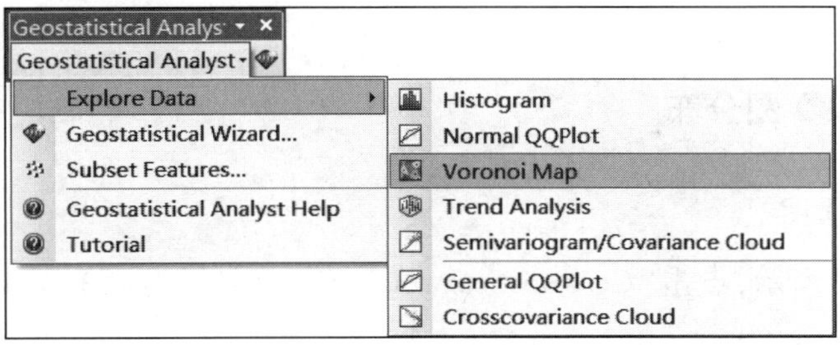

图 12－7

②打开新窗口，如图 12－8 所示，在“Type”（类型）中设置分配和计算多边形值的方法，“Simple”（简单）即分配到某个多边形单元的值是该多边形单元内样点的值；“Mean”（平均值）即分配到某个多边形单元的值是这个单元与其相邻单元的平均值；“Mode”（模式）即所有的多边形单元被分为五级区间，分配到某个多边形单元的值是这个单元与其相邻单元的模式（即出现频率最高的区间）；“Cluster”（聚类）即所有的多边形单元被分配到这五级区间，如果某个多边形单元的级区间与它的相邻单元的级区间都不相同，这个单元用灰色表示，以区别于其他单元；“Entropy”（熵）即所有单元都根据数据值的自然分组分配到这五级中，分配到某个多边形单元的值是根据该单元和其相邻单元计算出来的熵；“Median”（中位数）即分配给某多边形的值是根据该单元和其相邻单元的频率分布计算的中值；“StDev”（标准差）即分配给某多边形的值是根据该单元和其相邻单元计算出的标准差；“IQR”（四分位数间隔）即第一四分位和第三四分位数是根据某单元和其相邻单元的频率分布得出的，分配给多边形单元的值是用第三四分位数减去第一四分位数得到的差；在“Color Ramp”（色带）中进行 Voronoi 图的颜色设置；在“Layer”（图层）中设置正在分析的图层；在“Attribute”（属性）中设置生成 Voronoi 图的属性字段。点击按钮“Add to Layout”（添加到布局），可以将 Voronoi 图添加到布局视图中。

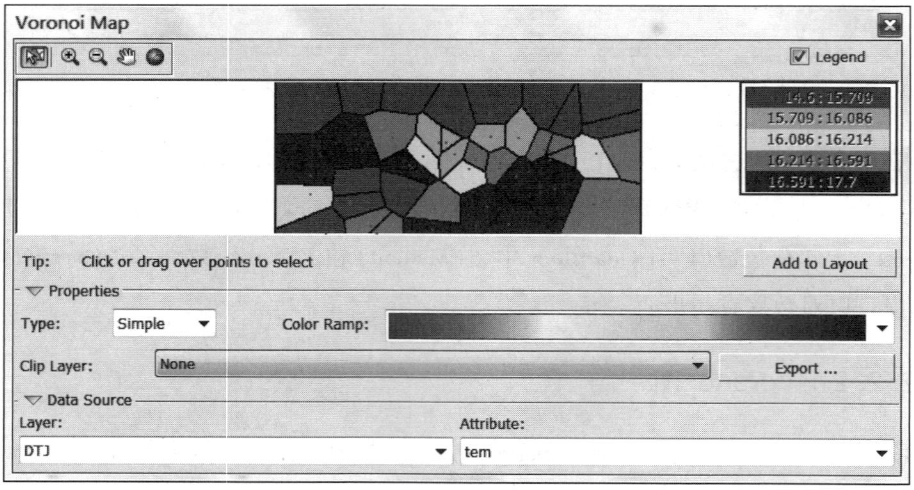

图 12－8

12.2.3 QQ 图分布

（1）正态 QQ 图

①如图 12－9 所示，点击“Geostatistical Analyst”（地统计分析）→“Explore Data”（探索数据）→“Normal QQPlot”（正态 QQ 图）。

②如图 12－10 所示，在“Transformation”（变换）中设置数据变换方式。数据变换共

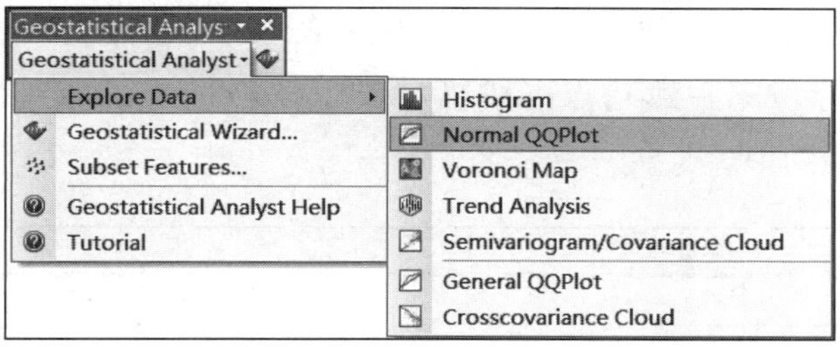

图 12-9

有三种方式:“None”即对原始采样数据不做变换,直接生成正态 QQ 图;“Log”即对原始数据采样取对数,再生成正态 QQ 图;“Box-Cox”即对原始采样数据进行幂变换(也称博克斯—考克斯变换),再生成正态 QQ 图。在“Layer”(图层)中设置正在分析的图层。在“Attribute”(属性)中设置生成正态 QQ 图的属性字段。点击按钮“Add to Layout”(添加到布局),可以将正态 QQ 图添加到布局视图中。

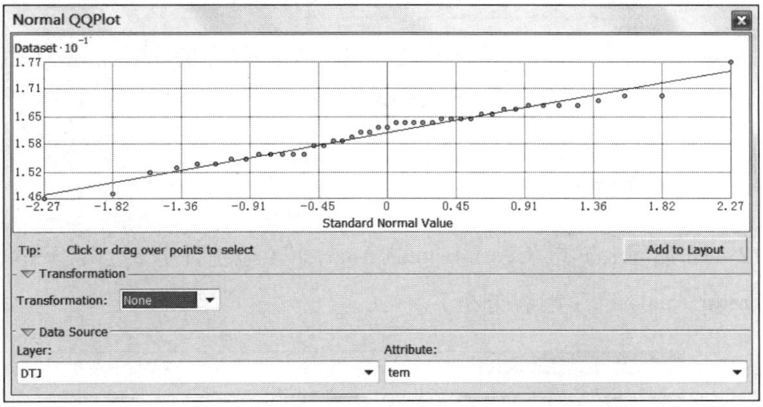

图 12-10

(2)常规 QQ 图

①如图 12-11 所示,点击“Geostatistical Analyst”(地统计分析)→“Explore Data”(探索数据)→“General QQPlot”(常规 QQ 图)。

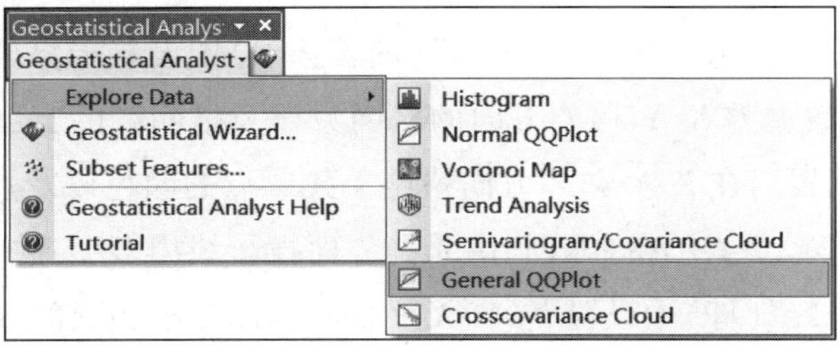

图 12-11

②如图 12-12 所示,在“Layer”(图层)中设置正在分析的图层;在“Attribute”(属性)

中设置常规 QQ 图要分析的字段(常规 QQ 图用来表达两个物体或变量之间的联系,即上下两个数据来源的字段不一致);点击按钮"Add to Layout"(添加到布局),可以将常规 QQ 图添加到布局视图中。

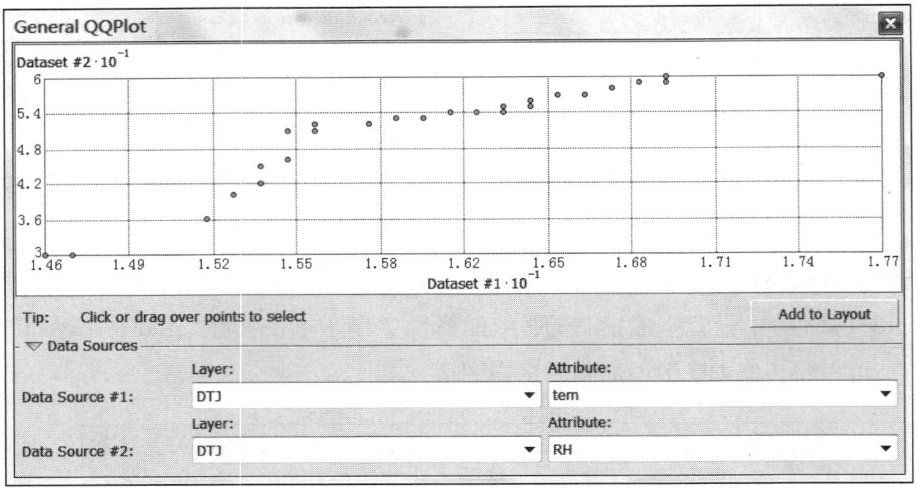

图 12－12

12. 2. 4 趋势分析

①如图 12－13 所示,点击"Geostatistical Analyst"(地统计分析)→"Explore Data"(探索数据)→"Trend Analysis"(趋势分析)。

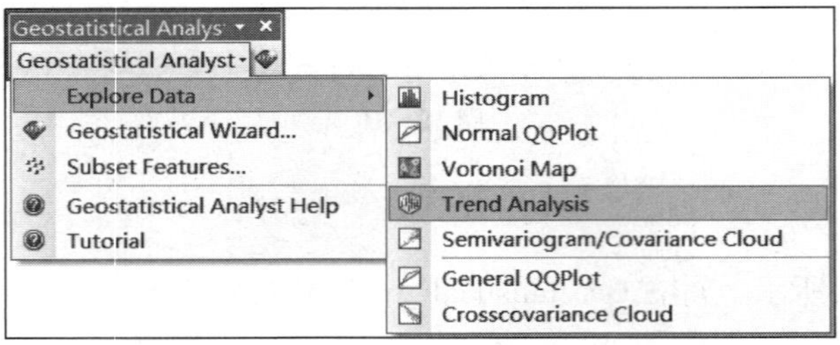

图 12－13

②如图 12－14 所示,在"Graph Options"(图表选项)中设置趋势分析的显示功能:在"Grid"(格网)中设置调整 X、Y 和 Z 方向的格网数以及格网线的宽度;在"Projected Data"(投影数据)中设置落在 X、Y 和 Z 方向格网上投影点的颜色以及点的大小;在"Trend on Projections"(投影趋势)中选择东西、南北趋势面投影线用多项式拟合的次数,以及趋势线的粗细;在"Sticks"(杆)中设置点到 XY 平面垂线的粗细和颜色;在"Axes"(轴)中设置 X、Y 和 Z 坐标轴的粗细和颜色;在"Input Data Points"(输入数据点)中设置符号大小和符号颜色;使用箭头所示的滚轮可以对趋势图层调整透视视角的操作;在"Layer"(图

层)中设置正在分析的图层;在"Attribute"(属性)中设置生成趋势图的属性字段。点击按钮"Add to Layout"(添加到布局),可以把趋势图添加到布局视图中。

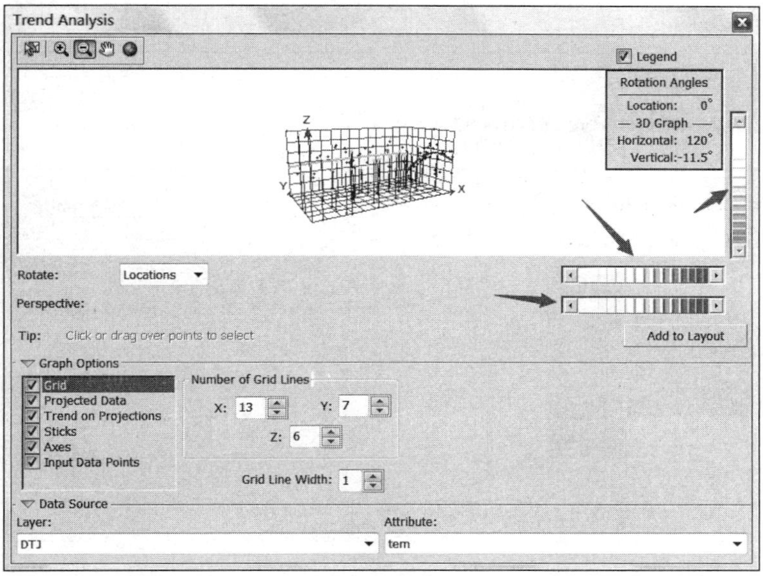

图 12-14

12.2.5　方差变异分析

(1)半变异函数/协方差云

①如图 12-15 所示,点击"Geostatistical Analyst"(地统计分析)→"Explore Data"(探索数据)→"Semivariogram/Covariance Cloud"(半变异函数/协方差云)。

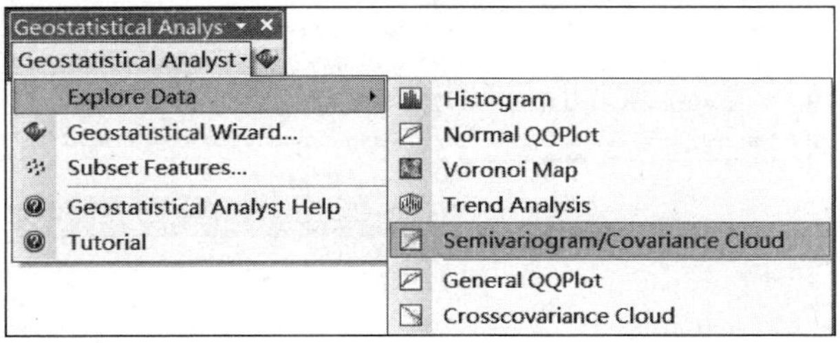

图 12-15

②如图 12-16 所示,勾选"Show search direction"(显示搜索方向),在左侧点击拖拽变换搜索方向箭头,便可以拖拽更改方向来浏览半变异函数云在某个方向上的子集;在"Lag Size"(步长大小)中设置最大步长;在"Number of Lags"(步长数目)中设置步长个数;在"Layer"(图层)中设置正在分析的图层;在"Attribute"(属性)中设置生成半变异函数/协方差云图的属性字段。点击按钮"Add to Layout"(添加到布局),可以将半变异函

数图添加到布局视图中。

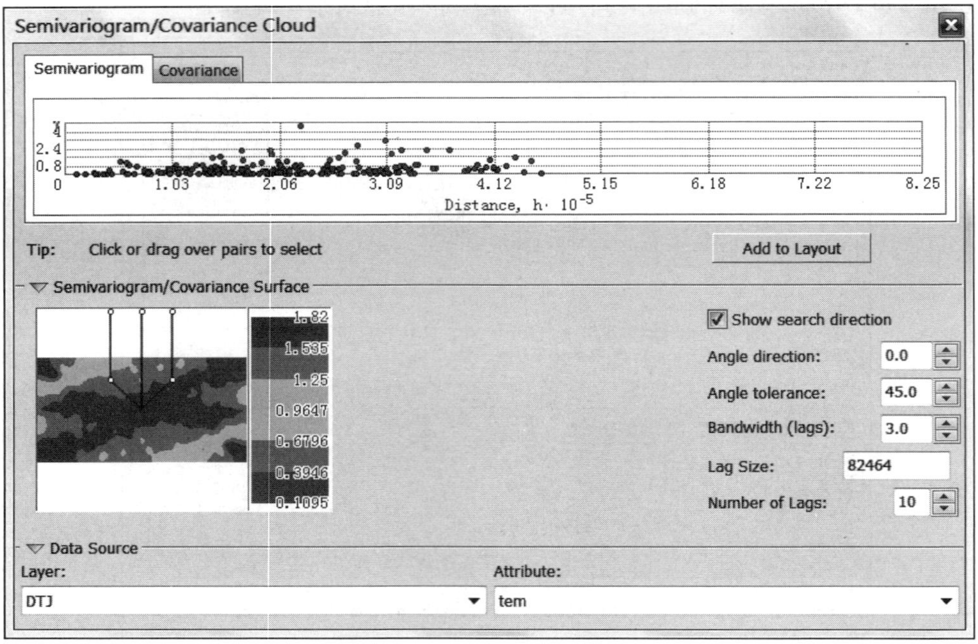

图 12－16

(2)交叉协方差云

①如图 12－17 所示,点击“Geostatistical Analyst”(地统计分析)→“Explore Data”(探索数据)→“Crosscovariance Cloud”(交叉协方差云)。

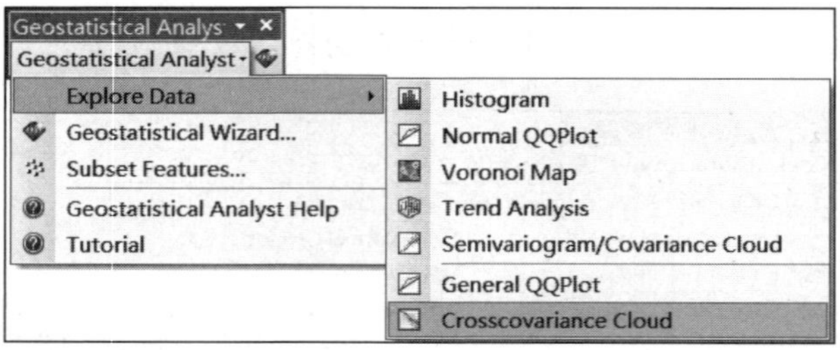

图 12－17

②打开新窗口,如图 12－18 所示,勾选“Show search direction”(显示搜索方向),在左侧点击拖拽变换搜索方向箭头,便可以拖拽更改方向来浏览交叉协方差云在某个方向上的子集;在“Lag Size”(步长大小)中设置最大步长;在“Number of Lags”(步长数目)中设置步长个数;在“Layer”(图层)中设置正在分析的图层;在“Attribute”(属性)中设置生成交叉协方差云图的属性字段。点击按钮“Add to Layout”(添加到布局),可以将交叉协方差云图添加到布局视图中。

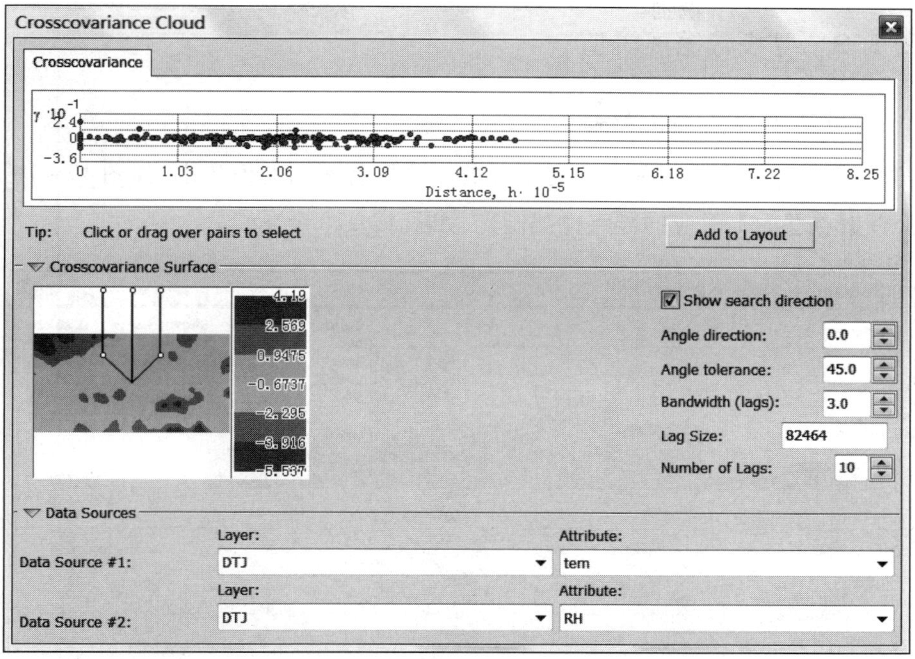

图 12-18

12.3 检验数据分布

在地统计分析中，克里金方法是建立在平稳假设的基础上，这种假设要求所有数据具有相同的变异性。除此之外，很多克里金插值都假设数据服从正态分布，如果数据不服从正态分布，则需要进行数据变换来使得数据满足正态分布，因此在进行地统计分析之前需要对数据进行检查。

12.3.1 用直方图检验数据分布

利用章节 12.2.1 的方法打开数据直方图，对于正态分布，数据的直方图应当呈钟形曲线；或者如果平均值与中值大致相等，则可以算作数据服从正态分布的证据之一。

12.3.2 用正态 QQ 图检验数据分布

打开数据正态 QQ 图，观察数据，数据点越接近一条直线，则它们越接近正态分布。

如果数据与正态分布存在较大偏差，则可以通过前文所述的数据变换方式即对数变换(Log)和幂变换(Cox - Box)功能，对数据进行调整，尽量让变换后的数据服从正态分布。

12.3.3 寻找数据离群值

(1)利用直方图查找离群值

离群值在直方图上表现孤立存在或者被一群显著不同的值包围,如图 12-19 所示。相应地,数据点层面上对应的样点也被刷光,如图 12-20 所示。

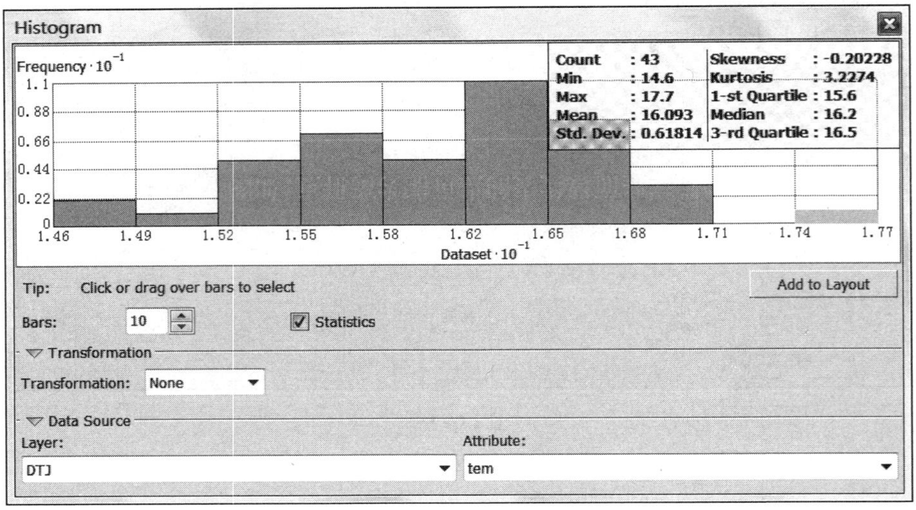

图 12-19

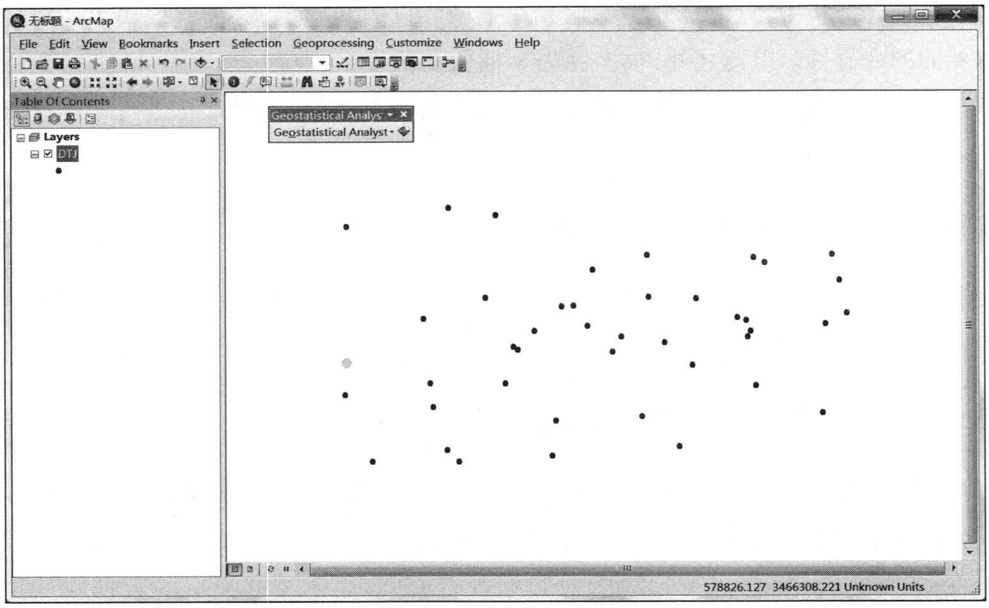

图 12-20

(2)用半变异函数/协方差云识别离群值

离群值在半变异函数/协方差云图中具有很高的值,如图 12-21 所示,该图可大致分为上下两层,上层的点都是因为同一个离群值的样点引起的,因此,需要对该点进行标注或改正。

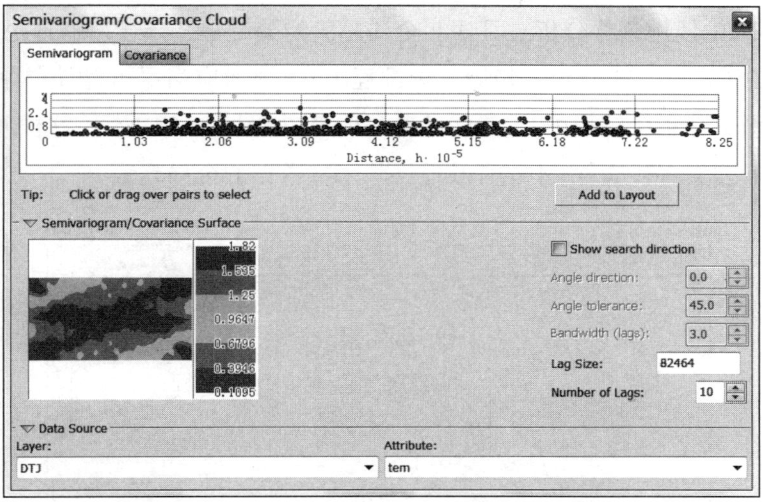

图 12-21

(3)用 Voronoi 图查找局部离群值

在 Voronoi 图中,选择类型为简单,在颜色色带设置适当的情况下,选择 Voronoi 图中颜色明显与周围不同的面域,这些面域代表的点可能为离群点,如图 12-22 所示。

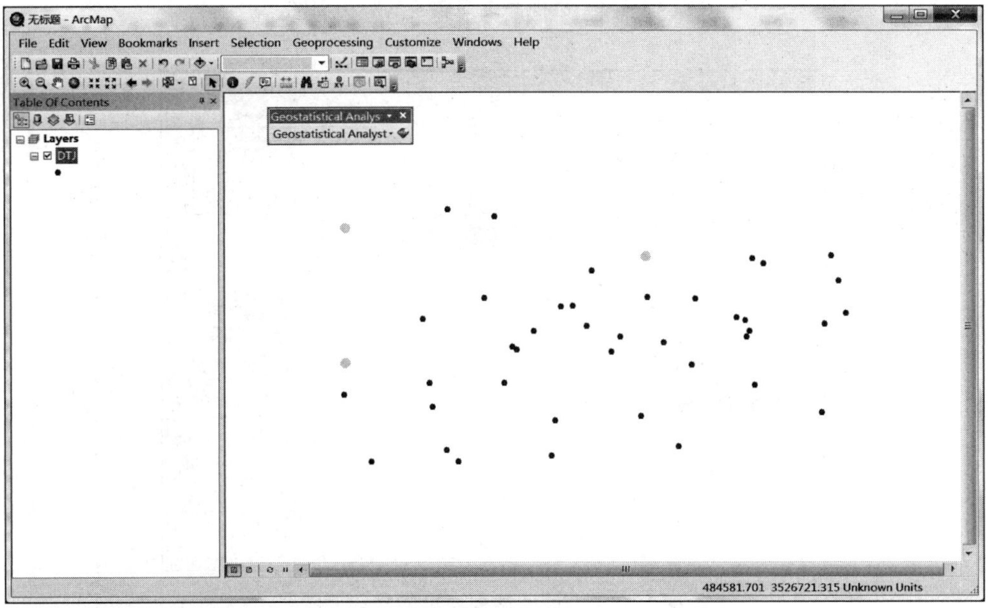

图 12-22

上述查找离群值方法不是绝对的，需要综合使用这三种方法来判断数据群中的离群值。

12.4 全局趋势分析

在 ArcGIS 中使用趋势分析工具探测全局趋势的关键是选择合适的透视角度，准确判定趋势特征，如图 12－23 所示。趋势分析过程中，透视面应当尽可能使得采样数据在透视面上的投影点分布比较集中，趋势线的走向明显，如图 12－24 所示，这样通过投影点拟合的趋势方程才具有代表性，才能有效地反映采样数据的全局趋势。

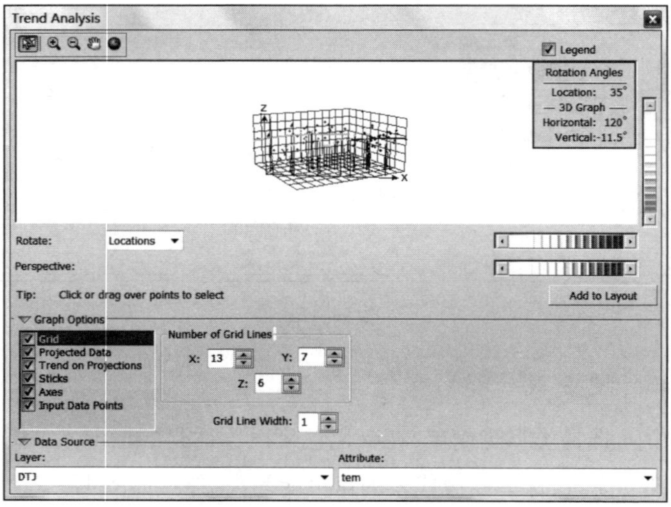

图 12－23 透视面选择较差的趋势面图

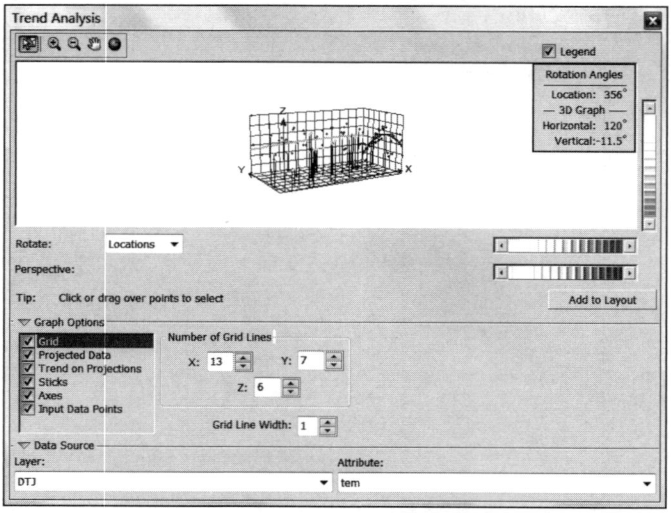

图 12－24 调整透视面后的趋势面图

12.5　空间自相关及方向变异

半变异函数/协方差云是空间相似性(距离越近的事物越相近)的定量化显示。半变异函数/协方差函数值越小,事物就越相似。如图12-25所示,此时采样值tem的空间相关性较弱,空间相关半径在1左右(空间相关半径即为X轴被点分割的单条线段的数值)。

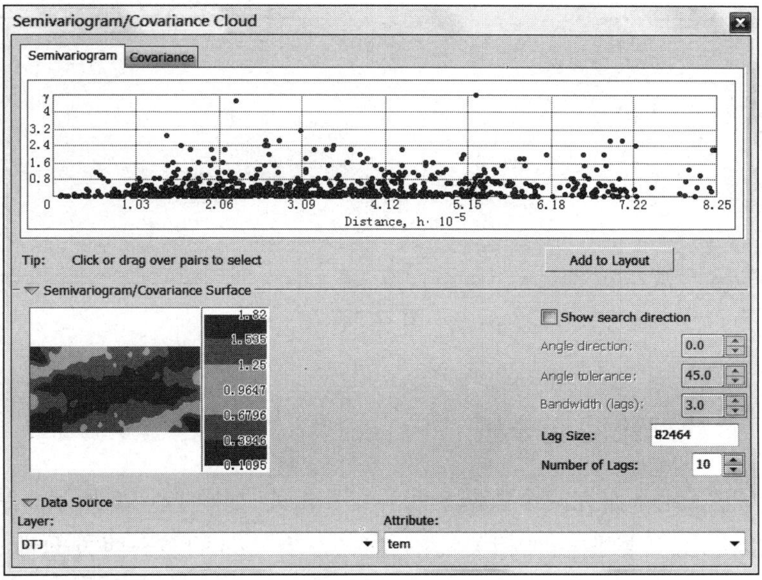

图12-25

如图12-26所示,此时采样值为RH。选中半变异函数图中部分点,每个点显示根据分隔两个数据点的距离绘制的经验半变异函数值(组成一对的两个数据点的值的平方差)。这些点虽然距离较近,但是半变异值比较大,不符合空间相似性的假设,因此认为这些点在空间不具有空间相关性。

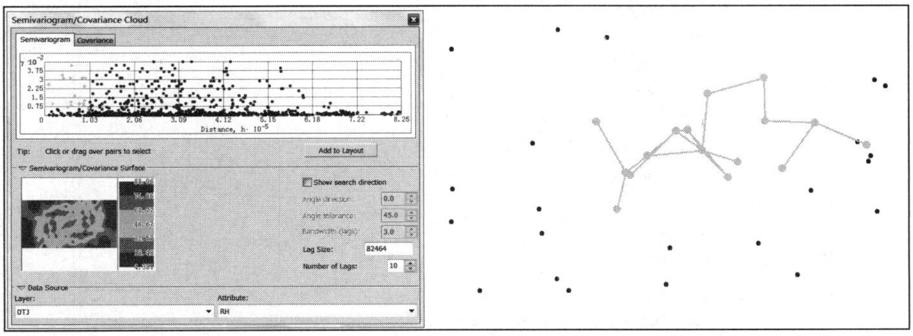

图12-26

勾选“Show search direction”(显示搜索方向),改变搜索方向和角度,观察窗口上方半变异函数/协方差云的变化,确定其方向效应。如图 12－27 所示,采样数据在西北—东南方向比正北方向具有更远距离的空间相关性。如果半变异图中样点形成一条水平直线,则数据中不存在任何空间相关性,则用其生成一个表面也可能毫无意义。

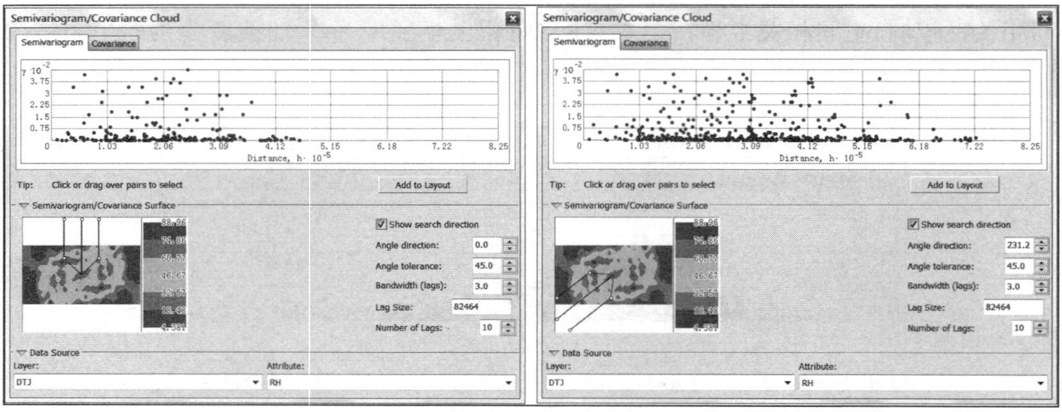

图 12－27

12.6 多数据集协变分析

交叉协方差云用来研究两个数据集间的交叉相关,如图 12－28 所示。从交叉协方差表面图中可以看出,该数据交叉相关性不对称,具有一定的东—西方向性。勾选“Show search direction”(显示搜索方向),改变搜索方向,可以发现东、西方向的交叉相关性比较稳定。如发现两个数据集中的值发生空间上的变化,或者有特别高的正交协方差值,则

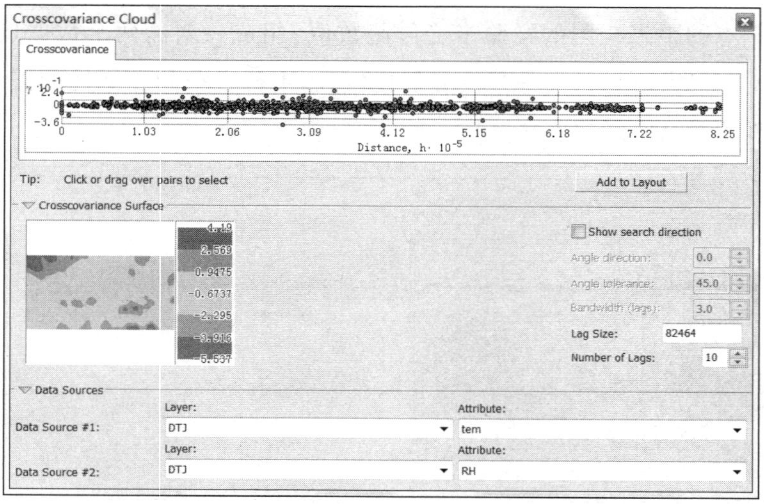

图 12－28

可以通过选择部分点云来研究这些变化发生的部分。如观察到特殊的正交协方差值发生于研究区域中某个单独地方或一定范围内，则可采取提出数据趋势或将数据进行分区等方法来处理和分析。交叉相关性的分析可为地统计分析中的协同克里金插值分析提供重要的建模依据。

12.7　空间确定性插值

空间确定性插值是以研究区域内部相似性为目的，凭借已知的样本数据点来创建表面的操作。

12.7.1　反距离加权插值

反距离加权插值法（Inverse Distance Weighting，IDW）是基于相近相似的原理：两个物体离得越近，它们的性质就越相似；反之，两个物体离得越远，则相似性越小。

①在 ArcMap 中加载实验源数据（位置：CH12\实验源数据\地统计分析源数据），如图 12－29 所示。

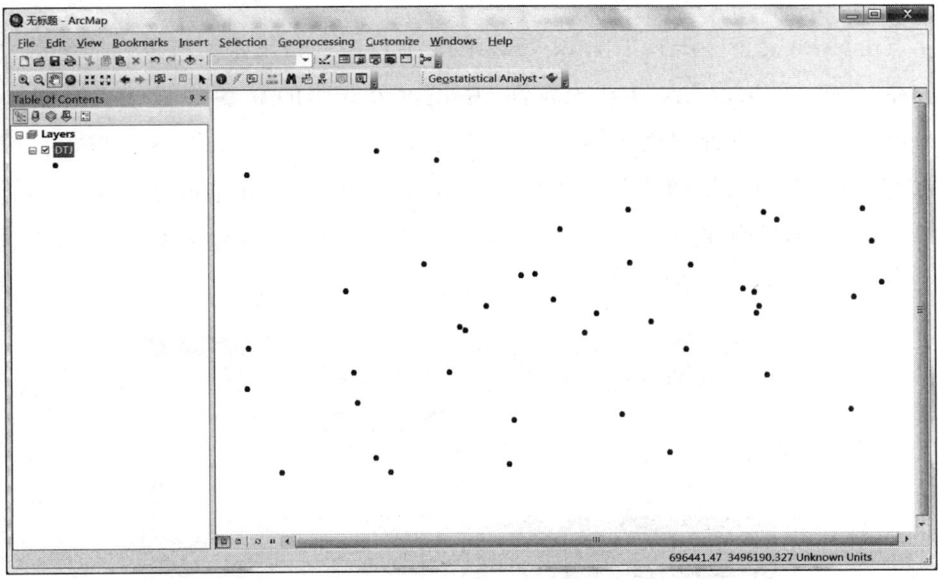

图 12－29

②如图 12－30 所示，点击“Geostatistical Analyst”（地统计分析）→“Geostatistical Wizard”（地统计向导）。

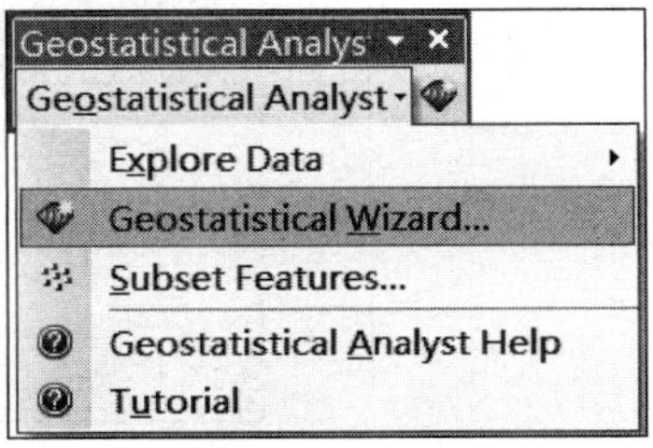

图 12－30

③打开新窗口，如图 12－31 所示，在左侧窗口“Methods”（内插方法）中选择内插方法“Inverse Distance Weighting”（反距离加权插值），在右边设置实验数据及属性：在

“Source Dataset”(源数据集)中选择图层 DTJ,下方“Data Field”(数据字段)设置要进行插值的属性值的字段名,此处为“tem”,在“Weight Field”(权重字段)中设置加权的实验数据的属性。

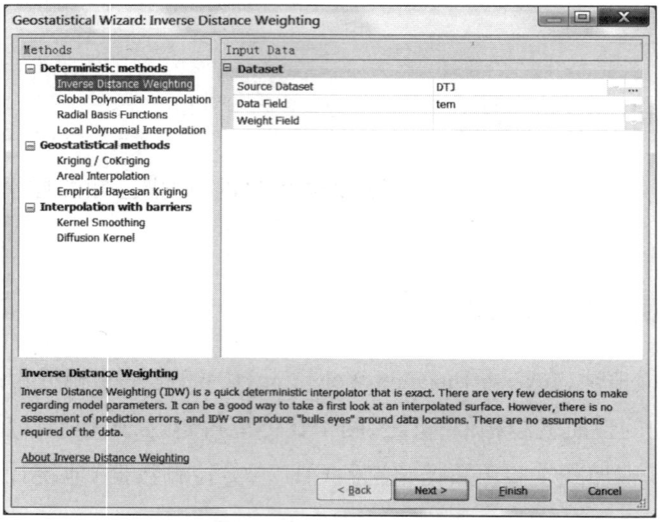

图 12-31

④点击“Next”(下一步),如图 12-32 所示,窗口中进行反距离权重内插参数设置对话框。在“General Properties”(常规属性)中设置公式中的 p 参数值;在“Neighborhood type”(邻域类型)中设置预览预测点的效果图;在“Maximum neighbors”(最大相邻要素数)中设置搜索半径内使用预测点的最大个数;在“Minimum neighbors”(最小相邻要素数)中设置搜索半径内使用预测点最小的个数;在“Sector type”(扇区类型)中设置选择区域扇区形状;在“Angle”(角度)中设置扇形区域旋转的角度。

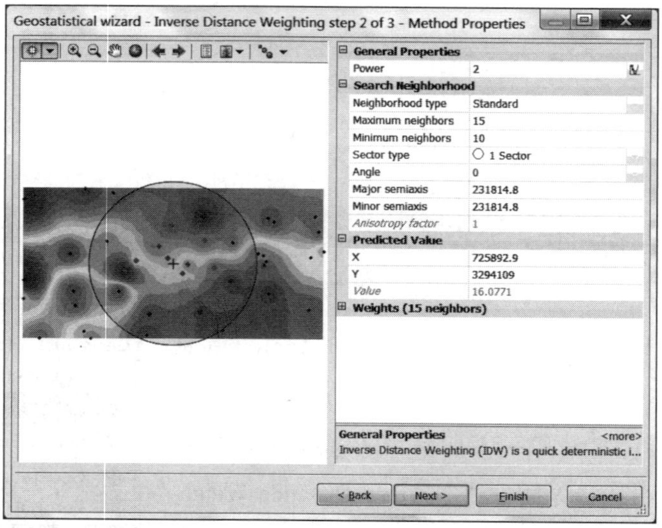

图 12-32

⑤点击"Next"(下一步),打开反距离权重内插交叉验证窗口。如图 12－33 所示,其中 X 轴代表样点的真实值,Y 轴代表内插出来的样点值,虚线代表理论上的点值的拟合曲线,实线代表内插出点值的拟合曲线。实线的趋势越与虚线吻合,说明内插的效果越好。

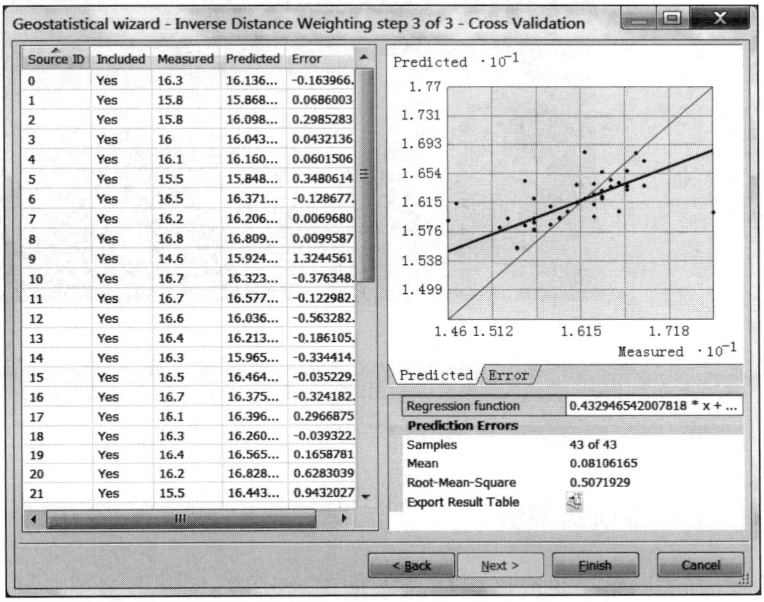

图 12－33

⑥点击"Finish"(完成),弹出"Method Report"(方法报告)窗口,如图 12－34 所示。在该窗口检查插值属性相关设置。

图 12－34

⑦点击“OK”(确定),生成反距离权重内插结果图,如图 12-35 所示。

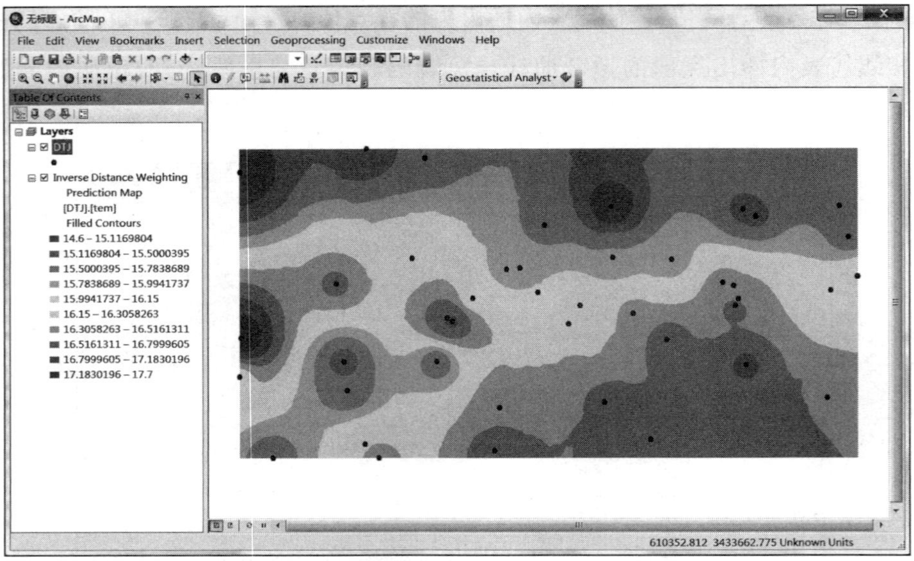

图 12-35

12.7.2 全局多项式插值

全局性插值方法以整个研究区的样点数据集为基础,用一个多项式来计算预测值,即用一个平面或曲面进行全区特征拟合。它是非精确的插值方法,适用于研究区域表面变化平缓或数据组具有全局性或长期性影响的情况。

①在 ArcMap 中加载实验源数据(位置:CH12\实验源数据\地统计分析源数据),如图 12-36 所示。

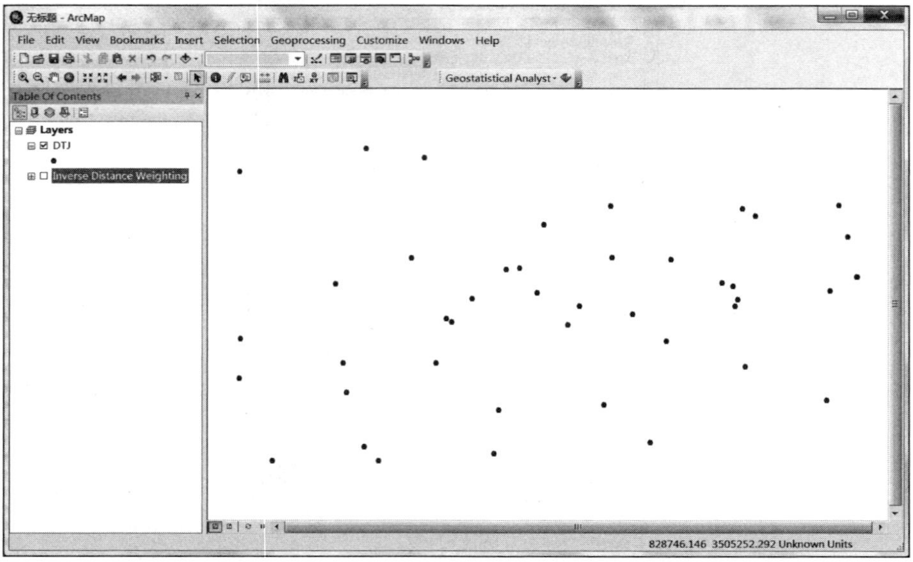

图 12-36

②如图12－37所示，点击“Geostatistical Analyst”（地统计分析）→“Geostatistical Wizard”（地统计向导）。

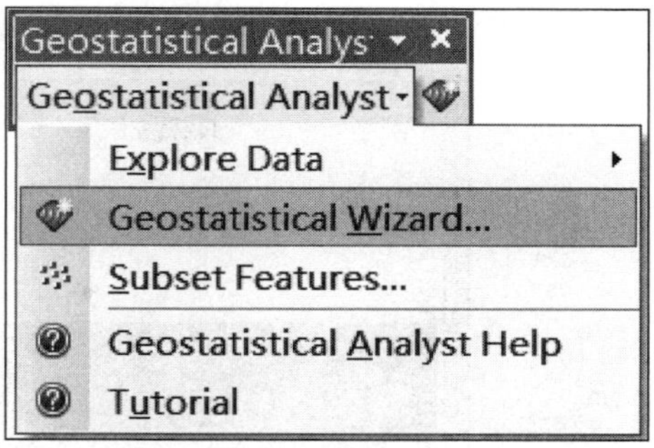

图12－37

③打开新窗口，如图12－38所示，在左侧窗口“Methods”（内插方法）中选择内插方法“Global Polynomial Interpolation”（全局多项式插值法），在右边设置实验数据及属性：在“Source Dataset”（源数据集）中选择图层DTJ，下方“Data Field”（数据字段）设置要进行插值的属性值的字段名，此处为“tem”，在“Weight Field”（权重字段）中设置加权的实验数据的属性。

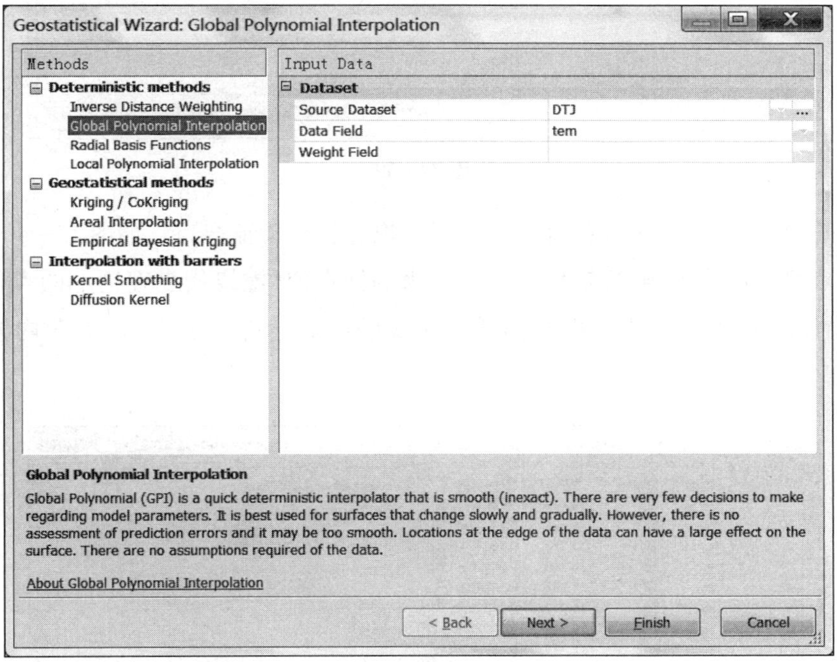

图12－38

④点击“Next”（下一步），如图12－39所示，在“Order of polynomial”（多项式的阶）中设置拟合表面多项式的次数，1即为用一个一阶多项式来拟合，即用平面来拟合；2即表示用一个二阶多项式来拟合，即用曲面来拟合。次数越低，拟合表面越粗糙，实际表面拟合的效果越差，大致表示了该区域的宏观趋势；次数越高，拟合表面越光滑，拟合的结果越接近实际的表面。但是次数越高并不代表越好，次数过高会导致计算量过大而精度提高有限。因此，一般认为3次即可。

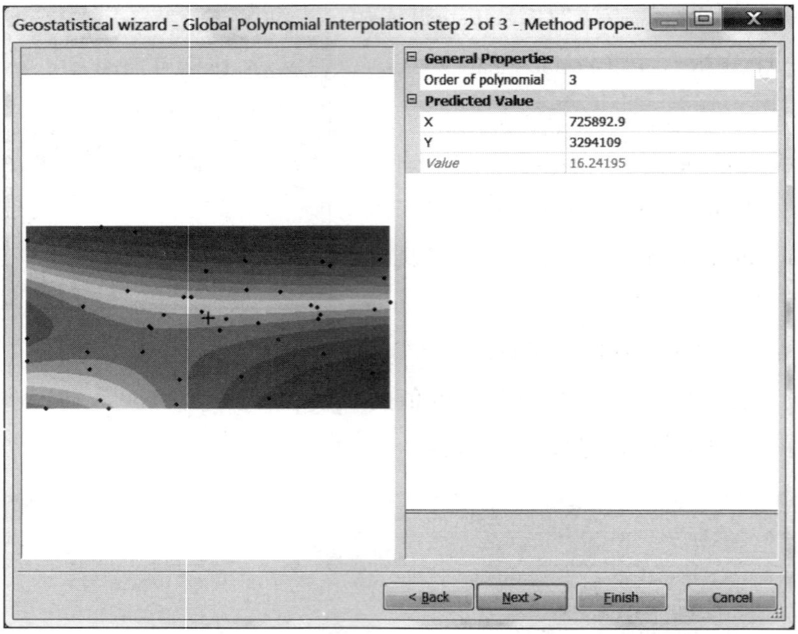

图 12-39

⑤点击“Next”(下一步),打开全局多项式拟合正交验证窗口。如图 12-40 所示,其中 X 轴代表样点的真实值,Y 轴代表内插出来的样点值,虚线代表理论上的点值的拟合曲线,实线代表内插出点值的拟合曲线。实线的趋势越与虚线吻合,说明内插的效果越好。

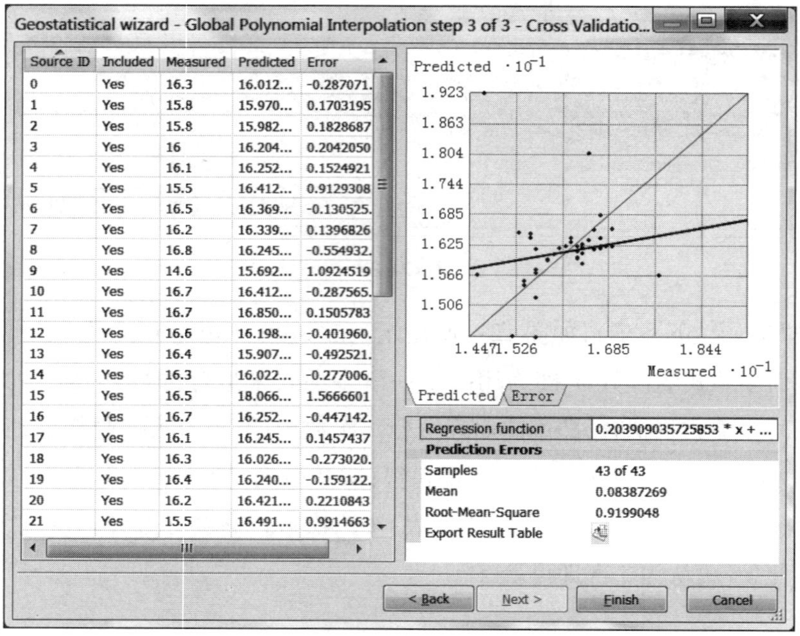

图 12-40

⑥点击“Finish”(完成),弹出“Method Report”(方法报告)窗口,如图 12-41 所示。在该窗口检查插值属性相关设置。

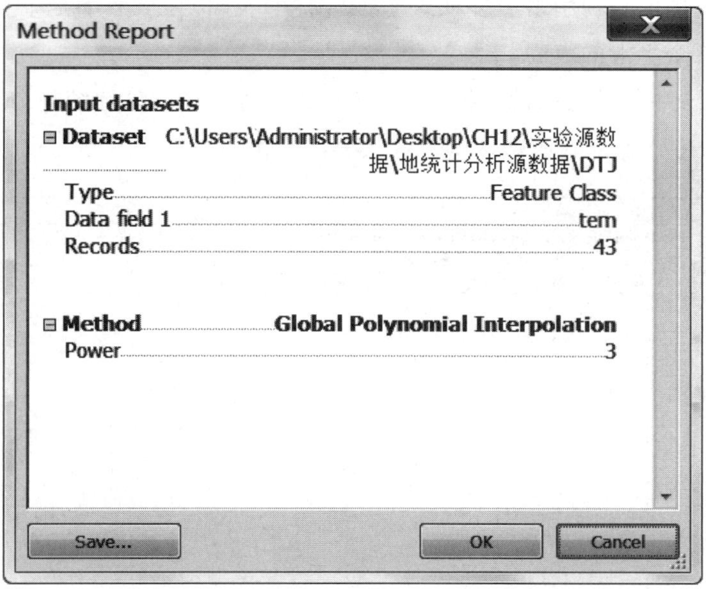

图 12-41

⑦点击“OK”(确定),生成全局多项式内插结果图,如图 12-42 所示。

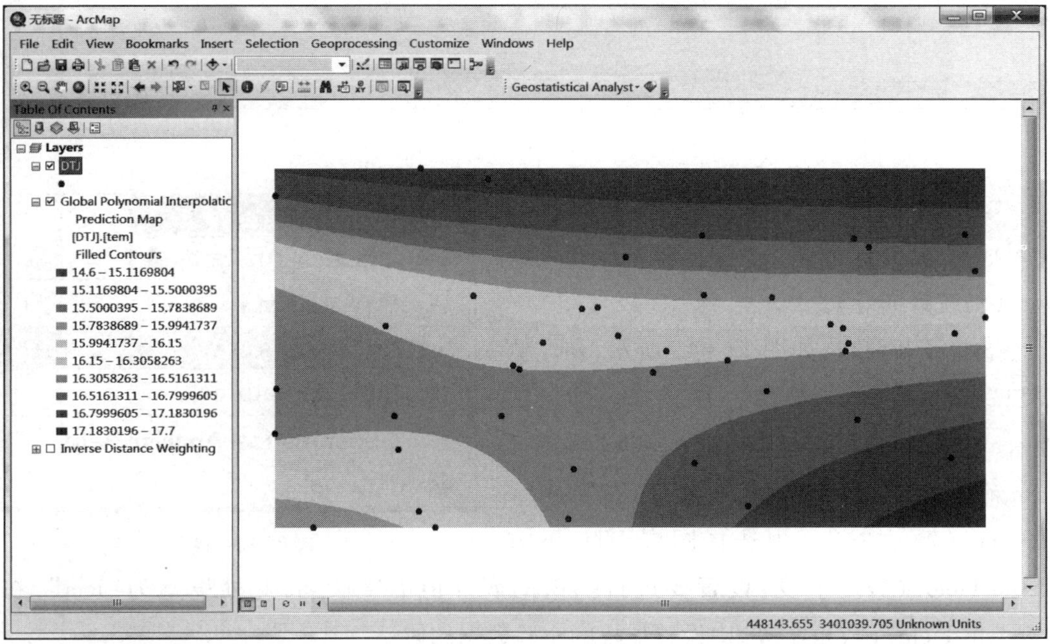

图 12-42

12.7.3 局部多项式插值

局部多项式插值是利用多个多项式来拟合整个表面,它虽然不是十分精确,但是可以利用它得到一个平滑的表面。

①在 ArcMap 中加载实验源数据(位置:CH12\实验源数据\地统计分析源数据),如图 12-43 所示。

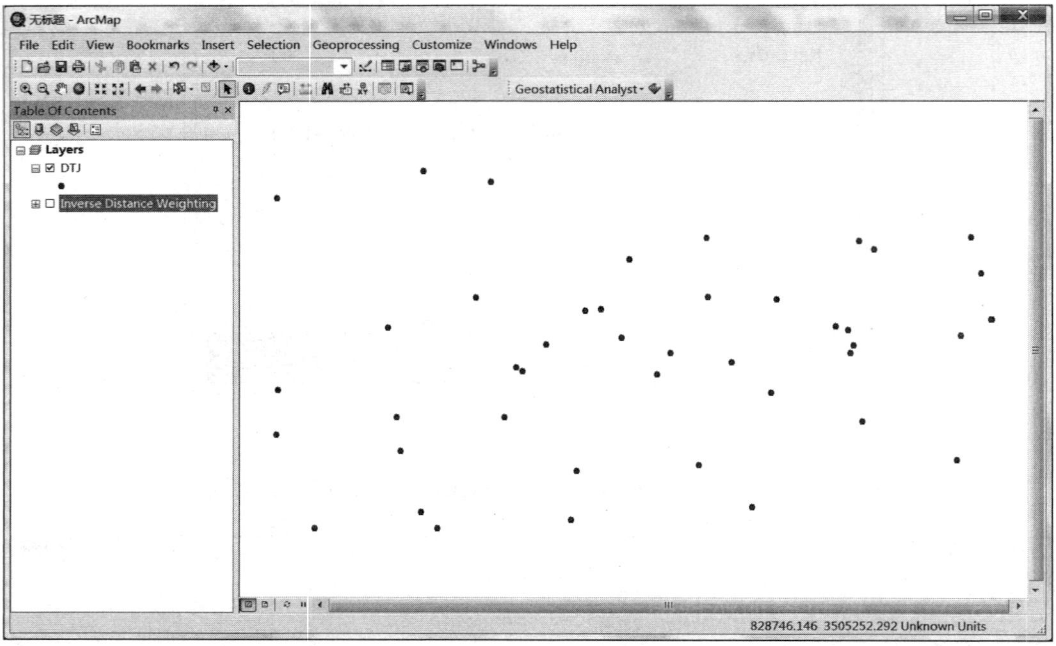

图 12-43

②如图 12-44 所示,点击"Geostatistical Analyst"(地统计分析)→"Geostatistical Wizard"(地统计向导)。

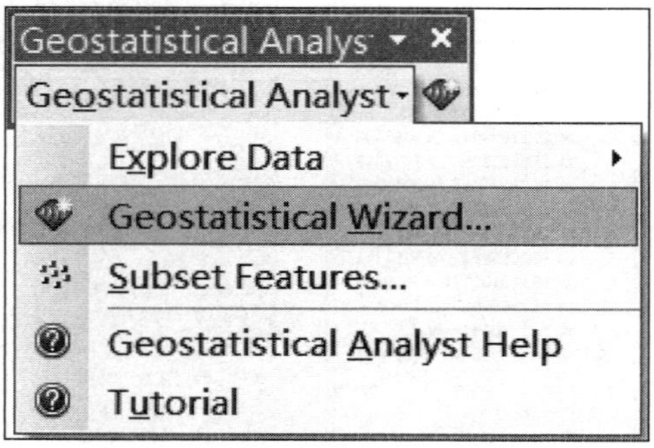

图 12-44

③打开新窗口,如图 12-45 所示,在左侧窗口"Methods"(内插方法)中选择内插方法"Local Polynomial Interpolation"(局部多项式插值),在右边设置实验数据及属性:在"Source Dataset"(源数据集)中选择图层 DTJ,下方"Data Field"(数据字段)设置要进行插值的属性值的字段名,此处设置为"tem",在"Weight Field"(权重字段)中设置加权的实验数据的属性。

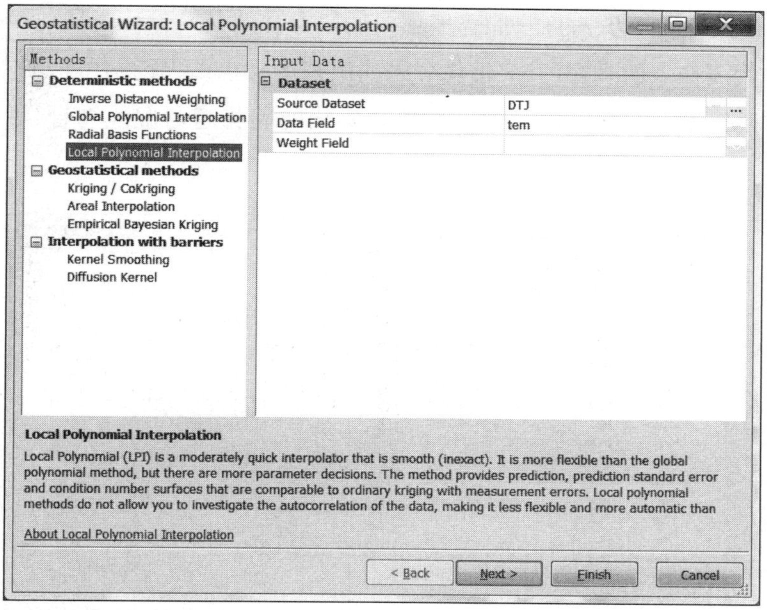

图 12－45

④点击“Next”（下一步），如图 12－46 所示，在“Exploratory Trend Surface Analysis”（探索性趋势面分析）中设置局部和全局插值的程度，点击后侧白色按钮，进行设置，该处值越大，表示邻域范围内越小的局部插值；在“Order of polynomial”（多项式的阶）中设置拟合表面多项式的阶数；在“Kernel Function”（核函数）中设置核心函数的类型。

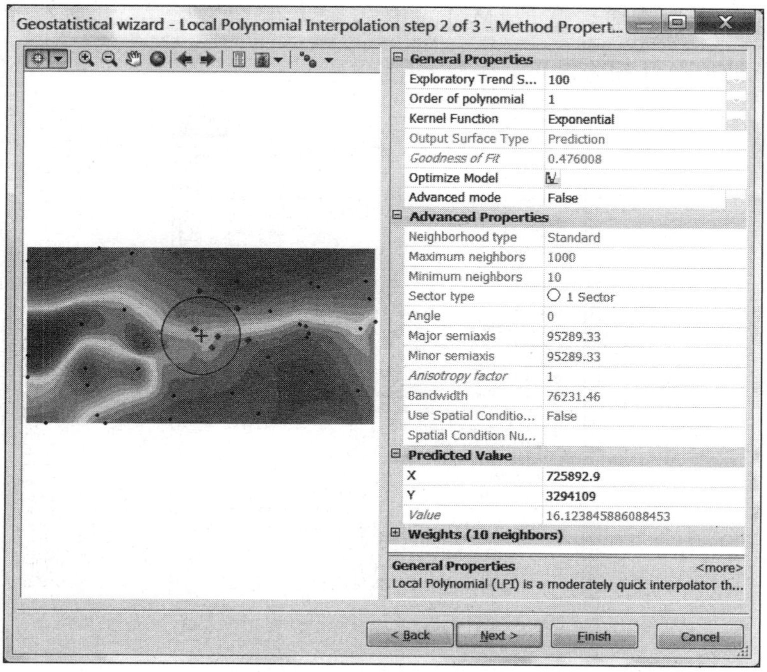

图 12－46

⑤点击“Next”(下一步),打开局部多项式插值方法的交叉验证窗口。如图 12－47 所示,其中 X 轴代表样点的真实值,Y 轴代表内插出来的样点值,虚线代表理论上的点值的拟合曲线,实线代表内插出点值的拟合曲线。实线的趋势越与虚线吻合,说明内插的效果越好。

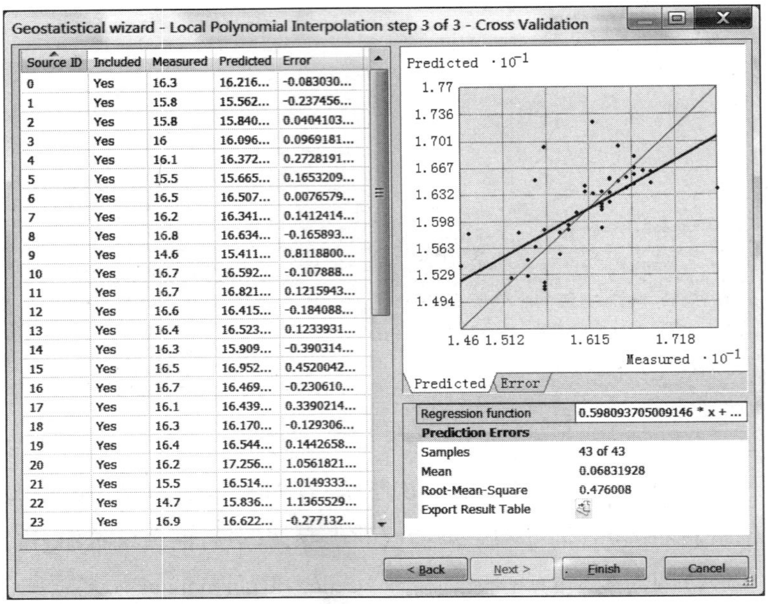

图 12－47

⑥点击“Finish”(完成),弹出“Method Report”(方法报告)窗口,如图 12－48 所示。在该窗口检查插值属性相关设置。

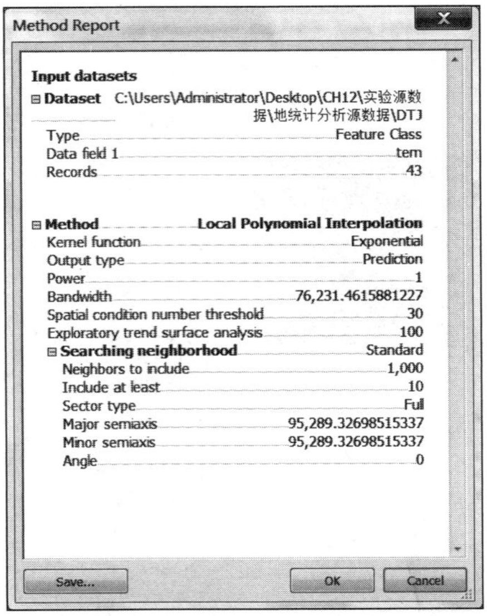

图 12－48

⑦点击“OK”(确定),生成局部多项式内插结果图,如图 12－49 所示。

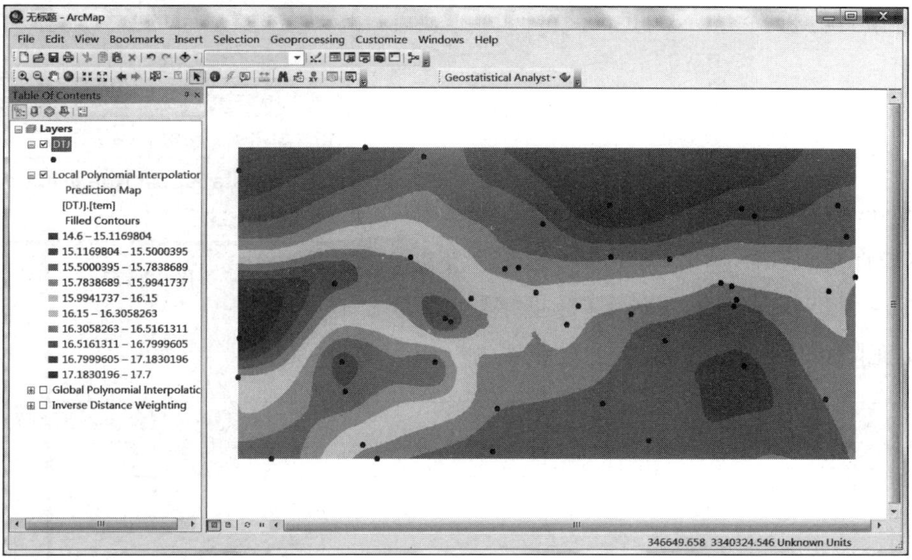

图 12－49

12.7.4　径向基函数插值

径向基函数插值是精确的插值方法,它如同将一个橡胶膜插入并经过各个已知样点的同时,又使表面的总曲率较小。它适用于要求获得平滑表面且要进行插值计算的点数据数量较多的情况。

①在 ArcMap 中加载实验源数据(位置:CH12\实验源数据\地统计分析源数据),如图 12－50 所示。

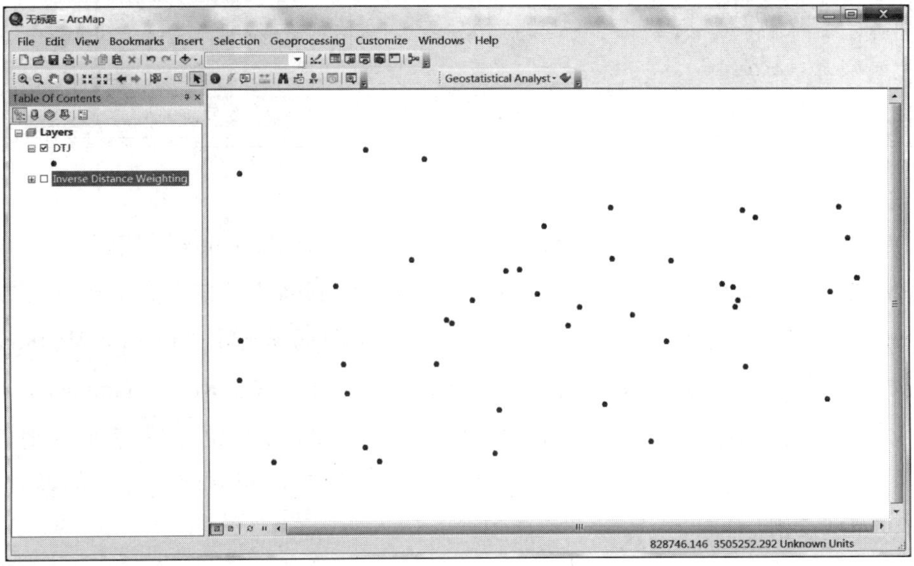

图 12－50

②如图 12－51 所示，点击“Geostatistical Analyst”（地统计分析）→“Geostatistical Wizard”（地统计向导）。

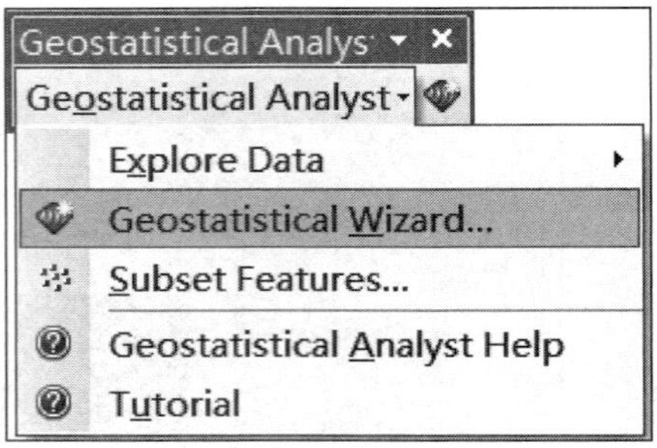

图 12－51

③打开新窗口，如图 12－52 所示，在左侧窗口“Methods”（内插方法）中选择内插方法“Radial Basis Functions”（径向基函数插值），在右边设置实验数据及属性：在“Source Dataset”（源数据集）中选择图层 DTJ，下方“Data Field”（数据字段）设置要进行插值的属性值的字段名，此处设置为“tem”。

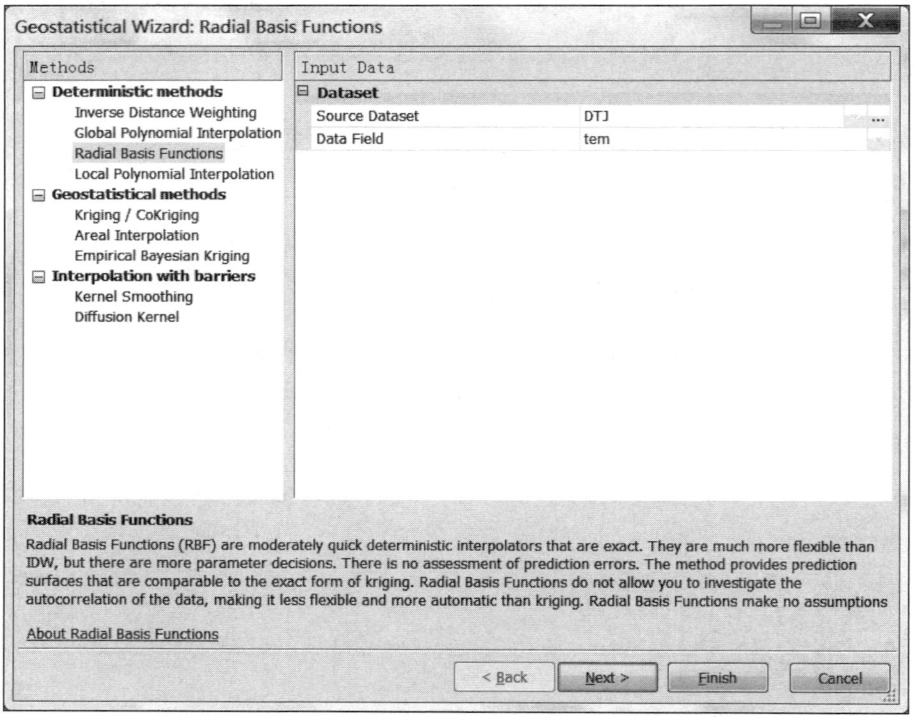

图 12－52

④点击“Next”（下一步），如图 12－53 所示，在“Kernel Function”（核函数）中设置插值的基本函数，有如下选择：“Completely Regularized Spline”（规则样条函数）、“Spline with Tension”（张力样条函数）、“Multiquadric”（高次曲面函数）、“Inverse Multiquadric”（反高次曲面函数）、“Thin－Plate Spline”（薄板样条函数）；在“Kernel Parameter”（核参数）中设置控制表面光滑度的参数，对于反高次曲面样条函数来说，控制表面光滑度的参数越大，得到的表面越不平滑；对于其他径向基函数而言，控制表面光滑度的参数越大，得到的表面越平滑。

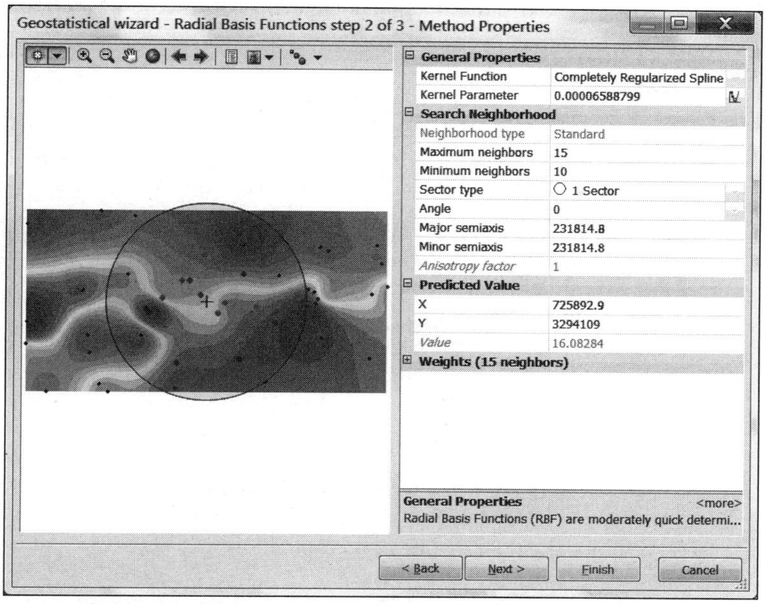

图 12－53

⑤点击“Next”(下一步),打开径向基函数插值的交叉验证窗口。如图 12－54 所示,其中 X 轴代表样点的真实值,Y 轴代表内插出来的样点值,虚线代表理论上的点值的拟合曲线,实线代表内插出点值的拟合曲线。实线的趋势越与虚线吻合,说明内插的效果越好。

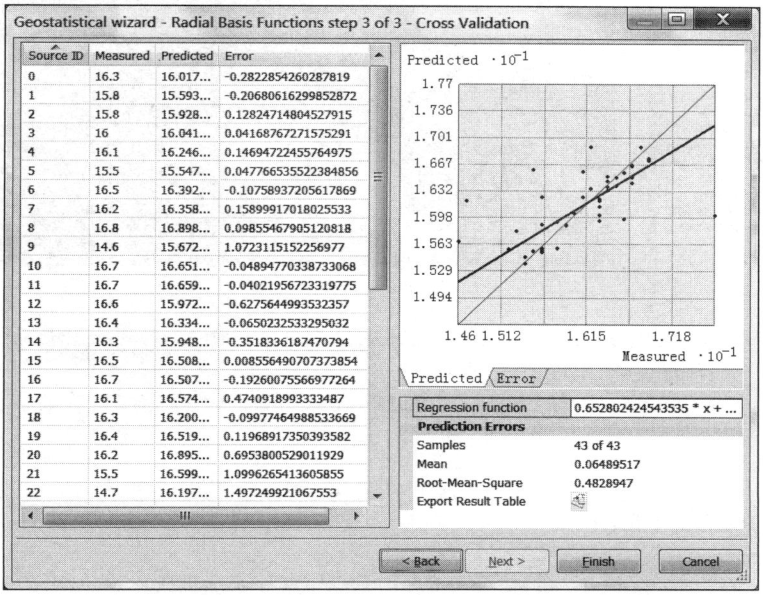

图 12－54

⑥点击“Finish”(完成),弹出“Method Report”(方法报告)窗口,如图 12-55 所示。在该窗口检查插值属性相关设置。

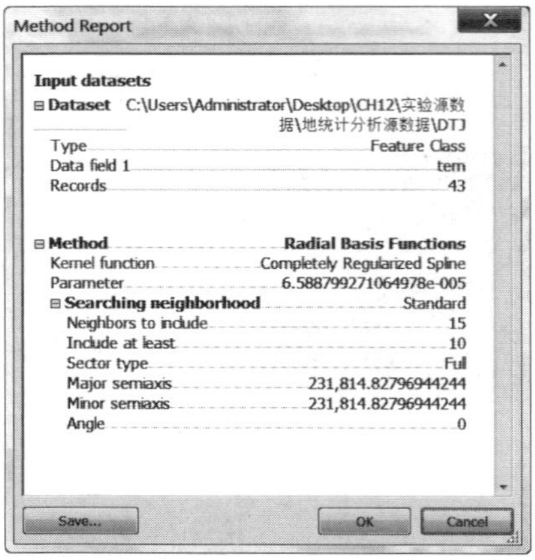

图 12-55

⑦点击“OK”(确定),生成径向基函数插值结果图,如图 12-56 所示。

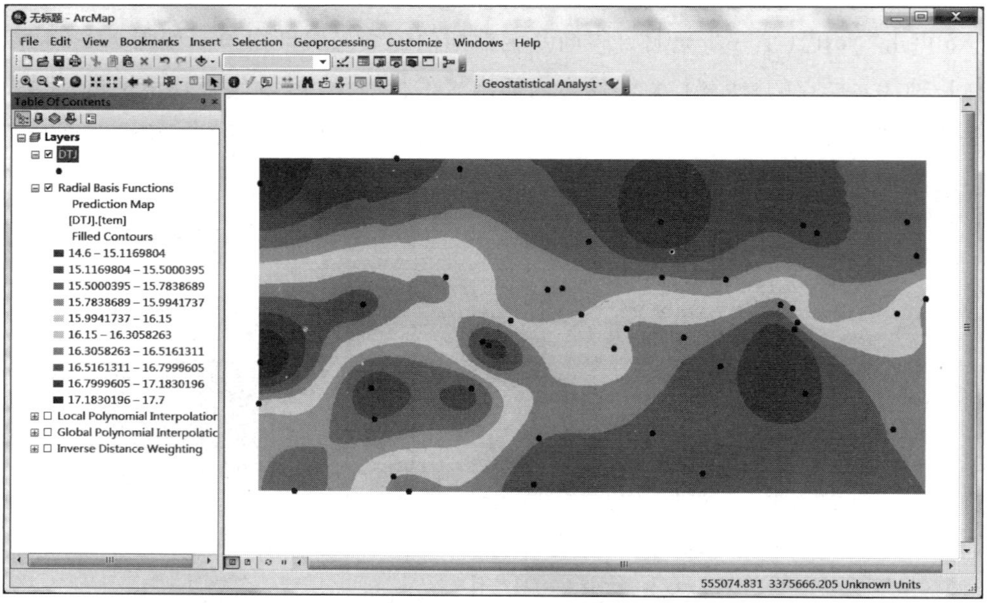

图 12-56

12.8 地统计插值

12.8.1 克里金插值概述

克里金方法是利用原始数据和半方差函数的结构性,通过对数据的空间自相关性进行分析，从而对区域未知点变量进行插值的方法。克里金方法较多，本章练习只简单介绍几种克里金插值方法的操作方式，其中具体的算法以及适用情况可以通过查阅文献进行学习和了解。

12.8.2　普通克里金插值

(1)创建预测图

①在 ArcMap 中加载实验源数据(位置:CH12\实验源数据\地统计分析源数据)，如图 12-57 所示。

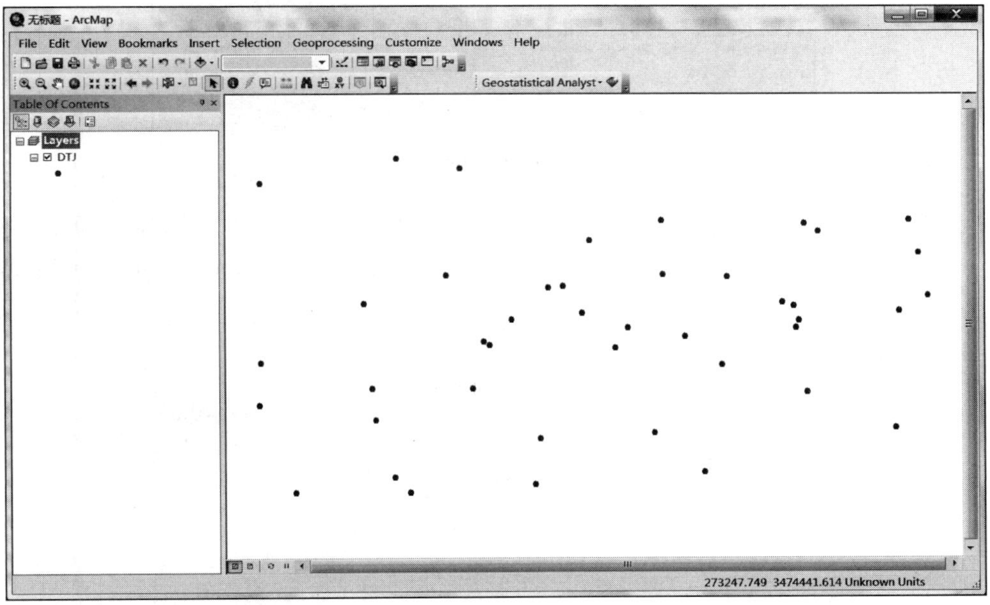

图 12-57

②如图 12-58 所示，点击"Geostatistical Analyst"(地统计分析)→"Geostatistical Wizard"(地统计向导)。

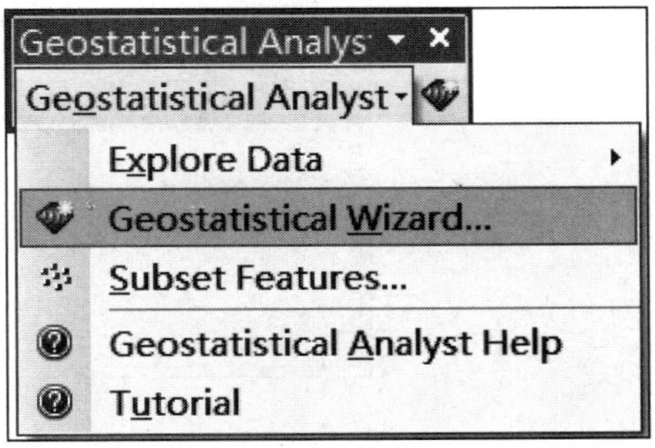

图 12-58

③如图 12-59 所示，在左侧窗口"Methods"(内插方法)中选择内插方法"Kriging/CoKriging"(克里金法/协同克里金法)；在右边设置实验数据及属性：在"Source Dataset"(源数据集)中选择图层 DTJ，下方"Data Field"(数据字段)设置要进行插值的属性值的字段名，此处设置为"tem"。

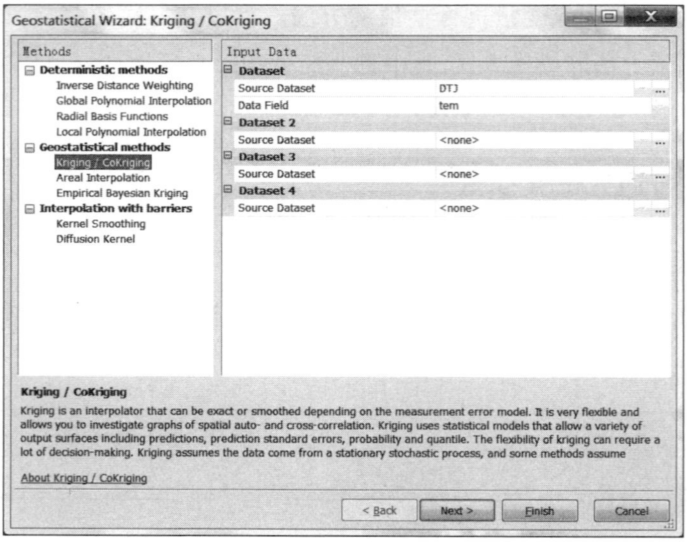

图 12 – 59

④点击“Next”（下一步），如图 12 – 60 所示，在左侧“Kriging Type”（克里金法类型）选择“Ordinary”（普通克里金）；在“Output Surface Type”（输出表面类型）列表中选择“Prediction”（预测）；在右侧“Dataset#1”（数据集#1）中的“Transformation type”（变换类型）中选择变换方式为 Log。

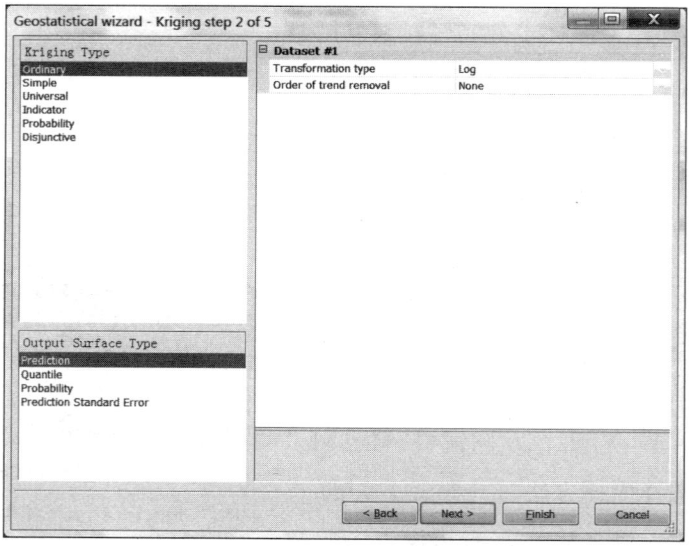

图 12 – 60

⑤点击“Next”（下一步），如图 12 – 61 所示，在右侧窗口设置“Model Nugget”（模型块金值）；在“Model #1”（模型#1）下方区域内设置半变异函数的“Type”（类型）、“Anisotropy”（各向异性）；在“Lag”（步长）下方区域设置“Lag Size”（步长大小）与“Number of Lags”（步长数）。

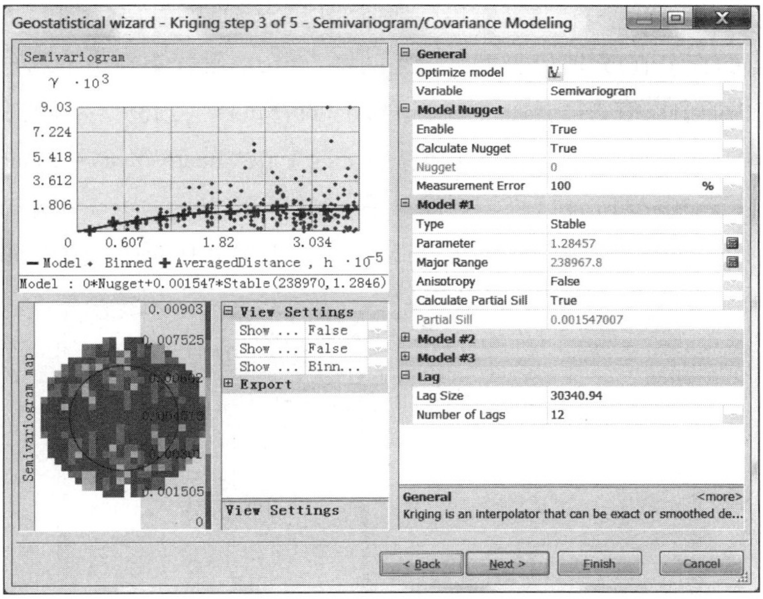

图 12－61

⑥点击“Next”(下一步),如图 12－62 所示,在“Neighborhood type”(邻域类型)中设置预览预测点的效果图;在“Maximum neighbors”(最大相邻要素数)中设置搜索半径内使用预测点的最大个数;在“Minimum neighbors”(最小相邻要素数)中设置搜索半径内使用预测点最小的个数;在“Sector type”(扇区类型)中设置选择区域扇区形状;在“Angle”(角度)中设置扇形区域旋转的角度;在“Copy from Variogram”(从变异函数中复制)中设置是否从变异函数中拷贝数据。

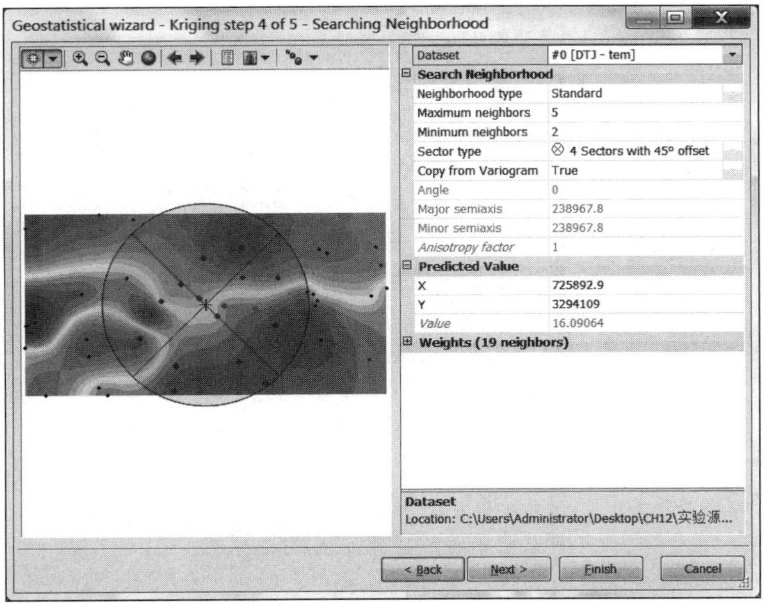

图 12－62

⑦点击“Next”(下一步),打开克里金插值的交叉验证窗口。如图 12-63 所示,其中 X 轴代表样点的真实值,Y 轴代表内插出来的样点值,虚线代表理论上的点值的拟合曲线,实线代表内插出点值的拟合曲线。在“Prediction Errors”(预测误差)列表中的几个指标中,当“Mean Standardized”(标准平均值)最接近于 0,“Root-Mean-Square”(均方根)最小,“Average Standard Error”(平均标准误差)最接近于“Root-Mean-Square”(均方根)误差,“Average Standard Error”(平均标准误差)最接近于 1 时,该模型即为最优。

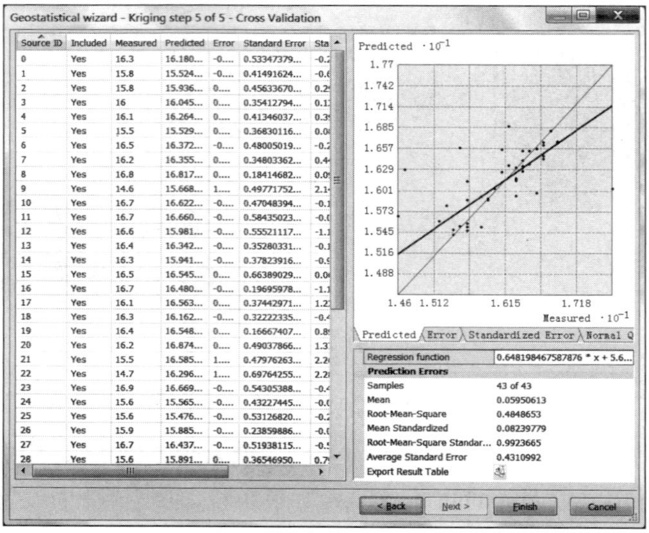

图 12-63

⑧点击“Finish”(完成),弹出“Method Report”(方法报告)窗口,如图 12-64 所示。在该窗口检查插值属性相关设置。

图 12-64

⑨点击“OK”(确定),生成普通克里金法内插结果图,如图 12-65 所示。

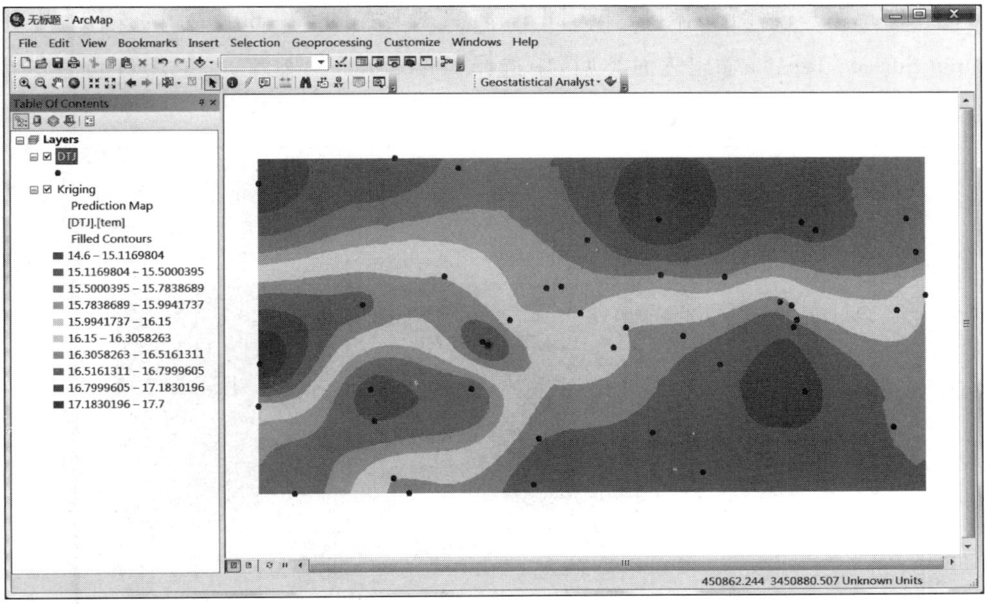

图 12-65

(2)创建分位数图

创建分位数图与创建预测图的步骤大同小异,只需要在图 12-60 所示的操作窗口中的“Output Surface Type”(输出表面类型)中选择“Quantile”(分位数)。对 DTJ 创建的分位数图如图 12-66 所示。

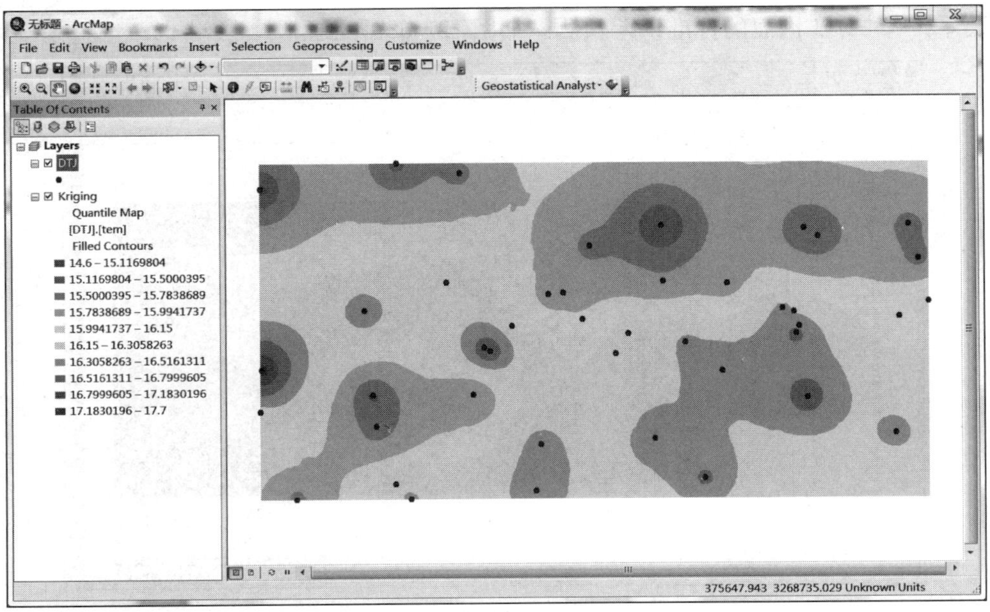

图 12-66

(3)创建概率图

创建概率图与创建预测图步骤大同小异，只需要在图 12－60 所示的操作窗口中的“Output Surface Type”(输出表面类型)中选择“Probability”(概率)。对 DTJ 创建的概率图如图 12－67 所示。

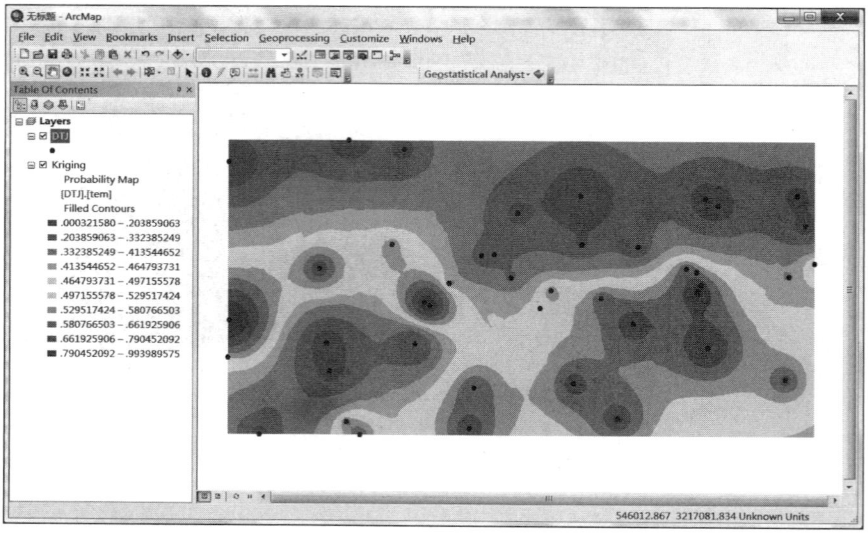

图 12－67

(4)创建标准误差预测图

创建标准误差预测图与创建预测图步骤大同小异，只需要在图 12－60 所示的操作窗口中的“Output Surface Type”(输出表面类型)中选择“Prediction Standard Error”(预测标准误差)。对 DTJ 创建的标准误差预测图如图 12－68 所示。

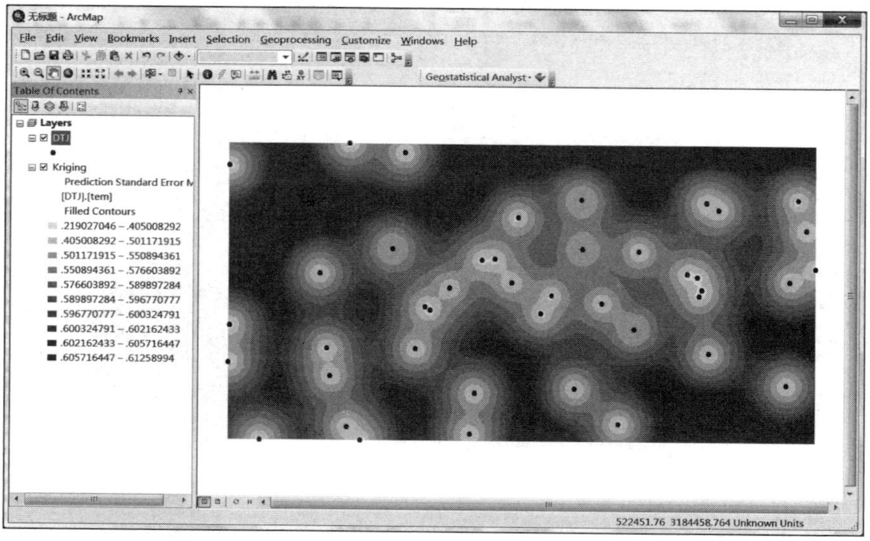

图 12－68

12.8.3 简单克里金插值

该处操作以创建预测图为例进行说明，其他功能图的创建与此相似，具体可以参考下文以及普通克里金插值图创建方法，此处不再对简单克里金插值创建分位数图、概率图、标准误差预测图进行详细解释。读者可自行进行实验操作。

①在ArcMap中加载实验源数据(位置:CH12\实验源数据\地统计分析源数据)，如图12－69所示。

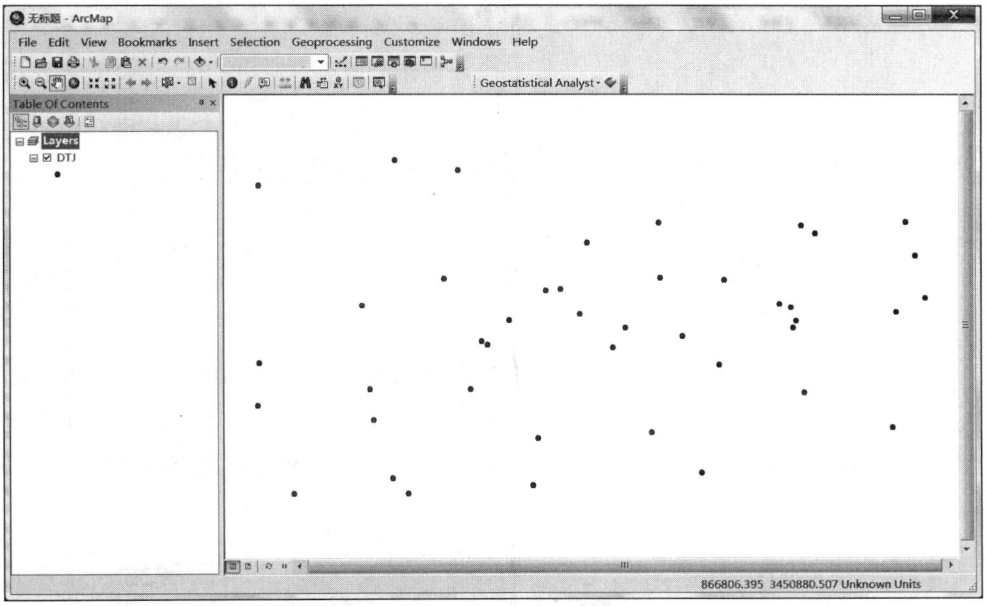

图12－69

②如图12－70所示，点击"Geostatistical Analyst"(地统计分析)→"Geostatistical Wizard"(地统计向导)。

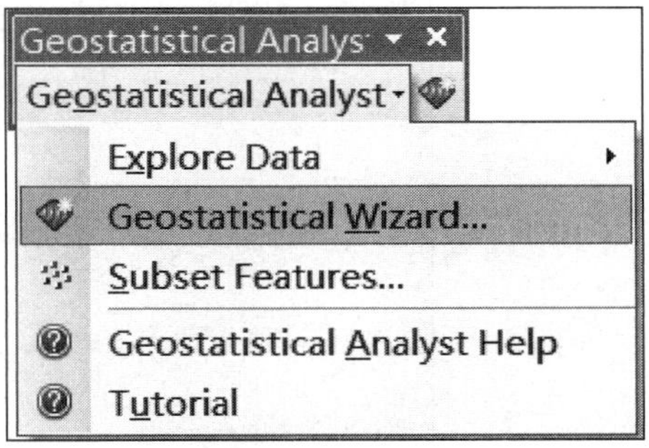

图12－70

③如图12－71所示，在左侧窗口"Methods"(内插方法)中选择内插方法"Kriging/CoKriging"(克里金法/协同克里金法)；在右边设置实验数据及属性：在"Source Dataset"(源数据集)中选择图层DTJ，下方"Data Field"(数据字段)设置要进行插值的属性值的字段名，此处设置为"tem"。

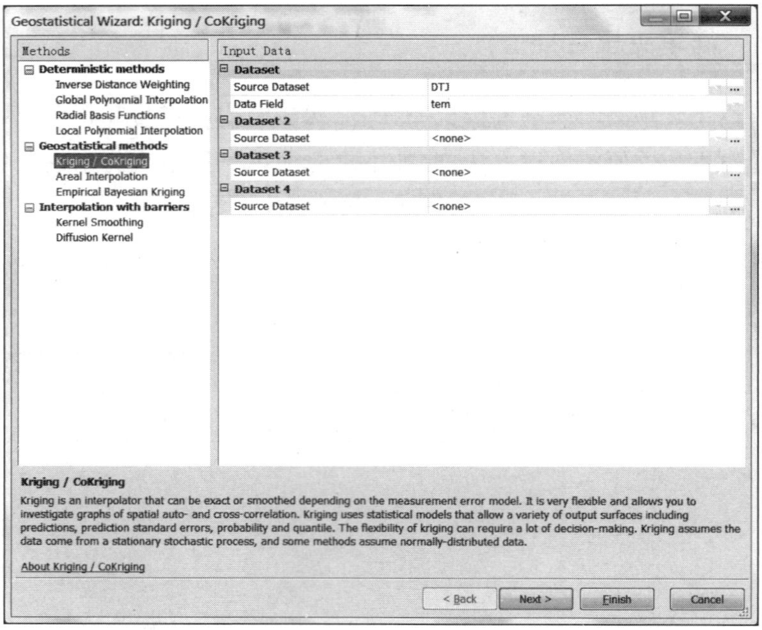

图 12 – 71

④点击"Next"(下一步),如图 12 – 72 所示,在左侧"Kriging Type"(克里金法类型)选择 "Simple"(简单);在"Output Surface Type"(输出表面类型)列表中选择"Prediction"(预测);在右侧"Dataset#1"(数据集#1)中的"Transformation type"(变换类型)中选择变换方式为"Nomal Score"(常态记分)。

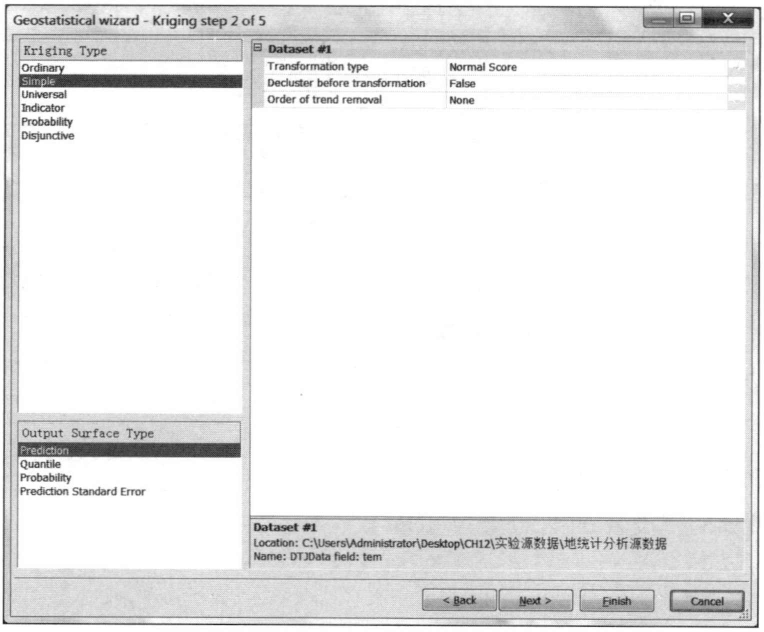

图 12 – 72

⑤点击“Next”（下一步），在图 12－73 所示窗口再次点击“Next”（下一步）。

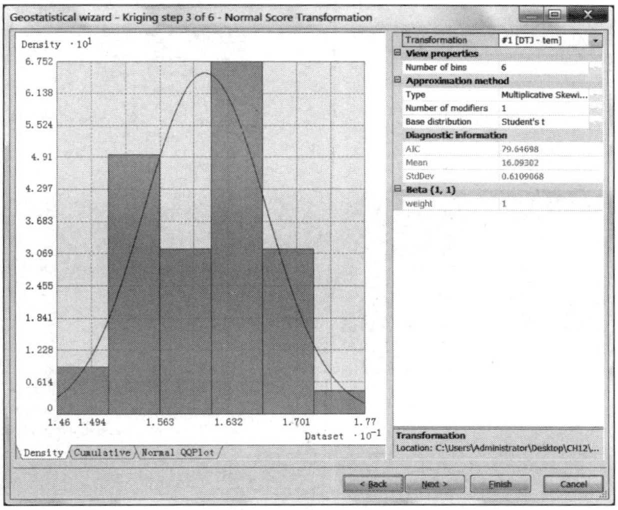

图 12－73

⑥如图 12－74 所示，在右侧窗口设置“Model Nugget”（模型块金值）；在“Model #1”（模型#1）下方区域内设置半变异函数的“Type”（类型）、“Anisotropy”（各向异性）；在下方设置“Lag Size”（步长大小）与“Number of Lags”（步长数目）。

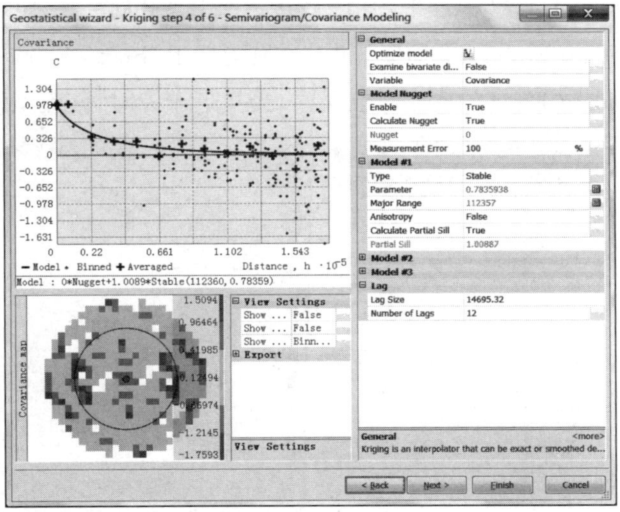

图 12－74

⑦点击“Next”（下一步），如图 12－75 所示，在“Neighborhood type”（邻域类型）中设置预览预测点的效果图；在“Maximum neighbors”（最大相邻要素数）中设置搜索半径内使用预测点的最大个数；在“Minimum neighbors”（最小相邻要素数）中设置搜索半径内使用预测点的最小个数；在“Sector type”（扇区类型）中设置选择区域扇区形状；在“Angle”（角度）中设置扇形区域旋转的角度；在“Copy from Variogram”（从变异函数中复制）中设置是

否从变异函数中拷贝数据。

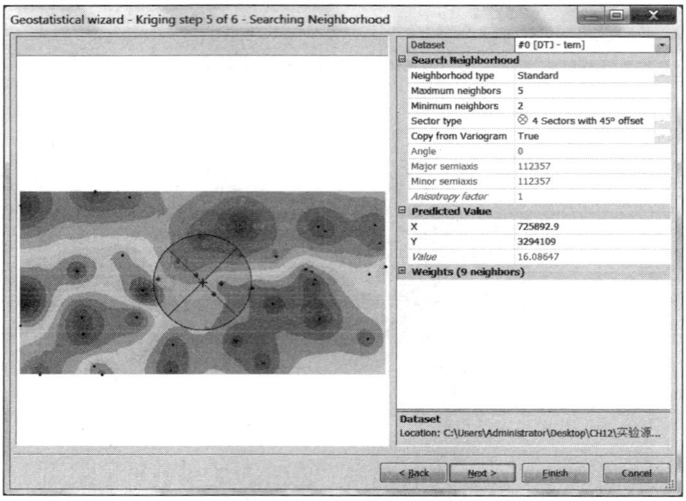

图 12-75

⑧点击"Next"(下一步),打开克里金插值的交叉验证窗口。如图 12-76 所示,其中 X 轴代表样点的真实值,Y 轴代表内插出来的样点值,虚线代表理论上的点值的拟合曲线,实线代表内插出点值的拟合曲线。在"Prediction Errors"(预测误差)列表中的几个指标中,当"Mean Standardized"(标准平均值)最接近于 0,"Root-Mean-Square"(均方根)最小,"Average Standard Error"(平均标准误差)最接近于"Root-Mean-Square"(均方根)误差,"Average Standard Error"(平均标准误差)最接近于 1 时,该模型即为最优。

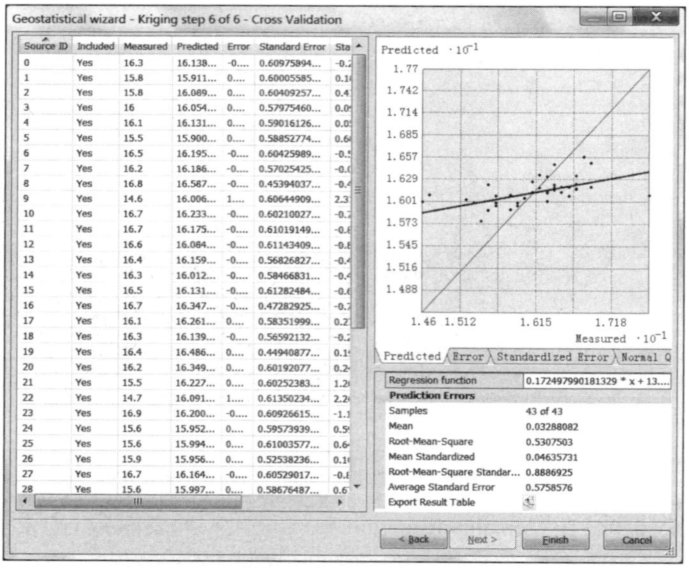

图 12-76

⑨点击"Finish"(完成),弹出"Method Report"(方法报告)窗口,如图 12-77 所示。

在该窗口检查插值属性相关设置。

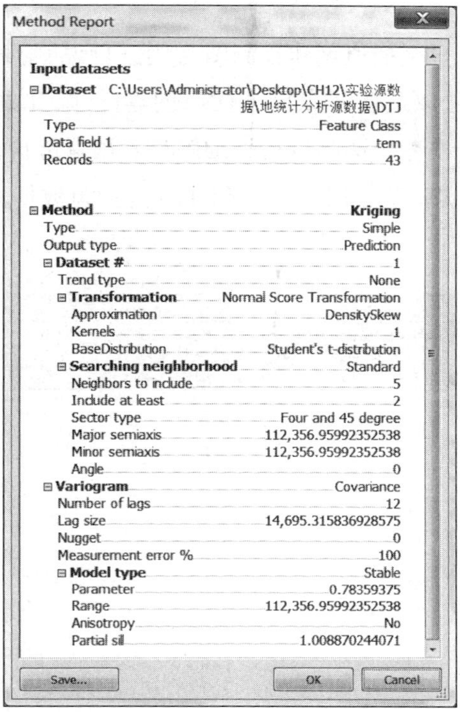

图 12-77

⑩点击“OK”(确定),生成插值结果图,如图 12-78 所示。

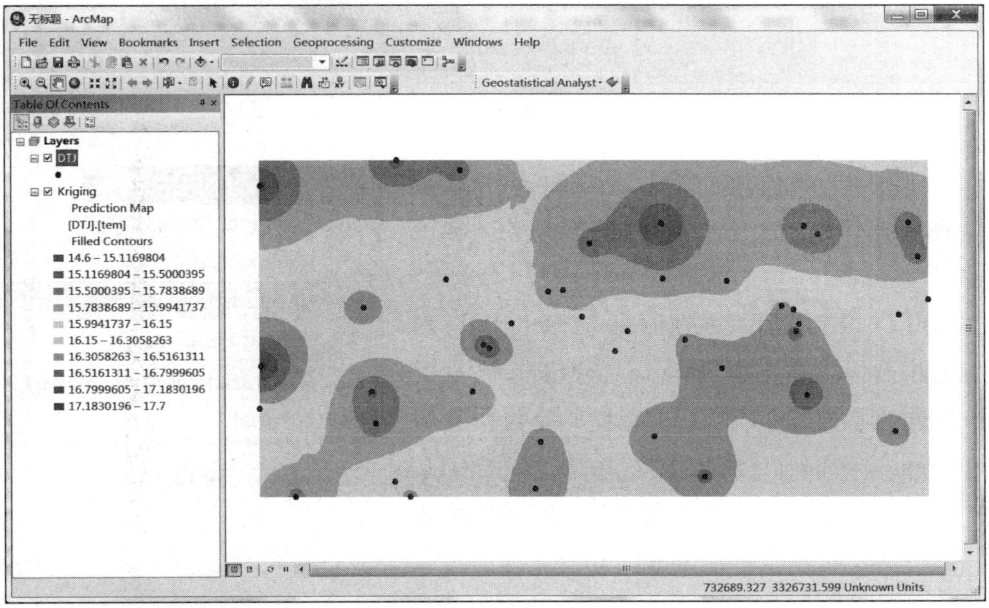

图 12-78

12.8.4　泛克里金插值

该处实验以利用泛克里金插值创建预测图为例进行说明，其他功能图的创建与此相似，具体可以参考以下方法以及普通克里金插值创建方法，此处不再对泛克里金插值创建分位数图、概率图、标准误差预测图进行详细解释。读者可自行进行实验操作。

①在 ArcMap 中加载实验源数据（位置：CH12\实验源数据\地统计分析源数据），如图 12－79 所示。

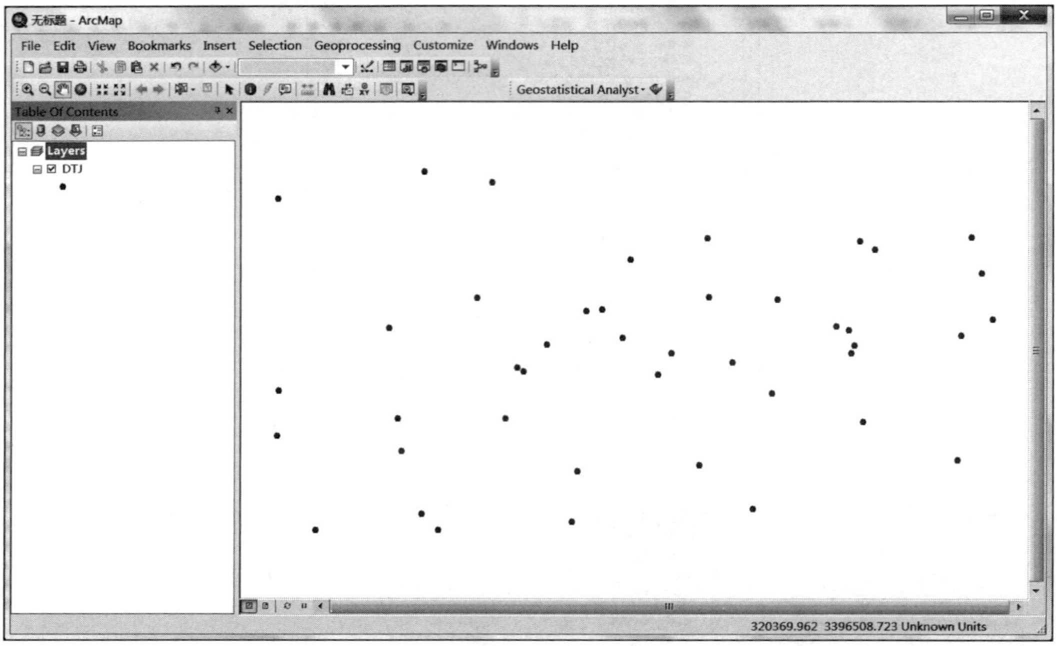

图 12－79

②如图 12－80 所示，点击“Geostatistical Analyst”（地统计分析）→“Geostatistical Wizard”（地统计向导）。

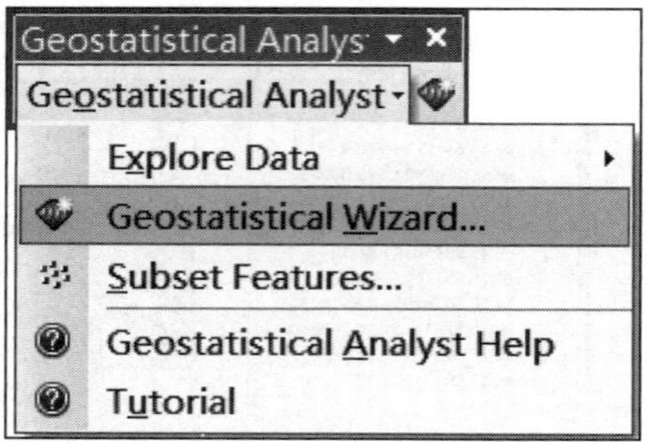

图 12－80

③如图 12－81 所示，在左侧窗口“Methods”（内插方法）中选择内插方法“Kriging/CoKriging”（克里金法/协同克里金法）；在右边设置实验数据及属性：在“Source Dataset”（源数据集）中选择图层 DTJ，下方“Data Field”（数据字段）设置要进行插值的属性值的字段名，此处设置为“tem”。

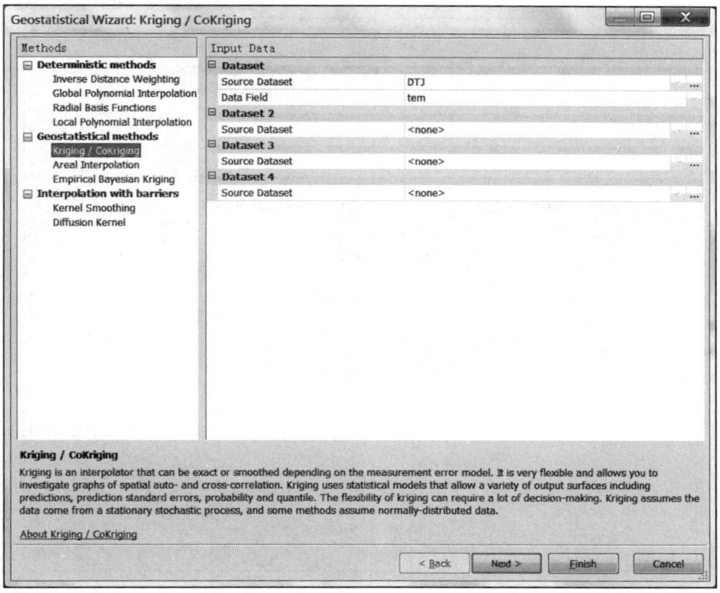

图 12-81

④点击“Next”(下一步),如图 12-82 所示,在左侧“Kriging Type”(克里金法类型)选择“Universal”(泛克里金);在“Output Surface Type”(输出表面类型)列表中选择“Prediction”(预测);在右侧“Dataset#1”(数据集#1)中的“Transformation type”(变换类型)中选择变换方式为 Log;在“Order of trend removal”(趋势的移除阶数)中选择“Third”。

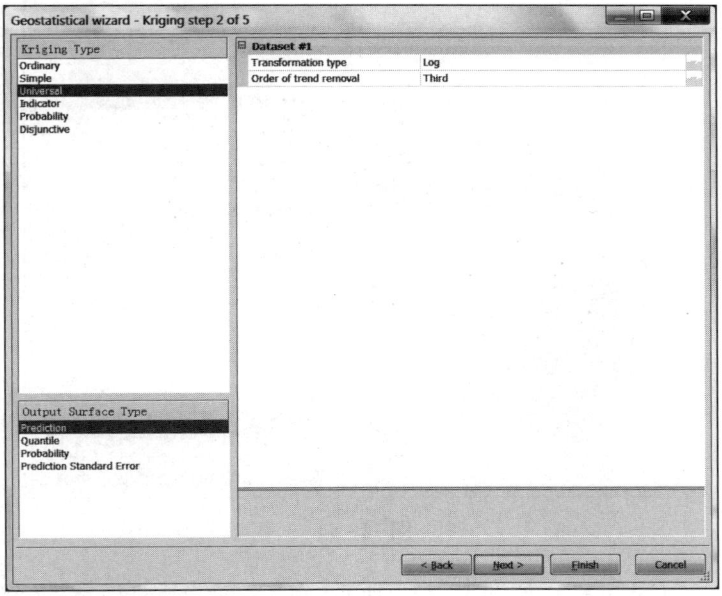

图 12-82

⑤点击“Next”(下一步)。在图 12-83 所示窗口再次点击“Next”(下一步)。

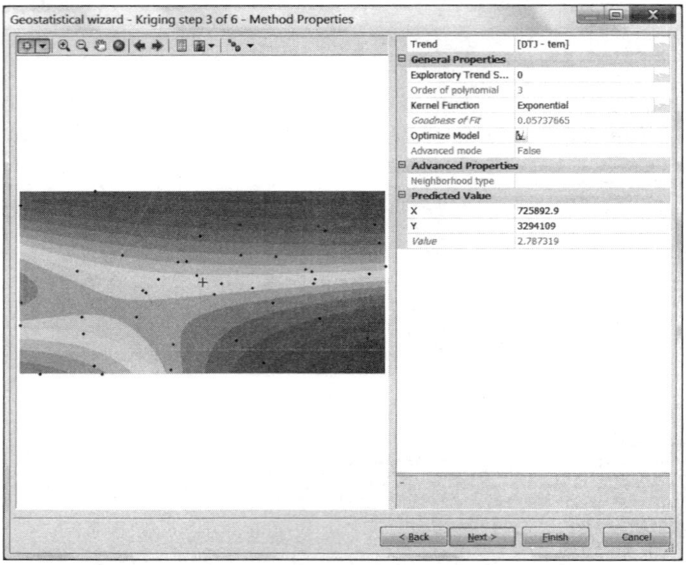

图 12 - 83

⑥如图 12 - 84 所示，在右侧窗口设置“Model Nugget”(模型块金值)；在“Model #1”(模型#1)下方区域内设置半变异函数的“Type”(类型)、“Anisotropy”(各向异性)；在下方设置“Lag Size”(步长大小)与“Number of Lags”(步长数)。

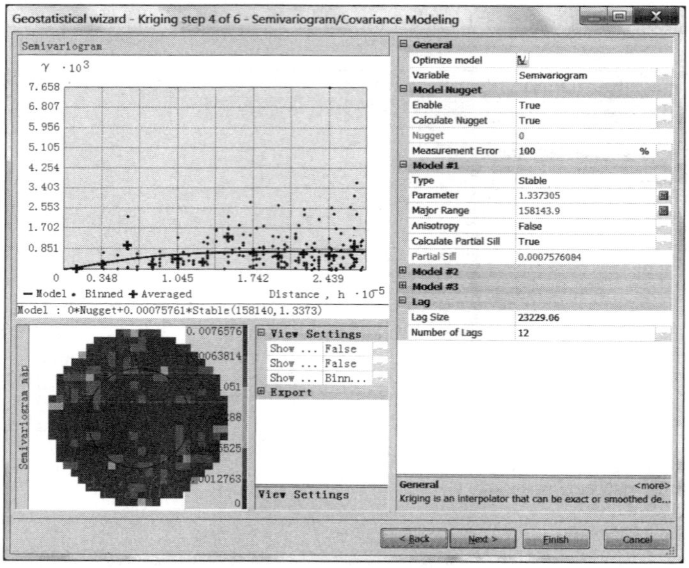

图 12 - 84

⑦点击“Next”(下一步)，如图 12 - 85 所示，在“Neighborhood type”(邻域类型)中设置预览预测点的效果图；在“Maximum neighbors”(最大相邻要素数)中设置搜索半径内使用预测点的最大个数；在“Minimum neighbors”(最小相邻要素数)中设置搜索半径内使用

预测点的最小个数；在“Sector type”（扇区类型）中设置选择区域扇区形状；在“Angle”（角度）中设置扇形区域旋转的角度；在“Copy from Variogram”（从变异函数中复制）中设置是否从变异函数中拷贝数据。

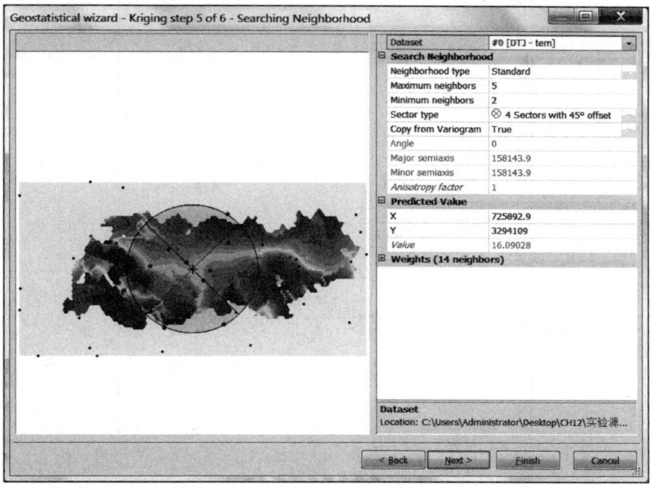

图 12－85

⑧点击“Next”（下一步），打开克里金插值的交叉验证窗口。如图 12－86 所示，其中 X 轴代表样点的真实值，Y 轴代表内插出来的样点值，虚线代表理论上的点值的拟合曲线，实线代表内插出点值的拟合曲线。在“Prediction Errors”（预测误差）列表中的几个指标中，当“Mean Standardized”（标准平均值）最接近于 0，“Root－Mean－Square”（均方根）最小，“Average Standard Error”（平均标准误差）最接近于“Root－Mean－Square”（均方根）误差，“Average Standard Error”（平均标准误差）最接近于 1 时，该模型即为最优。

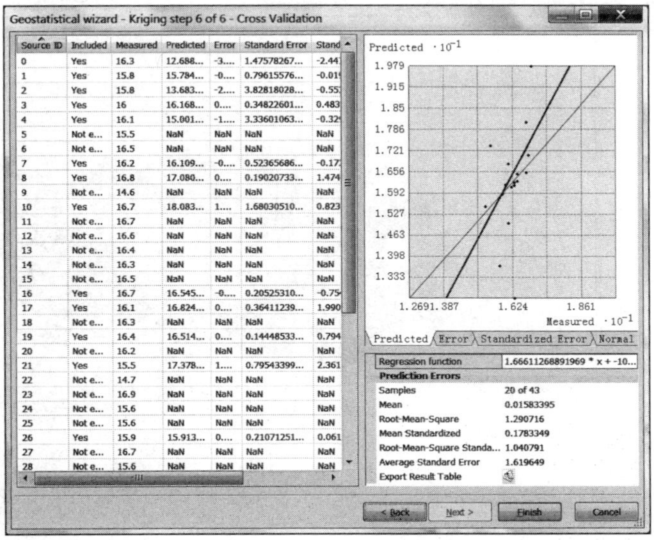

图 12－86

⑨点击“Finish”（完成），弹出“Method Report”（方法报告）窗口，如图 12－87 所示。在该窗口检查插值属性相关设置。

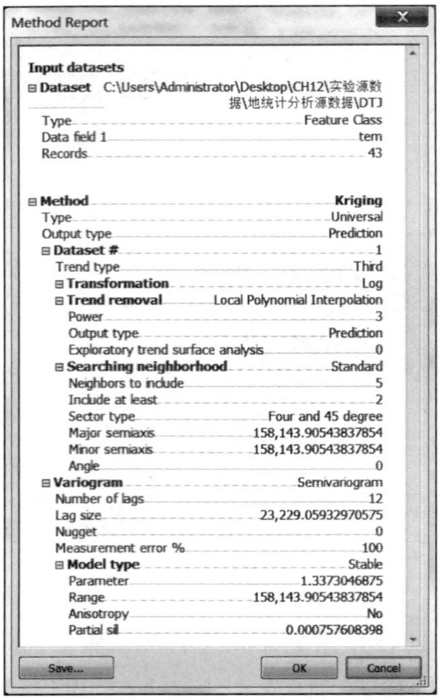

图 12－87

⑩点击“OK”（确定），生成插值结果图，如图 12－88 所示。

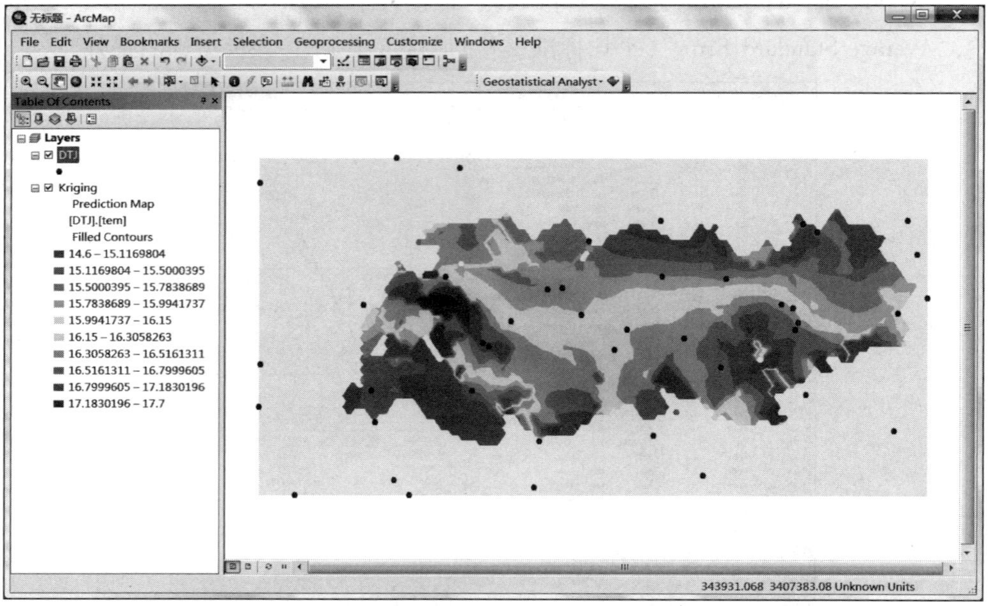

图 12－88

12.8.5 指示克里金插值

(1)创建概率图

①在 ArcMap 中加载实验源数据(位置:CH12\实验源数据\地统计分析源数据),如图 12-89 所示。

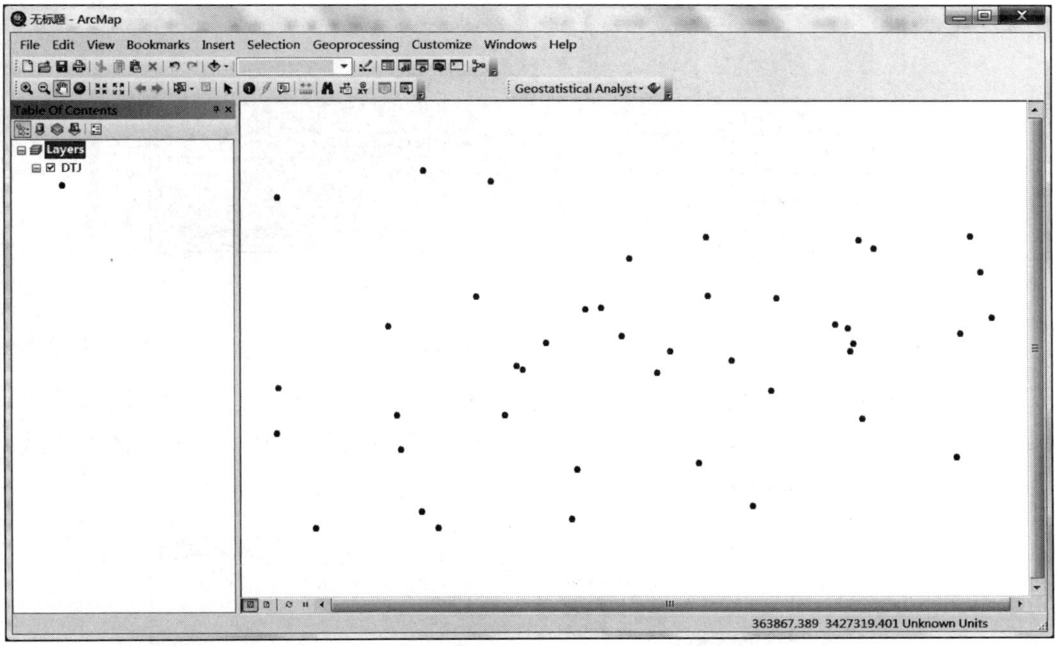

图 12-89

②如图 12-90 所示,点击"Geostatistical Analyst"(地统计分析)→"Geostatistical Wizard"(地统计向导)。

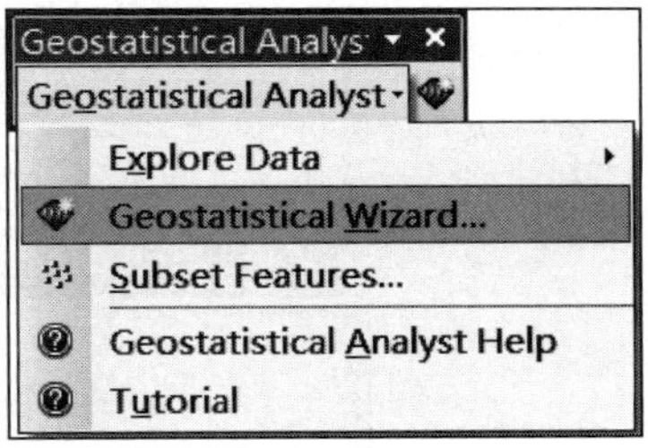

图 12-90

③如图 12-91 所示,在左侧窗口"Methods"(内插方法)中选择内插方法"Kriging/CoKriging"(克里金法/协同克里金法);在右边设置实验数据及属性:在"Source Dataset"(源数据集)中选择图层 DTJ,下方"Data Field"(数据字段)设置要进行插值的属性值的字段名,此处设置为"tem"。

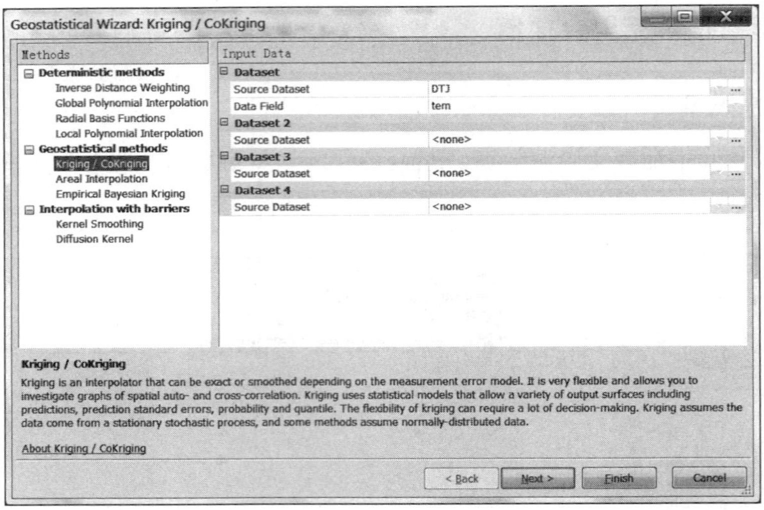

图 12－91

④点击"Next"(下一步),如图 12－92 所示,在左侧"Kriging Type"(克里金法类型)选择"Indicator"(指示器);在"Output Surface Type"(输出表面类型)列表中选择"Probability"(概率);在右边"Primary Threshold"(主阈值)窗口中设置"Threshold"(阈值方式)和"Threshold value"(阈值大小)。

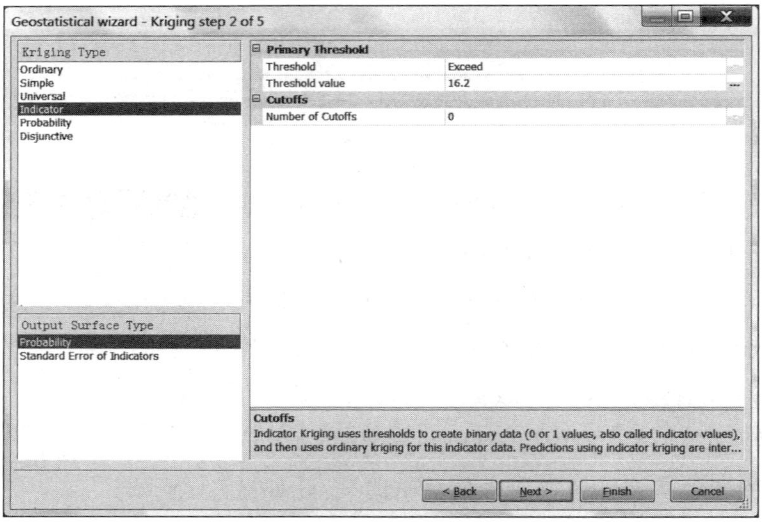

图 12－92

⑤点击"Next"(下一步),如图 12－93 所示,在右侧窗口设置"Model Nugget"(模型块金值);在"Model #1"(模型#1)区域内设置半变异函数的"Type"(类型)、"Anisotropy"(各向异性);在下方设置"Lag Size"(步长大小)与"Number of Lags"(步长数)。

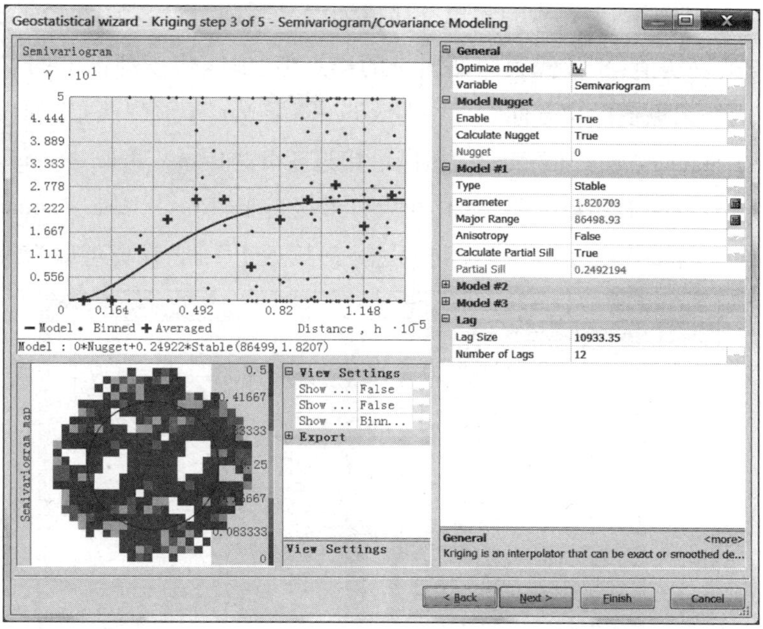

图 12 - 93

⑥点击“Next”(下一步),如图 12 - 94 所示,在“Neighborhood type”(邻域类型)中设置预览预测点的效果图;在“Maximum neighbors”(最大相邻要素数)中设置搜索半径内使用预测点的最大个数;在“Minimum neighbors”(最小相邻要素数)中设置搜索半径内使用预测点的最小个数;在“Sector type”(扇区类型)中设置选择区域扇区形状;在“Angle”(角度)中设置扇形区域旋转的角度;在“Copy from Variogram”(从变异函数中复制)中设置是否从变异函数中拷贝数据。

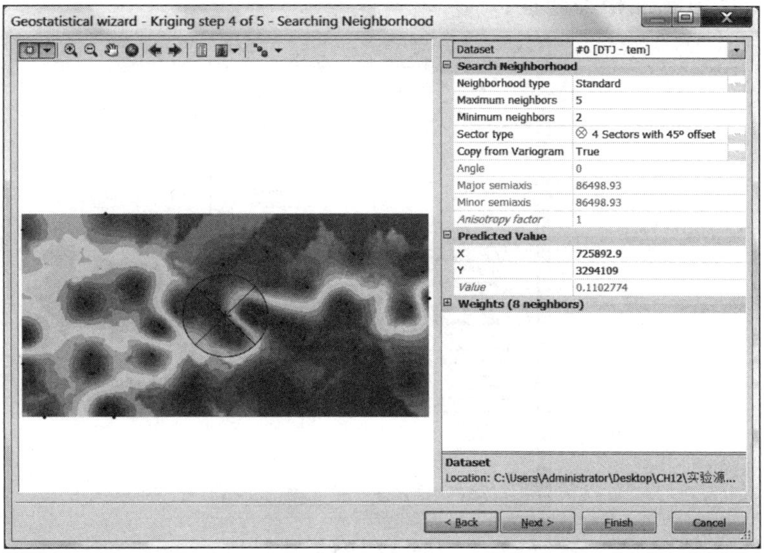

图 12 - 94

⑦点击“Next”(下一步),打开克里金插值的交叉验证窗口。如图 12-95 所示,其中 X 轴代表样点的真实值,Y 轴代表内插出来的样点值,虚线代表理论上的点值的拟合曲线,实线代表内插出点值的拟合曲线。在“Prediction Errors”(预测误差)列表中的几个指标中,当“Mean Standardized”(标准平均值)最接近于 0,“Root-Mean-Square”(均方根)最小,“Average Standard Error”(平均标准误差)最接近于“Root-Mean-Square”(均方根)误差,“Average Standard Error”(平均标准误差)最接近于 1 时,该模型即为最优。

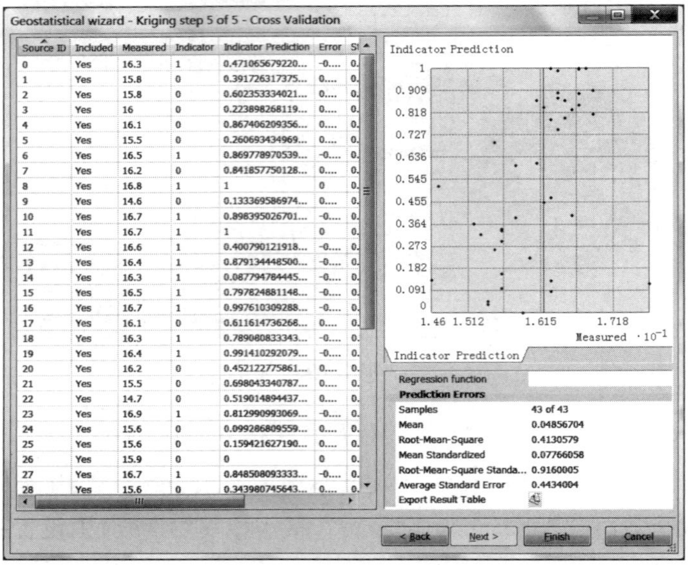

图 12-95

⑧点击“Finish”(完成),弹出“Method Report”(方法报告)窗口,如图 12-96 所示。在该窗口检查插值属性相关设置。

图 12-96

⑨点击“OK”(确定),生成插值结果图,如图 12－97 所示。

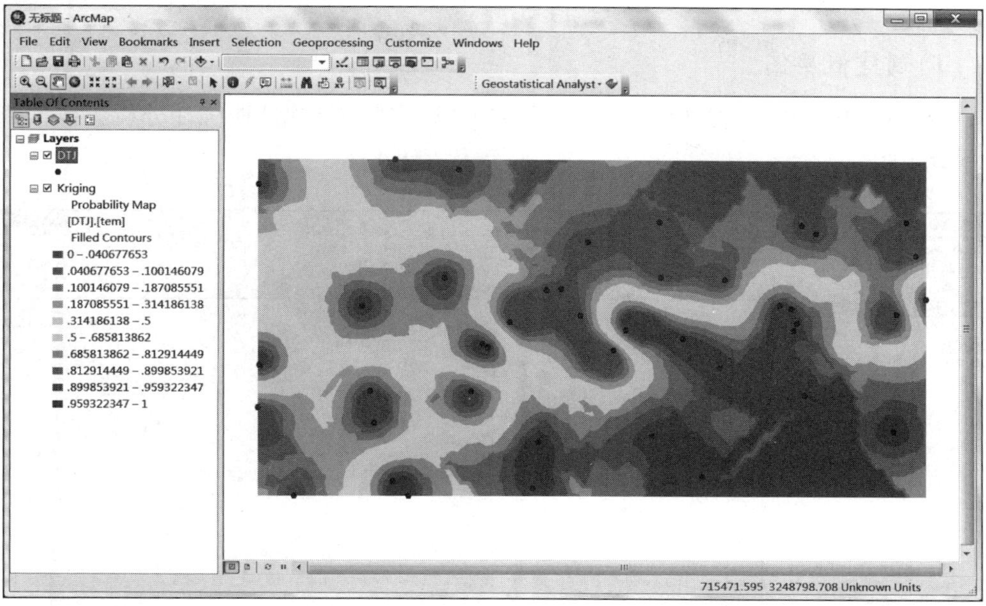

图 12－97

(2)创建标准误差指示图

创建标准误差指示图与创建概率图步骤大同小异,只需要在图 12－92 所示的操作窗口中的“Output Surface Type”(输出表面类型)中选择“Standard Error of Indicators”(标准误差指示图)。对 DTJ 创建的标准误差指示图如图 12－98 所示。

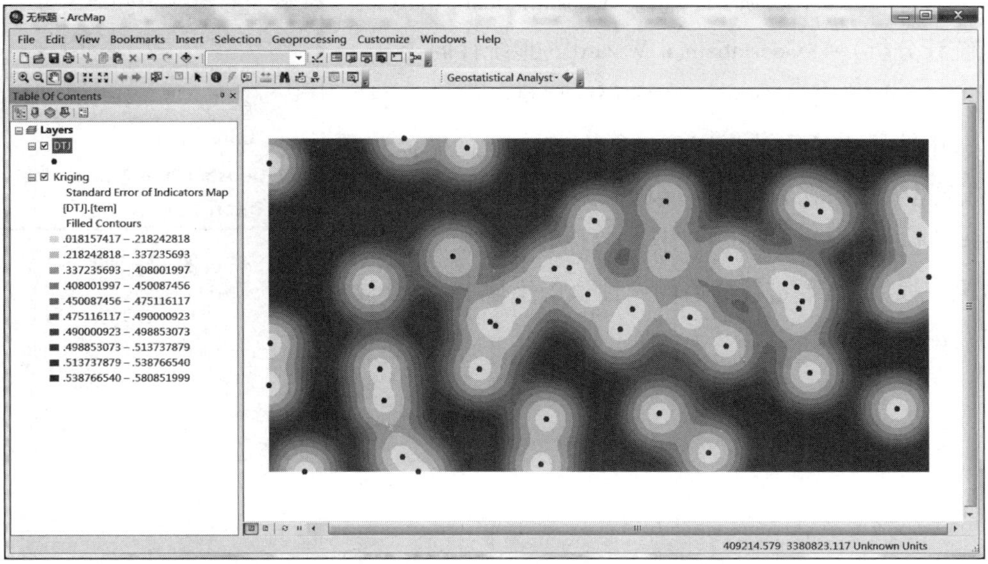

图 12－98

12.8.6 概率克里金插值

(1)创建概率图

①在 ArcMap 中加载实验源数据(位置:CH12\实验源数据\地统计分析源数据),如图 12-99 所示。

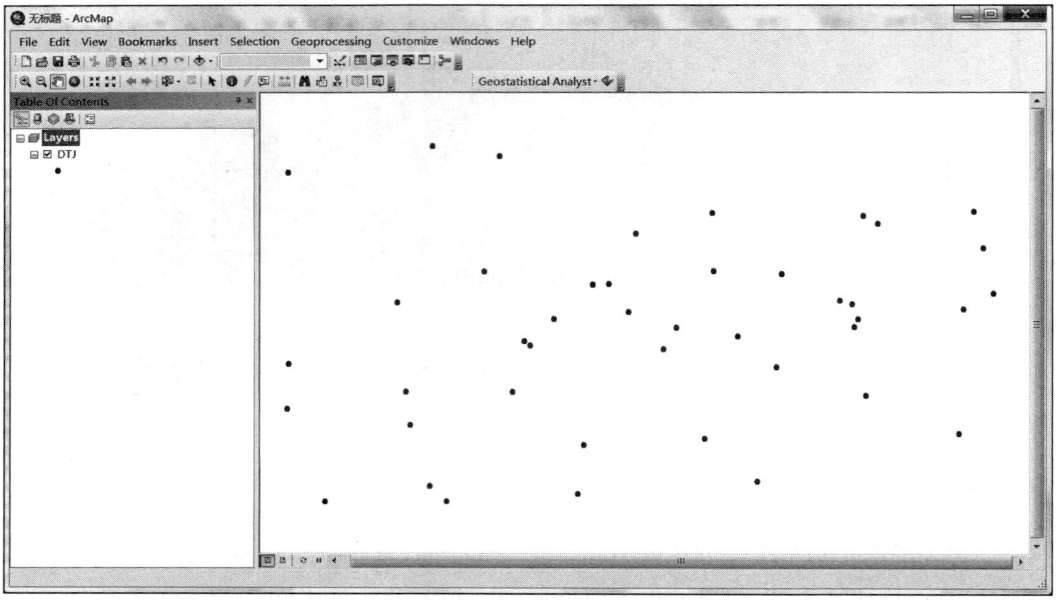

图 12-99

②如图 12-100 所示,点击"Geostatistical Analyst"(地统计分析)→"Geostatistical Wizard"(地统计向导)。

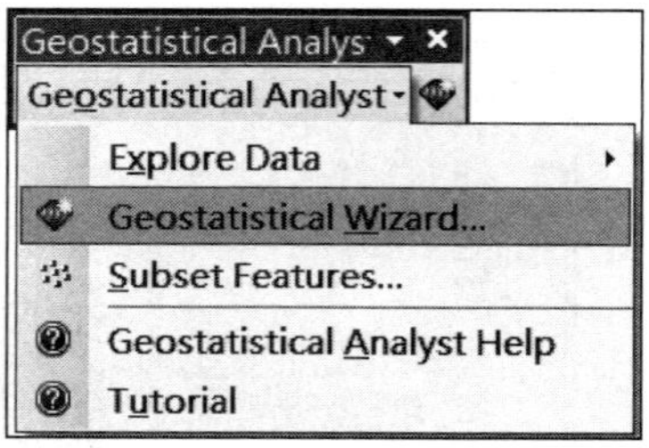

图 12-100

③如图 12-101 所示,在左侧窗口"Methods"(内插方法)中选择内插方法"Kriging/CoKriging"(克里金法/协同克里金法);在右边设置实验数据及属性:在"Source Dataset"(源数据集)中选择图层 DTJ,下方"Data Field"(数据字段)设置要进行插值的属性值的字段名,此处设置为"tem"。

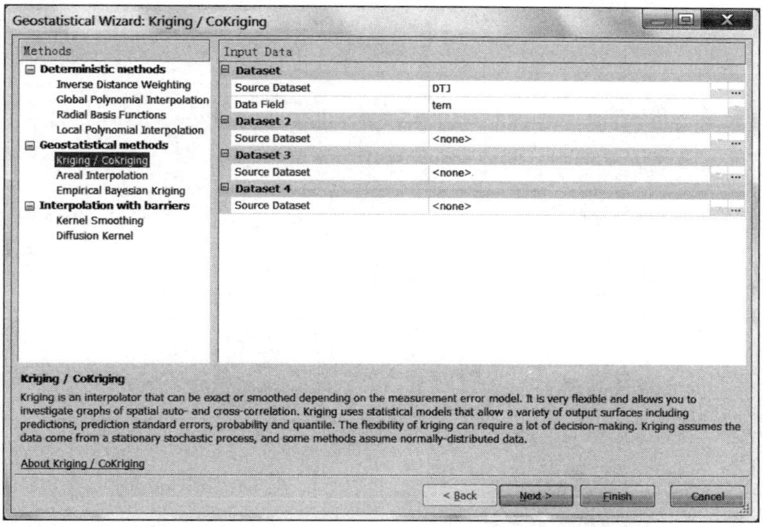

图 12－101

④点击“Next”(下一步),如图 12－102 所示,在左侧“Kriging Type”(克里金法类型)选择“Probability”(概率);在“Output Surface Type”(输出表面类型)列表中选择“Probability”(概率);在右侧“Dataset#1”(数据集#1)中的“Transformation type”(变换类型)中选择变换方式为 None;在右边“Primary Threshold”(主阈值)窗口中设置“Threshold”(阈值方式)和“Threshold value”(阈值大小)。

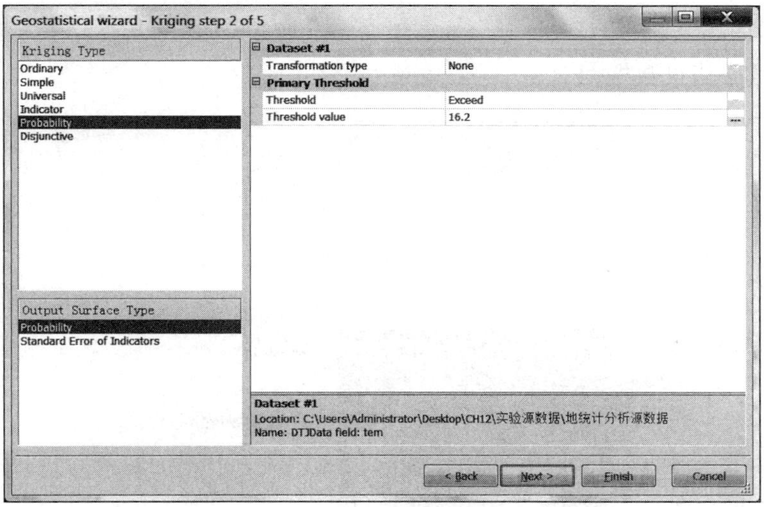

图 12－102

⑤点击“Next”(下一步),如图 12－103 所示,在右侧窗口设置“Model Nugget”(模型块金值);在“Model#1”(模型#1)区域内设置半变异函数的“Type”(类型)、“Anisotropy”(各向异性);在下方设置“Lag Size”(步长大小)与“Number of Lags”(步长数)。

⑥点击“Next”(下一步),如图 12－104 所示,在“Neighborhood type”(邻域类型)中设

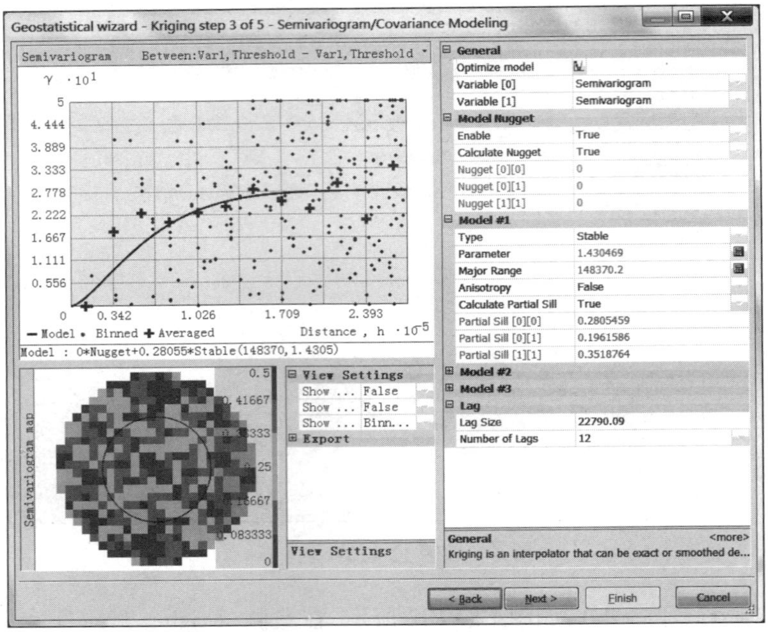

图 12－103

置预览预测点的效果图；在“Maximum neighbors”（最大相邻要素数）中设置搜索半径内使用预测点的最大个数；在“Minimum neighbors”（最小相邻要素数）中设置搜索半径内使用预测点的最小个数；在“Sector type”（扇区类型）中设置选择区域扇区形状；在“Angle”（角度）中设置扇形区域旋转的角度；在“Copy from Variogram”（从变异函数中复制）中设置是否从变异函数中拷贝数据。

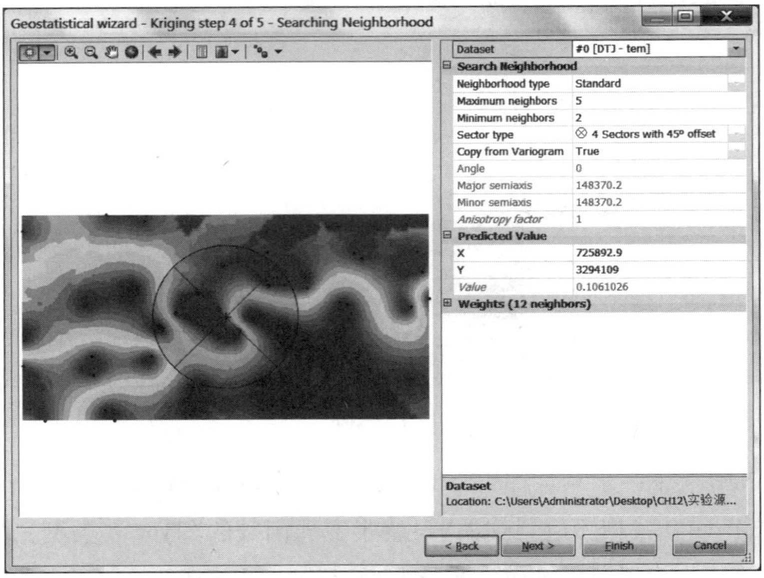

图 12－104

⑦点击“Next”(下一步),打开克里金插值的交叉验证窗口。如图12-105所示,其中X轴代表样点的真实值,Y轴代表内插出来的样点值,虚线代表理论上的点值的拟合曲线,实线代表内插出点值的拟合曲线。在“Prediction Errors”(预测误差)列表中的几个指标中,当“Mean Standardized”(标准平均值)最接近于0,“Root-Mean-Square”(均方根)最小、“Average Standard Error”(平均标准误差)最接近于“Root-Mean-Square”(均方根)误差,“Average Standard Error”(平均标准误差)最接近于1时,该模型即为最优。

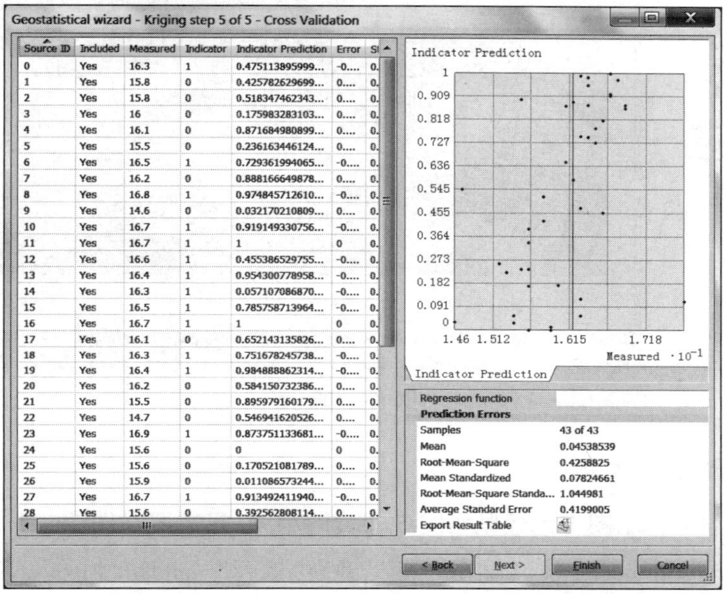

图12-105

⑧点击“Finish”(完成),弹出“Method Report”(方法报告)窗口,如图12-106所示。在该窗口检查插值属性相关设置。

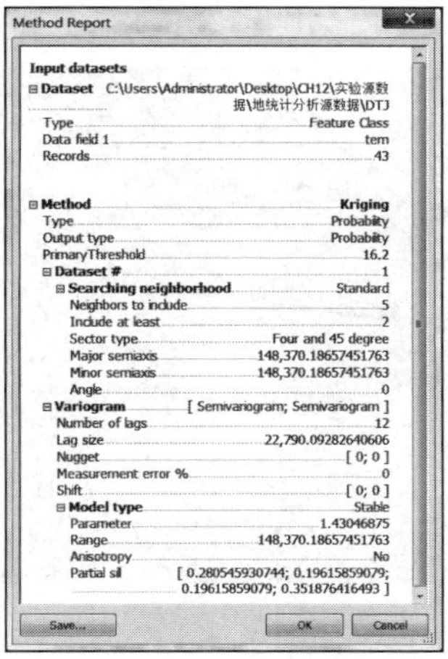

图12-106

⑨点击“OK”(确定),生成插值结果图,如图 12-107 所示。

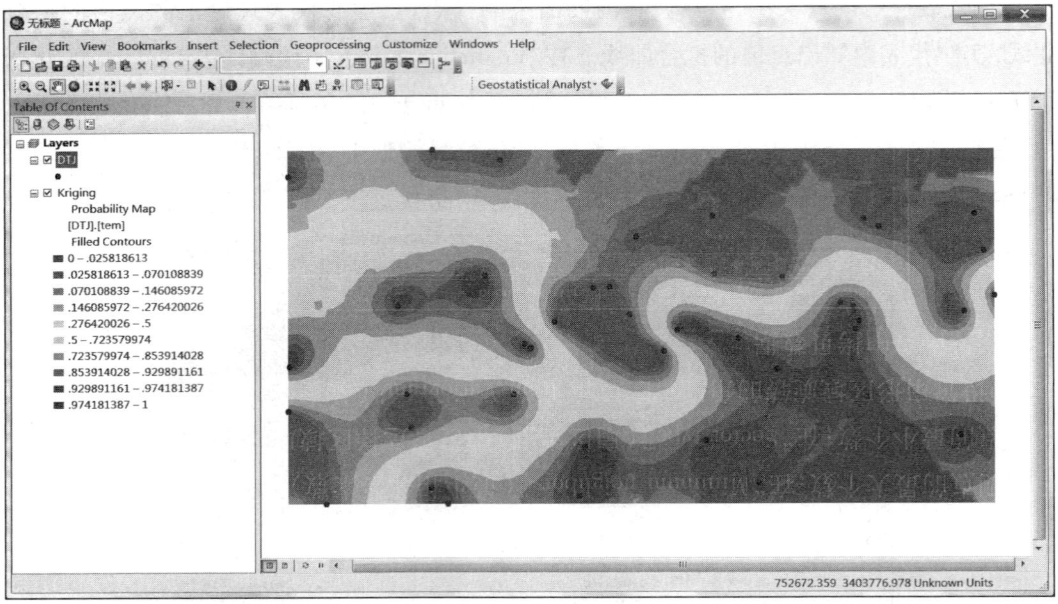

图 12-107

(2)创建标准误差指示图

创建标准误差指示图与创建概率图步骤大同小异,只需要在图 12-102 所示的操作窗口中的“Output Surface Type”(输出表面类型)中选择“Standard Error of Indicators”(标准误差指示图)。对 DTJ 创建的标准误差指示图如图 12-108 所示。

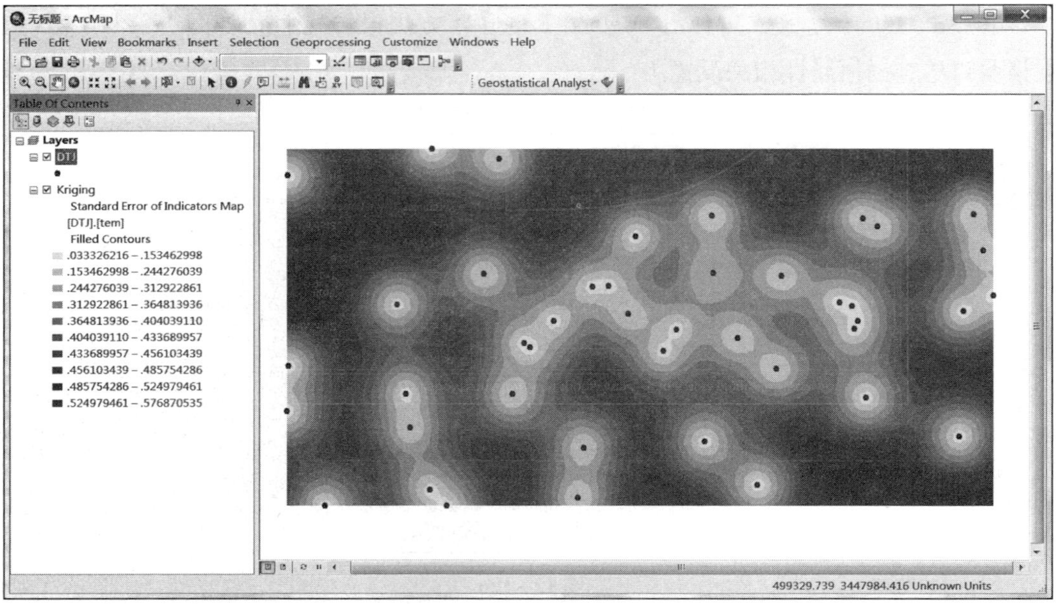

图 12-108

12.8.7　析取克里金插值

该处实验以利用析取克里金插值创建预测图为例进行说明，其他功能图的创建与此相似，具体可以参考以下方法以及普通克里金插值创建方法，此处不再对析取克里金插值创建概率图、标准误差预测图、标准误差指示图进行详细解释。读者可自行进行实验操作。

①在 ArcMap 中加载实验源数据（位置：CH12\实验源数据\地统计分析源数据），如图 12－109 所示。

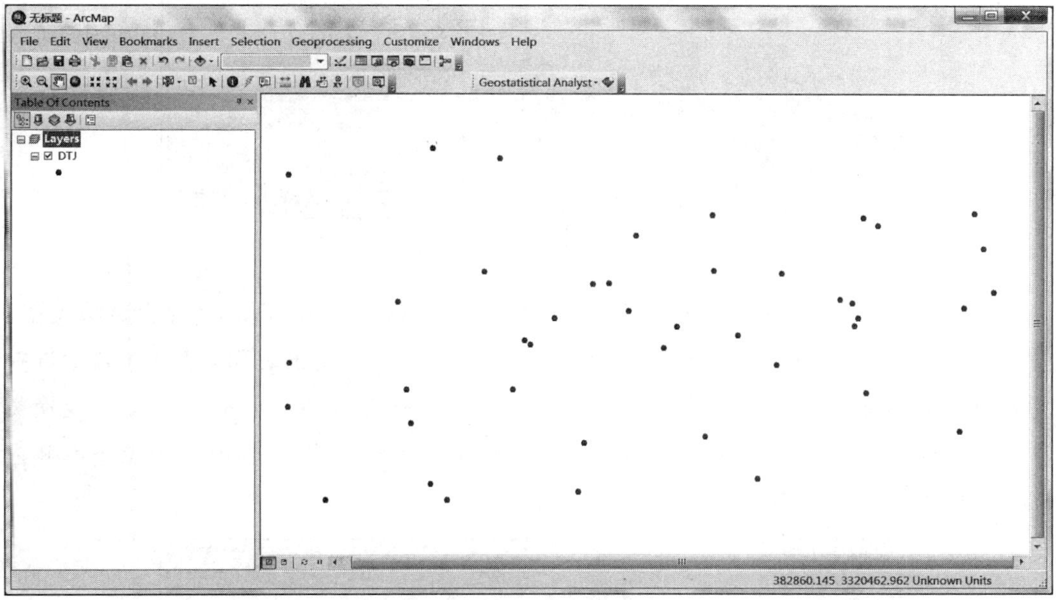

图 12－109

②如图 12－110 所示，点击“Geostatistical Analyst”（地统计分析）→“Geostatistical Wizard”（地统计向导）。

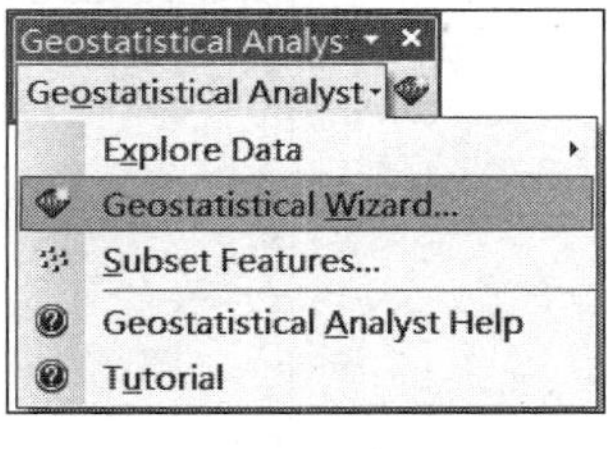

图 12－110

③如图 12－111 所示，在左侧窗口“Methods”（内插方法）中选择内插方法“Kriging/CoKriging”（克里金法/协同克里金法）；在右边设置实验数据及属性：在“Source Dataset”（源数据集）中选择图层 DTJ，下方“Data Field”（数据字段）设置要进行插值的属性值的字段名，此处设置为“tem”。

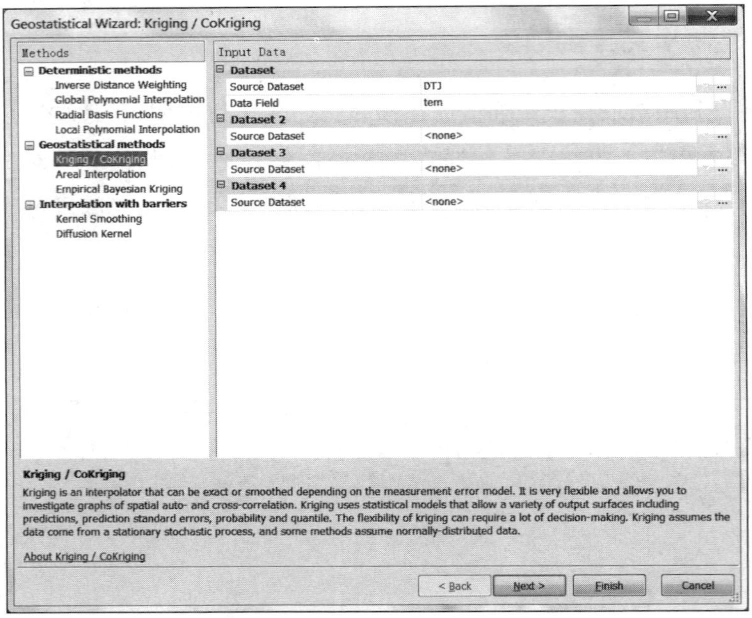

图 12-111

④点击"Next"(下一步),如图 12-112 所示,在左侧"Kriging Type"(克里金法类型)选择"Disjuntive"(析取克里金);在"Output Surface Type"(输出表面类型)列表中选择"Probability"(概率);在右侧"Dataset#1"(数据集#1)中的"Transformation type"(变换类型)中选择变换方式为 Log;在"Order of trend removal"(趋势的移除阶数)中点击右侧白色按钮下拉菜单选择 Third,即为三阶多项式。

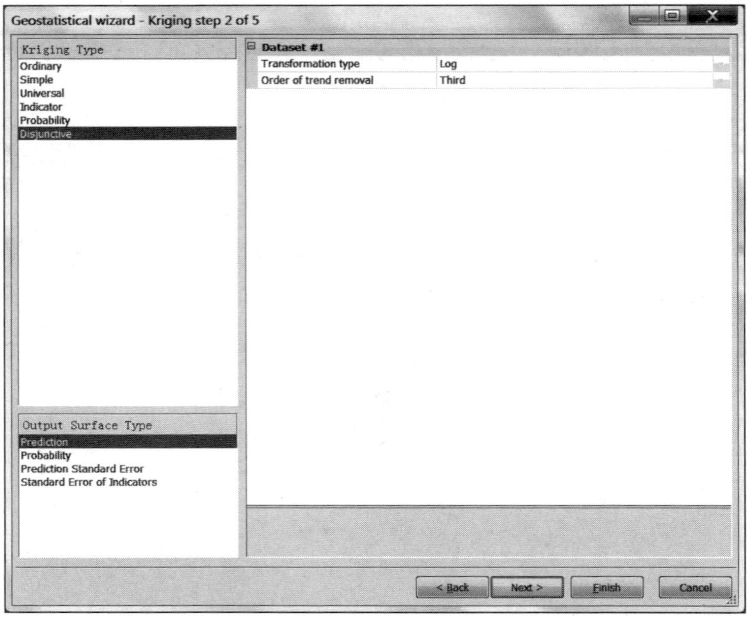

图 12-112

⑤点击“Next”（下一步）。在图 12－113 所示窗口再次点击“Next”（下一步）。

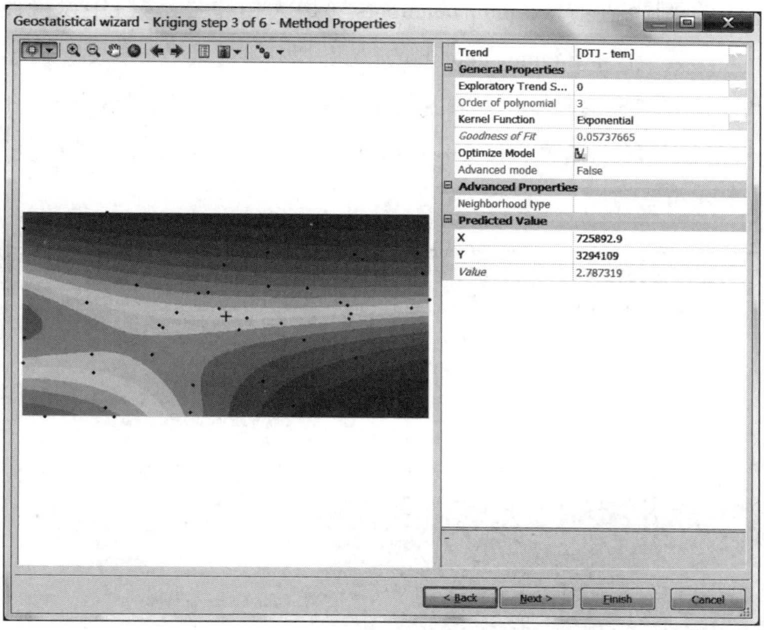

图 12－113

⑥如图 12－114 所示，在右侧窗口设置“Model Nugget”（模型块金值）；在“Model#1”（模型#1）区域内设置半变异函数的“Type”（类型）、“Anisotropy”（各向异性）；在下方设置“Lag Size”（步长大小）与“Number of Lags”（步长数）。

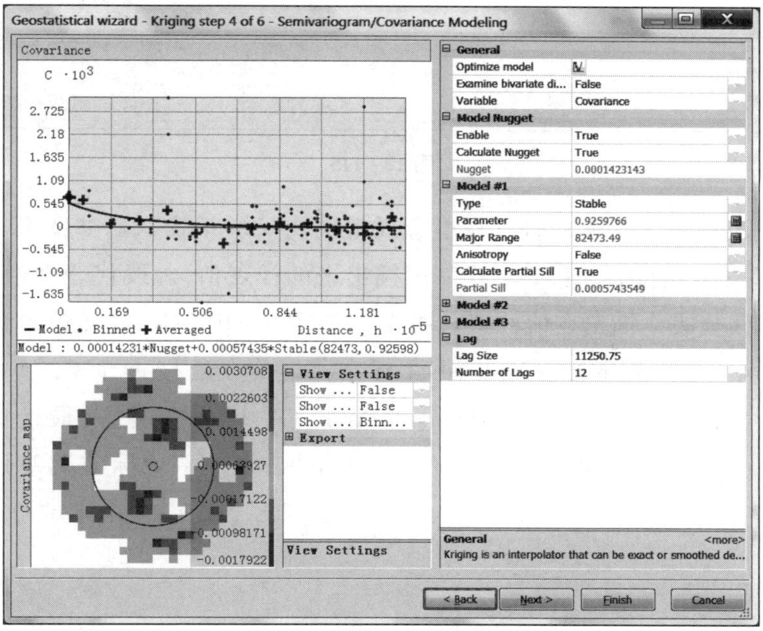

图 12－114

⑦点击“Next”(下一步),如图12-115所示,在“Neighborhood type”(邻域类型)中设置预览预测点的效果图;在“Maximum neighbors”(最大相邻要素数)中设置搜索半径内使用预测点的最大个数;在“Minimum neighbors”(最小相邻要素数)中设置搜索半径内使用预测点的最小个数;在“Sector type”(扇区类型)中设置选择区域扇区形状;在“Angle”(角度)中设置扇形区域旋转的角度;在“Copy from Variogram”(从变异函数中复制)中设置是否从变异函数中拷贝数据。

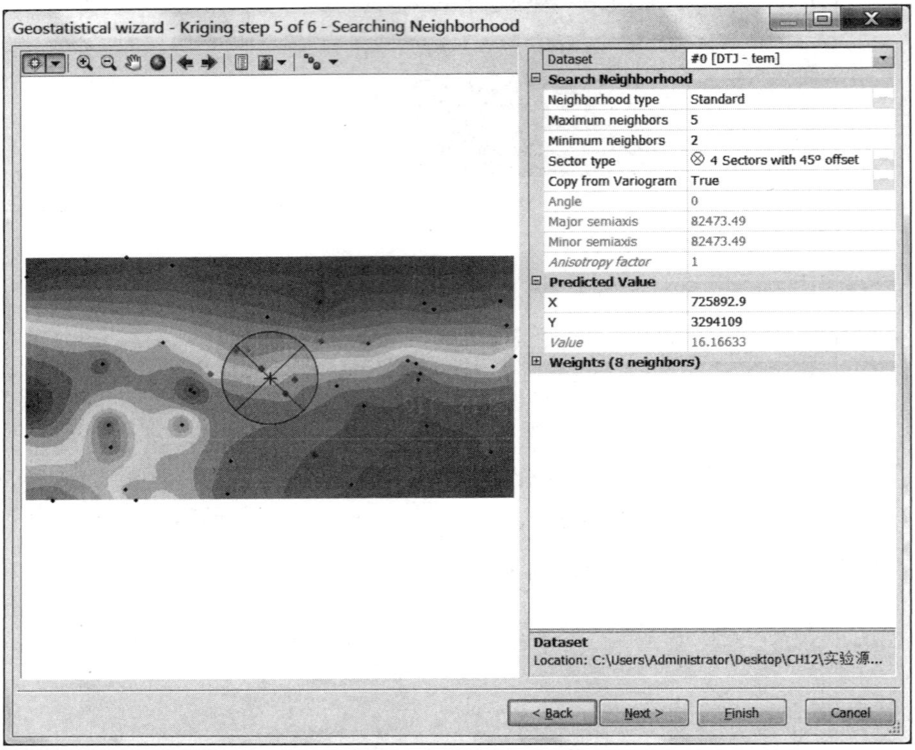

图 12-115

⑧点击“Next”(下一步),打开克里金插值的交叉验证窗口。如图12-116所示,其中X轴代表样点的真实值,Y轴代表内插出来的样点值,虚线代表理论上的点值的拟合曲线,实线代表内插出点值的拟合曲线。在“Prediction Errors”(预测误差)列表中的几个指标中,当“Mean Standardized”(标准平均值)最接近于0,“Root-Mean-Square”(均方根)最小,“Average Standard Error”(平均标准误差)最接近于“Root-Mean-Square”(均方根)误差,“Average Standard Error”(平均标准误差)最接近于1时,该模型即为最优。

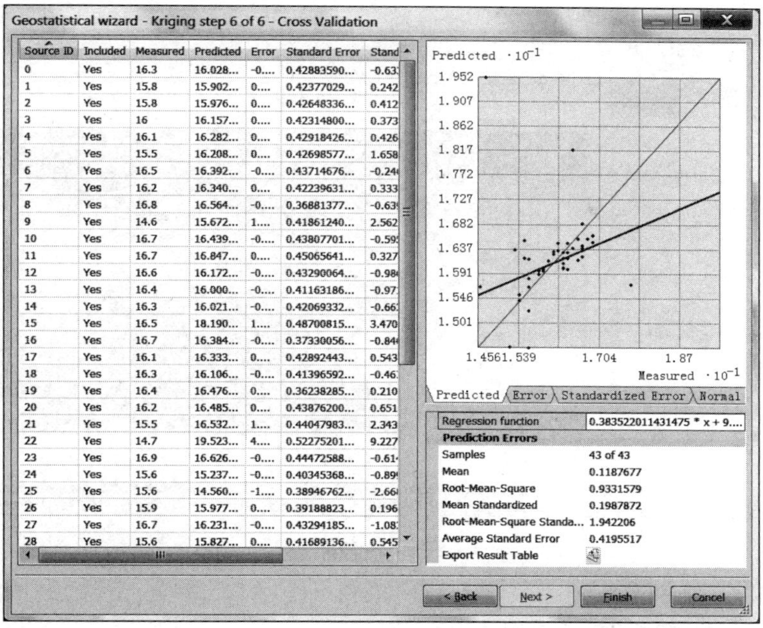

图 12－116

⑨点击“Finish”(完成)，弹出“Method Report”(方法报告)窗口，如图 12－117 所示。在该窗口检查插值属性相关设置。

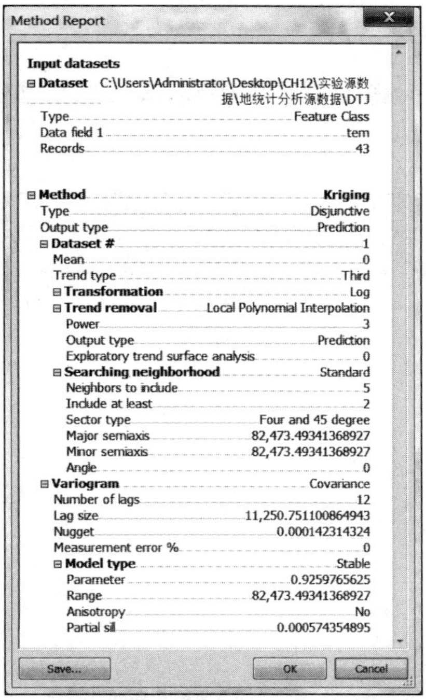

图 12－117

⑩点击“OK”(确定)，生成插值结果图，如图 12－118 所示。

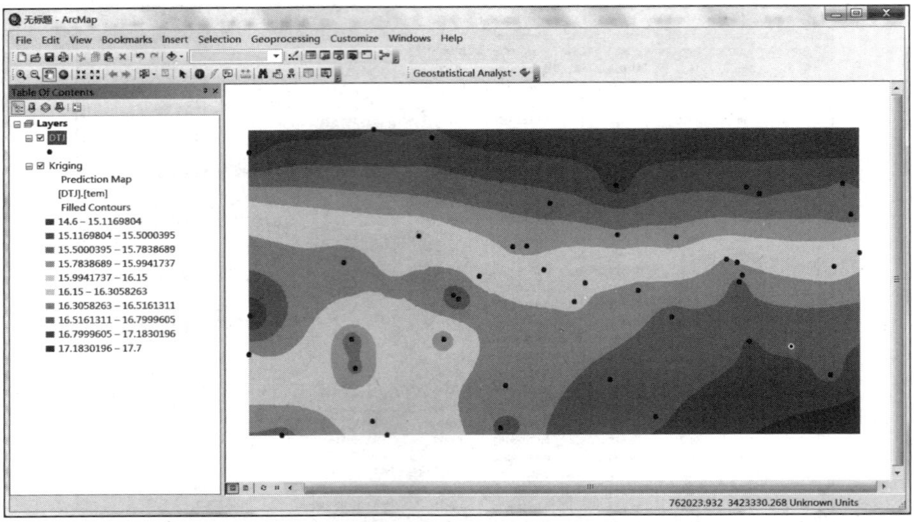

图 12 – 118

12.8.8 协同克里金插值

协同克里金插值把区域化变量的最佳估值方法从单一属性发展到两个以上的协同区域化属性。当同一空间位置的样点的某个属性与其他属性存在密切相关的空间关系，且某些属性获得不易，而另一些属性容易获取时，如果这两种属性存在空间相关，可以考虑选用协同克里金法进行插值。

①在 ArcMap 中加载实验源数据（位置：CH12 \实验源数据 \地统计分析源数据），如图 12 – 119 所示。

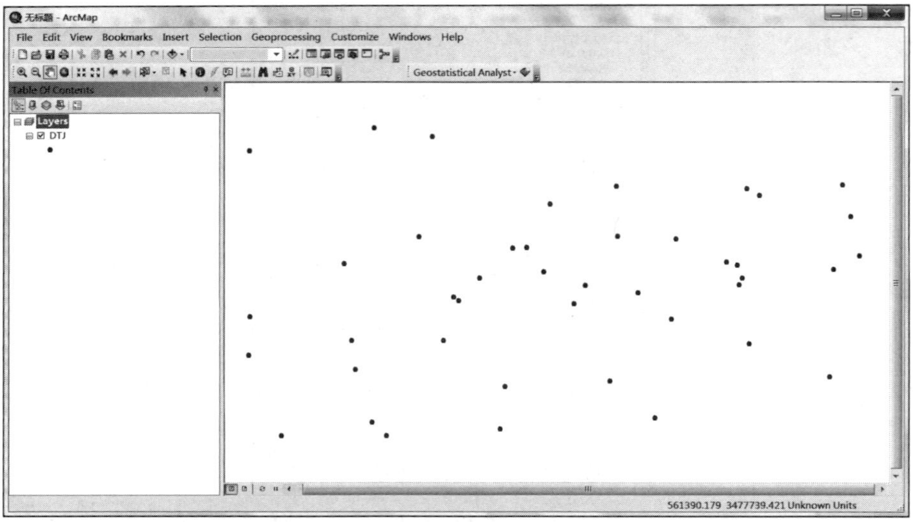

图 12 – 119

②如图 12－120 所示，点击“Geostatistical Analyst”(地统计分析)→“Geostatistical Wizard”(地统计向导)。

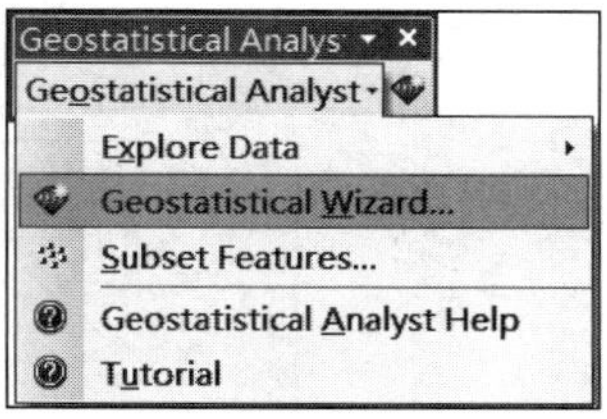

图 12－120

③打开新窗口，如图 12－121 所示，在左侧窗口“Methods”(内插方法)中选择内插方法“Kriging/CoKriging”(克里金法/协同克里金法)；在右边设置实验数据及属性：在“Dataset”下方选项栏中的“Source Dataset”(源数据集)中选择图层 DTJ，下方“Data Field”(数据字段)设置要进行插值的属性值的字段名，此处设置为“tem”；在“Dataset 2”下方选项栏中的“Source Dateset”(源数据)中选择图层 DTJ，下方“Data Field”(数据字段)设置要进行插值的属性值的字段名，此处设置为“RH”。

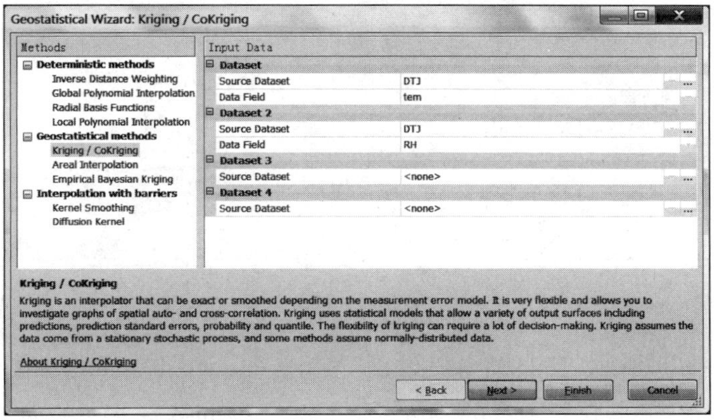

图 12－121

④点击“Next”(下一步)，如图 12－122 所示，在左侧“CoKriging Type”(克里金法类型)根据两个数据的状况选择上述六种克里金插值方法；在“Output Surface Type”(输出表面类型)列表中选择“Prediction”(预测)；在右侧设置第一个数据的“Transformation type”(变换类型)的变换方式为“Normal Score”；设置第二个数据的“Transformation type”(变换类型)的变换方式为“Normal Score”。

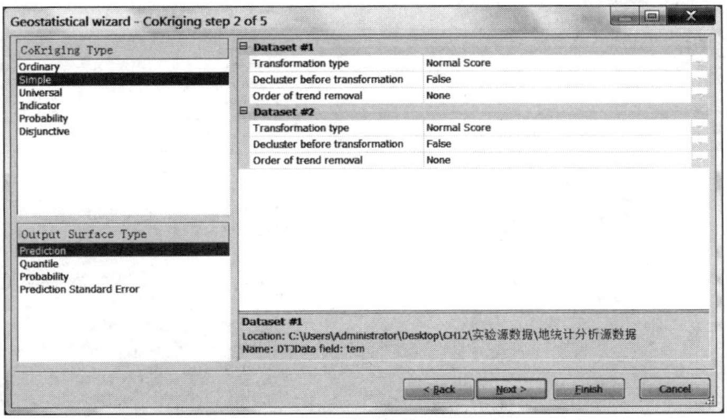

图 12－122

⑤点击“Next”(下一步)。在图 12－123 所示窗口再次点击“Next”(下一步)。

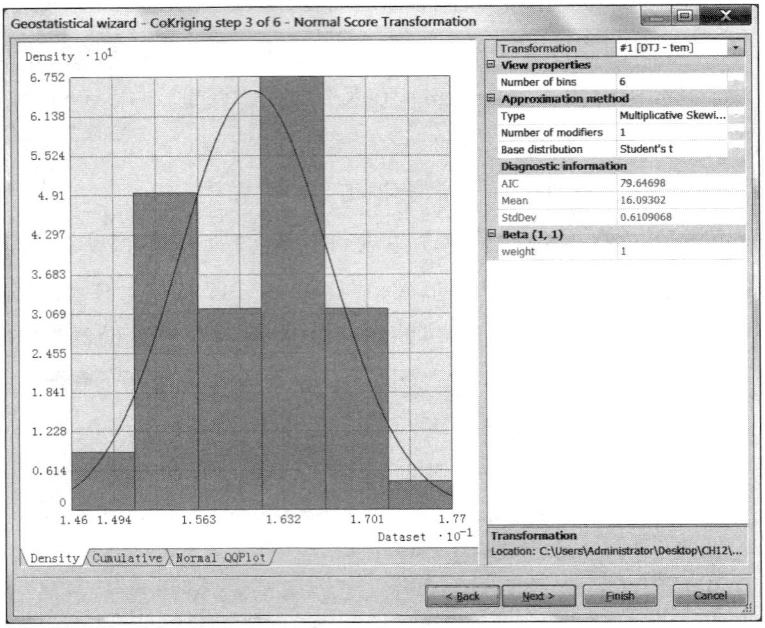

图 12－123

⑥如图 12－124 所示,在右侧窗口设置“Model Nugget”(模型块金值);在“Model#1”(模型#1)区域内设置半变异函数的“Type”(类型)、“Anisotropy”(各向异性);在下方设置“Lag Size”(步长大小)与“Number of Lags”(步长数)。

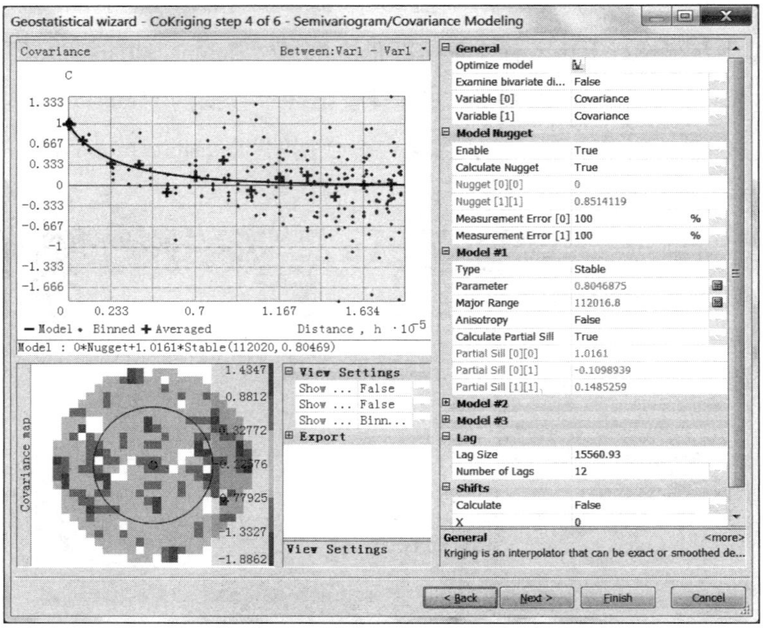

图 12－124

⑦点击“Next”(下一步),如图 12－125 所示。在“Neighborhood type”(邻域类型)中设置预览预测点的效果图;在“Maximum neighbors”(最大相邻要素数)中设置搜索半径内使用预测点的最大个数;在“Minimum neighbors”(最小相邻要素数)中设置搜索半径内使用预测点的最小个数;在“Sector type”(扇区类型)中设置选择区域扇区形状;在“Angle”(角度)中设置扇形区域旋转的角度;在“Copy from Variogram”(从变异函数中复制)中设置是否从变异函数中拷贝数据。

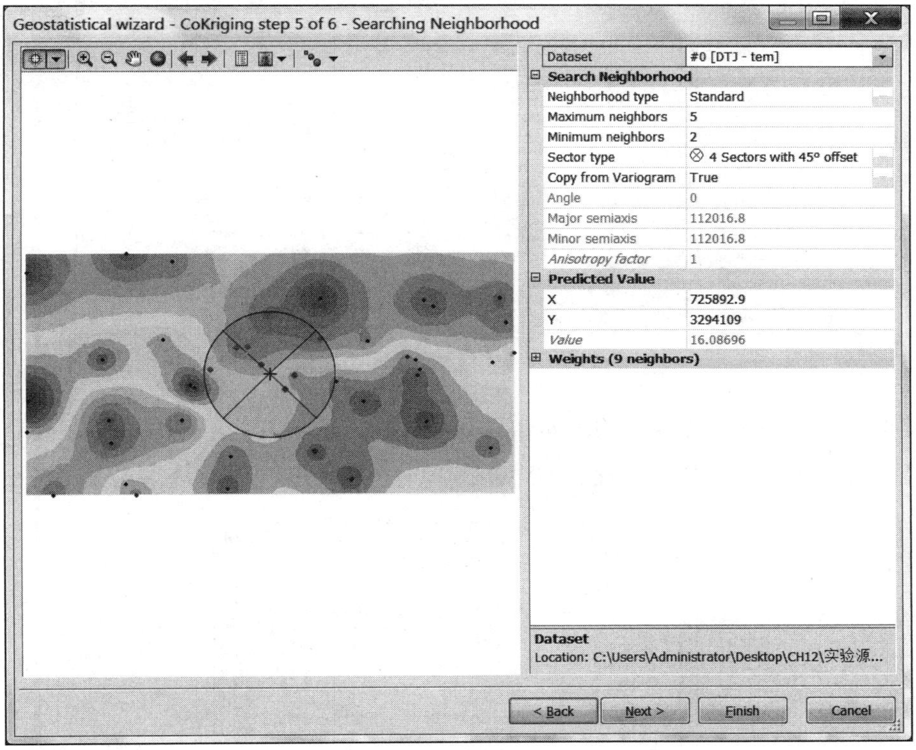

图 12－125

⑧点击“Next”(下一步),打开克里金插值的交叉验证窗口。如图 12－126 所示,其中 X 轴代表样点的真实值,Y 轴代表内插出来的样点值,虚线代表理论上的点值的拟合曲线,实线代表内插出点值的拟合曲线。在“Prediction Errors”(预测误差)列表中的几个指标中,当“Mean Standardized”(标准平均值)最接近于 0,“Root－Mean－Square”(均方根)最小,“Average Standard Error”(平均标准误差)最接近于“Root－Mean－Square”(均方根)误差,“Average Standard Error”(平均标准误差)最接近于 1 时,该模型即为最优。

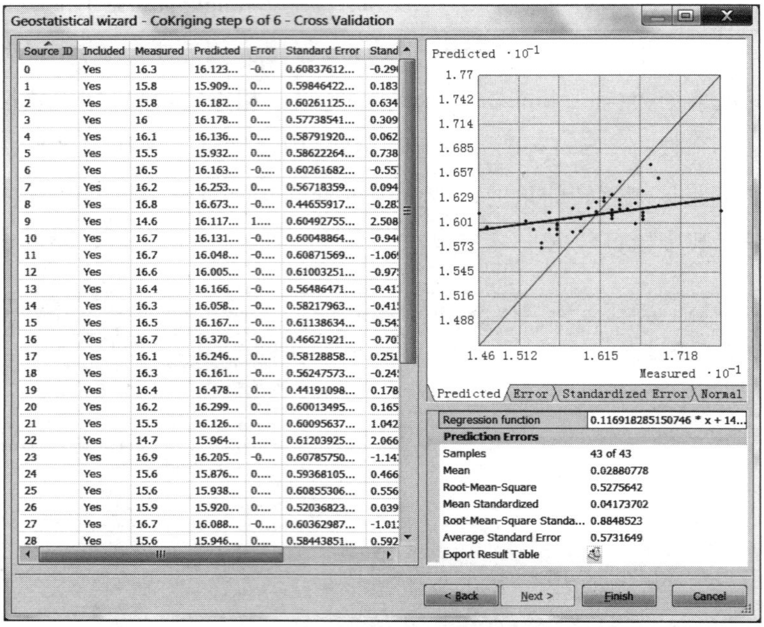

图 12－126

⑨点击“Finish”(完成),弹出“Method Report”(方法报告)窗口,如图 12－127 所示。在该窗口检查插值属性相关设置。

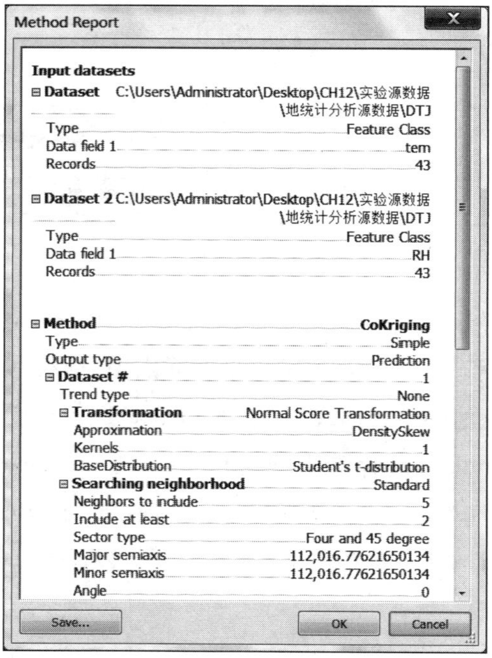

图 12－127

⑩点击“OK”(确定),生成插值结果图,如图 12－128 所示。

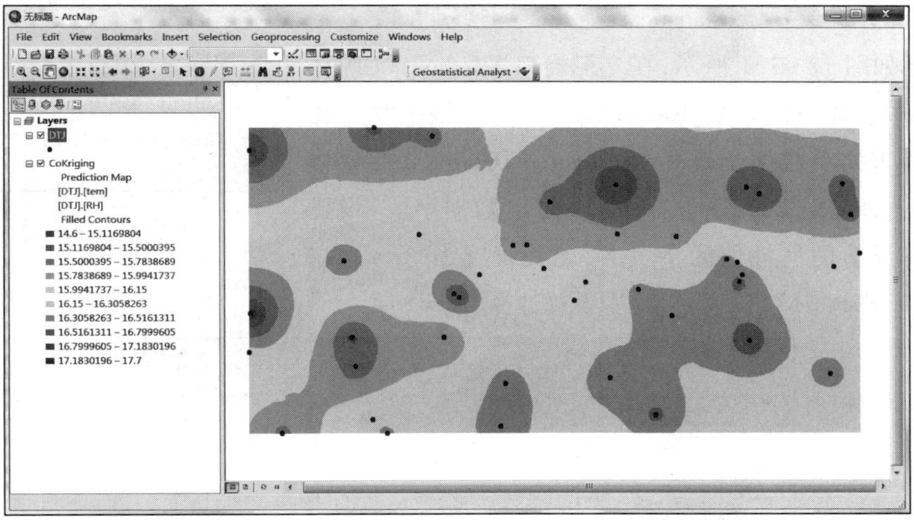

图 12－128

12.9　含障碍插值

含障碍插值是指将地形或者地表某类障碍也加入插值影响因素中,从而生成更为精确估值的插值方式。

12.9.1　含障碍的核插值(Kernel Smoothing)

①在 ArcMap 中加载实验源数据(位置:CH12\实验源数据\含障碍插值源数据),如图 12－129 所示。

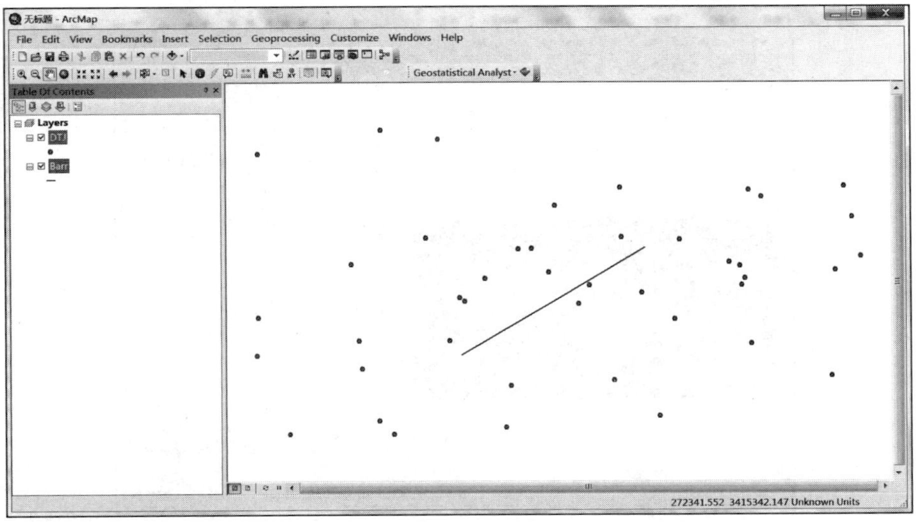

图 12－129

②如图 12－130 所示，点击“Geostatistical Analyst”（地统计分析）→“Geostatistical Wizard”（地统计向导）。

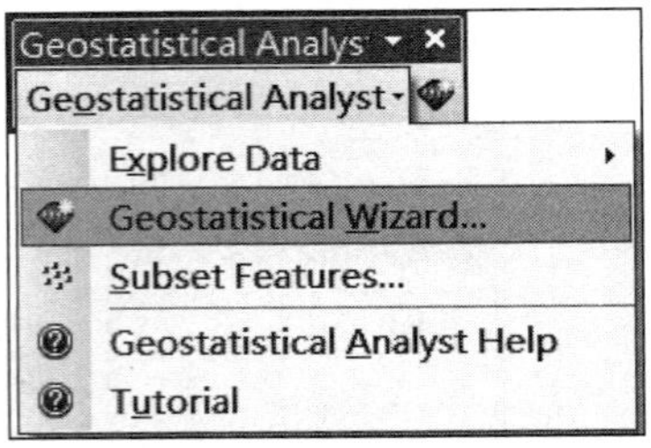

图 12－130

③如图 12－131 所示，在左侧窗口“Methods”（内插方法）中选择内插方法“Kernel Smoothing”（核平滑）；在右边设置实验数据及属性：在“Source Dataset”（源数据集）中选择图层 DTJ，下方“Data Field”（数据字段）设置要进行插值的属性值的字段名，此处设置为“tem”；在“Barrier Features”（障碍要素）中设置选择 Barr 图层。

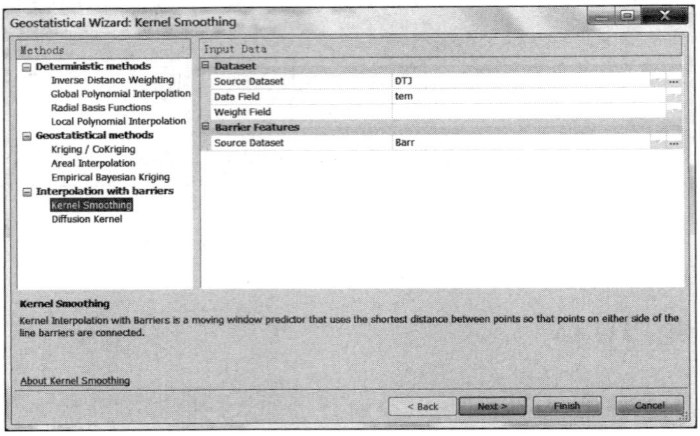

图 12－131

④点击“Next”（下一步），在“Kernel Function”（核函数）中设置函数类型：“Exponential”（指数函数）、“Gaussian”（高斯函数）、“Quartic”（四次式）、Epanechnikov、“Polynomial5”（5 阶多项式）和“Constant”（常数）；在“Order of polynomial”（多项式的阶）中设置为 0 或 1，此处设置如图 12－132 所示。

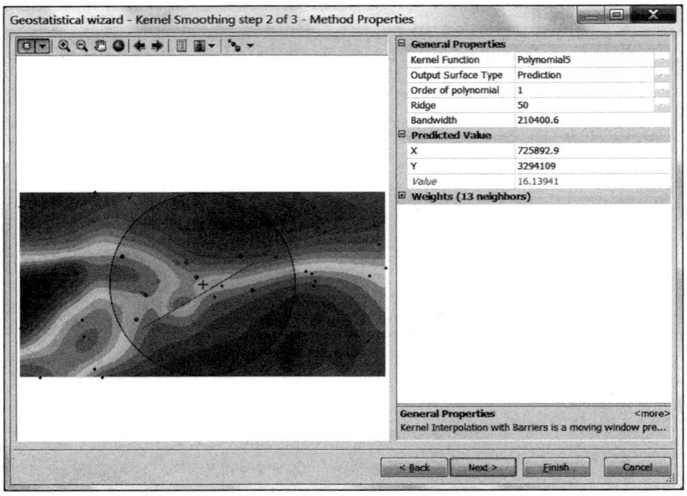

图 12－132

⑤点击“Next”(下一步),打开克里金插值的交叉验证窗口。如图12-133所示,其中X轴代表样点的真实值,Y轴代表内插出来的样点值,虚线代表理论上的点值的拟合曲线,实线代表内插出点值的拟合曲线。在“Prediction Errors”(预测误差)列表中的几个指标中,当“Mean Standardized”(标准平均值)最接近于0,“Root-Mean-Square”(均方根)最小,“Average Standard Error”(平均标准误差)最接近于“Root-Mean-Square”(均方根)误差,“Average Standard Error”(平均标准误差)最接近于1时,该模型即为最优。

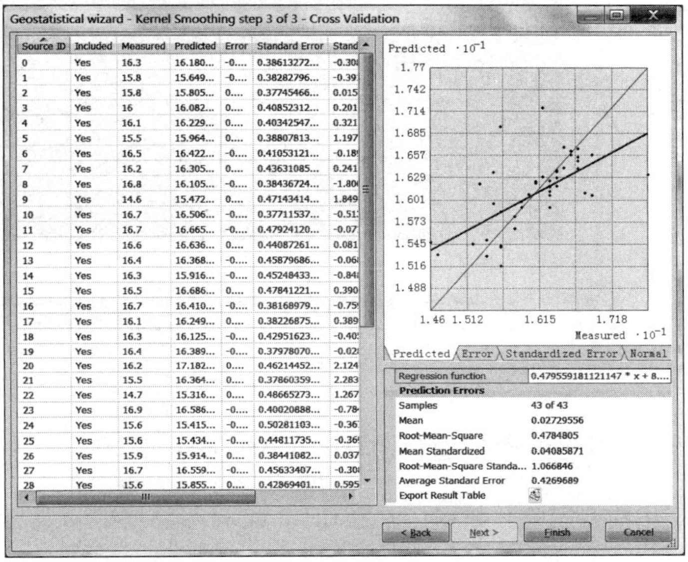

图12-133

⑥点击“Finish”(完成),弹出“Method Report”(方法报告)窗口,如图12-134所示。在该窗口检查插值属性相关设置。

图12-134

⑦点击“OK”(确定),生成核插值结果图,如图 12-135 所示。

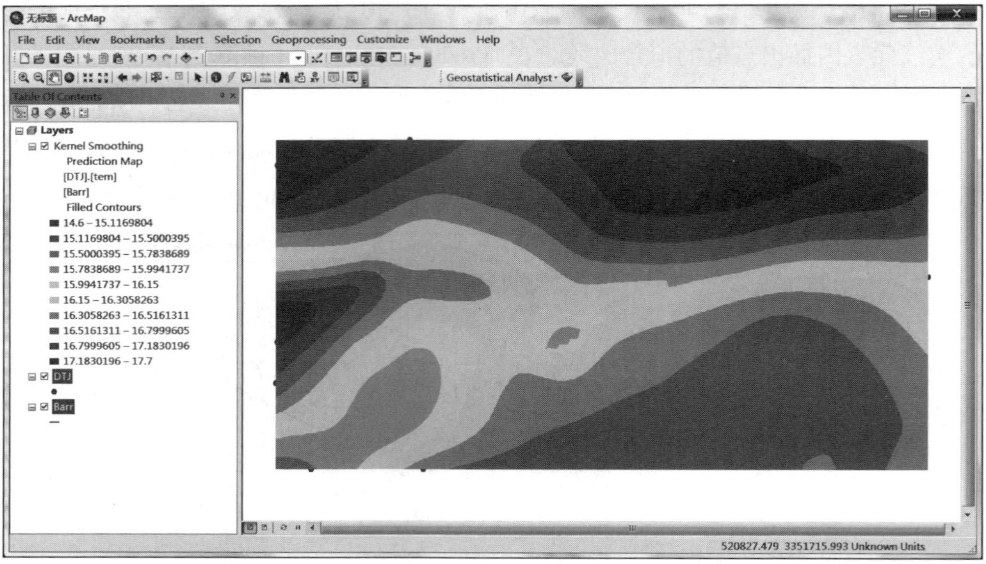

图 12-135

12.9.2 含障碍的扩散插值(Diffusion Kernel)

①在 ArcMap 中加载实验源数据(位置:CH12\实验源数据\含障碍插值源数据),如图 12-136 所示。

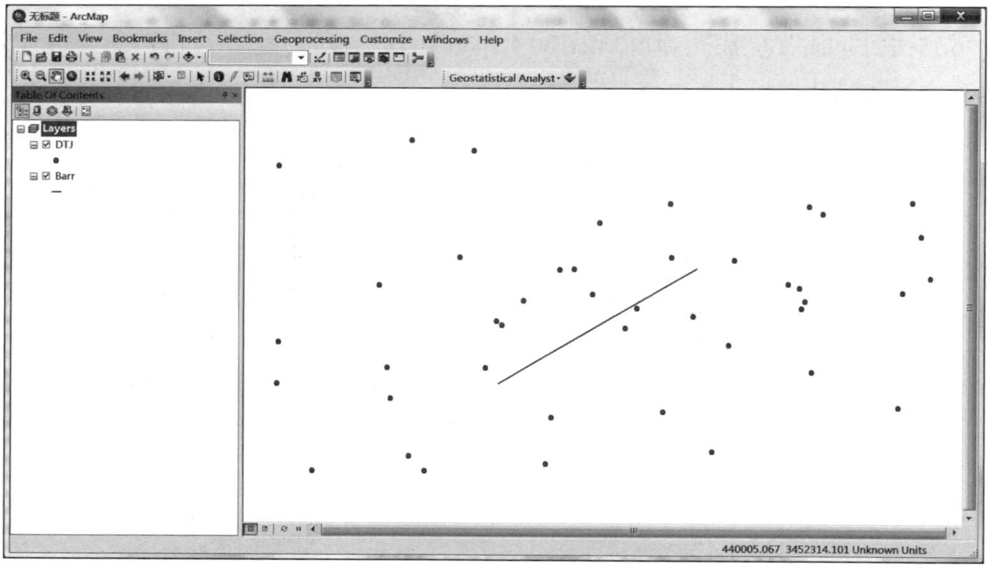

图 12-136

②如图 12－137 所示，点击“Geostatistical Analyst”（地统计分析）→“Geostatistical Wizard”（地统计向导）。

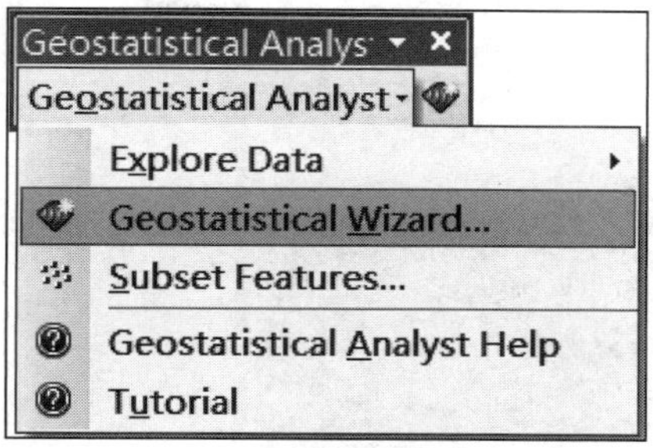

图 12－137

③如图 12－138 所示，在左侧窗口“Methods”（内插方法）中选择内插方法“Diffusion Kernel”（扩散核），在右边设置实验数据及属性：在“Source Dataset”（源数据集）中选择图层 DTJ，下方“Data Field”（数据字段）设置要进行插值的属性值的字段名，此处设置为“tem”；在“Barrier Features”（障碍要素）中设置选择 Barr 图层。

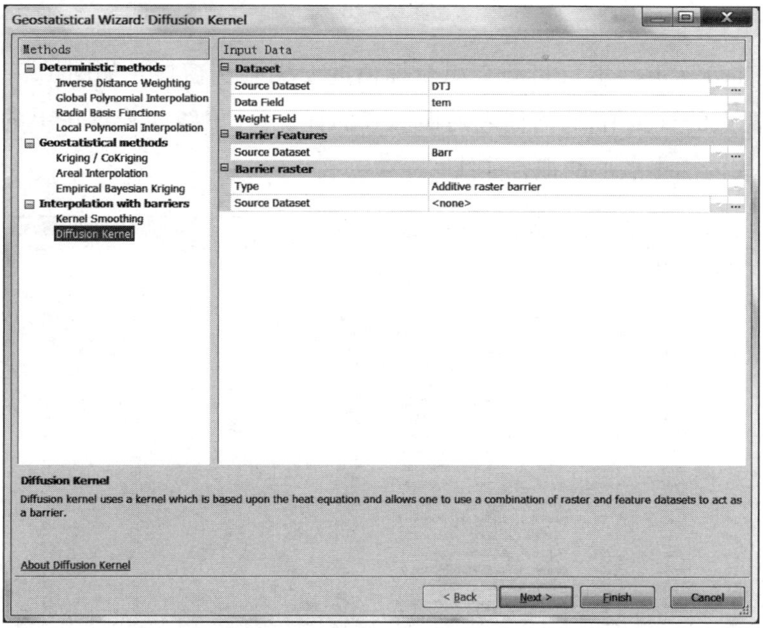

图 12－138

④点击“Next”（下一步），如图 12－139 所示。

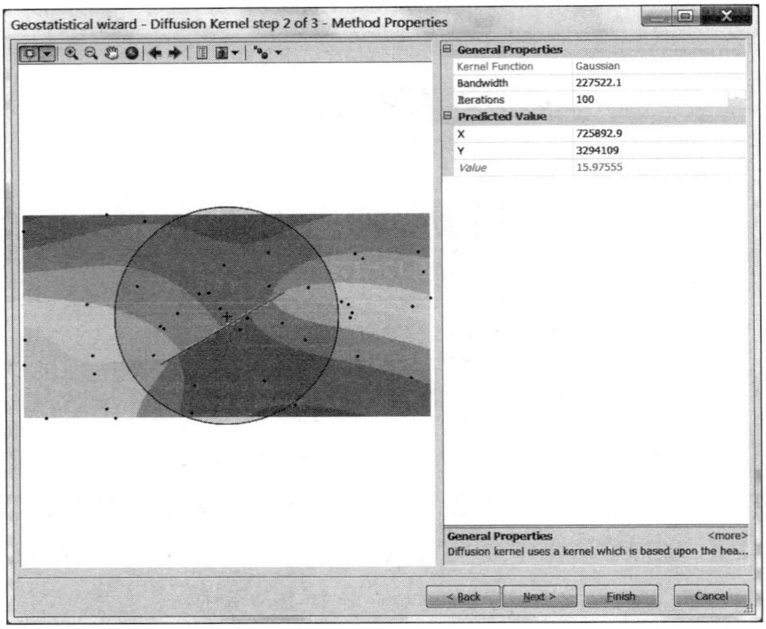

图 12－139

⑤点击“Next”(下一步)，打开克里金插值的交叉验证窗口。如图 12－140 所示，其中 X 轴代表样点的真实值，Y 轴代表内插出来的样点值，虚线代表理论上的点值的拟合曲线，实线代表内插出点值的拟合曲线。

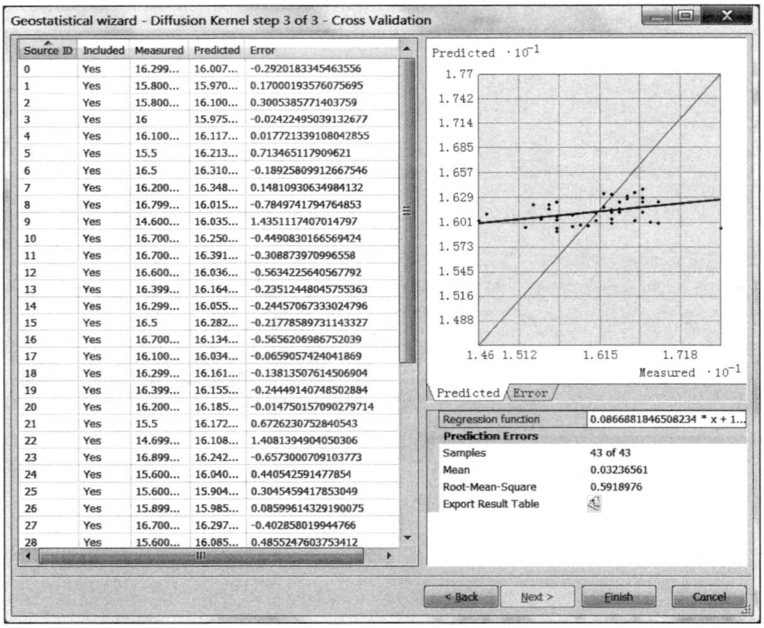

图 12－140

⑥点击"Finish"(完成),弹出"Method Report"(方法报告)窗口,如图 12－141 所示。在该窗口检查插值属性相关设置。

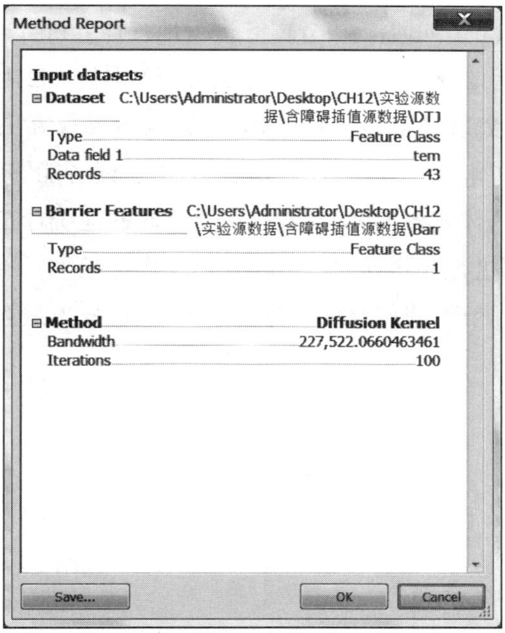

图 12－141

⑦点击"OK"(确定),生成扩散插值结果图,如图 12－142 所示。

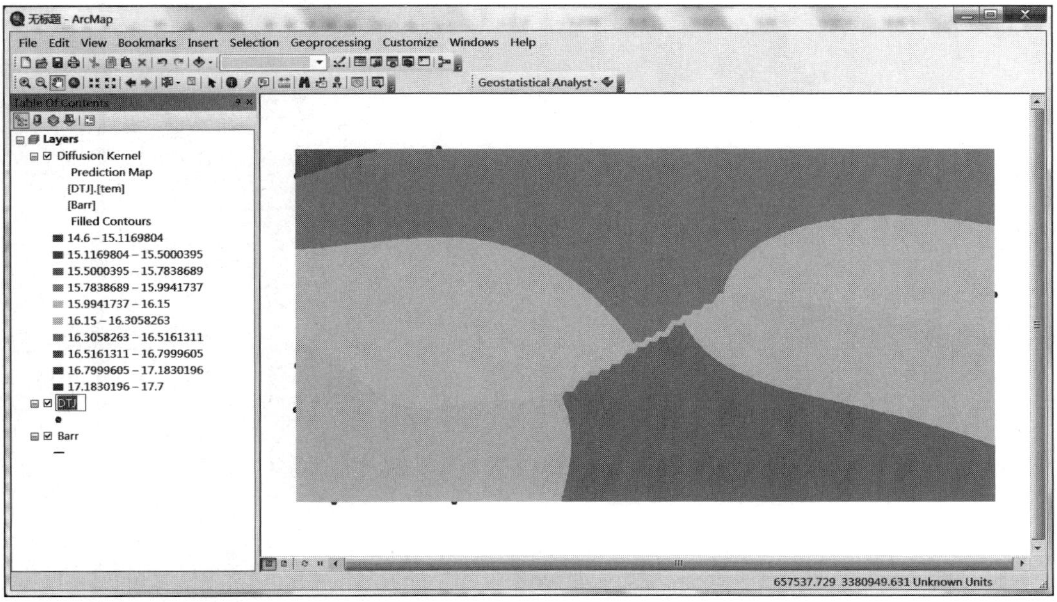

图 12－142

12.10 本章小结

本章较为详细地介绍了如何使用 ArcGIS 进行地统计分析,读者通过练习应当熟练掌握在 ArcGIS 软件中调用地统计分析工具的方法,能利用这些工具完成对数据的地统计分析。读者如果想要完全熟练掌握地统计分析工具,就需要找寻更多的地理空间数据,通过不断的练习,更好地了解地统计分析的功能。为了让读者能够观察到不同的统计分析工具对数据的处理结果,体会各种名称相近、功能不同的地统计工具之间的差异,本章几乎只针对了同一组数据进行操作处理。但在实际操作过程中,一组数据一般只适合用一种地统计工具进行统计处理,我们要认真分析数据特点,找出最合适的地统计工具,得出符合要求的正确结果。

第13章

网络分析

13.1 网络分析准备
13.2 效应网络分析
13.3 传输网络分析
13.4 本章小结

网络分析分为两类，即效应网络分析和传输网络分析，其对应网络数据分别为几何网络和网络数据集。效用网络分析通常用于河流网络分析与公共设施的网络分析，如水、电、天然气管道等组成的管网，通过效用网络分析来模拟和研究网络中的资源输送和配置情况。传输网络分析通常用于道路、地铁等交通设施组成的网络，其主要研究交通道路网中的运输状况、寻找效益最佳的路线等。

13.1 网络分析准备

①打开 ArcMap 应用程序，如图 13－1 所示，单击 ArcMap 上方菜单栏“Customize”（自定义）→“Extensions”（扩展模块）。

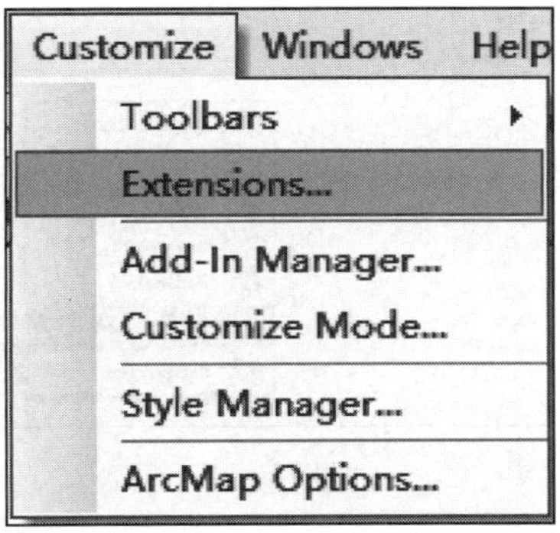

图 13－1

②打开新窗口，如图 13－2 所示，勾选“Network Analyst”（网络分析）。勾选完成后点击“Close”（关闭）关闭窗口。

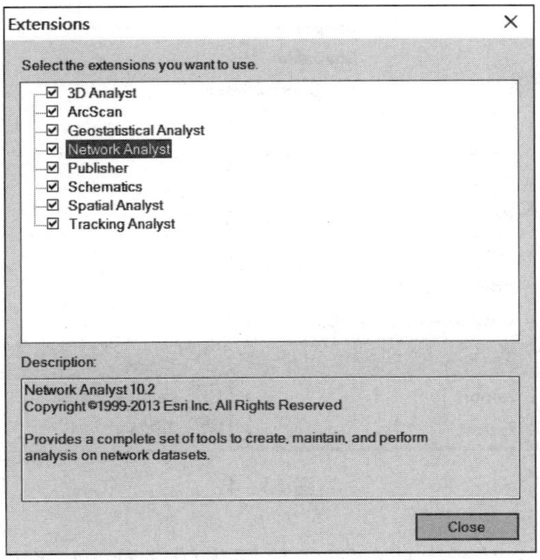

图 13－2

13.2 效应网络分析

13.2.1 效应网络数据集的建立

①打开 ArcCatalog，如图 13－3 所示，新建文件夹，在空白处单击鼠标右键，选择"New"（新建）→"File Geodatabase"（文件地理数据库），并对新建完成的地理数据进行命名。

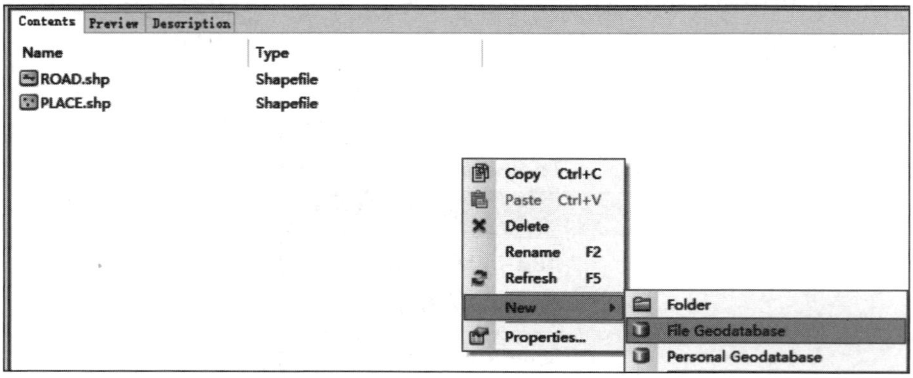

图 13－3

②选中文件地理数据库，如图 13－4 所示，右键单击选择"New"（新建）→"Feature Dataset"（要素数据集）。

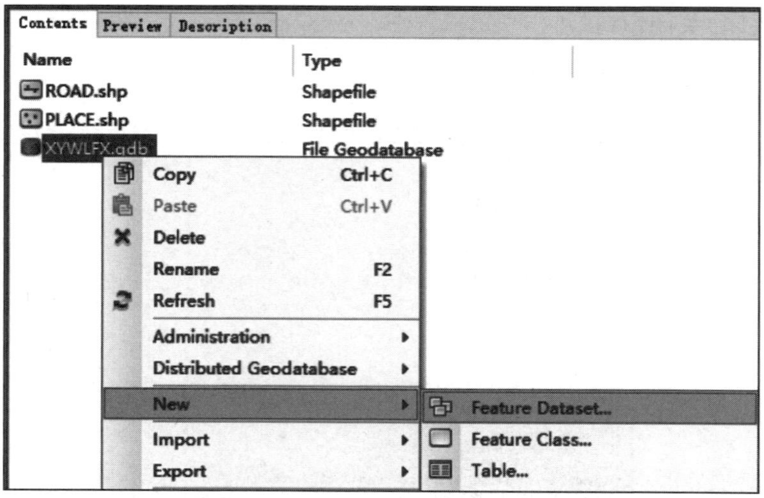

图 13－4

③打开新窗口。依次对新生成的要素数据集的名称、地理坐标系、容差等属性进行设置，如图 13－5 所示。

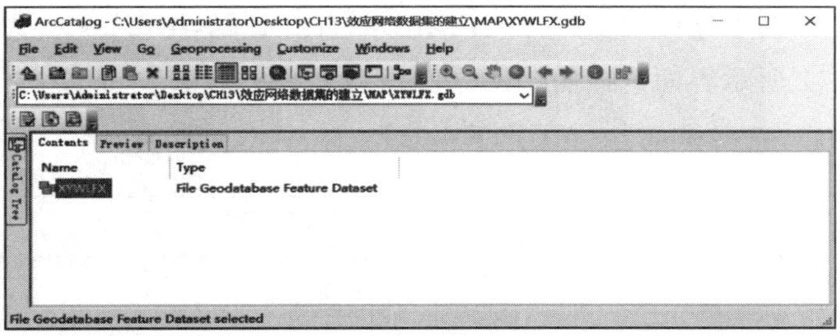

图 13-5

④右键单击选中新生成的要素数据集，如图 13-6 所示，选择“Import”（导入）→“Feature Class（mulitple）”（要素类（多个）），导入要进行网络分析的要素数据，如图 13-7 所示。

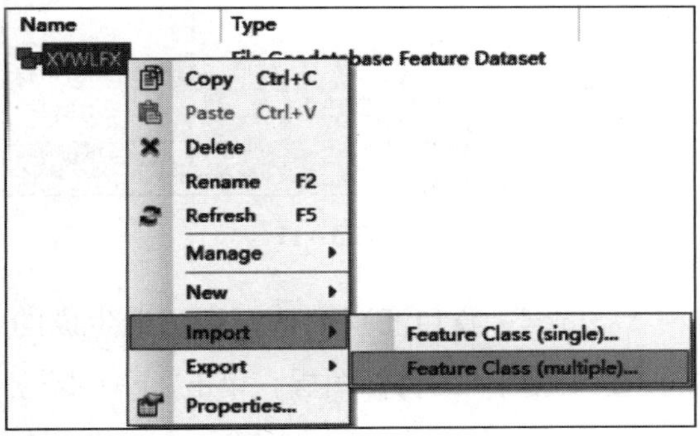

图 13-6

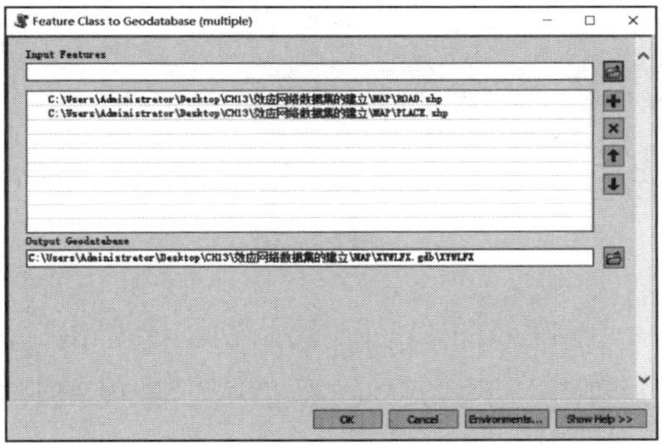

图 13-7

⑤导入数据后，如图 13-8 所示，右键单击要素数据集，选择“New”（新建）→“Geometric Network”（几何网络）。

⑥在图 13-9 所示界面单击“下一步”。

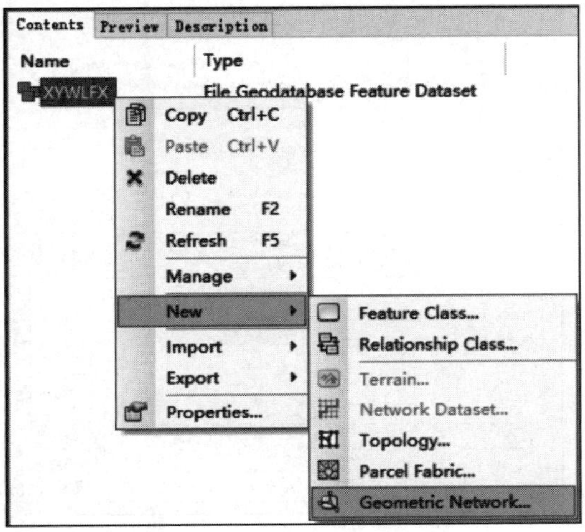

图 13-8

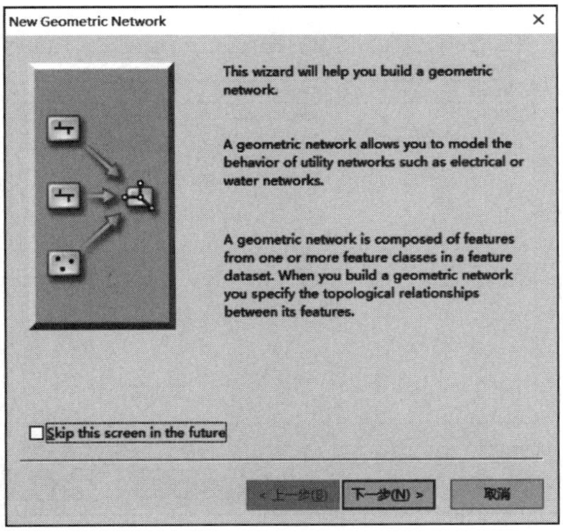

图 13-9

⑦在图 13－10 所示界面中设置几何网络的名称与容差，单击“下一步”。

⑧在图 13－11 所示界面选择需要建立网络数据集的源数据，此处选择全部数据，单击按钮“Select All”（选择全部）。单击“下一步”。

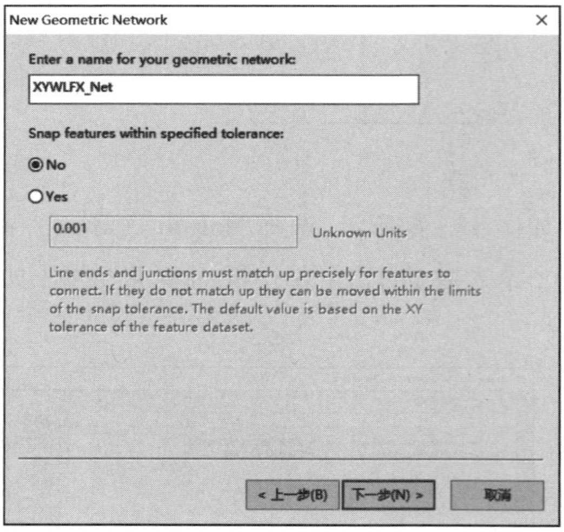

图 13－10

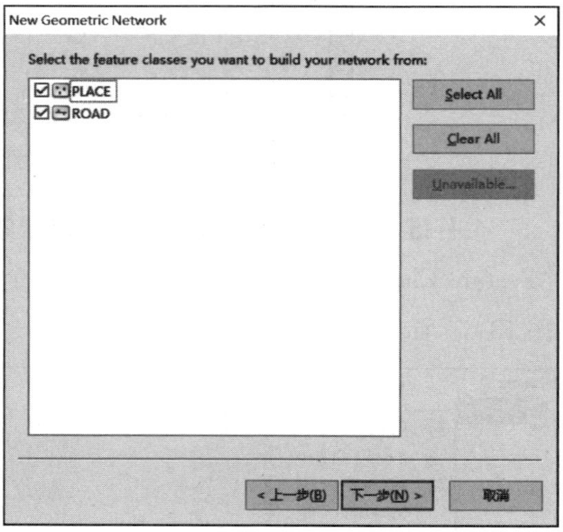

图 13－11

⑨在如图 13－12 所示界面中，单击“Sources & Sinks”（源和汇）处，选择源和汇生成的目标图层，下拉菜单选择“Yes”，将 PLACE 图层设置为源和汇的目标图层。单击“下一步”。

⑩在图 13－13 所示界面可以设置添加权重信息。点击上方“New”（新建），新建三个双精度类型字段，在下方分别选择对应的图层字段。Length 对应 ROAD 图层中的“SHAPELENGT”；Minutes 对应 ROAD 图层中的“MINUTES”；Speed 对应图层 ROAD 中的“SPEED”。单击“下一页”。

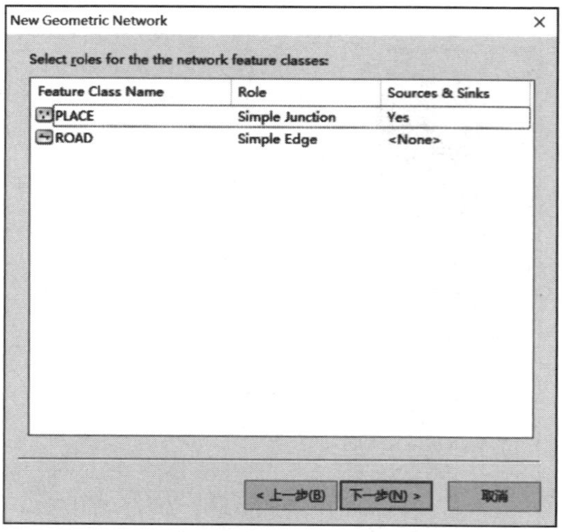

图 13－12

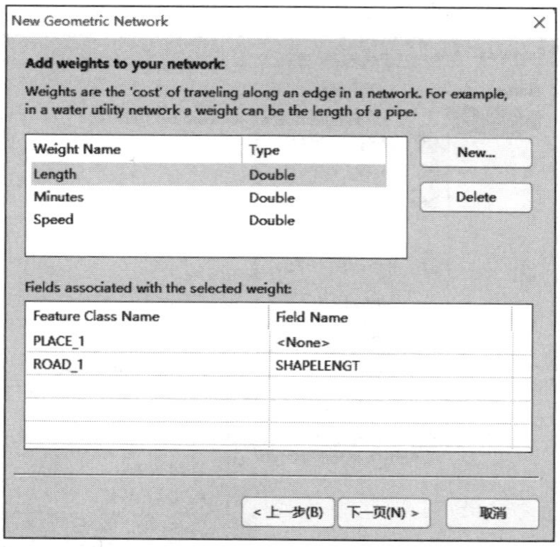

图 13－13

⑪在如图 13－14 所示界面中检查几何网络信息，确认各项设置无误后，点击“Finish”（完成）。完成几何网络的建立。

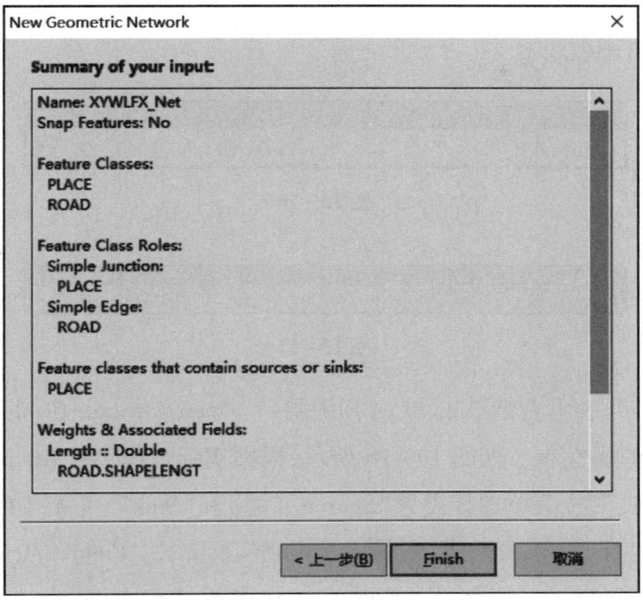

图 13－14

13.2.2　流向分析

①打开 ArcMap，在 ArcMap 中加载建立好的网络数据集，如图 13－15 所示。

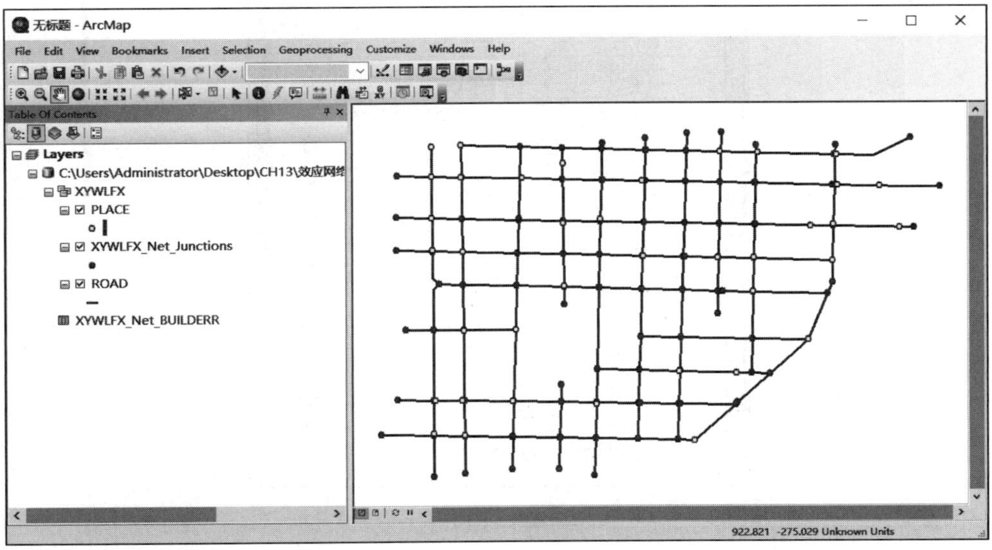

图 13－15

②在 ArcMap 的上方选择“Customize”(自定义)→“Toolbars”(工具条),选择并调用“Editor”(编辑器)工具条(见图 13-16)和“Utility Network Analyst”(几何网络分析)工具条(见图 13-17),并点击“Editor”按钮,下拉菜单选择“Start Editing”(开始编辑),激活编辑工具条,使图层进入可编辑状态。

图 13-16

图 13-17

③在右侧内容列表中右键单击 PLACE 图层→“Open Attribute Table”(打开属性表),打开 PLACE 图层的属性表。如图 13-18 所示,根据实际情况,在“Ancillary Role”字段下方左键单击字段格,下拉菜单选择设置“Source”(源)和“Sink”(汇),如果需要批量设置,可以选中部分要素后,打开属性表,右键单击该字段,点击“Field Calculator”(字段计算器),利用字段计算器批量对该字段进行赋值,1 代表源,2 代表汇。

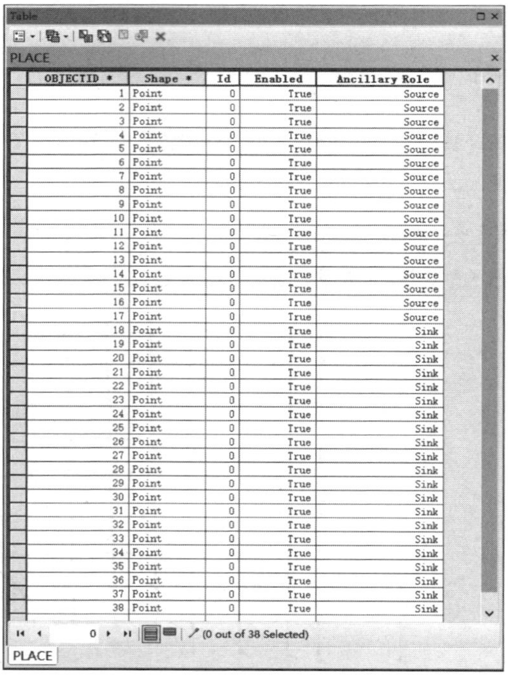

OBJECTID *	Shape *	Id	Enabled	Ancillary Role
1	Point	0	True	Source
2	Point	0	True	Source
3	Point	0	True	Source
4	Point	0	True	Source
5	Point	0	True	Source
6	Point	0	True	Source
7	Point	0	True	Source
8	Point	0	True	Source
9	Point	0	True	Source
10	Point	0	True	Source
11	Point	0	True	Source
12	Point	0	True	Source
13	Point	0	True	Source
14	Point	0	True	Source
15	Point	0	True	Source
16	Point	0	True	Source
17	Point	0	True	Source
18	Point	0	True	Sink
19	Point	0	True	Sink
20	Point	0	True	Sink
21	Point	0	True	Sink
22	Point	0	True	Sink
23	Point	0	True	Sink
24	Point	0	True	Sink
25	Point	0	True	Sink
26	Point	0	True	Sink
27	Point	0	True	Sink
28	Point	0	True	Sink
29	Point	0	True	Sink
30	Point	0	True	Sink
31	Point	0	True	Sink
32	Point	0	True	Sink
33	Point	0	True	Sink
34	Point	0	True	Sink
35	Point	0	True	Sink
36	Point	0	True	Sink
37	Point	0	True	Sink
38	Point	0	True	Sink

图 13-18

④关闭属性表。如图 13-19 所示,在“Utility Network Analyst”(几何网络分析)工具条中点击按钮“Set Flow Direction”(设置流向)。

图 13-19

⑤在"Utility Network Analyst"(几何网络分析)工具条中点击"Flow"(流向)→"Display Arrows For"(显示目标对象的箭头)。设置想要显示流向的要素图层,如图 13-20 所示。

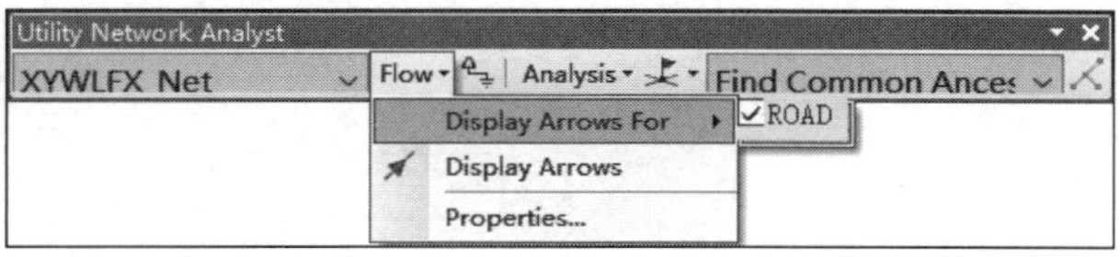

图 13-20

⑥在"Utility Network Analyst"(几何网络分析)工具条中点击"Flow"(流向)→"Properties"(属性),如图 13-21 所示。

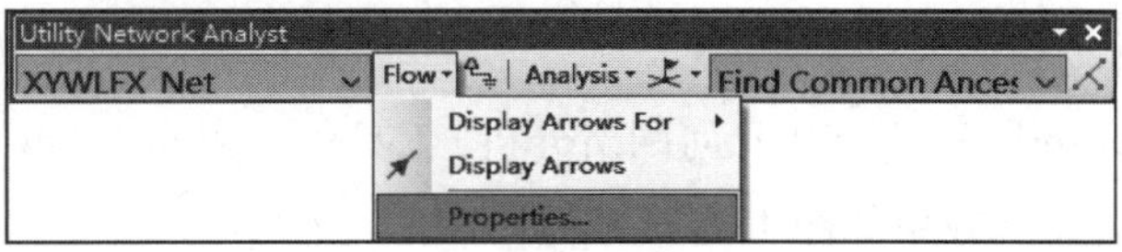

图 13-21

⑦打开新窗口,如图 13-22 所示,在"Flow category"(流向类别)中选择流动类别,单击右侧按钮,设定符号样式;进入"Scale"(比例)选项卡中,设置显示范围,默认为全部显示,如图 13-23 所示。点击"确定"按钮。

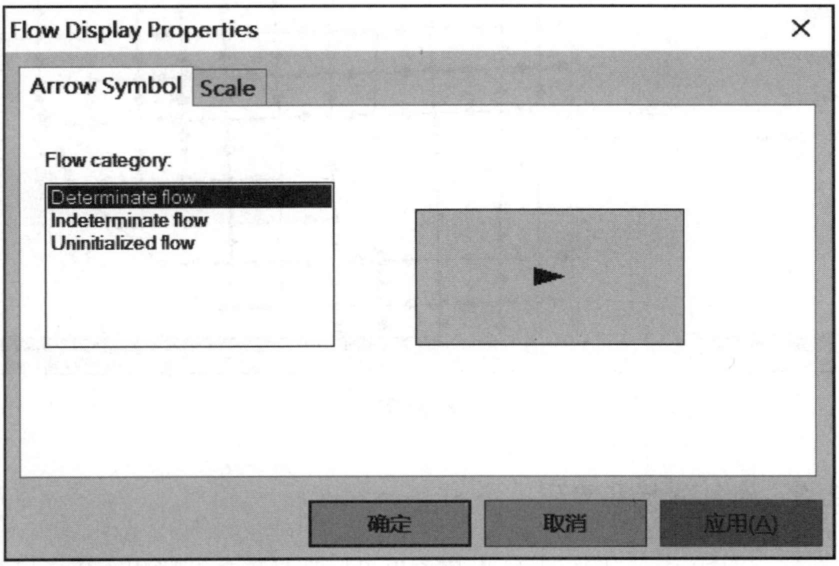

图 13-22

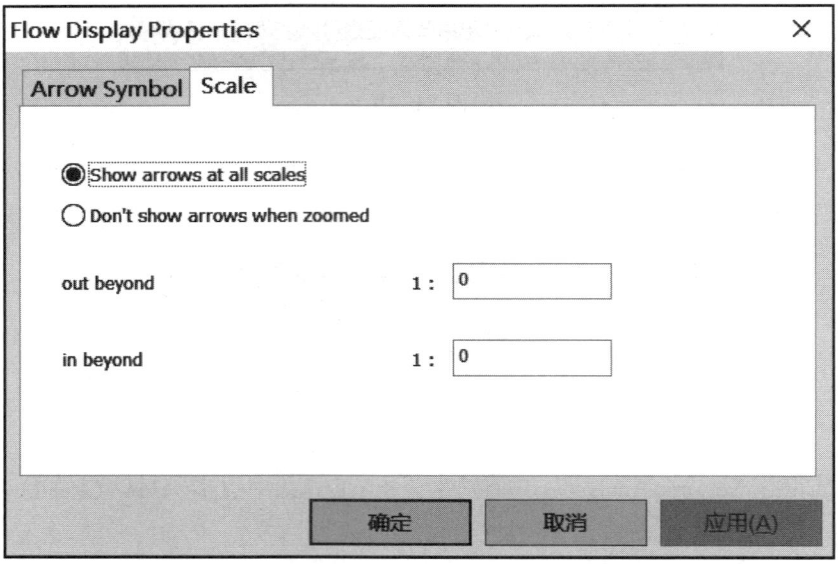

图 13-23

⑧在“Utility Network Analyst”(几何网络分析)工具条中点击“Flow”(流向)→“Display Arrows”(显示箭头),显示效果如图 13-24 所示。

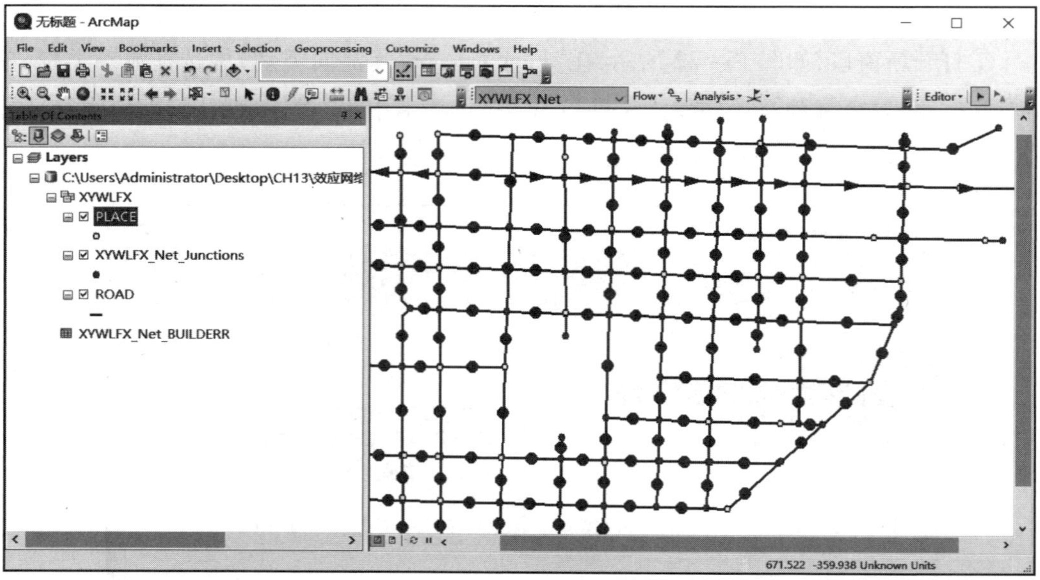

图 13-24

13.2.3 添加旗标和障碍

①如图 13-25 所示,点击按钮,下拉菜单可以选择旗标和障碍元素。为点状要素旗标添加工具,为线状要素旗标添加工具,为点状要素障碍添加工具,为线状要

素障碍添加工具。

图 13-25

②将鼠标移到网络要素上，单击左键即可添加旗标和障碍，添加的旗标和障碍会直接影响分析结果。

13.2.4 清除旗标、障碍点、分析结果

①清除旗标：在“Utility Network Analyst”（几何网络分析）工具条中点击“Analysis”（分析）→“Clear Flags”（清除旗标），如图 13-26 所示。该操作会清除所有旗标。

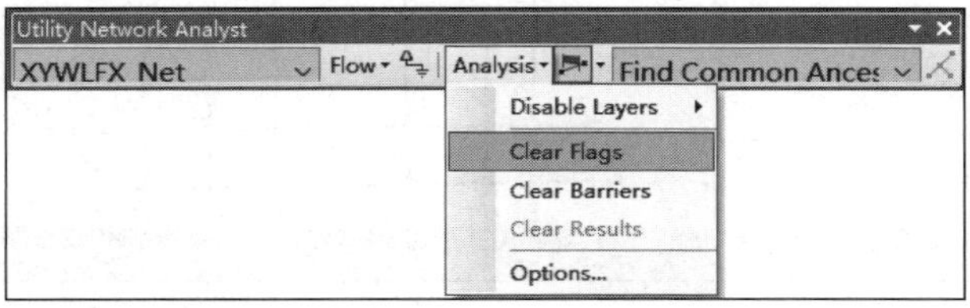

图 13-26

②清除障碍点：当几何网络上存在障碍点时，在“Utility Network Analyst”（几何网络分析）工具条中点击“Analysis”（分析）→“Clear Barriers”（清除障碍），如图 13-27 所示。该操作会清除所有障碍点。

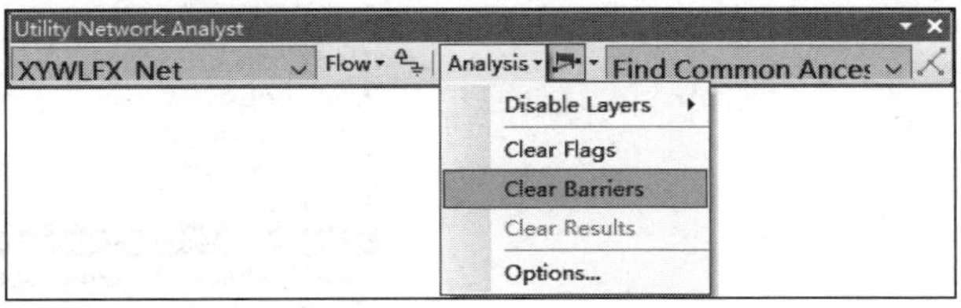

图 13-27

③清除结果：当几何网络上存在分析结果时，在“Utility Network Analyst”（几何网络分析）工具条中点击“Analysis”（分析）→“Clear Results”（清除结果），如图 13-28 所示。该操作会清除所有分析结果。

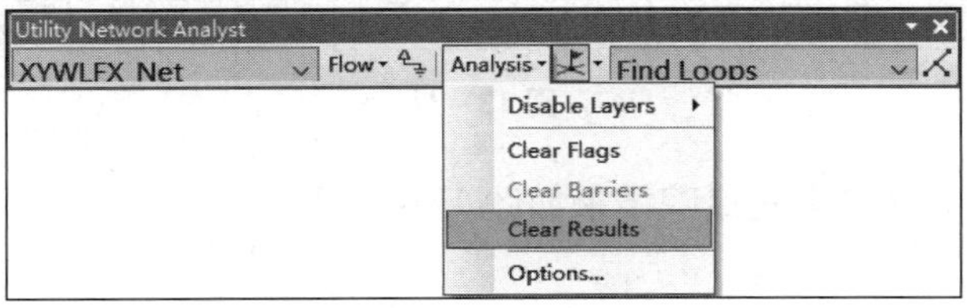

图 13-28

13.2.5 网络下溯追踪

①在几何网络中添加想要进行下溯追踪的点设置旗标，如图 13－29 所示。

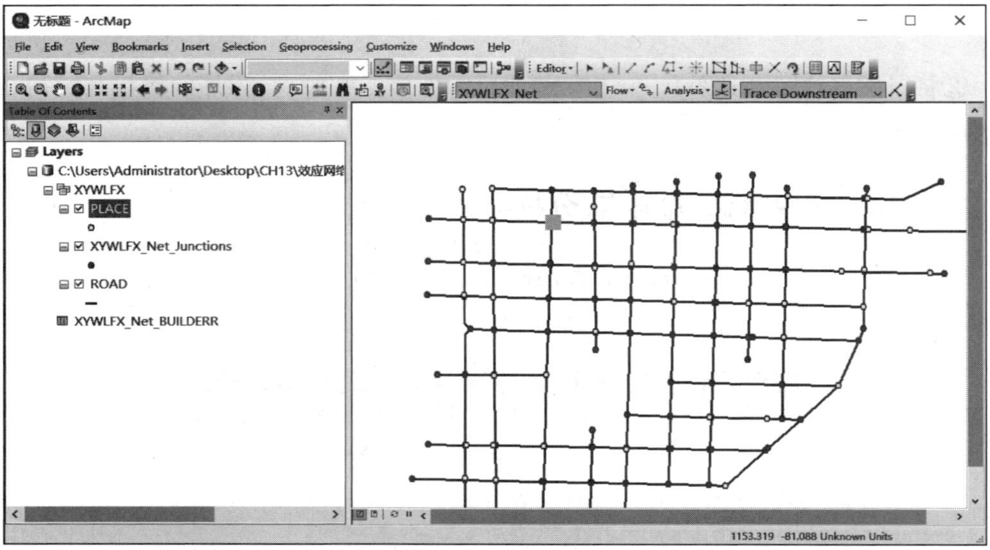

图 13－29

②如图 13－30 所示，在“Utility Network Analyst”（几何网络分析）工具条中点击并下拉菜单选择“Trace Downstream”（网络下溯追踪）。

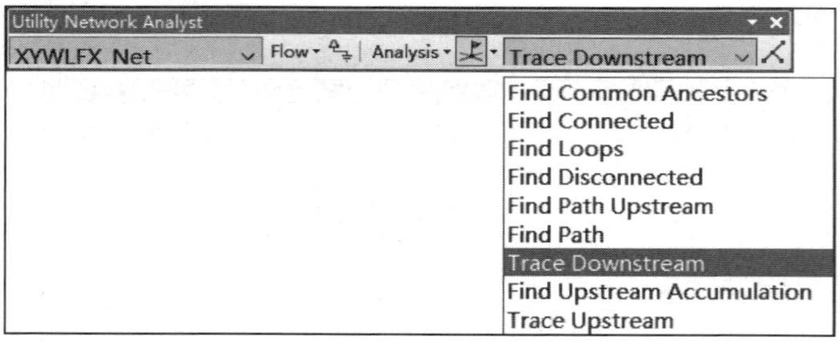

图 13－30

③如图 13－31 所示，在“Utility Network Analyst”（几何网络分析）工具条中点击按钮 “Solve”（求解）。

图 13－31

④旗标位置点的网络下溯追踪结果如图 13－32 所示。

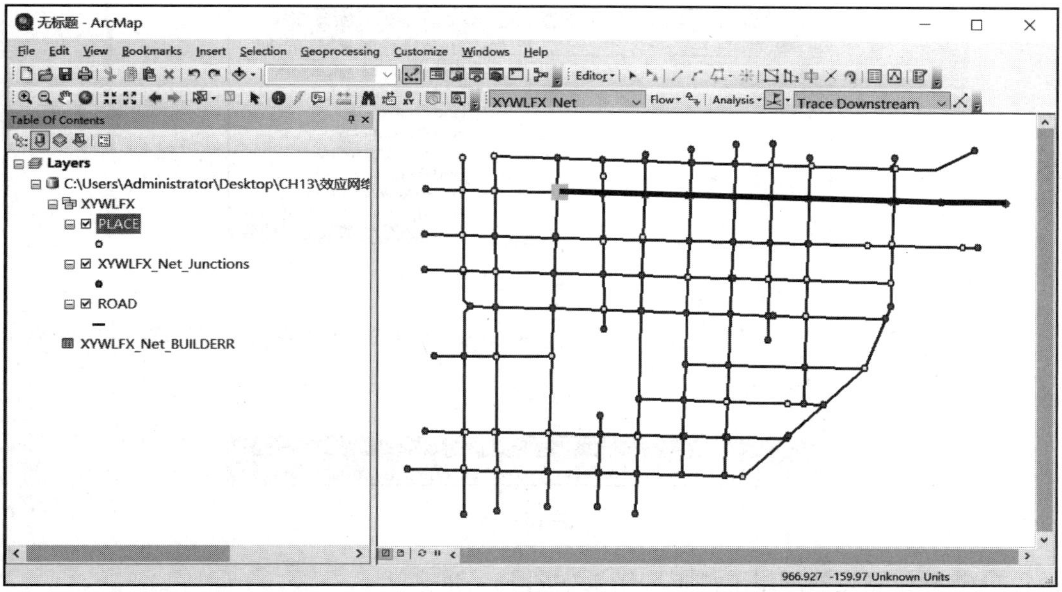

图 13－32

13.2.6　网络上溯追踪

①在几何网络中添加想要进行上溯追踪的点设置旗标，如图 13－33 所示。

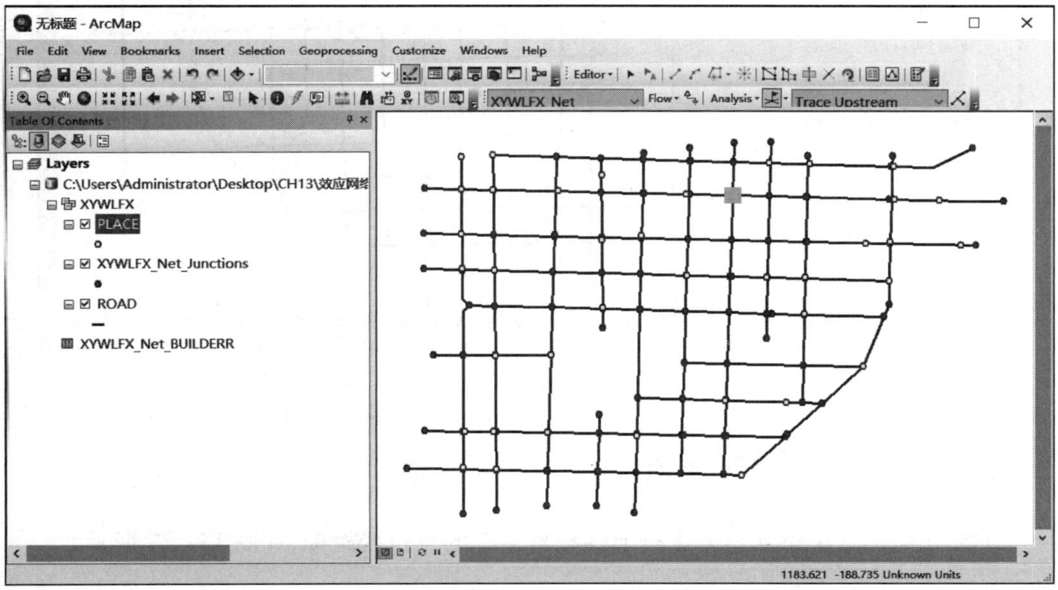

图 13－33

②如图 13－34 所示，在“Utility Network Analyst”（几何网络分析）工具条中点击并下拉菜单选择“Trace Upstream”（网络上溯追踪）。

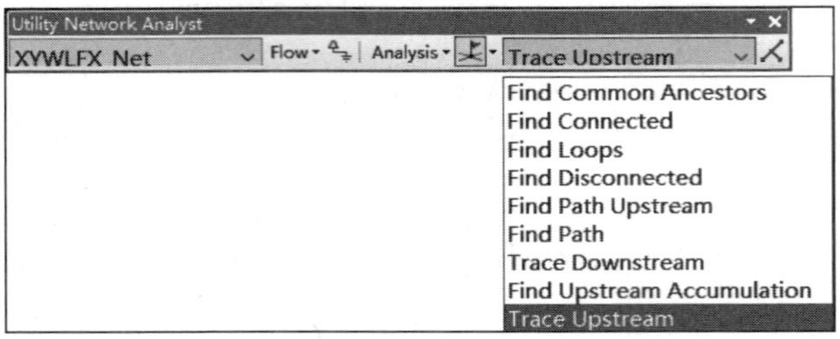

图 13－34

③如图 13－35 所示，在“Utility Network Analyst”（几何网络分析）工具条中点击按钮“Solve”（求解）。

图 13－35

④旗标位置点的网络上溯追踪结果如图 13－36 所示。

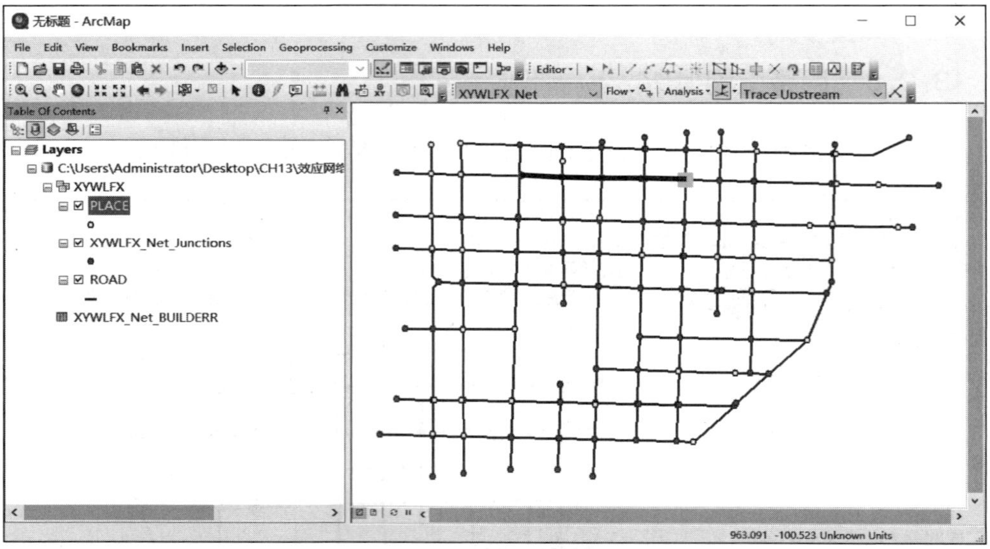

图 13－36

13.2.7 网络上溯积累追踪

①在几何网络中添加想要进行上溯积累追踪的点设置旗标，如图 13－37 所示。

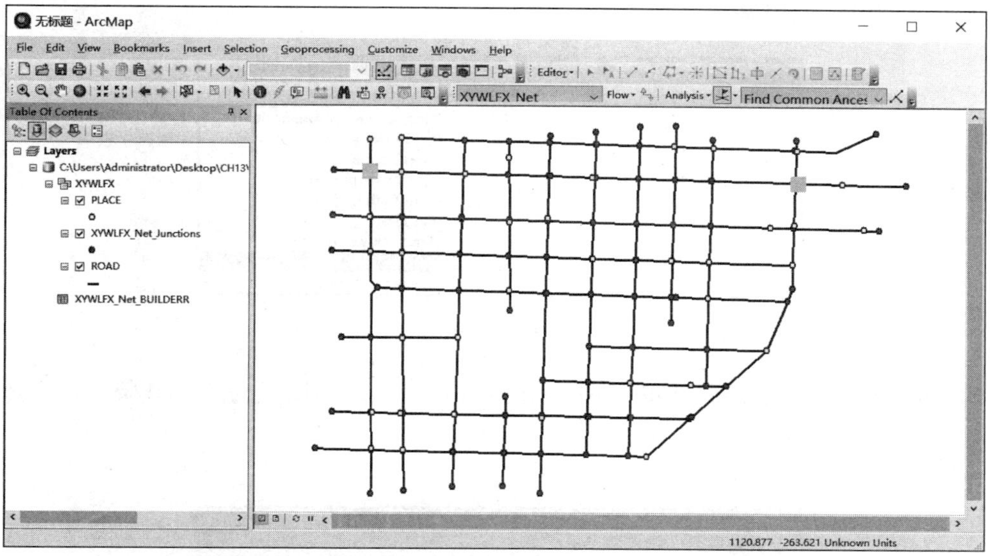

图 13 – 37

②如图 13 – 38 所示，在“Utility Network Analyst”（几何网络分析）工具条中点击“Analysis”（分析）→“Options”（选项）。

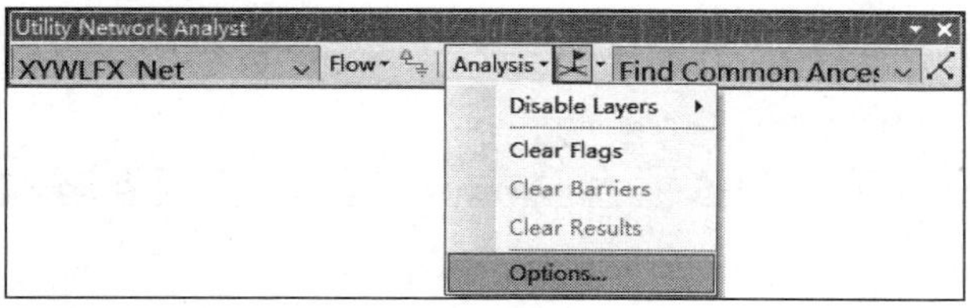

图 13 – 38

③打开新窗口，如图 13 – 39 所示，进入“Weights”（权重）选项卡。在“Edge weight”（边权重）窗口下方中“Weight along digitized direction of edges”（沿边的数字化方向的权重）和“Weight against digitized direction of edges”（沿边的相反数字化方向的权重）中设置要计算的权重字段名，该处选择 Length，点击“确定”，应用设置。

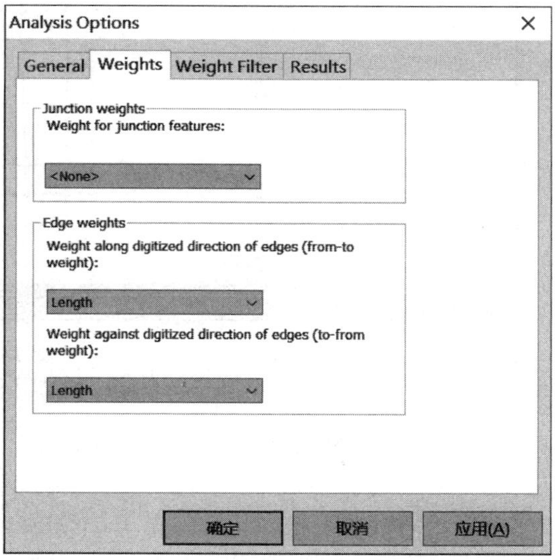

图 13 – 39

④如图 13 – 40 所示，在“Utility Network Analyst”（几何网络分析）工具条中点击并下拉菜单选择“Find Upstream Accumulation”（网络上溯积累分析）。

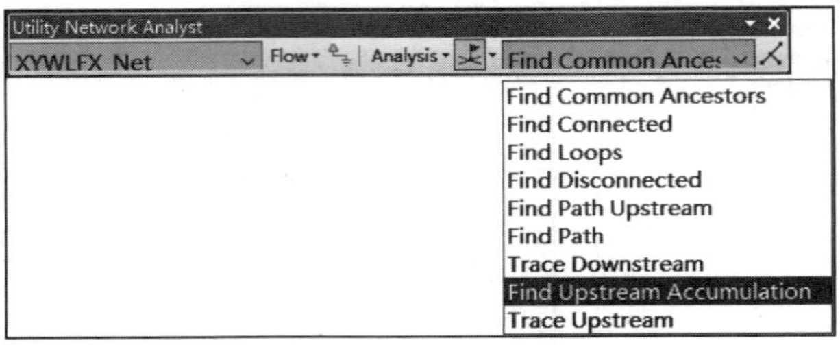

图 13－40

⑤如图 13－41 所示，在“Utility Network Analyst”（几何网络分析）工具条中点击按钮“Solve”（求解）。

图 13－41

⑥网络上溯积累分析结果如图 13－42 所示。在 ArcMap 左下角显示了“Total cost”（总成本）。

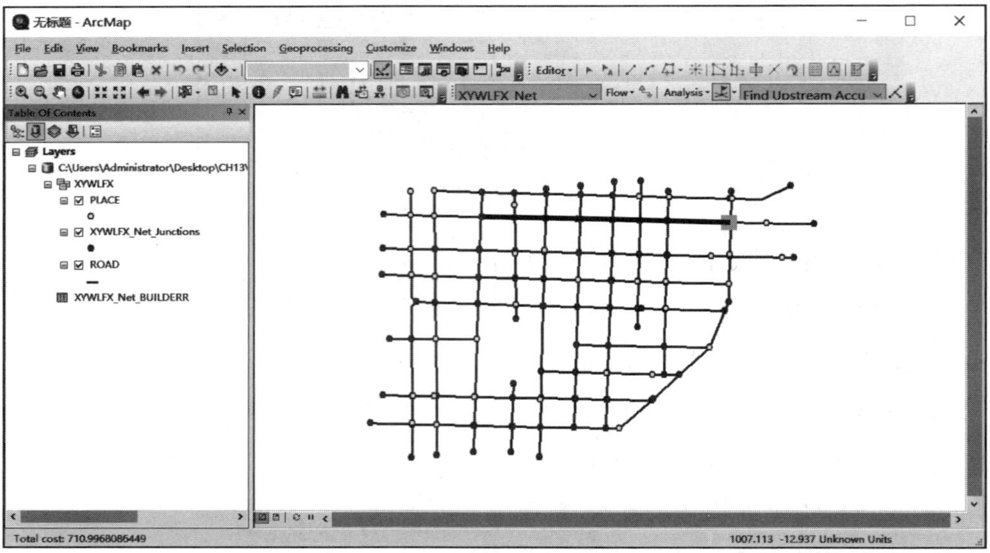

图 13－42

13.2.8 网络上溯起点路径分析

①在几何网络中添加想要进行上溯起点路径分析的点设置旗标，如图 13－43 所示。

②如图 13－44 所示，在“Utility Network Analyst”（几何网络分析）工具条中点击并下

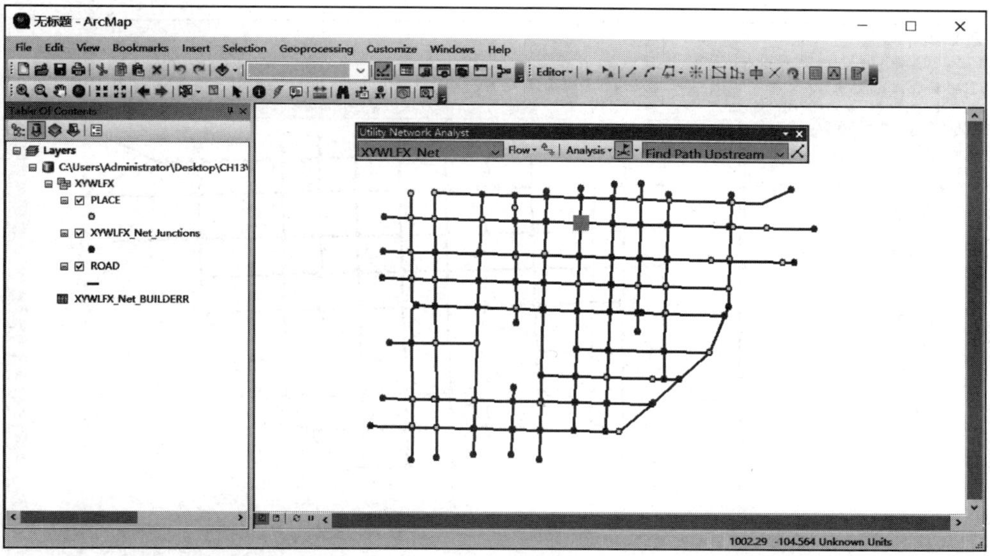

图 13-43

拉菜单选择“Find Path Upstream”(网络上溯路径分析)。

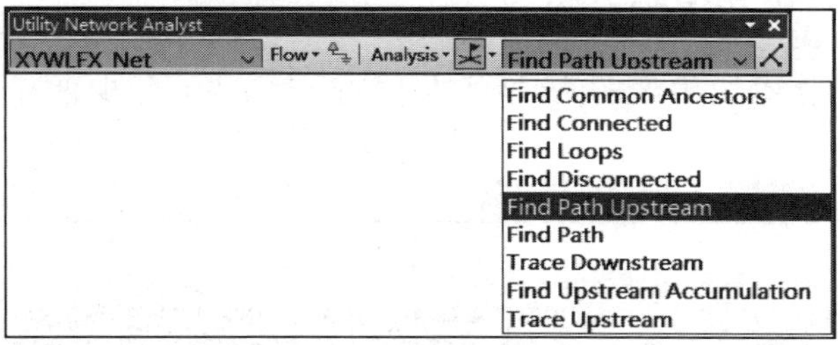

图 13-44

③如图 13-45 所示,在“Utility Network Analyst”(几何网络分析)工具条中点击按钮“Solve”(求解)。

图 13-45

④网络上溯起点路径分析结果如图 13-46 所示。显示出每一个旗标向上至起点的路径。

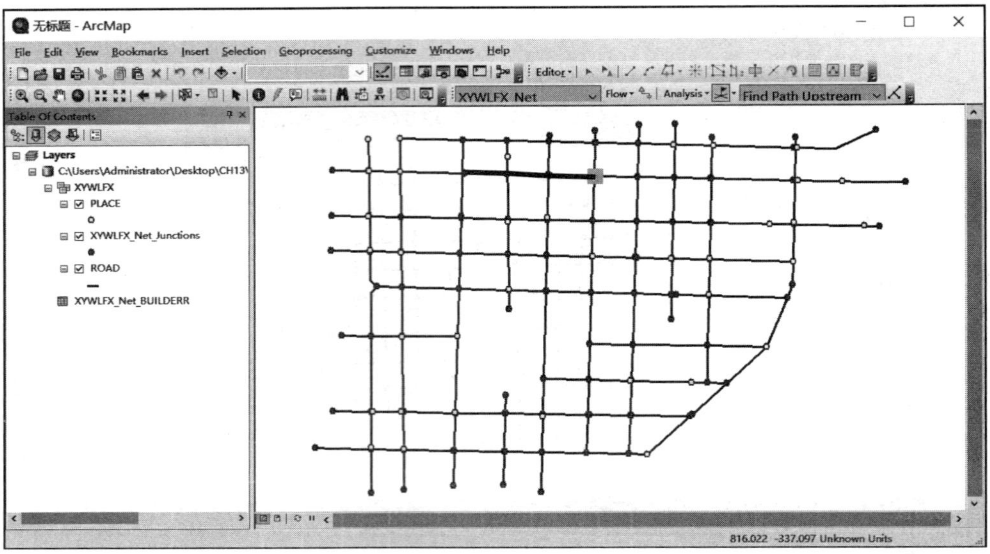

图 13－46

13.2.9 公共祖先追踪分析

①在几何网络中添加想要进行寻找共同起点的点（至少两个点）设置旗标，如图 13－47 所示。

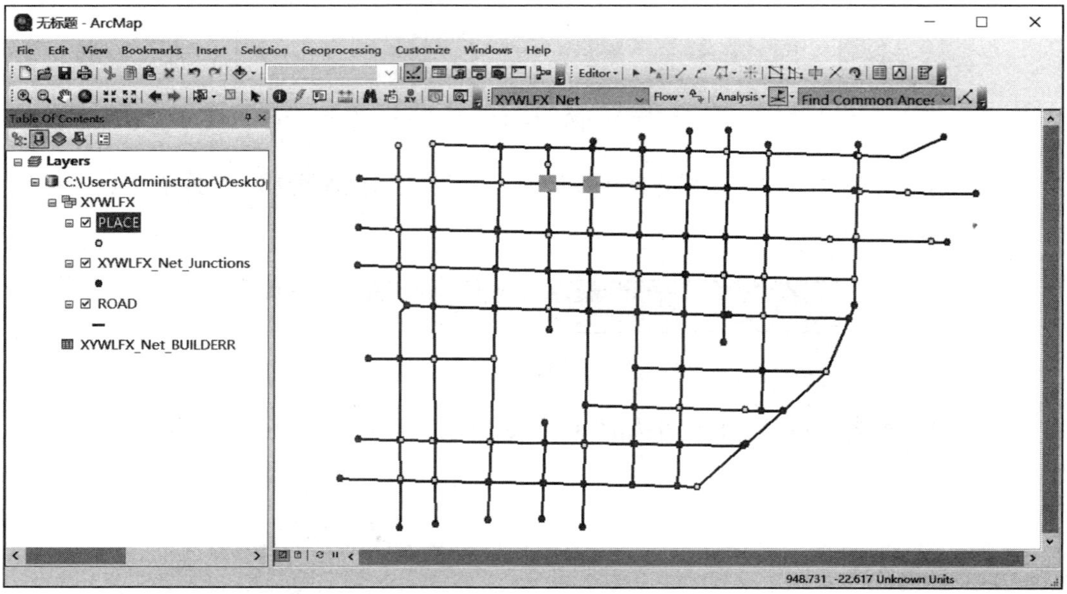

图 13－47

②如图 13－48 所示，在“Utility Network Analyst”（几何网络分析）工具条中点击并下拉菜单选择“Find Common Ancestors”（公共祖先追踪分析）。

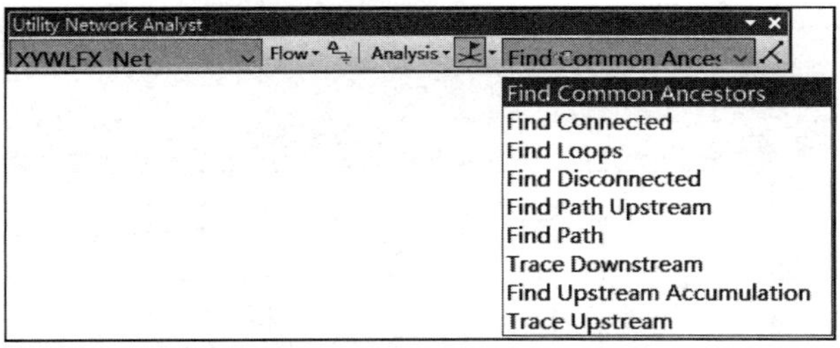

图 13-48

③如图 13-49 所示，在“Utility Network Analyst”（几何网络分析）工具条中点击按钮“Solve”（求解）。

图 13-49

④. 公共祖先追踪分析结果如图 13-50 所示。

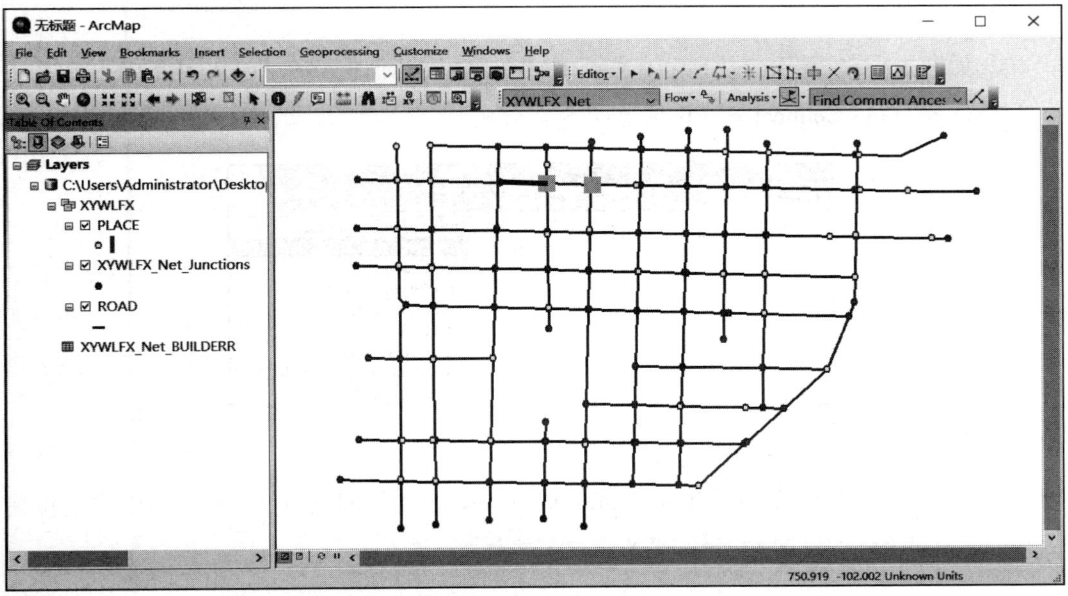

图 13-50

13.2.10 网络连接要素分析

①在几何网络中添加想要寻找连接要素的点设置旗标，如图 13-51 所示。

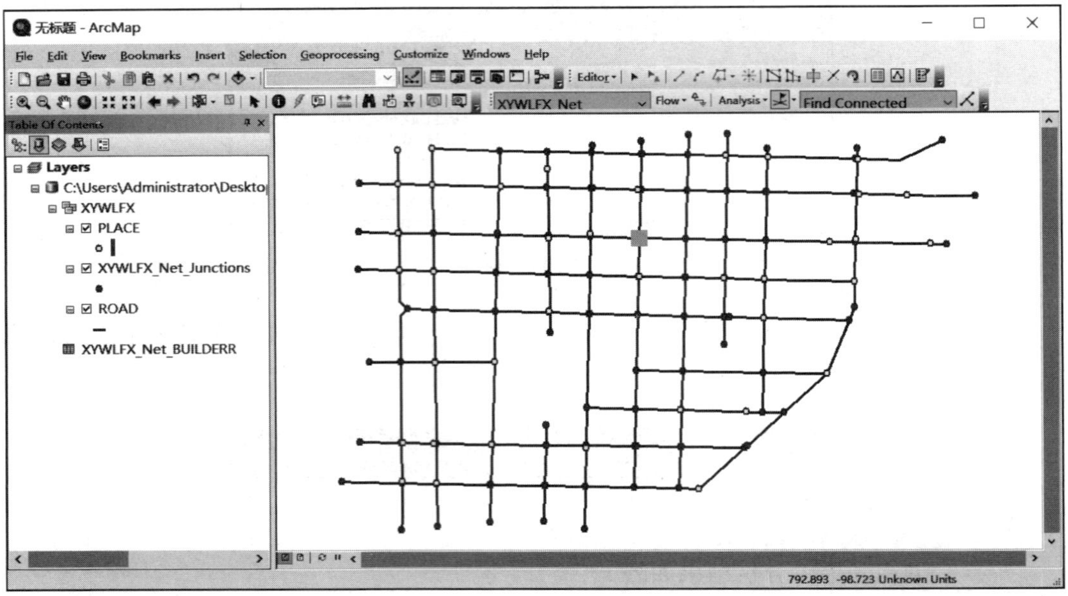

图 13-51

②如图 13-52 所示，在“Utility Network Analyst”(几何网络分析)工具条中点击并下拉菜单选择“Find Connected”(网络连接要素分析)。

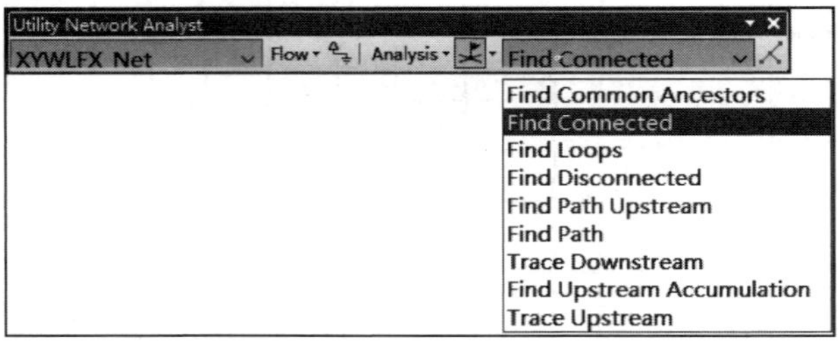

图 13-52

③如图 13-53 所示，在“Utility Network Analyst”(几何网络分析)工具条中点击按钮 “Solve”(求解)。

图 13-53

④网络连接要素分析结果如图 13-54 所示，其中浅色线段是不与设定旗标相连通的要素，深色即为连通的要素。

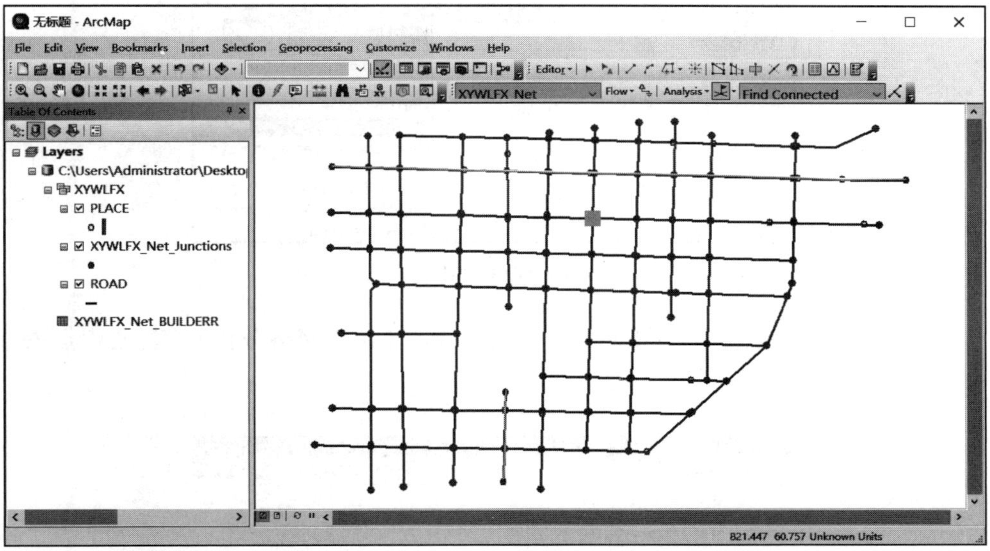

图 13－54

13. 2. 11　网络中断要素分析

①在每一个想要寻找与之中断要素的点上设置旗标，如图 13－55 所示。

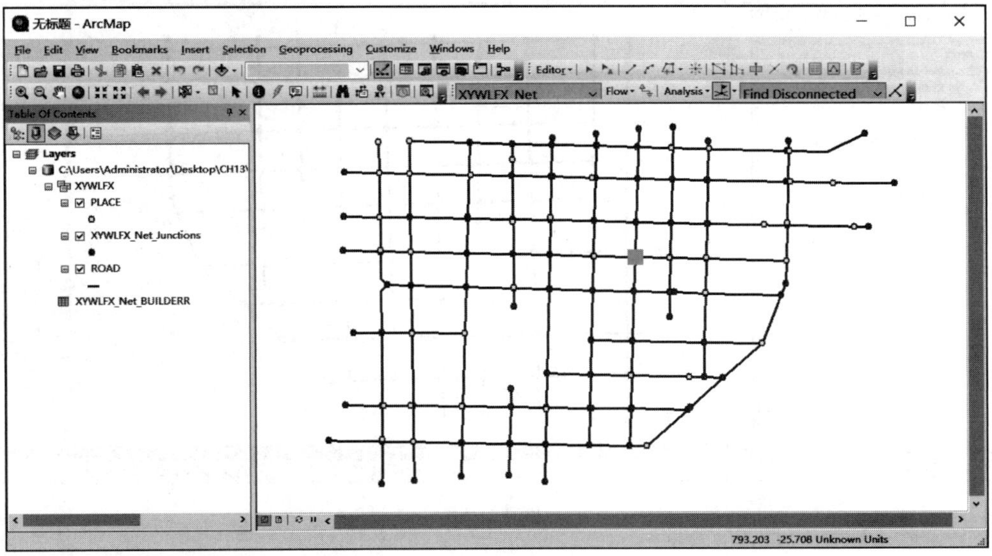

图 13－55

②如图 13－56 所示，在“Utility Network Analyst”（几何网络分析）工具条中点击并下拉菜单选择“Find Disconnected”（网络中断要素分析）。

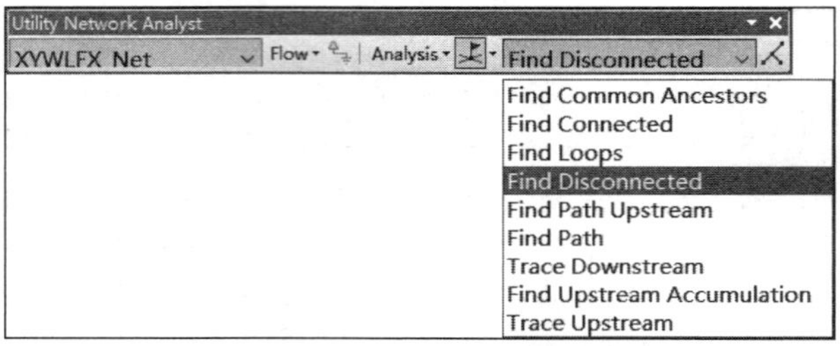

图 13－56

③如图 13－57 所示，在"Utility Network Analyst"（几何网络分析）工具条中点击按钮 "Solve"（求解）。

图 13－57

④网络中断要素分析结果如图 13－58 所示。深色标注的即为与旗标所示点中断的要素。

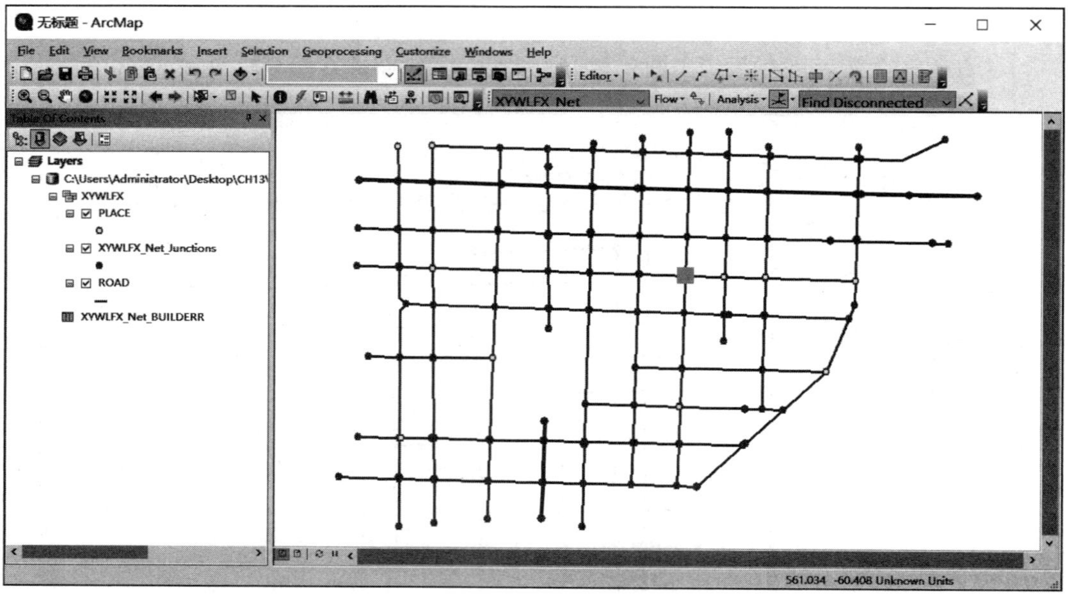

图 13－58

13.2.12 网络点要素隔离

①在地图上想要隔离的点要素上设置旗标，如图 13－59 所示。

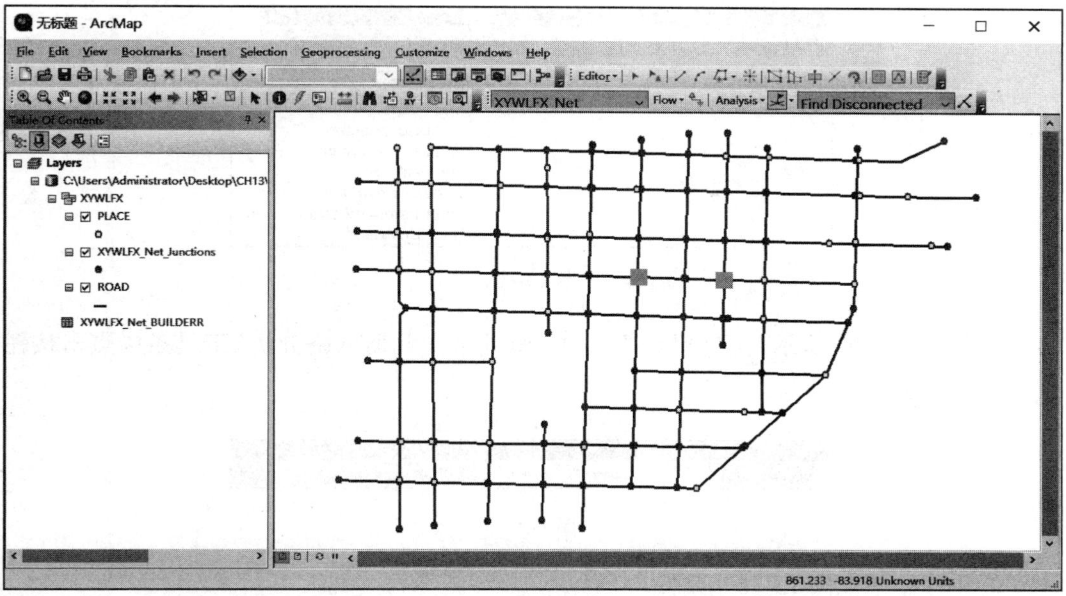

图 13－59

②如图 13－60 所示，在"Utility Network Analyst"（几何网络分析）工具条中点击"A-nalysis"（分析）→"Options"（选项）。

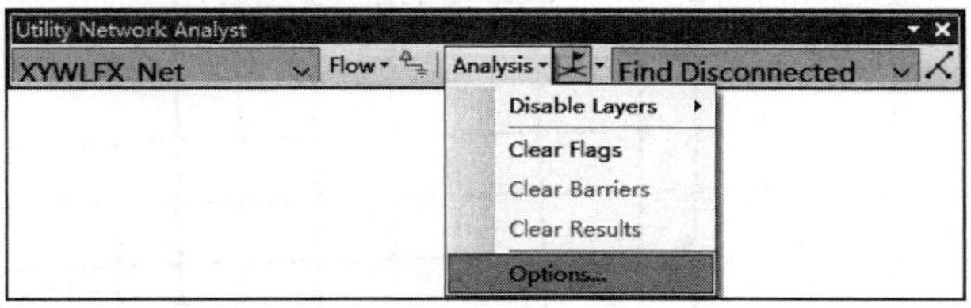

图 13－60

③打开新窗口，如图 13－61 所示，进入"Results"（结果）选项卡中，勾选选项"Features stopping the trace"（使追踪要素停止的要素）。点击"应用"，关闭窗口。

④如图 13－62 所示，在"Utility Network Analyst"（几何网络分析）工具条中点击并下拉菜单选择"Find Connected"（网络连接要素分析）。

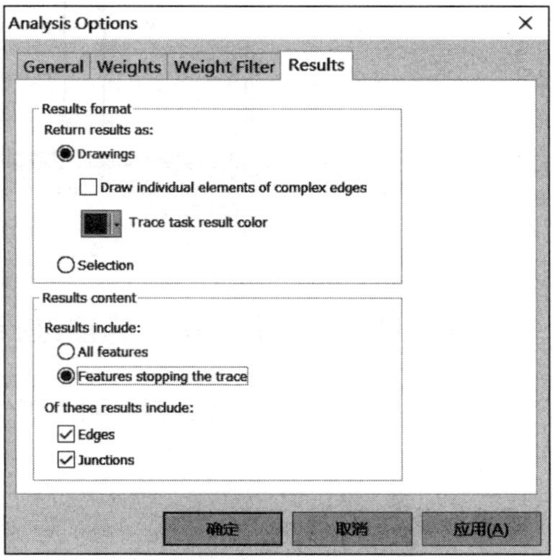

图 13－61

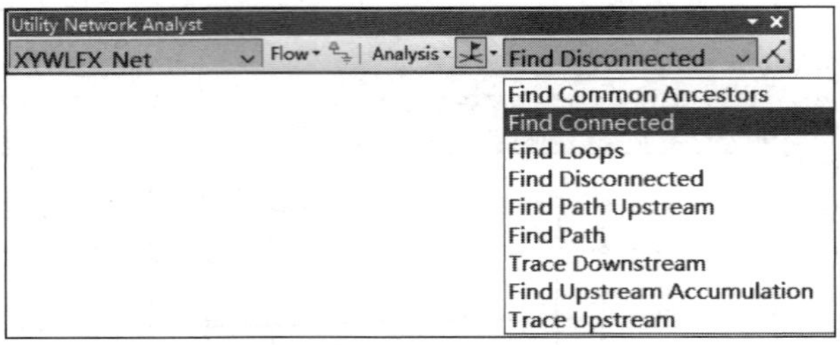

图 13－62

⑤如图 13－63 所示，在“Utility Network Analyst”（几何网络分析）工具条中点击按钮“Solve”（求解）。

图 13－63

⑥操作结果如图 13－64 所示。

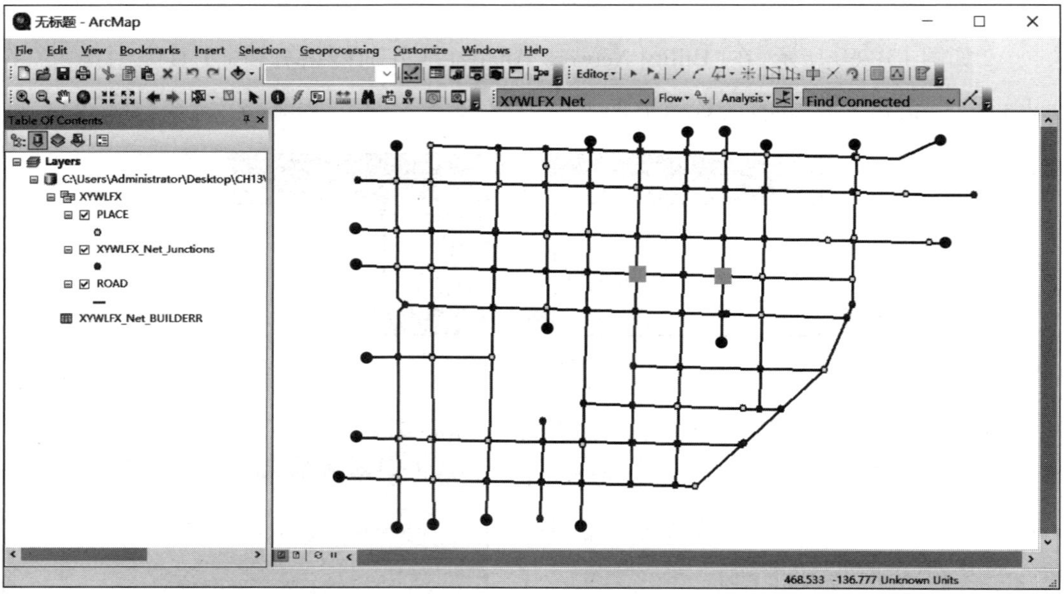

图 13－64

13. 2. 13　利用权重过滤器进行网络连接要素分析

①在每一个想要寻找相连要素的点上设置旗标，如图 13－65 所示。

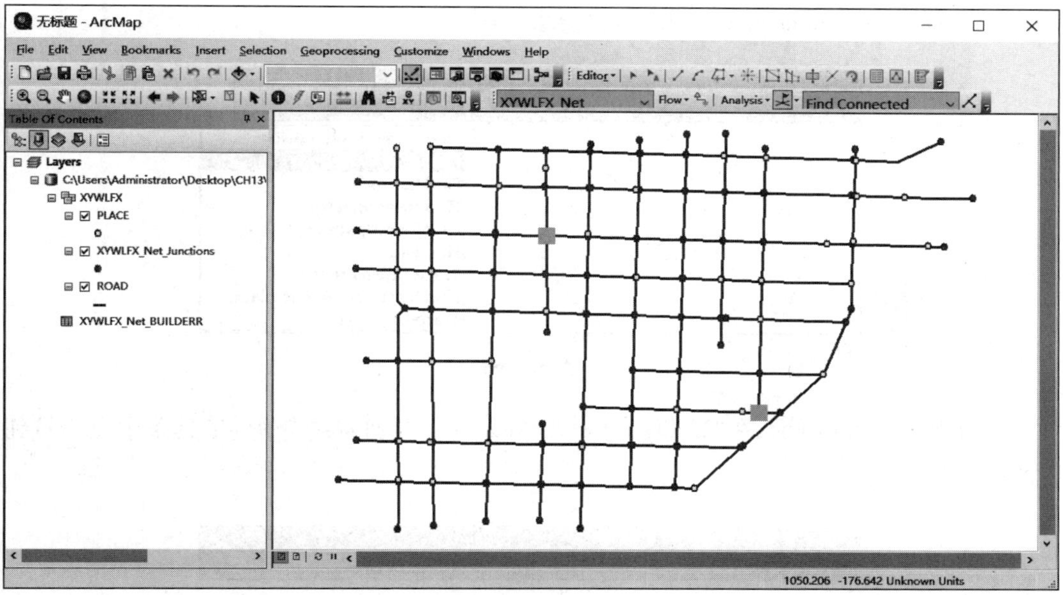

图 13-65

②如图 13-66 所示,在"Utility Network Analyst"(几何网络分析)工具条中点击"Analysis"(分析)→"Options"(选项)。

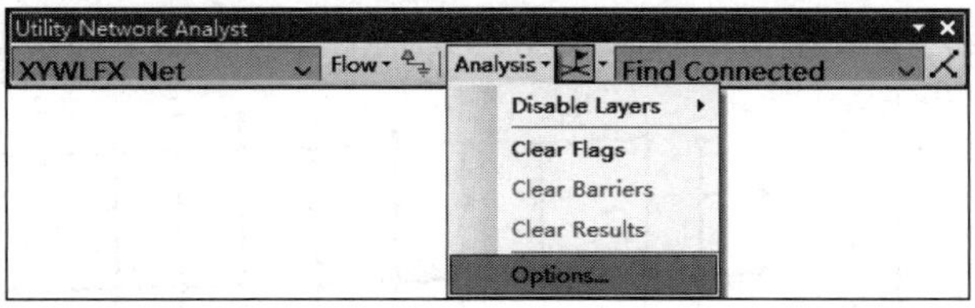

图 13-66

③打开新窗口,如图 13-67 所示,进入"Weight Filter"(权重过滤器)选项卡,在"Edge weight filter"(边权重过滤器)窗口下方中"From-to weight"("自–至"权重)和"To-from weight"("至–自"权重)中设置要计算的权重字段名,该处选择"Length";在"Weight range"(权重范围)中设置用来过滤线段的表示法;点击"Verify"(验证)按钮检查线段比重过滤器的语法是否正确;单击"应用",再点击"确定",关闭窗口。

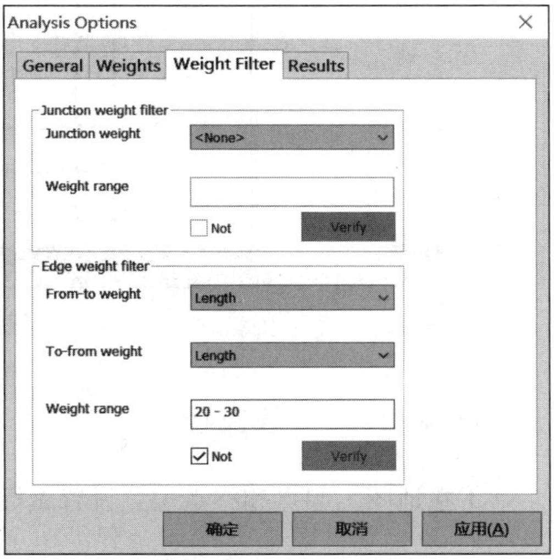

图 13-67

④如图 13-68 所示,在"Utility Network Analyst"(几何网络分析)工具条中点击并下

拉菜单选择“Find Connected”(网络连接要素分析)。

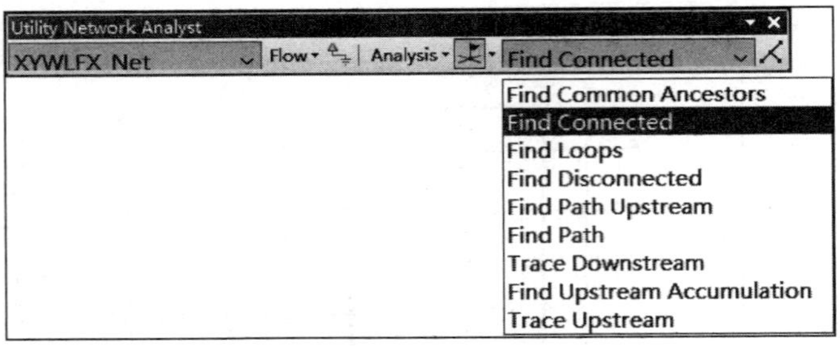

图 13－68

⑤如图 13－69 所示,在“Utility Network Analyst”(几何网络分析)工具条中点击按钮“Solve”(求解)。

图 13－69

⑥利用权重的网络连接要素分析结果如图 13－70 所示。

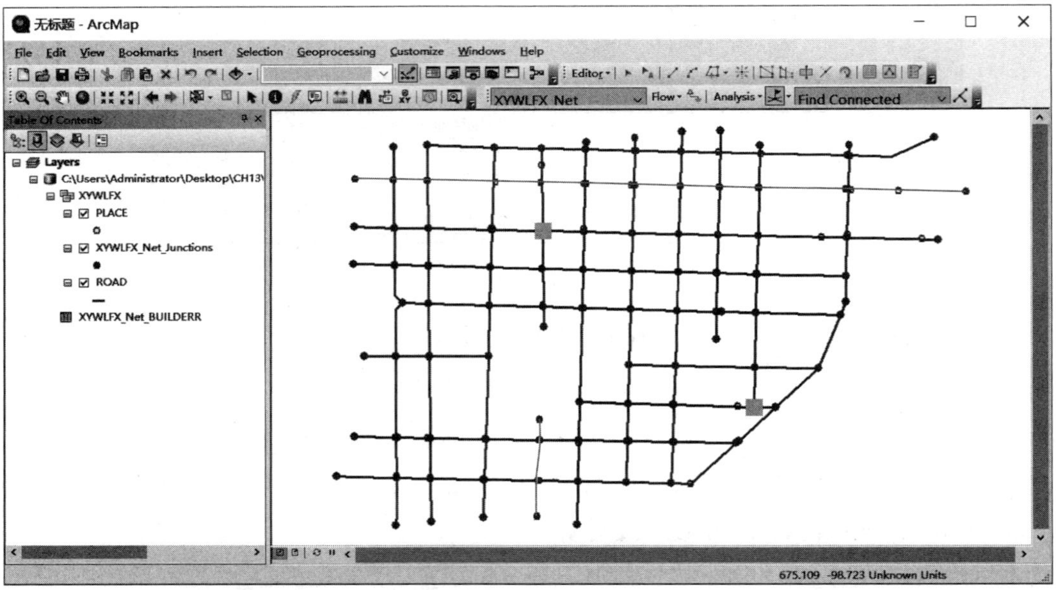

图 13－70

13. 2. 14 寻找路径

①在地图上起点和终点位置设置旗标,如图 13－71 所示。

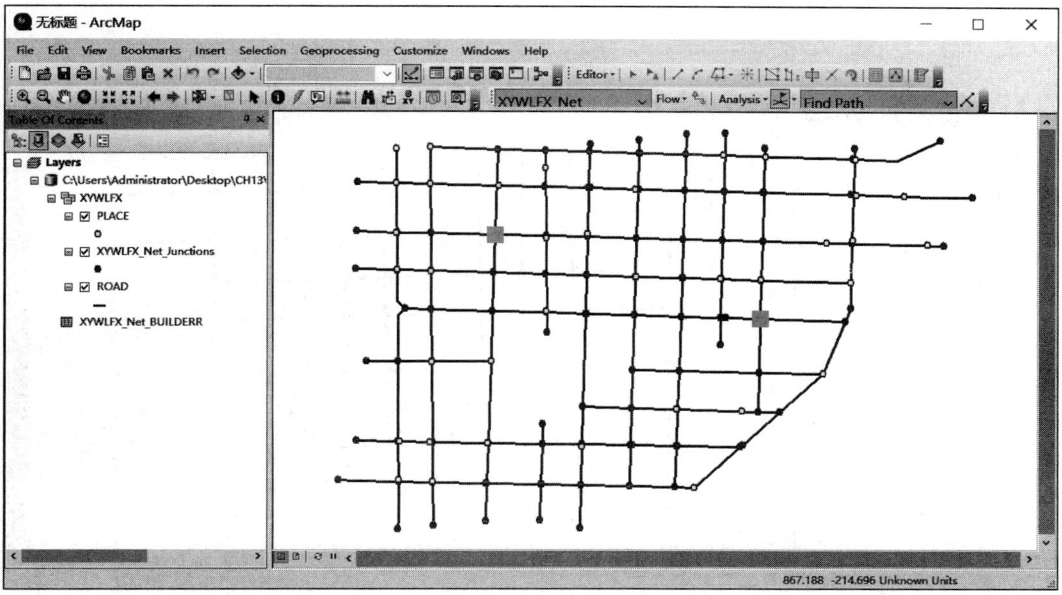

图 13－71

②如图 13－72 所示，在“Utility Network Analyst”（几何网络分析）工具条中点击并下拉菜单选择“Find Path”（网络路径分析）。

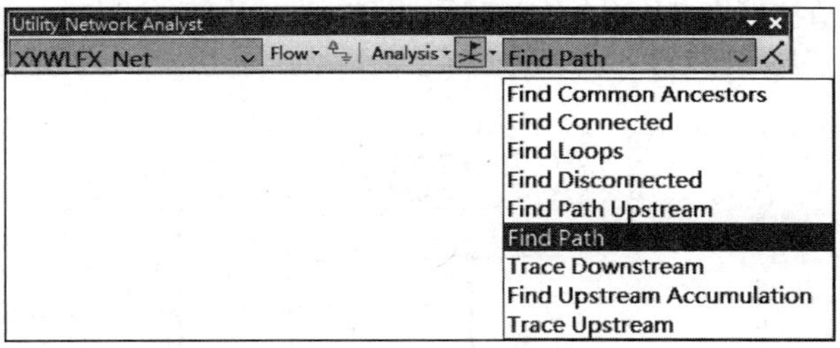

图 13－72

③如图 13－73 所示，在“Utility Network Analyst”（几何网络分析）工具条中点击按钮“Solve”（求解）。

图 13－73

④寻找路径分析结果如图 13－74 所示。

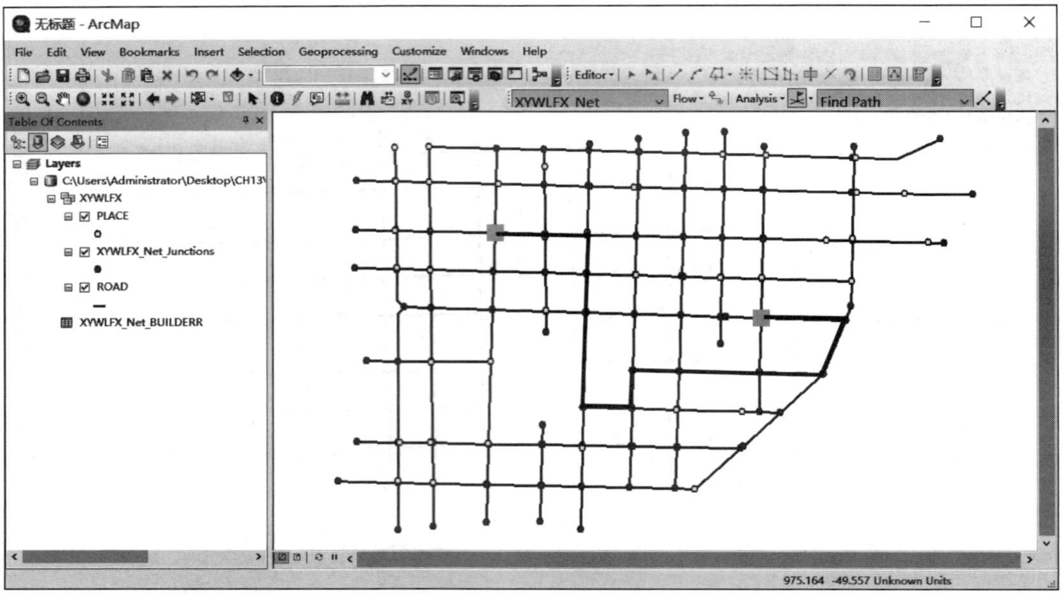

图 13-74

13.2.15 网络环路分析

①在想要寻找循环路径的连接点上设置旗标,如图 13-75 所示。

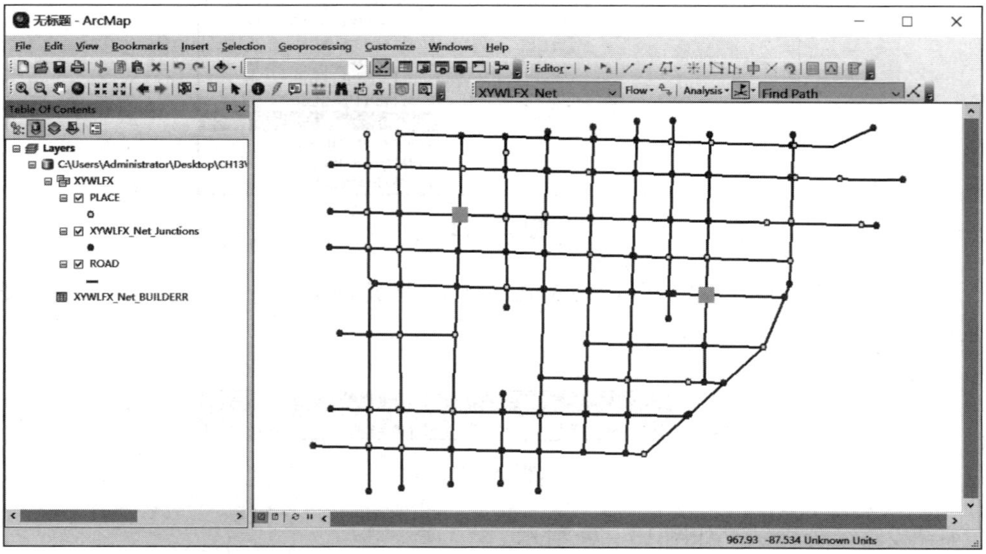

图 13-75

②如图 13-76 所示,在"Utility Network Analyst"(几何网络分析)工具条中点击并下拉菜单选择"Find Loops"(网络环路分析)。

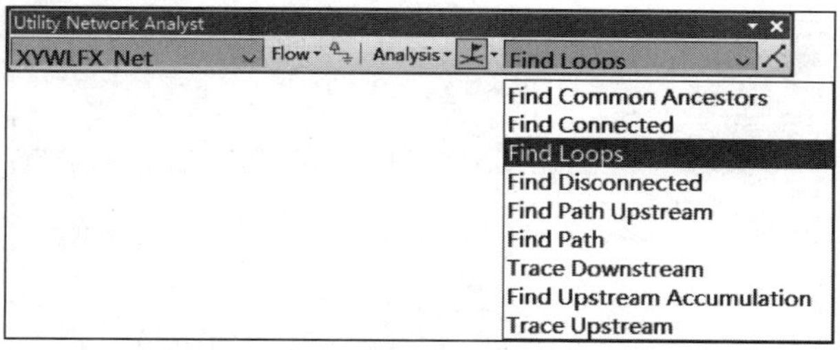

图 13-76

③如图 13-77 所示，在“Utility Network Analyst”（几何网络分析）工具条中点击按钮“Solve”（求解）。

图 13-77

④网络环路分析结果如图 13-78 所示。

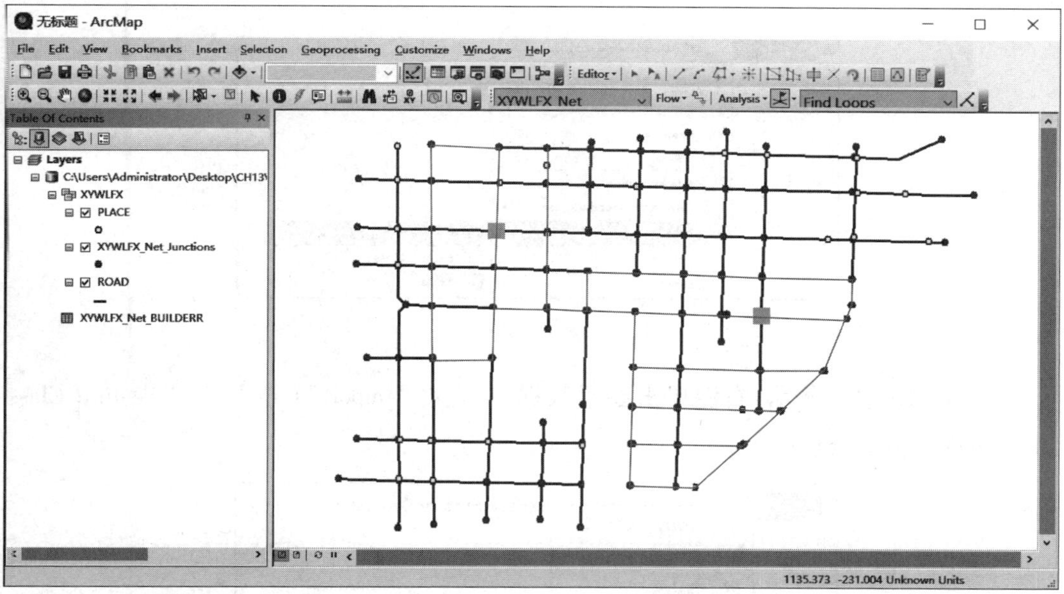

图 13-78

13.3　传输网络分析

13.3.1　传输网络数据集的建立

①打开 ArcCatalog，如图 13-79 所示，选中目标文件夹，在空白处单击鼠标右键，选择“New”（新建）→“File Geodatabase”（文件地理数据库），并对新建的地理数据库进行命名。

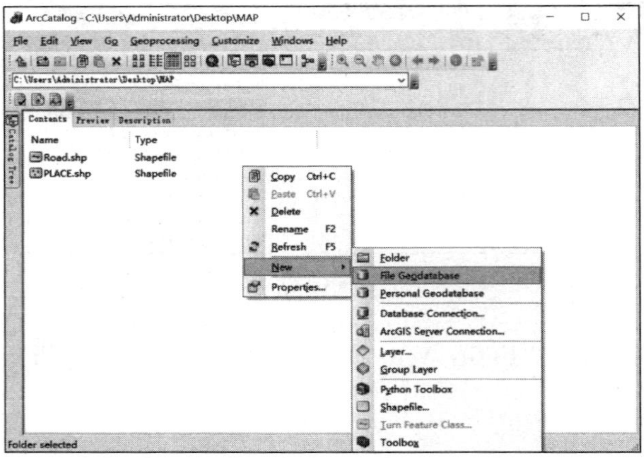

图 13－79

②如图 13－80 所示，右键单击文件地理数据库，选择“New”（新建）→“Feature Dataset”（要素数据集）。在“Name”（名称）中设置要素数据集的名字并设置要素数据集的投影坐标。

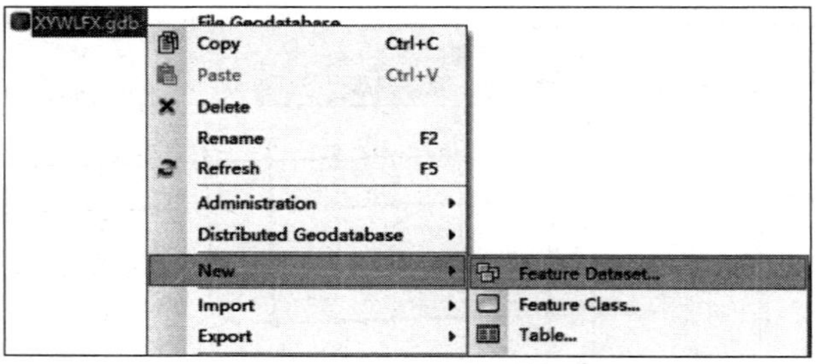

图 13－80

③如图 13－81 所示，右键单击要素数据集，选择“Import”（导入）→“Feature Class (multiple)”（要素类（多个））。

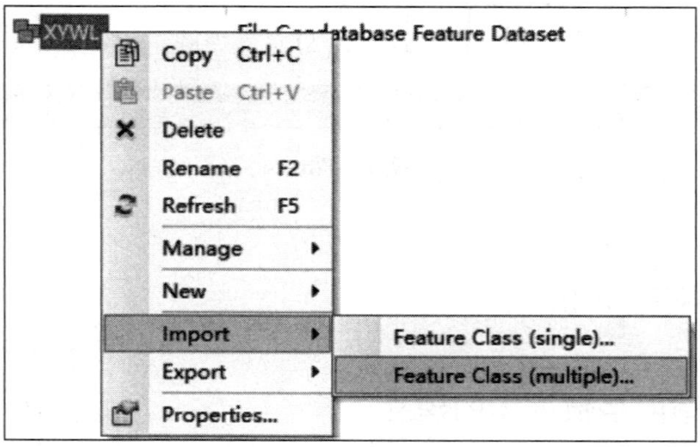

图 13－81

④打开新窗口，如图 13－82 所示，在“Input Features”（输入要素）中设置要导入文件地理数据库中要素数据集中的文件；在“Output Geodatabase”（输出地理数据库）中设置要导入数据的目标地理数据库。点击“OK”（确定），完成操作。

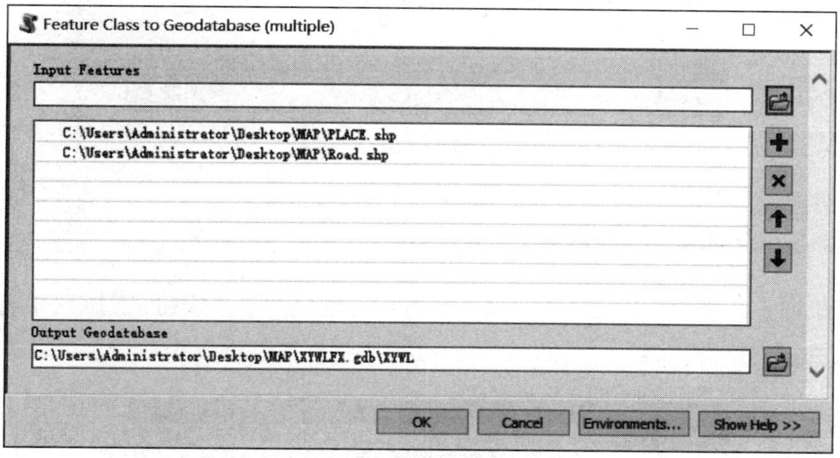

图 13－82

⑤右键单击要素数据集，选择“New”（新建）→“Network Dataset”（网络数据集），如图 13－83 所示。

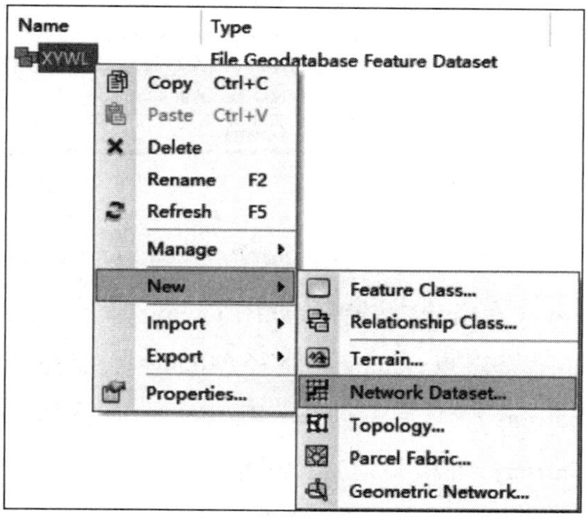

图 13－83

⑥打开新窗口。此时软件会出现窗口过大无法点击下一步的情况，笔记本电脑可以改变屏幕为竖向或将分辨率调低来解决，台式电脑可以通过将分辨率调低来解决。点击“下一步”。设置网络数据集的名称和需要的网络数据集的版本；点击“下一步”，设置参与到网络数据集中的要素；点击“下一步”，设置是否要设置构建转弯模型；点击“下一步”，点击“Connectiviy”（连通性）按钮，在新窗口中设置要素之间的连通性；点击“下一步”，设置是否要在网络数据集内指定高程信息；点击“下一步”，为网络要素集指定时间和距离属性；点击“下一步”，设置是否要为网络数据集建立行驶方向；出现总结对话框，检查上述设置是否正确，若不正确，点击“上一步”进行修改，如果正确，点击“完成”，生成网络数据集。点击“OK”（确定），加载整个网络数据集到 ArcMap 中。

13.3.2 网络分析工具的调用

在 ArcMap 的上方选择“Customize”(自定义)→“Toolbars”(工具条)→ “Network Analyst”(网络分析),调出网络分析工具条,如图 13-84 所示。

图 13-84

13.3.3 最优路径查找

①如图 13-85 所示,点击“Network Analyst”(网络分析)按钮,下拉菜单选择“New Route”(新建路径)。

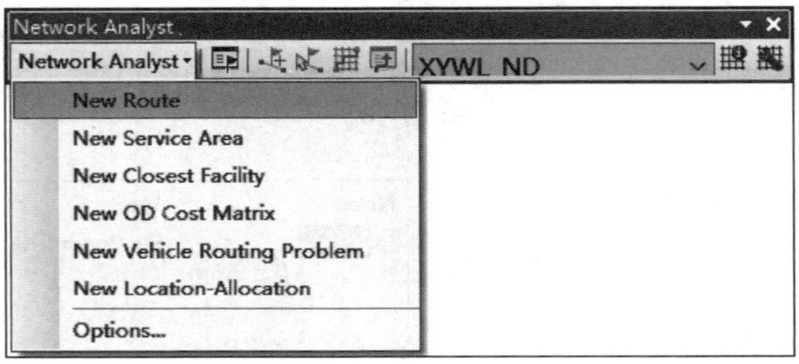

图 13-85

②点击工具条上按钮,弹出“Network Analyst”(网络分析)窗口,如图 13-86 所示。该窗口会显示停靠点(Stops)、路径(Routes)、点路障(Point Barriers)、线路障(Line Barriers)、面路障(Polygon Barriers)等相关信息,在网络分析中生成的分析结果要素都会在该窗口统计,可以选中分析结果,右键对其进行编辑操作(再次点击,则会隐藏窗口)。

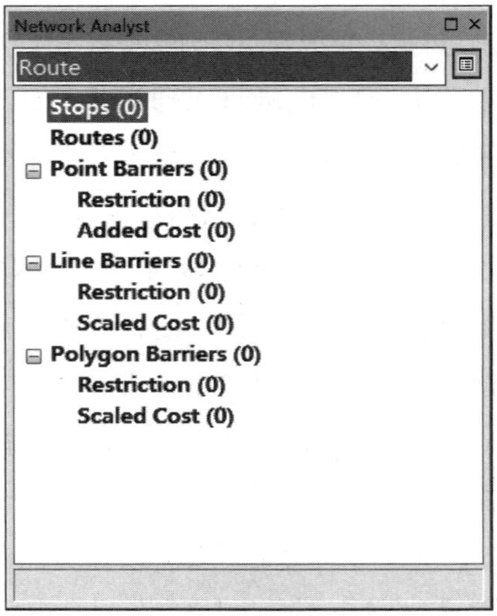

图 13-86

③如图 13-87 所示,点击网络分析工具条中的“Create Network Location Tool”(创建网络位置工具)按钮,即可在地图街道任意位置添加停靠点,停靠点按照添加的先后顺序排序,第一个停靠点默认为出发点,最后一个停靠点默认为终点。顺序可以在“Network Analyst”(网络分析)窗口中进行修改。

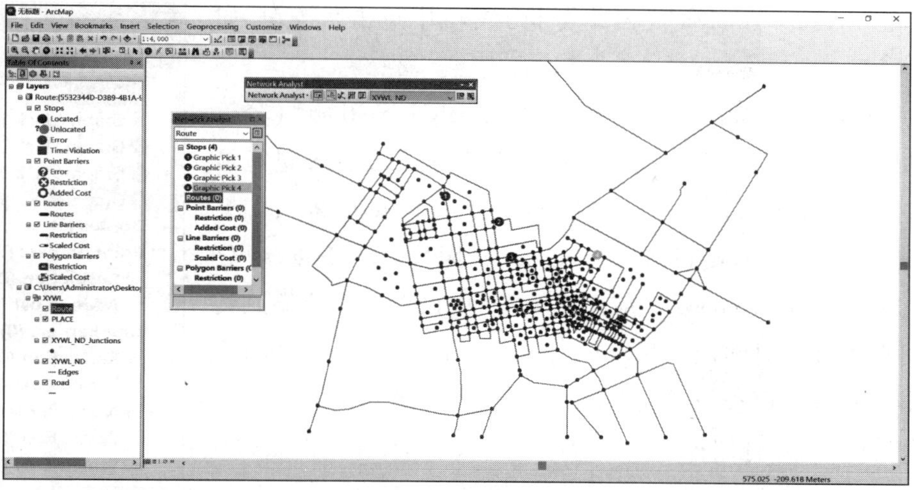

图 13－87

④点击网络工具条上“Network Analyst”（网络分析）按钮→“Options”（选项），如图 13－88 所示 。

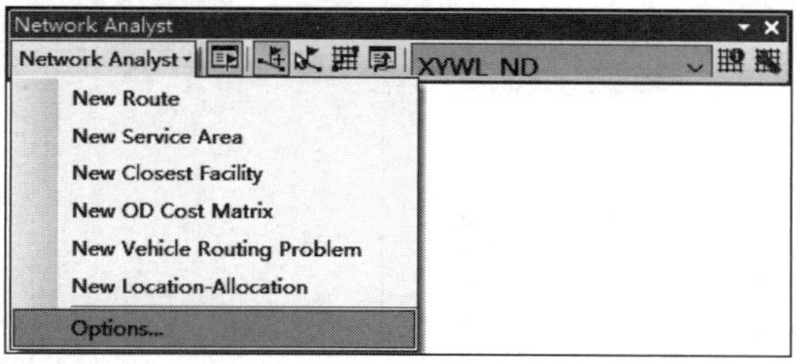

图 13－88

⑤打开新窗口。在“Location Snap Options”（位置捕捉选项）页面下设置捕捉环境，如图 13－89 所示。设置完成后点击“应用”。

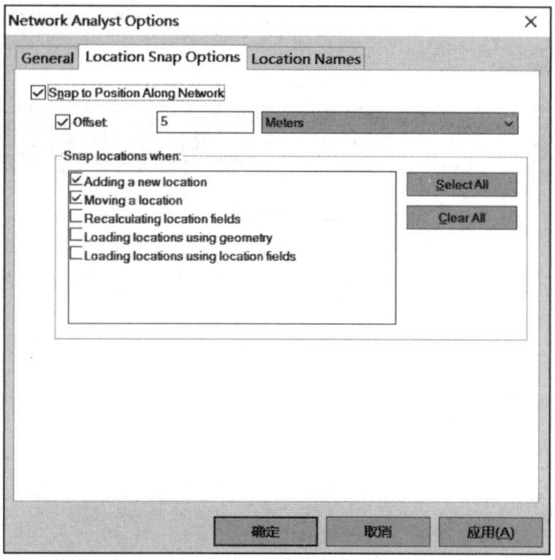

图 13－89

⑥在“Network Analyst”(网络分析)窗口中点击按钮,如图 13-90 所示。

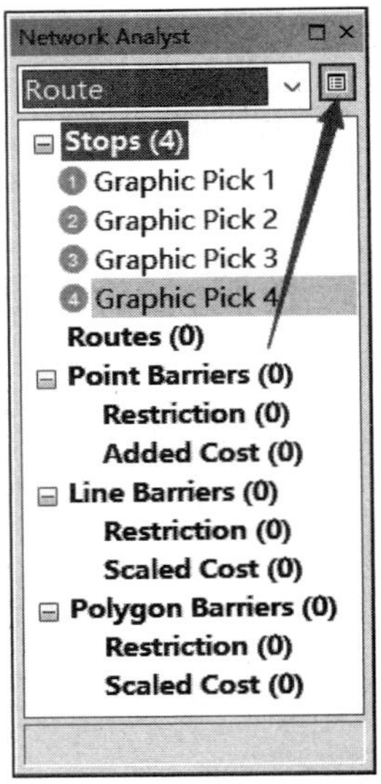

图 13-90

⑦打开新窗口,如图 13-91 所示,在“Analysis Settings”(分析设置)页面下设置网络分析的“Impedance”(阻抗);如果要进行最短路径分析则设置“Impedance”(阻抗)为距离 Meters(米),如果要进行最快路径分析则设置“Impedance”(阻抗)为 Minutes(分钟);在“Use Time Windows”(应用时间窗)中设置某个停靠点到达的时间、离开的时间;在“Reorder Stops To Find Optimal Route”(重新排序停靠点以查找最佳路径)中设置由系统重新对停靠点进行排序来寻找最佳路径;在“U-Turns at Junctions”(交汇点的 U 形转弯)中设置是否允许在交汇点的 U 形转弯;在“Output Shape Type”(输出 Shape 类型)中设置输出的 Shape 类型。

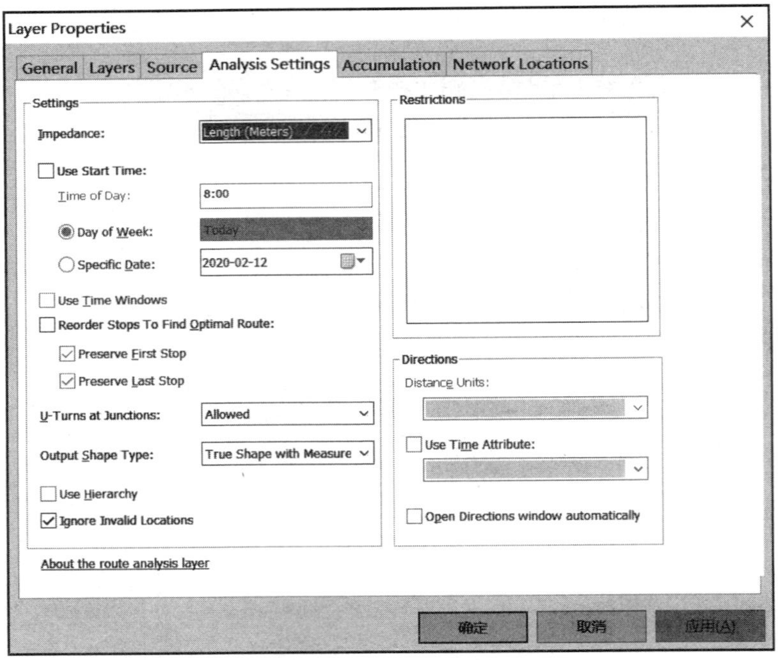

图 13-91

⑧点击网络分析工具条上的按钮“Solve”(求解),得到路径分析结果,如图 13-92 所示。

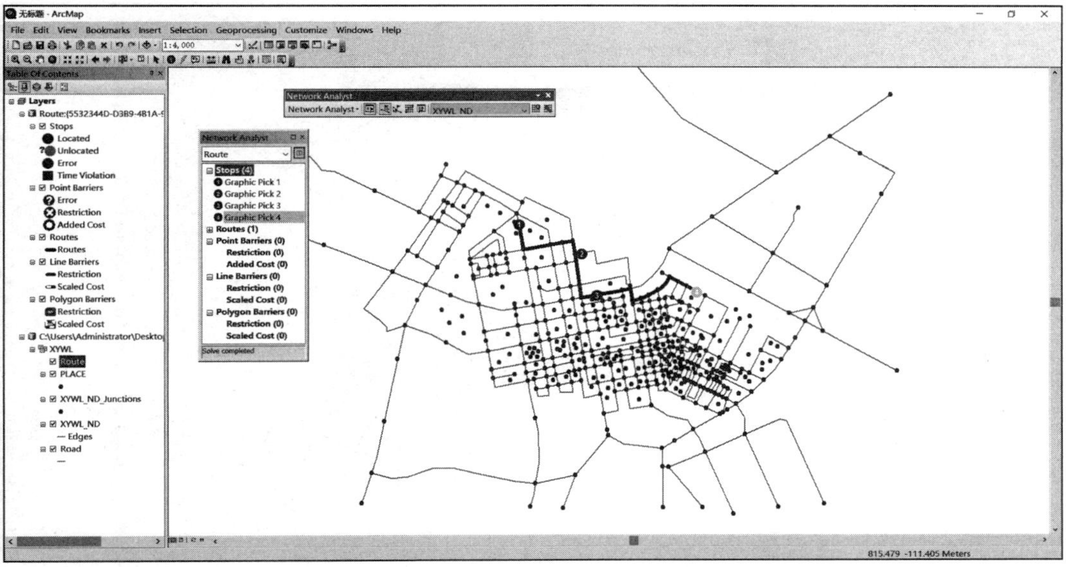

图 13－92

⑨如图 13－93 所示，在“Network Analyst”（网络分析）窗口中点击“Point Barriers”（点障碍）。在网络分析工具条中点击按钮“Create Network Location Tool”（创建网络位置工具），即可在地图街道任意位置添加障碍点，障碍点分为两类，一类为“Restriction”（禁止型），另一类为“Add Cost”（增加成本型），用来模拟道路上各种影响因素。

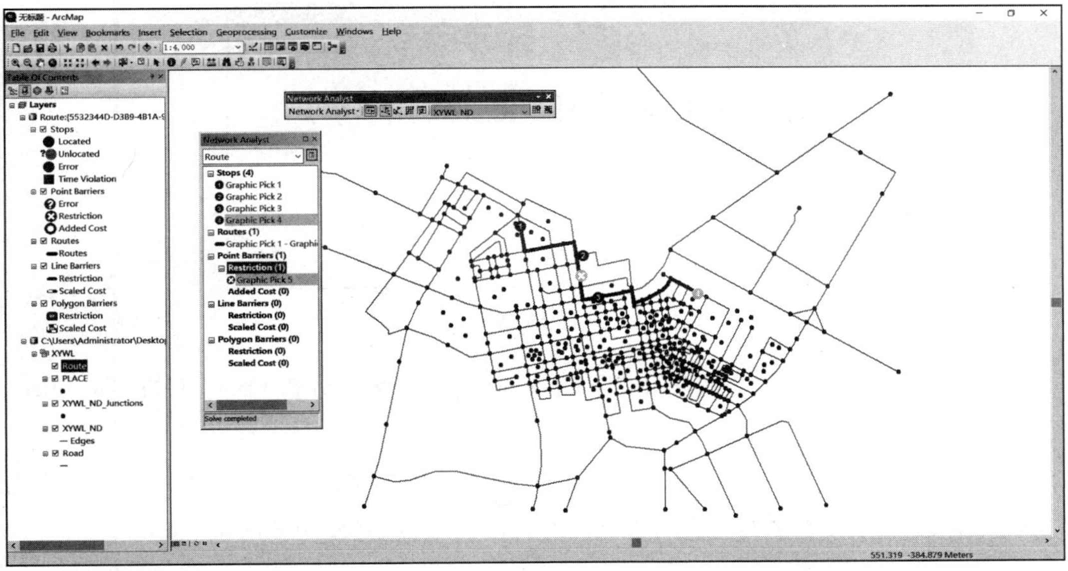

图 13－93

⑩再次点击网络分析工具条上的按钮“Solve”（求解），得到新的路径分析结果，如图 13－94 所示。

图 13－94

13.3.4 服务区域分析

①如图 13－95 所示，点击“Network Analyst”（网络分析），下拉菜单选择“New Service Area”（新建服务区）。

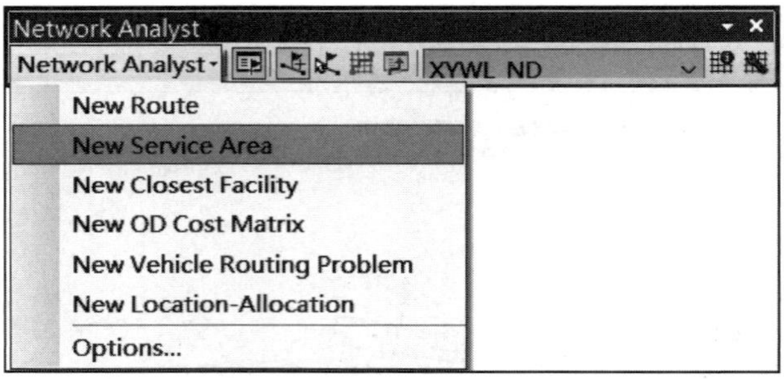

图 13－95

②如图 13－96 所示，右键单击“Network Analyst”（网络分析）窗口中的“Facilities”（设施点），选择“Load Locations”（加载位置）。

③如图 13－97 所示，在“Load From”（加载自）后方下拉菜单选择设施点图层，点击“OK”（确定）。在网络数据集上将加载出所有设施点，如图 13－98 所示。

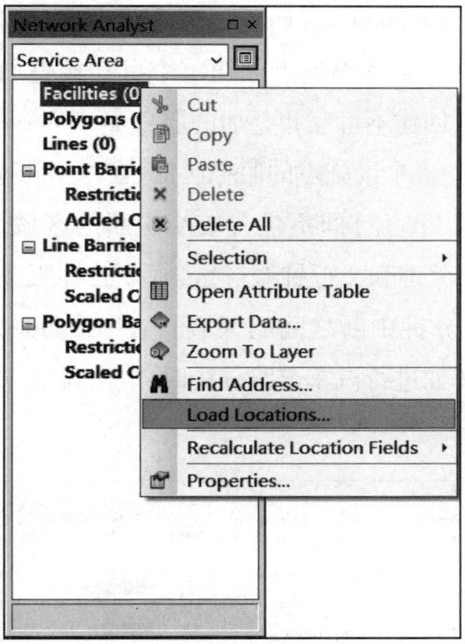

图 13－96

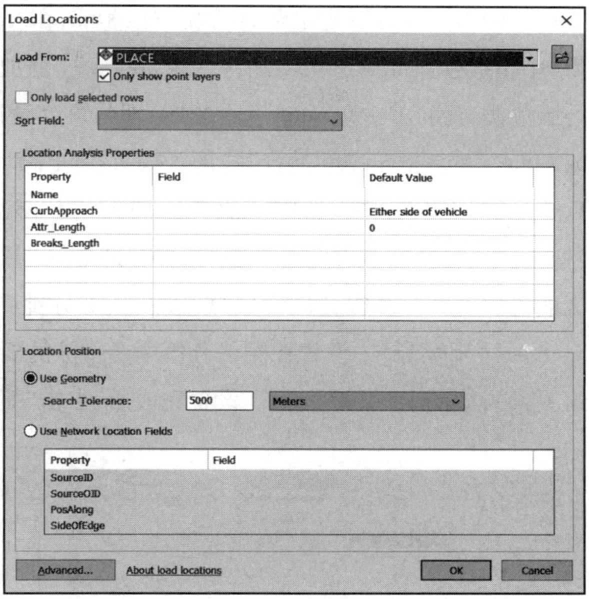

图 13－97

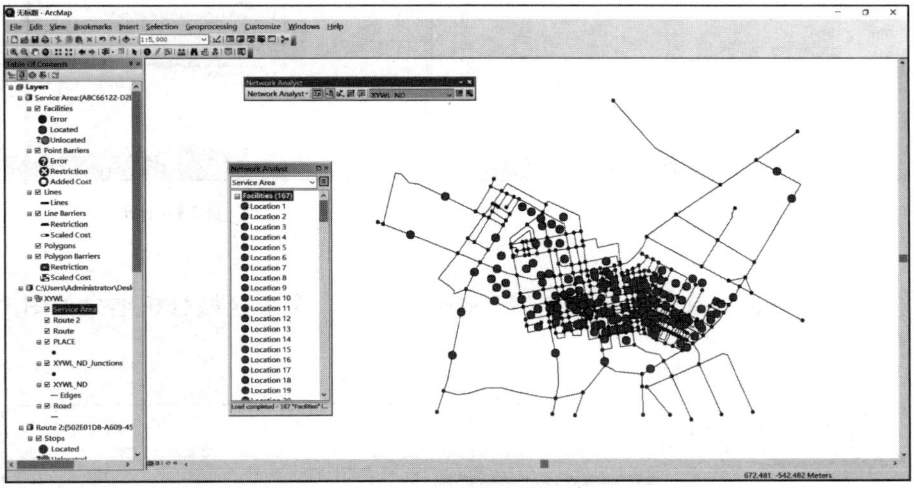

图 13－98

④在“Network Analyst”(网络分析)窗口点击按钮▣,打开新窗口。进入“Analysis Settings”(分析设置),对“Impedance”(阻抗)进行设置,该处可以设置按照“Minutes”(分钟)或“Meters”(米)来查找服务区范围(由于数据限制,该处仅设置按照米来查找服务区范围);在“Default Breaks”(默认中断)中输入设置中断属性,如图 13－99 所示。进入“Polygon Generation”(面生成),在“Polygon Type”(面类型)中设置生成面的类型,“Generalized”(概化)即为快速生成除了边缘外的整个服务区面,该类型可能导致岛状的未达元素被覆盖,“Detailed”(详细)即为精确地生成服务区面,该类型会产生一些岛状的未到达区域,生成时间较生成概化面时间长,“Trim Polygons”(修剪面)即将包含服务区外围网络边的面进一步修建,

使得外网络边在设置规定距离,默认为100 m;在“Multiple Facilities Options”(多个设施点选项)中设置生成面的形状类别,“Overlapping”(叠加)即为每个设施点创建单个可互相叠加的服务面,“Not Overlapping”(不叠加)即为每个设施点创建不可互相叠加的服务面,“Merge by break value”(按中断值合并)即为拥有相同中断值的多个设施点的服务区面;在“Overlap Type”(叠加类型)中设置同心服务区的类型,“Rings”(圆环)即不包含较小中断的区域,“Disks”(圆盘)即包含所有中断的面域(即如果创建1分钟和2分钟服务区,则2分钟服务区面将包含1分钟服务区面区域,以及从1分钟到2分钟中断之间的区域);在“Excluded Sources”(排除源)中设置在网络分析中要排除的要素(如进行汽车道路分析时,应当排除铁道要素),如图13-100所示。设置完成后,点击“确定”。

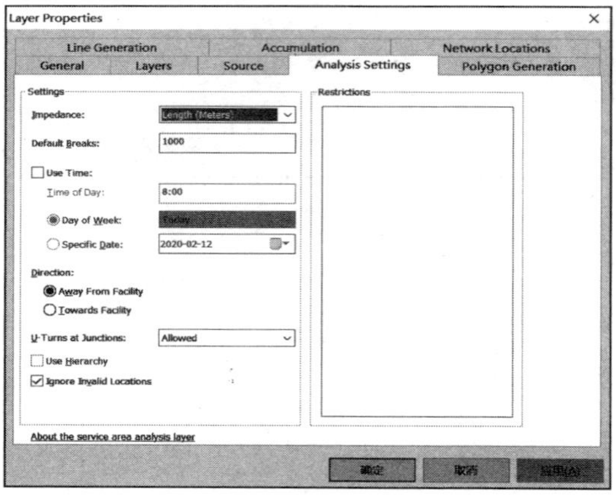

图13-99

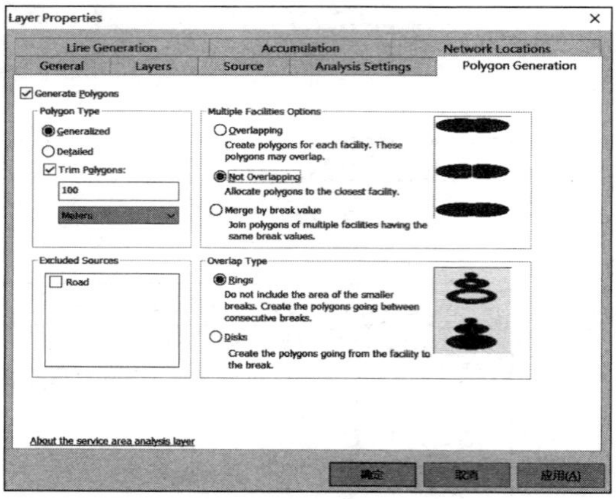

图13-100

⑤点击网络分析工具条上的按钮“Solve”(求解),服务区域分析结果如图13-101所示。

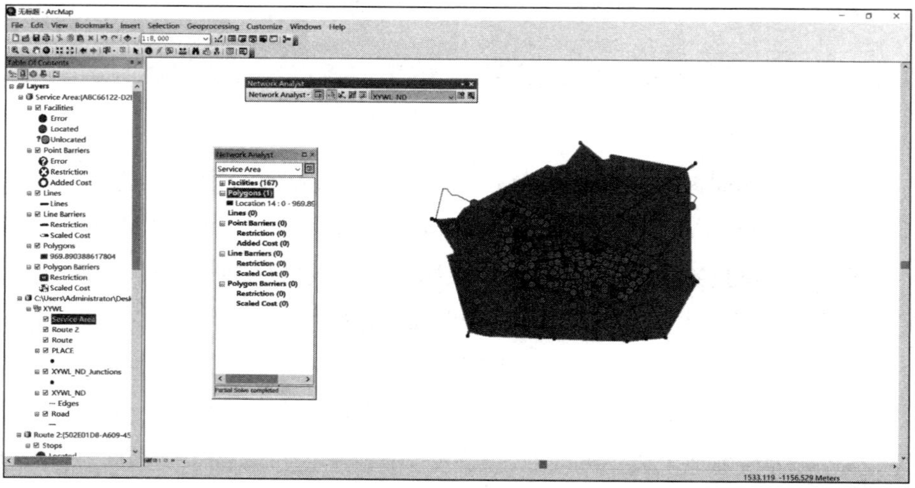

图13-101

13.3.5　最近服务设施查找

①如图 13-102 所示，点击“Network Analyst”（网络分析）按钮，下拉菜单选择“New Closest Facility”（新建最近设施点）。

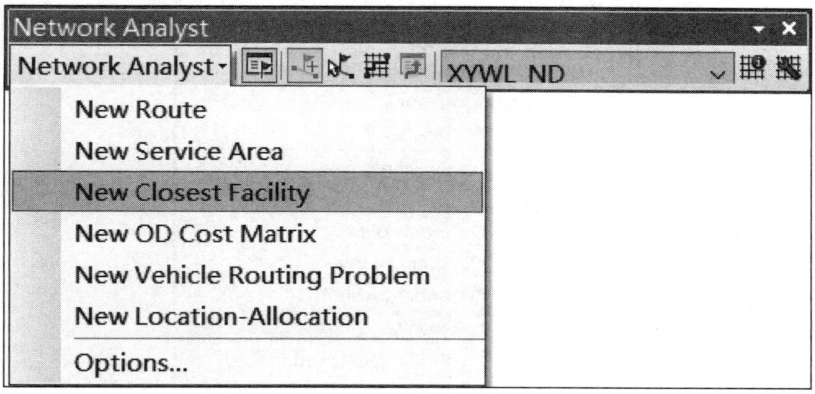

图 13-102

②如图 13-103 所示，点击工具条上的按钮，在图上添加事件点（此时注意要在“Network Analyst”（网络分析）窗口中选中“Incidents”（事件点）选项）或者加载事件点数据图层。

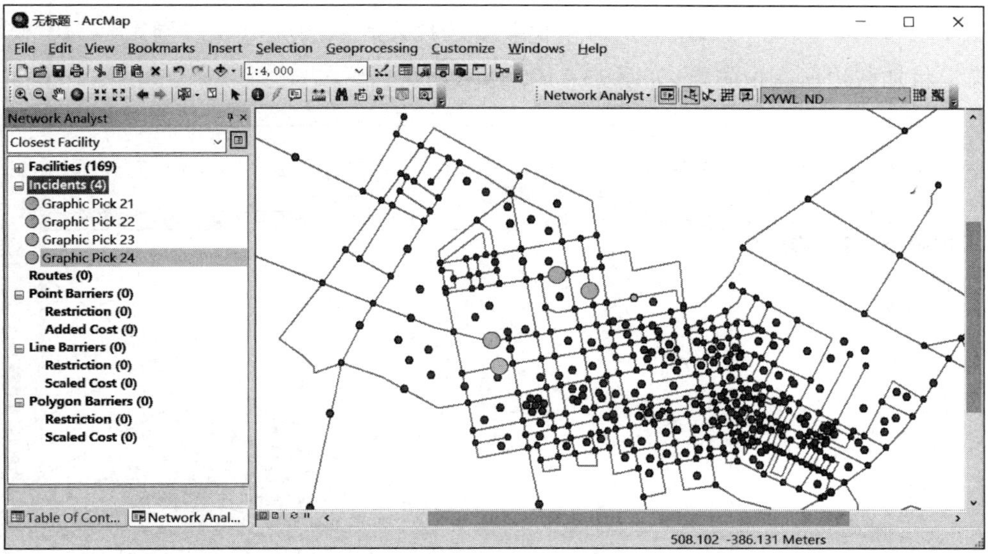

图 13-103

③如图 13－104 所示，右键单击“Network Analyst”（网络分析）窗口中的“Facilities”（设施点），选择“Load Locations”（加载位置）。

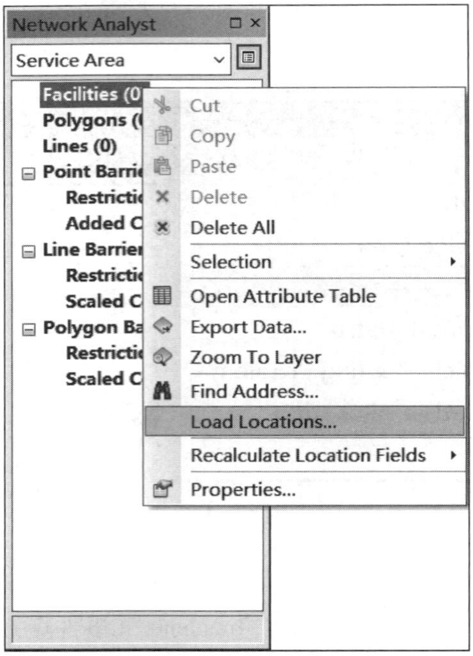

图 13－104

④在“Load From”（加载自）后方下拉菜单选择设施点图层，点击“确定”。在网络数据集上将加载出所有设施点，如图 13－105 所示。

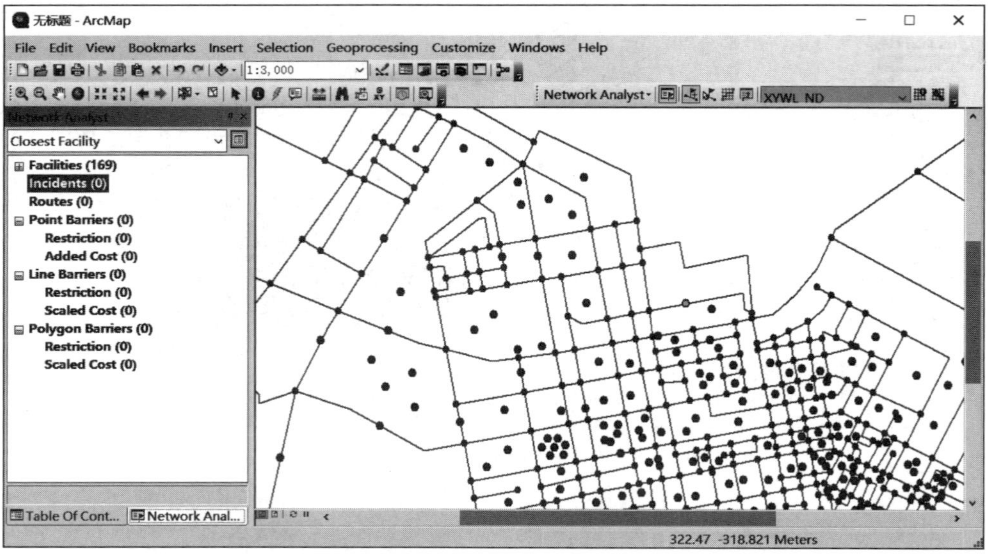

图 13－105

⑤如图 13-106 所示，在“Network Analyst”（网络分析）窗口点击按钮，打开新窗口。进入“Analysis Settings”（分析设置），对“Impedance”（阻抗）进行设置，该处可以设置按照“Minutes”（分钟）或“Meters”（米）来查找最近服务设施（由于数据限制，该处仅设置按照米来查找最近服务设施）；在“Default Cutoff Value”（默认中断值）中输入设置中断属性；在“Facilities To Find”（要查找的设施点）中设置要查找的最近的服务设施的数量；在“Travel From”（行驶自）中设置查找方向，分为“Incident to Facility”（事件点到设施点）或“Facility to Incident”（设施点到事件点）；在“U-Turns at Junctions”（交汇点的 U 形转弯）中设置是否再生成图层允许 U 形转弯；在“Output Shape Type”（输出 Shape 文件类型）中设置输出的 Shape 文件的类型。点击“确定”完成设置。

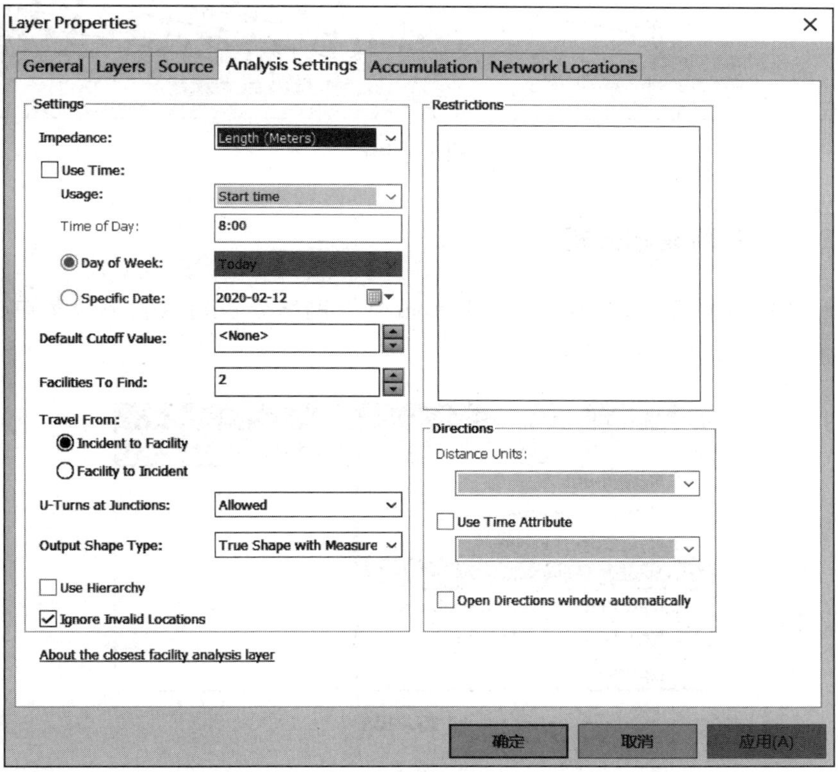

图 13-106

⑥点击网络分析工具条上的按钮“Solve”（求解），最近服务设施查找结果如图 13-107 所示。

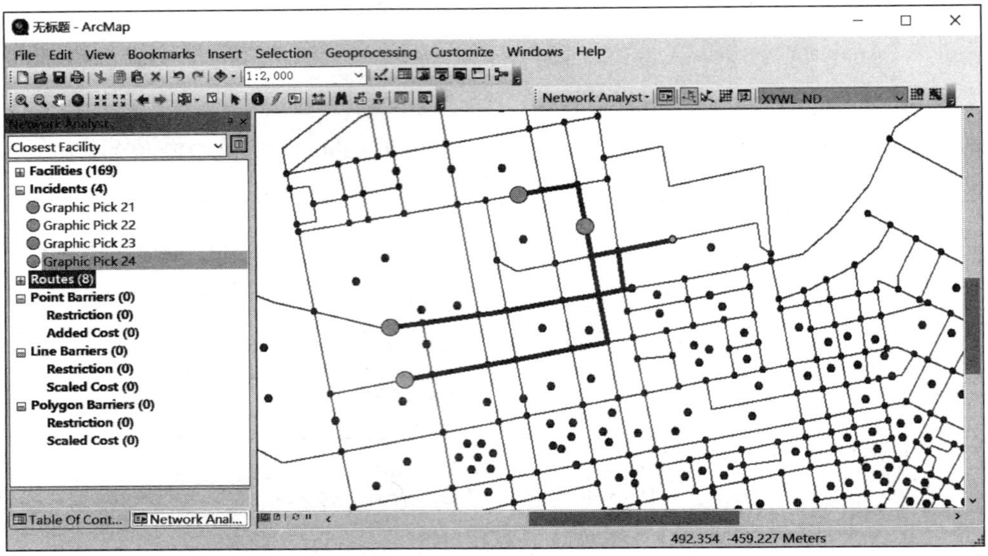

图 13－107

13.3.6　距离成本分析

①如图 13－108 所示，点击“Network Analyst”（网络分析）按钮，下拉菜单选择“New OD Cost Matrix”（新建 OD 成本矩阵）。

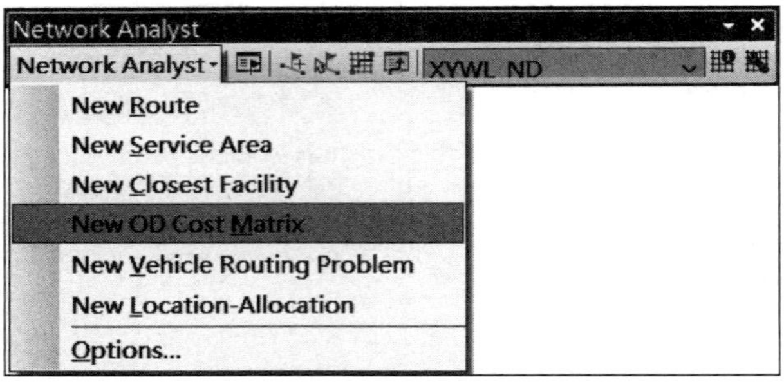

图 13－108

②如图 13－109 所示，在“Network Analyst”（网络分析）窗口中分别选择“Origins”（起始点）和“Destinations”（目的地点）。点击工具条上按钮，在图上添加起始点和目的地点（起始点形状为●，目的地点形状为■）或者加载起始点和目的地点的地点数据。

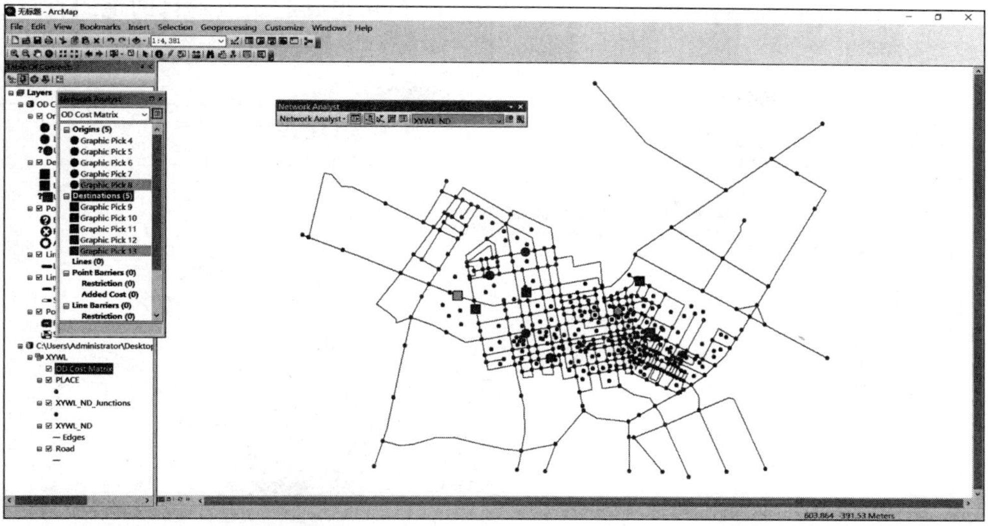

图 13 – 109

③如图 13 – 110 所示，在“Network Analyst”（网络分析）窗口点击按钮▣，打开新窗口。进入“Analysis Settings”（分析设置），对“Impedance”（阻抗）进行设置，该处可以设置按照“Minutes”（分钟）或“Meters”（米）来查找最近服务设施（由于数据限制，该处仅设置按照米来查找最近服务设施）；在“Default Cutoff Value”（默认中断值）中输入设置中断属性；在“Destinations To Find”（要查找的目的地）中设置要查找的目的地点数量；在“U – Turns at Junctions”（交汇点的 U 形转弯）中设置是否再生成图层允许 U 形转弯；在“Output Shape Type”（输出 Shape 文件类型）中设置输出的 Shape 文件的类型。点击“确定”完成设置。

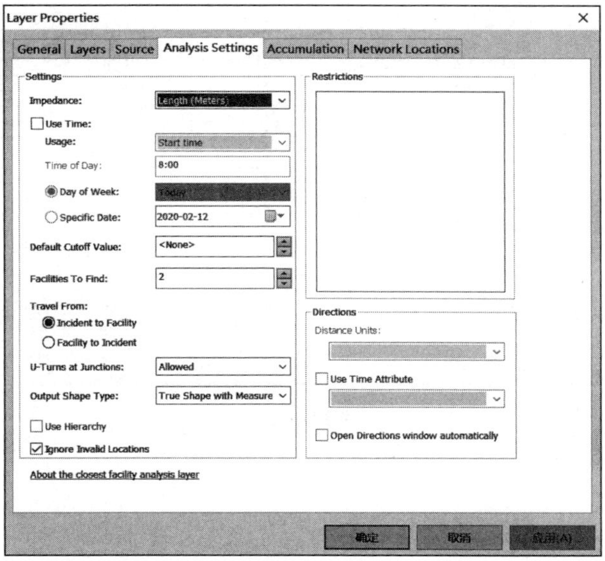

图 13 – 110

④点击网络分析工具条上的按钮"Solve"(求解),得到起始点到目的地的直线,如图 13－111 所示。

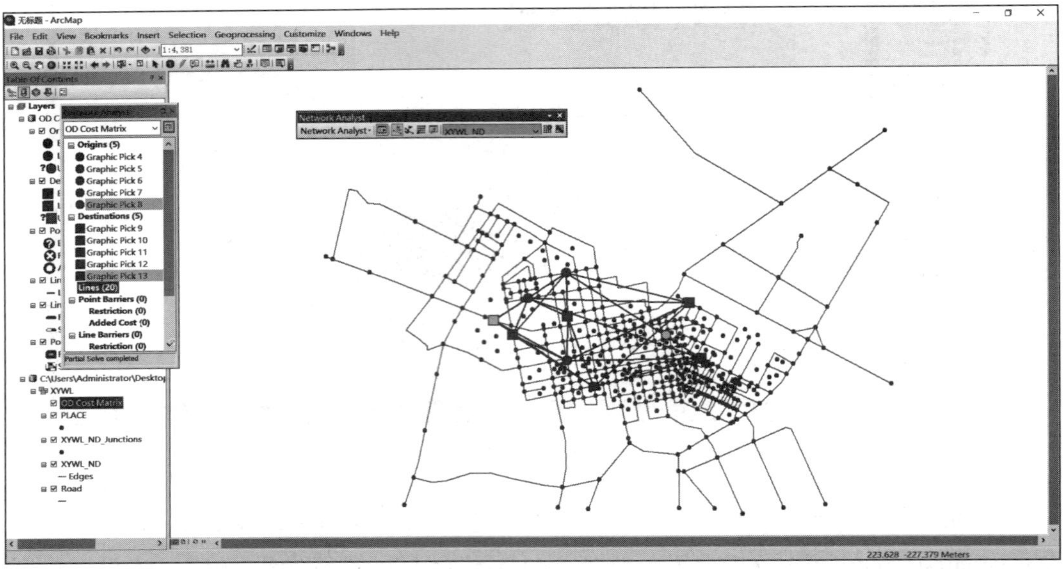

图 13－111

⑤在"Network Analyst"(网络分析)窗口右键选中"Line"(线)→"Open Attribute Table"(打开属性表)。得到起始点到目的地之间的总距离,如图 13－112 所示。

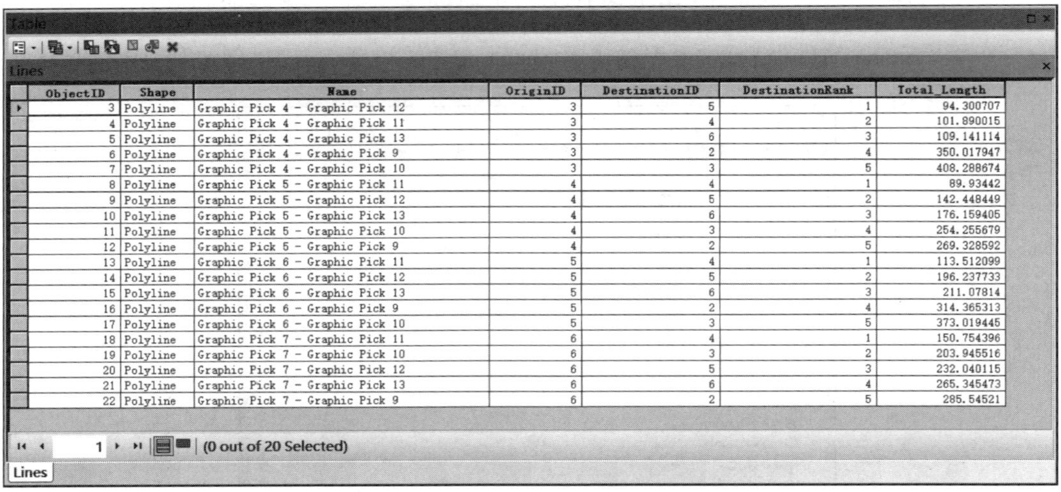

Table

Lines

ObjectID	Shape	Name	OriginID	DestinationID	DestinationRank	Total_Length
3	Polyline	Graphic Pick 4 - Graphic Pick 12	3	5	1	94.300707
4	Polyline	Graphic Pick 4 - Graphic Pick 11	3	4	2	101.890015
5	Polyline	Graphic Pick 4 - Graphic Pick 13	3	6	3	109.141114
6	Polyline	Graphic Pick 4 - Graphic Pick 9	3	2	4	350.017947
7	Polyline	Graphic Pick 4 - Graphic Pick 10	3	3	5	408.288674
8	Polyline	Graphic Pick 5 - Graphic Pick 11	4	4	1	89.93442
9	Polyline	Graphic Pick 5 - Graphic Pick 12	4	5	2	142.448449
10	Polyline	Graphic Pick 5 - Graphic Pick 13	4	6	3	176.159405
11	Polyline	Graphic Pick 5 - Graphic Pick 10	4	3	4	254.255679
12	Polyline	Graphic Pick 5 - Graphic Pick 9	4	2	5	269.328592
13	Polyline	Graphic Pick 6 - Graphic Pick 11	5	4	1	113.512099
14	Polyline	Graphic Pick 6 - Graphic Pick 12	5	5	2	196.237733
15	Polyline	Graphic Pick 6 - Graphic Pick 13	5	6	3	211.07814
16	Polyline	Graphic Pick 6 - Graphic Pick 9	5	2	4	314.365313
17	Polyline	Graphic Pick 6 - Graphic Pick 10	5	3	5	373.019445
18	Polyline	Graphic Pick 7 - Graphic Pick 11	6	4	1	150.754396
19	Polyline	Graphic Pick 7 - Graphic Pick 10	6	3	2	203.945516
20	Polyline	Graphic Pick 7 - Graphic Pick 12	6	5	3	232.040115
21	Polyline	Graphic Pick 7 - Graphic Pick 13	6	6	4	265.345473
22	Polyline	Graphic Pick 7 - Graphic Pick 9	6	2	5	285.54521

1 (0 out of 20 Selected)

Lines

图 13－112

13.3.7 位置分配

①如图 13－113 所示,点击"Network Analyst"(网络分析)按钮,下拉菜单选择"New Location－Allocation"(新建位置分配)。

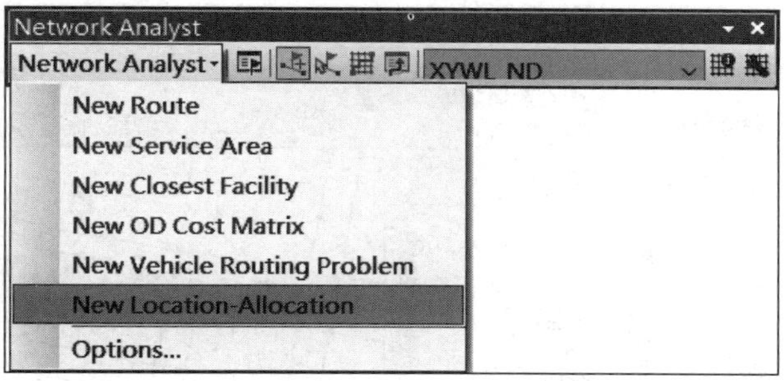

图 13－113

②添加设施点。如图 13－114 所示，点击工具条上按钮，在图上添加建立公共设施候选点（此时注意要在“Network Analyst”（网络分析）窗口中选中“Facilities”（设施点）选项）或者加载公共设施候选点数据图层。

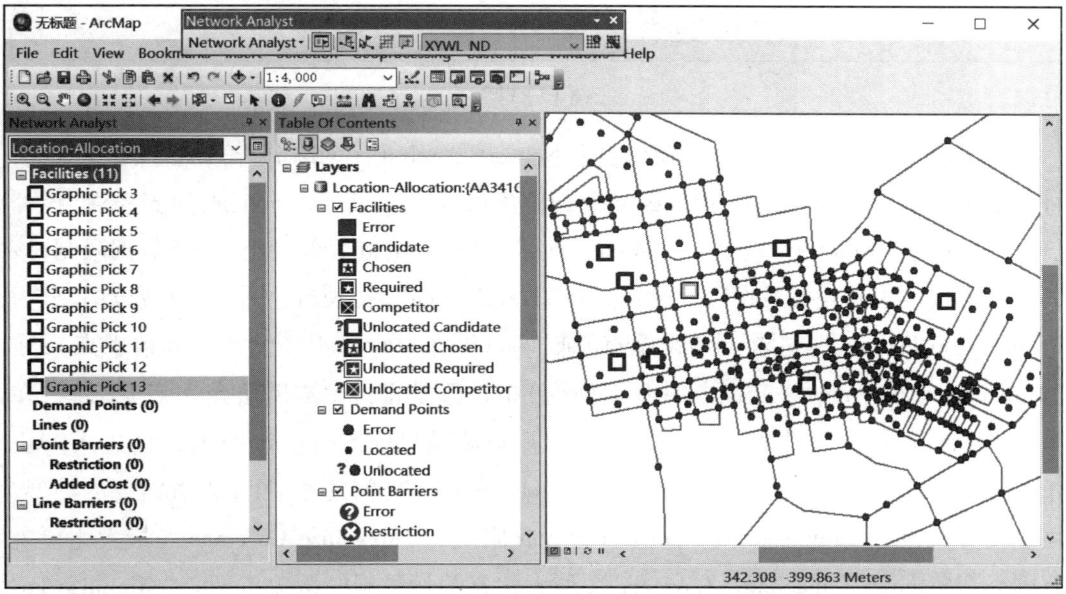

图 13－114

③添加请求点。如图 13－115 所示，点击工具条上按钮，在图上添加人口区域中心的点（此时注意要在“Network Analyst”（网络分析）窗口中选中“Demand Points”（请求点）选项）或者加载人口区域中心点数据图层。

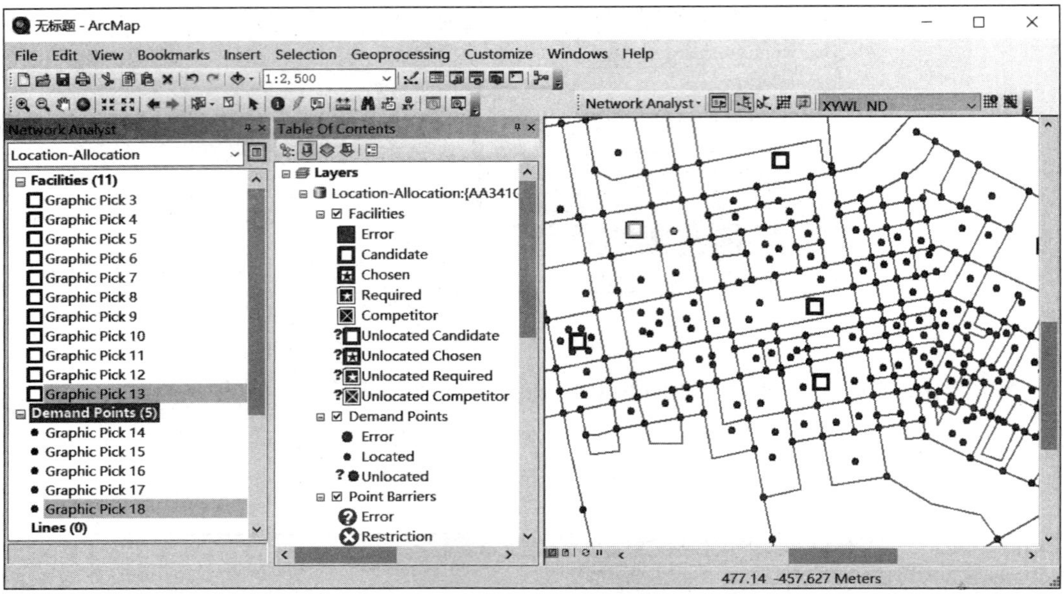

图 13-115

④如图 13-116、图 13-117 所示,在"Network Analyst"(网络分析)窗口点击按钮▣,打开新窗口。进入"Analysis Settings"(分析设置),对"Impedance"(阻抗)进行设置,该处可以设置按照"Minutes"(分钟)或"Meters"(米)来查找最近服务设施(由于数据限制,该处仅设置按照米来查找最近服务设施);在"Travel From"(行驶自)中设置查找方向,分为"Demand to Facility"(请求点到设施点)或"Facility to Demand"(设施点到请求点);在"U-Turns at Junctions"(交汇点的 U 形转弯)中设置是否再生成图层允许 U 形转弯;在"Output Shape Type"(输出 Shape 文件类型)中设置输出的 Shape 文件的类型;进入"Advanced Settings"(高级设置)选项卡中,在"Problem Type"(问题类型)中设置需要的类型,可以设置选项为"Minimize Impedance"(最小化阻抗)、"Maximize Coverage"(最大化覆盖范围)、"Maximize Capacitated Coverage"(最大化有容量限制的覆盖范围)、"Minimize Facilities"(最小化设施点数)、"Maximize Attendance"(最大化人流量)、"Maximize Market Share"(最大市场份额)和"Target Market Share"(目标市场份额);在"Facilities To Choose"(要选择的设施点)中设置要确定的建立公共设施数量即设施点数量;在"Default Cutoff Value"(默认中断值)中输入设置中断属性;在"Imedance Transformation"(阻抗变换)中设置阻抗变换为"Linear"(线性)。

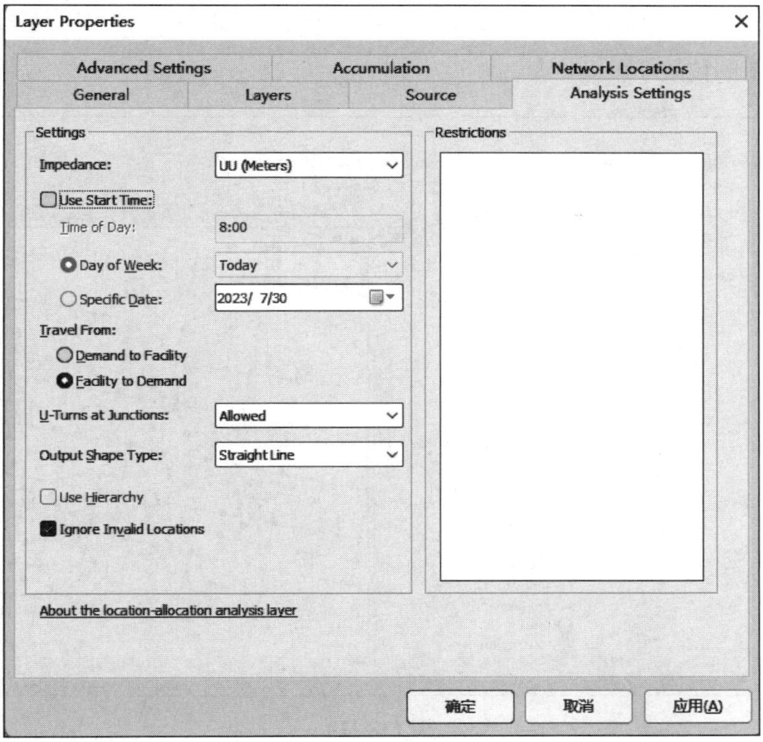

图 13－116

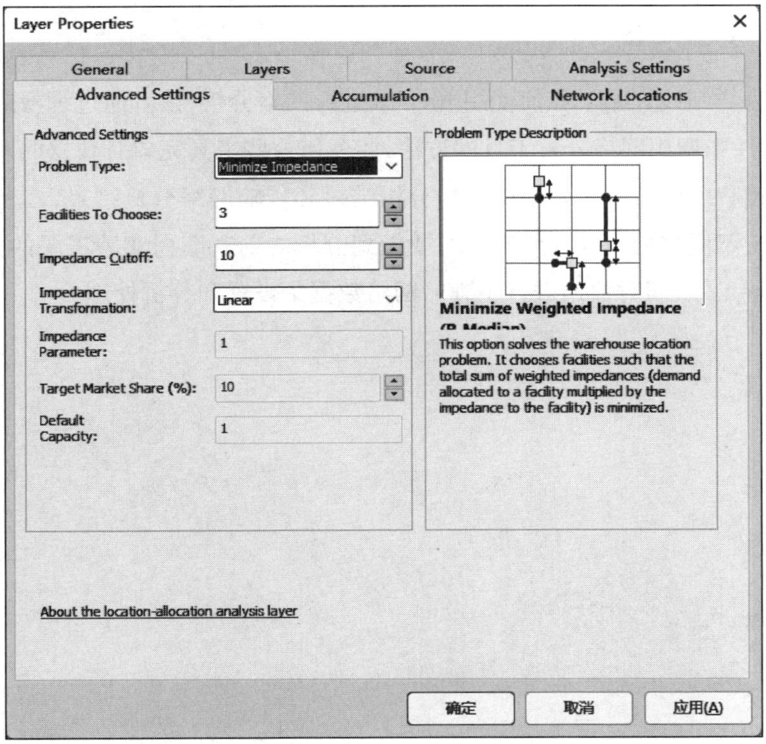

图 13－117

⑤点击网络分析工具条上的按钮"Solve"(求解),图 13-118 中符号即为选定的建立公共设施的位置。

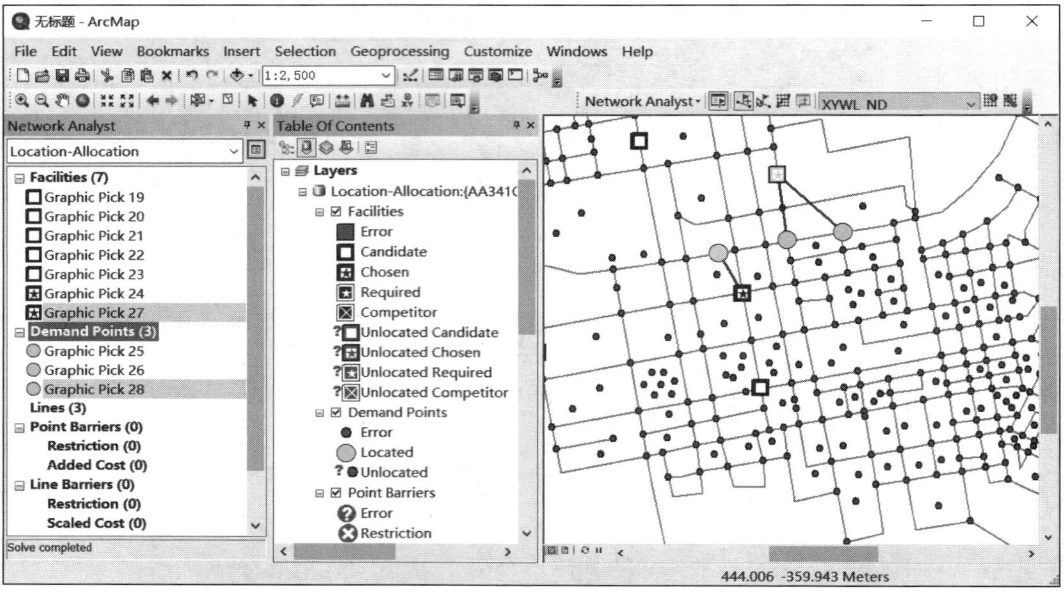

图 13-118

13.4 本章小结

本章较为详细地介绍了如何使用 ArcGIS 进行网络分析,读者通过练习应当熟练掌握在 ArcGIS 软件中调用网络分析工具的方法,能利用这些工具完成对数据的网络分析。读者在学习的过程中要认真区别效应网络分析结果和传输网络分析结果,二者需要使用的分析工具也有不同之处,在实际操作中,要做到分析之前就明白实验需要的分析结果,结合目标数据特点,从而对数据进行正确的网络数据集设置和分析处理。

第14章

综合实例与练习

14.1　某地区农村居民居住用地适宜性评价
14.2　非城镇化型农村居民点空间布局优化
14.3　本章小结

本章通过模拟科研、生产、业务等过程中遇到的问题，综合介绍如何应用 ArcGIS 软件分析解决问题及进行制图。本章实验数据都是模拟数据，并配有相关实验结果，以备参考。通过该章的学习，希望读者们能够将各种分析工具融会贯通，对 ArcGIS 软件有更深的理解。

14.1 某地区农村居民居住用地适宜性评价

14.1.1 基本思路

首先将土地利用现状图转换为栅格图层，属性表中保留地类编码字段。按照地类编码，将栅格图层重分类，分别挑出水域、城镇、采矿区和风景区、公共道路。使用 ArcToolbox 中的“欧式距离”工具和“重分类”工具，将“欧式距离”工具产生的新栅格图层按照评价体系为其赋值。然后利用栅格计算器，加权计算图层数据，按照自然断裂聚类分析法将得到的值分为 5 类，之后将生成的图层转为矢量图，然后将水域、采矿用地及风景区、城镇用地从图中去除（本实验是某地区农村居民居住用地适宜性评价，水域、采矿区及风景区、城镇用地不满足实验要求），最后再转为栅格图进行地图整饰。

14.1.2 操作步骤

①加载实验源数据到 ArcMap 中（位置：CH14\某地区农村居民居住用地适宜性评价源数据），如图 14－1 所示。

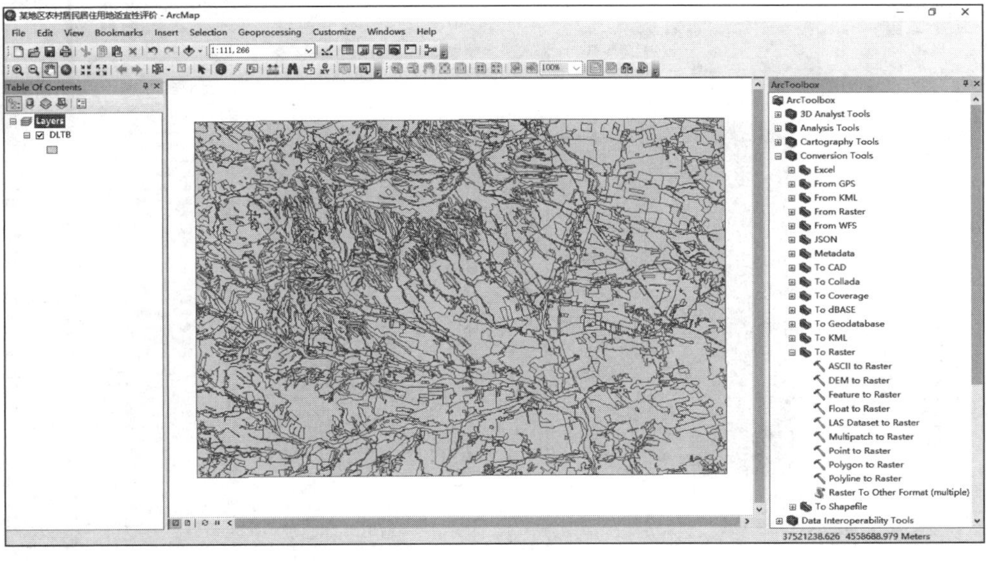

图 14－1

②打开 ArcToolbox，选择“Conversion Tools”（转换工具）→“To Raster”（转为栅格）→“Feature to Raster”（要素转栅格）。如图 14－2 所示，在“Input features”（输入要素）选择 DLTB 图层；在“Field”（字段）中设置“DLBM”；在“Output raster”（输出栅格）中设置输出栅格的名称和路径。

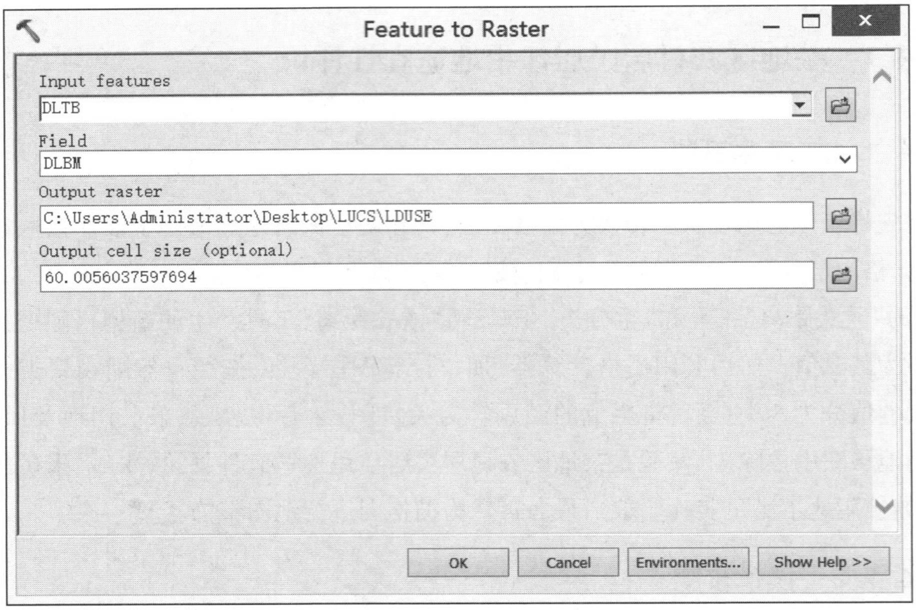

图 14－2

③单击“OK”（确定），完成操作，如图 14－3 所示。

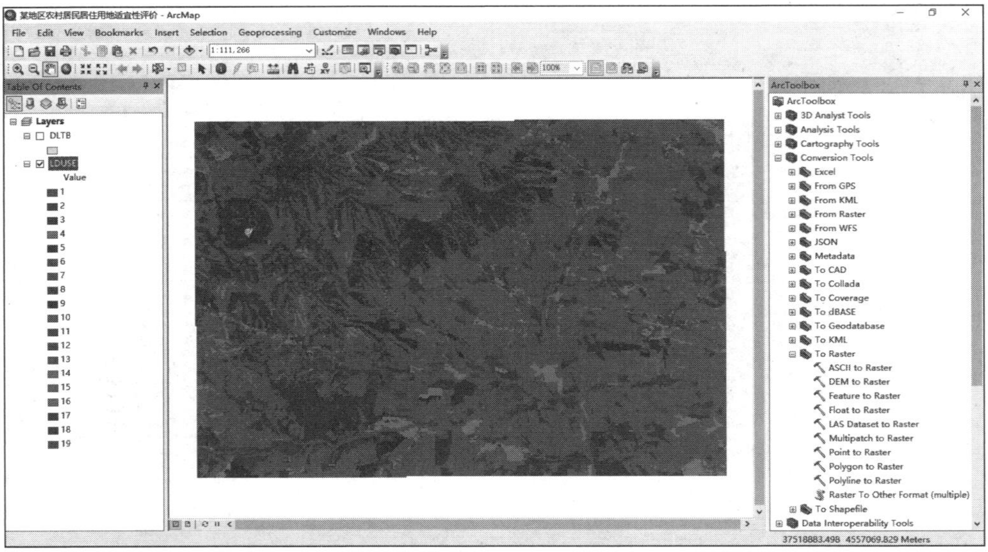

图 14－3

④打开 ArcToolbox，选择“3D Analyst Tools”（3D 分析工具）→“Raster Reclass”（栅格重分类）→“Reclassify”（重分类）。如图 14－4 所示，在“Input raster”（输入栅格）选择 LDUSE 图层；在“Reclass Field”（重分类字段）中设置“DLBM”；在重分类中设置“112”“114”“116”“117”字段重分类值为 1，其余值为 NoData；在“Output raster”（输出栅格）中设置输出栅格的名称和路径。按照该方法提取出水域用地，如图 14－5 所示。

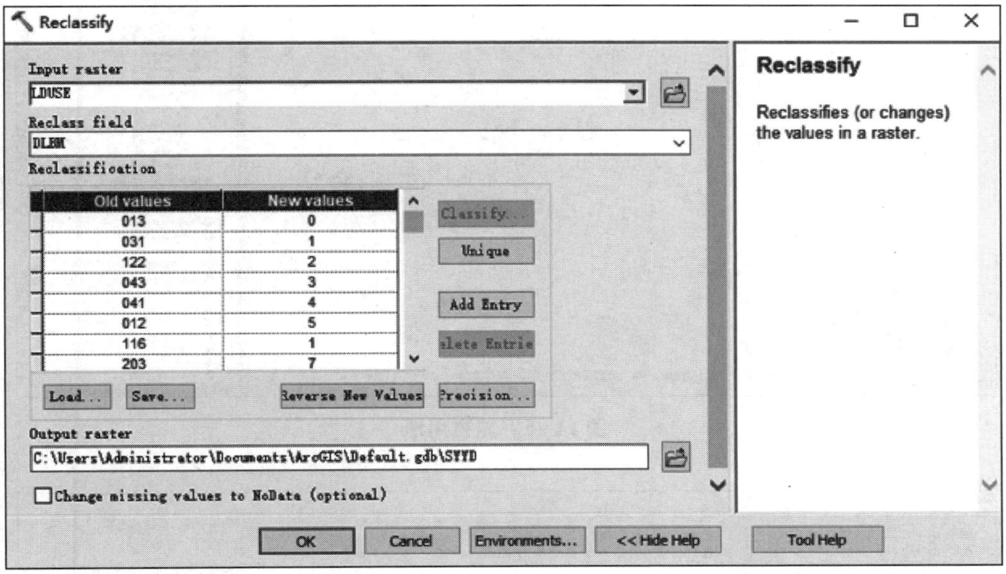

图 14－4

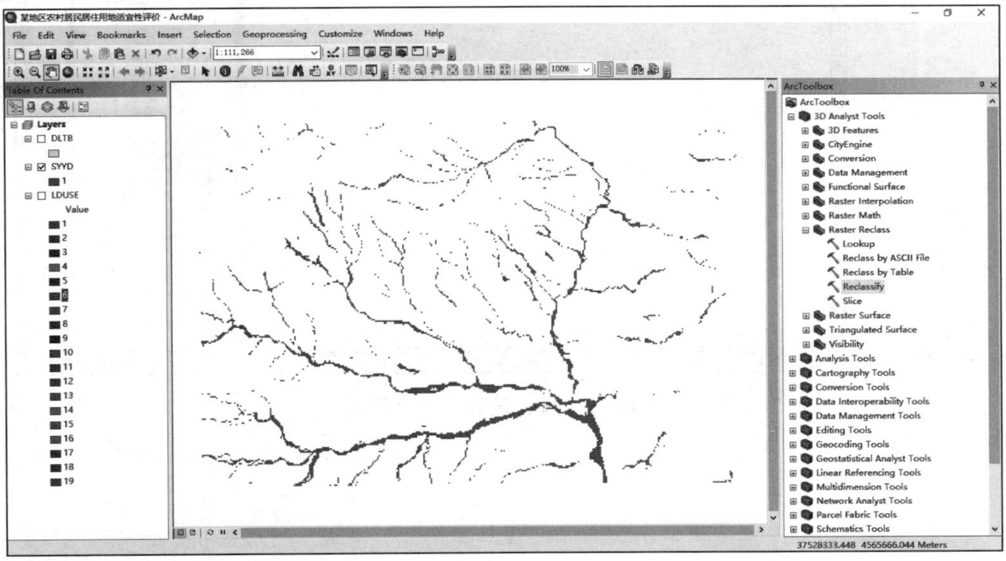

图 14－5　水域用地

⑤按照上述方法依次提取城镇用地“202 和 203”(见图 14-6)、采矿区和风景区用地“204 和 205”(见图 14-7)、公路用地“102”(见图 14-8)的栅格图。

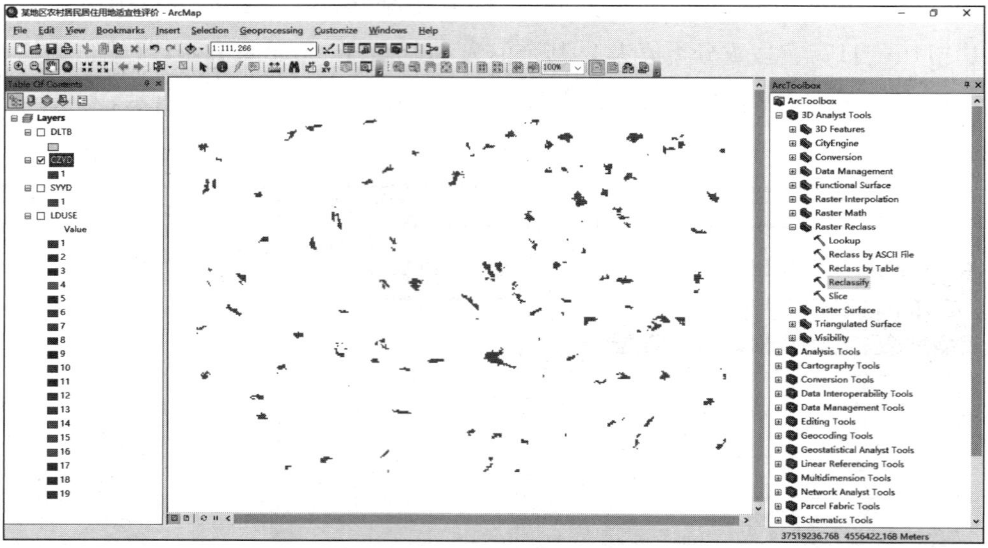

图 14-6　城镇用地

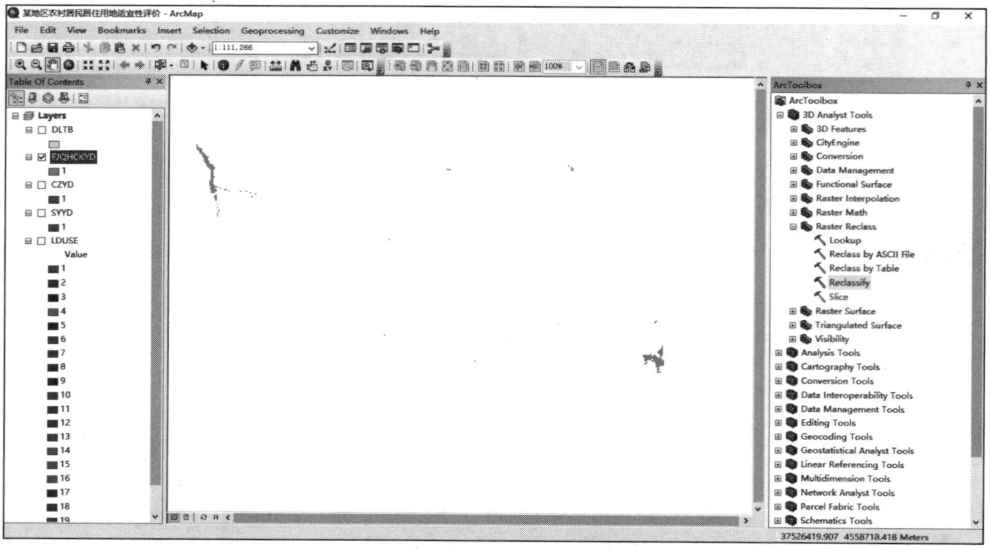

图 14-7　采矿区和风景区用地

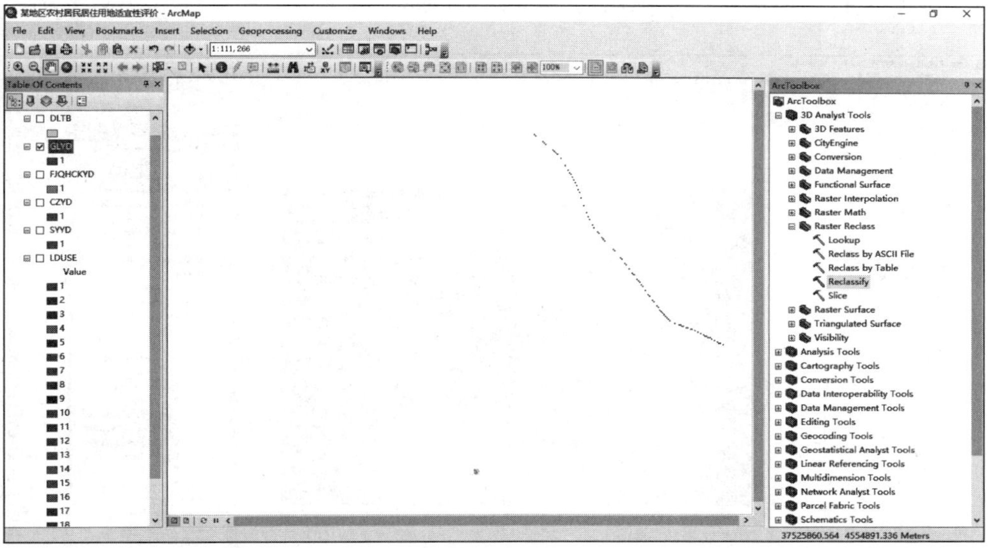

图 14-8　公路用地

⑥打开 ArcToolbox，选择“Spatial Analyst Tools”（空间分析工具）→“Distance”（距离）→“Euclidean Distance”（欧氏距离）。打开新窗口，如图 14-9 所示，在“Input raster or feature source data”（输入栅格数据或要素源数据）中设置数据为 SYYD；在“Output direction raster”（输出距离栅格数据）中设置生成的栅格数据名称和储存路径。

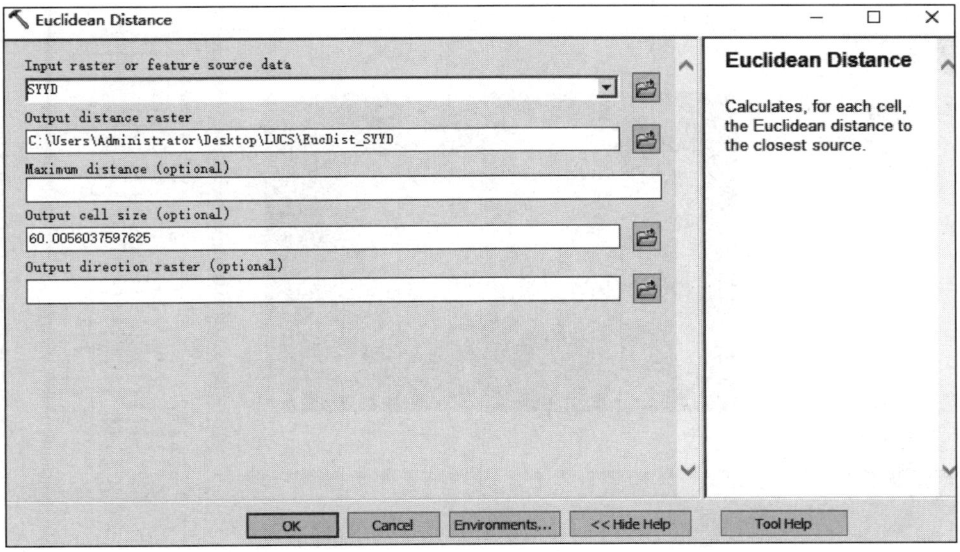

图 14-9

⑦单击“OK”(确定),完成操作,如图 14-10 所示。

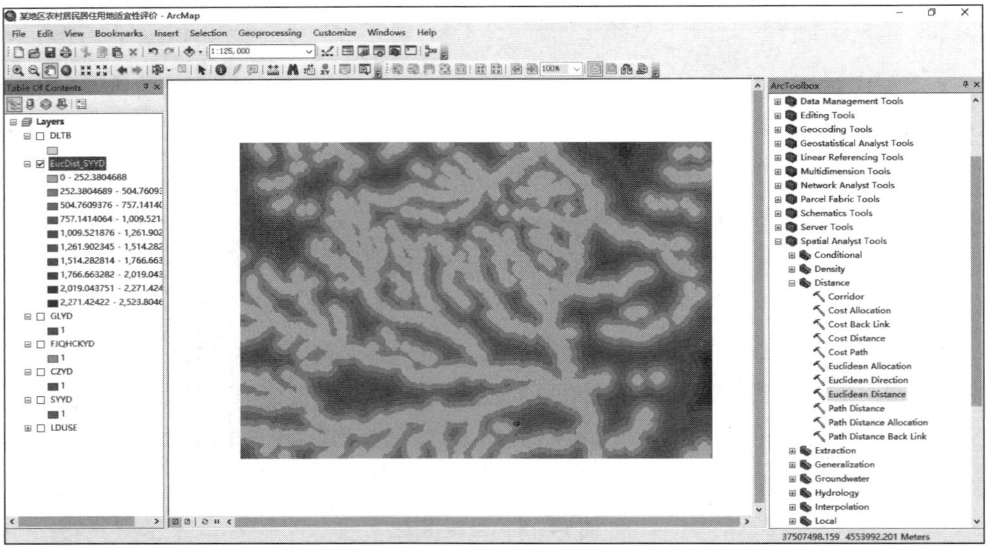

图 14-10　水域用地欧氏距离图

⑧按照上述操作提取城镇用地、采矿区和风景区用地、公路用地的欧氏距离图制作,结果如图 14-11、图 14-12、图 14-13 所示。

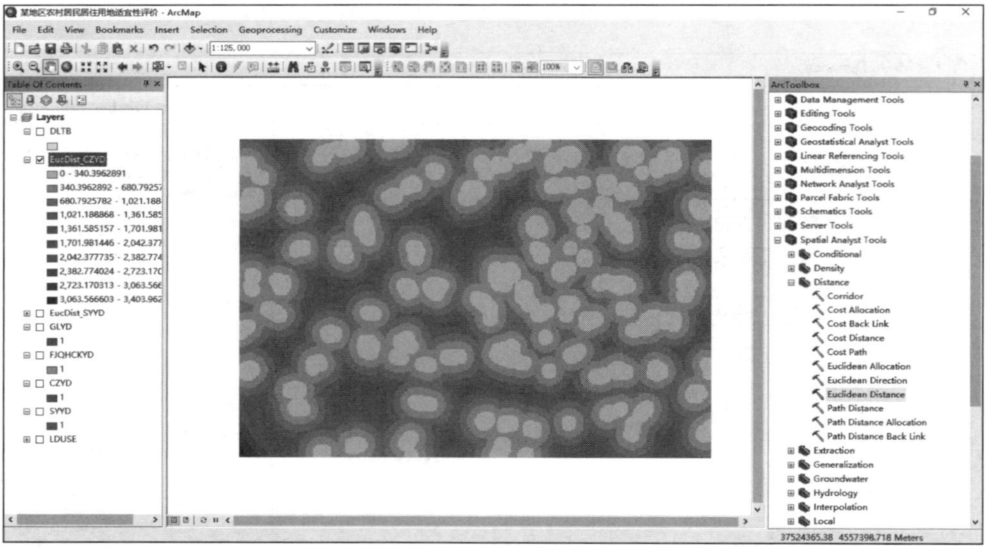

图 14-11　城镇用地欧氏距离图

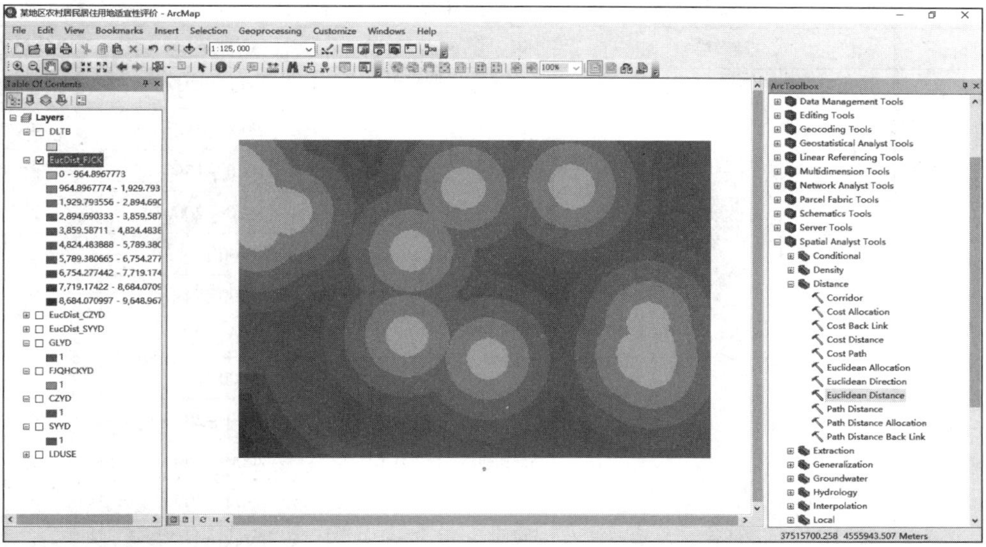

图 14-12　采矿区和风景区用地欧氏距离图

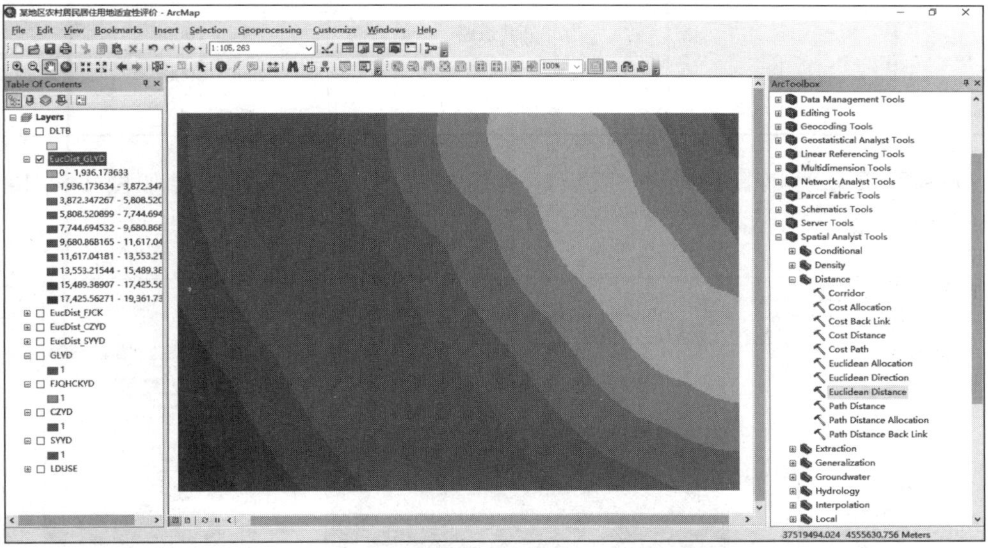

图 14-13　公路用地欧氏距离图

⑨构建表 14-1 所示评价指标体系。对于水域来说，距离水域越近，则越有利于居住环境，但是距离水域太近将会破坏水域环境；对于采矿区来说，采矿区附近土地不适合再次进行开发，应当采取保护性措施，该项评判标准与风景区附近土地一致；对于城镇地区来说，由于城镇的支持，越靠近城镇地区越有利于居民居住；对于公共道路来说，越靠近公共道路，则交通通达性越好，越有利于居民居住。

表 14－1　某地区农村居民用地适宜性评价体系

目标层	权重	因素层	权重	因子层	权重	取值范围	评价得分
某地区农村居民用地适宜性	1.0	自然要素	0.6	水域	0.44	500 以内	5
						500～1000	4
						1000～1500	3
						1500～2000	2
						2000 以上	1
				采矿区和风景区	0.45	1000 以内	0
						1000 以外	1
		社会经济要素	0.4	城镇地区	0.65	1000 以内	5
						1000～2000	4
						2000～2500	3
						2500～3000	2
						3000 以上	1
				公共道路	0.35	500 以内	5
						500～1000	4
						1000～2000	3
						2000～3000	2
						3000 以上	1

⑩利用重分类工具，对各个欧氏距离图层进行打分，打分结果如图 14－14 至图 14－17 所示。

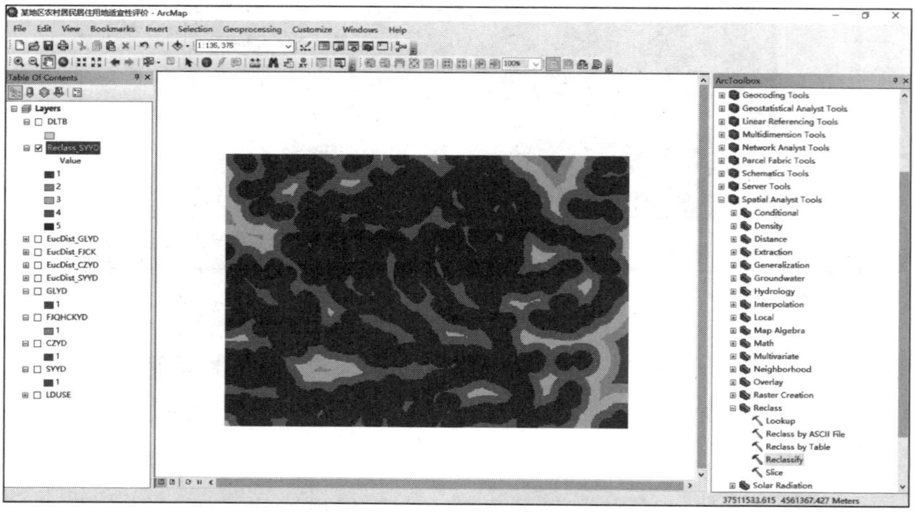

图 14－14　水域用地打分结果图

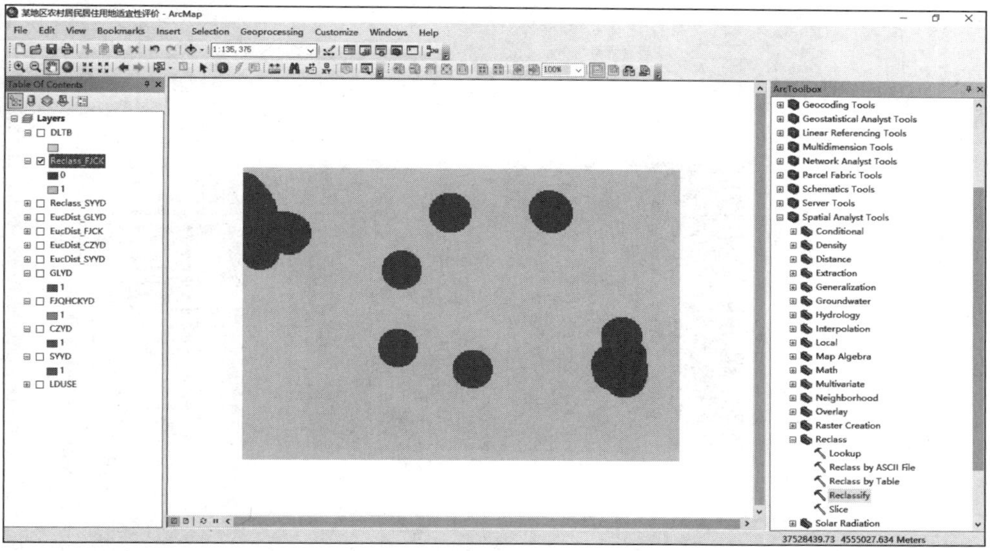

图 14－15　采矿区和风景区打分结果图

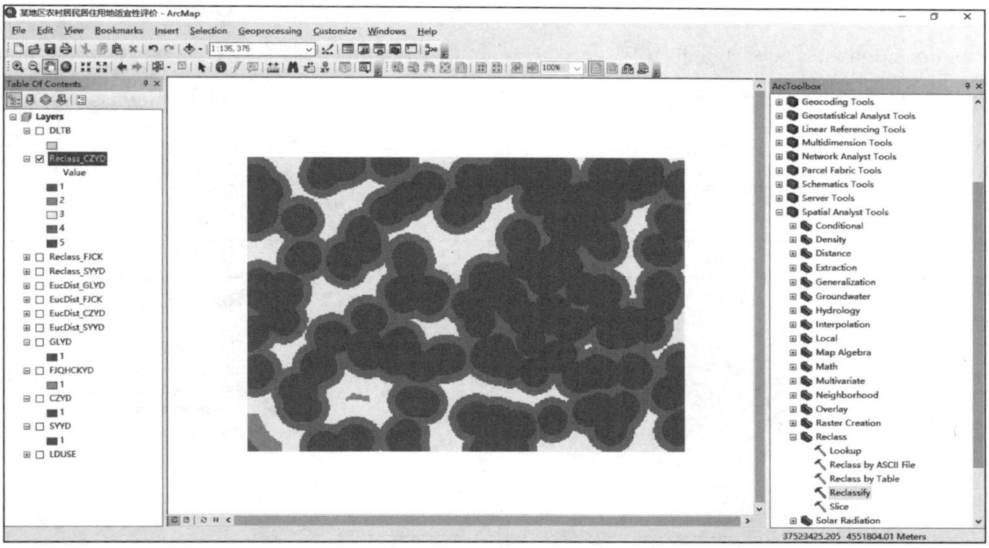

图 14－16　城镇地区打分结果图

图 14-17　公共道路打分结果图

⑪使用栅格计算器对图层进行加权叠加计算。打开 ArcToolbox，如图 14-18 所示，选择"Spatial Analyst Tools"（空间分析工具）→"Map Algebra"（地图代数）→"Raster Calculator"（栅格计算器）。启动栅格计算器，在下方文本框中设置公式(0.55 * "Redass_SYYD" + 0.45 * "Redass_FJCK") * 0.6 + (0.65 * "Redass_CZYD" + 0.35 * "Redass_GLYD") * 0.4。点击"OK"（确定），完成计算，计算结果如图 14-19 所示。

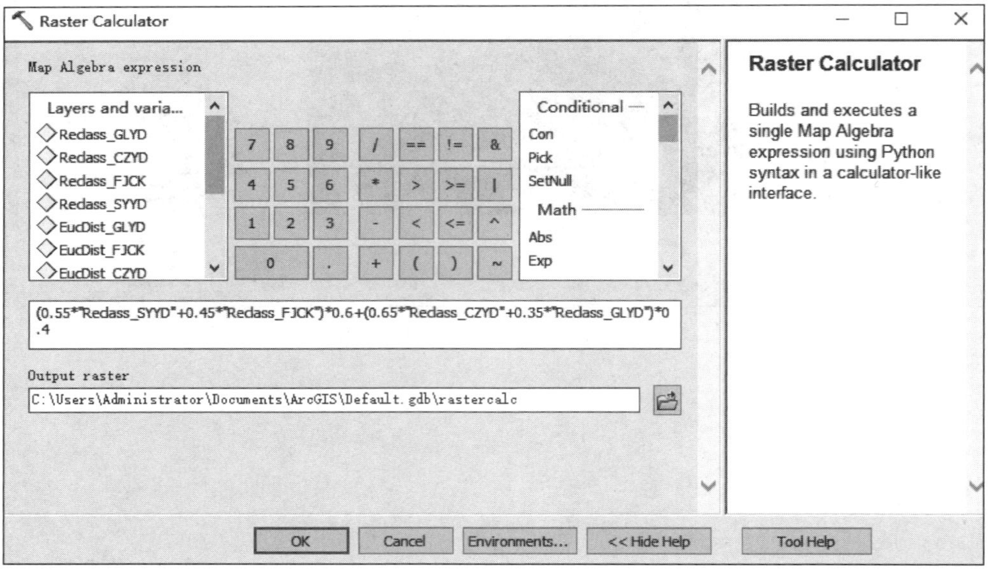

图 14-18

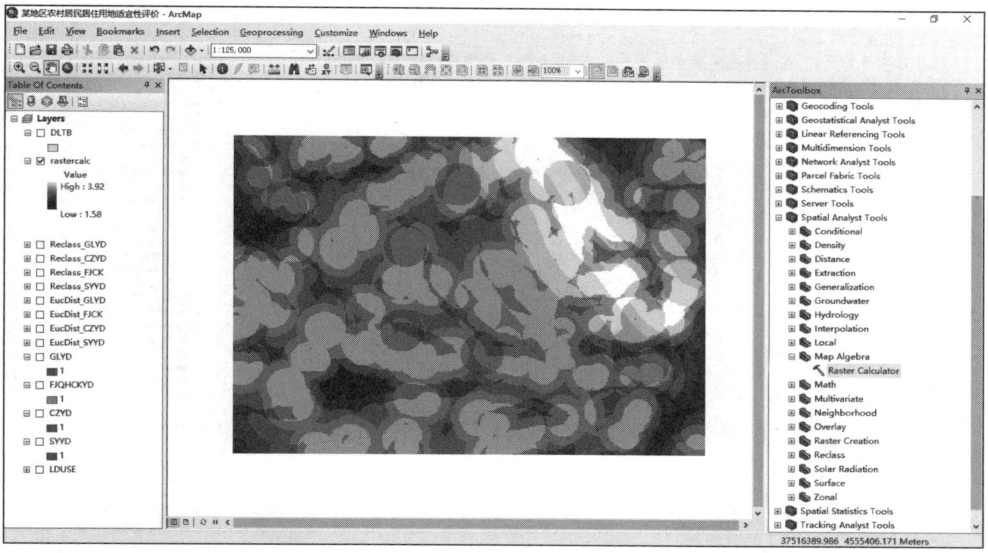

图 14－19

⑫利用重分类对新生成的图层进行分类(分值越高,农村居民居住用地适宜性越好),并调整图层渲染颜色,如图 14－20 所示。

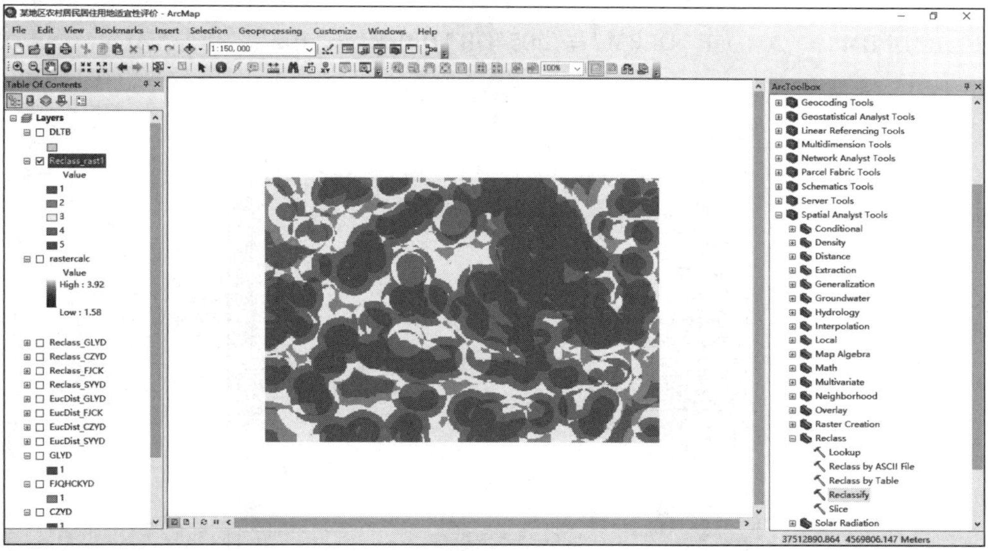

图 14－20

⑬打开 ArcToolbox,如图 14－21 所示,选择“Conversion Tools”(转换工具)→“From Raster”(由栅格转出)→“Raster to Polygon”(栅格转面)。在“Input Features”(输入要素)选择新生成的图层;在“Field”(字段)中设置选择“VALUE”;在“Output Polygon Features”(输出面要素)中设置输出面的名称和路径。将生成的图层转为矢量图。

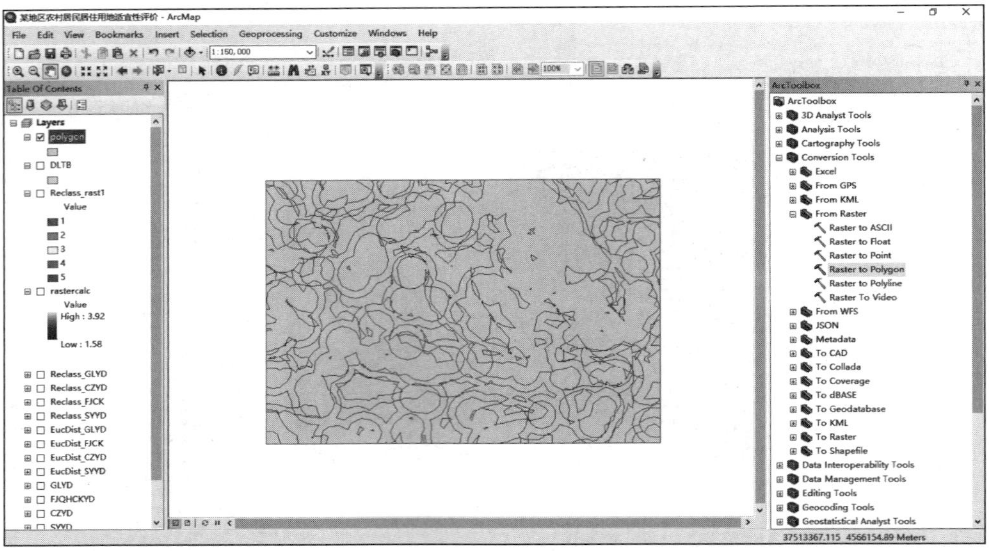

图 14 – 21

⑭打开 DLTB 图层的属性表,单击左上角按钮 ,下拉菜单选择"Select by Attributes"(按属性选择)。如图 14 – 22 所示,打开窗口,在下方输入"DLBM" ='112′OR "DLBM"='114′OR"DLBM" ='116′OR"DLBM" ='117′OR"DLBM" ='202′OR "DLBM"= ′203′OR"DLBM" ='204′OR"DLBM" ='205′OR"DLBM" ='102′。点击"Apply",并关闭窗口。

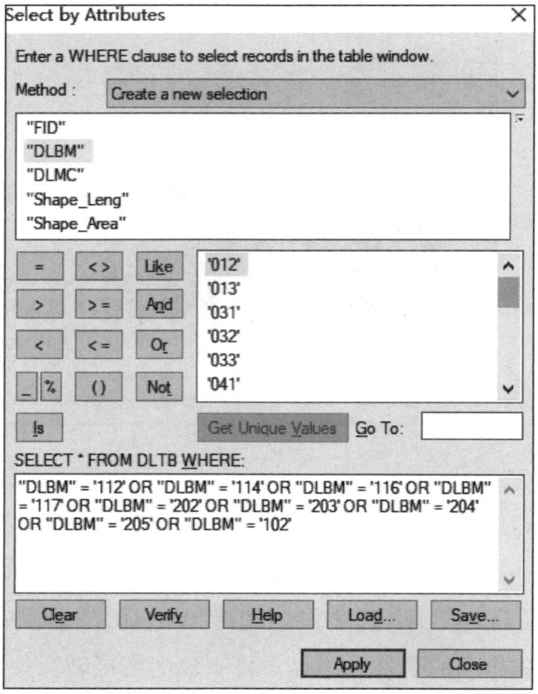

图 14 – 22

⑮在左侧内容列表中右键单击“DLTB”图层，选择“Data”（数据）→“Export Data”（导出数据）。设置导出图层的名称和储存位置。点击“OK”（确定），完成擦除要素图层的导出，如图 14－23 所示。

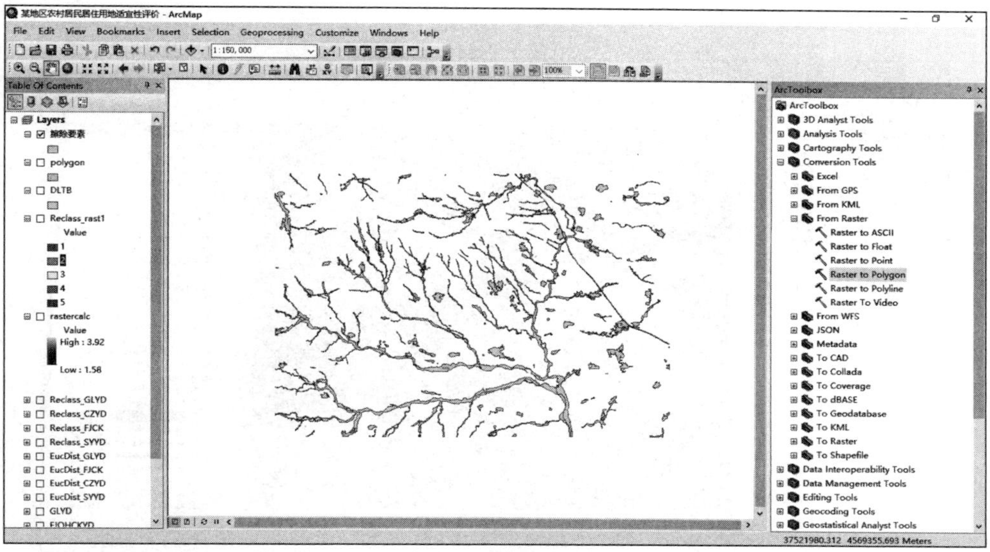

图 14－23

⑯打开 ArcToolbox，如图 14－24 所示，选择“Analysis Tools”（分析工具）→“Overlay”（叠加分析）→“Erase”（擦除）。利用该工具将转换后面图层中的水域、采矿区及风景用地、城镇用地去除。

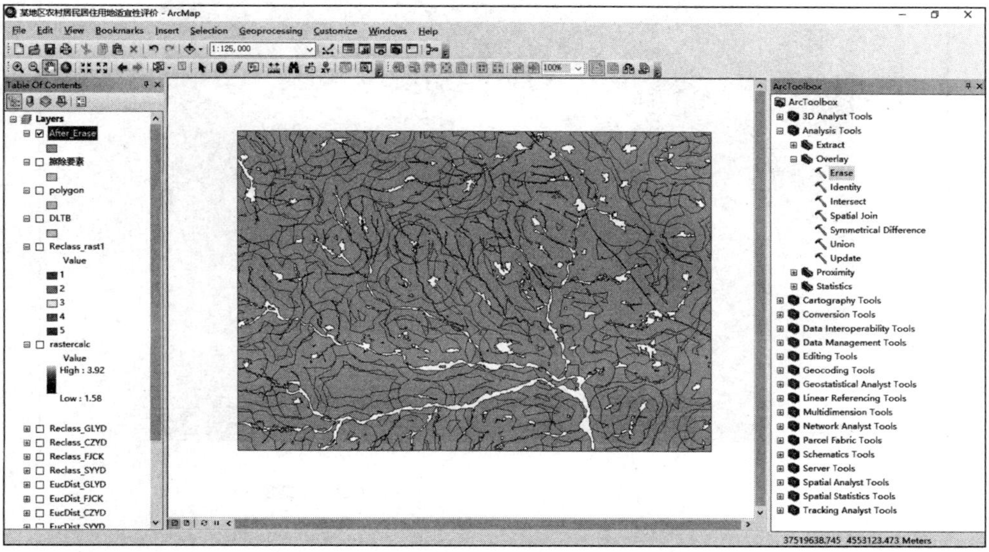

图 14－24

⑰打开 ArcToolbox，如图 14－25 所示，选择“Conversion Tools”（转换工具）→“To Raster”（转为栅格）→“Feature to Raster”（要素转栅格）。在“Input Features”（输入要素）选择新生成的图层；在“Field”（字段）中设置选择“GRIDCODE”；在“Output Raster”（输出栅格）中设置输出栅格的名称和路径。

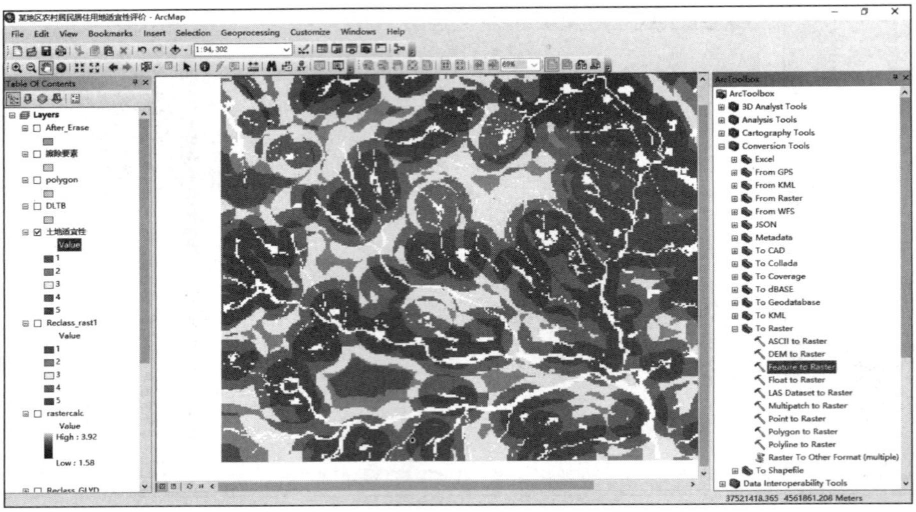

图 14－25

⑱整饰出图，如图 14－26 所示。

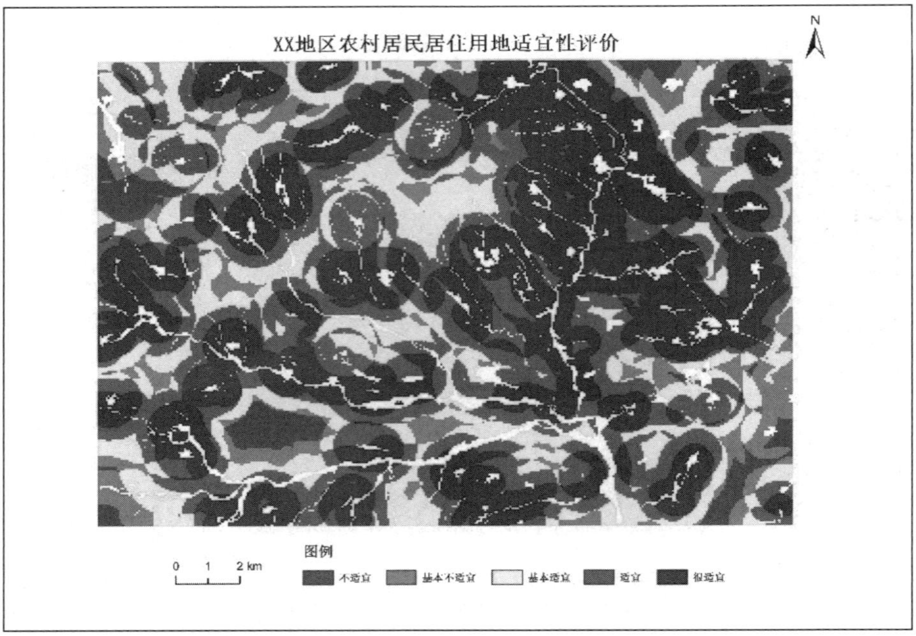

图 14－26

14.2　非城镇化型农村居民点空间布局优化

14.2.1　基本思路

首先将农村居民点中被城镇用地及城镇扩展用地(根据土地利用规划划定)涵盖的居民点去除,剩下的为非城镇化型农村居民点。针对非城镇化型农村居民点,从水域用地、公共道路、距城镇用地及城镇扩展用地的距离、距采矿用地的距离四大方面构建农村居民点斑块综合影响力评价指标体系(该处受到数据限制,仅简单构建评价指标体系),如表14-2所示,评价其综合影响力,并据此将其空间布局优化类型划分为综合发展潜力型(发展基础较好)、原地整治保持型(发展基础中等)、迁村并点扶持型(发展基础较差)3类。本实验数据中居民点为虚拟随机生成的数据,与现实状况存在较大差异。

表14-2　非城镇化农村居民点影响力评价指标体系

目标层	权重	因素层	权重	因子层	权重	取值范围	评价得分
非城镇化农村居民点影响力	1.0	自然要素	0.4	水域	0.3	1000以内	5
						1000~2000	4
						2000~3000	3
						3000~4000	2
						4000以上	1
				采矿区和风景区	0.7	4000以内	5
						3000~4000	4
						2000~3000	3
						1000~2000	2
						1000以内	1
		社会经济要素	0.6	城镇用地及城镇扩展用地	0.55	1000以内	5
						1000~2000	4
						2000~3000	3
						3000~4000	2
						4000以上	1
				公共道路	0.45	500以内	5
						500~1000	4
						1000~1500	3
						1500~2000	2
						2000以上	1

14.2.2 操作步骤

①在 ArcMap 中加载实验源数据(位置:CH14\非城镇化型农村居民点空间布局优化实验源数据),如图 14-27 所示。

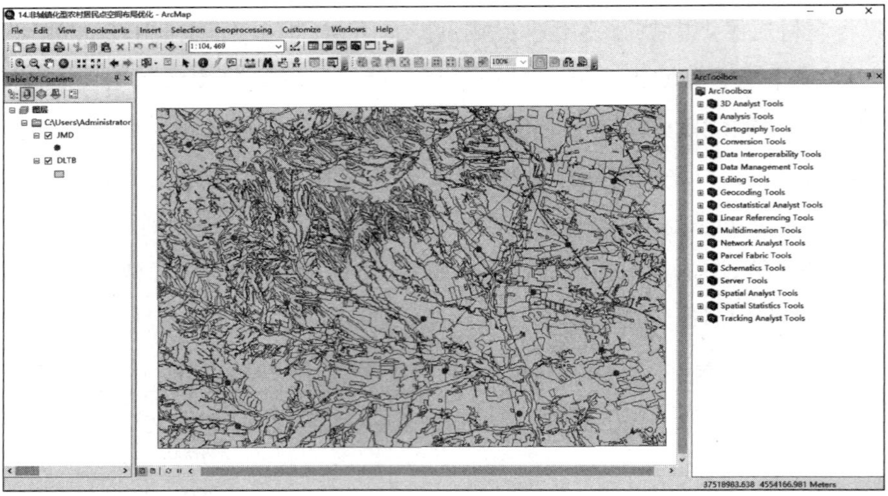

图 14-27

②在左侧内容列表中右键单击“DLTB”图层,下拉菜单选择“Open Attribute Table”(打开属性表)。单击左上角按钮 ,下拉菜单选择“Select by Attributes”(按属性选择)。如图 14-28 所示,打开窗口,在下方设置公式"DLBM" = '112' OR"DLBM" = '114' OR"DLBM" = '116' OR"DLBM" = '117' OR"DLBM" = '118'。点击“Apply”,并关闭窗口。

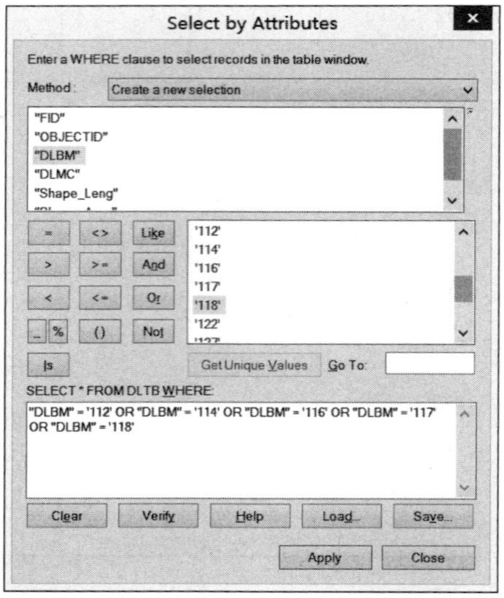

图 14-28

③在左侧内容列表中右键单击“DLTB”图层，选择“Data”（数据）→“Export Data”（导出数据）。如图 14-29 所示，设置导出图层的名称和储存位置。点击“OK”（确定），完成水域图层的导出，如图 14-30 所示。

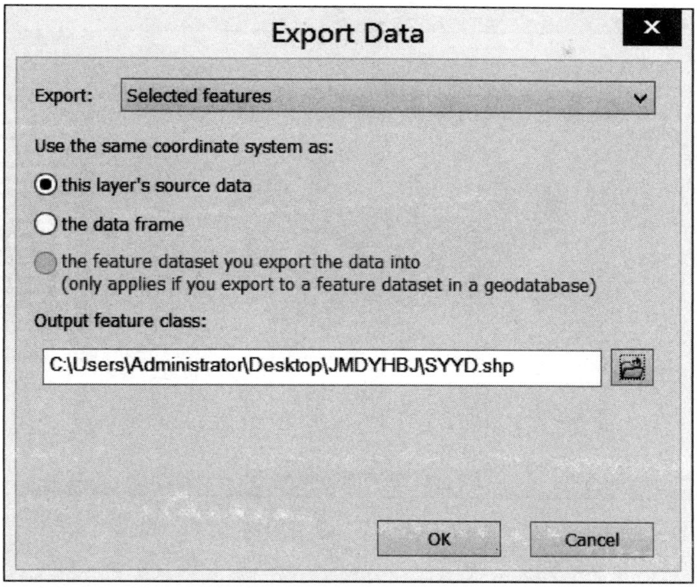

图 14-29

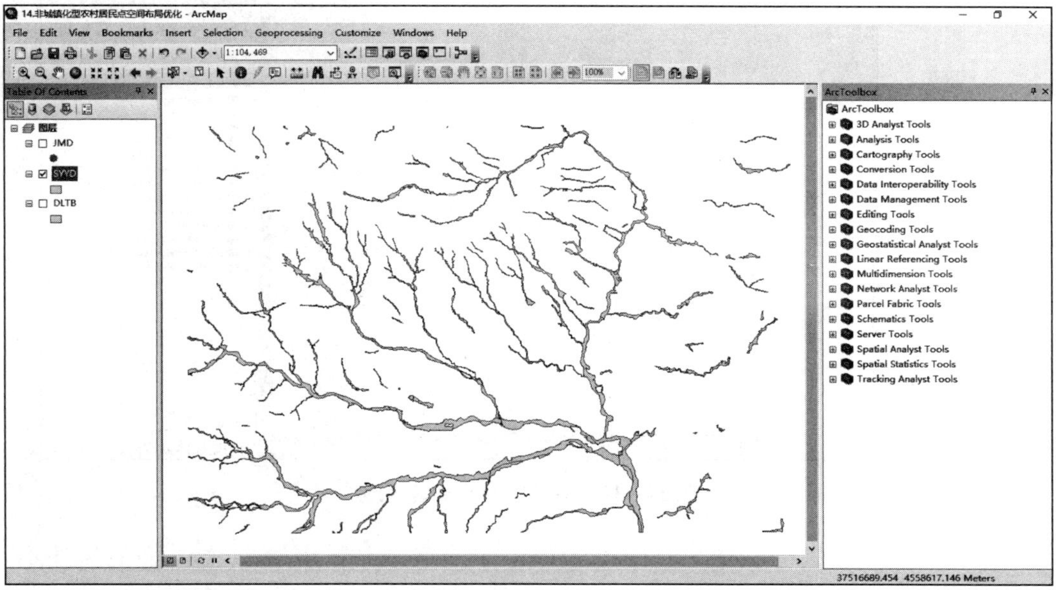

图 14-30　水域用地

④按照上述方法依次提取城镇用地及城镇扩展用地“202 和 203”、采矿区和风景区用地“204 和 205”、公路用地“102”矢量图。提取结果如图 14－31 至图 14－33 所示。

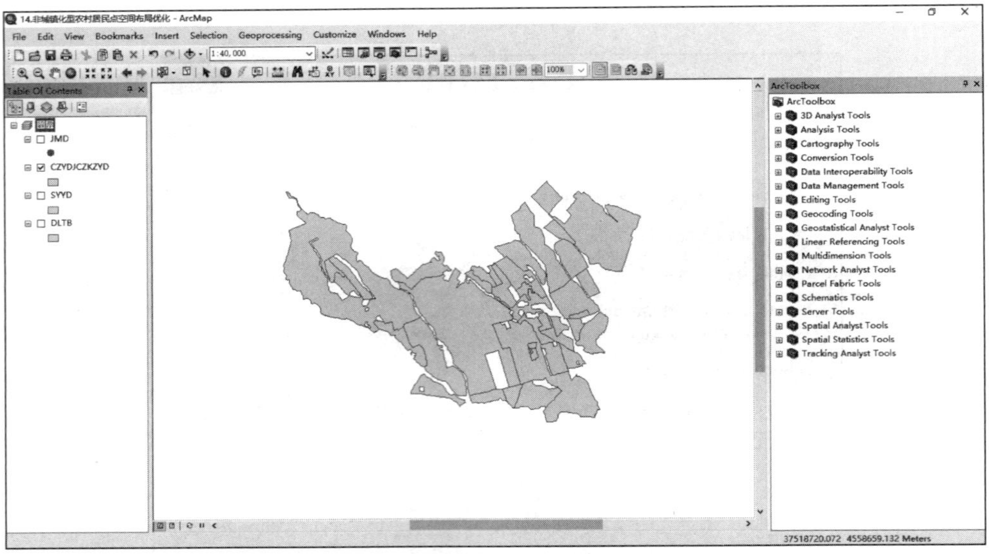

图 14－31　城镇用地

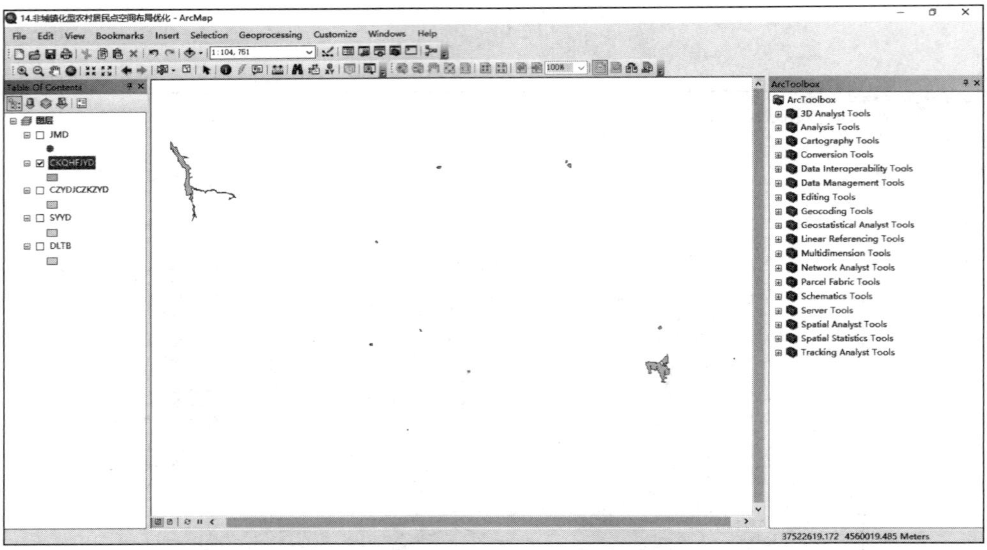

图 14－32　采矿区和风景区用地

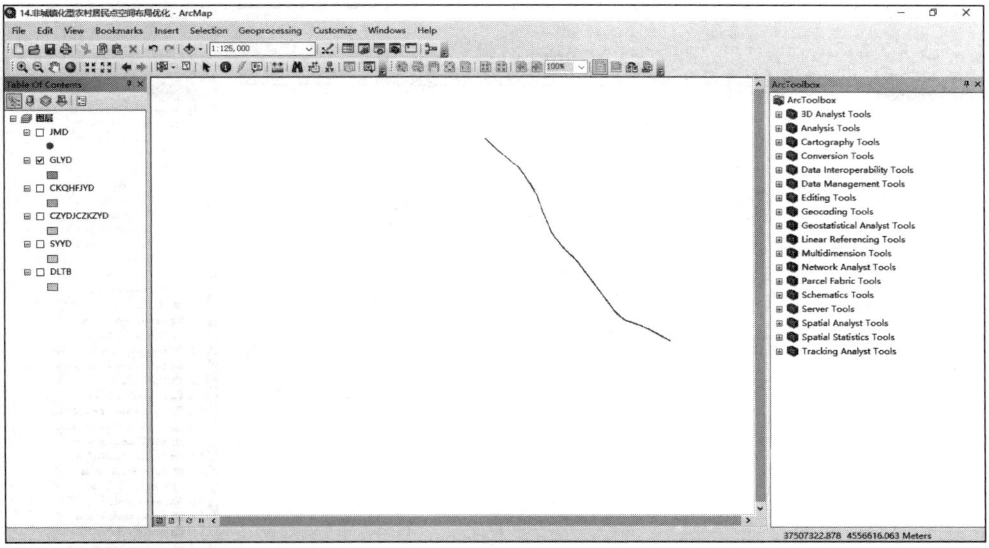

图 14－33　公路用地

⑤打开 ArcToolbox，选择"Analysis Tools"（分析工具）→"Overlay"（叠加分析）→"Erase"（擦除），如图 14－34 所示，利用该工具将居民点图层中城镇用地及城镇扩展用地所包含的居民点去除，生成图层 JMD1（居民点 1），如图 14－35 所示。

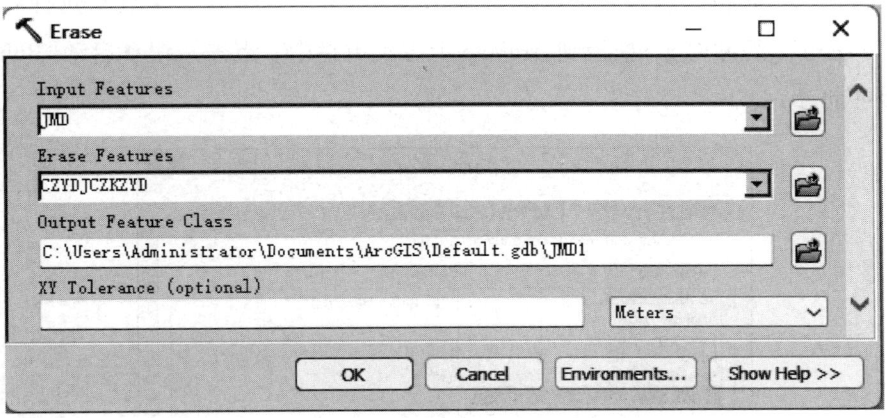

图 14－34

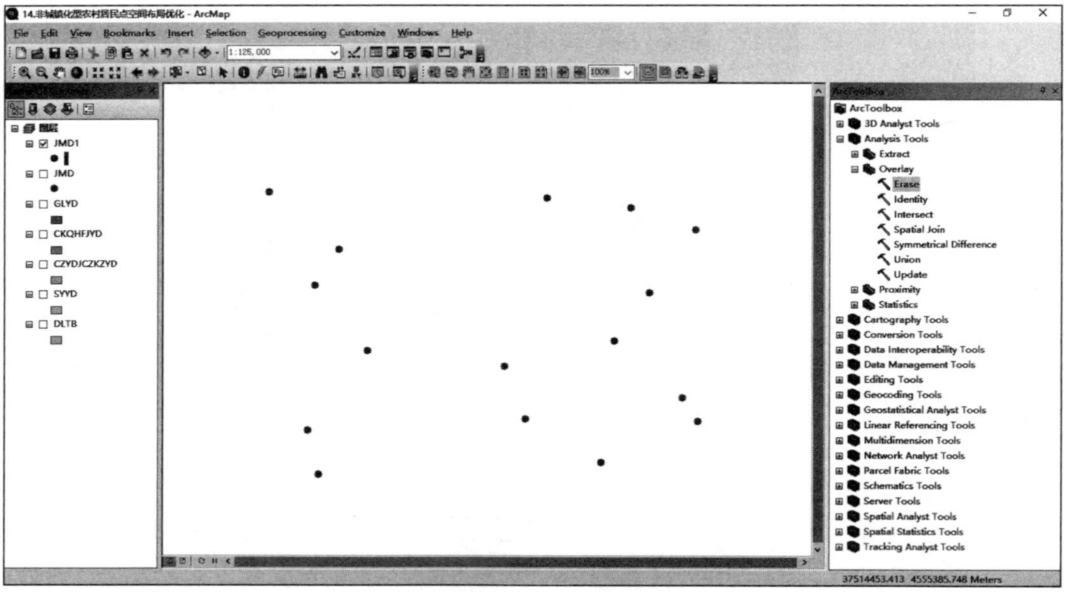

图 14－35

⑥单击选择 ArcMap 上方菜单栏中“Customize”(自定义)→“Customize Mode”(自定义模式)。打开新窗口,如图 14－36 所示,在新窗口中进入“Commands”(命令)选项卡中,在上方输入“buffer”(缓冲区)搜索,在左边类别中选择“Tools”(工具),选择右侧工具“Buffer Wizard”(缓冲向导)拖拽到 ArcMap 上方菜单栏中。点击按钮 启动“Buffer Wizard”(缓冲向导)。

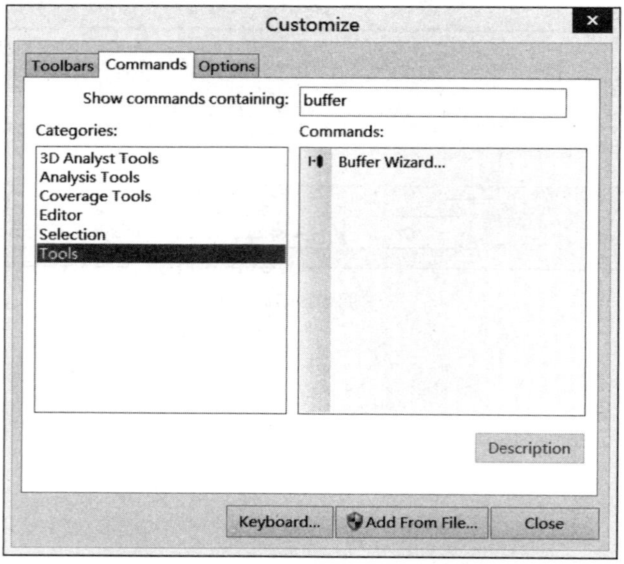

图 14－36

⑦打开新窗口，按照指标体系构建多环缓冲区，如图 14－37 至图 14－40 所示。

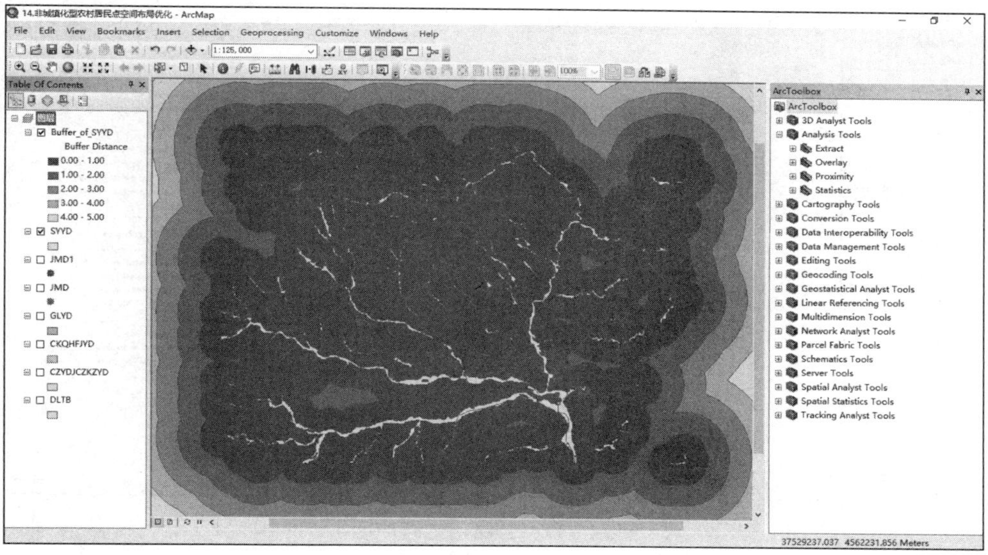

图 14－37　水域用地缓冲区

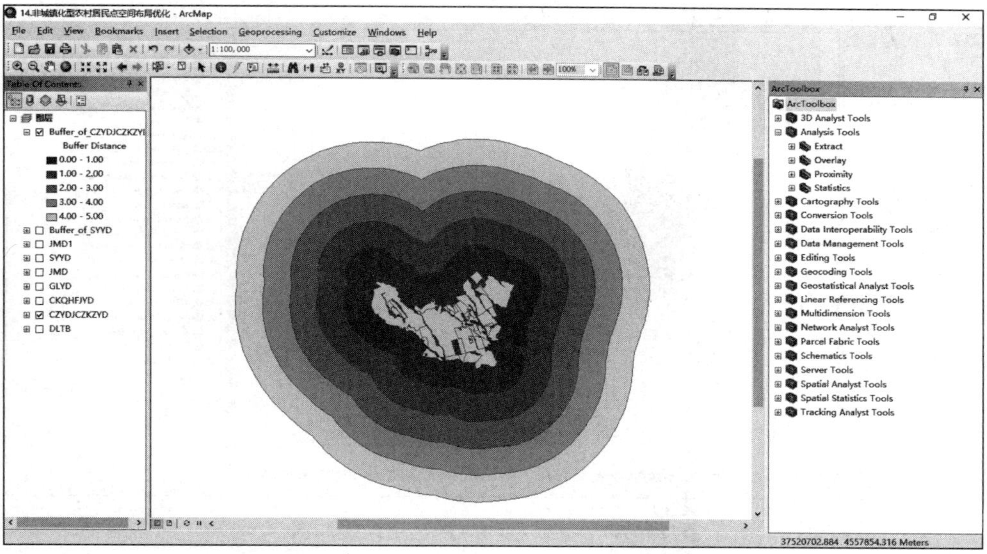

图 14－38　城镇用地缓冲区

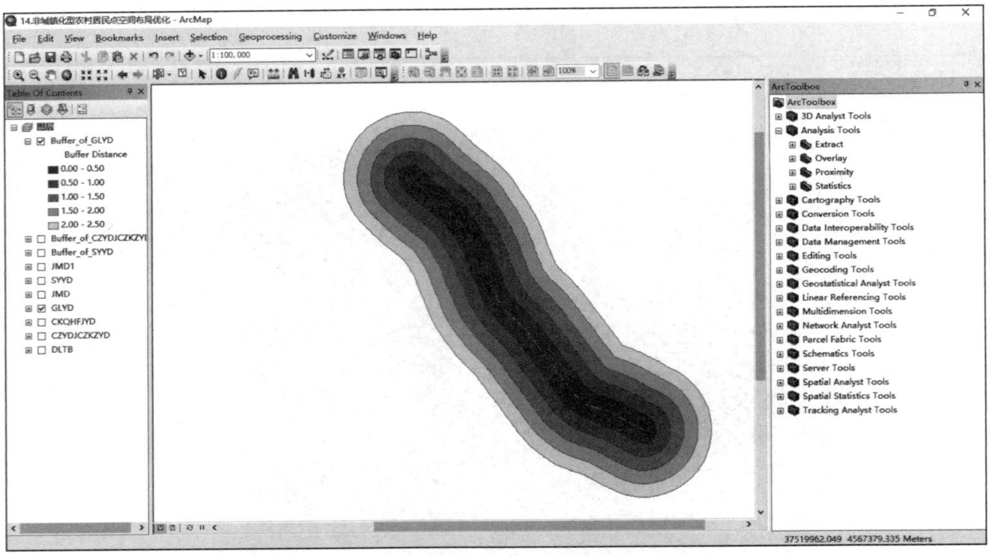

图 14-39　公路用地缓冲区

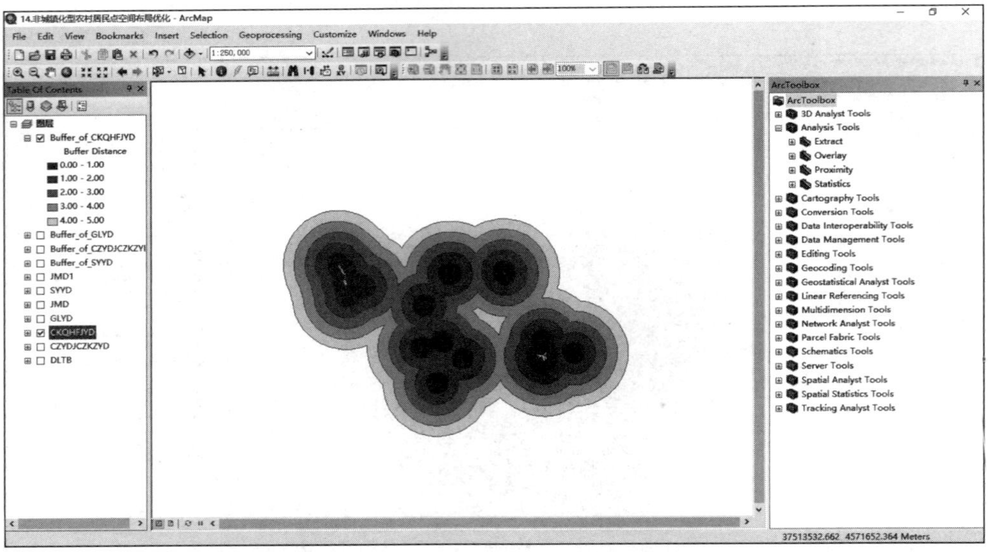

图 14-40　采矿区和风景区用地缓冲区

⑧在左侧内容列表中右键单击“Buffer_of_SYYD”图层，下拉菜单选择“Open Attribute Table”（打开属性表）。在属性表中添加字段 SYDJ（水域等级），将评价体系中的分值按照“ToBufDist”字段内容利用字段计算器录入，如图 14-41 所示。

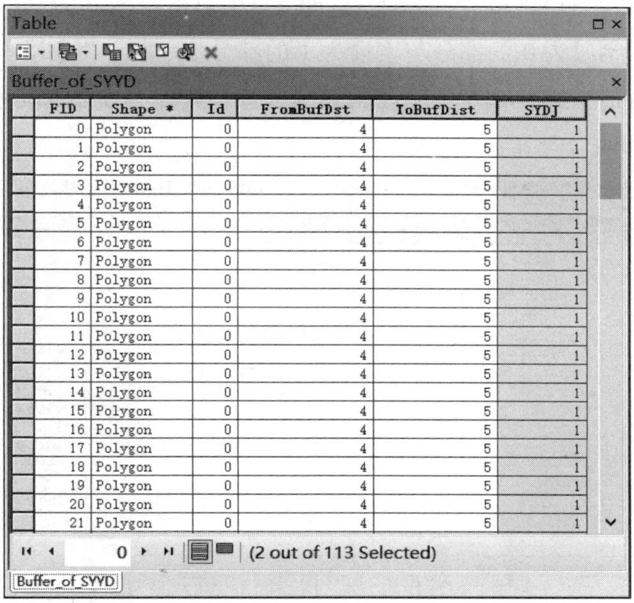

Table

Buffer_of_SYYD

FID	Shape *	Id	FromBufDst	ToBufDist	SYDJ
0	Polygon	0	4	5	1
1	Polygon	0	4	5	1
2	Polygon	0	4	5	1
3	Polygon	0	4	5	1
4	Polygon	0	4	5	1
5	Polygon	0	4	5	1
6	Polygon	0	4	5	1
7	Polygon	0	4	5	1
8	Polygon	0	4	5	1
9	Polygon	0	4	5	1
10	Polygon	0	4	5	1
11	Polygon	0	4	5	1
12	Polygon	0	4	5	1
13	Polygon	0	4	5	1
14	Polygon	0	4	5	1
15	Polygon	0	4	5	1
16	Polygon	0	4	5	1
17	Polygon	0	4	5	1
18	Polygon	0	4	5	1
19	Polygon	0	4	5	1
20	Polygon	0	4	5	1
21	Polygon	0	4	5	1

(2 out of 113 Selected)

Buffer_of_SYYD

图 14－41

⑨按照上述操作对城镇用地缓冲区、风景区和采矿区用地缓冲区、公路用地缓冲区的属性表进行修改。

⑩打开 ArcToolbox，选择“Analysis Tools”（分析工具）→“Overlay”（叠加分析）→“Union”（联合）。选中缓冲区图层，进行联合，添加所有字段，如图 14－42 所示。

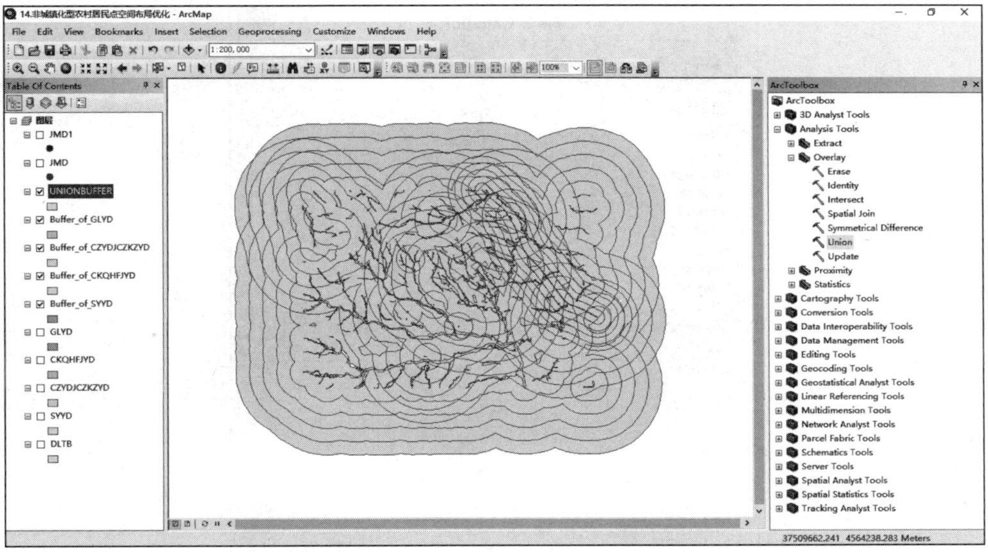

图 14－42

⑪打开联合图层的属性表，如图 14－43 所示，对水域等级等字段进行补齐（该处因为数据限制，所以需要补齐，一般实验中，缓冲区会覆盖整个分析区域且不会出现空值）。

补齐即将值为 0 的地方用字段计算器填充，即 SYDJ 中字段为 0 的部分与字段为 1 的部分值一样，CZDJ 中字段为 0 的部分与字段为 1 的部分值一样，CKQDJ 中字段为 0 的部分与字段为 5 的部分值一样，GLDJ 中字段为 0 的部分与字段为 1 的部分值一样（该处判断由评价体系表中得来）。

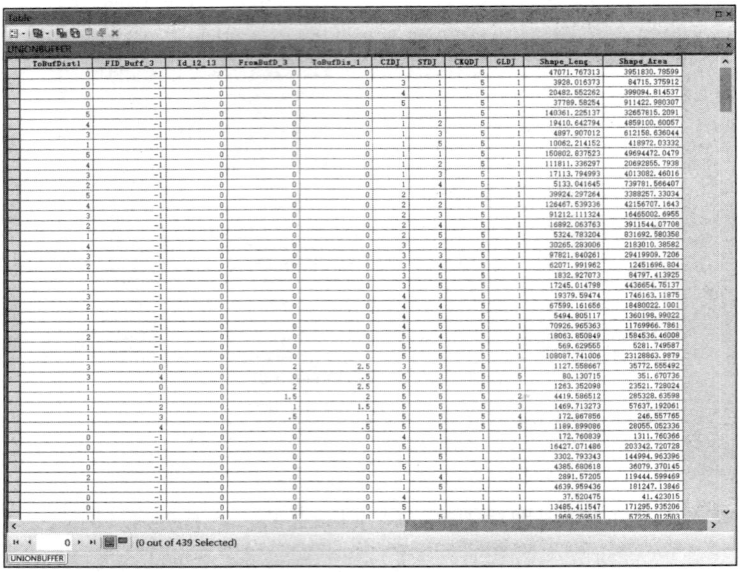

图 14－43

⑫添加字段“ZDJ”，并对字段进行加权计算，如图 14－44、图 14－45 所示。

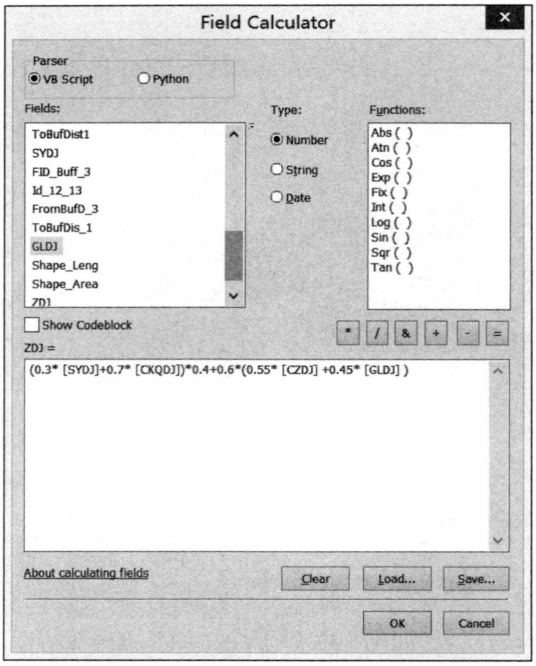

图 14－44

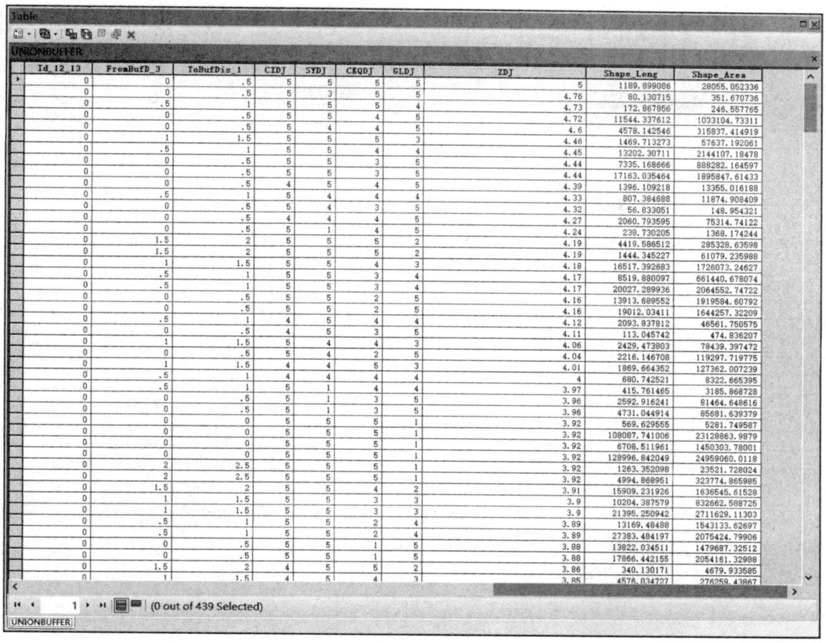

Id_12_13	FromBufD_3	ToBufDis_1	CZDJ	SYDJ	CKQDJ	GLDJ	ZDJ	Shape_Leng	Shape_Area
0	0	.5	5	5	5	5	5	1189.899086	28055.052336
0	0	.5	5	3	5	5	4.76	80.130715	351.670736
0	.5	1	5	5	5	4	4.73	172.867856	246.557765
0	0	.5	5	5	4	5	4.72	11544.337612	1033104.73311
0	0	.5	5	4	4	5	4.6	4578.142546	315837.414919
0	1	1.5	5	5	5	3	4.46	1469.713273	57637.192061
0	.5	1	5	5	4	4	4.45	13202.30711	2144107.18478
0	0	.5	5	5	3	5	4.44	7335.168666	888282.164597
0	0	.5	5	5	3	5	4.44	17163.035464	1895847.61433
0	0	.5	4	5	4	5	4.39	1396.109218	13355.016188
0	.5	1	5	4	4	4	4.33	807.384688	11874.908409
0	0	.5	5	4	3	5	4.32	56.833051	148.954321
0	0	.5	4	4	4	5	4.27	2060.793595	75314.74122
0	0	.5	5	1	4	5	4.24	238.730205	1368.174244
0	1.5	2	5	5	5	2	4.19	4419.586512	285328.63598
0	1.5	2	5	5	5	2	4.19	1444.345227	61079.235988
0	1	1.5	5	5	4	3	4.18	16517.392683	1726073.24627
0	.5	1	5	5	3	4	4.17	8519.880097	661440.678074
0	.5	1	5	5	3	4	4.17	20027.289936	2064552.74722
0	0	.5	5	5	2	5	4.16	13913.689552	1919584.60792
0	0	.5	5	5	2	5	4.16	19012.03411	1644257.32209
0	.5	1	4	5	4	4	4.12	2093.837812	46561.750575
0	0	.5	4	5	3	5	4.11	113.045742	474.836207
0	1	1.5	5	4	4	3	4.06	2429.473803	78439.397472
0	0	.5	5	4	2	5	4.04	2216.146708	119297.719775
0	1	1.5	4	4	5	3	4.01	1869.664352	127362.007239
0	.5	1	4	4	4	4	4	680.742521	8322.665395
0	.5	1	5	1	4	4	3.97	415.761465	3185.868728
0	0	.5	5	1	3	5	3.96	2592.916241	81464.648616
0	0	.5	5	1	3	5	3.96	4731.044914	85681.639379
0	0	0	5	5	5	1	3.92	569.629555	5281.749587
0	0	0	5	5	5	1	3.92	108087.741006	23128863.9879
0	0	0	5	5	5	1	3.92	6708.511961	1450303.78001
0	0	0	5	5	5	1	3.92	128996.842049	24959060.0118
0	2	2.5	5	5	5	1	3.92	1263.352098	23521.728024
0	2	2.5	5	5	5	1	3.92	4994.868951	323774.865985
0	1.5	2	5	5	4	2	3.91	15909.231926	1636545.61528
0	1	1.5	5	5	3	3	3.9	10204.387579	832662.588725
0	1	1.5	5	5	3	3	3.9	21395.250942	2711629.11303
0	.5	1	5	5	2	4	3.89	13169.48488	1543133.62697
0	.5	1	5	5	2	4	3.89	27383.484197	2075424.79906
0	0	.5	5	5	1	5	3.88	13822.034511	1479687.32512
0	0	.5	5	5	1	5	3.88	17866.442155	2054161.32988
0	1.5	2	4	5	5	2	3.86	340.130171	4679.933585
0	1	1.5	4	5	4	3	3.85	4576.034727	276259.43867

图 14－45

⑬打开 ArcToolbox，选择“Analysis Tools”（分析工具）→“Overlay”（叠加分析）→“Identity”（标识），如图 14－46 所示。对 JMD1（居民点 1）图层进行标识操作，将 ZDJ 字段赋值到 JMD1 图层中，如图 14－47 所示。

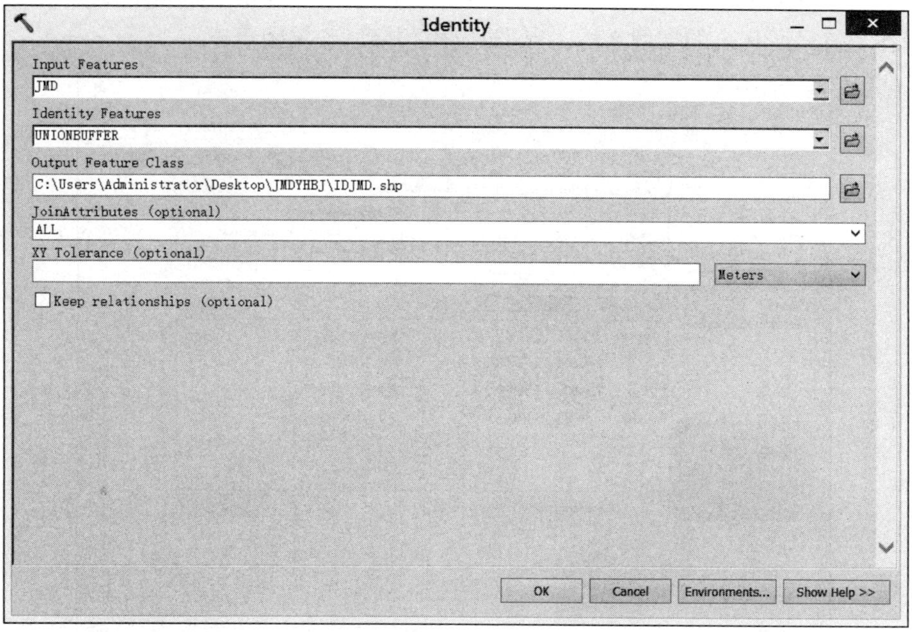

图 14－46

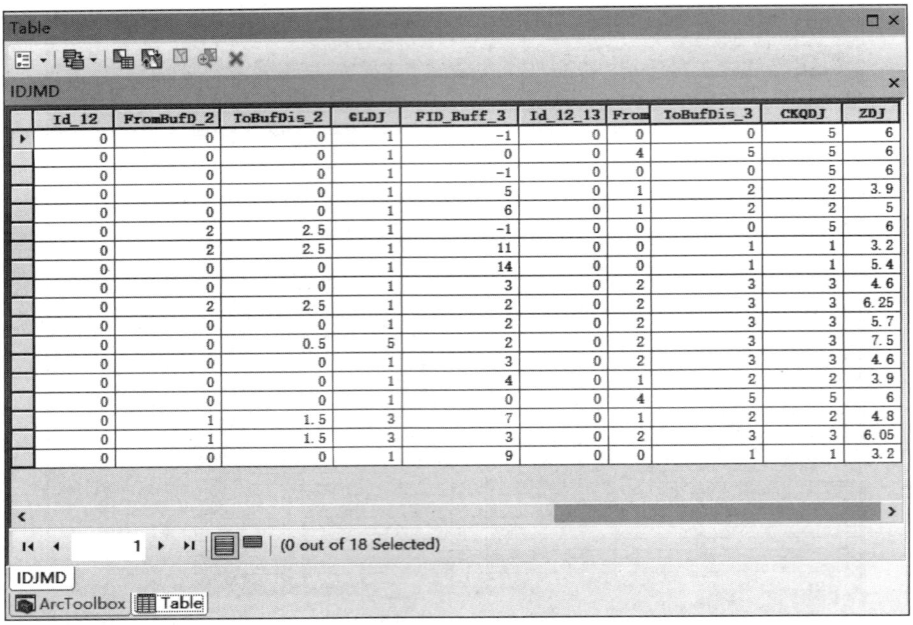

Id_12	FromBufD_2	ToBufDis_2	CLDJ	FID_Buff_3	Id_12_13	From	ToBufDis_3	CKQDJ	ZDJ
0	0	0	1	-1	0	0	0	5	6
0	0	0	1	0	0	4	5	5	6
0	0	0	1	-1	0	0	0	5	6
0	0	0	1	5	0	1	2	2	3.9
0	0	0	1	6	0	1	2	2	5
0	2	2.5	1	-1	0	0	0	5	6
0	2	2.5	1	11	0	0	1	1	3.2
0	0	0	1	14	0	0	1	1	5.4
0	0	0	1	3	0	2	3	3	4.6
0	2	2.5	1	2	0	2	3	3	6.25
0	0	0	1	2	0	2	3	3	5.7
0	0	0.5	5	2	0	2	3	3	7.5
0	0	0	1	3	0	2	3	3	4.6
0	0	0	1	4	0	1	2	2	3.9
0	0	0	1	0	0	4	5	5	6
0	1	1.5	3	7	0	1	2	2	4.8
0	1	1.5	3	3	0	2	3	3	6.05
0	0	0	1	9	0	0	1	1	3.2

图 14－47

⑭右键单击左侧内容列表中的 IDJMD 图层，选择“Properties”（属性）。打开图层属性对话框，进入“Symbology”（符号系统）选项卡，如图 14－48 所示。在左侧窗口中选中“Quantities”（数量）→“Graduated colors”（分级色彩）。在上方 Value 中选中“ZDJ”字段，在右侧“Classes”（类）中设置为 3。在下方色带选项中对符号颜色进行选择调整。在下方 Label 栏中设置各个符号所代表的类型名称。点击“应用”并确定，关闭窗口。

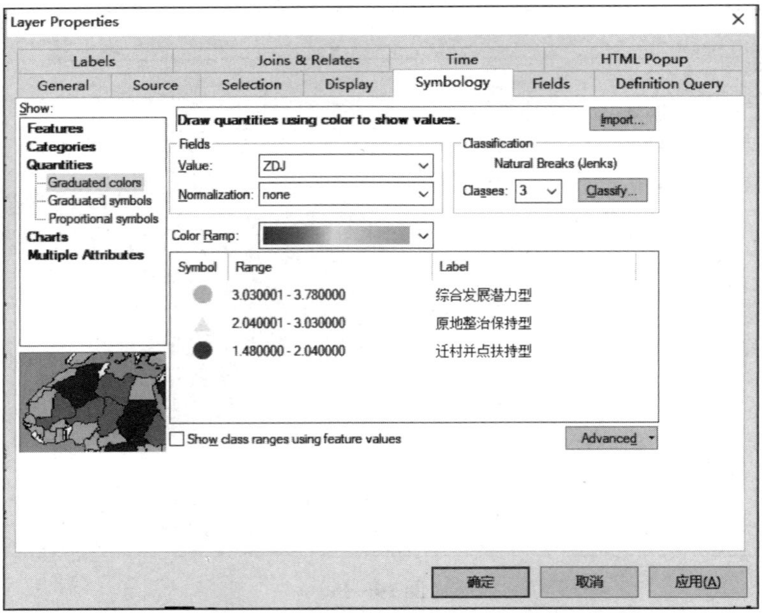

图 14－48

⑮整饰出图，如图 14－49 所示。

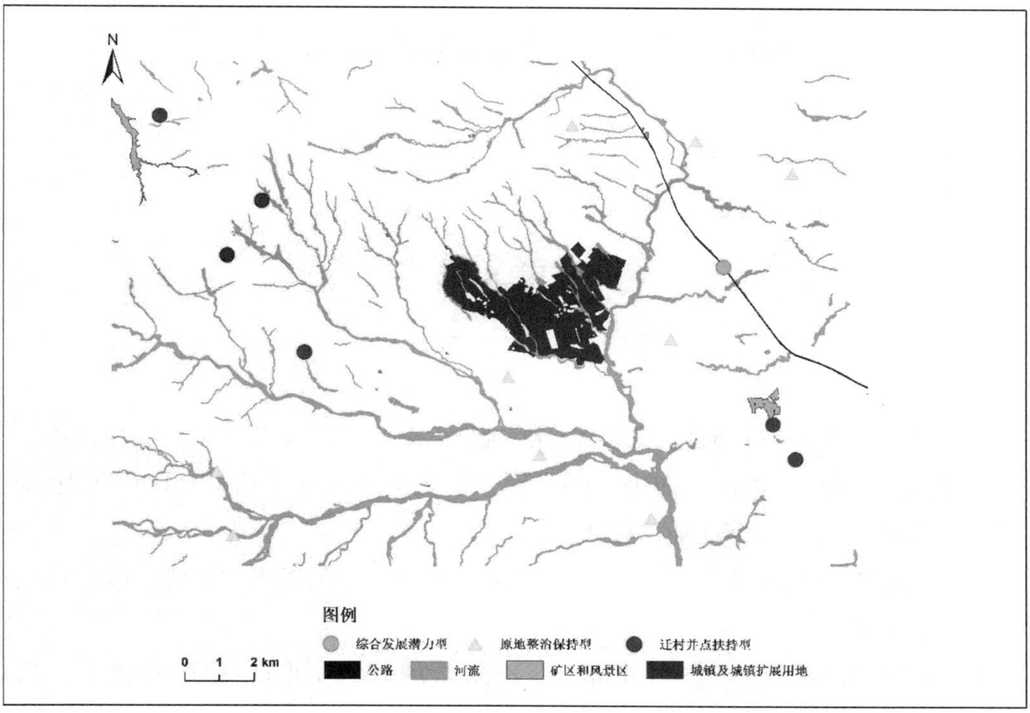

图 14－49 XX 地区非城镇化型农村居民点布局优化

14.3 本章小结

本章的实验运用了麦克哈格于 1969 年在《设计结合自然》中提出的一整套的从土地适应性分析到土地利用的规划方法和技术，这种叠加技术即“千层饼模式”。这与现在的 GIS 平台下的很多评价方法原理相同。对于麦克哈格方法的延伸就是今天的 GIS 中的权重叠加，以及景观生态格局方法，应用于规划设计上就是“用地评定”与“空间管制”。对各种要素进行评价，并按照权重叠加，对区域进行综合评价，是当前 GIS 主流的评价方式。实验中除了用欧氏距离进行要素评价之外，还可以通过建立缓冲区的方法来进行评价分析。但是两类方法的中心思想都是一样的，即通过加权叠加技术来完成对区域的综合分析操作。除此之外，ArcGIS 软件还能实现更多形式的地理空间数据分析，需要读者不断实践操作，总结经验。

参考文献

[1]吴信才．MapGIS 地理信息系统(第 3 版)［M］．北京:电子工业出版社,2017.

[2][美]Maribeth Price. ArcGIS 地理信息系统教程(原书第 7 版)[M]．李玉龙,何学洲,李娜,等译．北京:电子工业出版社,2017.

[3]汤国安,李发源,杨昕,等．黄土高原数字地形分析的探索与实践[M]．北京:科学出版社,2015.

[4]宋彦,彭科．城市空间分析 GIS 应用指南[M]．北京:中国建筑工业出版社,2015.

[5]余明,艾廷华．地理信息系统导论(第 2 版)［M］．北京:清华大学出版社,2015.

[6]汤国安,杨昕．ArcGIS 地理信息系统空间分析实验教程(第二版)[M]．北京:科学出版社,2012.

[7]牟乃夏,刘文宝,王海银,等．ArcGIS10 地理信息系统教程——从初学到精通[M]．北京:测绘出版社,2012.

[8][美]Andy Mitchell. GIS 空间分析指南[M]．张旸译．北京:测绘出版社,2011.

[9]邢超,李斌．ArcGIS 学习指南——ArcToolbox[M]．北京:科学出版社,2010.

[10]黄杏元,马劲松．地理信息系统概论(第三版)[M]．北京:高等教育出版社,2008.